IBRASA
LIVROS QUE CONSTROEM

BIBLIOTECA TÉCNICA – 3

Volumes publicados:

1. *Traçados de Caldeiraria, Funilaria Encanador Industrial e Geometria Descritiva* — Antônio Ghizze
2. *Manual do Encanador Industrial* — Antônio Ghizze

MANUAL TÉCNICO
DE
TUBULAÇÃO INDUSTRIAL

Dados de Catalogação na Publicação (CIP) Internacional
(Câmara Brasileira do Livro, SP, Brasil)

Ghizze, Antônio.
G347m Manual técnico de tubulação industrial / Antônio Ghizze. -- São Paulo : IBRASA, 1988.
(Biblioteca técnica ; v. 3)

1. Tubulações I. Título. II. Série.

88-0180 CDD-621.8672

Índices para catálogo sistemático:

1. Tubulação industrial : Engenharia 621.8672

ANTÔNIO GHIZZE

MANUAL TÉCNICO DE TUBULAÇÃO INDUSTRIAL

IBRASA
INSTITUIÇÃO BRASILEIRA DE DIFUSÃO CULTURAL LTDA.
SÃO PAULO

Direitos desta edição reservados à
IBRASA
INSTITUIÇÃO BRASILEIRA DE DIFUSÃO CULTURAL LTDA.
Rua Vinte e Um de Abril, 97 – Tel. 92-9639

03047 – SÃO PAULO – SP

Publicado em 1988

IMPRESSO NO BRASIL – PRINTED IN BRAZIL

PREFÁCIO DO AUTOR

Ao Mestre, Técnico, Supervisor, Desenhista Projetista, Estudante e Engenheiro; com este objetivo que este Manual foi baseado para atender dentro desta área especializada, cujos profissionais trabalham em todos os rincões do nosso Brasil.

Todas as matérias aqui compiladas foram baseadas em normas, convenções e práticas profissionais de anos em diversas firmas projetistas e instaladoras.

Agradeço a todos aqueles que, de uma forma ou de outra, colaboraram e, principalmente, a meus dois jovens filhos que com o mesmo objetivo de realizar algo construtivo para o bem do nosso Brasil.

ÍNDICE

I – SIMBOLOGIA E FLUXOGRAMA

II – PROJETO, CONEXÕES, INSTALAÇÕES E TESTES

CAPÍTULO I – SIMBOLOGIA E FLUXOGRAMA

VÁLVULAS – FLANGEADAS

Nas representações das válvulas, algumas são semelhantes, que normalmente são representadas por nomenclatura, conforme a indústria quando apresentadas em plantas de tubulação ou fluxogramas – Ex.: GA = Gaveta , GL = Globo, etc.

DESCRIÇÃO	PLANTA	ELEVAÇÃO	VÁLVULA
Agulha			
Angular		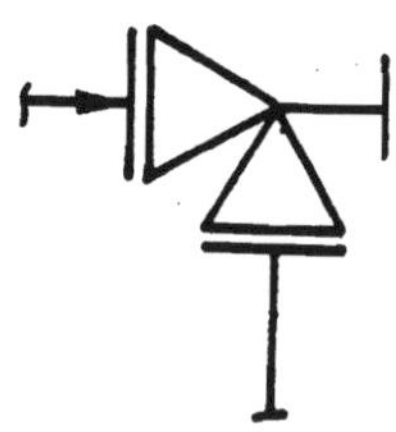	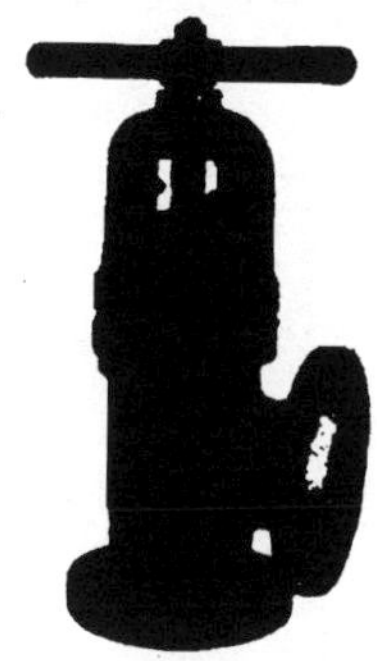
Borboleta		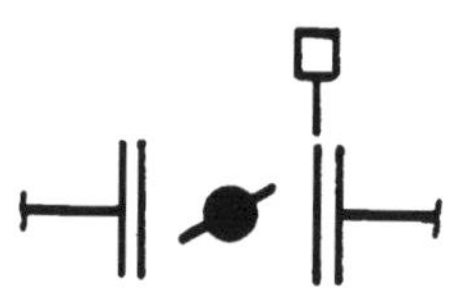	
Contrôle	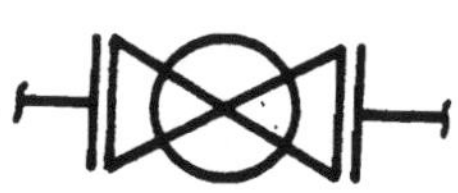	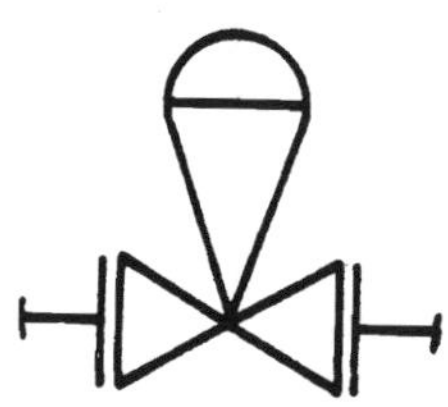	

DESCRIÇÃO	PLANTA	ELEVAÇÃO	VÁLVULA
Diafragma			
Esfera	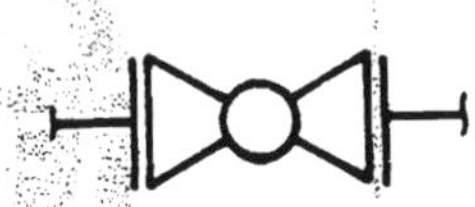	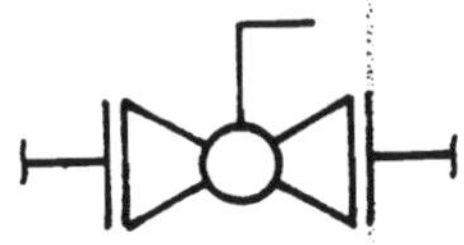	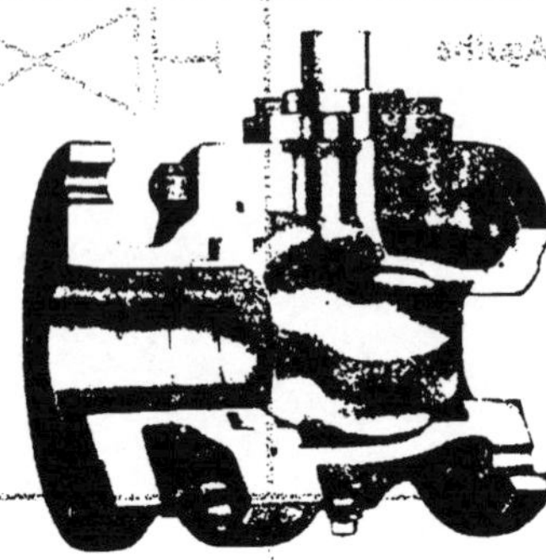
Gaveta		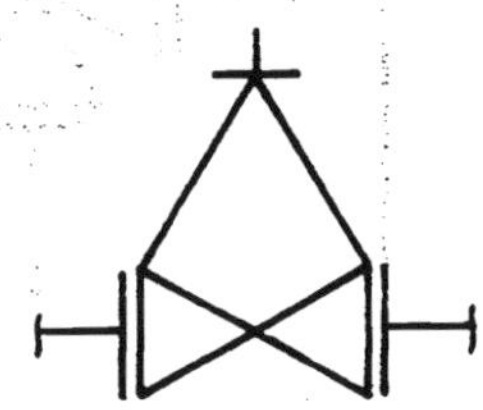	
Globo		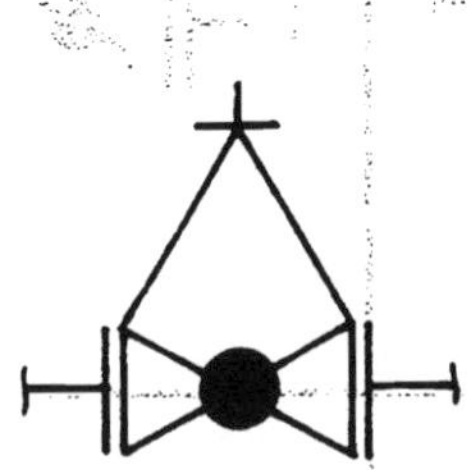	
Macho		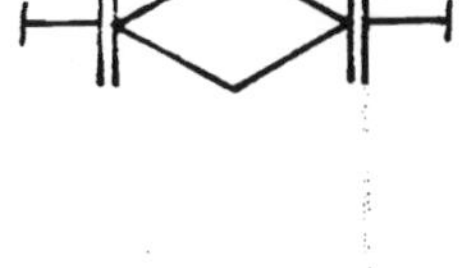	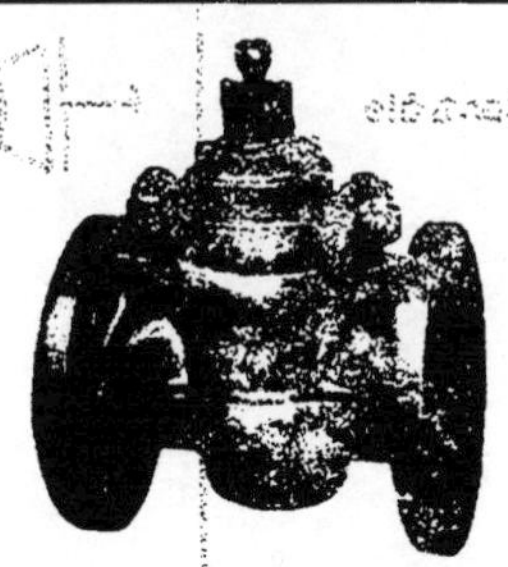

DESCRIÇÃO	PLANTA	ELEVAÇÃO	VÁLVULA
Macho (Tipo Wedge Plug)			
Pé com Crivo			
Retenção			
Retenção Angular		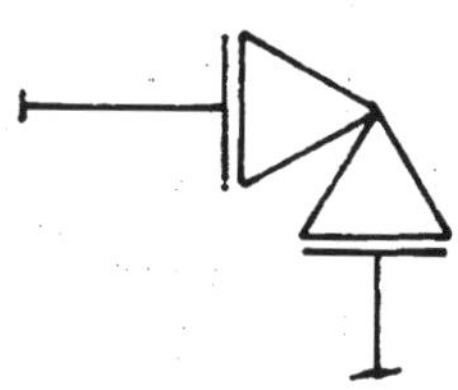	
Retenção e Fechamento			
Segurança	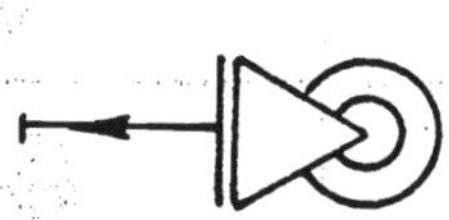	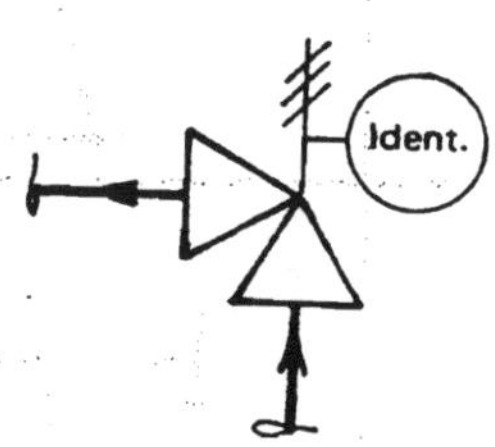	

DESCRIÇÃO	PLANTA	ELEVAÇÃO	VÁLVULA
3 Vias			
4 Vias			
Solenóide	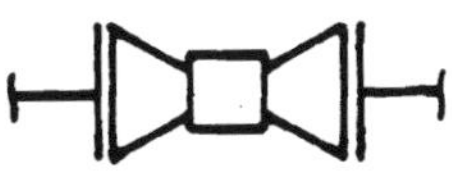		
Qualquer válvula com volante para corrente	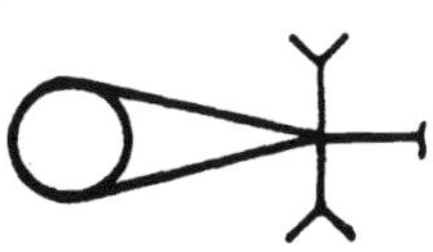	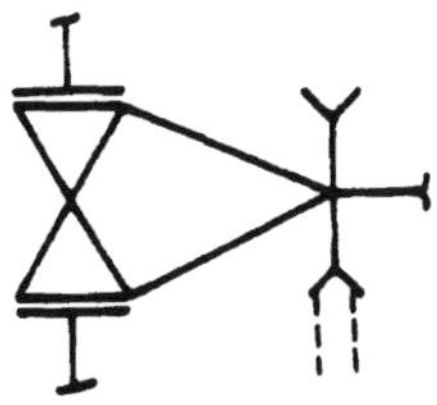	

CONEXÕES – FLANGEADAS

DESCRIÇÃO	PLANTA	ELEVAÇÃO	CONEXÃO
Curva 90°			
Curva 45°			
Tê			

DESCRIÇÃO	PLANTA	ELEVAÇÃO	CONEXÃO
Derivação Y		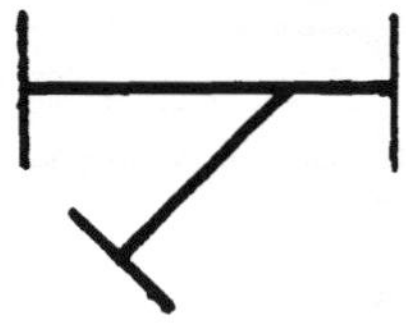	
Redução Concêntrica	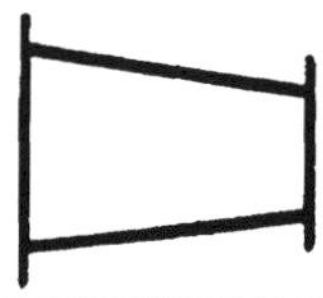	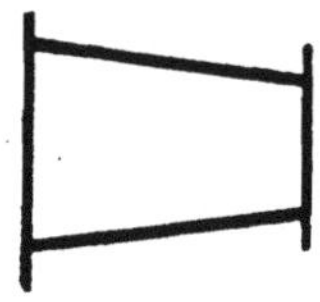	
Redução Excêntrica	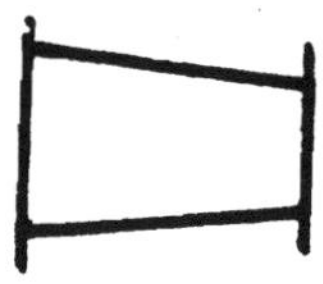	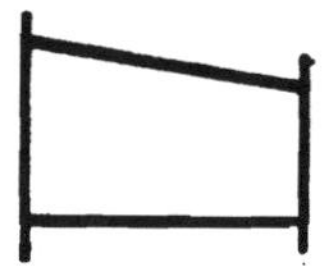	

VÁLVULAS – ROSQUEADAS

DESCRIÇÃO	PLANTA	ELEVAÇÃO	VÁLVULAS
Agulha		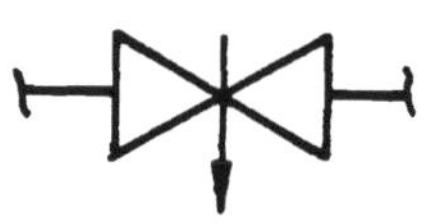	
Angular	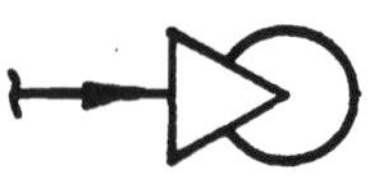	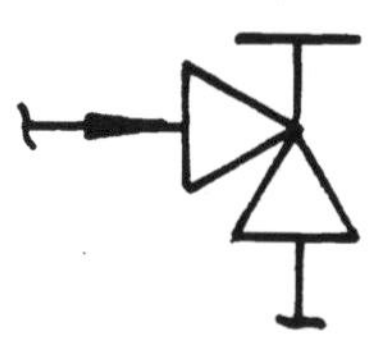	
Boia			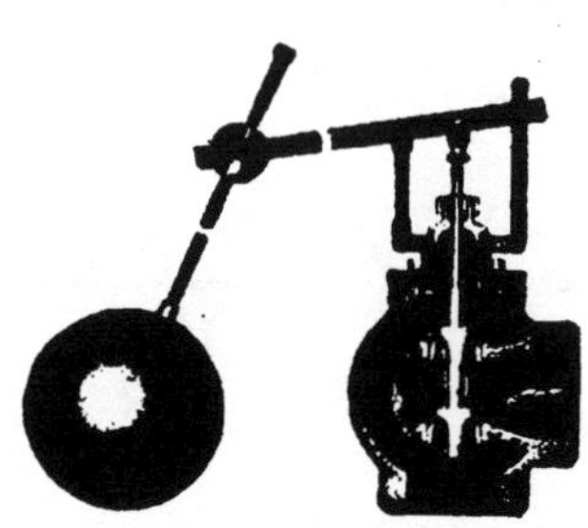

DESCRIÇÃO	PLANTA	ELEVAÇÃO	VÁLVULA
Contrôle	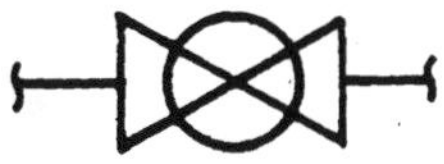	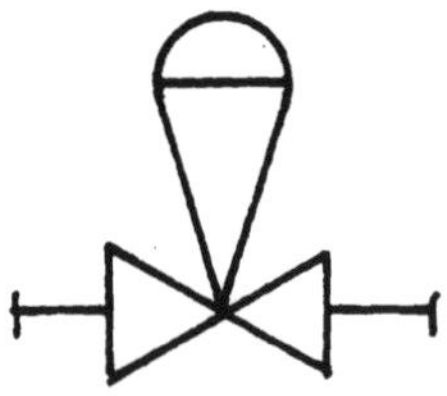	
Diafragma			
Esfera	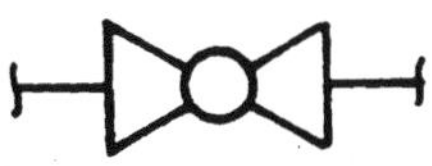	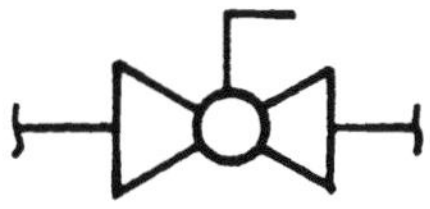	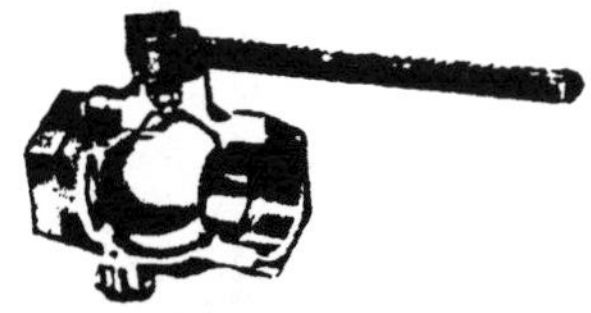
Gaveta		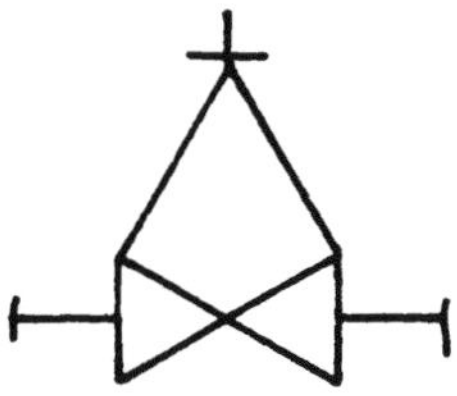	
Globo		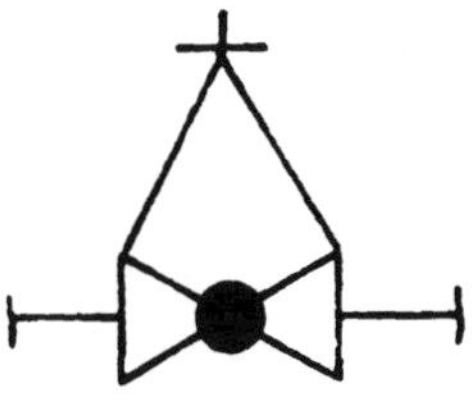	
Macho	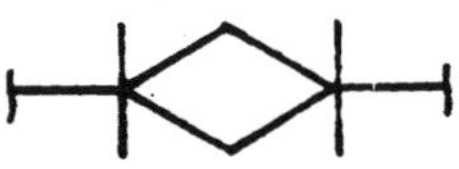	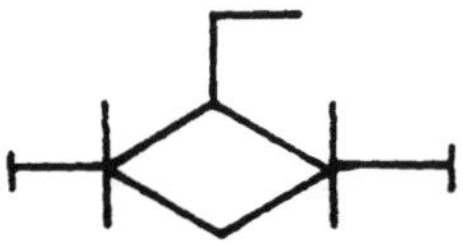	

DESCRIÇÃO	PLANTA	ELEVAÇÃO	VÁLVULA
Macho (Tipo Wedge Plug)	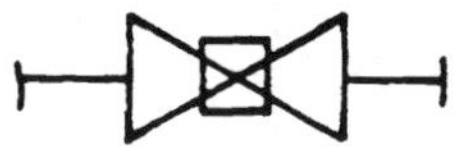		
Pé com Crivo			
Pressão e Vácuo	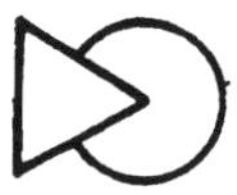	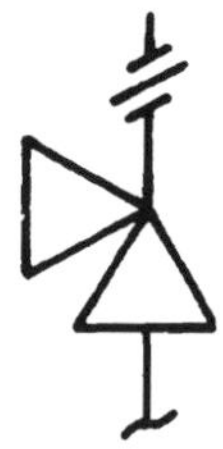	
Retenção Angular	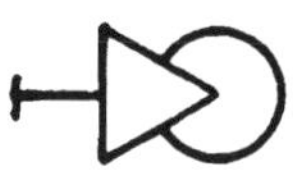		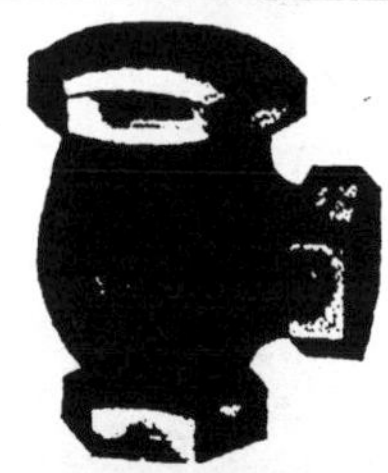
Retenção			
4 Vias		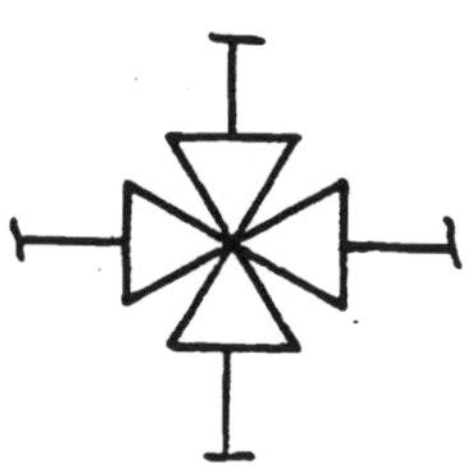	
3 Vias			

DESCRIÇÃO	PLANTA	ELEVAÇÃO	VÁLVULA
Solenóide	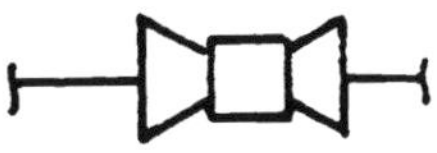		

CONEXÕES ROSQUEADAS

DESCRIÇÃO	PLANTA	ELEVAÇÃO	CONEXÃO
Curva 90º			
Curva 45º	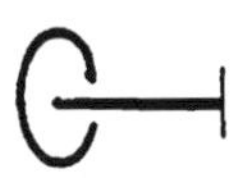		
Tê			
Derivação Y	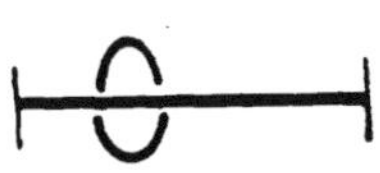	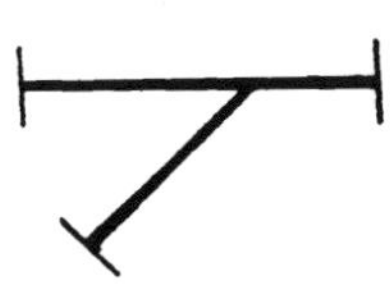	
Redução Concêntrica	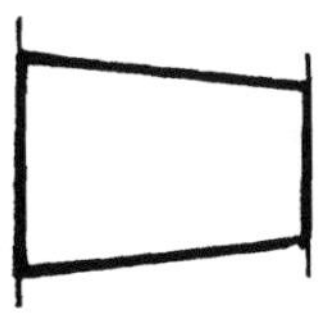	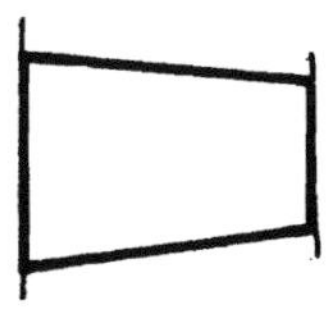	
Redução Excêntrica	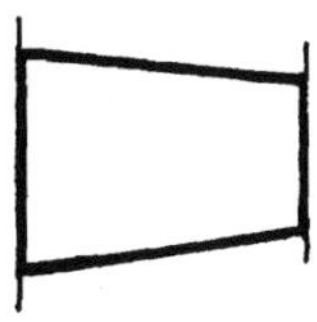	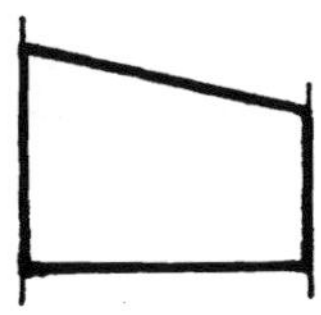	

VÁLVULAS SOLDADAS DE TÔPO

DESCRIÇÃO	PLANTA	ELEVAÇÃO	VÁLVULA
Angular	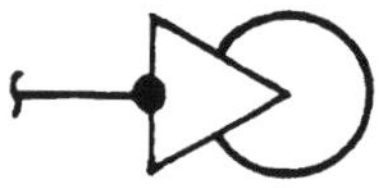	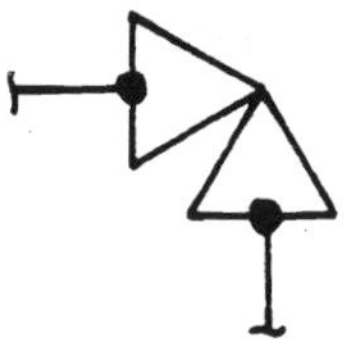	
Diafragma		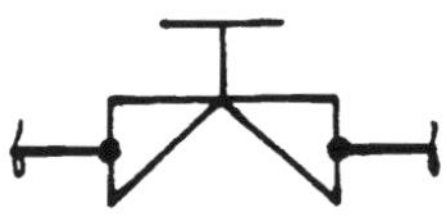	
Gaveta		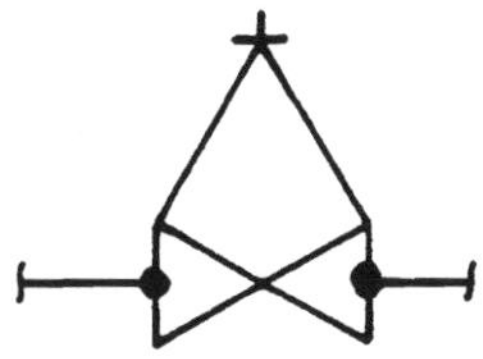	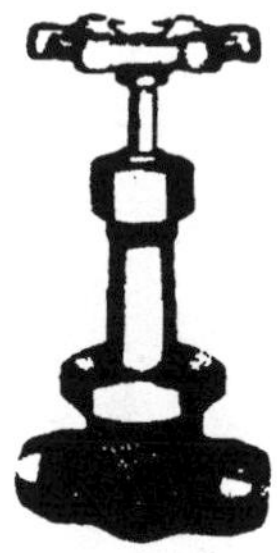
Globo		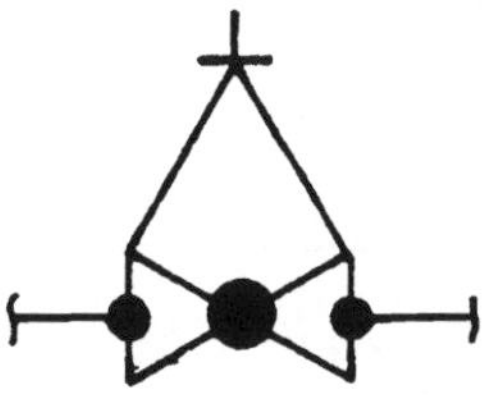	
Retenção			

CONEXÕES SOLDADAS DE TÔPO

DESCRIÇÃO	PLANTA	ELEVAÇÃO	CONEXÃO
Curva 180º			
Curva 90º	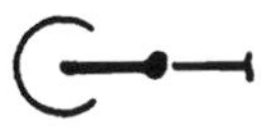		
Curva 45º			
Tê			
Derivação Y			
Redução Concêntrica		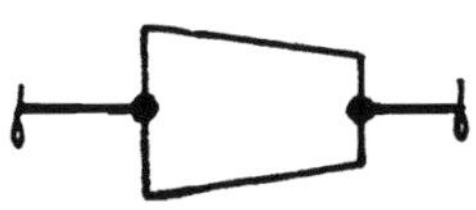	
Redução Excêntrica	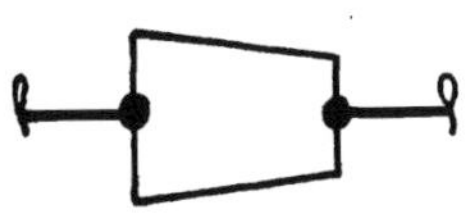	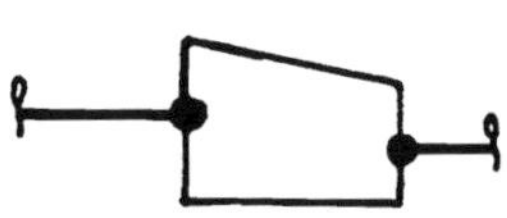	
Tampão			
Bôca de Lôbo Simples			
Sela			

DESCRIÇÃO	PLANTA	ELEVAÇÃO	CONEXÃO
Terminal para Tubos (Stub End)			

VÁLVULAS SOLDADAS DE ENCAIXE

DESCRIÇÃO	PLANTA	ELEVAÇÃO	VÁLVULA
Esfera	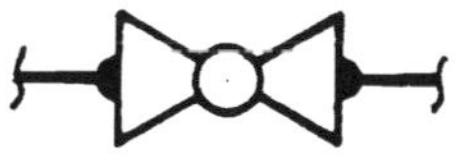	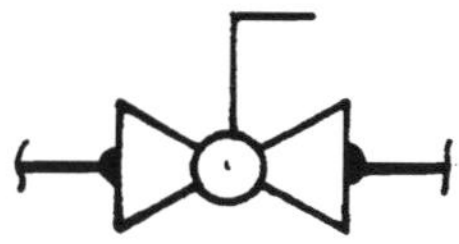	
Gaveta		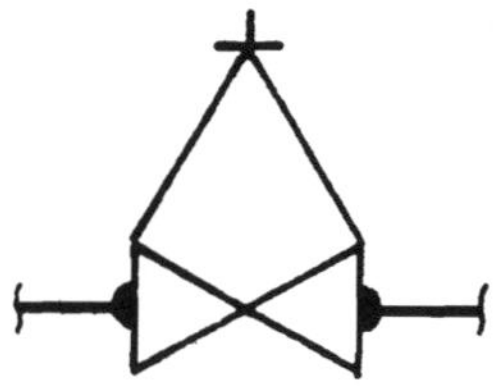	
Globo		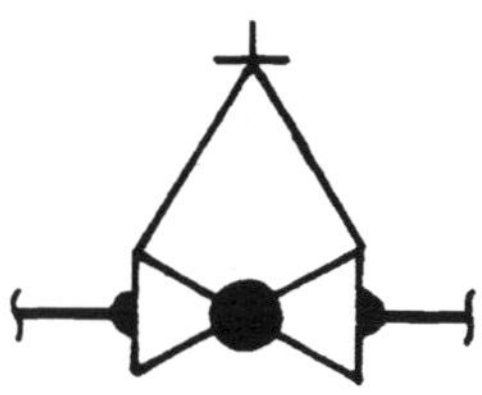	

CONEXÕES SOLDADAS DE ENCAIXE

DESCRIÇÃO	PLANTA	ELEVAÇÃO	CONEXÃO
Curva 90º		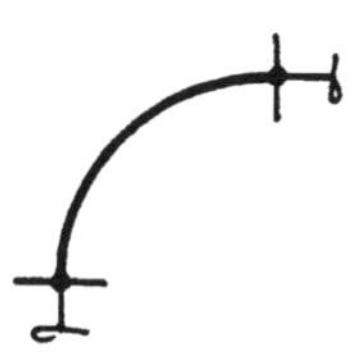	
Curva 45º			

DESCRIÇÃO	PLANTA	ELEVAÇÃO	CONEXÃO
Tê			
Derivação Y	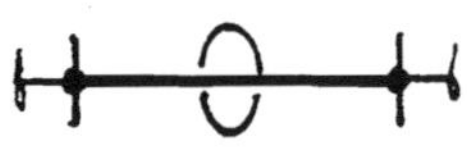	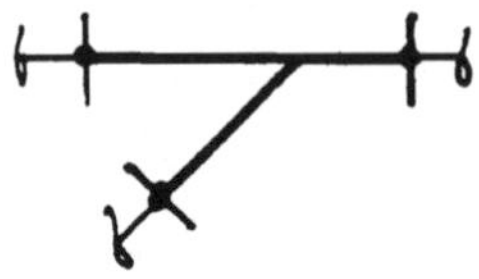	
Redução Concêntrica			
União			
Luva	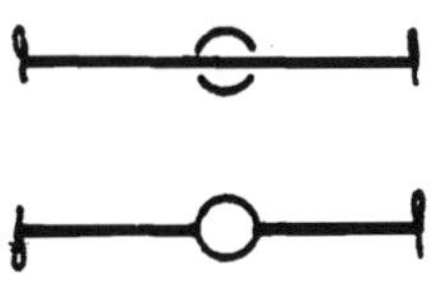		
Colar		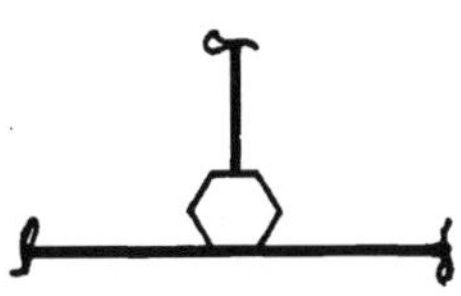	

CONEXÕES FORA DE PADRÃO (Normalmente Fabricadas no Campo)

DESCRIÇÃO	PLANTA	ELEVAÇÃO	CONEXÃO
Curva em Gomos (Miter)			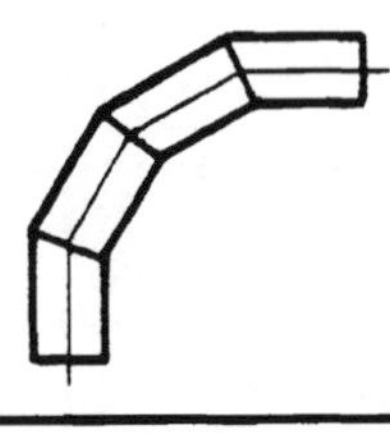
Tubo Dobrado		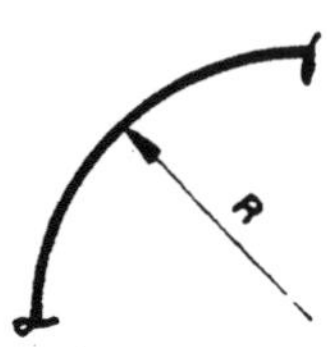	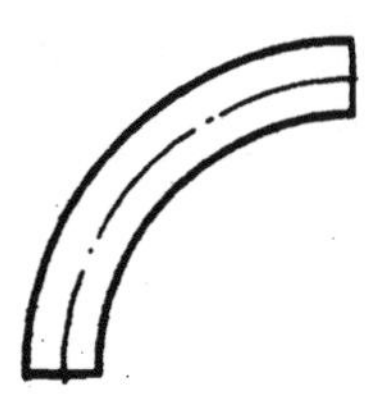

DESCRIÇÃO	PLANTA	ELEVAÇÃO	CONEXÃO
Tubo	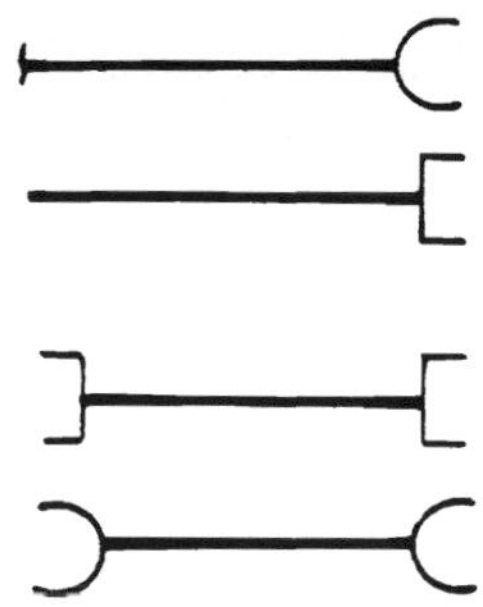	**Nota:** Como simbologia os projetistas indicam a bolsa com semi-círculo ou retangular.	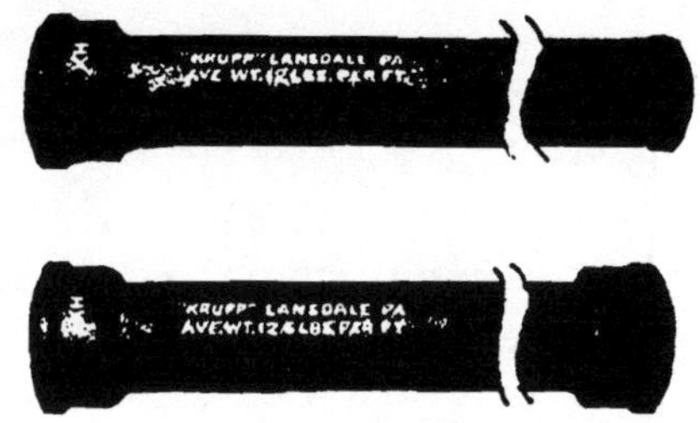
Curva 180°			
Curva 90°		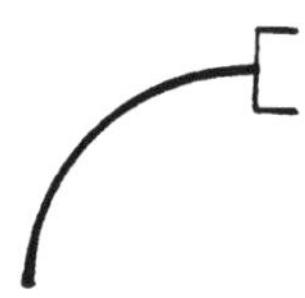	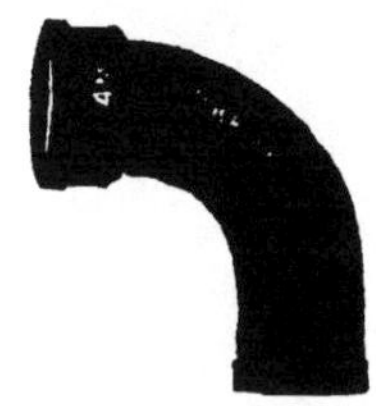
Curva 45°	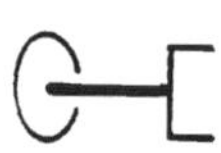		
Tê		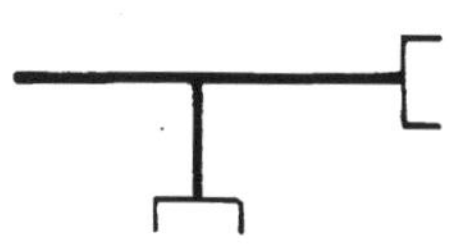	
Derivação Y		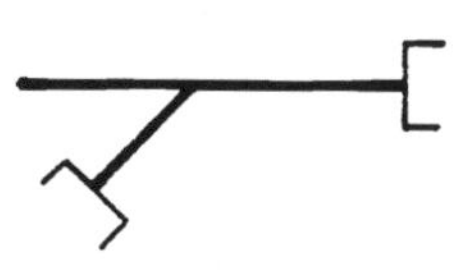	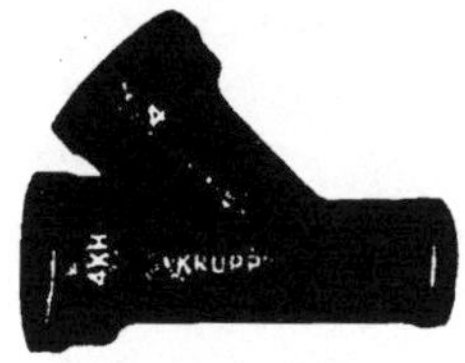
Redução Concêntrica	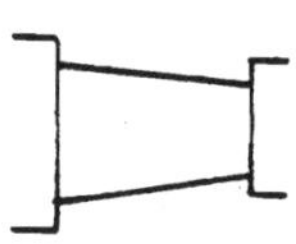	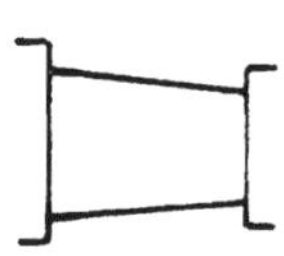	
Tampão			

FLANGES

DESCRIÇÃO	SIMBOLOGIA	FLANGE
Pescoço (W. N.)		
Sobreposto (S. O.)		
Rosqueado		
Soldada de Encaixe		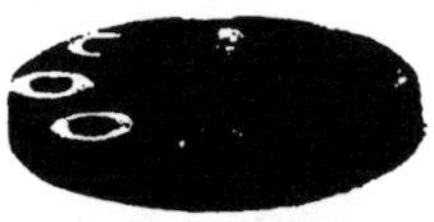
Orifício	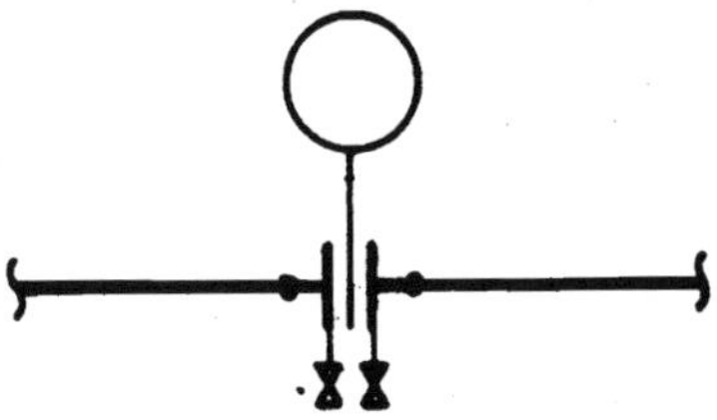	
Solto com Pestanas		
Com Figura em Forma de 8	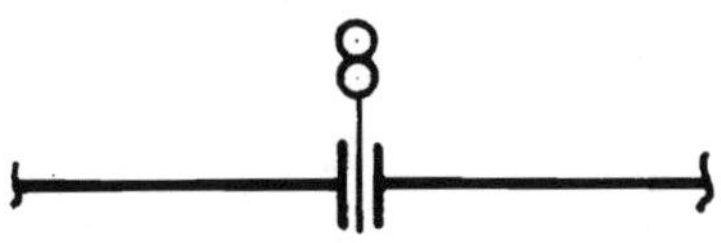	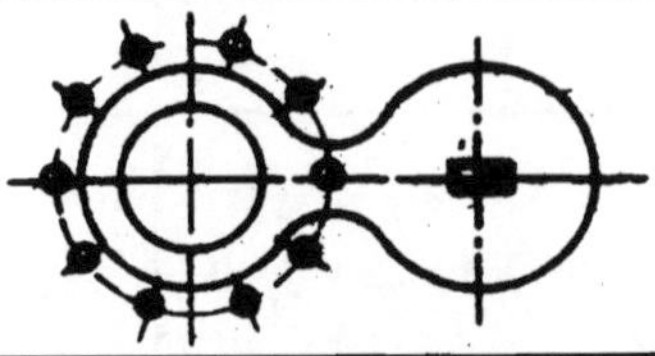
Raquete		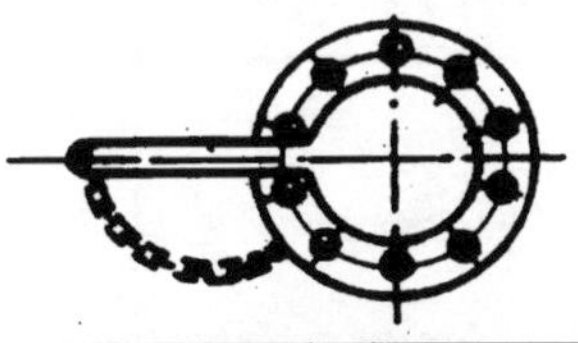
Cego		

MUDANÇAS DE DIREÇÃO

DESCRIÇÃO	FLANGEADA		ROSQUEADA	
	PLANTA	ELEVAÇÃO	PLANTA	ELEVAÇÃO
Para cima ou para baixo 90º		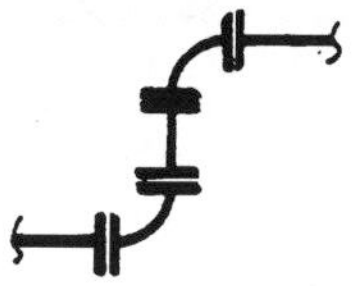		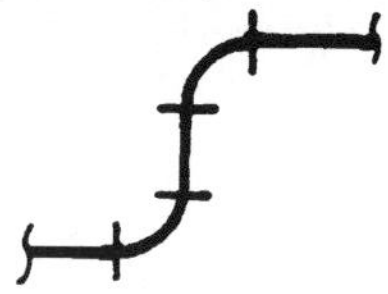
Para cima 45º	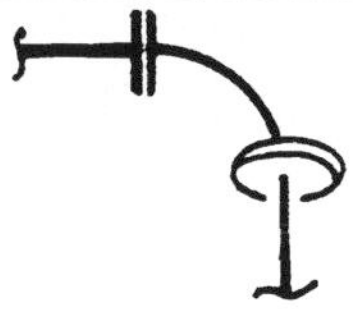	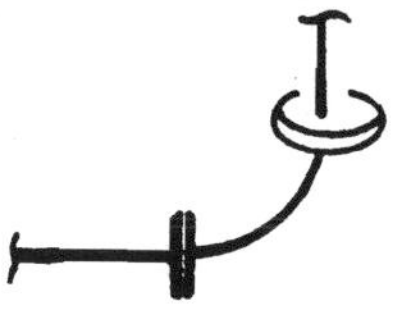	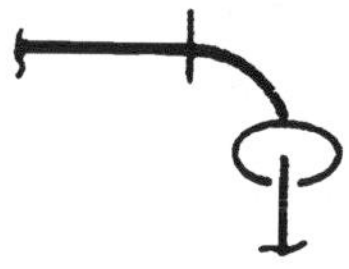	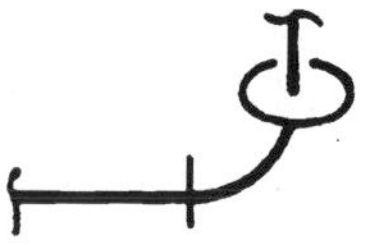
Para baixo 45º	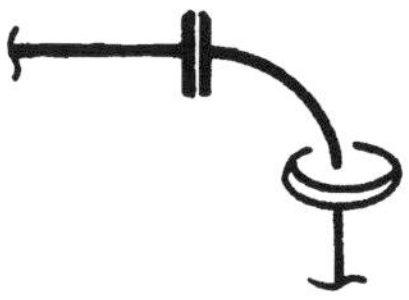	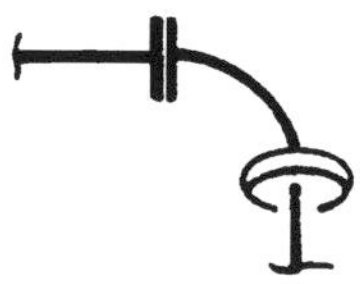	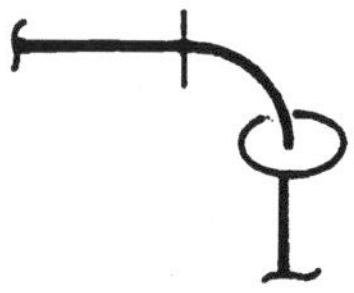	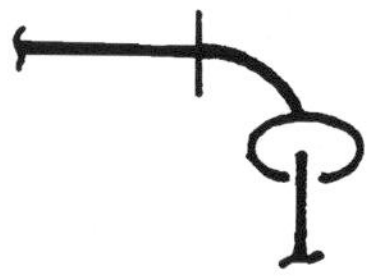

DESCRIÇÃO	SOLDA DE TÔPO		SOLDA DE ENCAIXE	
	PLANTA	ELEVAÇÃO	PLANTA	ELEVAÇÃO
Para cima ou para baixo 90º		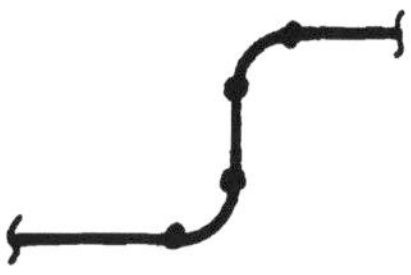		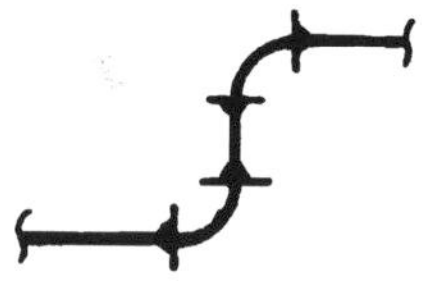
Para cima 45º	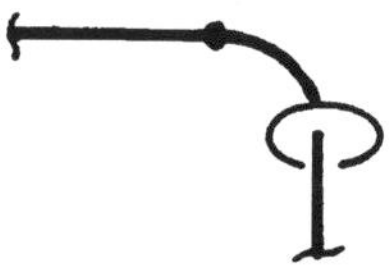	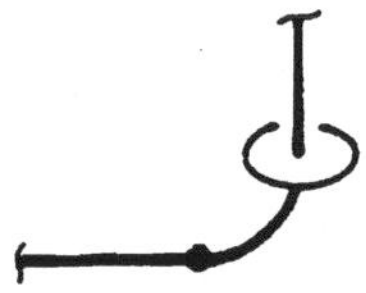	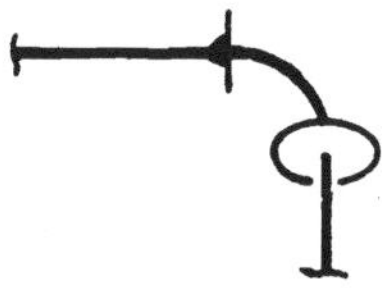	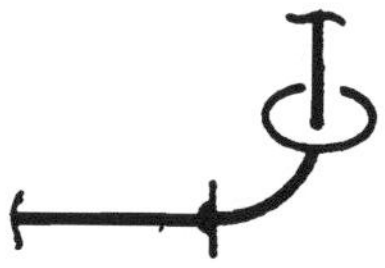
Para baixo 45º		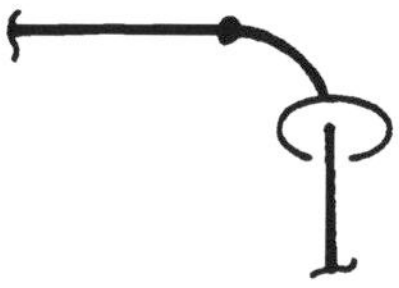	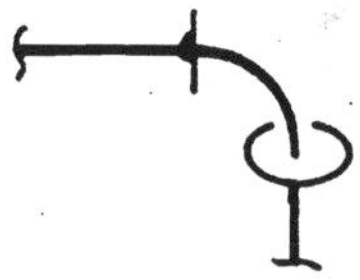	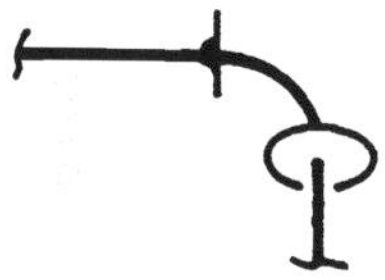

REPRESENTAÇÕES

DESCRIÇÃO	SIMBOLOGIA
Tubo Dobrado para Baixo à 90º	
Tubo Dobrado para Cima à 90º	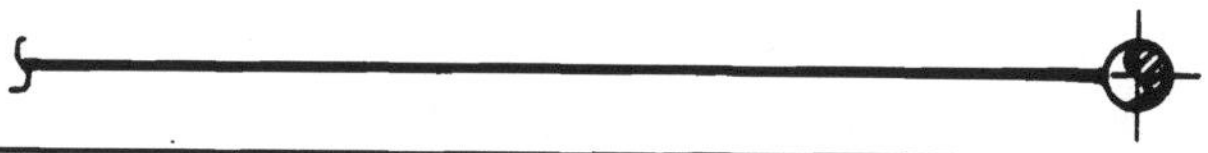
Mudança de Elevação a 45º	
Tubulação de 10", inclusive, ou menor	
Tubulação de 12", ou maior	

DESCRIÇÃO	SIMBOLOGIA
Tubulação com Aquecimento	
Tubulação Ponta e Bolsa	
Linha de Centro	
Equipamentos fornecidos por Terceiros	
Pontos de Referência para Notas	
Limite de Unidade	
Linha Indicativa de Área ou Coincidência de Desenho	
Linha Indicativa de Cortes ou Vistas	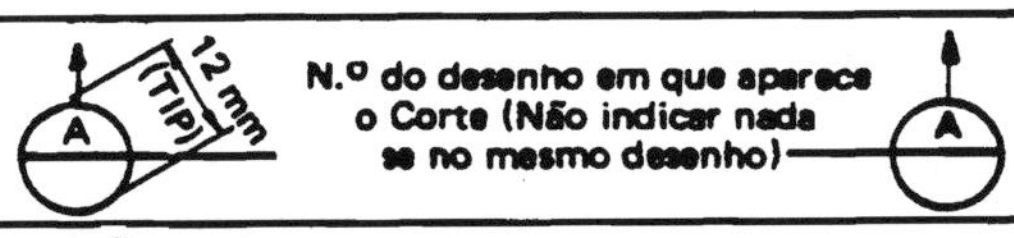
Indicação de Nível em Pisos e Plataformas	
Indicação de Nível (Em Elevação)	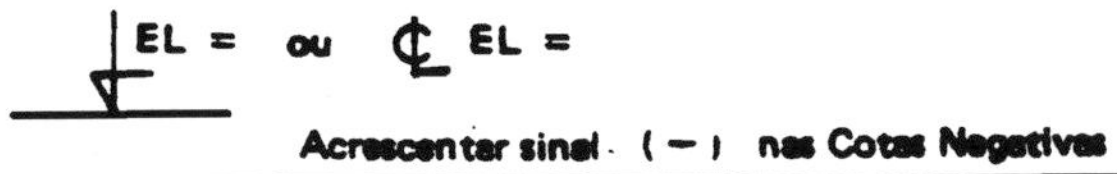
Linha para Cotas	
Estação de Purga	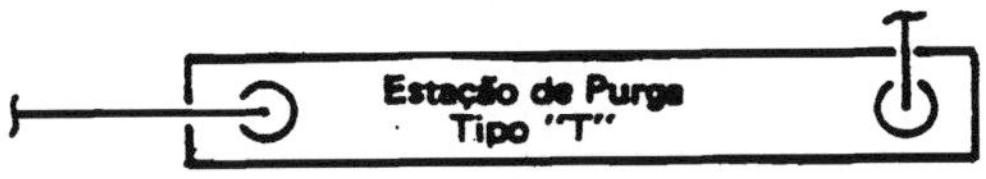
Estação de Contrôle	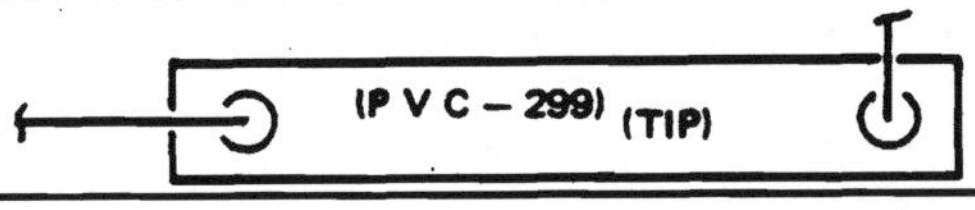
Linha de Contorno de Equipamento	
Flecha Indicativa de Norte (Norte de Projeto) Para Formatos Tamanho A - 1 e A - 0	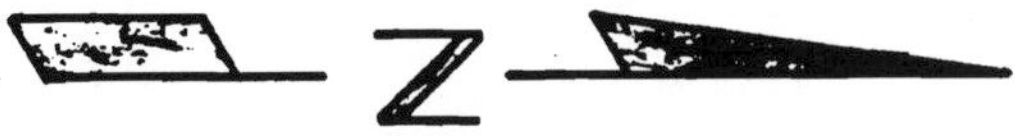
Flecha Indicativa de Norte (Norte de Projeto) Para Formatos Tamanho A - 4, A - 3 e A - 2	
Início do Traço de Vapor	 X = N.º da Linha a ser aquecida
Fim do Traço de Vapor	 X = N.º da Linha a ser aquecida

SUPORTES

Nota: As nomenclaturas usadas para designação de tipos de suportes são várias. Aqui apresentamos apenas exemplos aleatórios de nomenclatura.

DESCRIÇÃO	SIMBOLOGIA
Ancoragem Total MK-44 ou MK-45	 MK = ...
Ancoragem Longitudinal MK-46 ou MK-47	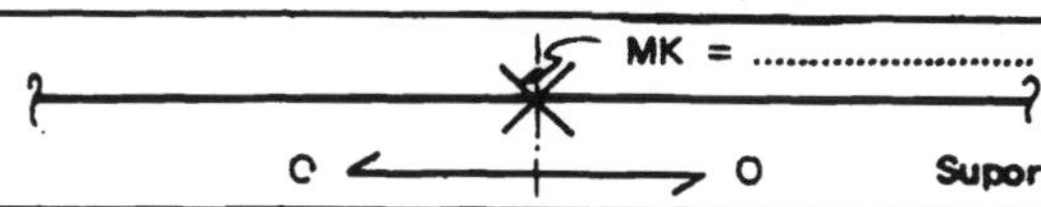 MK = ... Inglês DS - SP Suporte Especial
Guia – MK-48 ou MK-49	 MK = ...
Suporte de Mola	 SM = ...
Suporte Pendural	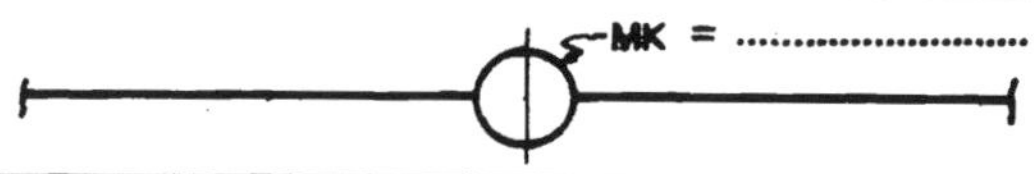 MK = ...
Suporte de Campo	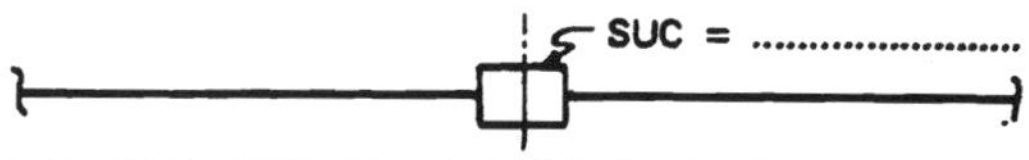 SUC = ...
Suporte com Base	 MK = ...
Suporte Especial Projetado	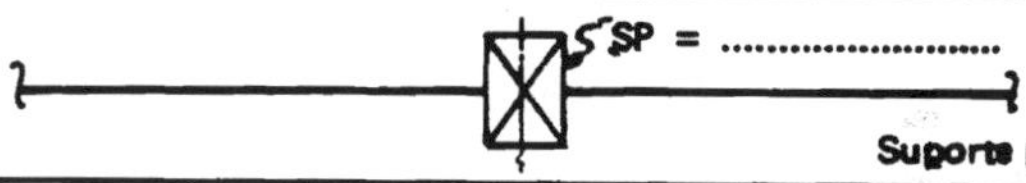 SP = ... Suporte para Campo
Suporte para Tubo Vertical	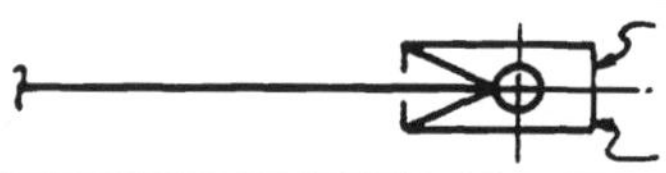 MK = ... EL = ... ou SUC = ... EL = ...
Guia para Tubo Vertical	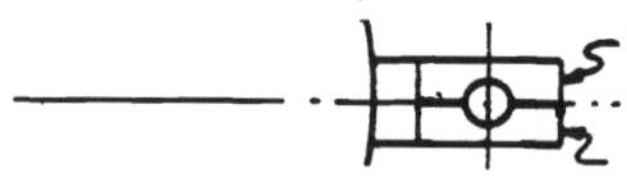 MK = ... EL = ... ou SUC = ... EL = ...

ACESSÓRIOS

DESCRIÇÃO	PLANTA	ELEVAÇÃO	ACESSÓRIO
Filtro com Válvula		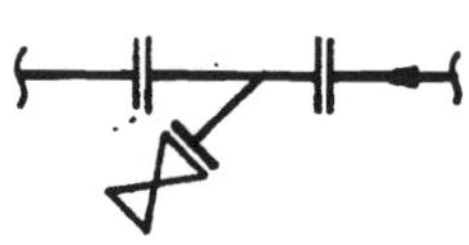	
Filtro Temporário	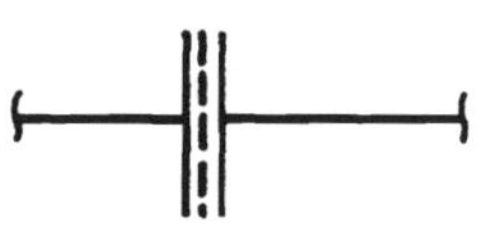	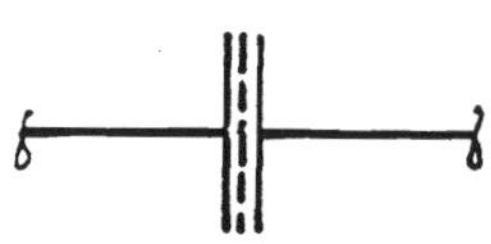	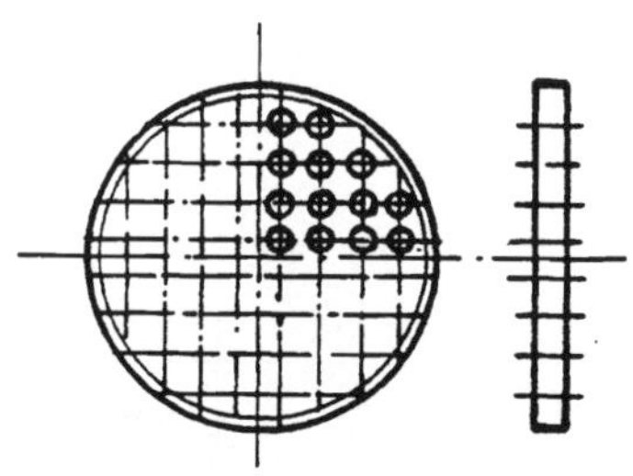

DESCRIÇÃO	PLANTA	ELEVAÇÃO	ACESSÓRIO
Filtro de Cesta	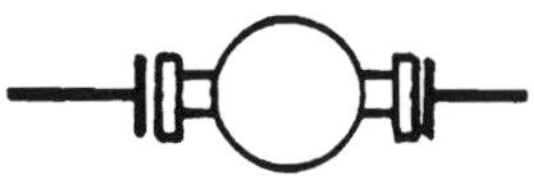	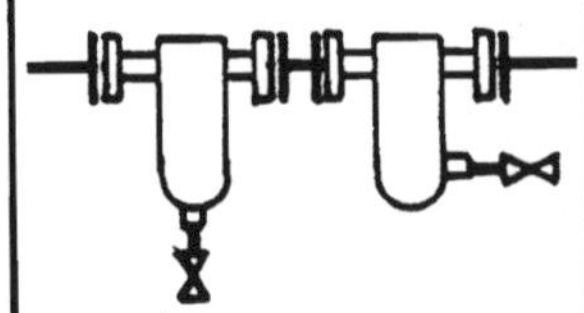	
Purgador Termodinâmico	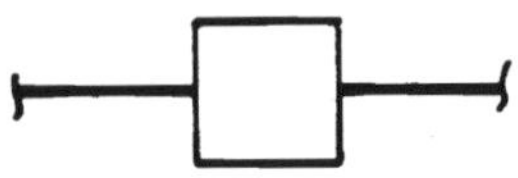	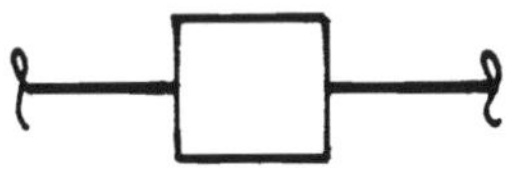	
Separador	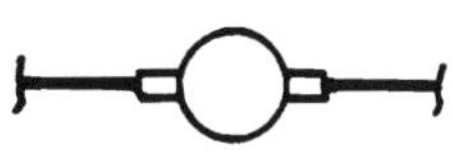	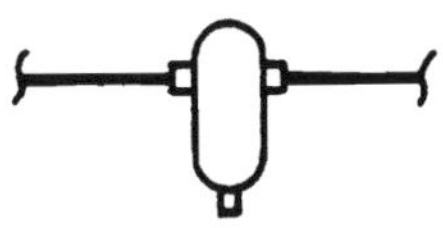	
Visor de Linha	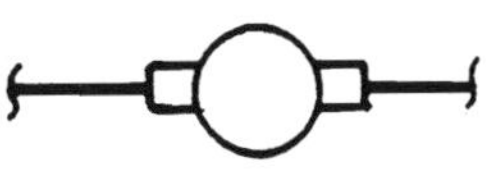	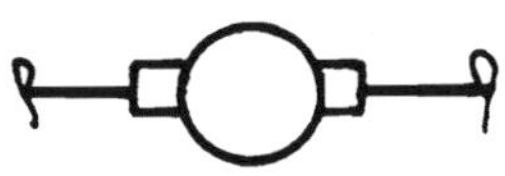	
Disco de Ruptura	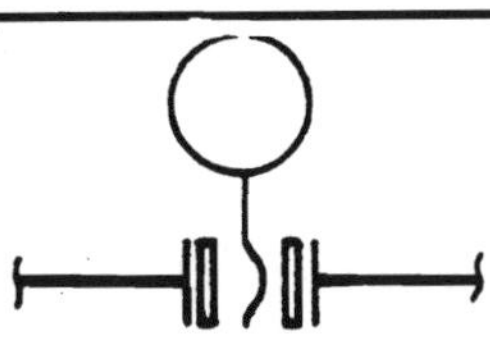	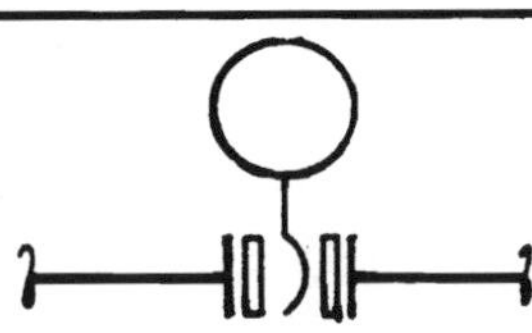	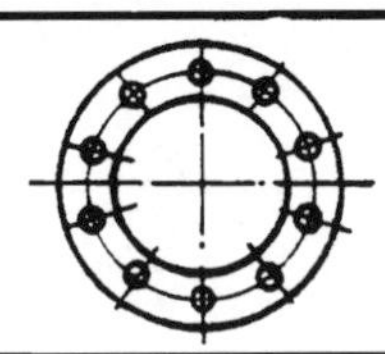
Tubo Flexível	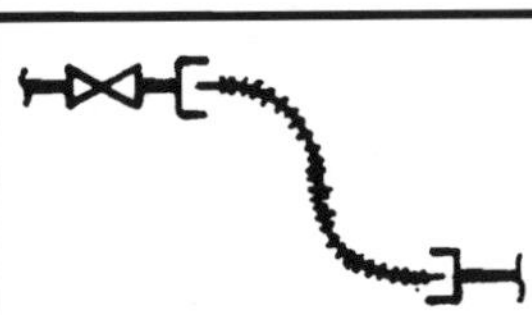	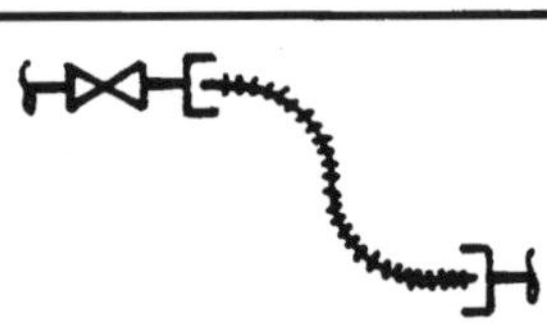	
Mangueira Flexível			—
Junta de Expansão			

DESCRIÇÃO	SIMBOLOGIA	INSTRUMENTOS
Tubo Capilar		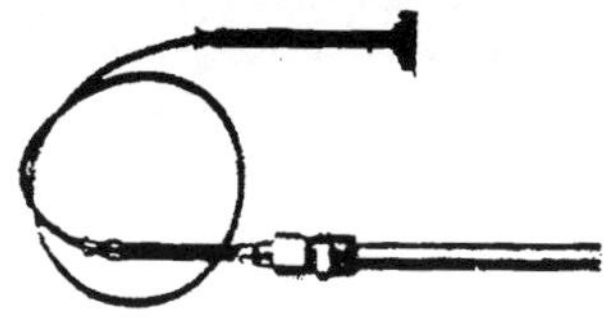
Tubo de Ar		—
Fio Elétrico		—
Instrumento montado no Painel		—
Instrumento montado no Local	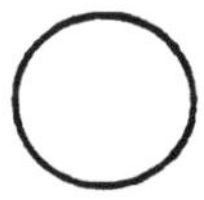	—
Indicador de Temperatura	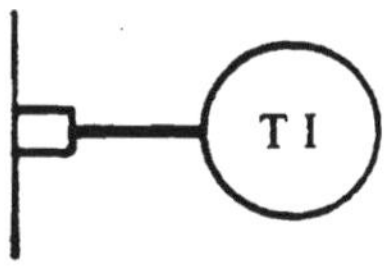	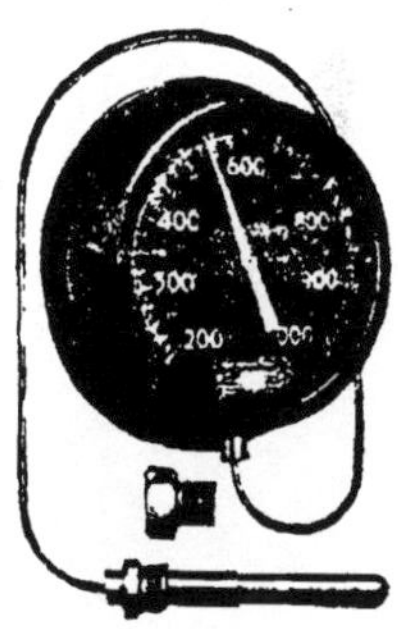
Indicador de Pressão	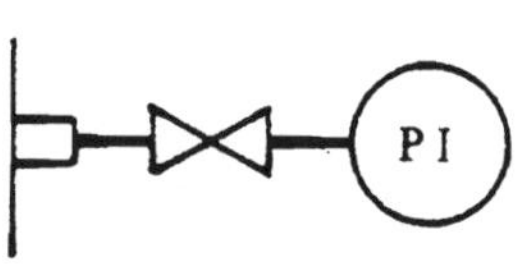	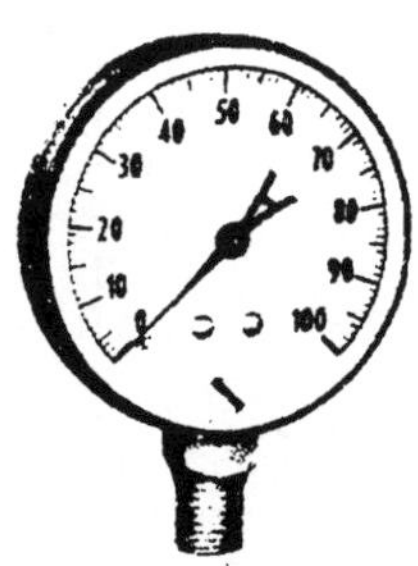

DESCRIÇÃO	SIMBOLOGIA	INSTRUMENTOS
Rotâmetro	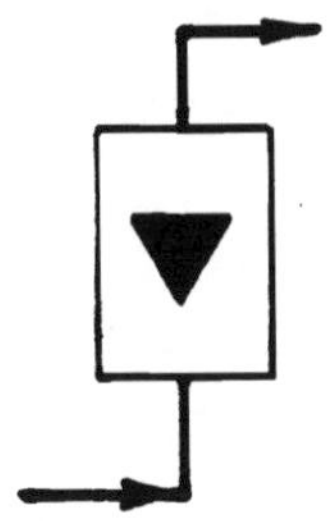	
Controlador de Nível	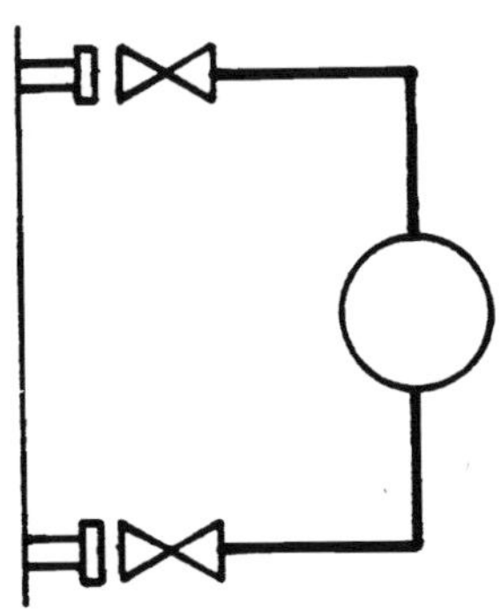	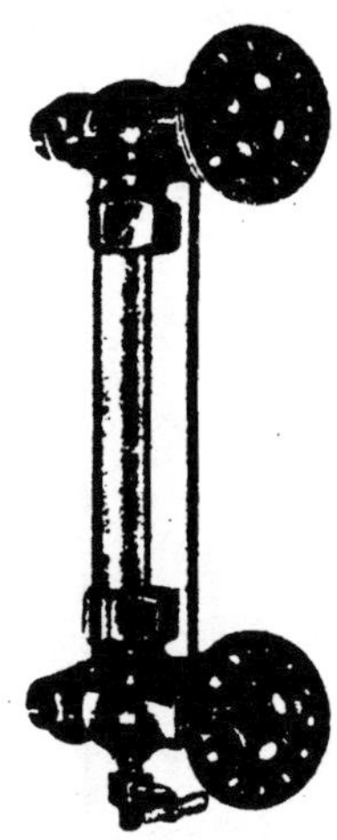
Visor de Nível	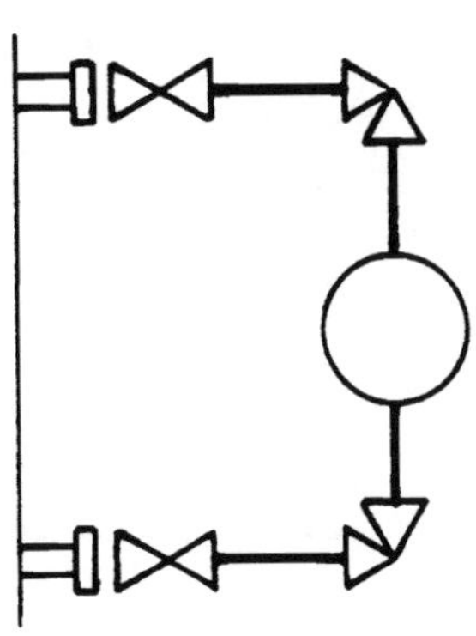	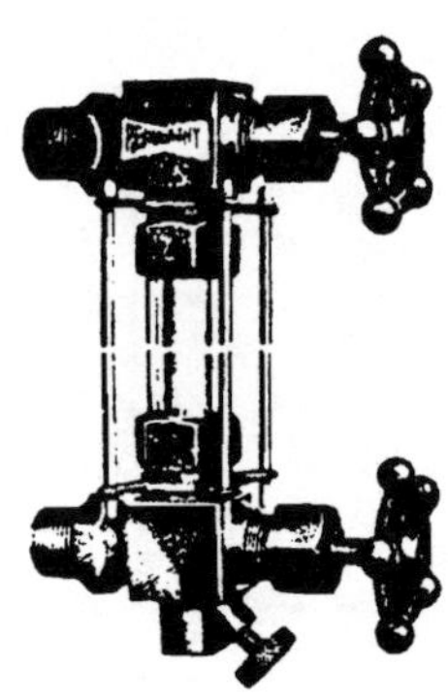

SIMBOLOGIA DE VÁLVULAS E CONEXÕES
(USADO NA INDÚSTRIA NAVAL)

SÍMBOLOS	PORTUGUÊS	INGLÊS
	Válvula de passagem ou interceptação.	Stop valve.
	Válvula de passagem em ângulo.	Angle stop valve.
	Válvula de agulha	Needle valve.
	Válvula de retenção com haste.	S. D. N. R. valve.
	Válvula em ângulo de retenção com haste.	Angle S. D. N. R. valve.
	Válvula de retenção sem haste.	Nen - return valve.
	Válvula de retenção de Balanço.	Swing check valve.
	Válvula de gaveta.	Gate valve.
	Válvula de vedação com curso retilíneo.	Stop check valve.
	Válvula de passagem com conexão de mangueira.	Stop valve with hose connection.
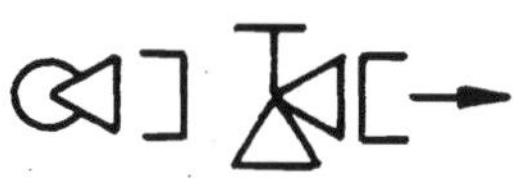	Válvula de passagem em Angular com conexão de mangueira.	Stop valve with hose connection angle type.
	Arranjos de válvulas com comando de distância.	Aboves valves arrang with distance control.
	Válvula de vácuo com selagem.	Above valves arrang withvacuum - seal.
	Válvula com alavanca fechamento rápido ou emergência.	Quick elosing valve.

	Válvula com alavanca de fechamento rápido angular.	Quick closing valve angle type.
	Válvula de redução.	Reducing valve.
	Válvula reguladora com diafragma.	Diaphragm control valve.
	Válvula de governo.	Governor valve.
	Controlador de nível ou piloto.	Level of control pil.
	Válvula de mola.	Spring loaded valve
	Válvula de mola em ângulo.	Spring loaded valve.
	Válvula de controle de pressão.	Back pres. valve
	Válvula pneumática.	Pneum. operated stop valve.
	Válvula de descarga.	Unloading valve.
	Válvula de controle manual.	Hand control regulating valve.
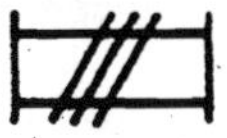	Tubo flexível.	Flexible pipe.
	Funil aberto	Open funnel.
	Funil aberto com tela.	Open funnel with strainer
	Funil com tampa.	Covered funnel.
	Funil fechado.	Clossed funnel.
	Válvula de segurança ou alívio tipo aberto.	Safety or relief valve open type.

Símbolo	Português	English
	Válvula de segurança com sêlo líquido (t.f.).	Safety valve with water seal clos. type.
	Válvula de segurança com conexão de dreno.	Safety valve with drain connection clos type.
	Válvula de segurança com pesos tipo fechado.	Safety valve with lifintig device a.d.
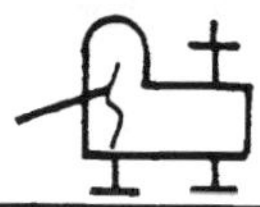	Válvula de segurança com peso fechado e conexão com dreno.	Safety valve w/liftinge device a. drain.
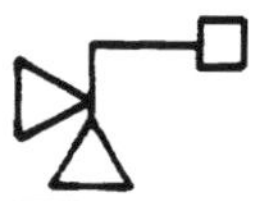	Válvula de segurança com alavanca de conexão com peso.	Weight laded safety valve.
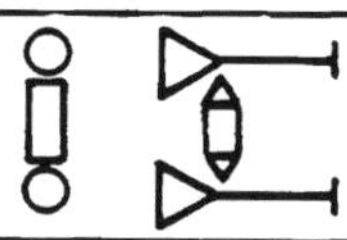	Indicador de nível com válvulas.	Gage glass with valves.
	Indicador de nível com torneiras.	Gage glass with clcks.
	Indicador automático de nível.	Selfclosing level indicator.
	Indicador de nível e distância.	Distance level indicator.
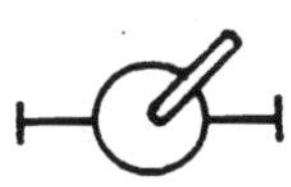	Bomba manual.	Hand pump.
	Alarme acústico.	Acoustic - alarm.
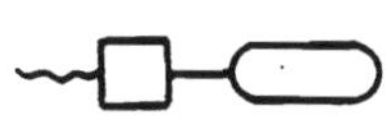	Indicador elétrico de nível.	Level switch (electric type).
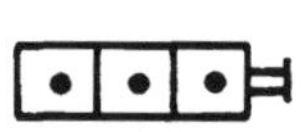	Piano de válvulas com passagem livre.	Distribution box w/stop valves.
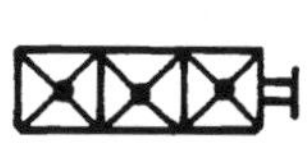	Piano com válvulas de retenção.	Distribution box w/screw down nen ret.
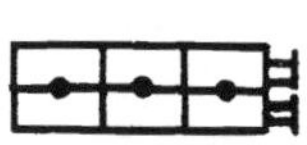	Piano de válvulas com conexão de aspiração e descarga.	Comb. suction s. disch. distance box.
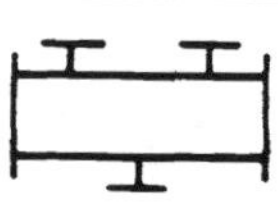	Piano de válvulas.	Distribution piece w/connections.
	Termômetro.	Thermometer.

	Leitura termostática a distância.	Distance reading therm electric or capilarry
	Registrador de temperatura.	Temperature recorder
	Manômetro.	Press. gage.
	Vácuo (manômetro de vácuo).	Vacuum gage.
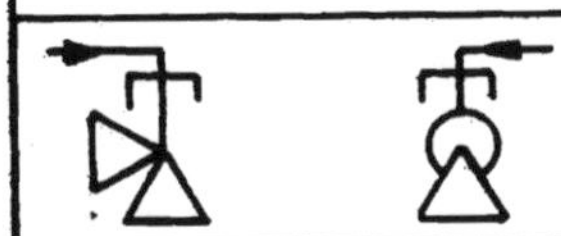	Válvula pneumática em ângulo.	Pneum operted stop valve (angle type).
	Torneira de desarejamento.	Air release blow-off or draincock.
	Torneira para manômetro.	Gage sock.
	Válvula reguladora de temperatura ou termostática.	Temp. contr. or temp. regulat. valve.
	Válvula de alimentação combinada com retenção.	Combined check feed valve.
	Torneira de mistura.	Mixing cock.
	Torneira de encaixe.	Plug cock.
	Válvula 3 direções com macho de 2 entradas.	3-Way cock with âng. hole.
	Válvula 3 direções com macho e entradas.	3-Way cock with three hole.
	Torneira para manômetro com conexão para teste.	Gage cock with test connection.
	Torneira automática para sanitário.	Sanitary cock self closing.
	Torneira de sanitário.	Sanitary cock.
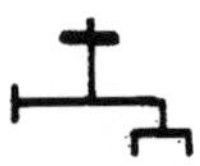	Torneira adaptação para mangueira.	Tapcock with hose connect.

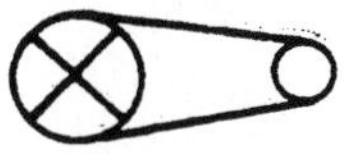	Válvula automática de dreno.	Self closing drain valve.
	Válvula descarga com fecho automático para válvula sanitário.	Self closing drain valve f/ sanitary systen.
	Torneira de sonda com fecho automático.	Self closing sounding cock.
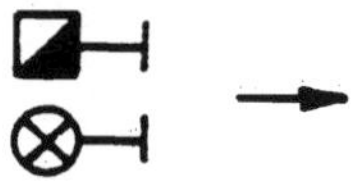	Válvula de pé.	Foot valve.
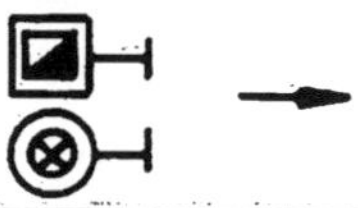	Válvula de pé com montagem de aspiração.	Suction estrume with mounted foot valve.
	Ralo de aspiração.	Suction strum.
	Filtro.	Strainer box.
	Filtro em "Y" (DERIV.).	"Y" Strainer.
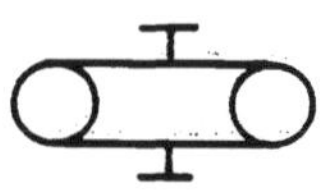	Filtro duplex.	Duplex strainer.
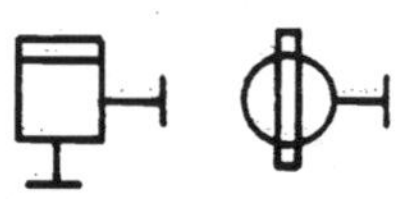	Ralo.	Mud box.
	Purgador.	Steam trap.
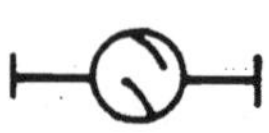	Visor.	Sigth glass.
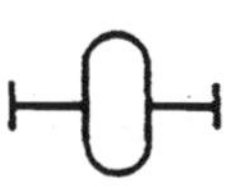	Junta de expansão tipo fole.	Exp. joint of the bellow type.
	Junta de expansão.	Exp. joint (sliding type).
	Vácuo - manômetro (manômetro de pressão e vácuo).	Vac. press. gage.
	Manômetro de dupla pressão.	Duplex. press. gage.
	Registrador de pressão.	Pressure recorder.

	Registrador de fluxo.	Flow recorder.
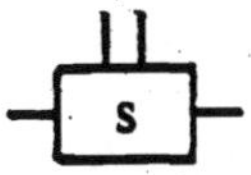	Célula salino métrica.	Salinometer cell.
	Suspiro.	Air cap.
	Pescoço.	Goose - neck.
	Pescoço de ganso sem retôrno.	Goose peck of non return type.
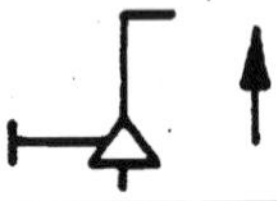	Coletor de condensador com conexão de dreno.	Condensate collector w/ drain connection.
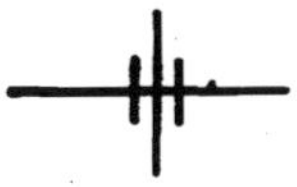	Flange reversível.	Spectacle flange.
	Placa de orifício.	Restriction flange.
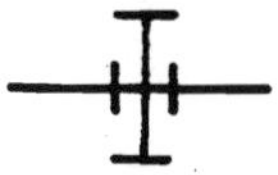	Retentor de fuligem.	Flane screen.
	Conexões no convés tipo embutido.	Deck connection of the flush type.
	Toma de convés.	Deck dop with stand piece.
	Embornal (vista d.t.).	Scupper (top vew)
	Chuveiro.	Shower.
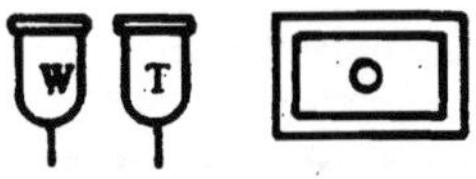	W = lavatório de canto P = Pia.	W = Wash basin T = Handwash basin.
	Ralo de esgôto.	Sink.
	Mictório.	Mictorio.
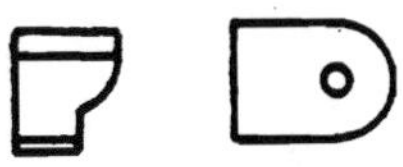	Vaso sanitário.	W. C.

	Válvula magnética.	Magnetic valve.
	Regulador de reno.	Drain regulator.
	Separador de água ou óleo.	Oil or water separator.
	Vaso de ar.	Air chamber.
	Linha aquecida e vapor.	Steamneated line.
	Banheira.	Bathing tub.
	Suspiro com sonda e enchimento.	Air cap with sound or filldop.
	Fluxômetro com válvula de passagem.	Flushometer stop valve.
	Válvula de sanitário.	Stop valve sanitary.
	Flange cego.	Blindflange.
	Macho de quatro direções.	Four way-cock.
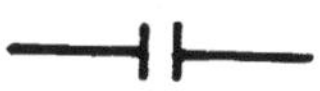	Acoplamento para tubos.	Pipe couplings.
	Curvas para transformação.	Chanping bend.
	Mangueira flexível.	Flezible nose.
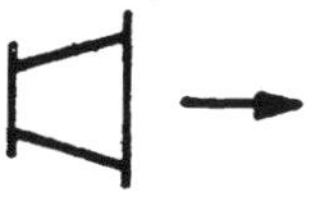	Expansor.	Expander.
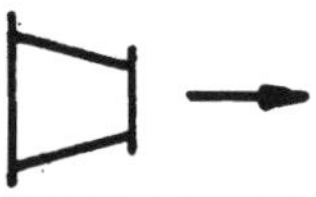	Redução.	Reducer.
	Tubo curto para sonda com torneira fechada automática.	Shortoounding pipe w/ selfclosing cock.

	Tubos subindo.	Pipes up.
	Tubos descendo.	Pipes down.
	Válvula de alívio.	Relief valve.
	Válvulas de dreno com fecho automático.	Selfclosing drain valve.
	Torneira.	Cock.
	Controle a distância.	Distance control.
	Válvula de controle.	Control valve.
	Ralo de aspiração.	Strumbox.
	Hidrante.	Fire hidrante.
	Válvula reguladora manual.	Hand regulating valve.
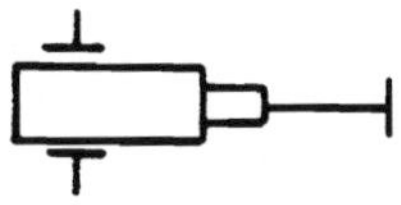	Válvula de gaveta selada a vácuo.	Gate valve with vaccum seal.
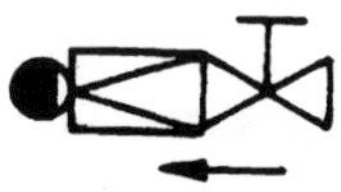	Purgador automático.	Exhaust unit.
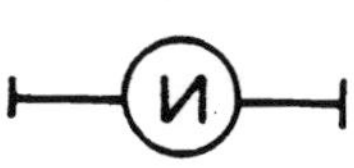	Visores com rotor.	Sight glass with rotator.
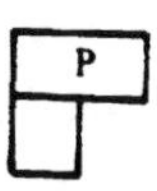	Alarme de pressão.	Presure alarm.
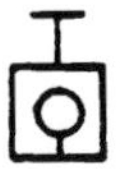	Válvula de borboleta.	Eutterfly valve.

SIMBOLOGIA
LINHA SIMPLES

Fig. 1

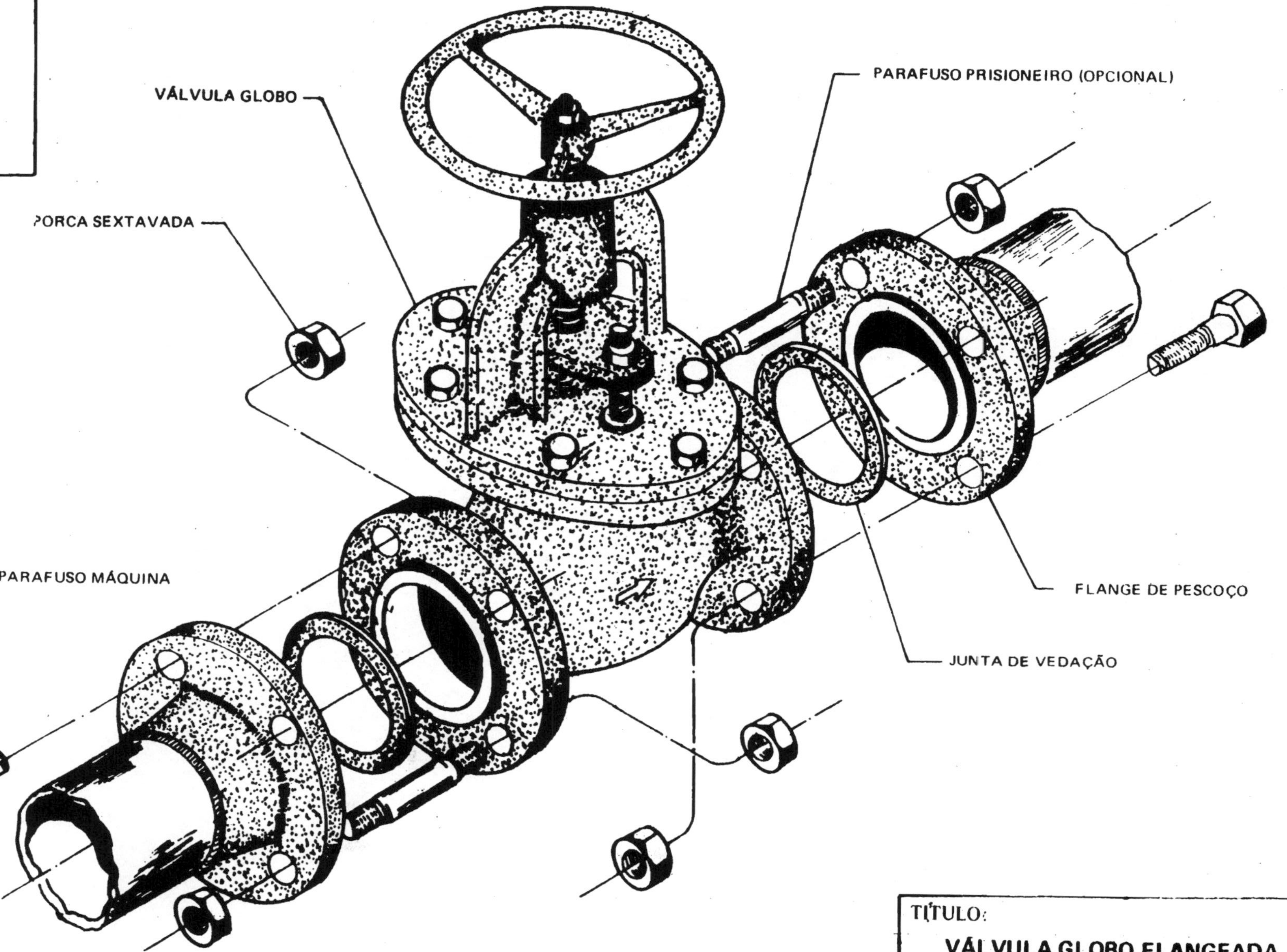

TÍTULO:

VÁLVULA GLOBO FLANGEADA
(HASTE ASCENDENTE)

SIMBOLOGIA
LINHA SIMPLES

Fig. 2

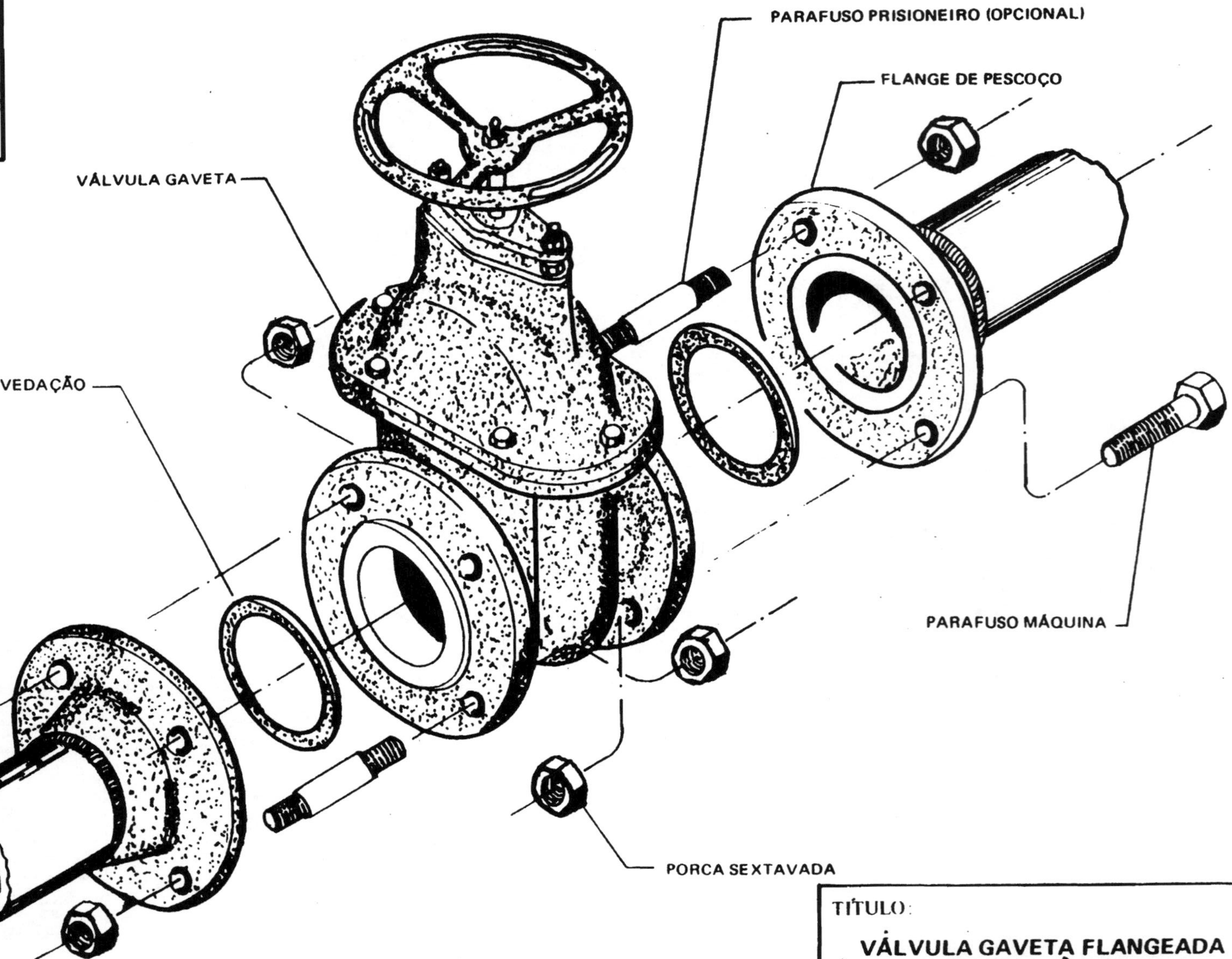

TÍTULO:

VÁLVULA GAVETA FLANGEADA (HASTE NÃO ASCENDENTE)

SIMBOLOGIA LINHA SIMPLES

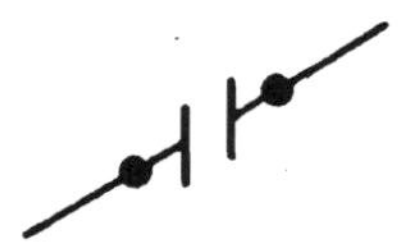

Fig. 3

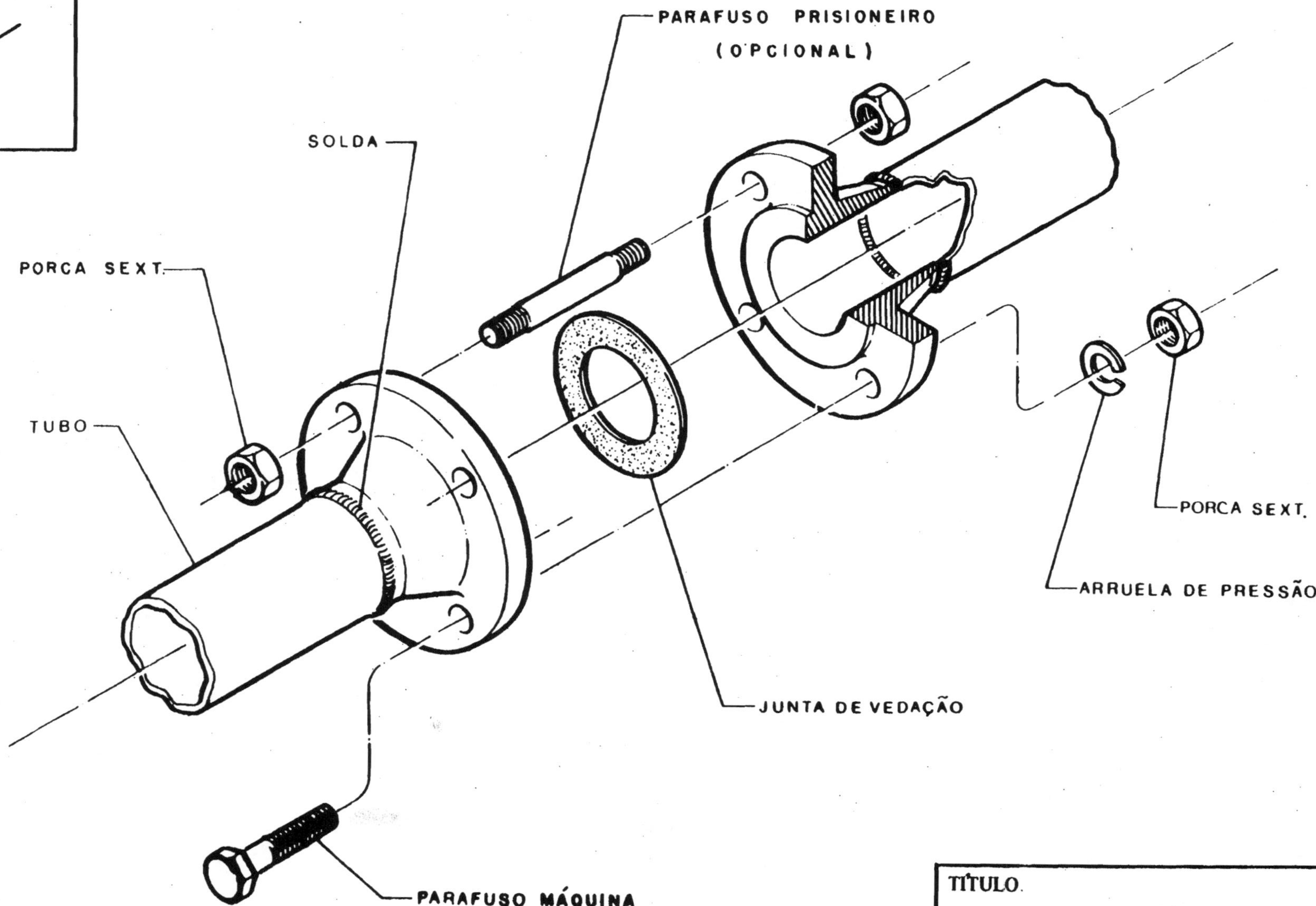

TÍTULO.

FLANGE DE PESCOÇO

SIMBOLOGIA LINHA SIMPLES

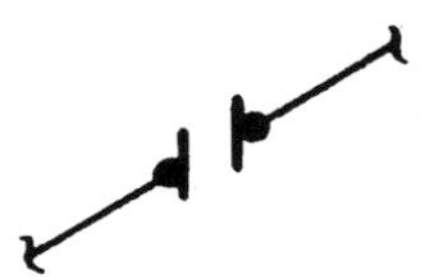

Fig. 4

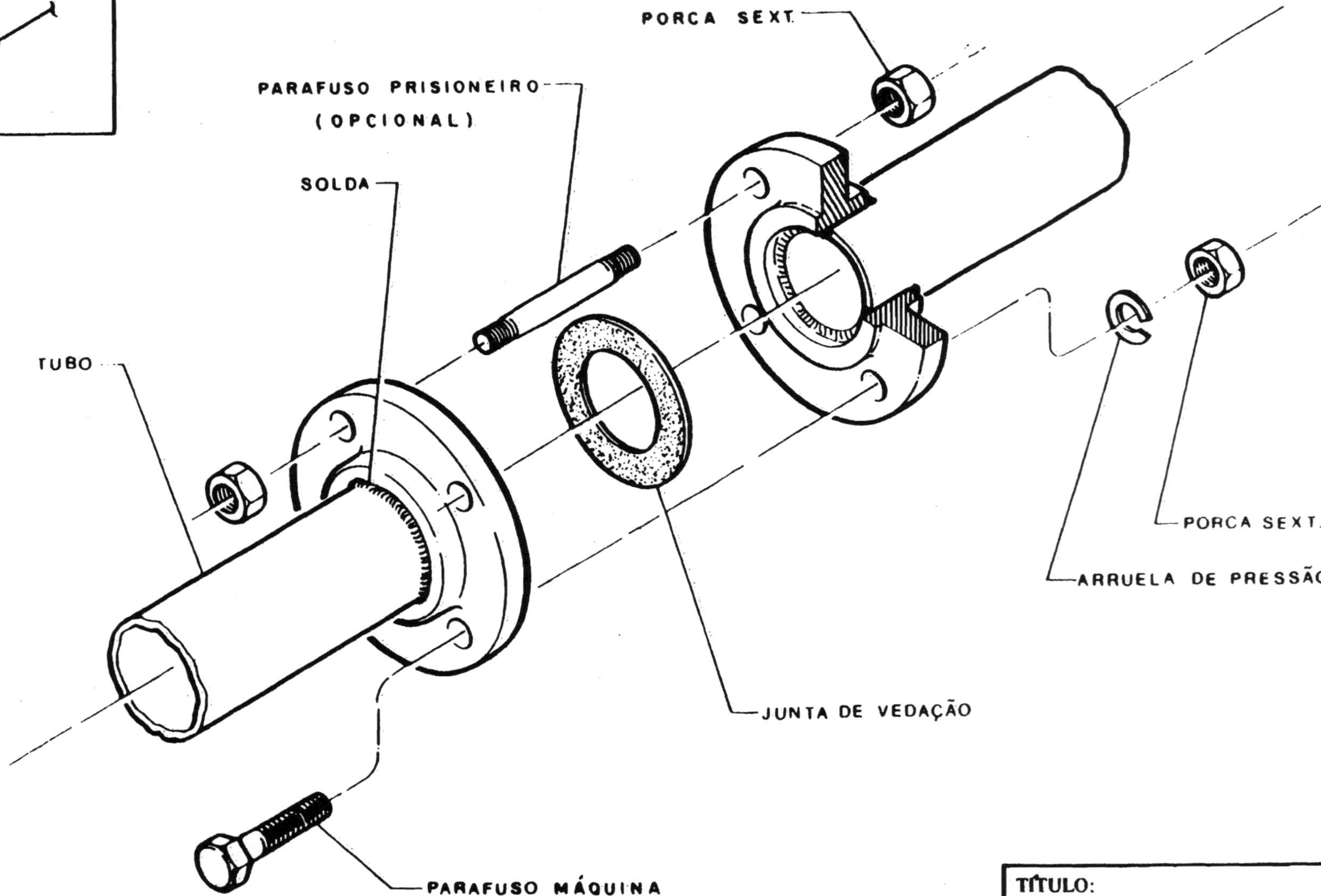

TÍTULO:

FLANGE SOBREPOSTO

SIMBOLOGIA
LINHA SIMPLES

Fig. 5

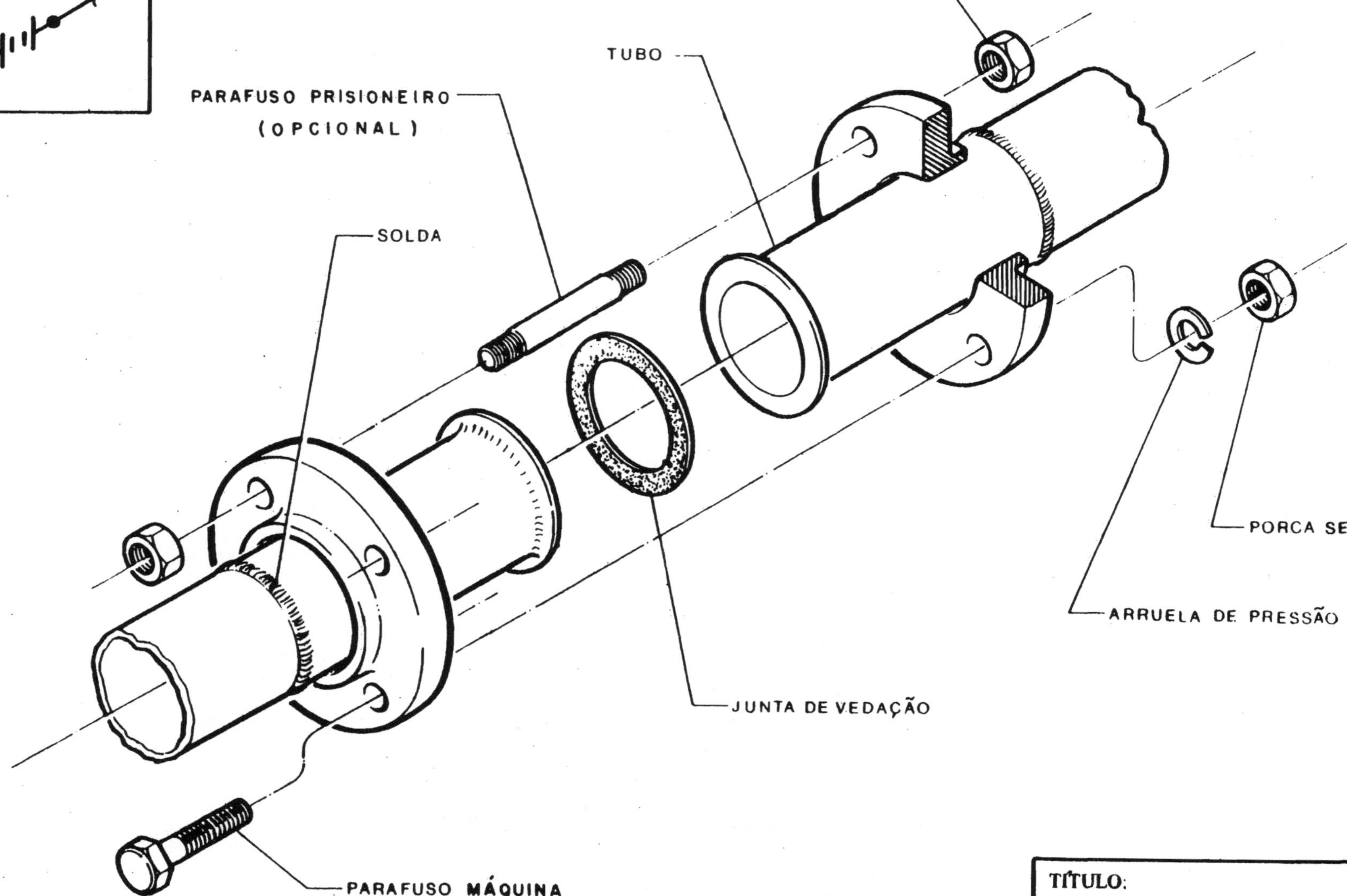

TÍTULO:

FLANGE SOLTO

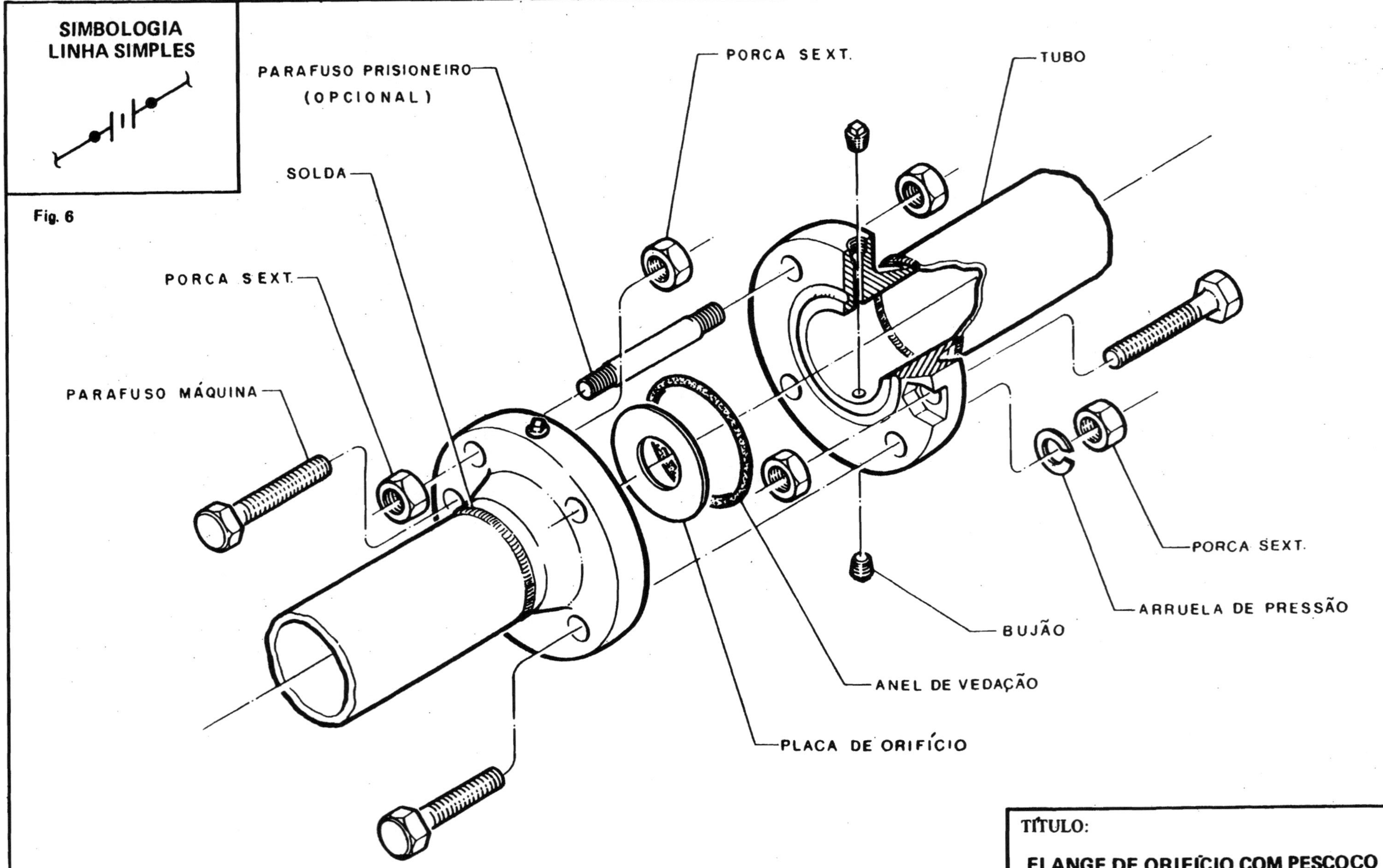

Fig. 6

TÍTULO:

FLANGE DE ORIFÍCIO COM PESCOÇO

SIMBOLOGIA
LINHA SIMPLES

Fig. 7

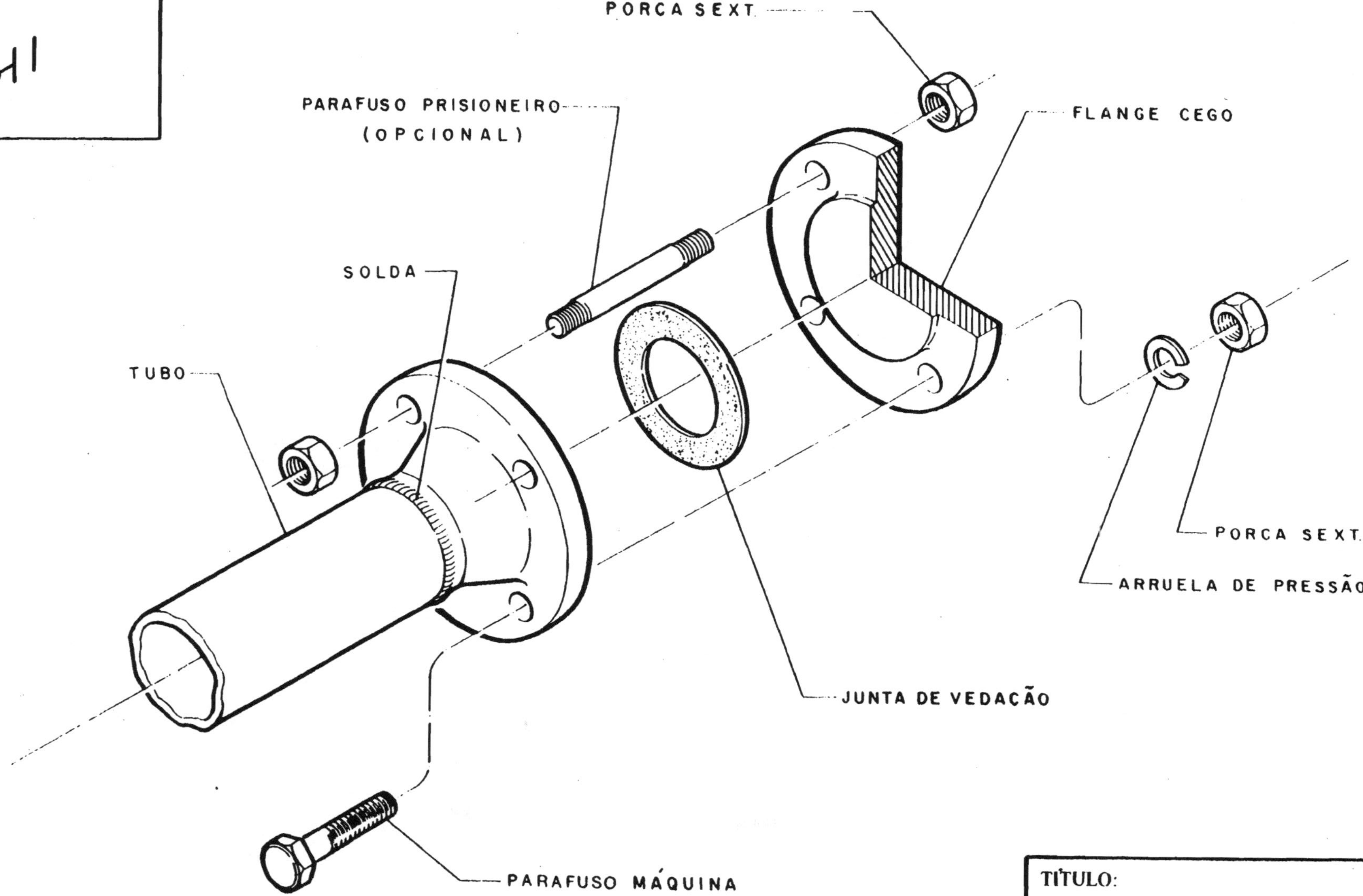

TÍTULO:

FLANGE CEGO

SIMBOLOGIA
LINHA SIMPLES

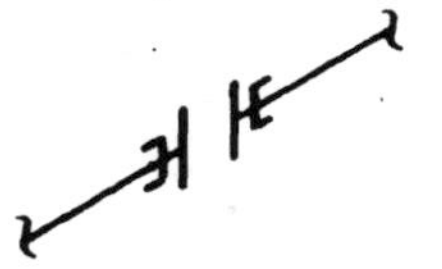

Fig. 8

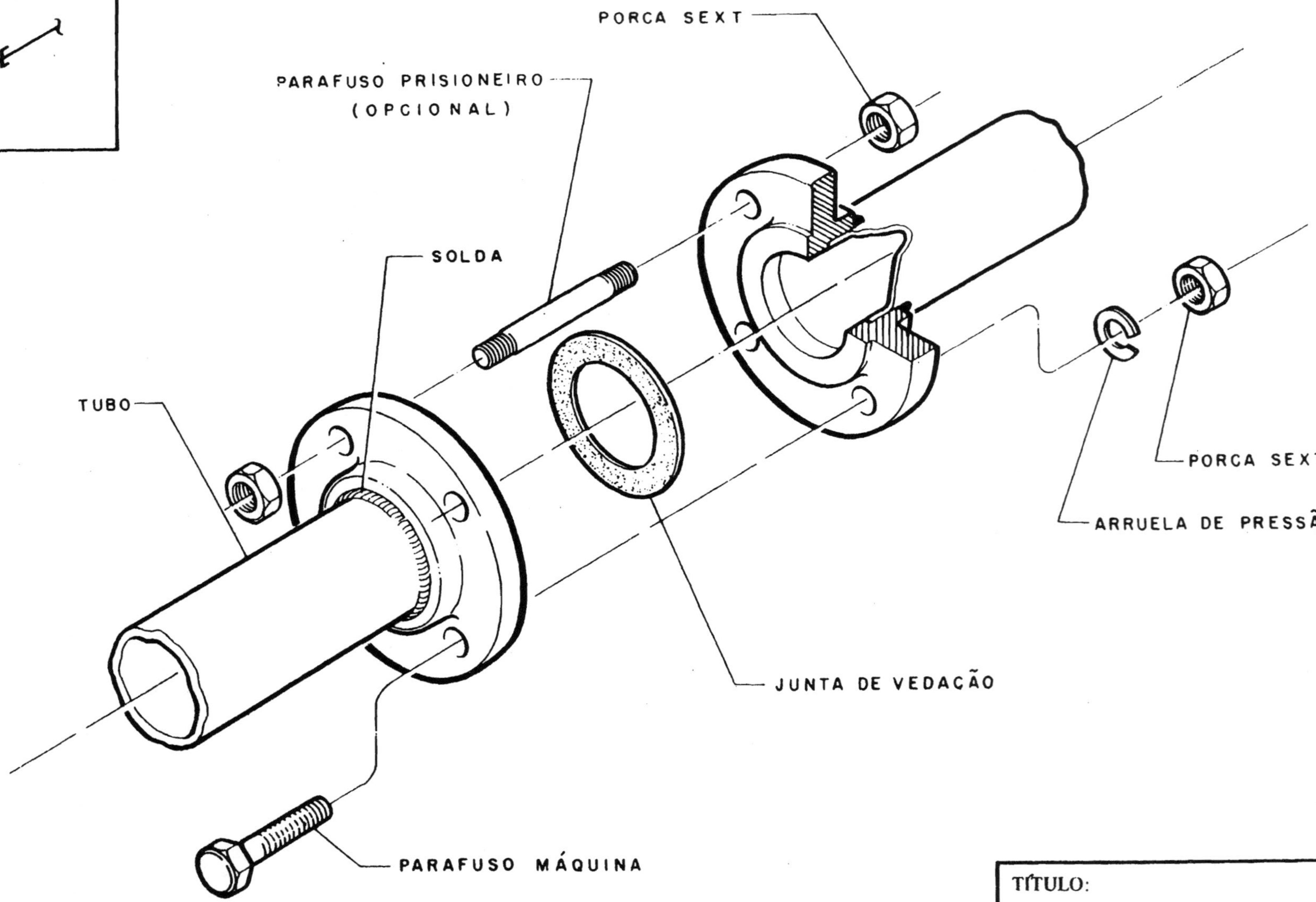

TÍTULO:

FLANGE DE ENCAIXE

SIMBOLOGIA
LINHA SIMPLES

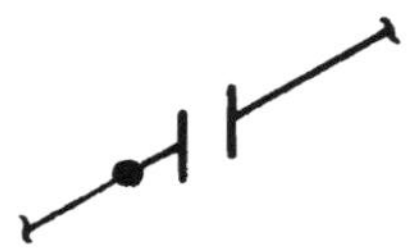

Fig. 9

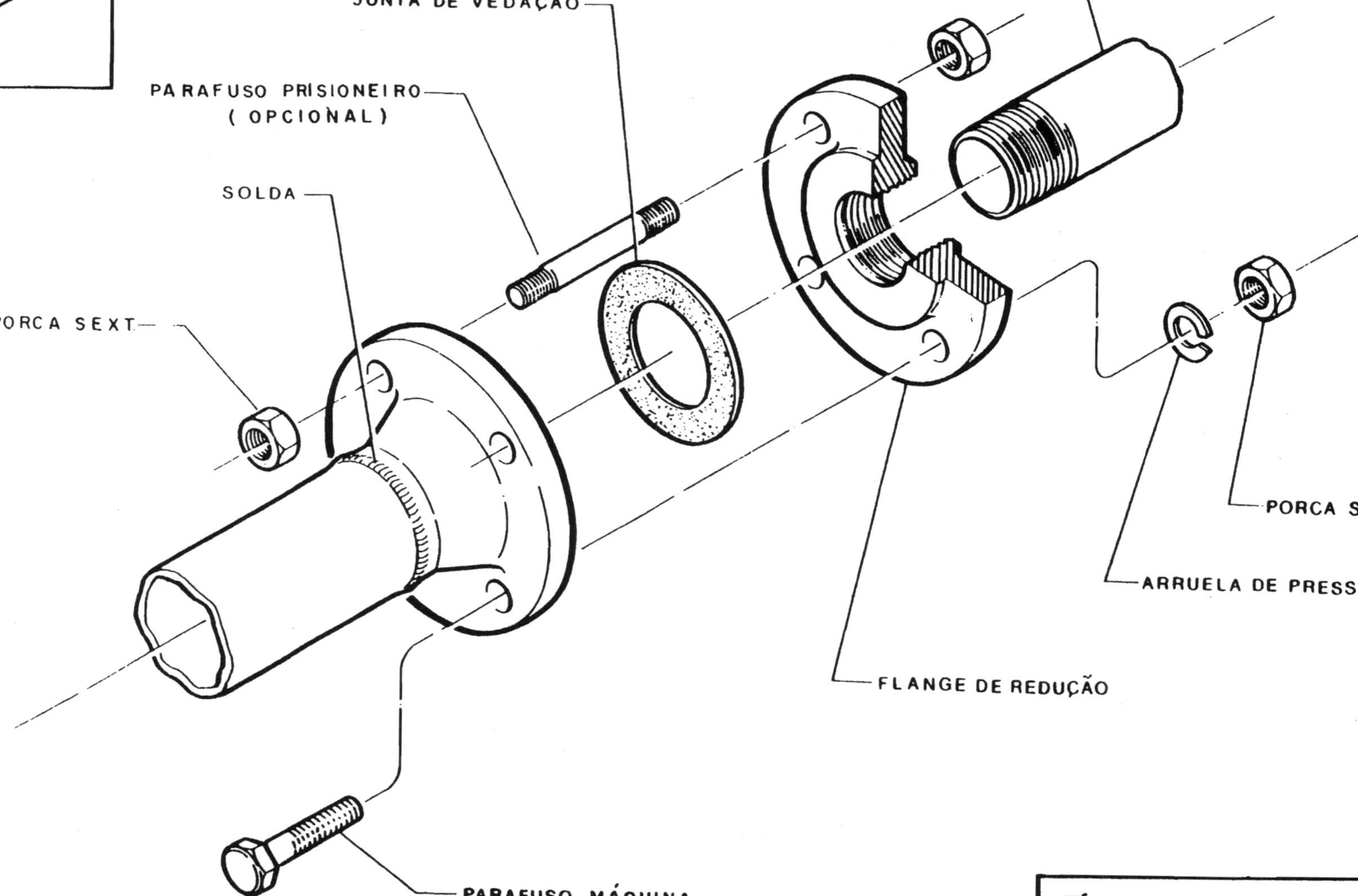

TÍTULO:

FLANGE DE REDUÇÃO ROSQUEADA

SIMBOLOGIA
LINHA SIMPLES

Fig. 10

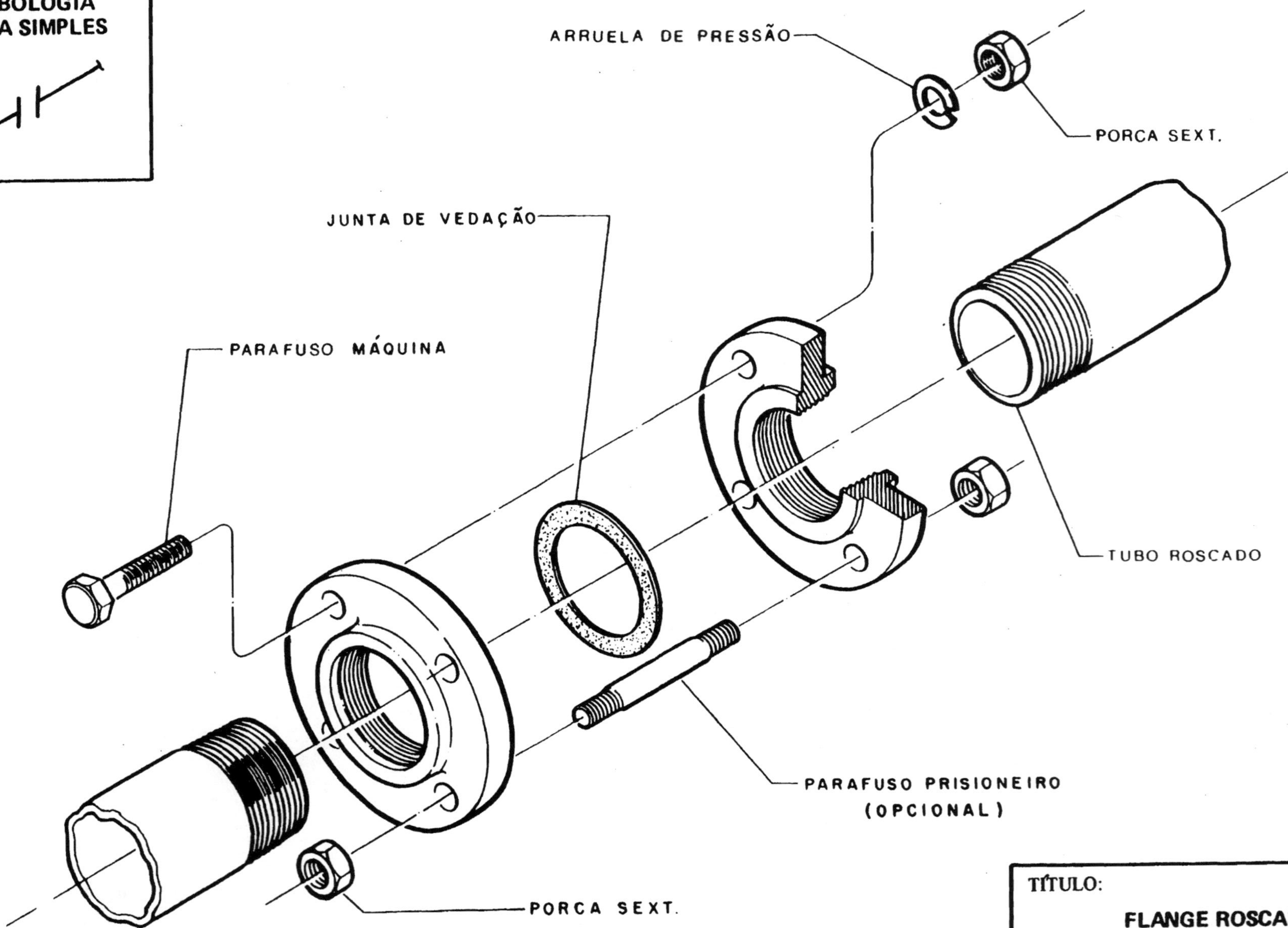

TÍTULO:

FLANGE ROSCADO

Fig. 11

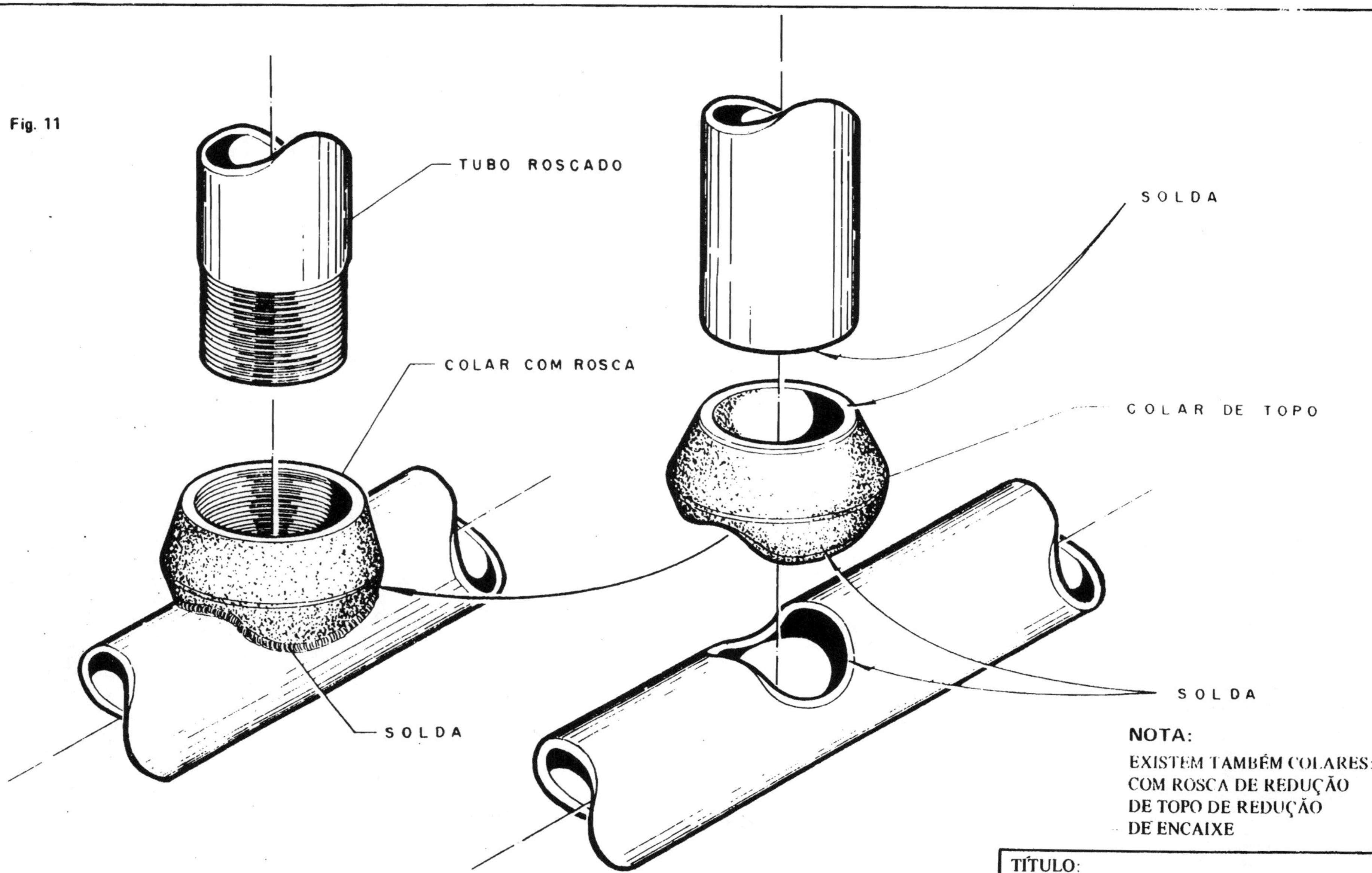

NOTA:
EXISTEM TAMBÉM COLARES:
COM ROSCA DE REDUÇÃO
DE TOPO DE REDUÇÃO
DE ENCAIXE

TÍTULO:

COLAR

FLUXOGRAMA DE PROCESSO (QUÍMICO)

O fluxograma de processo, é o esquema que dá a idéia do funcionamento de um processo químico. Neste fluxograma deve figurar simbolicamente:

1 — Tubulações principais com indicação do fluído da linha e sentido de fluxo (seta nas mudanças de direção).

2 — As principais válvulas de bloqueios, regulagem, controle, segurança, alívio.

3 — Os vasos, tanques, reatores, turbinas, caldeiras, secadores, (indicar pressão e temperatura de trabalho).

4 — Os equipamentos, bombas, trocadores de calor, compressores, filtros, ejetores (indicar vazão, pressão, temperatura, transferência de calor).

5 — Instrumentos de controles principais, conforme normas de simbologia I.S.A. (Instrument Society of American).

FLUXOGRAMA MECÂNICO (DETALHAMENTO)

O fluxograma mecânico é o esquema que dá todas as especificações para tubos, válvulas, vasos, bombas, equipamentos isolamentos e instrumentos, como também dá as indicações do sentido de fluxo (setas nas mudanças de direção). Identificações básicas para equipamentos, linhas e instrumentos):

1— Todos os equipamentos são identificados com nome e por letra, e áreas de instalação (exemplo: bomba B - 101 área 100).

2 — Linhas são identificadas pelo diâmetro nominal, fluido da linha (vapor), número de ordem da linha, especificação de material; (isolamento quando tiver). Exemplo:

4" Diâmetro nominal Polegada	V Fluído da linha (vapor)	N.° do Isométrico	A2A Espécie de Material	I Isolamento

NOTA: Poderá haver pequena mudança, dependendo da firma projetista.

3 — Todas as válvulas devem ser indicadas conforme tipo (por meio de simbologia).

4 — Os instrumentos devem ser indicados no tipo, identificação, tamanho, inclusive flanges de orifício.

5 — Todas as linhas no limite da unidade, devem ter volume de bloqueio.

FLUXOGRAMA DE UTILIDADES

Os equipamentos que recebem ou enviam fluidos para linhas principais, deverão ser representados por um retângulo, e as linhas indicando fluxo das mesmas.

1 — À esquerda do desenho deverá estar o limite da bateria principal e, em cada linha uma válvula de bloqueio.

A montagem de válvulas globo, retenção esférica, filtros, purgadores, etc., deverão obedecer o sentido de fluxo, que está indicado no desenho.

NOTA: Nas peças citadas, também há uma flecha indicando o sentido de fluxo que deverá ser o mesmo.

FLUXOGRAMAS (Flow - sheets)

Os fluxogramas são desenhos esquemáticos, sem escala, que mostram toda rede de tubulações e os diversos vasos, bombas e outros equipamentos aos quais a rede esteja ligada. Costumam ser feitos dois tipos de fluxogramas:

1 — Fluxogramas de processo — Os fluxogramas de processo são desenhos preparados pela equipe de processo, na fase inicial de um projeto. Nesses desenhos deve, obrigatoriamente, estar figurado o seguinte:

— As tubulações principais, com indicação do fluído contido e do sentido do fluxo.

— As principais válvulas de bloqueio, regulagem, controle e alívio (indicadas por suas convenções).

— Todos os vasos (tanques, torres, tambores, reatores, etc.) com indicação das características básicas, como tipo, dimensões principais, pressão e temperatura do trabalho, número de bandejas, etc.

— Todos os equipamentos importantes (bombas, ejetores, filtros, trocadores de calor, etc.) com indicação das características básicas, como tipo, vazão, temperatura e pressão, transferência de calor, etc.

— Todos os instrumentos principais, indicados por suas convenções.

2 — Fluxograma Mecânico (detalhamento) — Esses desenhos são também preparados pela equipe de processo, em fase mais adiantada de projeto, com a colaboração da equipe de projeto mecânico. São os desenhos básicos, a partir dos quais será feito todo o desenvolvimento do projeto de tubulações.

Esses desenhos devem conter as seguintes informações:

— Todos os vasos com suas dimensões principais, identificação e características básicas.

— Todos os equipamentos com indicação de tipo, identificação e características básicas. Os equipamentos devem ser todos mostrados individualmente, um por um, ainda que sejam equipamentos de reserva, ou vários iguais entre si. Devem figurar no desenho não só os equipamentos grandes (tanque, torres, bombas, etc.), mas também os pequenos, tais como filtros, purgadores, etc.

— Todas as tubulações, inclusive secundárias e auxiliares, com indicação do diâmetro, sentido do fluxo, identificação completa e exigências especiais de serviço, se houverem (caimentos constantes, ausência de pontos altos ou de pontos baixos, traçados retilíneos, etc.).

— Todas as válvulas, colocadas nas respectivas linhas, e com indicação do tipo geral (bloqueio, regulagem, controle, segurança, etc.) por meio de convenções.

— Todos os instrumentos (geralmente de acordo com as convenções do I.S.A.) com indicação de tipo, identificação, tamanho, arranjos respectivos de válvulas, tubo de contorno, etc., inclusive flanges de orifício. Devem também figurar as linhas de ar comprimido de comando das válvulas de controle com as respectivas ligações.

No desenho dos fluxogramas, para melhor clareza, deve ser seguida uma certa ordem racional na disposição dos vasos, equipamentos e tubulações, independente da verdadeira disposição que esses elementos tenham no terreno. Todas as tubulações, devem ser representadas no papel por linhas horizontais ou verticais. Em alguns casos as tubulações importantes são desenhadas em traço mais forte para sobressair melhor. As linhas horizontais devem ser contínuas, e as linhas verticais interrompidas ao se cruzarem com as linhas horizontais. As setas indicativas do sentido de fluxo são colocadas nas mudanças de direção. Os vasos, torres, tanques e demais equipamentos de processo devem ser desenhados na parte central do papel, tanto quanto possível com a arrumação relativa que tenham no fluxo. As bombas, compressores e outras máquinas devem ser colocadas na parte inferior do papel.

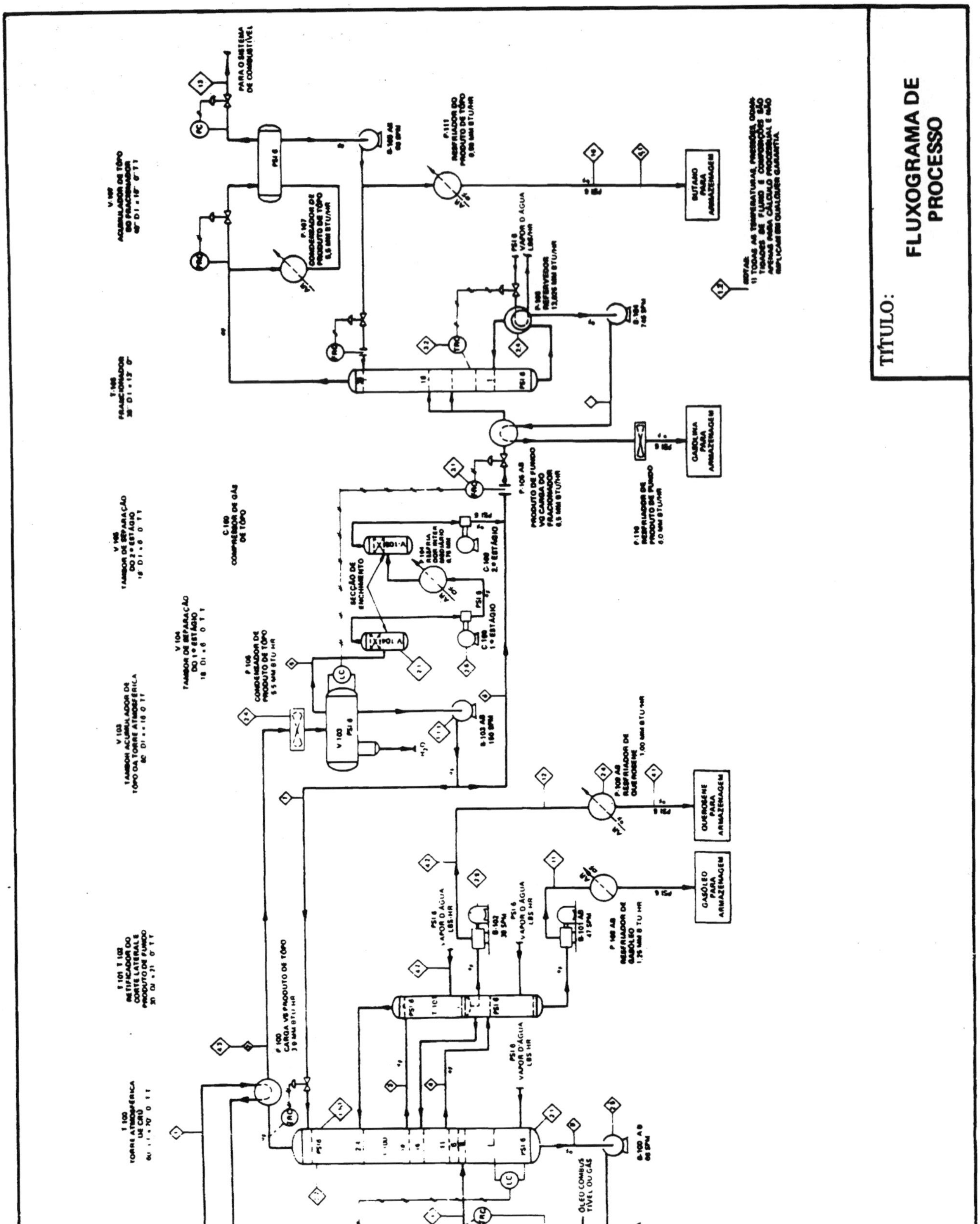
TÍTULO:
FLUXOGRAMA DE PROCESSO
CARGA DA UNIDADE
PRODUTO DE FUNDO PARA ARMAZENAGEM
GASÓLEO PARA ARMAZENAGEM
QUEROSENE PARA ARMAZENAGEM
GASOLINA PARA ARMAZENAGEM
BUTANO PARA ARMAZENAGEM
PARA O SISTEMA DE COMBUSTÍVEL
ÓLEO COMBUSTÍVEL OU GÁS

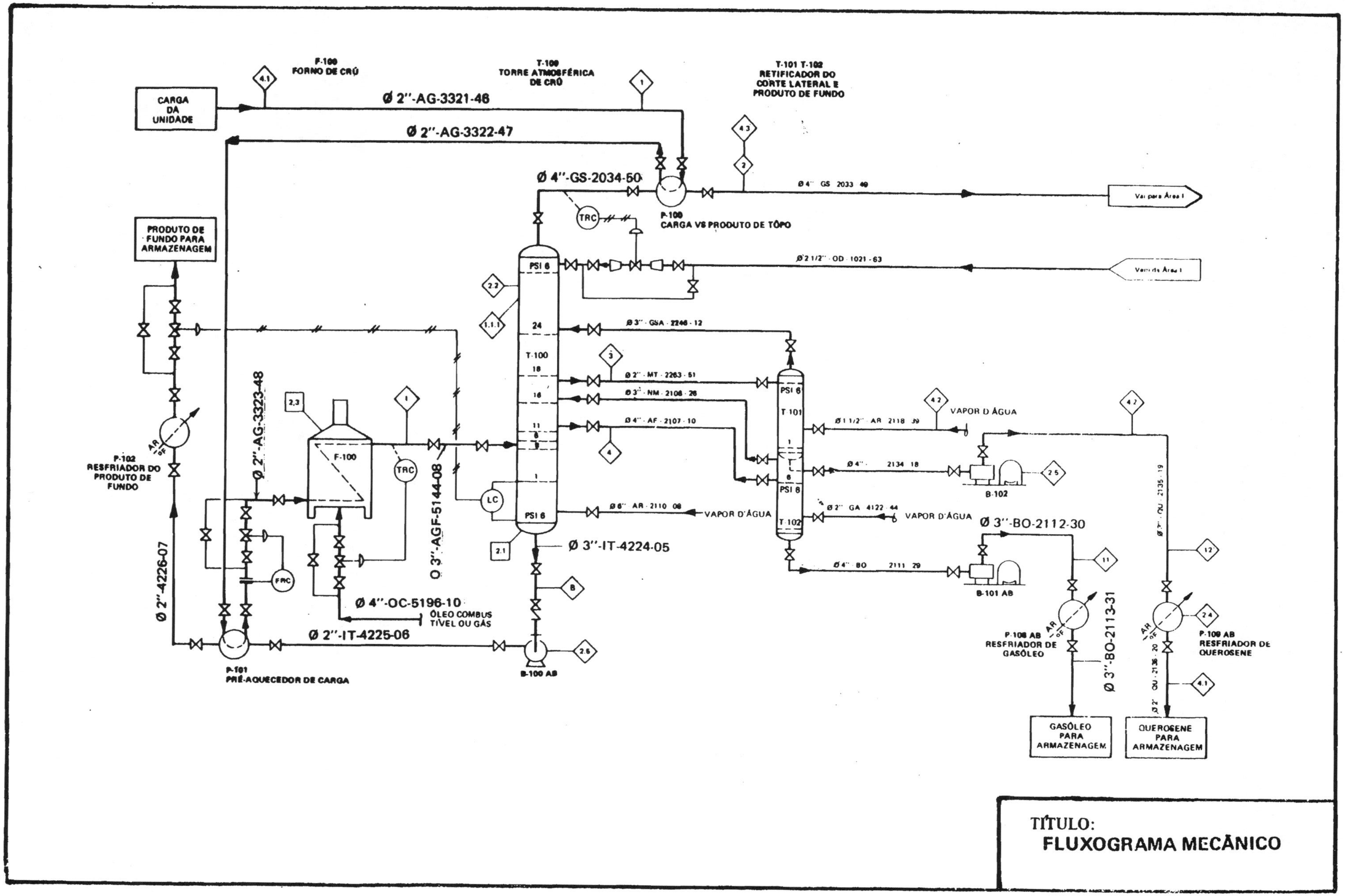

CARGA DA UNIDADE
F-100 FORNO DE CRÚ
T-100 TORRE ATMOSFÉRICA DE CRÚ
T-101 T-102 RETIFICADOR DO CORTE LATERAL E PRODUTO DE FUNDO
Ø 2''-AG-3321-46
Ø 2''-AG-3322-47
Ø 4''-GS-2034-50
Ø 4'' GS 2033 49
Vai para Área I
Vem da Área I
P-100 CARGA VS PRODUTO DE TÔPO
Ø 2 1/2'' OD 1021 63
PRODUTO DE FUNDO PARA ARMAZENAGEM
Ø 3'' GSA 2246 12
Ø 2'' MT 2263 51
Ø 3'' NM 2106 26
Ø 4'' AF 2107 10
Ø 1 1/2'' AR 2118 39
VAPOR D ÁGUA
Ø 4'' 2134 18
B-102
Ø 2'' GA 4122 44
VAPOR D'ÁGUA
Ø 6'' AR 2110 06
Ø 3''-BO-2112-30
Ø 4'' BO 2111 29
B-101 AB
P-102 RESFRIADOR DO PRODUTO DE FUNDO
Ø 2''-AG-3323-48
F-100
TRC
LC
FRC
O 3''-AGF-5144-08
Ø 3''-IT-4224-05
Ø 4''-OC-5196-10
ÓLEO COMBUSTÍVEL OU GÁS
Ø 2''-4226-07
Ø 2''-IT-4225-06
P-101 PRÉ-AQUECEDOR DE CARGA
B-100 AB
P-108 AB RESFRIADOR DE GASÓLEO
Ø 3''-BO-2113-31
P-109 AB RESFRIADOR DE QUEROSENE
GASÓLEO PARA ARMAZENAGEM
QUEROSENE PARA ARMAZENAGEM
TÍTULO:
FLUXOGRAMA MECÂNICO

CAPÍTULO II

PROJETO, CONEXÕES, INSTALAÇÕES E TESTES.

TUBOS (AÇO CARBONO OU LIGAS)

Todos os tubos Standard (SCH.40) até 12 polegadas tem o diâmetro nominal aproximadamente igual ao diâmetro interno, e de 14 polegadas acima o diâmetro nominal será igual ao diâmetro externo.

NOTA: Somente os tubos usados nas caldeiras, é que têm diâmetro nominal externo.

Devido a padronização, os tubos não sofrem alteração em seu diâmetro nominal, pois poderiam causar diferença nas medidas dos flanges, válvulas e conexões.

Exemplo — Linhas de 3" que têm válvula de 3", as dimensões nominais da válvula, flangeadas, rosqueadas ou soldadas automaticamente correspondem ao diâmetro do tubo.

VÁLVULAS

São especificadas por diâmetro nominal e pressão em (libras ou k_2f/cm^2) como também o material, da válvula e normas.

Exemplo — Válvula globo flanges diâmetro 3" 300 libras (10 kg/cm^2). Material ASTM ou ABNT e normas poderão ser ANSI — Americana e DIN — Alemã ou ABNT — Brasileira. Veja tabela Capítulo XII.

CONEXÕES SOLDADAS

As conexões soldadas tipo encaixe são fabricadas de diâmetro 1/2 até 2" para pressão até 6.000 libras. Veja tabela Capítulo XII.

Nas flanges tipo sobre-posto (slip-on) a solda interna da flange no tubo em relação a face da flange conforme tabela na página n.º 83 — (Fig. 95).

As válvulas soldadas de topo devem obedecer a um afastamento na união com o tubo.

CONEXÕES ROSQUEADAS (Aço carbono ligas, PVC)

As conexões rosqueadas são fabricadas em dois tipos de roscas: a WHITWORTH (gás) e a NPT (Americana). National Pipe THREADS, veja tabela Capítulo XII.

O tipo de rosca mais aconselhável é rosca tipo NPT — Rosca cônica devido a uma vedação mais perfeita.

NOTA: No caso de linhas que trabalham aquecidas, deve-se usar nas roscas, a massa vedante especificada para temperatura da linha, como também as linhas de temperatura ambiente deve-se usar **MASSA VEDANTE.**

NORMAS DE FABRICAÇÃO DE TUBOS

Os diâmetros nominais padronizados pela USAS.B.36.10 são: 1/8", 1/4", 3/8", 1/2", 3/4", 1", 1 1/4" 1 1/2", 2", 2 1/2", 3", 3 1/2" 4", 5", 6", 8", 10", 12", 14", 16", 18", 20", 22", 24", 26", 30", 36". Ver Capítulo IV.

Acima de 36" os tubos não são padronizados sendo fabricados por encomenda e somente com costura, pelo processo de fabricação de solda.

Os comprimentos de fabricação variam de 6 a 10 metros embora se fabriquem até 16 metros.

Os tubos são fabricados com três tipos de extremidades, de acordo com o sistema de ligação a ser usado.

Fig. 12

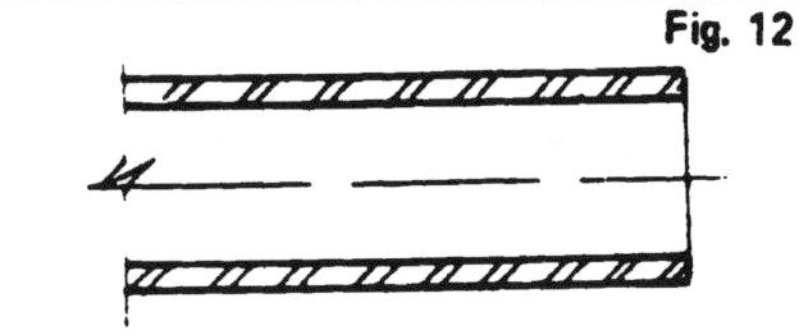

PONTA LISA

Fig. 13

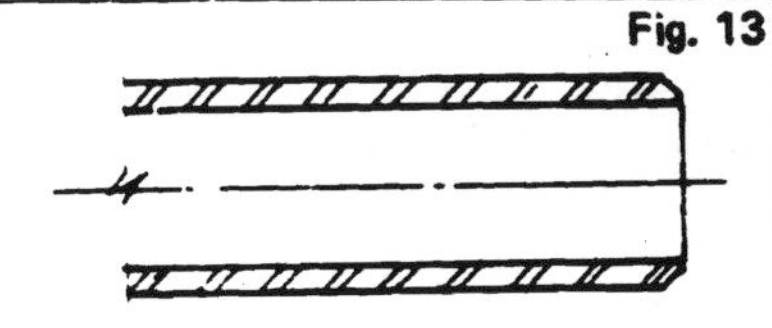

PONTA CHANFRADA

Fig. 14

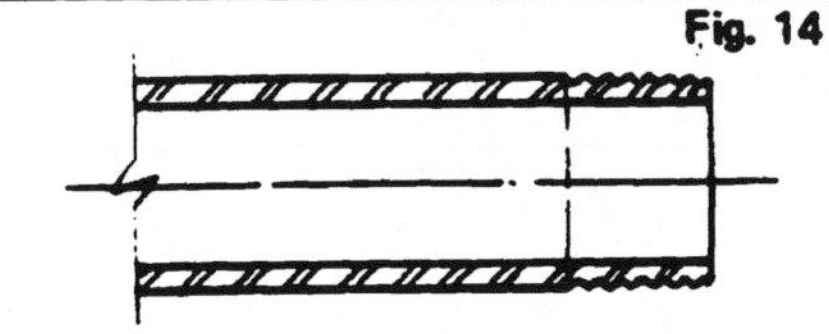

PONTA ROSQUEADA

Fora das normas USAS.B.36.10, fabricam-se tubos de aço em chapa dobrada com solda longitudinal com diâmetros até 120" em chapas de 3/16" a 3/4" de espessura.

Tubos com solda em aspiral de 4" até 80" em chapa de 1/16" a 1 1/2".

Tubos corrugados (tubos ARMCO) até 96" em chapa galvanizada n.º 16 até 8.

Antes da norma USAS.B.16.10 os tubos eram fabricados em 3 espessuras diferentes "Standard" - S, "Extra Strong" - XS, "Double Extra-Strong" - XXS que, apesar de obsoletas, ainda são usadas. Veja tabela Capítulo XII.

Para se fazer uma requisição de tubos os dados necessários são: quantidade em metros, diâmetro nominal, espessura da parede, norma dimensional que deve ser obedecida, descrição completa do material, processos de fabricação ou acabamento, e tipo e extremidades.

Exemplo — 100 metros, diâmetro 10", sch 40, USAS.B.36.10 ASTM-A-53 Cr A, sem costura, extremidades chanfradas de acôrdo com USAS.B.16.25, preto.

Os outros tipos de tubos serão estudados em outra oportunidade.

TIPOS DE ACESSÓRIOS

1.0 —Definição.

Dificilmente uma tubulação se desenvolve em uma linha reta. Sempre ocorrem mudanças de direção de seção e também há necessidade de válvulas e ramais, aí o uso de acessórios ou conexões. Os acessórios vieram facilitar a montagem das linhas, atendendo as particularidades que possam aparecer.

1.1 —Tipos de acessórios

Os acessórios podem ser:

— de rosca
— de flange
— de solda

2.0 —Componentes

2.1 — Luvas — servem para ligar duas pontas de tubos e podem ser:

— normais
— redução
— meia luva

Estes materiais são fabricados em aço forjado, nos diâmetros normais de 1/8" a 4" em 2000, 3000, 4000 e 6000 correspondendo aos tubos nas espessuras sch 40, sch 80, sch 160 e XXS, e podem ser rosqueados e para solda de encaixe. Veja Capítulo XII.

As dimensões para os acessórios de solda de encaixe estão padronizados na norma ANSI.B.16.11 e a rosca, estão na norma ANSI.B.2.1.

2.2 — Bucha de redução - serve para unir dois tubos de diâmetro diferente.

Podem ser fornecidos desde 1/8" até 4" em aço forjado (ASTM-A-105) e as pressões 2000, 3000 e 6000. Veja tabela Capítulo XII.

ACESSÓRIOS

2.3 — Tampão ou Cap. — serve para tampar a extremidade de um tubo.

2.4.— Plug — serve para tampar extremidade de luvas, de válvulas, tês; para se utilizar o plug é necessário utilizar uma luva, portanto, o uso do tampão é mais barato.

Esses materiais são fornecidos nas normas idênticas aos outros materiais reservados.

Os plug ou bujão são fornecidos com cabeça redonda, sextavada e quadrado.

2.5 — Tês — O tê serve para ligações de ramais ou derivações, ligação de manômetros ou termômetros; fechado com um plug permite futuras ligações. O tê pode ser normal (todas as bocas com mesmo diâmetro, ou com bocas de diâmetro diferentes e ainda com derivações a 45.º e são chamados de "Y").

São fornecidos em aço forjado ASTM-A-105 nos diâmetros nominais de 1/8" a 4" em 2000, 3000, 4000, 6000, correspondendo aos tubos SCH 40, 80, 160 e XXS podendo ainda serem rosqueados ou para solda de encaixe. Veja Capítulo XII.

2.6 — Niples — São pedaços curtos de tubos preparados especialmente para facilitar a ligação entre dois acessórios. Podem ser paralelos isto é, do mesmo diâmetro ou redução.

São fabricados de pedaços de tubos cortados na medida desejada. Os niples de redução são geralmente fabricados por repuxamento. Damos abaixo a tabela correspondente ao tipo e a abreviatura correspondente:

NIPLES PARALELOS	Ambos os extremos rosqueados (BET)
	Ambos os extremos lisos (BEP)
	Em extremos rosqueados e outro liso (TOE)
NIPLES REDUÇÃO	Ambos extremos rosqueados (BEP)
	Ambos extremos lisos (BEP)
	Extremo maior rosqueado, menor liso (TLE — PSE)
	Extremo maior liso, menor rosqueado (PLE — TSE)

– amianto impregnado
– amianto grafitado
– amianto com cobertura de teflon
– traçado de amianto grafitado
– traçado de amiento impregnado com teflon

Juntas por Flanges : –

As juntas para flanges são fornecidas prontas ou em chapas, em tamanho e espessura padronizadas e uniformes.

A primeira operação é cortar a chapa em formato adequado, o que pode ser feito com um vasador de juntas para pequenas dimensões ou uma máquina de cortar juntas.

As guarnições devem ser cortadas de tal modo que os extremos delas apenas encostem nos aprafusos sem prejudicar-lhes a colocação e de maneira que a circunferência interna coincida exatamente com a do flange.

Como instalar Juntas: –

É evidente que as superfícies onde se vai instalar juntas, devem estar limpas. Não devem apresentar riscos ou ferrugem. Os flanges devem apresentar sulcos concêntricos para ajudar a vedação.

A remoção da junta deve ser feita com rasquete ou outra ferramenta adequada, sem ferir a superfície de vedação do flange.

MONTAGEM

A limpeza do flange deve sempre ser feita no sentido dos sulcos, e nunca transversal a fim de evitar riscos que podem ocasionar futuros vasamentos.

Após a colocação da junta, esta deve sofrer um aperto proporcional ligeiro e o definitivo é executado em cruz.

Um modo prático de se saber se os flanges foram apertados por igual, seria verificar se a distância entre ambas é a mesma em toda a sua circunferência.

Instruções para Montagem: –

a) – eliminar os restos da antiga junta
b) – limpar perfeitamente as superfícies
c) – eliminar as deformações, cáries e corrosões
d) – colocar a junta bem centrada
e) – se desejar, pode-se grafitar as juntas, porém nunca engraxá-las ou passá-las no óleo.

VEDAÇÃO PARA RÔSCA

Fita para vedação em rôscas e aplicação: –

Para o caso de tubulações que são rosqueadas, para garantir a vedação é colocada na rôsca uma fita de teflon. A fita de teflon tem as seguintes vantagens:

– garante uma estanquiedade perfeita, limpa e fácil
– possui alta resistência química
– suporta temperaturas desde – 160º C até + 250º C
– é impermeável, inodora e insípida.
– protege eficazmente contra a corrosão
– não apresenta sinais de envelhecimento
– pode ser empregada para qualquer líquido, vapor ou gás, com exceção de fluoretos sob pressão, metais alcalinos fundidos e oxigênio.

Aplica-se perfeitamente a rôsca macho de filete cônico. Enrola-se sobre a rôsca, em sua mesma direção, começando pelo seu terminal, apertando ligeiramente as aspirais e deixando sobressair um ou dois fios de rôsca de ambos os lados. Depois, proceder-se-á o enroscado normal e afundo. Para uma boa vedação da fita, contribui o perfeito filete feito na rôsca.

TIPOS DE FLANGES

Flanges : –

Uma ligação é composta de dois flanges, um jogo de parafusos ou estôjos com porcas a uma junta.

As ligações flangeadas, que são ligadas facilmente desmontáveis, empregam-se principalmente para, tubos de mais de 2" em casos específicos:

1 – para ligar tubos com válvulas e os equipamentos (bombas, compressores, torres, etc) e também em determinados pontos, no correr da tubualção, onde se deseje facilidade de desmontagem nas tubulações em que, para ligar uma vara na outra, sejam usados normalmente outros tipos de ligações: solda, rôsca, ponta, e bolsa, etc.

2 – para a ligação corrente de uma vara na outra, em muitas tubulações acima de 4", de materiais em que não se possa empregar solda. Incluem-se neste grupo principalmente as tubulações em ferro fundido e as de ferro ou aço com revestimentos internos.

Em qualquer caso, as ligações flangeadas devem ser usadas no menor número possível, porque são sempre pontos de possíveis vasamentos, e também porque são peças caras, pesadas e volumosas.

Tipos de Flanges Para Tubos: —

1 — **Flange de pescoço:** É o tipo mais usado em tubulação industrial para qualquer pressão e temperatura.

De todos os flanges não integrais, é o mais resistente, que permite melhor aperto, e que dá origem a menores tensões residuais em consequência da soldagem e das diferenças de temperaturas.

2 — **Flange sobreposto:** É um flange mais barato e mais fácil de se instalar do que o anterior, porque, a ponta do tubo encaixa no flange, facilitando o alinhamento e evitando a necessidade de corte do tubo na medida exata. O flange é ligado ao tubo por duas soldas em ângulo, uma externa e outra interna.

Este flange é usado em tubulações não críticas (até 20 Kg/cm^2 e 400° C) porque o aperto permissível é bem menor, as tensões residuais são elevadas, e descontinuidades de secção dão origem a concentração de esforços e facilitam erosão e a corrosão.

3 — **Flange Rosqueado:** Em tubulação industrial estes flanges são usados apenas para tubos de metais não soldáveis (ferro fundido e alguns aços ligas não soldáveis).

4 — **Flange "Lap Joint":** Estes flanges não ficam como os demais presos à tubulação, e sim soltos, capazes de deslizar livremente sobre o tubo. Quando se empregam esses flanges, solda-se a topo na extremidade, do tubo uma peça especial, denominada virola, que servirá de batente para o flange.

A grande vantagem destes flanges é o fato de ficarem completamente fora do contato com o fluido circulante sendo por isso muito empregado em serviços que exijam materiais caros, especiais, tais como aço inoxidável, liga de Ni. Sendo os flanges de material barato, como ferro ou aço.

5 — **Flange cego:** São flanges fechados, usados para extremidades de linhas ou fechamento de bocais flangeados.

VÁLVULAS — DEFINIÇÃO

1.0 - **Definição**

Válvulas são dispositivos destinados a estabelecer, a controlar e interromper o fluxo em uma tubulação. São os acessórios mais importantes existentes nas tubulações, e que por isso devem merecer o maior cuidado, na sua especificação, escolha e localização. Em qualquer instalação deve haver sempre o menor número possível de válvulas, compatível com o funcionamento da mesma, porque as válvulas são peças caras, onde sempre há possibilidade de vasamentos (em juntas, gaxetas, etc.) e que introduzem perdas de cargas, às vezes, de grande valor.

1.1 — Finalidades:

As válvulas servem para:

— estabelecer, interromper e regular o fluxo

— reduzir a pressão

— permitir a segurança da instalação

— fazer a drenagem

— permitir desmontagem para reparos ou trocas

1.2 — Tipos de Válvulas

A — Válvulas Comuns ou Básicas

I — Válvulas Globo Veja tabela Capítulo XII.

O nome globo resulta de seu formato. São indicadas para fechamento e regulagem do fluxo.

Podem trabalhar abertas, parcialmente abertas e fechadas.

Há dois tipos: a reta e a angular

Usa-se a angular quando, além da válvula, é necessário uma mudança de direção de 90°.

A gaxeta impede que o fluido saia da válvula pela folga que necessariamente deve haver entre a haste e o castelo.

A válvula globo pode ser de disco chato e de agulha.

A de agulha permite uma regulagem fina do fluxo. O disco da válvula pode ser integral ou postiço. O disco postiço é mais usado pois pode ser renovado bem como pode ser de material diferente. A haste possui movimento de rotação e de translação.

TIPOS DE EMPREGOS

Há válvulas globo que, quando completamente abertas, a parte superior do disco encosta contra o castelo permitindo a troca de gaxeta em serviço. Essa qualidade é importante para certas aplicações, como linhas de fluidos frigoríficos. Nesse caso a válvula tem 2 encostos (um inferior, o de uso e outro superior para troca de gacheta).

Não havendo motivos especiais, o movimento do fluido deve ser como o indicado. Desses modos, e quando fechada, a gacheta não fica sujeita a pressão e, assim, há menor possiblidade de vasamento; essa, disposição garante a menor erosão do disco. Se o fluido entra por cima, quando fechado, a pressão do mesmo ajuda a manter fechada; mas será mais difícil abrir.

A válvula com a haste horizontal oferece menor possibilidade de deposição de particulas sobre o assento e o disco.

A válvula globo é usada em linhas de vapor e de líquido de pequeno diâmetro.

Vantagens:

Permitem regulagem de fluxo, oferecem boa estanquidade, reparação mais fácil, construção mais barata do que a gaveta, manobra rápida (curso menor).

Desvantagens:

Oferecem maior perda de carga ao escoamento, não drenam completamente a linha devido ao seu formato, não são balanceadas com relação à pressão do fluido (para abrir e fechar).

Os nossos fabricantes de válvulas usualmente oferecem válvulas globo para serviços com gases em pressão (vapor, ar comprimido, fluidos frigoríficos).

II – VÁLVULAS DE GAVETA

Tem uma gaveta e uma sede de assento.

Devem operar completamente abertas ou completamente fechadas.

A gaveta pode ser cônica ou paralela; pode ser inteiriça ou em 2 partes; a haste pode ter movimentos de rotação e translação ou só de rotação; neste último caso quem tem movimento de translação é só a gaveta.

a – gaveta inteiriça, cônica, haste só com translação.

b – gaveta inteiriça, paralela, haste só com rotação.

c – gaveta com 2 metades, haste com rotação e translação.

Quando a haste não tem translação exige menor espaço para instalação; o inconviniente é não se saber pela posição da válvula se ela está aberta ou fechada.

A estanqueidade na gaveta paralela é produzida pelo fato de o fluido forçar a gaveta contra o assento (quando fechada). Não há perigo desse tipo "emperrrar" no assento.

No tipo cônico é a força na haste que força os dois discos contra os assentos. Também atua a pressão do fluido como no caso anterior. Aqui há mais facilidade de "emperramento" da gaveta na sede. As válvulas de gaveta também podem ser construídas para troca de gaxeta ou em operação, quando completamente abertas.

Vantagens:

Pequena perda de carga quando completamente abertas; drenam bem a linha; facilidade de abertura ou fechamento devido ao movimento da gaveta ser normal ao escoamento.

Desvantagens:

Não servem para regular o fluxo; não tem o tipo angular como a globo; são de mais difícil estanquidade; não servem para fluidos frigoríficos; construção mais cara; movimento lento (curso grande); não são indicadas para manobra fraquente.

A haste pode trabalhar em qualquer posição.

São muito usadas para líquidos. Para grandes diâmetros são usadas também para vapor e ar comprimido.

A válvula globo e a gaveta não deverão ser instaladas com as hastes abaixo da horizontal em linhas de vapor, pois haverá acumulação de vapor condensado no castelo.

III – VÁLVULAS DE RETENÇÃO (Veja Tabela no Capítulo XII).

São usadas quando é necessário que o fluxo só seja possível num dado sentido. São de funcionamento automático. Podem ser de:

a – levantamento (horizontal e vertical)
b – portinhola
c – esfera

B – VÁLVULAS ESPECIAIS

I – VÁLVULAS DE MACHO (Veja Tabela no Capítulo XII).

São formadas de uma peça cônica (macho) com um orifício de seção usualmente retangular que entra dentro de um corpo.

Quando o orifício está alinhado com o tubo há fluxo. Podem ser fechadas ou abertas rapidamente.
Podem trabalhar com fluídos grossos e com muitas partículas.

Não oferecem boa estanquidade. São de "emperramento" fácil; há tipos que tem engraxadeiras para lubrificação.

Possuem dispositivos para apertar o macho cônico contra o assento. Após a manobra da válvula aperta-se o cone contra o corpo.

São muito usadas nas linhas de pequenos diâmetros para ligação de manômetros ou outros instrumentos (para líquidos). O seu principal problema é a falta de estanqueidade.

São usadas como válvulas de tanques, de caldeiras, pela facilidade que apresentam à passagem de partículas em suspensão e pela manobra rápida (a rapidez de abertura ou fechamento dificulta a deposição de partículas entre o cone e o assento). Com uma rotação de 90º (1/4 de volta) a válvula fica completamente aberta ou fechada.

Uso limitado em linhas de água, óleo, ar, para pressão até 200 lb/pol.^{2} em temperaturas normais.

II – VÁLVULAS DE SEGURANÇA (Veja Capítulo XII).

Protegem uma máquina contra pressão excessiva. São obrigatórias nas caldeiras e nos reservatórios contendo fluídos em pressão.

São de 2 tipos: **de mola**, em que o disco é mantido contra o assento pela força de uma mola que cede se a pressão ultrapassar um dado limite e **de contrapeso** em que a força que fecha a válvula resulta de um contrapeso.

São válvulas semelhantes ao tipo globo angular. O emprego das válvulas de segurança é regulado por sólidos.

III – VÁLVULAS DE ALÍVIO (Veja Capítulo XII)

São um tipo de válvula de segurança, porém de construção mais simples. Servem para proteção contra pressão excessiva, mas em caso de menos responsabilidade como linhas de ar comprimido, de água, de vapor, aquecedores, etc.

IV – VÁLVULAS DE DRENAGEM

Devem ser de ação rápida, isto é, de abertura e fechamento rápidos, a fim de evitar a deposição de partículas sobre a sede.

São usadas para drenagem de reservatórios, em caldeiras (drenagem, abaixamento rápido do nível de água quando necessário).

Uma característica importante é dificultarem a deposição de partículas.

Os tipos empregados para esse fim são:

- de macho
- válvula Y
- válvula sem assento

V – VÁLVULAS DE CONTRÔLE E REGULAGEM (Veja Capítulo XII)

São destinadas ao contrôle de nível de líquidos, de pressão de um fluído, da descarga.

Os modos de contrôle podem ser:

a — termostático: a abertura da válvula é comandada pela temperatura do meio cuja temperatura requer controlar; a válvula varia o fluxo de vapor, ou de água quente.

A válvula termostática VT regula o fluxo de vapor de acôrdo com a temperatura t_2o.

A válvula termostática é de ação automática. É do tipo globo.

b — mecânico: por exemplo, a válvula de bóia reguladora de nível

c — Pressão: a abertura da válvula é regulada pela pressão de jusante ou à montante; são as válvulas reguladoras ou redutoras de pressão de muito uso para vapor, para líquidos e para ar comprimido ou outros gases.

A válvula reguladora de pressão pode ser de assento duplo ou simples, de ação direta ou de piloto.

1.3 — Acessórios das Válvulas: —

I — "By-pass"

O "by-pass" permite igualar as pressões antes e depois das válvulas para facilitar a sua abertura (válvulas grandes). O "by-pass" também é usado em válvulas de retenção na descarga de bombas para o escoamento das mesmas com o líquido a montante.

II — Operadores Mecânicos Manuais

Para evitar escadas, o volante pode ser dentado e dotado de corrente para manobra à distâncias pelo operador.

Também a haste pode ser bastante comprida ou provida de cabo flexível para manobra à distâncias.

III — Motores

As válvulas podem ser motorizadas para comando à distâncias.

Os motores podem ser:

- hidráulicos (óleo ou água)
- pneumáticos (ar comprimido)
- elétricos (com solenóide ou com motor elétrico)

Os fins do comando com motores podem ser: segurança, manobra à distância, operação automática.

1.4 — Construção das Válvulas: —

Uma válvula é composta de duas partes principais:

- corpo e castelo
- acessórios (assento, disco, haste).

Estas duas partes podem ser feitas todas de um só material (ex. para água) ou então o corpo e castelo podem ser de um material e os acessórios de outro.

Assim, por exemplo, o corpo e o castelo podem ser de ferro fundido e os acessórios de bronze.

Há válvulas de ferro em que o assento e o disco são de aço inoxidável que resiste à corrosão. O disco pode ter também uma parte de couro, ou de fibra, ou de borracha para fácil troca quando desgastado.

A vedação com um disco plástico é mais fácil.

As válvulas podem ser construídas de:

– latão
– bronze
– ferro fundido com ligas (exemplo, de Ni)
– aço fundido com liga
– aço forjado

O disco e a sede podem ser de aço inoxidável.

Os processos de fabricação são:
– fundição e usinagem
– forjamento e usinagem (altas pressões)

1.5 – Gaxeta.

O material usado para gaxeta depende de pressão, da temperatura e da natureza do fluido. A gaxeta deve impedir o vazamento do fluído pelo espaço entre a haste e o castelo.

Rosqueando-se a tampa, dá-se o aperto necessário na gaxeta através do prensa-estopa.

IDENTIFICAÇÃO

2.0 - Identificação de Desenhos de Tubulação

2.1 – Nos projetos de tubulações industriais, fazem-se geralmente quatro tipos de desenhos de tubulações:

1. Fluxogramas (Flow - sheets)
2. Plantas de tubulação
3. Desenhos isométricos
4. Desenhos de detalhes e de fabricação, e desenhos de suportes.

2.2 – Fluxogramas (Flow - sheets)

Os fluxogramas são desenhos esquemáticos, sem escala, que mostram toda rede de tubulação e os diversos vasos, bombas e outros equipamentos aos quais a rede esteja ligada. Costumam ser feitos dois tipos de fluxogramas:

1 – Fluxogramas de processos – Os fluxogramas de processos são desenhos preparados pela equipe de processo, na fase inicial de um projeto. Nesses desenhos deve, obrigatoriamente, estar figurando o seguinte:

– As tubulações principais, com indicação de fluido contido e do sentido do fluxo.

– As principais válvulas de bloqueio, regulagem, controle e alívio (indicadas por suas convenções).

– Todos os vasos (tanques, torres, tambores, reatores etc.) com indicações das características básicas, como tipo, dimensões principais, pressão e temperatura de trabalho, número de bandejas, etc.

– Todos equipamentos importantes (bombas, compressores, ejetores, filtros, trocadores de calor, etc.) com indicações das características básicas, como tipo, vazão, temperatura e pressão, transferênciade calor, etc.

– Todos os instrumentos principais, indicados por suas convenções.

2 – Fluxograma de detalhamento – Esses desenhos são também preparados pela equipe de processo, em fase mais adiantada do projeto, com a colaboração da equipe de projeto mecânico. São os desenhos básicos, a partir das quais será feito todo o desenvolvimento de projeto de tubulação.

Esses desenhos devem conter as seguintes informações:

– Todos os vasos com suas dimensões principais, identificação e características básicas. Os equipamentos devem ser todos mostrados individualmente, um por um, ainda que sejam equipamentos de reserva, ou vários iguais entre si.

Devem figurar no desenho não só os equipamentos grandes (tanques, tôrres, bombas, etc.), mas também os pequenos, tais como filtros, purgadores, etc.

– Todas as tubulações, inclusive secundárias e auxiliares, com indicação do diâmetro, sentido do fluxo, identificação completa e exigências especiais de serviços, se houverem (caimentos constantes, ausência de pontos altos ou de pontos baixos, traçados retilíneo, etc.).

– Todas as válvulas, colocadas nas respectivas linhas, e com indicação do tipo geral (bloqueio, regulagem, contrôle, segurança, etc.) por meio de convenções .

– Todos os instrumentos (geralmente de acôrdo com as convenções I.S.A.) com indicações de tipo, identificação, tamanho, arranjo respectivos de válvulas, tubo, de contorno, etc. inclusive, flanges de orifícios. Devem também figurar as linhas de ar comprimido, de comando das válvulas, de contrôle as respectivas ligações.

No desenho dos fluxogramas, para melhor clareza, deve ser seguida uma certa ordem racional na disposição (dos vasos, equipamentos) e tubulações, independente da verdadeira disposição que esses elementos tenham no terreno. Todas as tubulações, devem ser representadas no papel por linhas horizontais ou verticais. Em alguns casos as tubulações importantes são desenhadas em traço mais forte para sobressair melhor. As linhas horizontais devem ser contínuas, e as linhas verticais são interrompidas ao se cruzarem com as linhas horizontais. As setas indicativas do sentido de fluxo são colocadas nas mudanças de direção. Os vasos, torres , tanques e demais equipamentos de processo devem ser desenhados na parte central do papel, tanto quanto possível com a arrumação relativa que tenham no fluxo. As bombas, compressores e outras máquinas devem ser colocadas na parte inferior do papel.

3.0.-- Entendimento de Desenhos e Materiais

Em cada projeto convém que seja adotado um critério de numeração dos desenhos que servirá para organizar o arquivamento e facilitar a consulta, e a estabelecer a interdependência entre um desenho e os demais.

Todos os desenhos, listas de materiais, especificações, e demais documentos que constituem o projeto completo, antes de serem emitidos, devem ser cuidadosamente verificados um por um. É muito importante que a verificação seja feita por outra pessoa sem ser a que fez o desenho, para evitar repetição de erros condicionados. Tudo que aparece em cada desenho, inclusive título, numeração, etc., deve ser verificado, assim como devem ser cuidadosamente confrontados os desenhos, uns com os outros, para verificação recíproca.

Para facilitar a verificação e evitar a possibilidade de esquecimento, muitos projetistas adotam códigos, de cores para a verificação.

Os desenhos devem ser emitidos de maneira que se possa construir exatamente como mostramos e sem erros. Esse ponto é importante por causa dos prejuízos e atrasos que muitas vezes resultam para a construção e para a operação, em consequência de um único erro em qualquer dos desenhos.

3.1 — Fabricação e pré-fabricação de Peças de Tubulação

Em montagens de tubulações industriais é usual fazer-se o que se denomina de "fabricação de peças de tubulação", que consiste na submontagem prévia dos trechos onde existirem curvas, derivações, flanges, reduções e outros acessórios. Esses trechos pré-montados chamam-se "peças" (spools). Cada peça é um conjunto incluindo um certo número de acessórios e de pedaços de tubos.

Para a construção desses trechos de linha o montador recebe diretamente, no local da obra, as varas corridas de tubo (random leghts), e vão ligando umas nas outras.

Em princípio, devem ser fabricadas peças abrangendo a maior parte possível de tubulação a ser montada, para simplificar ao máximo o serviço de montagem no local. A fabricação das peças pode ser feita em oficina própria, fora do local de montagem (pré-fabricação), ou no proprio local da montagem (fabricação no campo). A pré-fabricação é usada onde há recursos de oficinas, ou em montagens grandes, quando for econômica a instalação de uma oficina para esse fim. Com a pré-fabricação em oficinas obtém-se um rendimento muito melhor do trabalho e conseguem-se peças mais bem feitas e com dimensões mais exatas. No caso de montagens grandes, a pré-fabricação em oficinas permite o trabalho em consições bem mais econômicas de que a fabricação no campo, devido à possibilidade da fabricação em série de muitas peças.

Quando a fabricação das peças é feita, o primeiro trabalho do montador, ao receber os desenhos isométricos da tubulação, é o estudo da distribuição das peças pelos isométricos, isto é, a subdivisão da tubulação mostrada em cada isométrico em um certo número de peças. A escolha do tamanho e do peso das peças fabricadas depende essencialmente das possiblidades que se tenha de transporte e de elevação de cargas, no local da obra e entre a oficina e a obra. As peças grandes e pesadas diminuem o número de soldas no campo, mas em compensação tornam em geral a montagem mais difícil. Na prática costumam-se limitar em 12 m de comprimento, em 3 m de largura ou a altura e em 2.500 kg o peso máximo das peças fabricadas.

Para facilitar a montagem e evitar confusões, todas as peças fabricadas devem ser numeradas, e essa numeração deve ser marcada claramente a tinta na própria peça. A numeração das peças fabricadas deve estar ligada ao número do desenho isométrico no qual a peça apareça. Essa numeração costuma ser acrescentada pelo montador, nos desenhos isométricos que forem utilizados para a montagem.

Nesses desenhos devem igualmente ser indicados as soldas de campo (fiels welds), isto é, as soldas de emenda de uma peça fabricada nas outras, ou nas varas avulsas de tubo.

SEPARADORES — DEFINIÇÃO

SEPARADORES DE VAPOR , PURGADORES (Ver página N.º 103 e 104).

1.0 - Introdução e utilização

Os purgadores são dispositivos automáticos que separam e eliminam o condensado formado nas tubulações de vapor e nos aparelhos de aquecimentos, sem deixar escapar o vapor. Por essa razão, esses aparelho deveriam ser chamados, com mais propriedade de "purgadores de condensado". Os bons purgadores, além de renovarem o condensado, eliminam o ar e outros gases encondensáveis (CO_2 por exemplo) que possam estar presentes.

1.1 — Nas linhas de vapor saturado sempre há água líquida resultante da condensação parcial do vapor ou então arrastada pelo vapor ao sair da caldeira.

1.2 — Nas linhas de vapor super aquecido aparece a água líquida no início da marcha; quando o vapor entra nas linhas, com estas frias, haverá sempre uma grande condensação no caso de paralização do fluxo por fechamento de válvulas.

É importante que, quando a linha é fria, o vapor seja alimentado lentamente, no início, para evitar a condensação de grandes massas de vapor e o seu arraste e o aparecimento de golpes de ariete.

Em condições normais, ao vapor saindo de uma caldeira seus super aquecedores contém de 0,3 à 5% de umidade em peso. Quando a caldeira trabalha em sobrecarga, a quantidade de água líquida no vapor aumenta.

A remoção do condensado, do ar e de outros gases existentes nas linhas de vapor deve ser feita pelas seguintes razões:

— Conserva a energia do vapor: o condensado não tem ação motora nem ação aquecedora eficiente. A entrada ou a permanência do condensado nos aparelhos de aquecimento diminui grandemente a eficiência desses aparelhos.

— Evitar vibrações e golpes de ariete nas tubulações, causados pelo condensado quando empurrado pelo vapor em alta velocidade.

— Evitar a erosão rápida das palhetas das turbinas, que seriam causadas pelo impacto das gotas de condensado.

— Diminuir os efeitos da corrosão. O condensado combina-se com CO_2 existente no vapor , formando o ácido carbônico, de alta ação corrosiva.

— Evitar o resfriamento do vapor em consequência da mistura com o ar e outros gases.

PURGADORES — EMPREGO

1.3 — Emprego dos Purgadores

Devem ser colocados obrigatoriamente purgadores para drenagem de condensado nos seguintes pontos de todas tubulações de vapor:

— Todos os pontos extremos (no sentido de fluxo) fechados com tampões, flanges cegos, bujões, etc.

— Todos os pontos baixos e todos os pontos de mudança de elevação (colocados, nesses casos, na elevação mais baixa).

— Nos trechos de tubulações em nível, deve ser colocado um purgador em cada 100 a 200 m; quanto mais baixa fôr a pressão do vapor mais numerosos deverão ser os purgadores.

— Imediatamente antes de todas as válvulas de bloqueios, válvulas de retenção, válvulas de contrôle e válvulas redutoras de pressão.

— Próximo à entrada de qualquer máquina a vapor, para evitar a penetração de condensado na máquina.

PURGADORES — INSTALAÇÃO

1.4 — Método de instalação

O purgador deverá sempre estar colocado abaixo da tubulação para que possa funcionar sempre por gravidade.

É recomendável a colocação de um filtro imediatamente antes de cada purgador.

A descarga dos purgadores pode ser feita de dois modos:

— descarga livre, isto é, o condensado é lançado fora do purgador e recolhido ao sistema de drenagem local.

— descarga na rede de tubulação, que faz retornar o condensado à caldeira.

Quando o purgador descarregar em linha de retôrno, em funcionamento contínuo, deve ser prevista uma tubulação de contorno (by-pass) com válvula de regulagem manual, para uso quando o purgador estiver fora da operação.

Os tubos de entrada e saída do purgador devem ter o menor diâmetro possível, e devem ser no mínimo de diâmetro igual ao dos bocais do purgador. Quando existirem vários purgadores descarregando em uma única linha de condensado, essa linha deverá ser dimensionada para a descarga simultânea de todos os purgadores.

OBS.: Os purgadores devem ser sempre instalados em locais de fácil acesso para inspeção e manutenção

PURGADORES — TIPOS

1.5 — Tipos de Purgadores

São classificados em 3 categorias:

— Purgadores mecânicos (agem por diferença de densidade) {
- de boia
- de panela invertida
- de panela aberta

Purgadores termostáticos (agem por diferença de temperatura) {
- expansão metálica
- expansão líquida
- expansão balanceada

— Purgadores especiais {
- termodinâmicos
- impulso

O mais utilizado em drenagem de tubulação de vapor é o purgador de panela invertida.

Seleção de um purgador:

Cada tipo de purgador tem uma série de qualidades que o tornam indicado para um serviço específico.

O purgador deve ser escolhido com cuidado.

Influem na seleção: só o condensado precisa ser removido assim que formado ou não; se há muito ou pouco ar a ser eliminado; se a descarga precisa ser contínua; se a quantidade de condensado é grande ou pequena; se o condensado tem que ser elevado a uma certa altura; se a pressão na saída é atmosférica ou não.

1.6 — Outros tipos separadores.

Além dos purgadores de vapor, vários outros dispositivos separadores são também usuais em tubulações industriais. São os seguintes os princípios gerais de funcionamento da maioria desses aparelhos:

Expansão: atua no caso de separador-raptor, o vapor ao entrar no separador sofre uma pequena expansão pois há um aumento grande de volume, sua densidade diminue e portanto sua capacidade de carregar gotas de água diminue, assim a tendência das partículas de água depositam-se e aumentam.

Inércia: as partículas de água tendem a manter-se em linha reta; esse princípio é usado nos separadores usando mudanças de direção e contrifugos.

Elasticidade: ao chocar-se uma corrente de vapor e gotas d'água numa placa, o vapor é refletido, mas a água, devido a sua pequena elasticidade, adere à superfície.

Capilaridade: faz com que as partículas de água se aglomerem e formem pequenos filetes líquidos ao atravessar uma peneira.

Aborsão: certas substâncias porosas ou fibrosas tem a propriedade de absorver as gôtas d'água.

Esses princípios só são usados nos separadores de vapor de exaustão.

FILTROS — DEFINIÇÃO

1.7 — Filtros para tubulação. (Ver na página N.º 100).

Os filtros são também aparelhos separadores destinados a reter poeira, sólidos em suspensão e corpos estranhos, em correntes de líquidos ou de gases. São de uso corrente em tubulações industriais, duas, classes de filtros: provisórios e permanentes.

Provisórios: São peças que se intercalam nas tubulações, próximos aos bocais dos equipamentos, a fim de evitar que, durante a montagem, sujeira, ou corpos estranhos penetrem no equipamento quando o sistema for posto em funcionamento.

Permanente: São acessórios instalados na tubulação definitivamente. São empregados em:

— tubulação com fluídos sujos que sempre possam apresentar corpos estranhos.

— casos em que se deseje uma purificação rigorosa e controlada do fluído circulante.

— tubulações de entrada de equipamentos muito acessíveis a corpos estranhos tais como bombas de engrenagens, medidores volumétricos, certos tipos de purgadores, etc.

FASES DE ACABAMENTO

Tipos de Testes de Tubulação, Pressões de Teste:

Depois de montado o sistema de tubulação, deve ser feito um teste de pressão para verificação de possíveis vazamentos.

Na grande maioria dos casos o teste é feito por pressão de água (teste hidrostático); em alguns casos especiais em que não se possa permitir a presença de água ou de umidade nos tubos, faz-se o teste com ar comprimido, ou mais raramente com outros líquidos.

Não se deve usar para os testes hidrostáticos água salgada, saloba, ou qualquer outra água agressiva, devido à corrosão que resultará.

Nos testes hidrostáticos, a pressão de teste deve ser sempre a pressão de trabalho da tubulação, geralmente é uma vez e meia a pressão de projeto de operação. O menor valor para a pressão de testes em tubulações industriais costuma ser 1 kg/cm^2, aplicável inclusive para as tubulações que trabalham sem pressão nenhuma ou com vácuo.

O teste com ar comprimido é bastante perigoso devido ao risco de explosão que pode ocorrer se houver um vazamento importante; por essa razão, o uso desse, deve ser restringido ao mínimo. A pressão de teste com ar deverá ser 10% acima da pressão de projeto, não podendo, entretanto, em nenhum caso, exceder de 2 kg/cm^2.

Preparação e Condução de Testes.

As seguintes providências preparatórias devem ser tomadas antes de teste de pressão.

— As placas de orifício e todas outras restrições ao fluxo devem ser removidas.

— Todas as válvulas, inclusive as de controle e de retenção devem ser abertas e mantidas em posição aberta.

— As válvulas de bloqueio dos ramais para os instrumentos devem ser fechadas.

— Os instrumentos e outros equipamentos que não possam ser submetidos à pressão de teste devem ser retirados ou substituídos por carretéis de tubo.

— As válvulas de segurança e de alívio devem ser removidas e substituídas por flanges cegos ou tampões.

— Todas as soldas e roscas devem ser deixadas expostas, sem isolamento térmico e sem pintura.

— Todas as emendas em tubos enterrados devem ficar expostas antes de se completar o enchimento com água das tubulações; deve-se fazer a completa purga de ar do sistema, abrindo-se válvulas de respiro. Deve-se fazer também uma inspeção de todo sistema de suportes das tubulações, para verificar o seu comportamento, com o peso de água, que por ser frequentemente mais pesada do que o fluído circulante, constitui a maior carga estática que possa agir sobre os suportes. No caso das linhas de grande diâmetro para gases, é comum haver necessidade de construção de suportes provisórios adicionais.

A pressão de teste é conseguida geralmente com uma pequena bomba alternativa manual, cuja tubulação de recalque é adaptada a um flange cego de tubulação, ou a uma tomada de respiro ou de dreno. A subida da pressão deve ser lenta, para que possa haver um bom controle do valor da pressão. No teste hidrostático com água, a pressão de teste deve ser mantida no seu valor máximo pelo menos por uma hora, durante a qual a tubulação toda é cuidadosamente examinada para a procura de vazamento. É conveniente que o manômetro de medida da pressão seja colocado no ponto mais alto do sistema; caso isso não seja possível, deve-se acrescentar ao valor da pressão de teste o efeito da coluna hidrostática acima do manômetro.

No teste com ar comprimido a subida da pressão deve ser bem vagarosa, verificando-se frequentemente, desde o início do teste, a existência de vazamentos. Essa verificação é feita passando-se água com sabão externamente nas soldas e roscas e examinando-se se há formação de bolhas de ar.

Se no teste de pressão fôr constatado algum vazamento, a correção deverá ser feita reparando-se a solda ou reapertando-se a rôsca. Depois de corrigido o defeito, o teste deverá ser repetido exatamente como da primeira vez. O teste deverá ser feito todas as vezes que a tubulação sofrer qualquer obra de reparo que possa interferir na sua estanqueidade.

ACABAMENTO – ISOLAMENTO (Ver página N.º 105).

Finalidades e Empregos dos Isolamentos Térmicos

Todos os isolamentos térmicos tem por finalidade geral reduzir as trocas de calor do tubo para o meio ambiente, ou vice-versa.

Distinguem-se duas classes gerais de isolamentos térmicos:

— **Isolamentos para linhas quentes**, isto é, para tubos cujas temperaturas sejam superiores à temperatura ambiente.

— **Isolamento para linhas frias**, isto é, para tubos cujas temperaturas sejam inferiores à temperatura, ambiente.

Tanto para as linhas quentes como para as frias, o isolamento térmico pode ser usado por diversas razões, com finalidades específicas diferentes, que são as seguintes:

1) Motivos econômicos — As perdas de calor ou de frio, de um fluído para o exterior, representam um desperdício do combustível empregado no aquecimento ou da energia gasta na refrigeração. O emprego do isolamento resulta, portanto, em economia de combustível ou de energia.

2) Motivos de serviços — Em muitos casos, independente de razões econômicas, o isolamento térmico deve ser aplicado por exigências da natureza do serviço, seja para manter o fluído em uma determinada temperatura, seja para conseguir que o fluído possa chegar ao destino com a temperatura desejada. A manutenção de um fluído em uma determinada temperatura pode ser necessária, entre outras razões, para evitar o congelamento, a vaporização ou a decomposição de fluído.

3) Proteção pessoal — O isolamento térmico pode também ser necessário para evitar queimaduras em alguém que se encoste na tubulação, ou em alguns casos, para evitar o desconforto da excessiva irradiação de calor.

Materiais usados praa o Isolamento Térmico Externo:

São os seguintes os materiais mais comumente empregados para os isolamentos térmicos externos das tubulações.

Hidrossilicato de Cálcio — é atualmente o material de emprego mais difundido para o isolamento de trabalho de 0º C até 655º C.

Composição de magnésia 85% e amianto 15% — Era o material de emprego tradicional antes do aparecimento de hidrossilicato de cálcio, sendo ainda bastante usado.

A faixa de temperaturas de trabalho vai de 0º C a 320º C, e a condutividade térmica é equivalente à do hidrossilicato de cálcio.

Sílica distomática — É um material cuja faixa de temperaturas de trabalho vai até 1.000º C, sendo empregado principalmente para temperaturas acima do limite de uso do hidrossilicato de cálcio, por ser de preço mais elevado que este.

Lã mineral (sílica em fios) — Material muito bom, com ótima resistência à água e à umidade, podendo ser empregado para temperaturas desde 100º C até 900º C. O seu uso é limitado devido ao alto preço.

Espuma de plástico (poliestireno) — É o material de emprego mais comum no isolamento para baixas temperaturas, tendo faixa de trabalho desde 13º C até 100º C. Tem excelente resistência à água e à umidade, e boas qualidades mecânicas.

Lã de vidro — Tem excelente resistência à água e à umidade. A faixa de temperatura de trabalho é de , 0º C à 230º C.

Pintura das Tubulações Industriais

Todas as tubulações de aço-carbono, aços-liga e de ferro, não enterradas e que não tenham isolamento térmico externo, devem obrigatóriamente receber algum tipo de pintura. A pintura tem por função não só dar melhor aparência à tubulação como principalmente proteger o material contra a corrosão atmosférica. A pintura serve também para a rápida identificação do tubo, mediante o uso de um código de cores para serviços com fluído conduzido.

As tubulações de aços inoxidáveis, de metais não-ferrosos e as não-metálicas, como em geral são imunes à corrosão atmosférica, raramente necessitam de pintura podem, entretanto, serem pintadas por questões de aparência ou de facilidade de identificação.

Qualquer pintura exige sempre uma adequada preparação prévia da superfície; a pintura será tanto durável e resistente quanto melhor tiver sido essa preparação.

Para superfícies metálicas a preparação consiste na limpeza completa da superfície, removendo-se ferrugem, escamas de laminação, terra, gramas, tintas, óleos, e quaisquer outras substâncias.

Preparação das Superfícies para a Pintura:

Muitos processos existem de limpeza e preparação das superfícies metálicas para a pintura:

Limpeza química	com solventes com álcalis com ácidos
Limpeza com jato de areia abrasiva	
Limpeza mecânica	elétrica pneumática
Limpeza manual	

A limpeza com solventes e com álcalis, quando bem feita, remove completamente óleos, graxas e tintas não servindo, entretanto, para a retirada de crostas e escamas de ferrugem, nem de cascas de laminação. No caso que nos interessa, das tubulações industriais, esses sistemas de limpeza são empregados apenas para a remoção local de manchas de óleos, graxas e tintas, antes da aplicação de outros métodos de limpeza. Os, álcalis devem ser completamente removidos, por uma lavagem com água, antes da tintura.

A limpeza em ácido dá excelente resultados, mas é um processo muito caro e complicado, limitando-se, o seu uso a pequenas peças fabricadas em oficinas, para as quais seja necessária uma pintura de alta qualidade. O melhor sistema é a chamada "decapagem" que consiste na imersão completa da peça em banho quente de ácido, geralmente ácido fosfórico.

A decapagem deixa a superfície metálica inteiramente livre de impurezas, inclusive ferragem, e recoberta por uma fina camada de fosfato de ferro que facilita a aderência da tinta.

A limpeza com jato de areia (blast cleating) é um sistema muito usado para preparação corrente de peças pré-fabricadas em oficinas. Consiste em fazer incidir sobre a peça um forte jato de areia abrasiva, geralmente impulsionado por ar comprimido. O jato de areia exige sempre um equipamento relativamente complexo.

Poucas vezes o serviço poderá ser feito no interior de instalações industriais, porque a nuvem de areia, abrasiva que se forma, causará danos a máquinas e equipamentos que estejam próximos. Distinguem-se dois graus de jateamento, denominados de "limpeza ao metal branco" e de "limpeza comercial". O primeiro consiste na remoção completa de todas as impurezas, deixando o metal mais brilhante; é raramente usado por ser muito caro.

A limpeza comercial é mais barata e menos exigente permitindo pequenos vestígios de ferrugens; é o sistema comumente usado em oficinas.

A limpeza mecânica é o processo geralmente empregado no interior de instalações industriais, e também em oficinas, quando não se dispõem do equipamento para jato de areias.

A limpeza é feita por meio de escovas rotativa, marteletes e talhadeira, acionadas a eletricidade ou a ar comprimido.

Nunca se consegue em grau de limpeza equivalente ao metal branco, sendo entretanto possível a limpeza de qualidade próxima ao jato comercial. As manchas de óleos ou de graxa convém que sejam previamente removidas por processo químico.

Com a limpeza mecânica não é possível retirar completamente as cascas de laminação das chapas. Quando a tubulação estiver em área onde houver risco de incêndio ou de explosão, devem ser usadas ferramentas especiais contra centelhas.

A limpeza manual é feita por meio de escovas, raspadeiras, martelos e talhadeiras. Embora possa ser atingido um grau de limpeza equivalente à limpeza mecânica, esse processo é anti-econômico, exceto para pequenas superfícies ou para retoques locais inacessíveis por outros meios.

Tintas e Sistemas de Aplicação:

Para superfícies metálicas a pintura compõem-se sempre de uma ou mais demãos de tinta de fundo, seguidas da tinta de acabamento. A principal proteção que a pintura dá ao metal consiste na formação de uma película impermeável que isola o metal do contato com a atmosfera. A proteção é por isso tanto melhor quanto mais espessa, aderente e contínua, for a película de tinta. Por essa razão devem ser dadas, no total pelo menos três demãos de tinta, para que seja atingida a espessura mínima necessária, e para que cada demão, cubra as possíveis falhas e irregularidades da demão anterior. A espessura não deve ser excessiva, porque prejudica a adesão.

As tintas de fundo contém ainda pigmentos cuja função é inibir a formação de ferrugem. É necessário que a tinta de fundo seja capaz de "molhar a superfície", isto é, formar uma película contínua. Para o caso das tubulações industriais, as tintas de fundo mais empregadas são as tintas de óleo de linhaça, com pigmentos de zarcão, óxido de ferro, cromato de zinco, etc. Essas tintas são capazes de molhar uma superfície com vestígios de ferrugem, não exigindo assim uma limpeza absoluta. As tintas de fundo de resinas sintéticas, são mais duráveis e resistentes, exigindo porém uma perfeita limpeza do metal.

As tintas de acabamento protegem as tintas de fundo e dão a côr desejada.

As tintas comuns não resistem a temperaturas acima de 100° C.

Existe, entretanto, muitas tintas resistentes a alta temperaturas; as tintas à base de silicones, por exemplo, dependendo da composição, podem trabalhar até a 500°C. Para tubulações industriais a aplicação das tintas pode ser a pincel ou a pistola.

A TUBULAÇÃO SERVE PARA:

- condução de fluídos, líquidos e gasosos.
- condução de partículas sólidas (transporte pneumático).

A tubulação resulta do fato de estarem afastadas na máquina que produzem ou que usam os fluídos.

Aplicações mais comuns:

- distribuição de vapor para força e aquecimento.
- água potável;
- óleos combustíveis e lubrificantes;
- ar comprimido;
- gases;
- líquidos industriais;
- esgôto.

Componentes:

tubo, joelho, tê, cruzeta, redução, bucha, luva, tampão, bujão, união, flanges, válvulas e equipamentos auxiliares.

Tubo:

material empregado: ferro fundido
aço ao carbono
aço liga
metais não ferrosos (cobre, bronze, chumbo, etc.)
e mais: vidro
plástico
borracha
cimento amianto.

A escolha do material fica a cargo da seção de Processos e baseia-se em códigos da (ASTM) American Society for Testing of Materials.

Influem na escolha: fluído;
segurança;
durabilidade;
condições de operações;
facilidade de obtenção;
custo e existência de acessórios;
facilidade de equipamento para montagem;
propriedades mecânicas.

Casos comuns: Tubos de aço ao carbono (e de maior aplicação ou em diversos tipos de instalações).
Tipos de fabricação (Fig. 16).

Tipos de Conexão – Rosqueada (TODD.)
Soquete soldada (SW)
Soldada de tôpo (BW)
Flangeadas

Conexões:

– Rosqueada (internamente)
Usadas em geral para tubos de 2" e abaixo em linhas para desmontes frequentes.

– Soquete soldado
Usadas comumente em pequenos diâmetros, 2" e abaixo.
Em linhas de serviços severos onde o perigo de vazamento devem ser eliminado.
Assentamento próprio e fácil instalação.

– Soldada de tôpo
Não é comum, mas em casos especiais pode ser encontrada.

– Flangeadas
Usadas comumente em linhas acima de 2" para todo o tipo de serviço.
Os flanges obedecem os mesmos códigos dos flanges vistos anteriormente.

Inscrição na válvula: Indicam tamanho, pressão de trabalho e fluído.

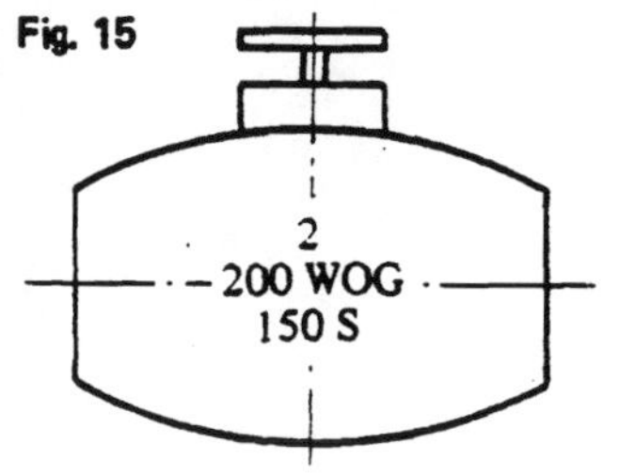

Fig. 15

ex.: 2 = tamanho (2")
200 WOG = 200 libras de pressão com água (W), óleo (0) e gás (G). Em temperaturas normais sem golpes.
150 S = trabalho com vapor saturado 150.

Castelo: peça de válvula responsável pelo movimento de translação da haste e sua vedação.
Material: — O mesmo usado para o corpo.

Tipos
- **Rosqueado** (screwod - bonnet)
  A rôsca de conexão no corpo da válvula é interna.
  Usadas para pequeno diâmetro e serviço de baixa pressão.
- Não recomendado para instalação de processo.
- Satisfatório somente quando não haja desmontes frequentes.
- **União rosqueado** (screwod - union bonnet)
  A rôsca de conexão no corpo da válvula é externa.
- Usados para pequenas válvulas e em geral serviços de processo.
- Projetado para serviços de alta pressão e frequentes desmontes.
- **Flangeado** (bolted - bonnet)
  Conexão conforme código já descrito.
  Usados para diâmetros de 1 1/2" acima, em válvulas de aço.
  Empregados para instalações de processo, para tôdas as pressões e temperaturas.
- **Soldado**
  Usados em casos especiais como: corrosivos, gases tóxicos e outros serviços difíceis.

Fig. 16

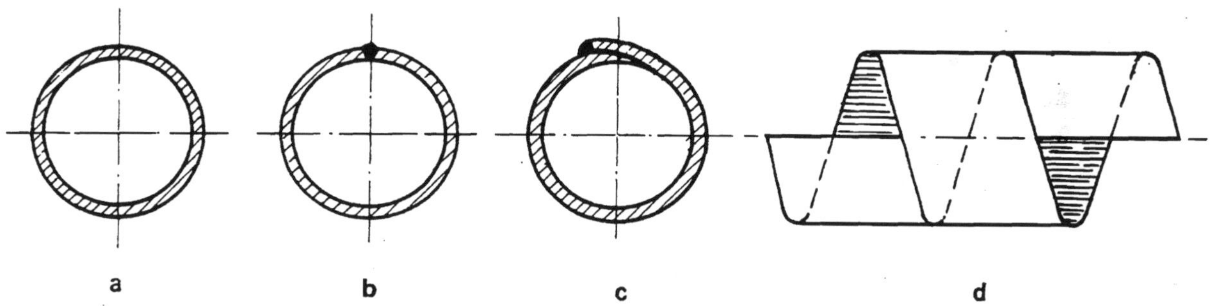

a — sem costura - estrudado
b — com costura de tôpo
c — com costura de recobrimento
d — com costura transversal (em espiral)

Os tipos mais empregados são a e b. O tipo a para pressões mais elevadas, o tipo b para pressões baixas.

Os tubos de aço carbono são encontrados: para tratamento (tubo preto) e protegido com banho de zinco (galvanizado).

Os tubos pretos podem ser soldados.

Os tubos galvanizados são rosqueados (não podem ser soldados).

Dimensões dos tubos:

d = diâm. nominal
di = diâm. interno
de = diâm. externo
e = espessura da parede

Fig. 17

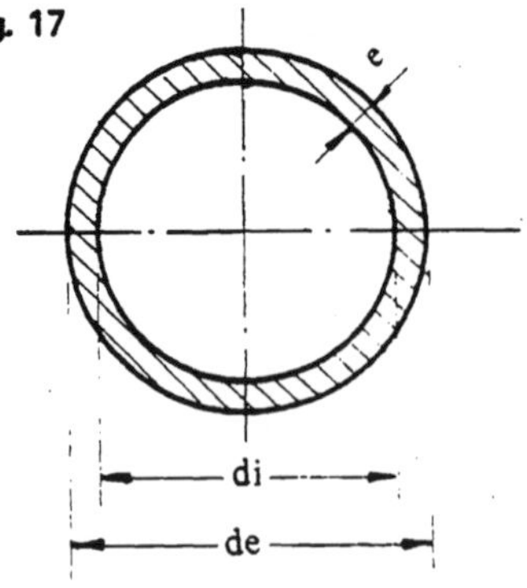

$$\text{Sch.} = \frac{1000 \times P}{3750}$$

fórmula que nos dá o n.º do Schedule.

d - O diâmetro nominal pode não coincidir com o interno ou com o externo, dependendo do tipo e do diâmetro do tubo.

Os americanos (ANSI - American National Steel Institute) classificam os tubos em "Schedules" (catálogo, lista, etc.)

SCH. 10, 20, 30, 40, 60, 80, 100, 120, 140 e 160

STANDARD ATÉ 10" (40) — EXTRA PESADO ATÉ 8" (XS ou XH) (80) — EXTRA PESADO DUPLO (XXS ou XXH) (160)

A parede cresce quando o Sch. cresce.

O tubo no Sch. 40 (STD) tem o d mais próximo do **di** e partindo dêle o diâmetro externo foi determinado para os tubos até 12" inclusive. De 14" em diante, o diâmetro nominal coincide com o diâmetro externo.

Portanto os tubos do mesmo diâmetro nominal até 12" inclusive, apresentam o mesmo diâmetro externo para facilitar as conexões com os acessórios, joelhos, tês, luvas, etc.

Os tubos são fornecidos comumente em barras de 6 m. de comprimento e nos diâmetros 1/2", 3/4", 1", 1 1/2", 2", 3", 4", 6", 8", 10", 12", 14", 16", 18", 20" e 24".

– Tubos de ferro fundido

Mais usados em instalações de pressões e temperaturas baixas.
Usos mais comuns: em instalações de água potável e esgôtos.
É muito resistente à corrosão.

Tipo de Ligação, ponte e bolsa (Figs. 18 e 19).
O diâmetro nominal é o interno.
São Fabricados por centrifugação e acima de 2", nos comprimentos:

3 m (2" e 2 1/2")
4 m ou 6 m (2 3/4" e 4")
6 m (5" para cima)

Fig. 18

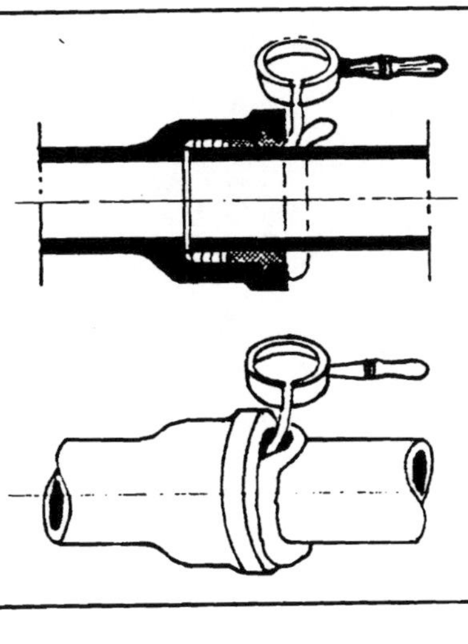

Fig. 19

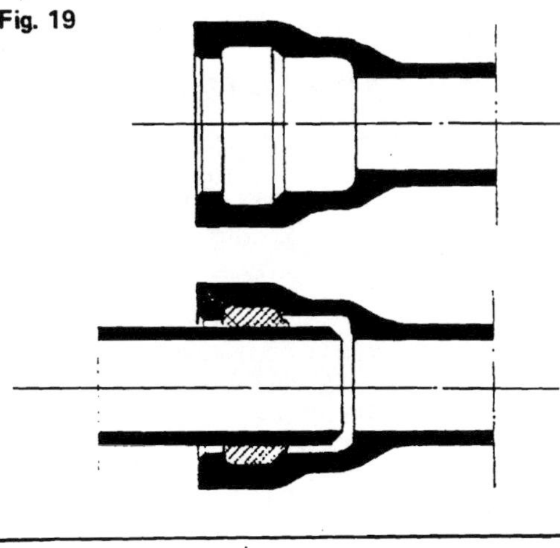

– **Tubos de cimento e amianto**
Empregados em água potável, água de chuva e esgoto.

– **Tubo de cobre**
Geralmente empregado em tubulação de aquecimento e instrumentação. Encontrado em 3 espessuras designadas por K, L e M e dois formatos: rígido (barras) e flexível (rolos).

K – para condições severas
L – para condições médias
M – para uso onde não haja grandes pressões (em drenos e ventas)

– **Tubos de aço inoxidável (ANSI B36, 19)**
Comumente encontrados nos Schs. SS, 10S, 40S e 80S.
Usados somente em instalações especiais por seu custo elevado.
Empregados para serviços severos (alta pressão e temperatura).

– **Tubos de borracha**
Usados em geral no formato de mangueiras para fluídos de utilidades (água, ar e vapor de baixa pressão).
Usados também em processo onde se requer tubulação flexível.

Acessórios para conexões: (14, 15, 16 a e b, 17, 18, 19 20 21, 22, 23)

Joelho, Tê, Cruzeta, Redução, Bucha, Luva, Tampão, Bujão, União:

- Descrição: Acessórios são peças usadas na tubulação para mudá-la de direção, criar ramais, reduzir-lhe o diâmetro, unir um trecho ao outro e tampar os extremos para uso futuro.
- Material: Aço carbono, aço liga, aço inoxidável, ferro fundido, cimento, amianto, etc.
- Formato: Acompanha o diâmetro externo dos tubos e a espessura da parede (SCH.). Suas dimensões não variam com as pressões de serviço recomendado. (ex.: um Tê de 150 e 300 lbs. de um mesmo diâmetro são iguais nas dimensões externas).

Tipos de Conexões:
- Solda de Tôpo
- Soquete soldado
- Rosqueado
- Flangeado

(Soquete soldado, Rosqueado: usados comumente em tubulações de pequeno diâmetro (até 2''))

Casos Especiais:

1 – Pode-se curvar um tubo até 2'' SCH. 80 minutos com raio igual a 6 diâmetros nominais.

2 – Pode-se soldar um ramal direto no tubo principal (bôca de lôbo) quando o ramal tem, no mínimo uma dimensão menor e assim mesmo até 1 1/2'' mínima.

3 – Quando o ramal está sujeito a grandes esforços de flexão, usa-se reforços na emenda, tais como: sela, nervuras, anéis, etc.

4 – Pode-se fazer curvas com gomos usando o próprio tubo

5 – Para tubulação de cobre e instrumentação usa-se o acessório com ligação de compressão

Tipos de união para os tubos:
- Soldas
- Luvas
- Uniões
- Flanges

(Luvas, Uniões, Flanges: Soldados e Rosqueados)

Flanges – Usados sempre em pares, serve para unir um trecho do tubo a outro, ou um trecho a uma válvula ou ainda a um equipamento.

– Acompanha o par de flanges, na sua montagem, um jôgo de parafusos a uma junta.

– A união flangeada tem como vantagens: o desmonte da tubulação e dar condições às linhas para ligações futuras.

– A união flangeada tem como desvantagens: aumenta o peso da linha, mais alto custo de manutenção, dificultam o isolamento e necessitam de espaço para colocação.

Dados necessários na especificação dos flanges:
- Material
- Tipo
- Diâmetro nominal
- Pressão de trabalho
- Focos

Material: – Ferro Fundido (bombas, válvulas, etc.)
Aço carbono (mais usado)
Aço liga (menos usado)
Aço inoxidável (em casos especiais)

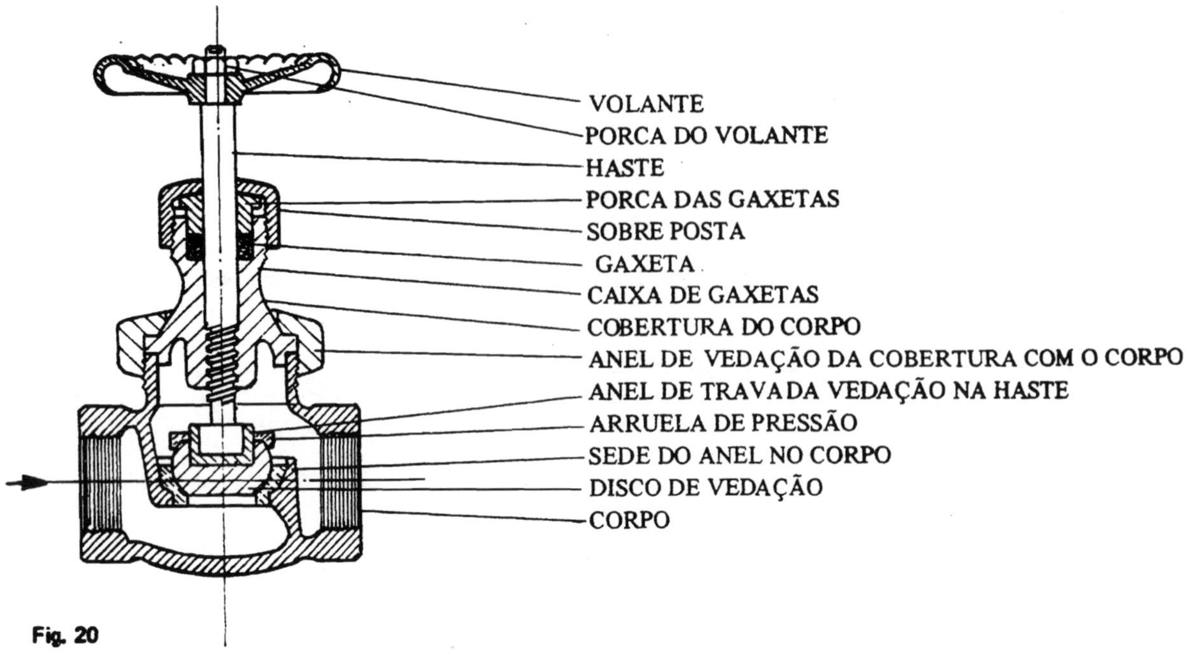

Fig. 20

VÁLVULA GLOBO

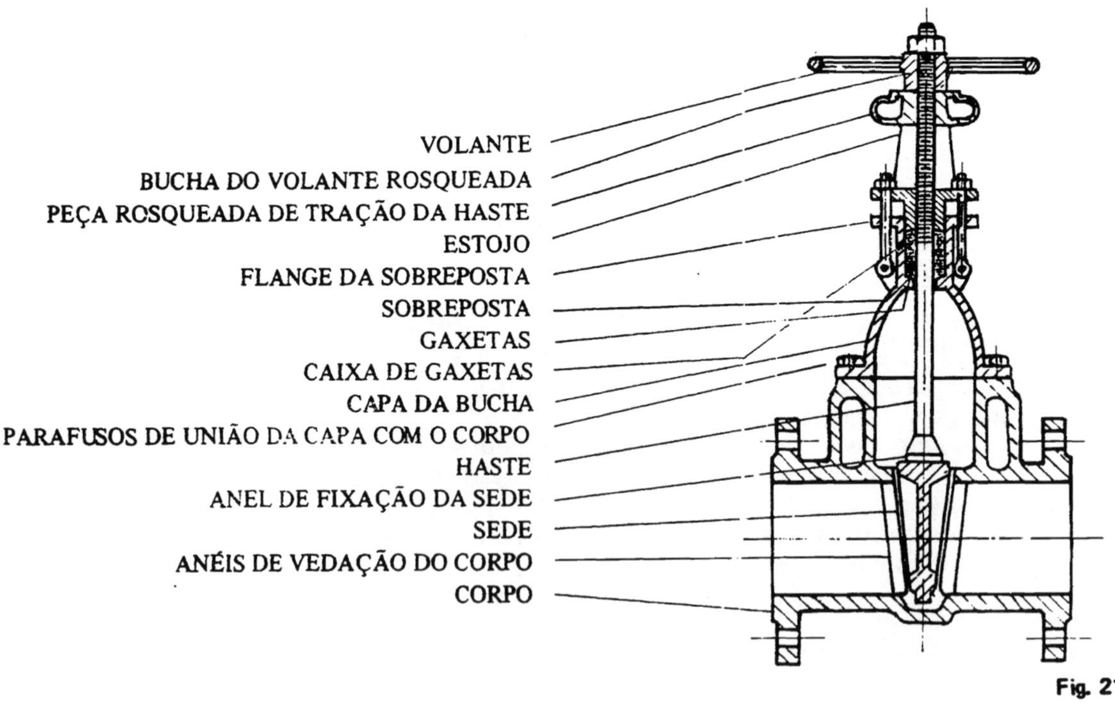

Fig. 21

VÁLVULA GAVETA

TÍTULO:

VÁLVULA GLOBO ROSQUEADA E VÁLVULA GAVETA FLANGEADA

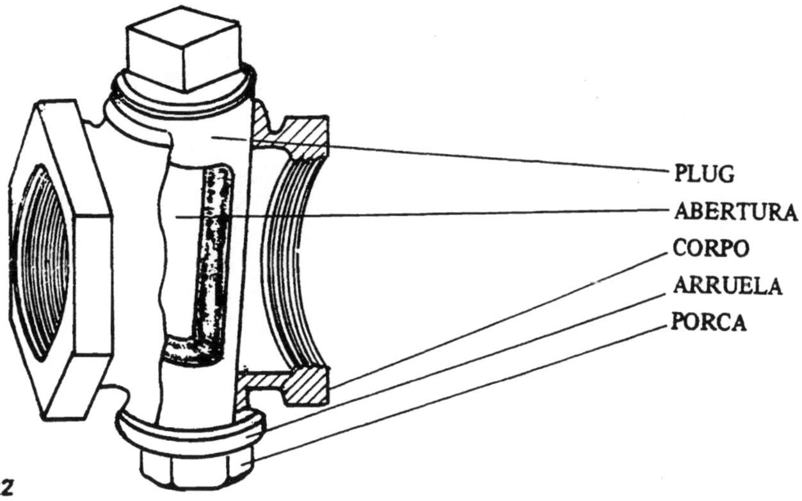

Fig. 22

VÁLVULA MACHO
(TIPO GÁS)

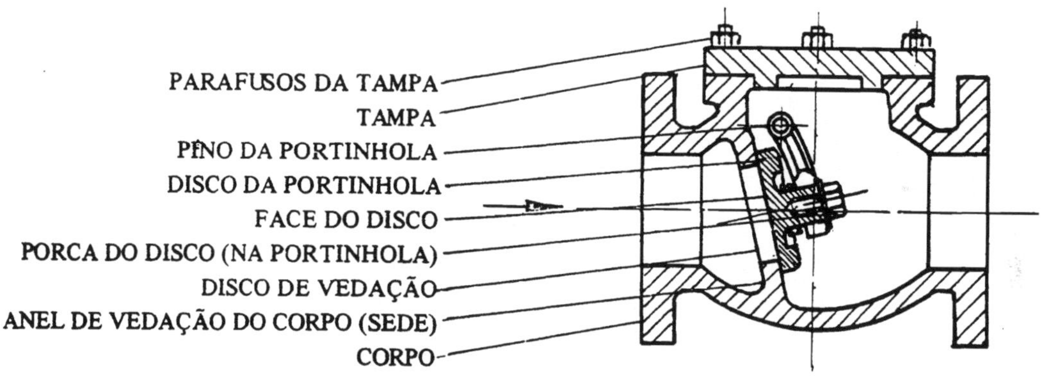

Fig. 23

VÁLVULA DE RETENÇÃO DE PORTINHOLA

TÍTULO

VÁLVULA MACHO E VÁLVULA DE RETENÇÃO DE PORTINHOLA

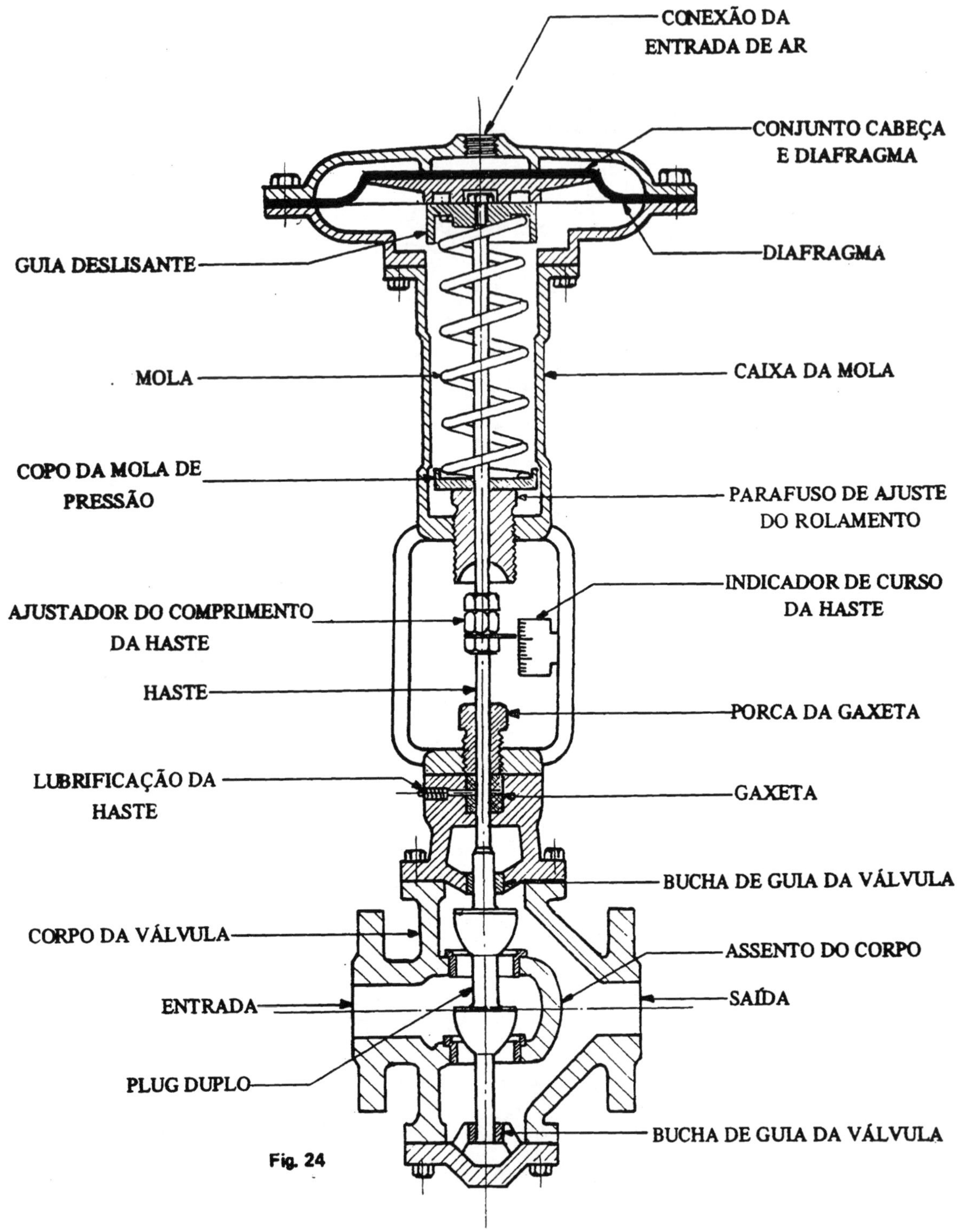

Fig. 24

VÁLVULA MOTORA OPERADA A AR
"AR PARA FECHAR"

TÍTULO:
VÁLVULA MOTORA OPERADA A AR

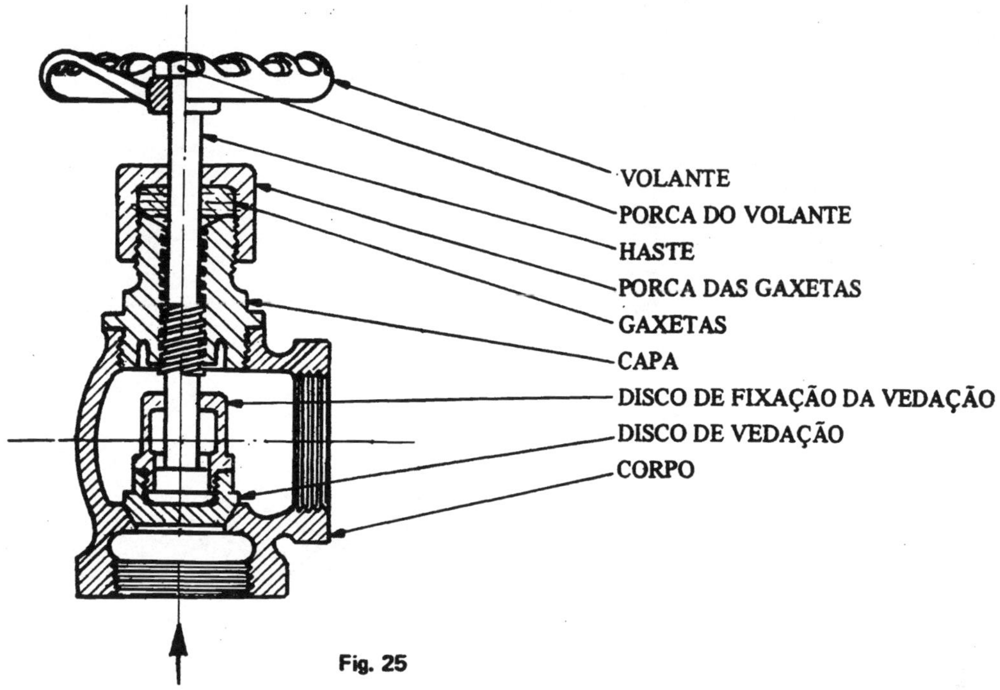

Fig. 25

VÁLVULA ANGULO

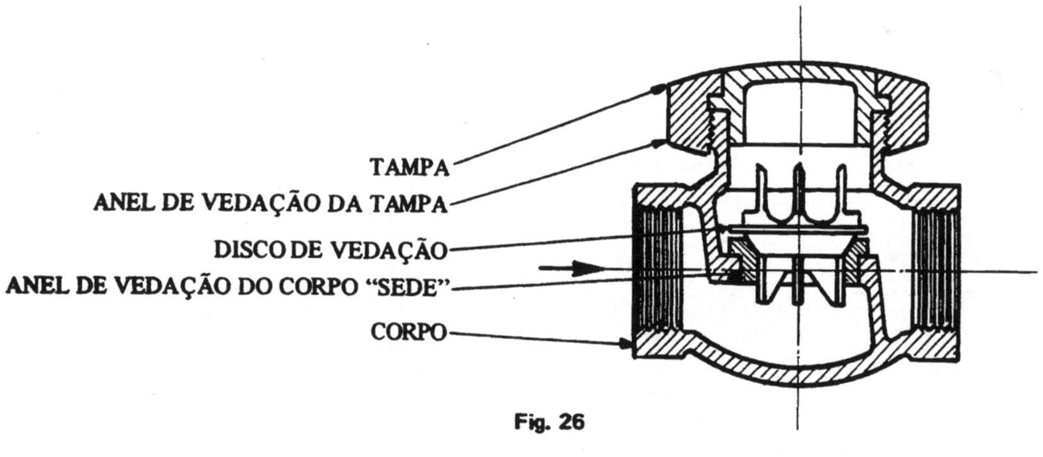

Fig. 26

VÁLVULA RETENÇÃO TIPO PLUG

TÍTULO:

VÁLVULA ANGULAR E VÁLVULA RETENÇÃO (PLUG)

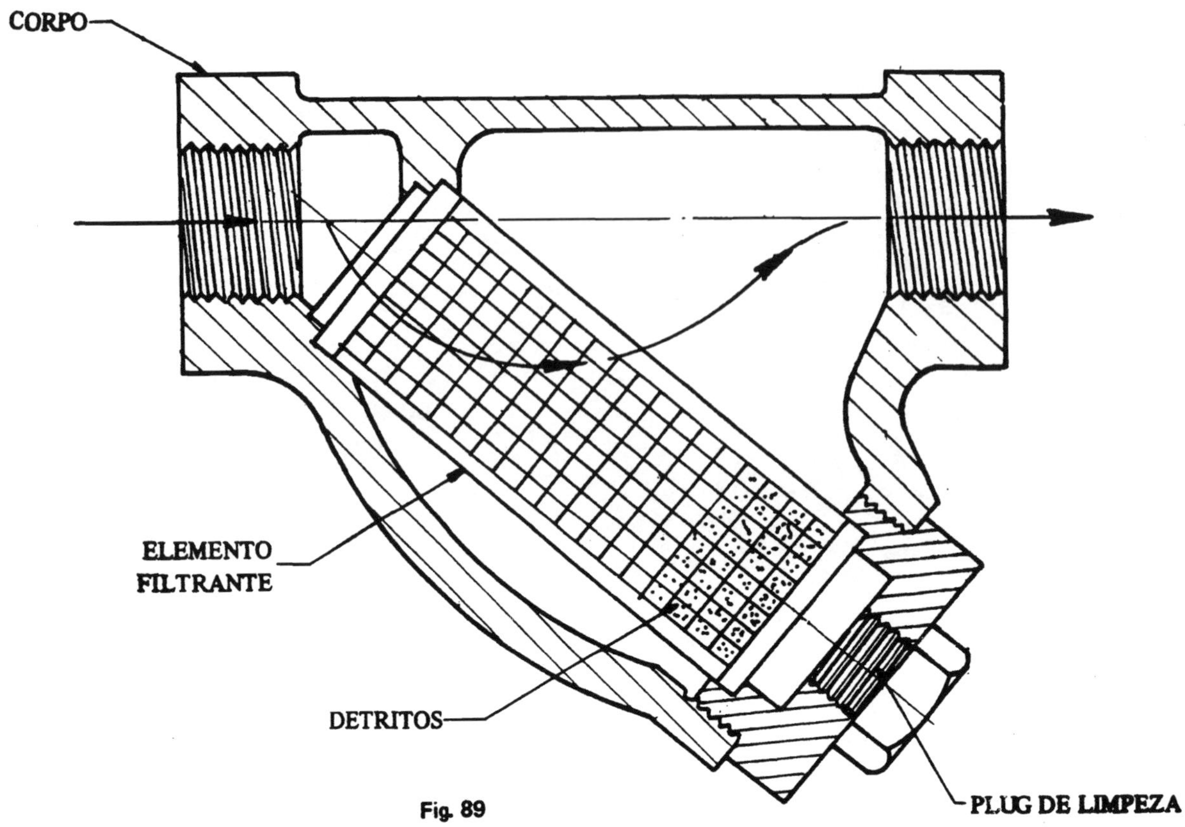

Fig. 89

FILTRO DE TELA

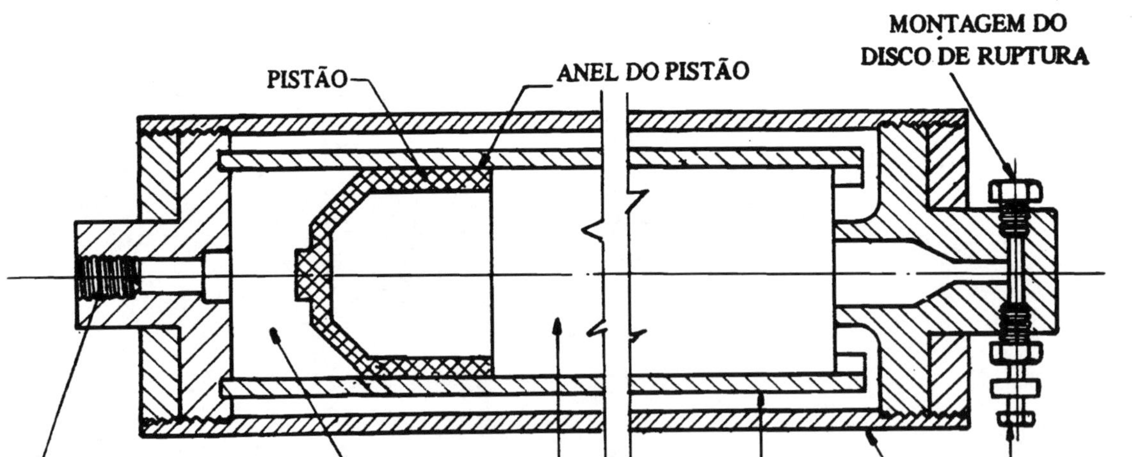

Fig. 90

CÂMARA DE CONPENSAÇÃO

TÍTULO:

FILTRO DE TELA E CÂMARA DE COMPENSAÇÃO

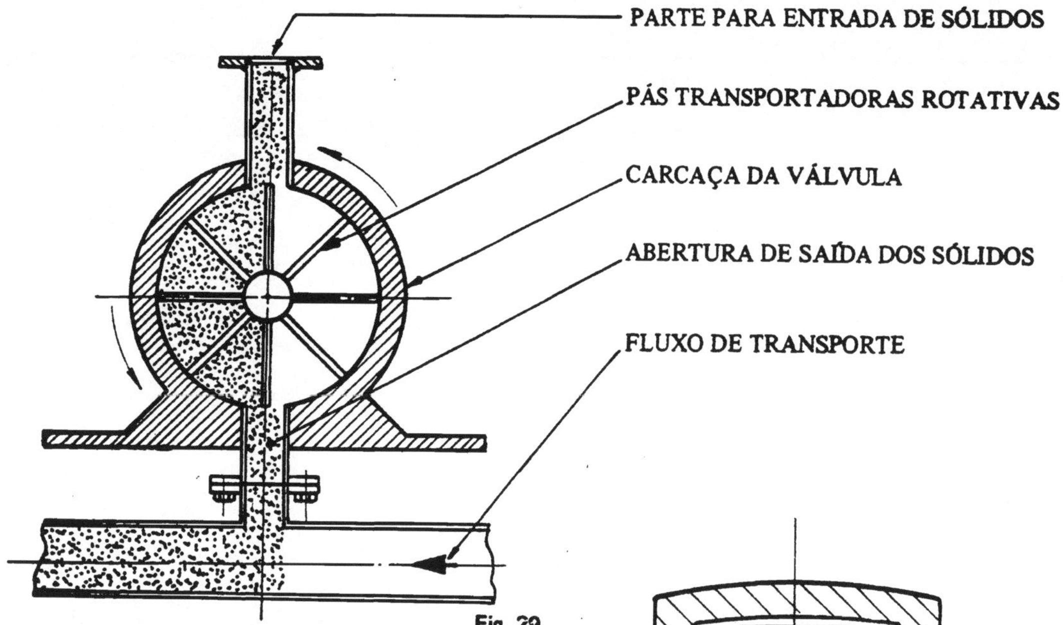

Fig. 29

VÁLVULA ROTATIVA

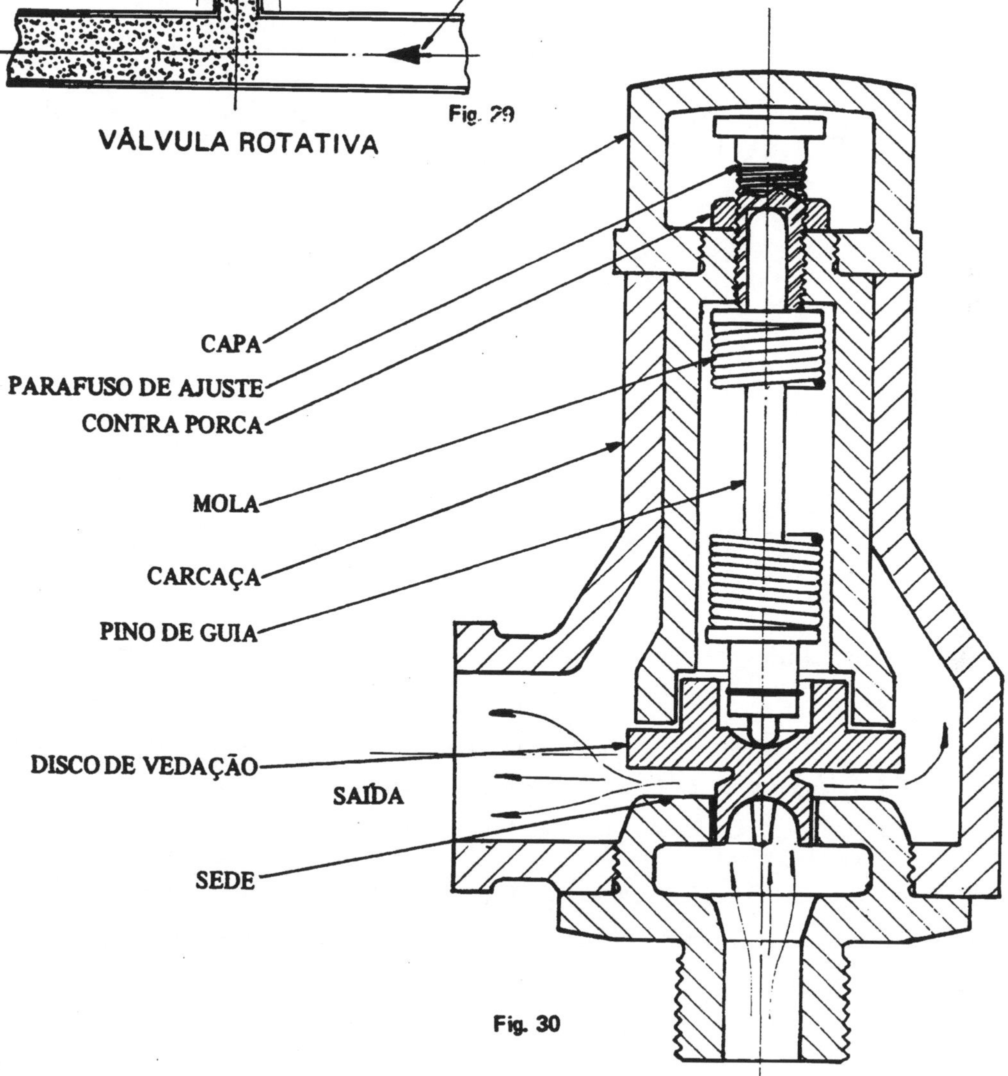

Fig. 30

VÁLVULA DE SEGURANÇA

TÍTULO

VÁLVULA ROTATIVA E VÁLVULA DE SEGURANÇA

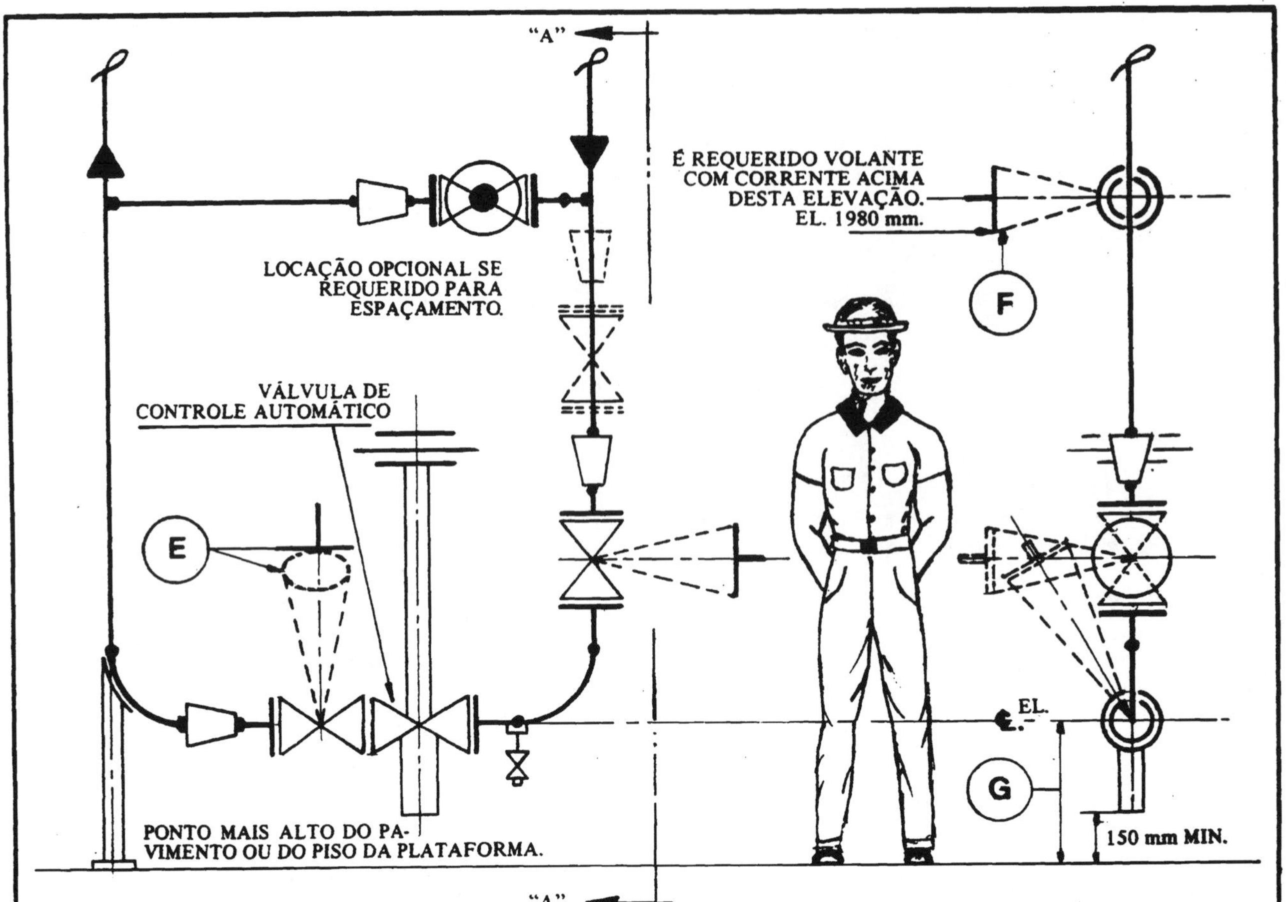

ELEVAÇÃO TÍPICA DE UM CONJUNTO DE VÁLVULAS CONTRÔLE

Fig. 31

(E)- Verificar o espaçamento entre o Volante da Válvula de Bloqueio e as partes superiores da Válvula de Contrôle ou Acessórios, com informações disponíveis na hora de fazer o arranjo.

Girar a Válvula de Bloqueio um furo de preferência, afim de obter o espaçamento entre a Válvula de Bloqueio e a Válvula de Contrôle. Verificar se todos os outros requerimentos de espaçamento estão satisfeitos; do contrário instalar um Carretel Distanciador.

(F)- As Válvulas das passagens auxiliares em elevações baixas podem ser giradas para cima a fim de obter espaço livre debaixo da Válvula. Prevendo que a parte mais baixa do Volante não deve exceder a elevação de 1.980 mm.

(G)- A elevação mínima da linha central das Válvulas de Contrôle sôbre o ponto mais alto do pavimento ou plataforma deverá ser como segue: —

Válvula de Contrôle Diâmetro	Elevação da Linha de Centro
3/4" até 4"	460 mm.
6" e 8"	535 mm.
10" e 12"	660mm.

TITULO:
DETALHE TÍPICO PARA ESTAÇÃO DE CONTRÔLE

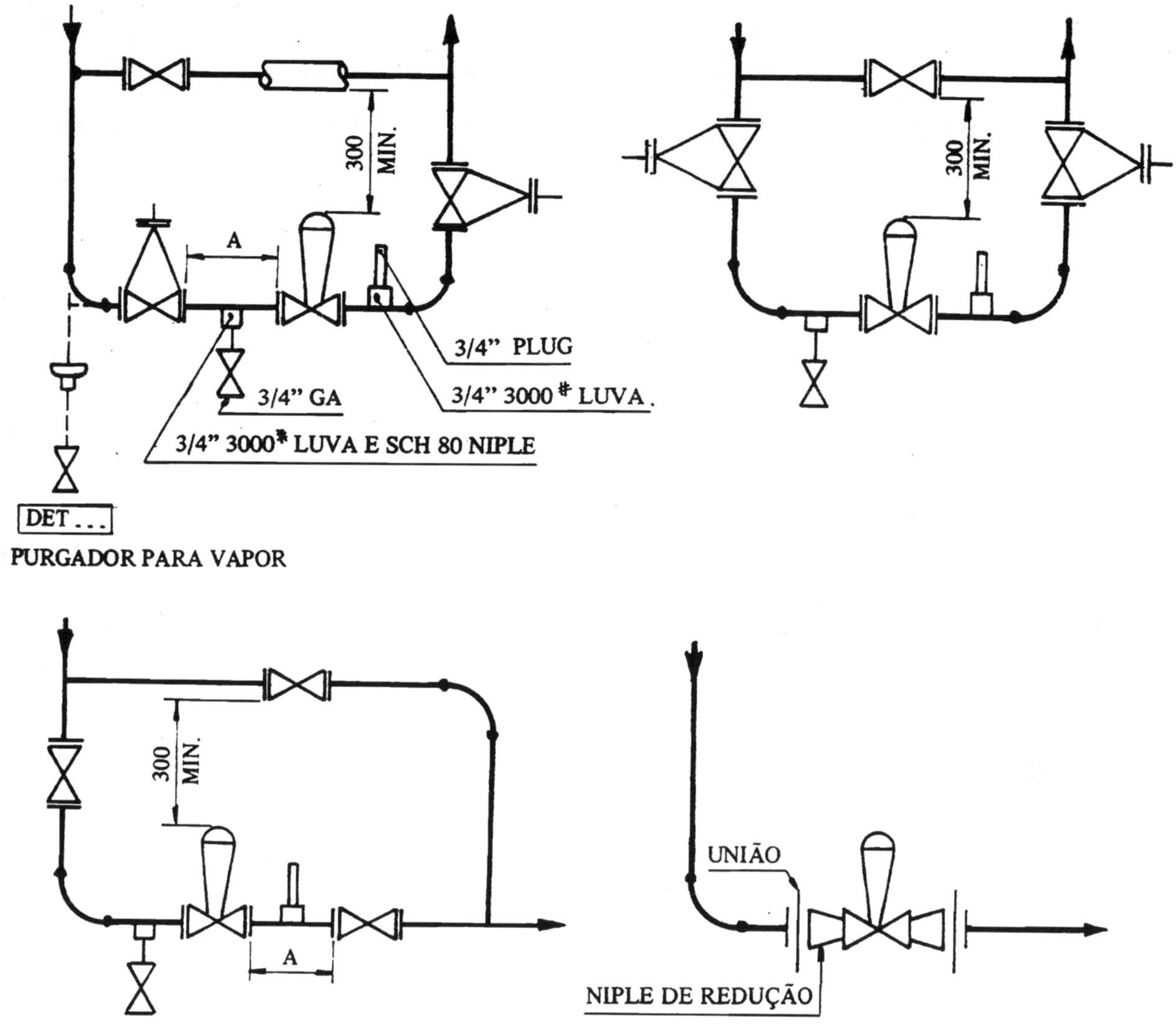

Fig. 32

DIMENSÃO MÍNIMA "A"

USANDO REDUÇÃO

TAMANHO	SO 150#	W.N. 300#	W.N. 600# R.T.J.
2" x 1"	196	208	213
2" x 11/2"	202	214	221
3" x 2"	223	238	248
4" x 2"	242	258	280
4" x 3"	248	267	288
6" x 3"	299	317	343
6" x 4"	205	334	362
8" x 4"	330	349	390
8" x 6"	343	361	406
10" x 4"	356	382	435
10" x 6"	369	394	451
10" x 8"	382	407	467
12" x 6"	406	431	479
12" x 8"	419	444	495
14" x 10"	534	566	626
14" x 12"	546	578	629
16" x 12"	546	581	641
16" x 14"	559	594	651

USANDO TUBO RETO

TAMANHO Ø	SO 150#	W.N. 300#	W.N. 600# R.T.J.
2"	150	220	230
3"	160	240	250
4"	160	260	290
6"	180	280	320
8"	195	300	360
10"	210	320	390
14"	215	340	415
14"	240	370	430

NOTA

DIMENSÕES EM MILÍMETROS

TÍTULO:

ESTAÇÃO DE CONTRÔLE (TÍPICO)

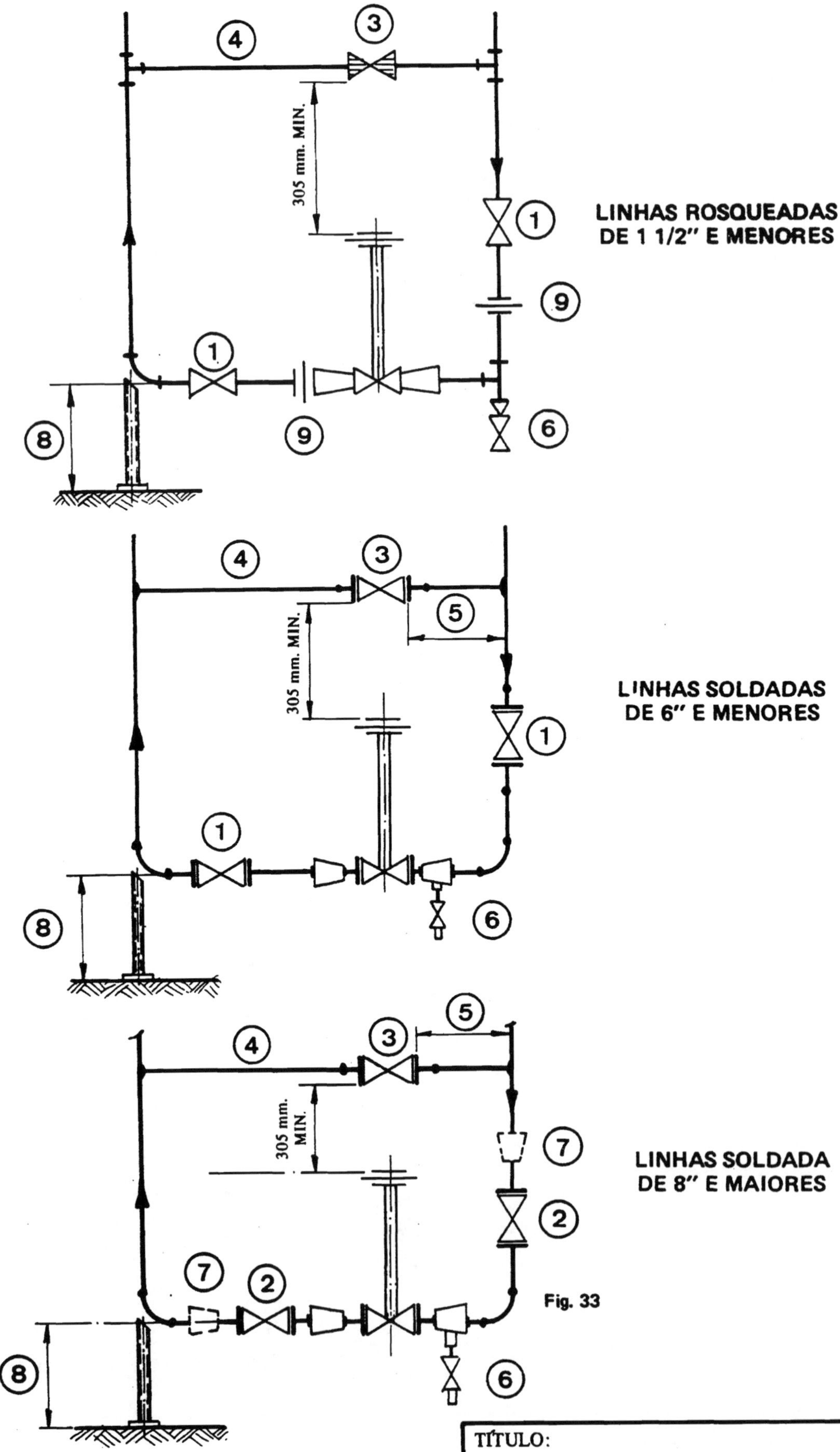

Fig. 33

TÍTULO:

DETALHES TÍPICOS PARA ESTAÇÕES DE CONTROLE

(1)- Para linhas de 6" e menores, a Válvula de Bloqueio terá o diâmetro da linha principal.

(2)- Para linhas de 8" e maiores, a Válvula de Bloqueio será de dimensão maior que a Válvula de Controle mais não maior que o diâmetro da linha.

(3)- Dimensões e tipo de Válvulas localizadas na derivação será conforme a tabela abaixo:

Válvula de Controle Diâmetro	Derivação Válvula tipo	Válvula da Derivação Diâmetro
2" e menor	Globo	Um diâmetro maior, que a Válvula de Controle, mas não maior que o diâmetro da linha.
3"	Globo	Diâmetro da Válvula de Controle.
4" e maior	Gaveta	Um diâmetro menor do que a Válvula de Controle.

(4)- Linha de derivação terá o mesmo diâmetro de sua Válvula.

(5)- A conexão para Válvula da derivação, será pelo padrão de derivações de ramais, preferivelmente do lado da entrada do fluxo.

(6)- Dreno com Niple e Válvula Gaveta de 3/4" o uso do Bujão ou Niple com tampão dependerá da exigência da especificação: Linha roscada ou de encaixe e solda.

(7)- Use redução se a linha fôr duas ou mais vezes maior que a Válvula de Controle.

(8)- O Ø da Válvula de Controle estará a 460 mm. no mínimo do pavimento.

(9)- Flanges ou uniões para remoção da Válvula de Controle, se possível serão localizados um na Horizontal e um na Vertical.

TÍTULO: DESCRIÇÃO DOS N.os FECHADOS PELO CÍRCULO

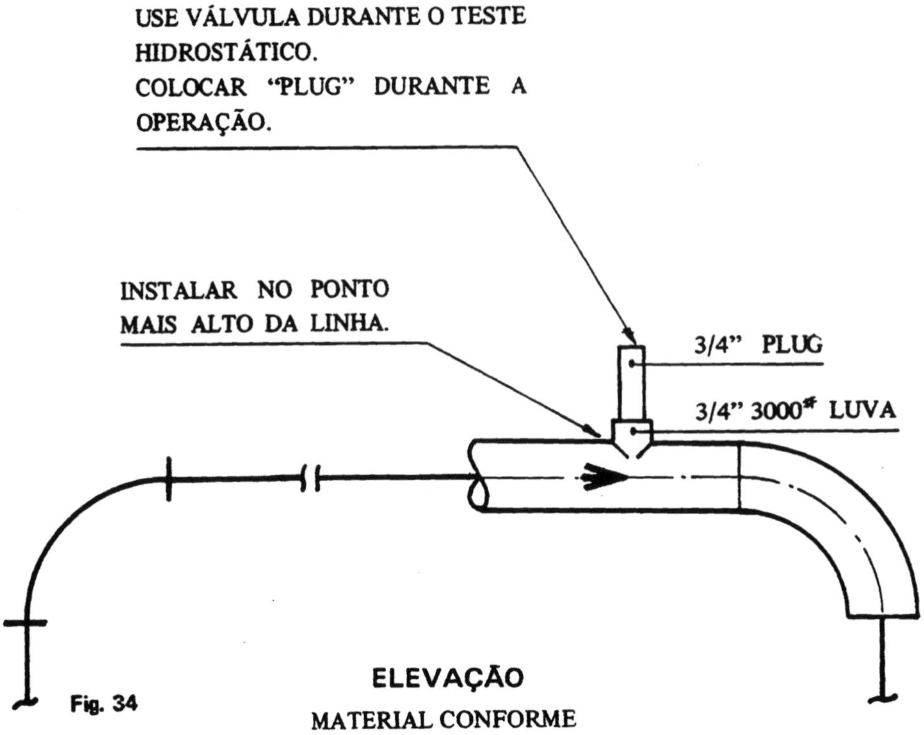

Fig. 34

ELEVAÇÃO

MATERIAL CONFORME
ESPECIFICAÇÃO DA LINHA

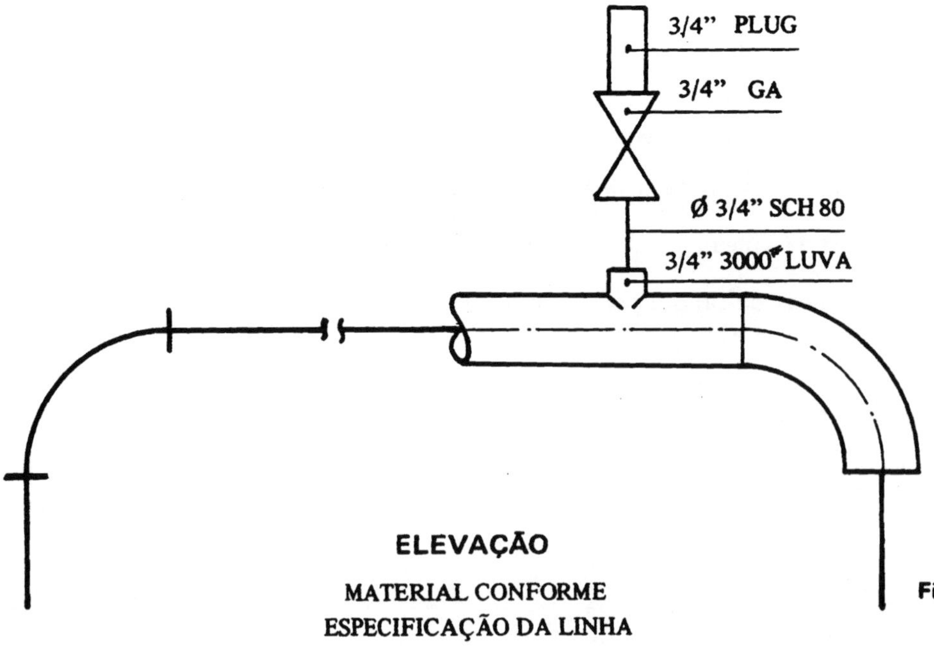

ELEVAÇÃO

MATERIAL CONFORME
ESPECIFICAÇÃO DA LINHA

Fig. 35

NOTA:
DIMENSÕES EM MILÍMETROS

TÍTULO:
INSTALAÇÃO TÍPICA PARA VENTILAÇÃO

MATERIAL CONFORME ESPECIFICAÇÃO DA LINHA PRINCIPAL

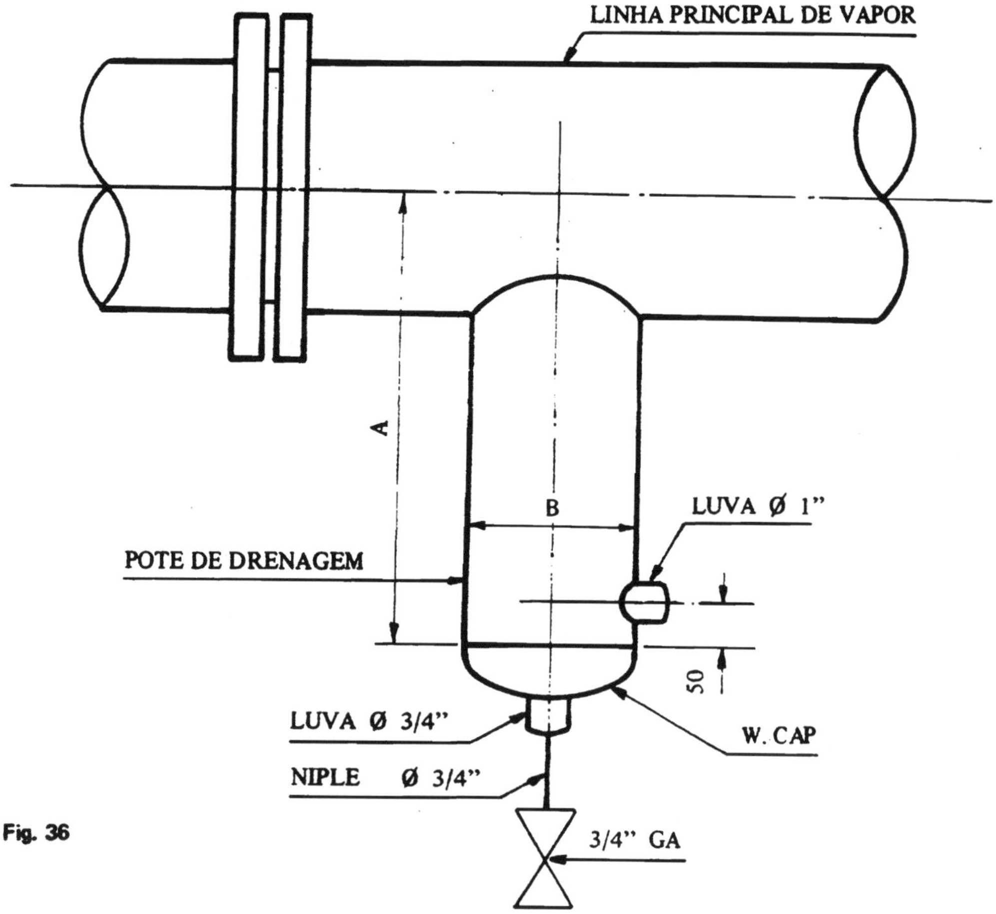

Fig. 36

Ø DA LINHA PRINCIPAL	A	B
4"	300	3"
6"	300	3"
8"	300	4"
10"	300	6"
12"	450	6"
14"	450	8"
16"	450	8"
18"	600	10"
20"	600	10"
24"	700	12"

NOTAS:

1 – DIMENSÕES EM MILÍMETROS

2 – ABAIXO DE 4" O POTE SERÁ, DO Ø DA LINHA PRINCIPAL

3 – PARA VAPOR S_3 USAR "W. CAP" FEITO DE TUBO SOLDADO.

TÍTULO:

INSTALAÇÃO TÍPICA PARA DRENO (TIPO BOTA)

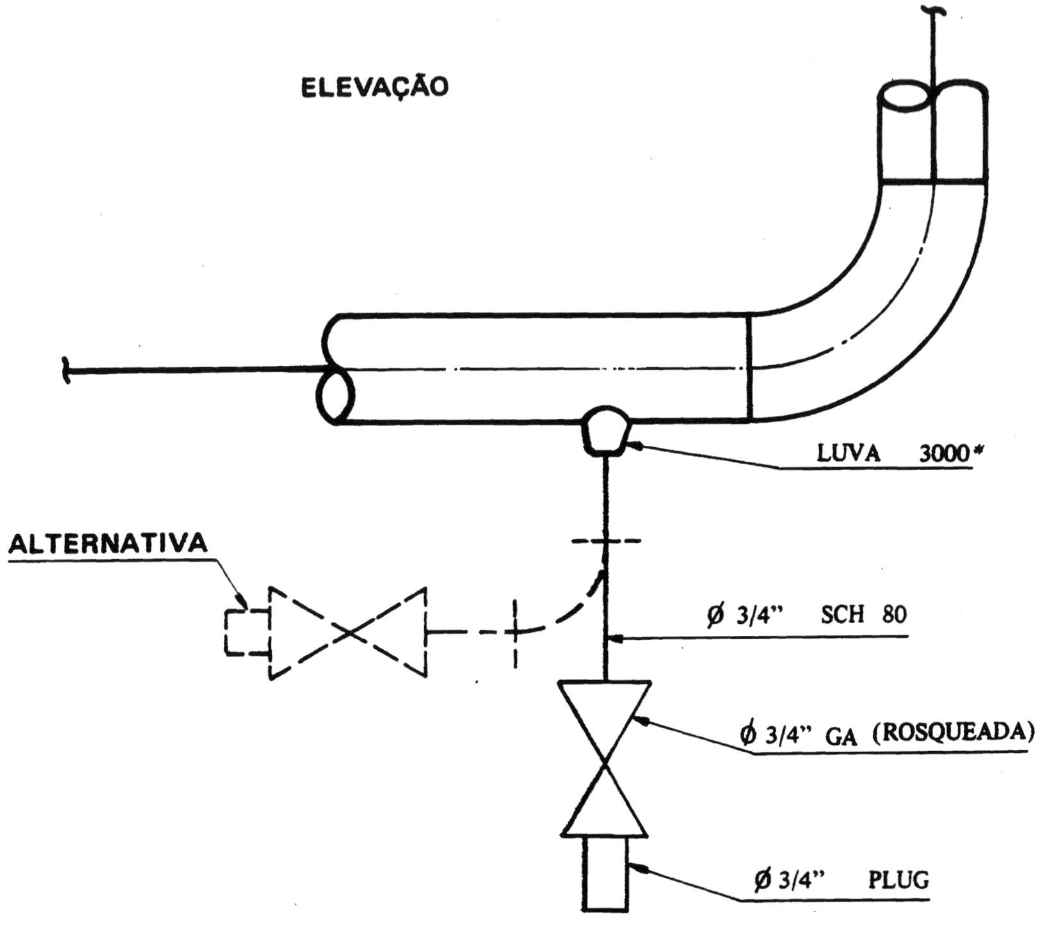

Fig. 37

MATERIAL CONFORME ESPECIFICAÇÃO DA LINHA PRINCIPAL.

TÍTULO:
INSTALAÇÃO TÍPICA PARA DRENO

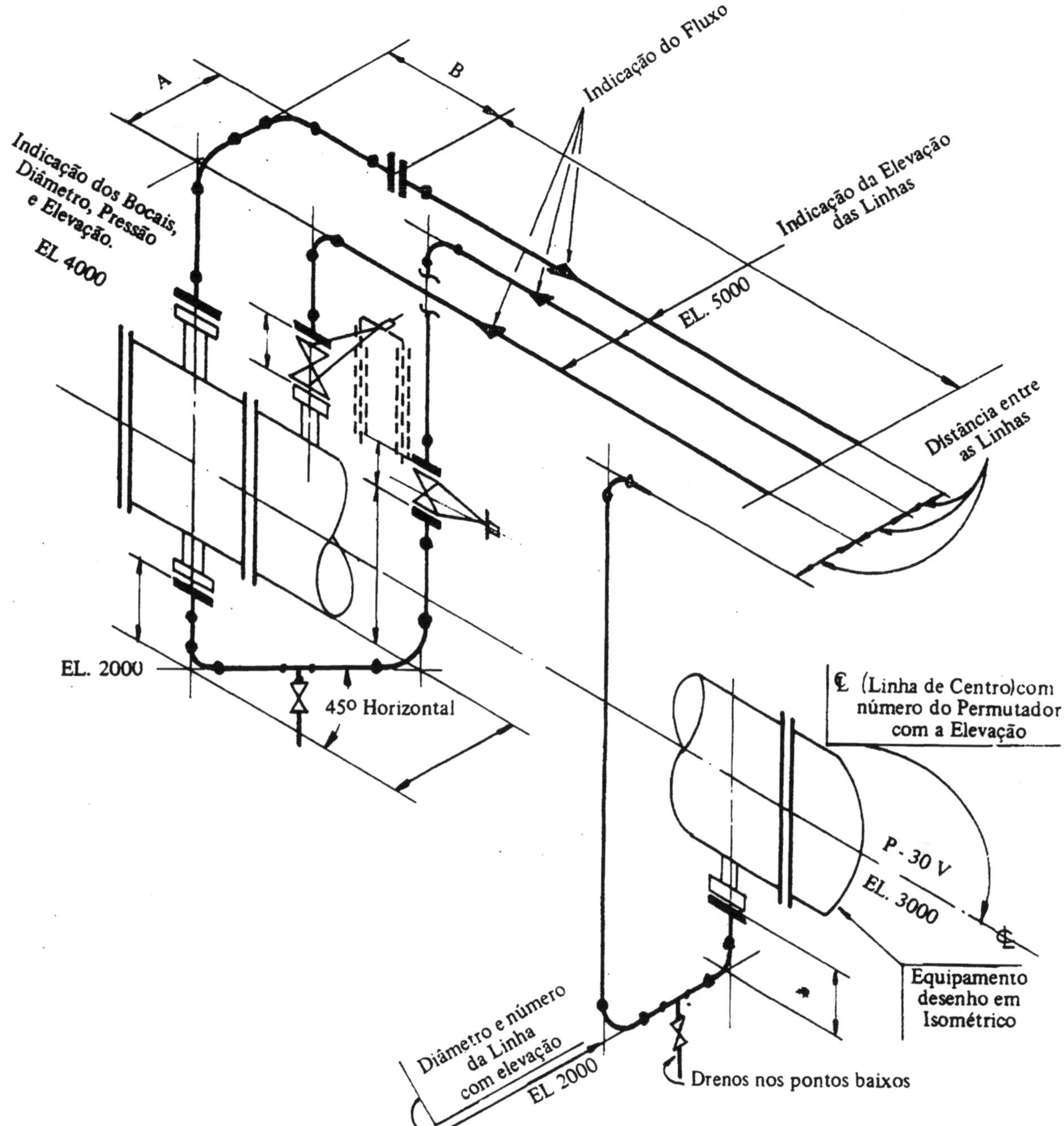

Fig. 38

TÍTULO:

REPRESENTAÇÃO DOS INTERCAMBIADORES EM ISOMÉTRICOS

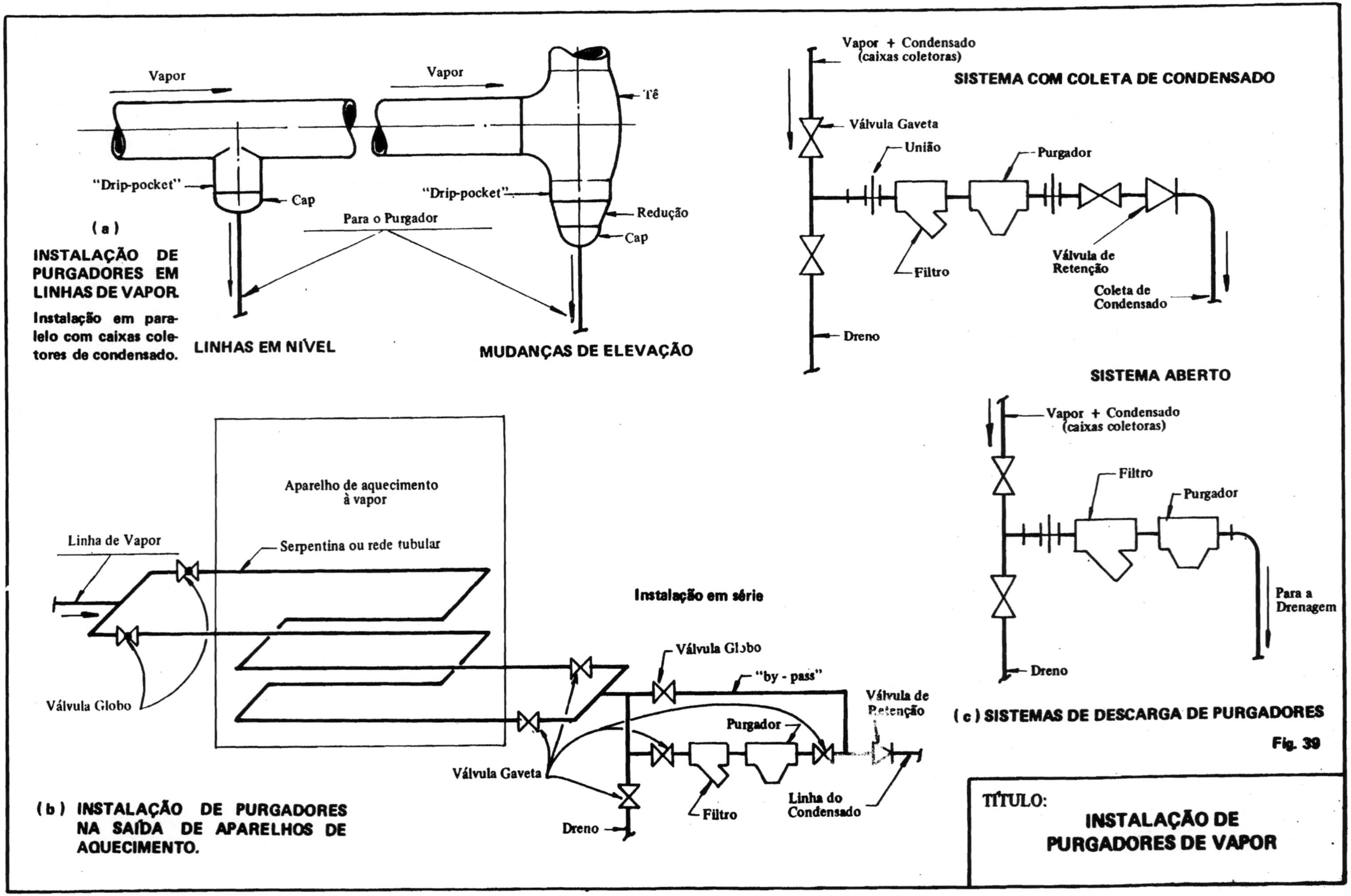
Vapor
Vapor
Tê
"Drip-pocket"
Cap
"Drip-pocket"
Para o Purgador
Redução
Cap
(a)
INSTALAÇÃO DE PURGADORES EM LINHAS DE VAPOR.
Instalação em paralelo com caixas coletores de condensado.
LINHAS EM NÍVEL
MUDANÇAS DE ELEVAÇÃO
Vapor + Condensado (caixas coletoras)
SISTEMA COM COLETA DE CONDENSADO
Válvula Gaveta
União
Purgador
Filtro
Válvula de Retenção
Coleta de Condensado
Dreno
SISTEMA ABERTO
Vapor + Condensado (caixas coletoras)
Filtro
Purgador
Para a Drenagem
Dreno
Aparelho de aquecimento à vapor
Linha de Vapor
Serpentina ou rede tubular
Instalação em série
Válvula Globo
Válvula Globo
"by - pass"
Válvula de Retenção
Purgador
Válvula Gaveta
Filtro
Linha do Condensado
Dreno
(b) INSTALAÇÃO DE PURGADORES NA SAÍDA DE APARELHOS DE AQUECIMENTO.
(c) SISTEMAS DE DESCARGA DE PURGADORES
TÍTULO:
INSTALAÇÃO DE PURGADORES DE VAPOR

Fig. 39

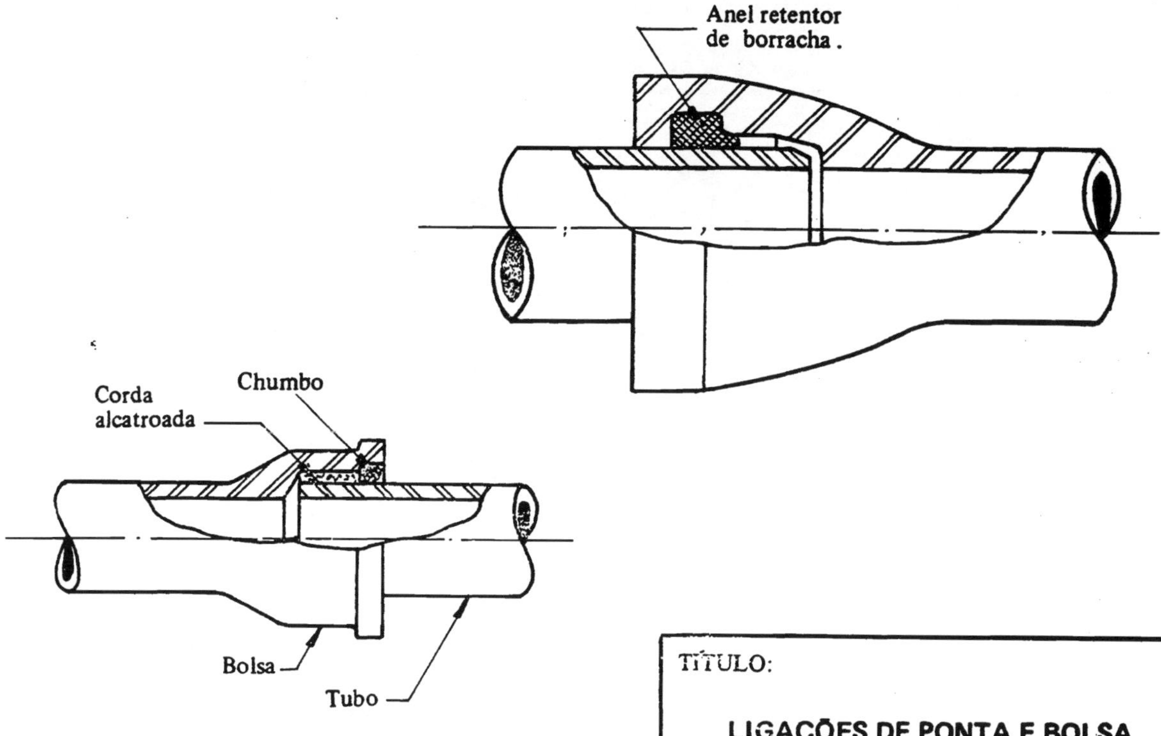

Fig. 40

TÍTULO:

LIGAÇÕES DE PONTA E BOLSA

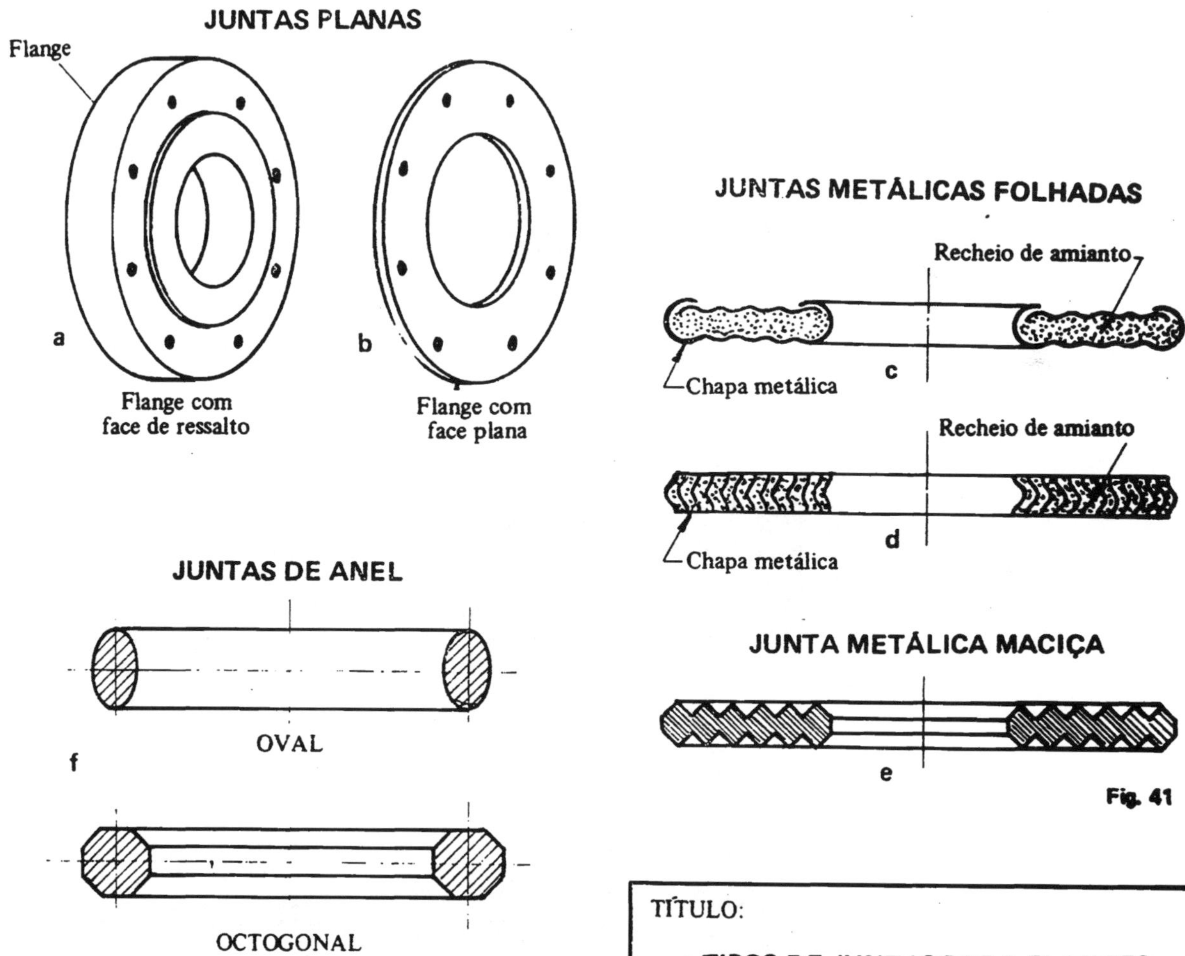

Fig. 41

TÍTULO:

TIPOS DE JUNTAS PARA FLANGES

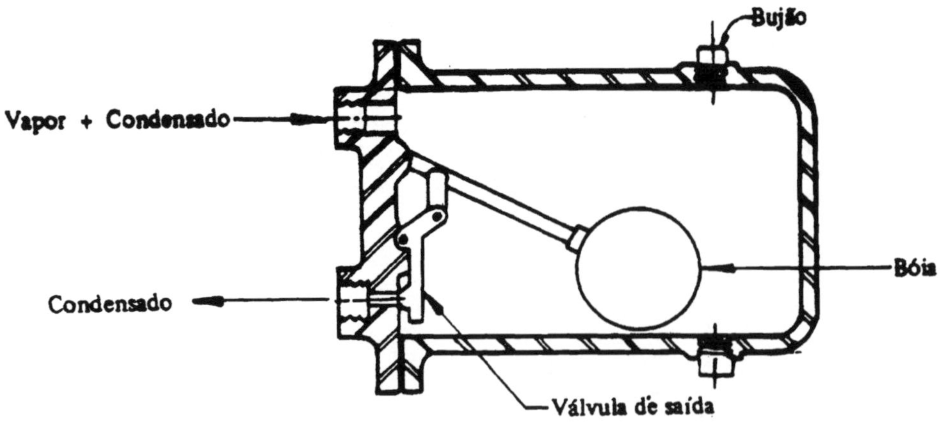

Fig. 42

PURGADOR DE BÓIA (Fechado)

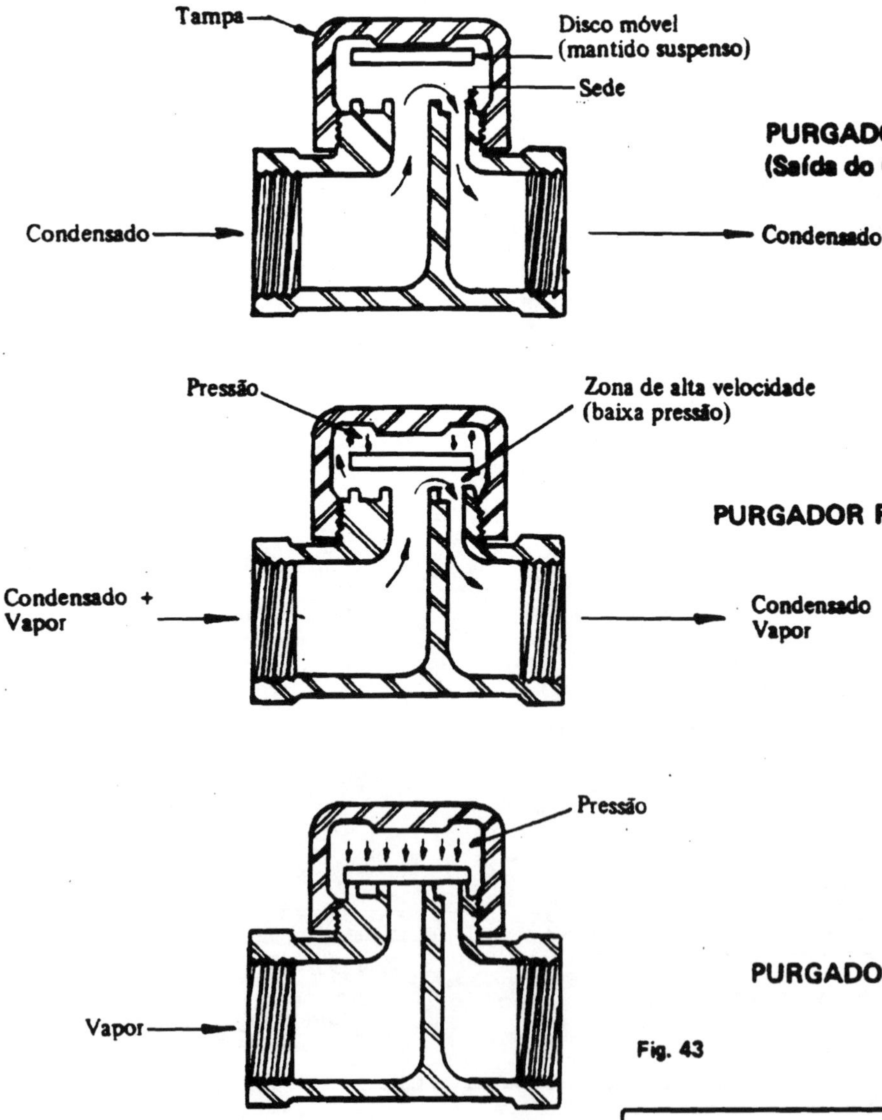

PURGADOR ABERTO (Saída do Condensado)

PURGADOR FECHANDO - SE

PURGADOR FECHADO

Fig. 43

PURGADOR TERMODINÂMICO

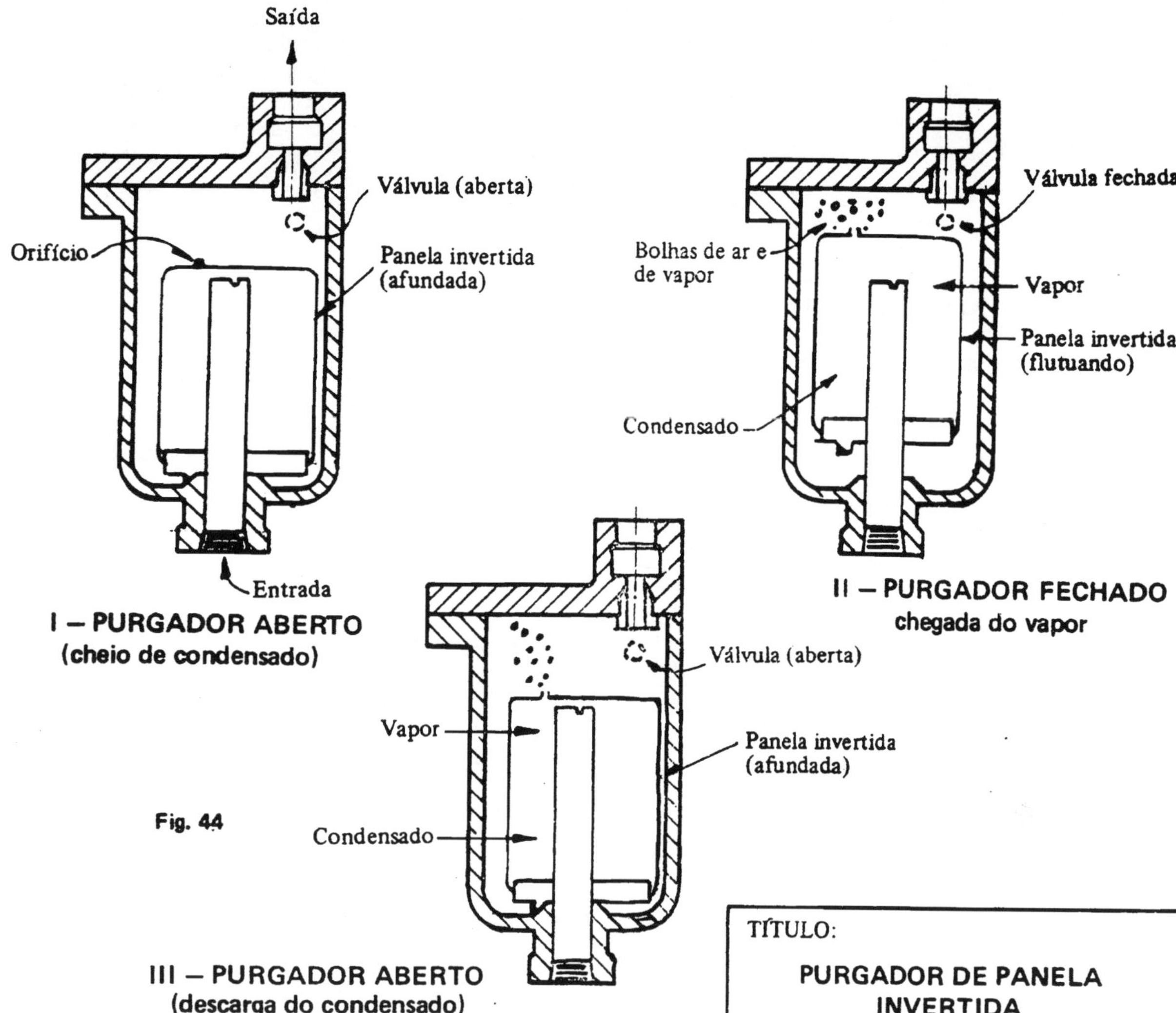

Fig. 44

TÍTULO:

PURGADOR DE PANELA INVERTIDA

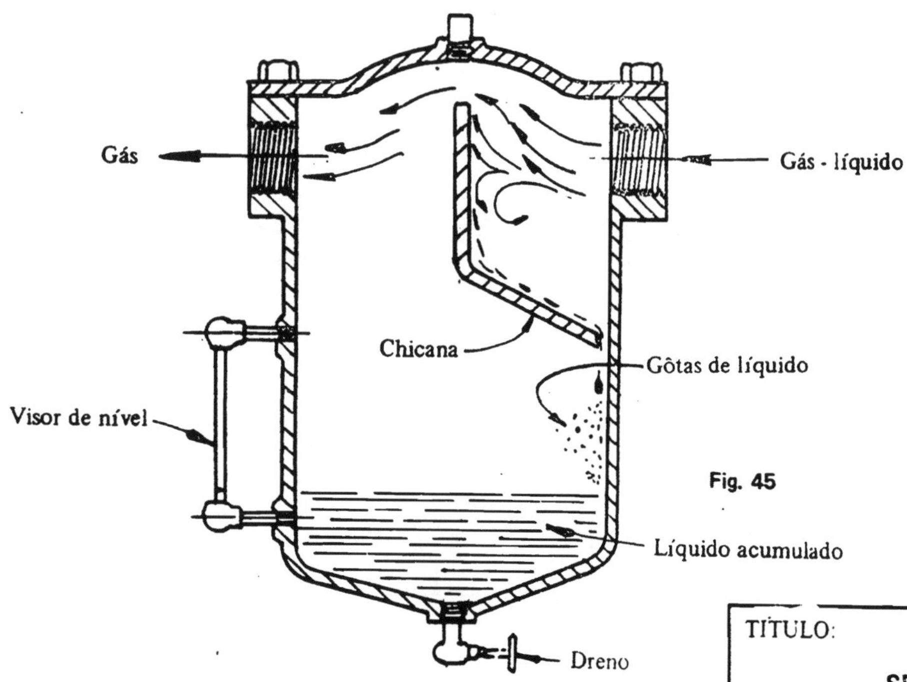

Fig. 45

TÍTULO:

SEPARADOR

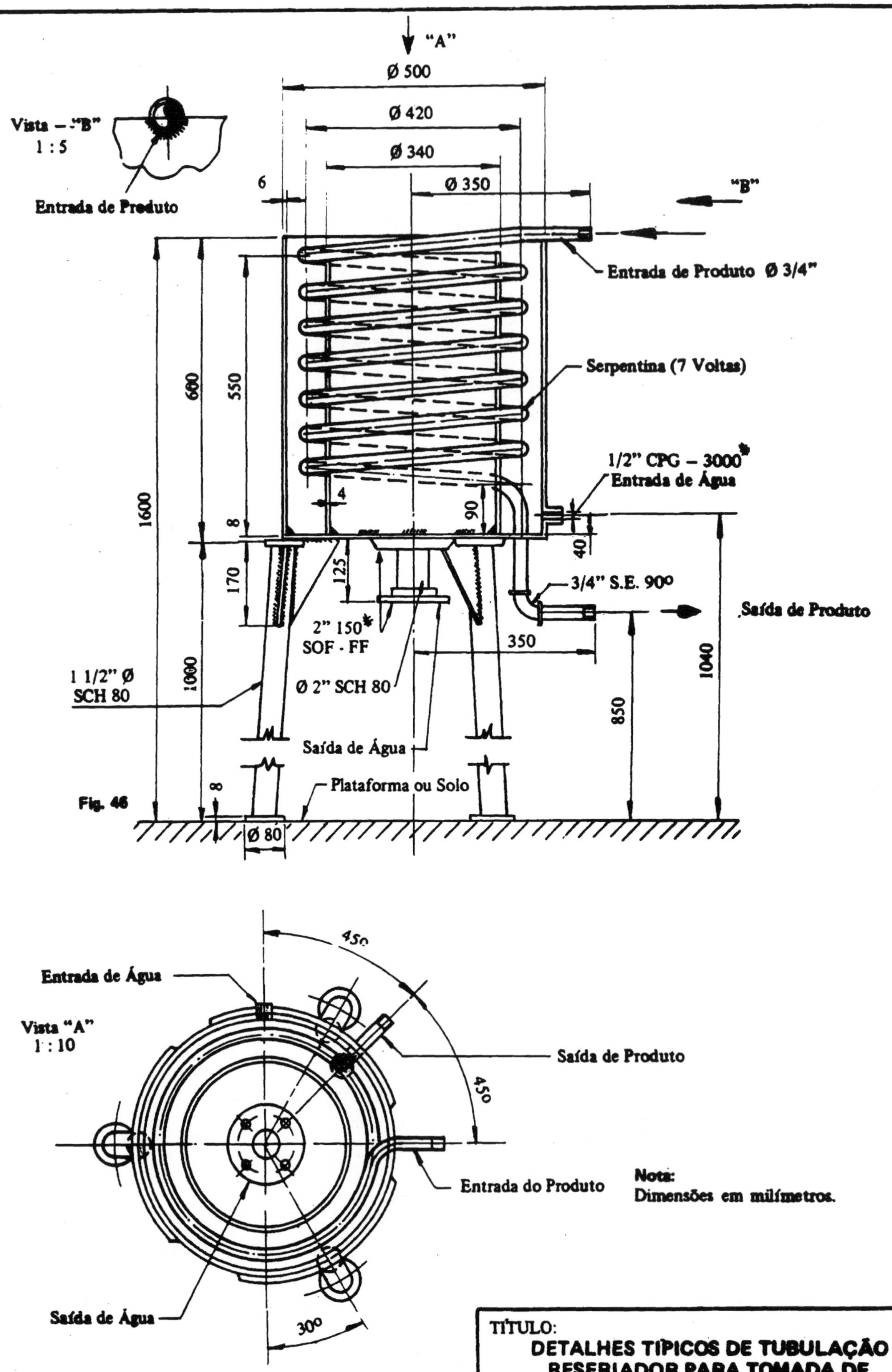

Nota:
Dimensões em milímetros.

TÍTULO:
DETALHES TÍPICOS DE TUBULAÇÃO RESFRIADOR PARA TOMADA DE AMOSTRA

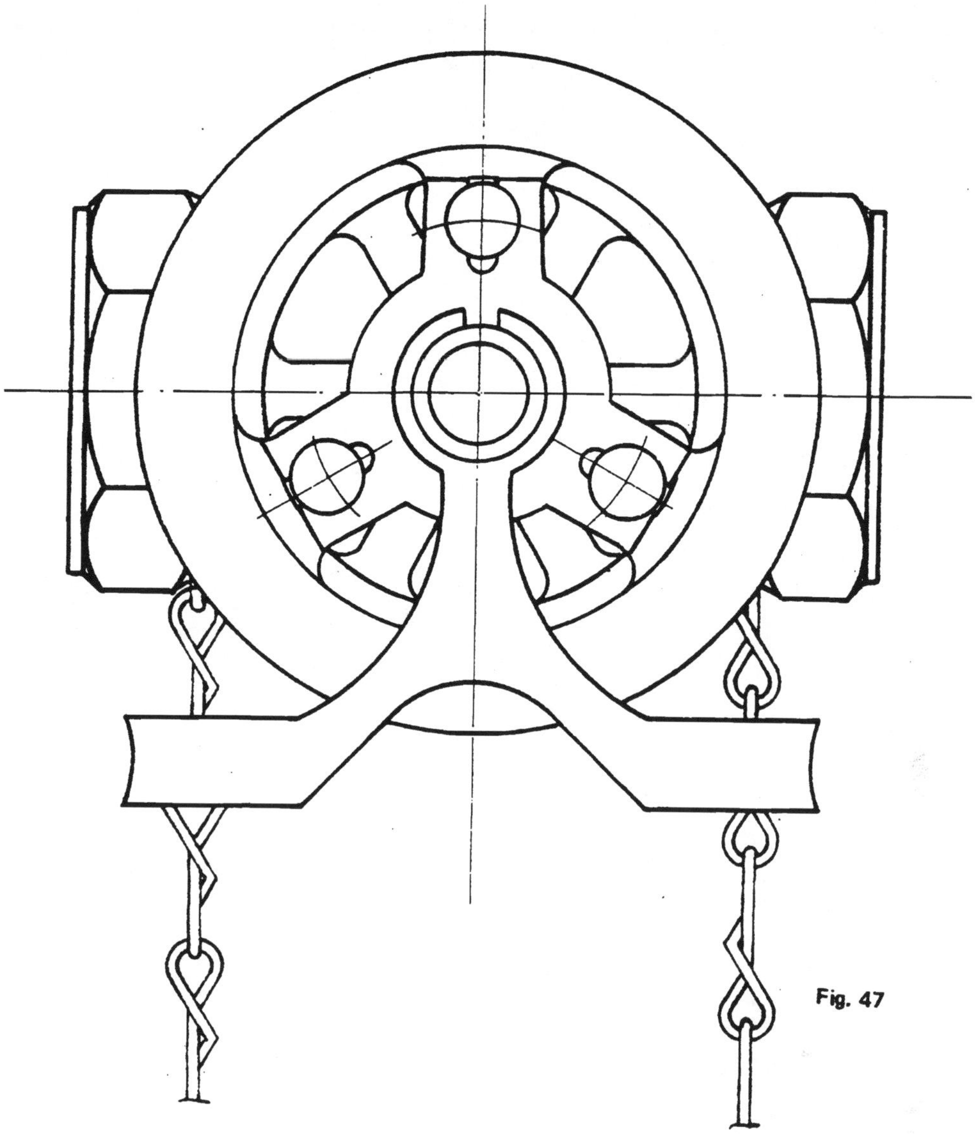

Fig. 47

Ø do Volante da Válvula (m.m)	Ø da Roda para Corrente (m.m)	Número da Roda	Número da Corrente
51 a 102	102	0	0
105 a 149	149	1	1
152 a 191	191	1 1/2	1 1/2
197 a 229	229	2	2
235 a 318	318	2 1/2	2 1/2
324 a 394	394	3	3
400 a 483	483	3 1/2	3 1/2
489 a 559	559	4	4
565 a 660	660	4 1/2	4 1/2
667 a 762	762	5	5

TÍTULO:

DETALHES TÍPICOS DE TUBULAÇÃO RODA DE VÁLVULA COM CORRENTE

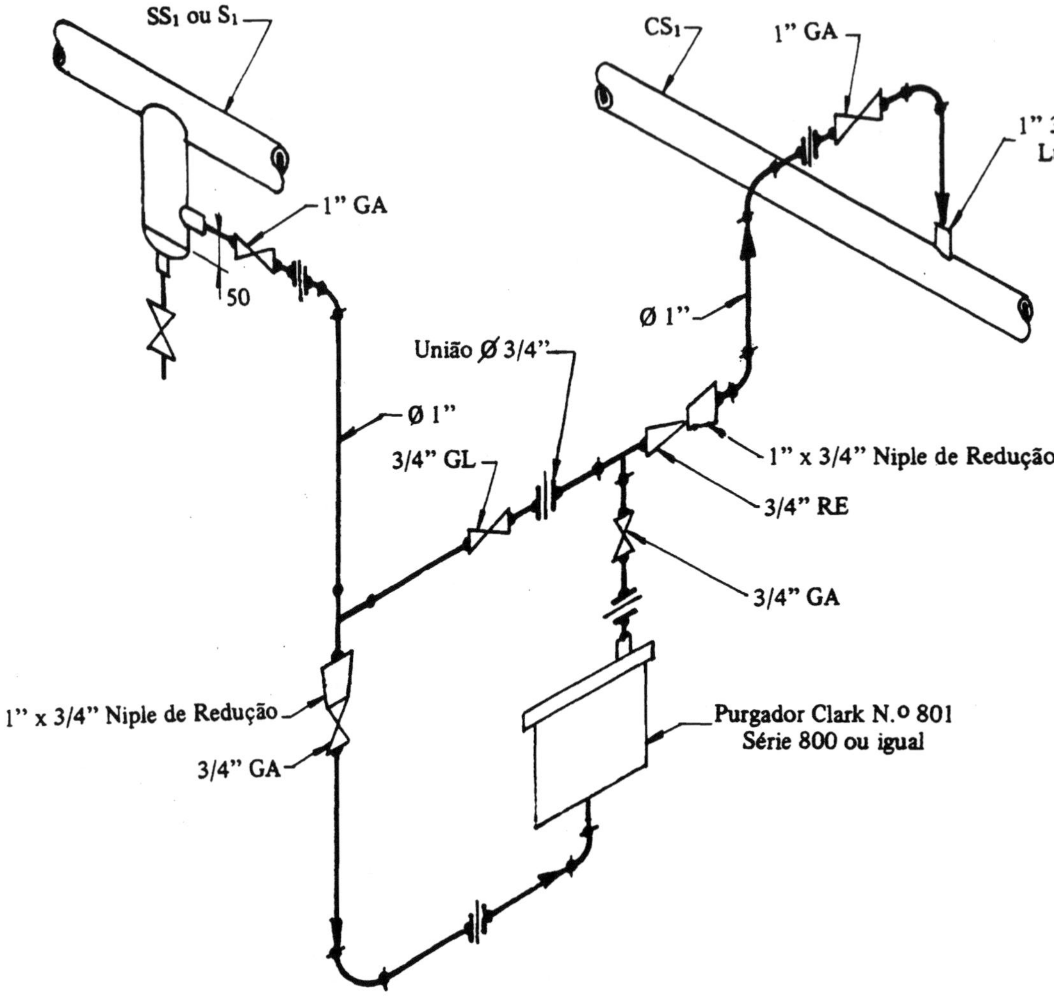

Fig. 48

Nota:
Dimensões em milímetros.

TÍTULO:
DETALHES TÍPICOS DE TUBULAÇÃO
PURGADOR PARA VAPOR
DE 600 #

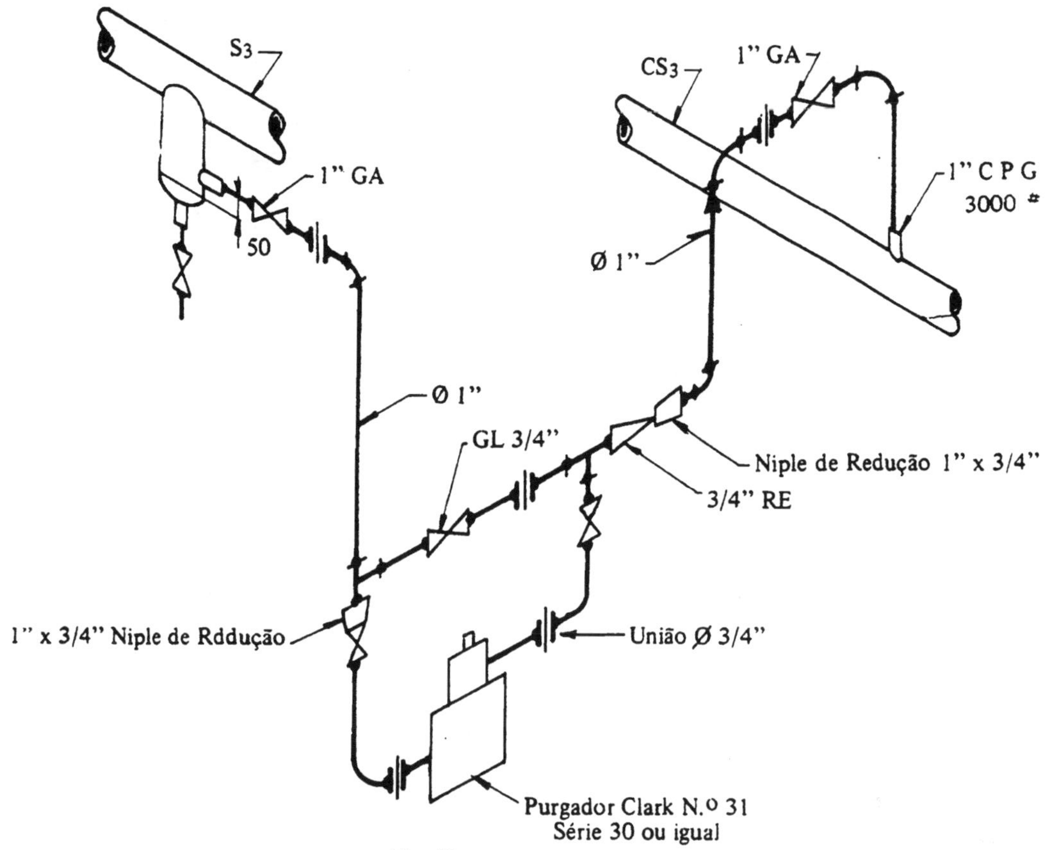

Fig. 49

Nota:
Dimensões em milímetros.

TÍTULO:
DETALHES TÍPICOS DE TUBULAÇÃO
PURGADOR PARA VAPOR
DE 30 #

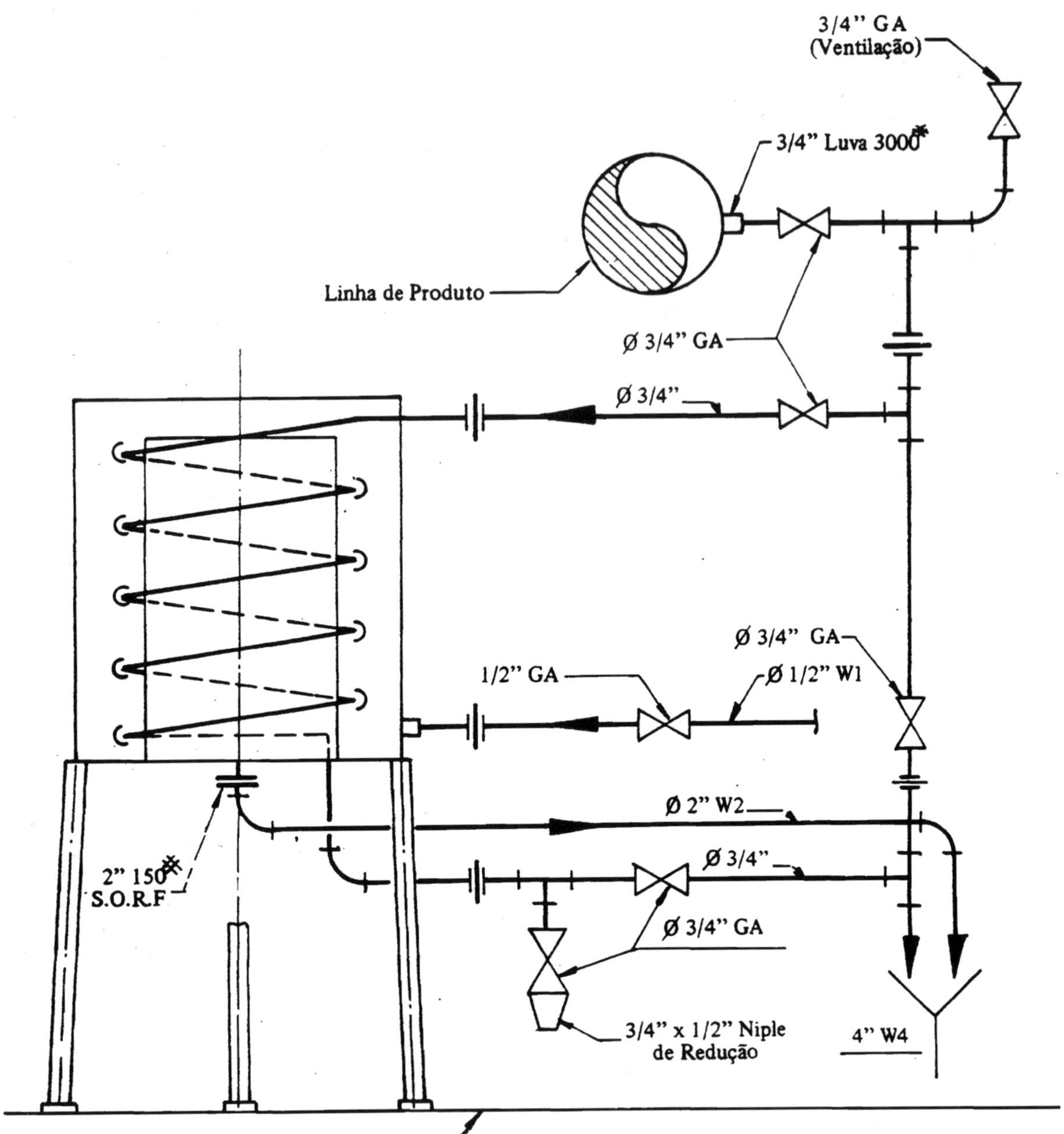

Fig. 50

Nota:
Material conforme especificação da Linha Principal.

TÍTULO:
**DETALHES TÍPICOS DE TUBULAÇÃO
ESQUEMA PARA TOMADA
DE AMOSTRA**

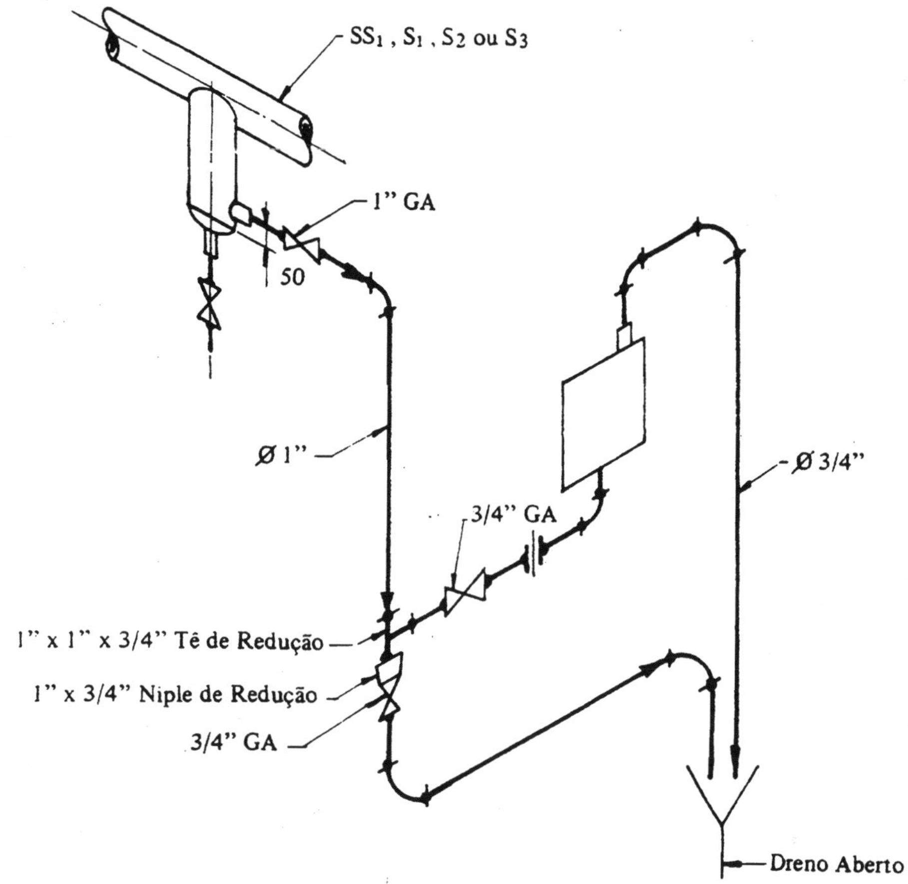

Fig. 51

Notas:
Este esquema será usado quando a linha principal de condensado estiver longe. Para material e especificação do purgador conforme o serviço. Dimensões em milímetros.

TÍTULO:
DETALHES TÍPICOS DE TUBULAÇÃO
PURGADOR DE VAPOR

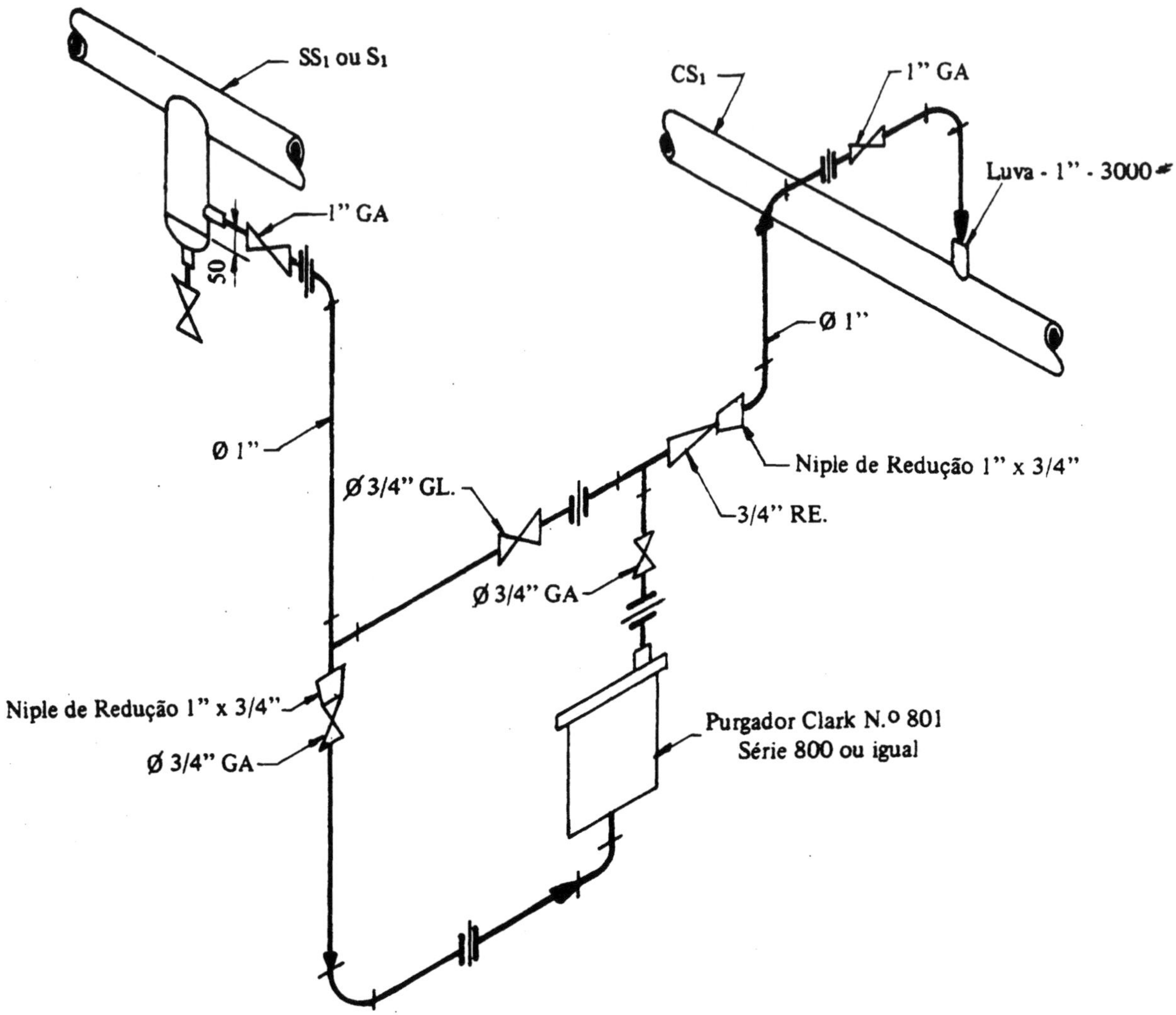

Fig. 52

Notas:

1) Este esquema será usado quando a linha principal CS_1 estiver próxima.

2) Dimensões em milímetros.

TÍTULO:

DETALHES TÍPICOS DE TUBULAÇÃO
PURGADOR PARA VAPOR
DE 600#

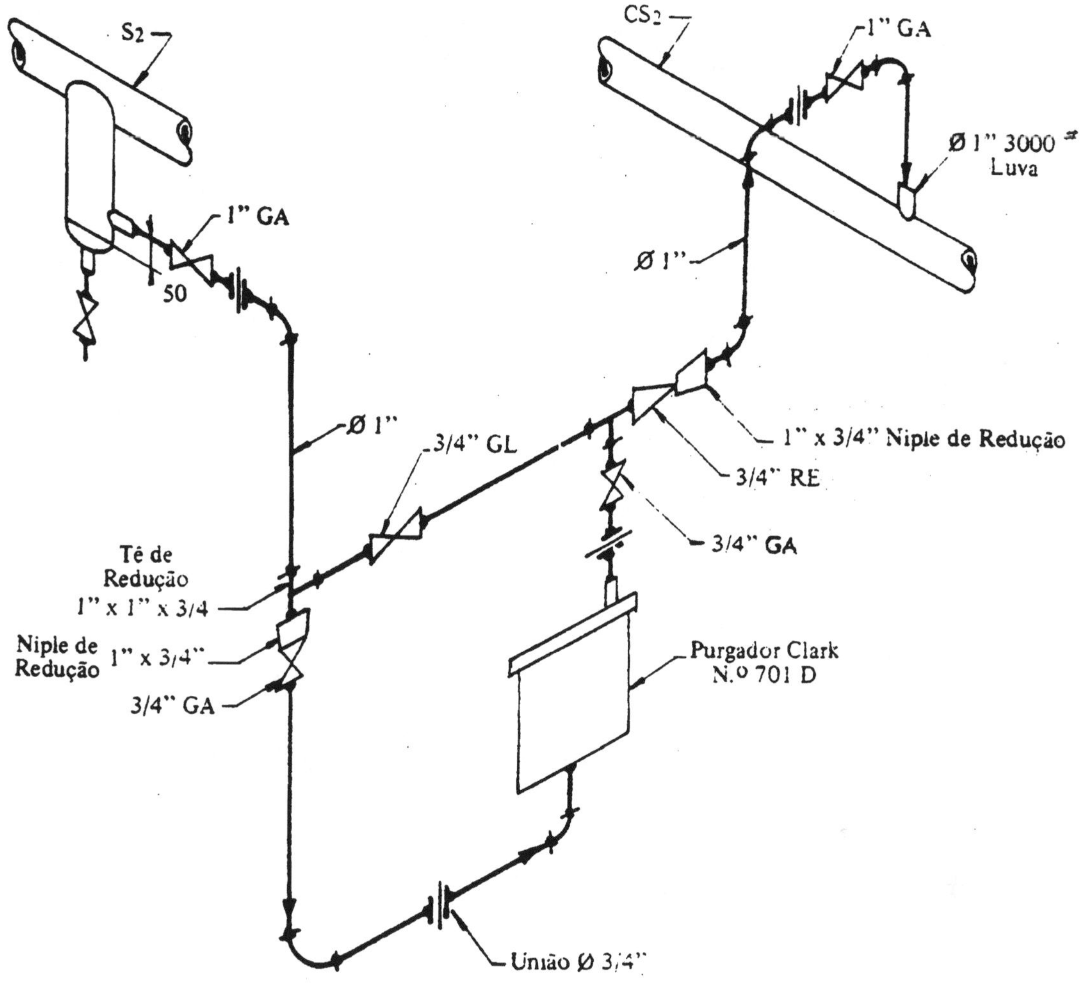

Fig. 53

Nota:
Este esquema será usado quando a linha principal de C S_2 estiver próxima. Dimensões em milímetros.

TÍTULO:
DETALHES TÍPICOS DE TUBULAÇÃO
PURGADOR PARA VAPOR
DE 175 #

CLASSIFICAÇÃO DOS FLANGES PELO TIPO DAS FACES

Tipo	Descrição e características	Uso recomendado
ROSQUEADO Fig. 54 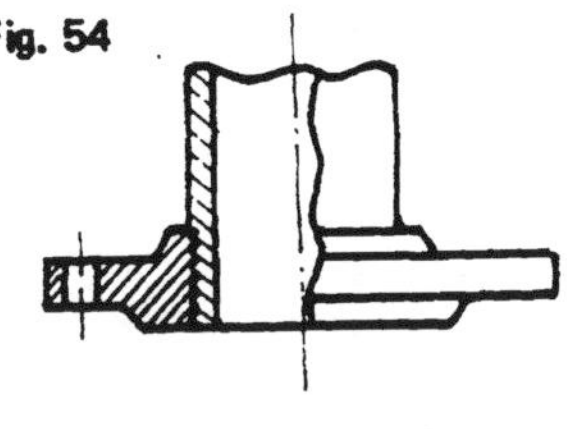	Atarrachado no extremo do tubo. Usado em tubulação que não pode ser soldada.	Serviço de pressão e temperatura moderada. Usados em tubulação galvanizadas. Não são recomendadas para linhas onde aparecem tensões para dilatação ou flexão.
SOBREPOSTO Fig. 55 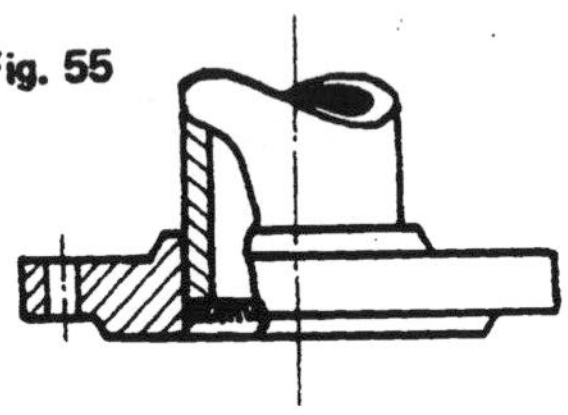	De custo relativamente baixo mas de montagem fácil não necessitando de mão-de-obra experimentada. Com respeito a resistência e vida, ele apresenta índice inferior ao flange de pescoço. Na montagem são feitas duas soldas como mostra o desenho.	Serviço moderado. (150 e 300) particularmente quando a facilidade de montagem é levada em conta.
COM PESCOÇO Fig. 56 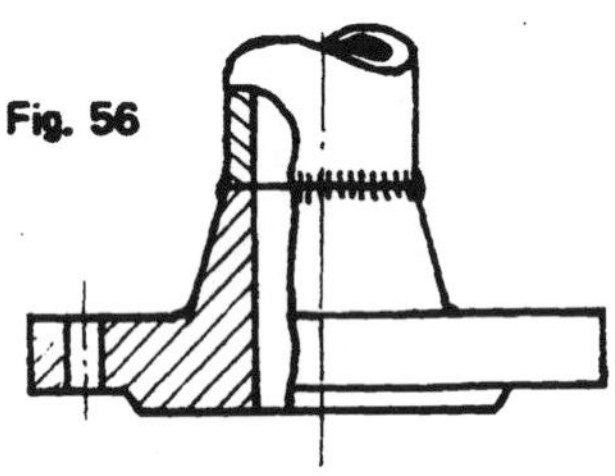	Consta de uma gola bastante alta, que afasta a solda do flange e dá uma resistência considerável ao flange, tornando-o integrante ao tubo. Permite apertos consideráveis e resiste bem aos esforços mecânicos a que está sujeito.	Para serviços severos (alta pressão e temperatura ou temperatura abaixo de 0º.
SOLDA DE ENCAIXE Fig. 57 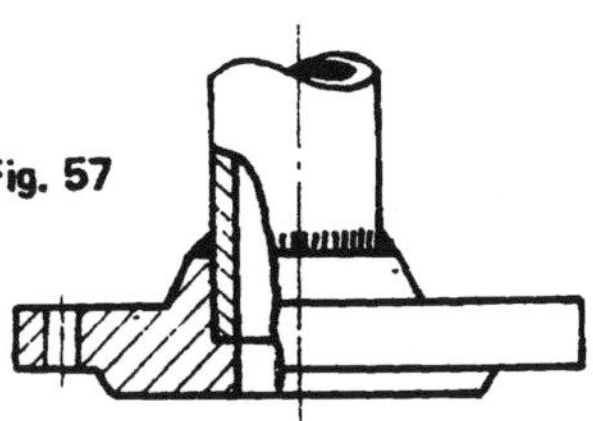	São mais vantajosos que os sobrepostos por só ter um cordão de solda e não necessitar de refaceamento após a solda. Pode aparecer uma fenda entre o batente do flange e o tubo surgindo com isto uma excessiva corrosão, sob certas condições, mas um cordão de solda interna, pode eliminar este risco.	Bom para tubos de pequeno diâmetro, onde os acessórios com soquete soldado são mais próprios do que os acessórios rosqueados.
LAP-JOINT (Terminal Flangeado) Fig. 58 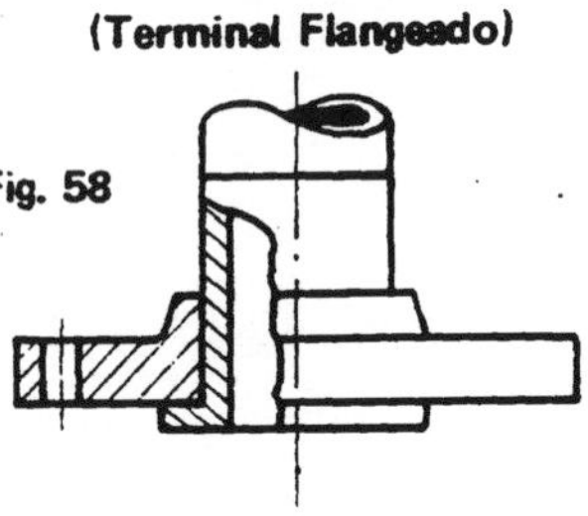	O flange é solto, independente do pescoço, que tem uma virola. Esse pescoço é que será ligado a tubulação. O flange não entra em contato com os fluídos transportados.	Usados em serviços que requeiram constantes desvantagens para inspeção e limpeza. Deve ser evitado nas montagens onde existem esforços de flexão severos. Uso em indústrias alimentícias, em instalações com aço inoxidável para diminuir seu custo total.
CEGO (Blind) 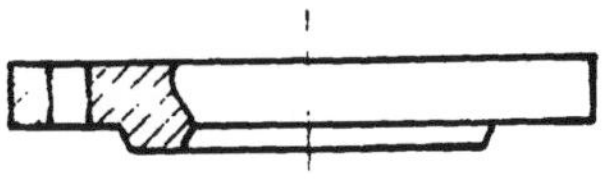 Fig. 59	Não tem o furo central. Acompanha as características dos flanges ao qual se acopla.	Usados em finais de linhas para fechar válvulas ou bocais, sem uso nos equipamentos.

CLASSIFICAÇÃO DOS FLANGES PELO TIPO DAS FACES		
Tipo	**Descrição e características**	**Recomendação**
FACE COM RESSALTO **(Raised face)** Fig. 60 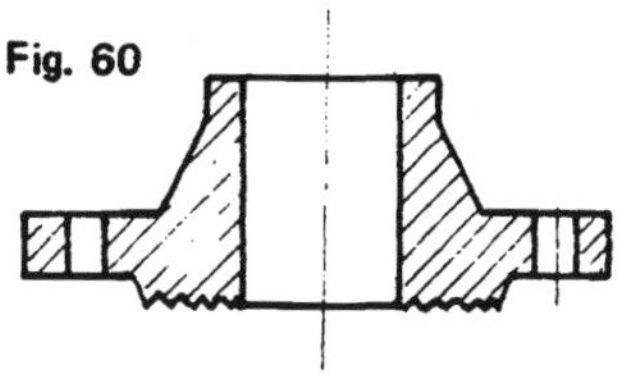	Mais comum — Ambos os flanges do par são idênticos. O ressalto terá 1/16" para 150 e 300. 1/4" para pressões acima. A face onde irá ascentar a junta pode ser lisa ou ranhurada. Na ranhurada, a ranhura tem 0,5 mm de profundidade.	Preferido para condições de serviços moderados.
FACE PLANA (Flat face) Fig. 61 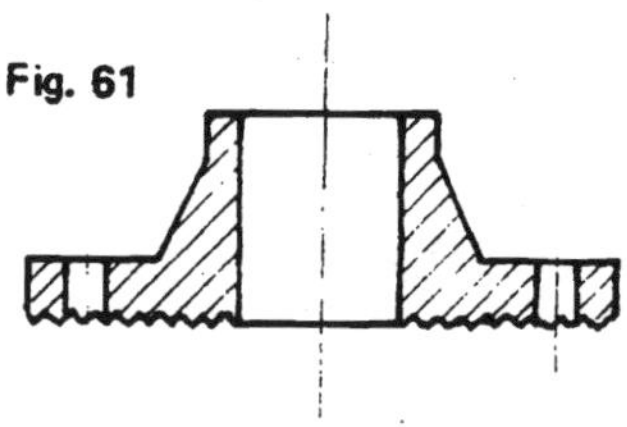	Idêntico ao anterior, exceto o ressalto, que foi retirado. Geralmente obtido pela remoção do ressalto no flange anterior por uma máquina operatriz.	Para acoplamento em flanges de equipamentos e válvulas de Ferro Fundido. (para 125 e 250).
FACE C/ RANHURA P/ ANEL **(Ring - type joint)** Fig. 62 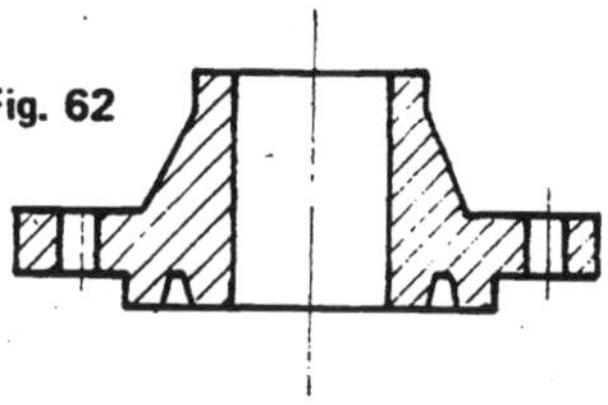	Mais caro, porém mais eficiente. Quando montado, a pressão aumentando, aumenta a vedação também.	Usados para altas pressões e Temperaturas.
MACHO E FÊMEA **(Mote and femote)** Fig. 63 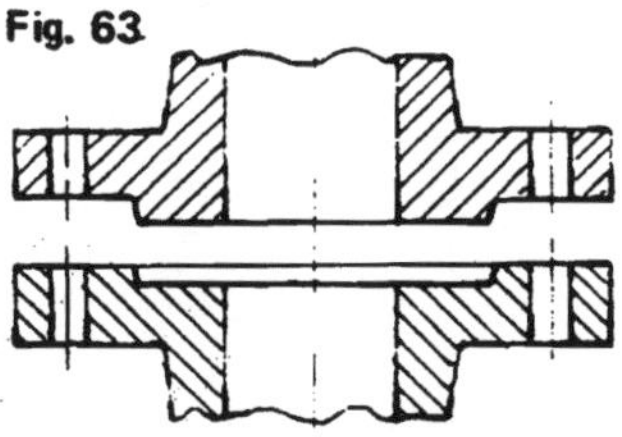	A face do macho tem 1/4" de altura e a fêmea 3/16" de rebaixo. As faces são usinadas.	Usado para serviços especiais onde se requer a retenção da junta. Não é muito comum.
LINGUETA E RANHURA **(Fougue and groove)** 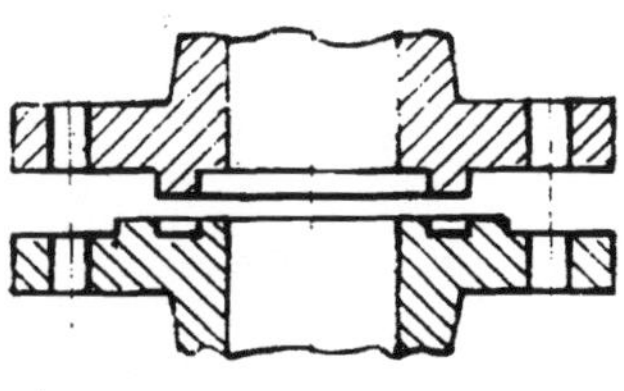 Fig. 64	É do tipo macho e fêmea, mas os encaixes não chegam ao furo dos flanges. A lingueta e o rasgo são usinados e a junta não entra em contacto direto com o fluido e o processo de vedação mais eficiente com juntas planas.	Uso quando se requer a retenção da junta e o não contacto da mesma com o fluido de processo.

TIPOS DAS FACES DOS FLANGES

Flange de face plana (FP) ou face lisa FF = Flat-Face Flanged.

Junta típica de vedação para esta classe de flanges. As espessuras são de 1/32" até 1/8", sendo o mais usado, o de espessura 1/16". Tem seu O int. igual ao O externo do tubo e o O ext. igual ao O ext. do flange.

Quanto o flange for de ferro fundido na tubulação, e de face plana - só se deve usar também na válvula ou no equipamento, flange da mesma liga e de face plana.

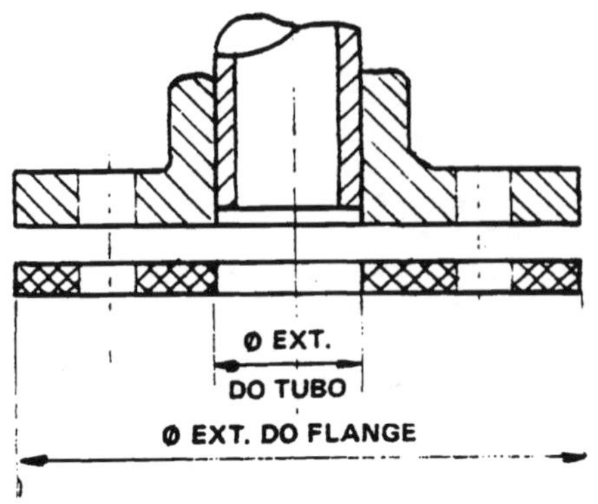

Fig. 65

Flange com Face de Ressalto (FR) — RF = Raised Face Flanged

Ressalto até 1/16" para pressões até 300 (lbs.) e 1/4" acima de 300 (lbs.).

Junta típica de vedação para esta classe de flanges, as espessuras como ao de face plana; tem o seu O int. igual ao O ext. do tubo, e o O ext. da junta é igual ao O int. do círculo do O int. dos parafusos.

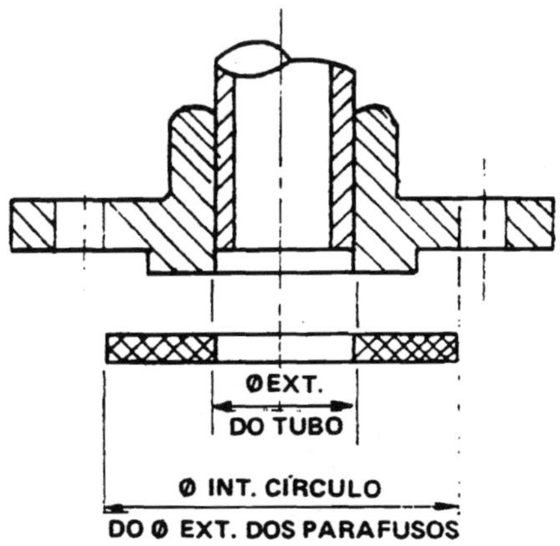

Fig. 66

Flange de Face para Junta de Anel — Ring Type Joint — RTJ

O rasgo para a junta de vedação que é oval ou octogonal, sendo a oval a mais usada, ambas são usadas somente para estes tipos de flanges e seus diâmetros são iguais ao rasgo do diâmetro do flange.

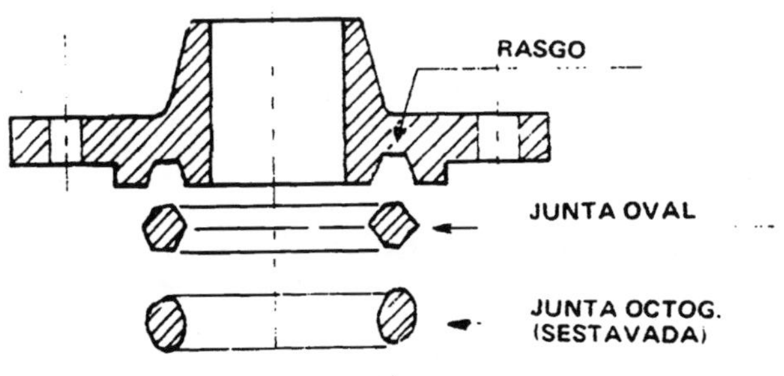

JUNTAS METÁLICAS DE ANEL — JTA

Fig. 67

Flange com Face de Macho e Fêmea – Male e Female – Face de Lingueta e Ranhura – Tongue e Groove

Este tipo de ressalto bem mais raro que os anteriores, são usados para serviços especiais com fluídos corrosivos por que nele a junta está protegida; nota-se que com esses faceamentos, os flanges que se acoplam entre si, são diferentes um do outro.

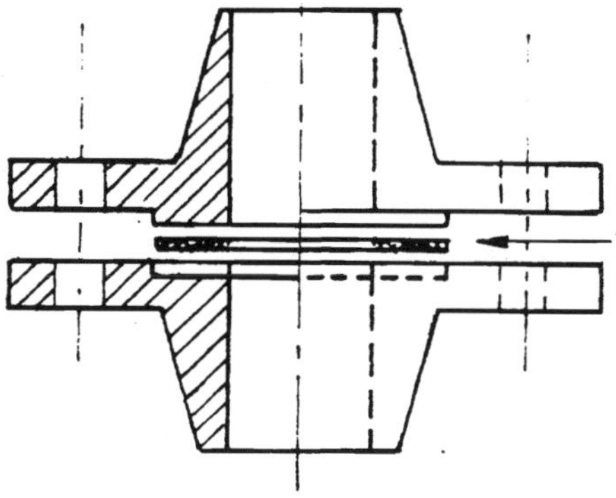

Fig. 68

Flange de Orifício – Orifice to Flanged

Simbologia em planta de projeto.

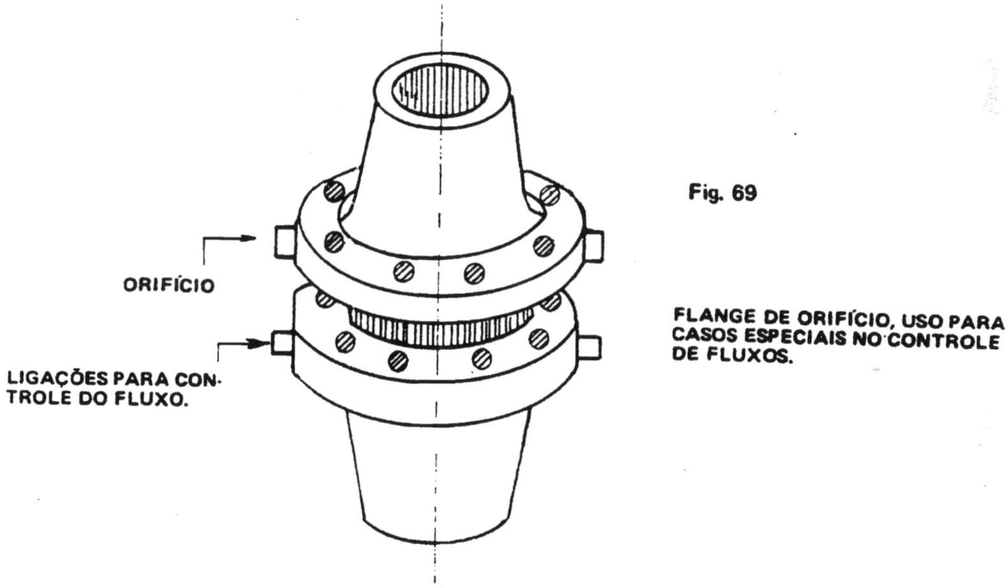

Fig. 69

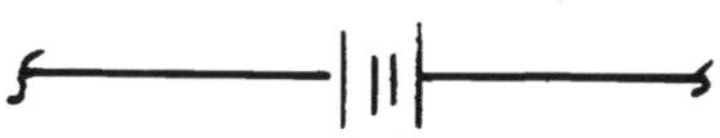
Flange de Orifício Roscado – Screived Orifice Flanged (SCD).

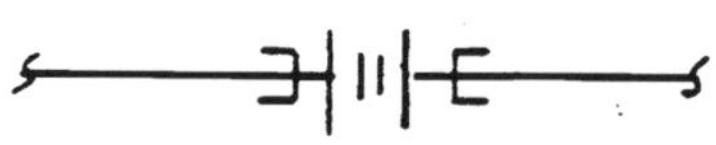
Flange de Orifício de Encaixe e Solda – Socket Welding Orifice Flanged (SW).

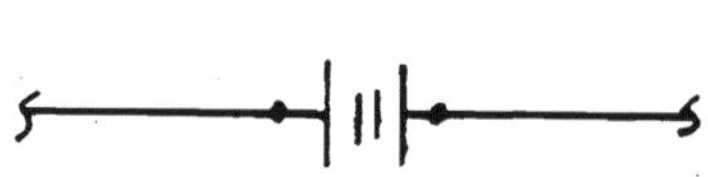
Flange de Orifício Sobreposto – Slip-on Orifice Flanged (SO.).

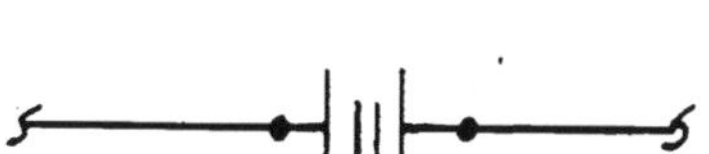
Flange de Orifício de Pescoço – Welding Neck Orifice Flanged (WN.).

Flange Cego — Blind Flanged

Flange cego, são flanges fechados, usados para extremidades de linhas, ou fechamento de bocais flangeados similar a este processo, temos também na extremidade do tubo, fechado com tampão, roscado ou soldado de topo, o chamado de CAP.

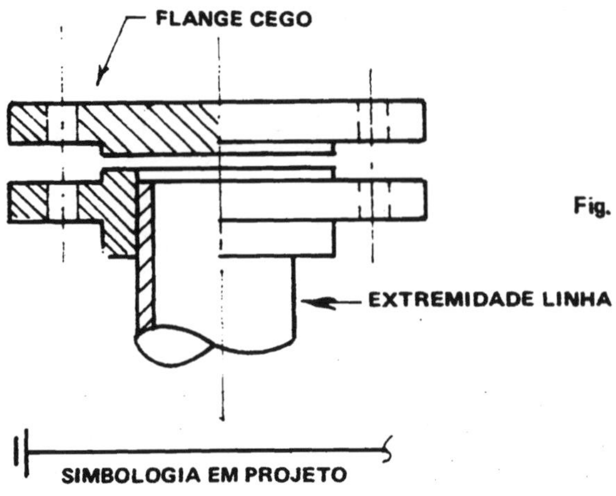

Fig. 70

Flange Excêntrico Roscado de Redução — Screivede Eccentric Reduzing Flanged

Flange Excêntrico Sobreposto de Redução — Slip-on Eccentric Redusing Flanged

Existem outros tipos de Flanges especiais, como: oval, quadrado, retangular, mas são de emprêgo muito restringido.

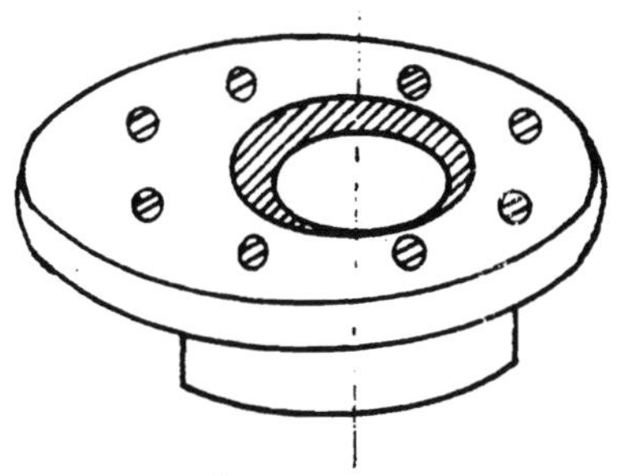

Fig. 71

TIPOS DE FLANGES PARA TUBULAÇÃO

Flange de Encaixe e Solda — Welding Socket Flanged (SW.).

Flange de Encaixe, semelhante ao do sobreposto, porém mais resistente, e tem um encaixe completo para a ponto do tubo dispensando-se por isso a solda interna. É o tipo de flange usado em tubulações de aço de pequeno diâmetro, até 2" não se recomenda esses flanges, para serviços corrosivos.

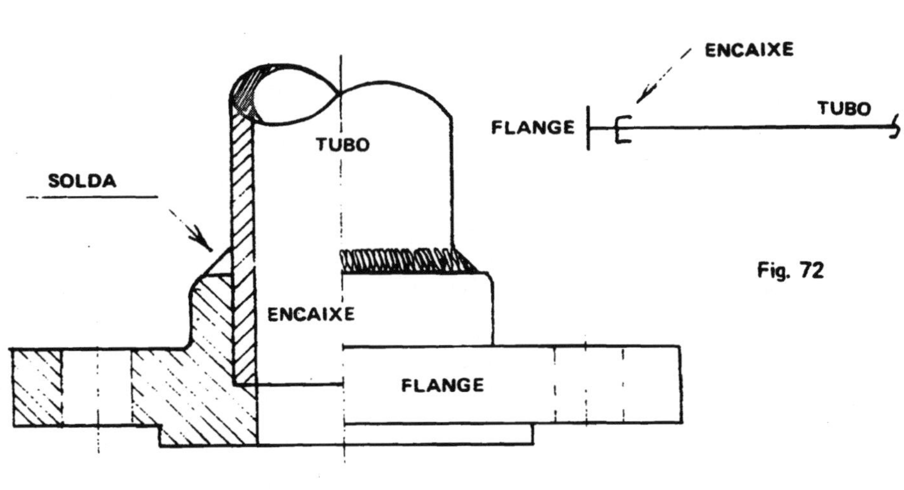

Fig. 72

Flange de Pescço — Welding Neck Flanged (WN.)

Este flange é o tipo mais usado em tubulações industriais para quaisquer pressões, ou temperatura, mais resistente que os flanges não integrais e permite melhor aperto. O flange é ligado ao tubo por uma única solda (solda por fusão - de topo - ponta biselada) Butt Welding (BW) ficando a face interna do tubo perfeitamente lisa.

A montagem com esses flanges é cara por que cada pedaço de tubo ligado a ele, deve ter os extremos chanfrados para a solda (ponta biselada) e tem de ser cortado na medida certa.

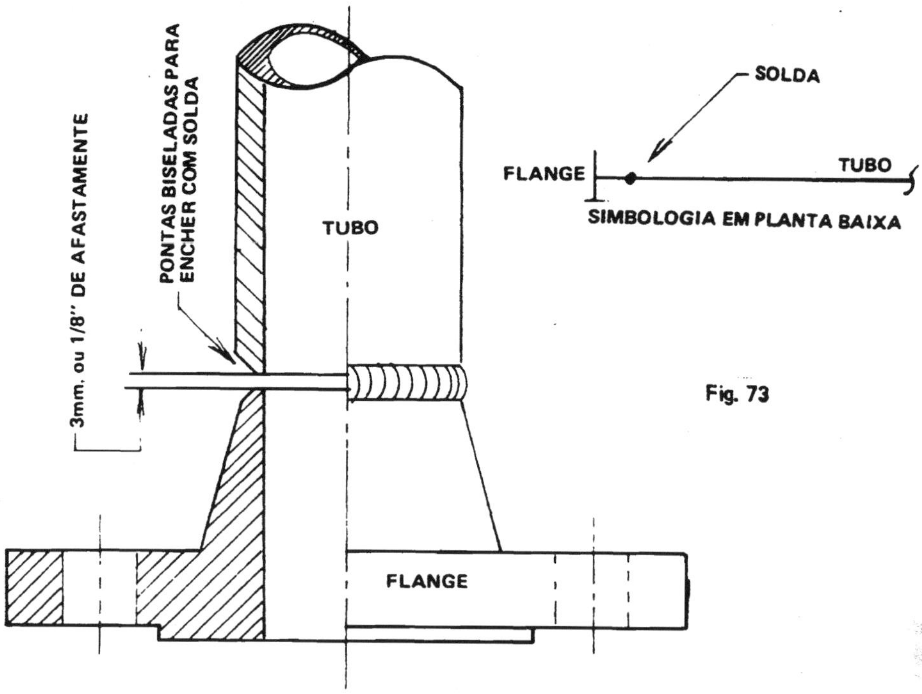

Fig. 73

Flange Solto com Virola para Solda de Topo
(Orenelap - Flanged With Welding Niples - Orring Joint Lap)

Virola, ponta para flange louco, ou solto, chamado de (vanstone) não ficam como os demais presos à tubulação e sim soltos. A outra ponta que vai soldada na ponta do tubo, chamada de virola, que é peça especial denominada de (stub-end) que serve de batente para o flange, o flange (vanstone) é solto e deslisa livremente sobre o tubo, material mais barato, ficando só a virola e o tubo ligados entre si, para os serviços especiais.

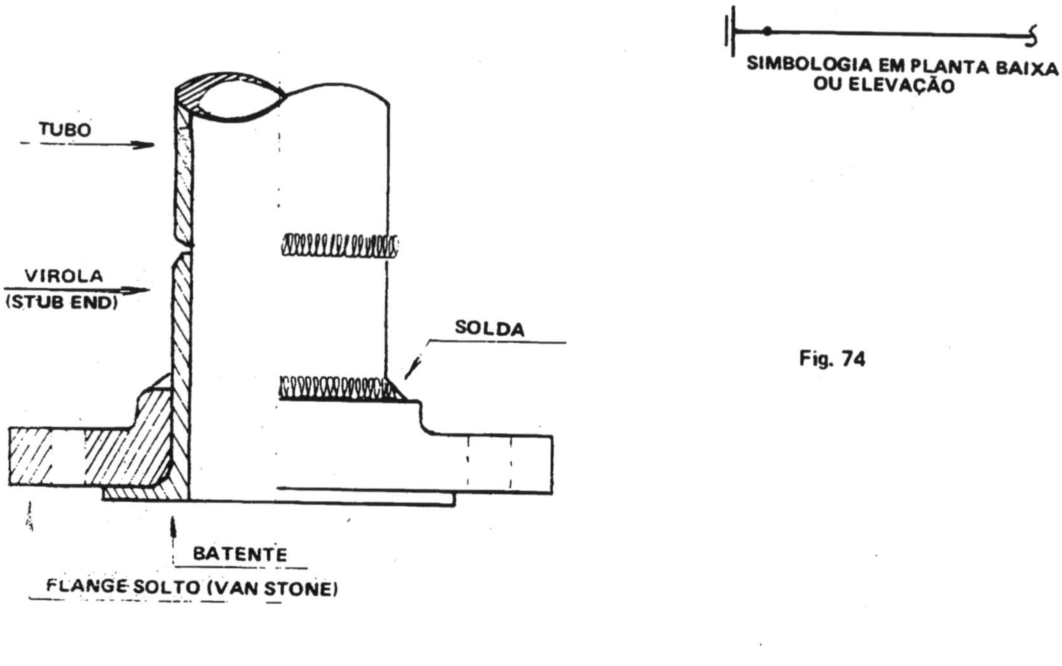

Fig. 74

Flange Macho e Fêmea – Male e Female

Flange usado em serviços severos, nas variações de altas temperaturas e pressões, e nos casos que exija absoluta segurança contra vazamentos. Estes flanges que acoplam-se entre si, nota-se que são diferentes um do outro.

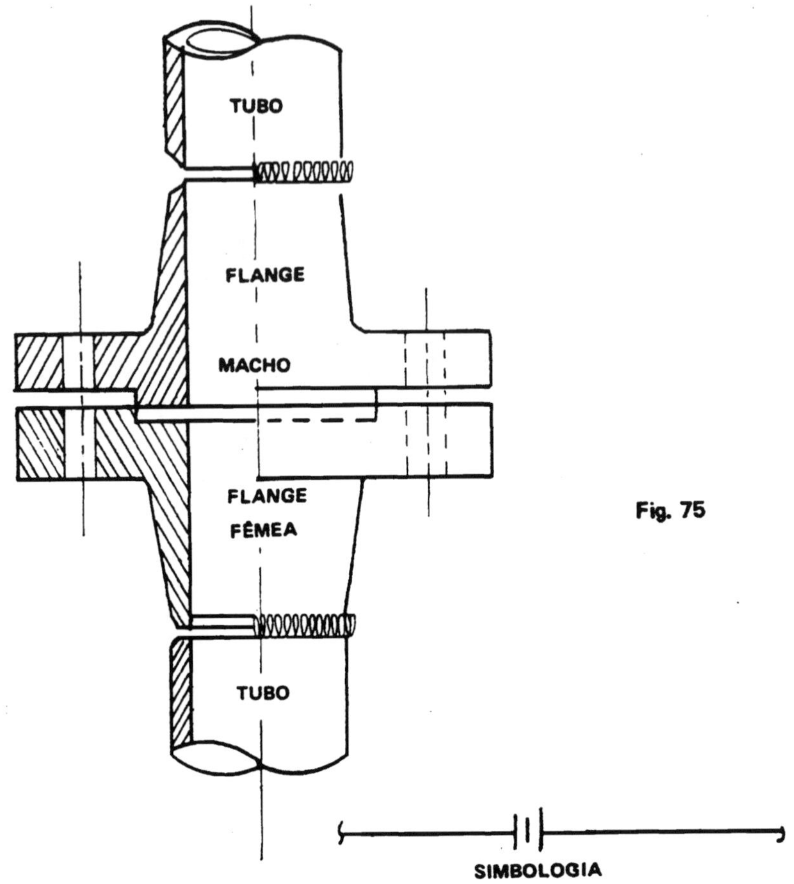

Fig. 75

TIPOS DE FLANGES PARA TUBULAÇÃO

Flange Integral

Usado para alguns casos, em tubos de ferro fundido, é o tipo mais antigo e o mais econômico.

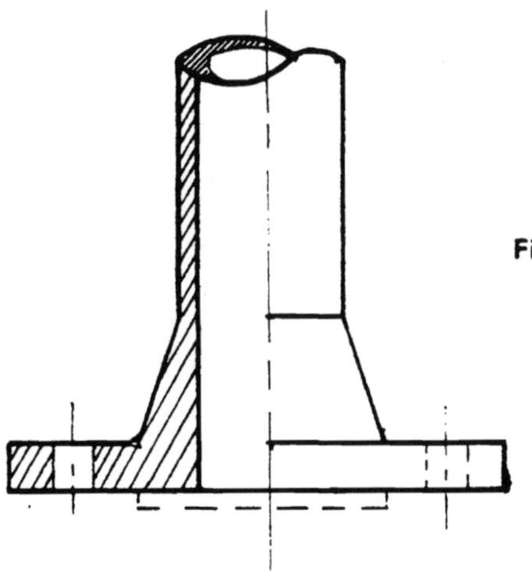

Fig. 76

Flange Roscado — Screwed Flanged (SCD)

Em tubulações industriais, esses flanges são usados apenas para tubos de metais não soldáveis, tem grande emprêgo nas rêdes domiciliares, ferro galvanizado e em tubos de plástico. Emprega-se também para tubos de aço, ferro fundido, ou aço forjado, em tubulações secundárias, água, ar comprimido, óleo, gases, etc..

A norma USAS. B-31, recomenda que seja feita solda de vedação (ou goma teflon) entre o flange e o tubo (rosca) quando em serviços com fluídos inflamáveis, tóxicos ou perigosos de um modo geral.

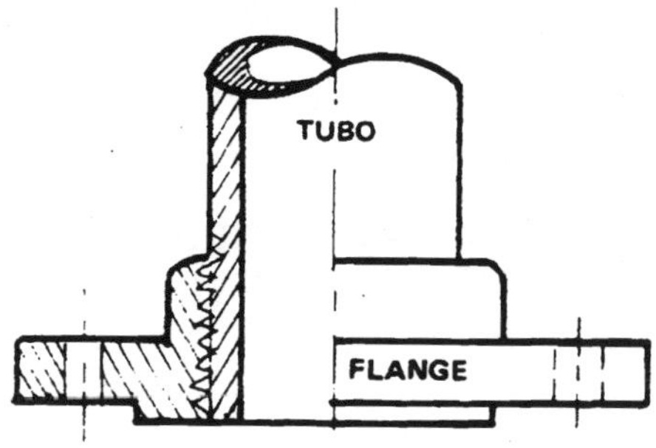

Fig. 77

SIMBOLOGIA NO PROJETO

Flange Sobreposto — Slip - ON (OS.)

Flange sobreposto é um flange mais econômico e mais fácil de se instalar do que o roscado e o de pescoço (flange).

A ponta do tubo encaixa no flange, e facilita o alinhamento, evita o corte do tubo, o cuidado da medida exata, seu uso é para tubulações não críticas (até 20 kg/cm²) e 400° C. A norma USAS. B-31 - 1 desaconselha o uso desses flanges para quaisquer serviços cíclicos (processo que oscila periodicamente entre dois extremos).

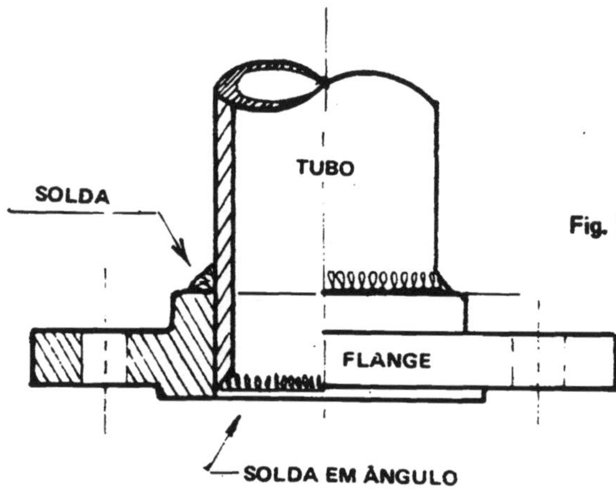

Fig. 78

SIMBOLOGIA NO PROJETO

RESUMO GERAL DE CONEXÕES DAS CURVAS DE 90°
— PORTUGUÊS — INGLÊS —

LINHAS SIMPLES E LINHAS DUPLAS

Fig. 79

Fitting Elbow Screwed (SCD)
Curva Roscada

Cotovelo ou Joelho — Tipo Stander — Aço Forjado — Joelho é de raio mais aberto (mais longo), Cotovelo pode ser também de redução (curva). Cotovelo = Elbow; Joelho Longo = Long Sweep Elbow.

Fig. 80

Fitting Elbow Socket Welding (SW.)
Curva de Encaixe e Solda

Cotovelo ou Joelho de Encaixe — Tipo Stander — Aço Forjado — Bronze — Cobre, pode ser também de redução (curva).

Fig. 81

Fitting Butt Welding (BW)
Curva Soldada de Topo

Curva Tipo Stander — Aço Forjado — Pontas Biseladas para Solda — Raio Longo ou Raio Curto — pode ser também de redução. Raio Curto — Short Radius; Raio Longo — Long Radius.

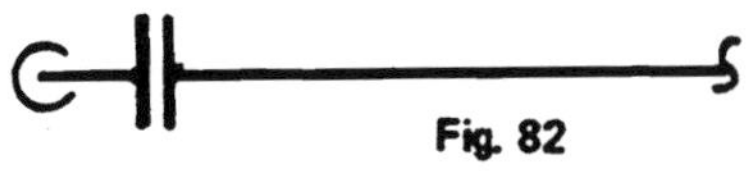

Fig. 82

Fitting Elbow Flanged
Curva Flangeada

Curva Stander Flangeada — Aço Forjado — Raio Curto — Raio Longo e Raio de Longa Tangente — pode também ser de redução.

RESUMO GERAL DAS CURVAS DE 45°

LINHA SIMPLES E LINHA DUPLA

Fig. 83

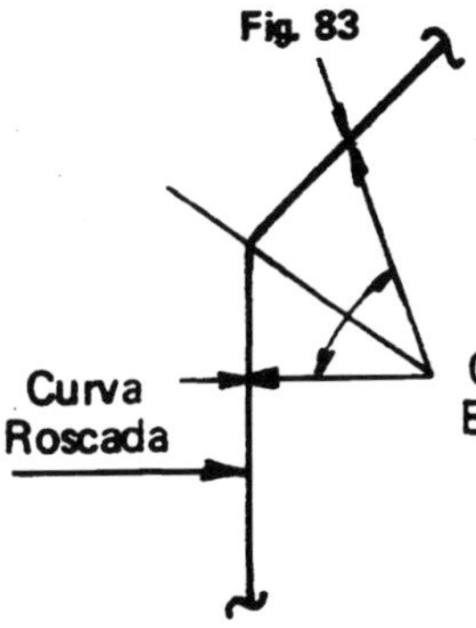

Elbow 45°
Screwed
(SCD.)

Fig. 84

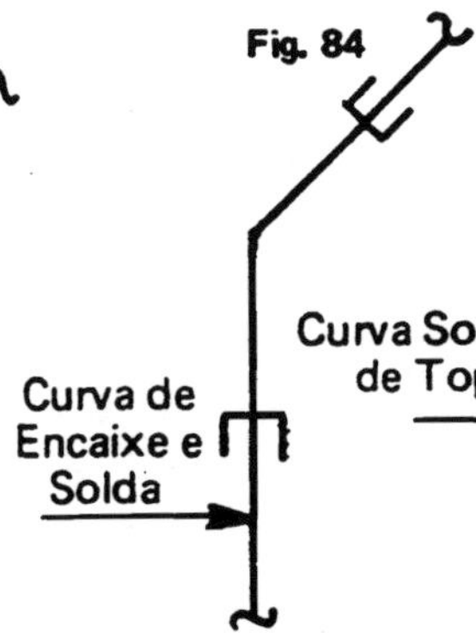

Elbow 45°
Socket Wel-
ding (SW)

Fig. 85

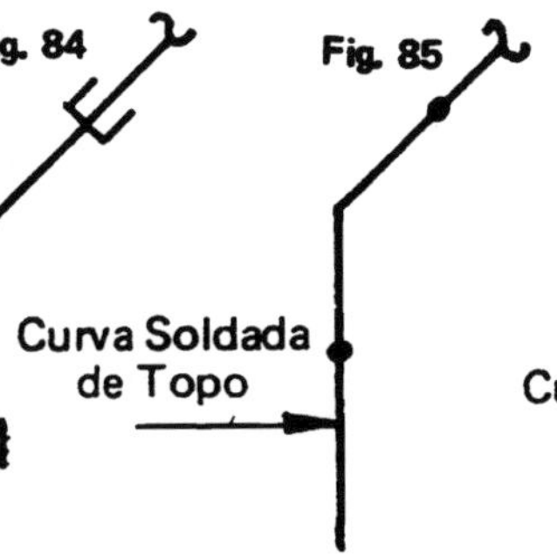

Elbow 45°
Butt Wel-
ding (BW)

Fig. 86

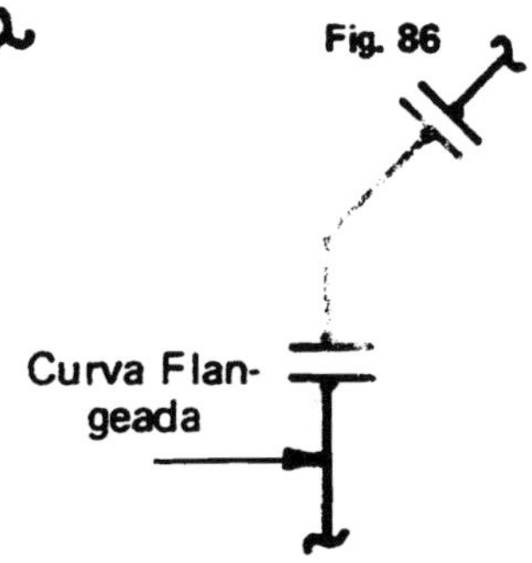

Elbow 45°
Flanged

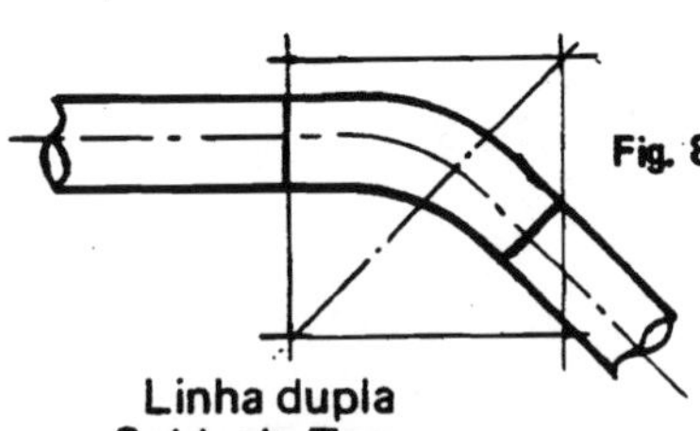

Fig. 87

Linha dupla
Solda de Topo
Line Duple SW

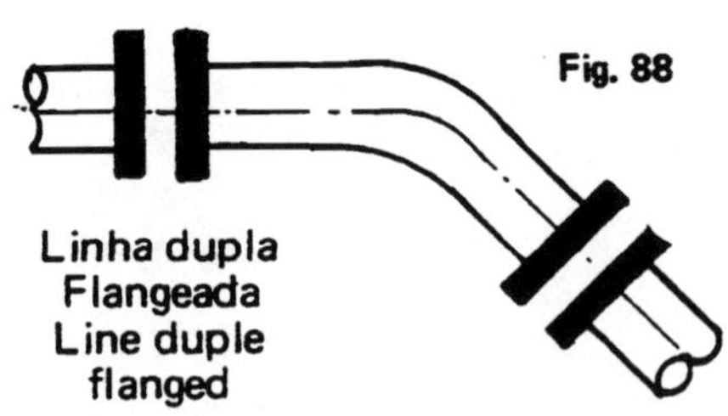

Fig. 88

Linha dupla
Flangeada
Line duple
flanged

Fig. 89

curva de 180° — Retorno

A - 180° — Curva de Retorno Raio Curto
B - 180° — Curva de Retorno Raio Longo
C - 180° — Curva de Retorno Raio Longo Extra
A - 180° — Return Short Radius
B - 180° — Return Long Radius
C - 180° — Return Extra Long Radius

Roscada
Screwed
Encaixe
Socketwel.
Soldada
Buttweld
(Return Bend)

ACABAMENTO DA FACE DE JUNÇÃO

OS FLANGES SÃO FABRICADOS COM RESSALTO (OU FACE LISA) E PODEM SER REQUISITADOS COM OS ACABAMENTOS DA JUNÇÃO ABAIXO MENCIONADOS.

NÃO HAVENDO ESPECIFICAÇÃO O FLANGE SERÁ DE RESSALTO E O ACABAMENTO COM RANHURA STANDARD.

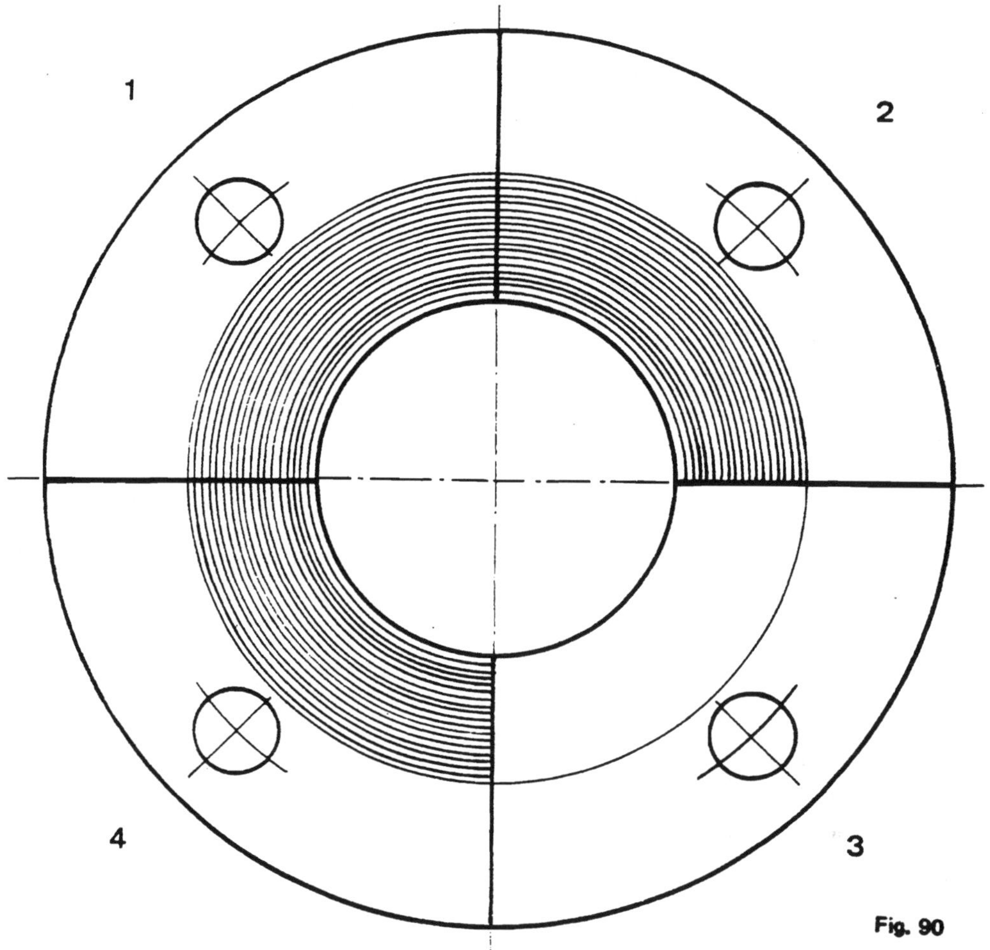

Fig. 90

1) RANHURA STANDARD

ESPIRAL CONTÍNUA COM PASSO DE 0,8 m.m. E UM RAIO DE 1,6 m.m. NA PONTA DA FERRAMENTA PARA OS FLANGES ATÉ 12" DE DIÂMETRO NOMINAL.

ACIMA DE 12" COM PASSO DE 2,4 m.m. E UM RAIO DE 3,2 m.m. NA FERRAMENTA.

2) RANHURA ESPIRAL

ESPIRAL CONTÍNUA EM V DE 90º COM PASSO DE 0,8 m.m. E UMA PROFUNDIDADE DE 0,4 m.m. PARA TODOS OS TAMANHOS.

3) LISO

ACABAMENTO LISO DA SUPERFÍCIE DA JUNÇÃO.

4) RANHURA CONCÊNTRICA

RANHURA CONCÊNTRICA EM V DE 90º COM A PROFUNDIDADE DE 0,4 m.m. E UMA DISTÂNCIA DE 0,8 m.m.

TÍTULO:

ACABAMENTO DA FACE DE JUNÇÃO (PARA FLANGES)

Quanto ao formato em planta, os flanges ainda podem ser:

Fig. 91 OVAL

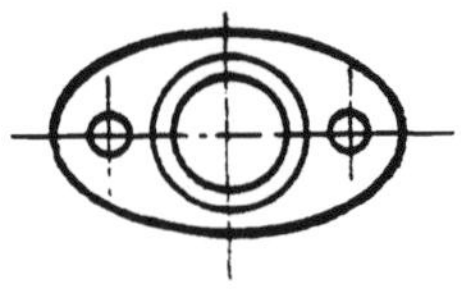

Fig. 92 QUADRADO

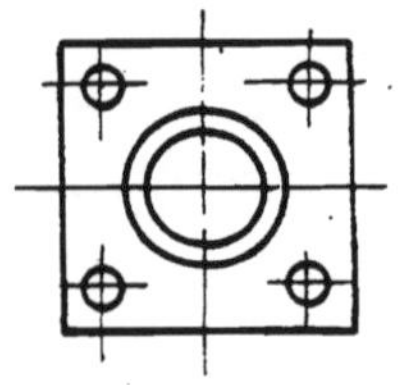

Fig. 93 CIRCULAR

Ovais – para tubos até 3/4" (2 parafusos)
Quadrado – para tubos de 1" a 2 1/2" (4 parafusos)
Circular – para tubos de 2 1/2" em diante (8 a 16 parafusos)
Esses tipos são usados em fluídos para refrigeração (amônia e freon).

Juntas:

Dividem-se em:

Fig. 94 PLANA

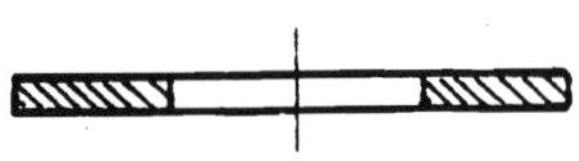

(a)

DENTE DE SERRA

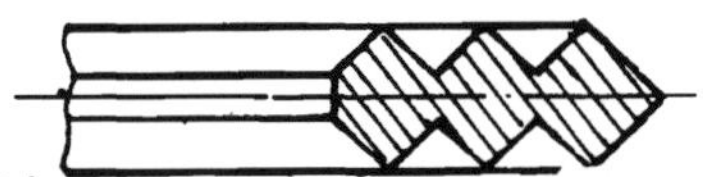

(b) Fig. 95

Fig. 96 LAMINADA

(c)

a) **planas** – material: papel, borracha, amianto, papelão, pano, cobre, alumínio.
Espessura de 0,4 a 3 mm.

b) **dente de serra** – material: metálicas. Reduzida a área de contato, a fôrça nos parafusos é mínima para se obter boa vedação.

c) **laminados** – material: metal com enchimento ou em espiral.
O enchimento em geral é asbesto.

Nota: O material é selecionado pelo processo.

d) **anel:** comumente fornecido de ferro macio com baixo teor de carbono.
aço inoxidável.
níquel
cobre.
Para temperaturas especialmente recomendadas e muito eficientes para condições de serviço severo.

Tipos: **Vistas em plantas:**

OCTOGONAL

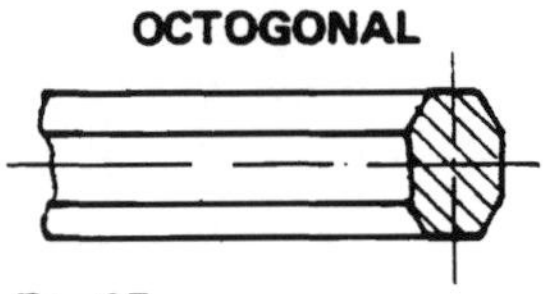

Fig. 97 OVAL

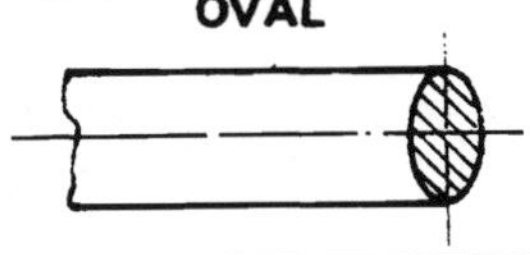

FLANGE COM RESSALTO

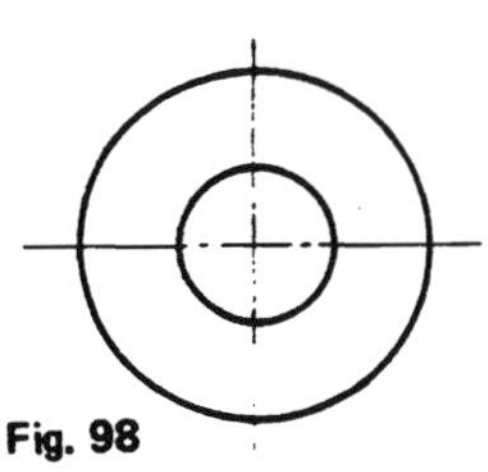

Fig. 98

FLANGE PLANO

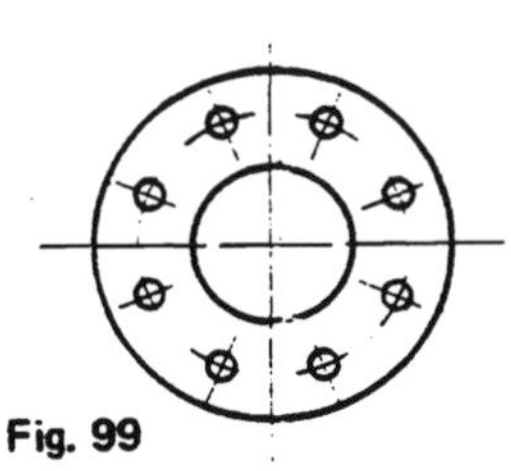

Fig. 99

FLANGE COM RANHURA

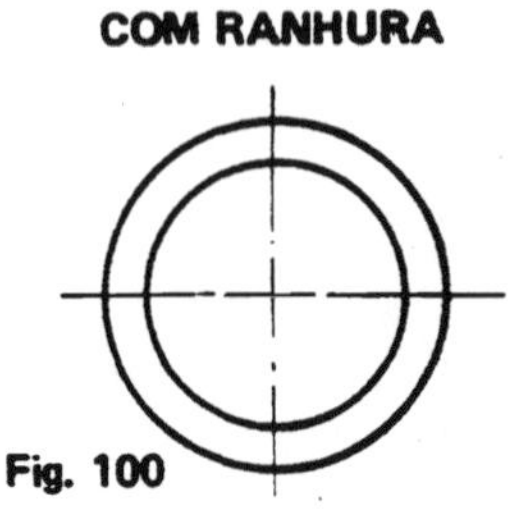

Fig. 100

VÁLVULAS – FINALIDADE

– estabelecer, interromper e regular fluxo.

– reduzir pressão

– permitir a segurança da instalação
– fazer a drenagem
– permitir desmontagem para reparos ou trocas

Usar o menor número de válvulas porque: são peças caras e oferecem possibilidades de vazamentos pelas gaxetas, juntas e roscas.
Aumentam as despezas de manutenção e introduzem perdas de carga nas linhas.
O menor número possível facilita a operação de instalação.

Tipos de Válvulas

- comuns
  - Gaveta
  - Globo
  - Angular
  - Retenção
- especiais
  - De macho
  - Agulha
  - Contrôle Automático
  - Contrôle Manual
  - Sem gaxeta
  - Segurança
  - Alívio
  - Disco de ruptura

Válvula gaveta

Descrição: Tem uma gaveta que com movimento de translação desliza na sede ou assento.
Devem operar completamente abertas ou fechadas.
A gaveta pode ser cônica ou paralela. Figura 101.
É inteiriça ou em 2 partes.
A haste pode ter movimento de rotação e translação ou só rotação.

Fig. 101

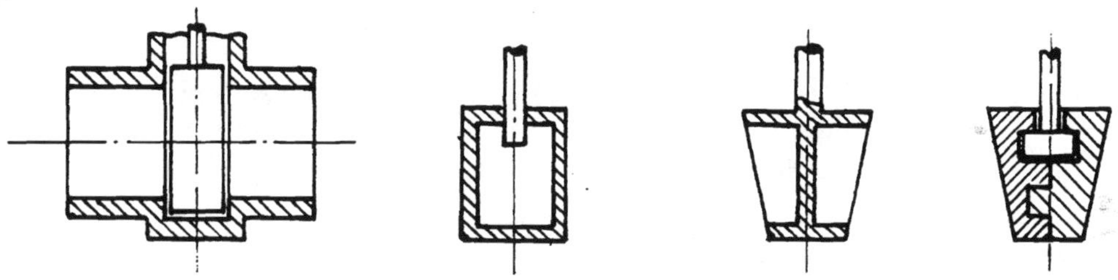

Corpo da Válvula — (a) Paralela — (b) Inteiriça — (c) Duas partes

a = gaveta inteiriça, paralela, haste só com rotação;
b = gaveta inteiriça, cônica, haste só com translação;
c = gaveta em 2 partes, haste com rotação e translação.

No caso "a" o espaço para instalação é pequeno mas não se sabe se a válvula está aberta ou fechada.
A estanqueidade na gaveta é feita pela pressão do fluído que encosta a gaveta na sede.
O tipo paralelo não emperra.
O tipo cônico há possibilidade de emperrar.
As válvulas gaveta podem ser construída de forma a poder substituir a gaxeta com a linha em operação.

Vantagens –

1) perda de carga pequena
2) drenam bem a linha
3) abertura e fechamento fácil devido ao equilíbrio de pressões nos dois lados.

Desvantagens –

1) não regulam o fluxo

2) têm estanqueidade difícil
3) não servem para fluídos frigoríficos.
4) construção mais cara
5) movimento lento para abrir e fechar (usadas onde não haja frequência de manobra)
6) não têm tipo angular

A haste pode trabalhar em qualquer posição até a horizontal por causa do acúmulo de fluído ou condensado no castelo.

São usadas para grandes diâmetros.

Podem ser contruídas para fechamento rápido.

Válvula globo (o nome é devido ao formato do seu corpo)

– São indicadas para regulagem de fluxo, porque a sede e contra-sede cônicas facilitam esta função.

O fluído muda de direção ao passar através da válvula, por isso introduzem grande perda de carga na linha.

– Podem trabalhar: abertas, parcialmente abertas e fechadas.

Fig. 102

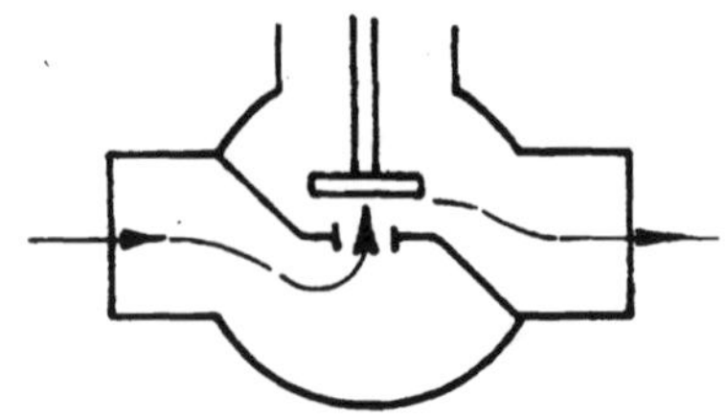

VÁLVULA GLOBO

– Tem dois tipos: **reta e angular.**
A angular é usada quando além de necessidade de válvula é necessário mudar a direção da linha à 90º.
– A válvula globo pode ser de disco chato ou de agulha.
– A agulha permite uma melhor regulagem do fluxo.
– O disco pode ser postiço ou integral.
O postiço é mais empregado pois permite a sua substituição.
– Movimento de haste: rotação e translação.
– Pode ser fabricado para poder trocar a gaxeta em operação.
– O sentido do fluxo, como mostra a fig.102 é o mais usado pois diminue a erosão do disco e quando fechado a pressão do fluído não força a gaxeta evitando assim vasamentos. A vedação torna-se mais difícil.
– Ao contrário da fig. 102, é mais fácil a vedação, porém há maior erosão do disco e torna-se ainda, mais difícil de abrir.

Vantagens: –

1) regula o fluxo
2) boa estanqueidade
3) mais barato
4) reparo do miolo mais fácil
5) manobra mais rápida (curso menor)

Desvantagens –

1) maior perda de carga na linha
2) pior drenagem da linha
3) não são balanceadas com relação à pressão do fluído (para abrir e fechar).
São empregadas para operações frequentes.

Válvula de retenção

Descrição: Só permite o fluxo num sentido.
São válvulas automáticas.

Tipos:
- a) levantamento { Horizontal / Vertical }
- b) portinhola { Horizontal / Vertical }
- c) esfera { Horizontal / Vertical }

a) – O fluxo atua como na válvula globo, forçando o pistão para cima, e com a falta de pressão, o pistão desce para ação de gravidade.
– Boa para gases, vapor e água em linhas com fluxo pulsante.
– Na maioria dos modelos pode-se usar somente na vertical.
– Não é comum para linhas acima de 6".
– Não são recomendadas para serviço em que deposite sólidos.

b) – É a mais usada devido a pouca perda de carga.
– Usada onde se requer a mínima pressão de passagem.
– A melhor para líquidos e para as linhas de grandes diâmetros.
– Não adaptável às linhas sujeitas a fluxo pulsante.
– Alguns modelos só devem ser usados na posição horizontal.

c) – Semelhante ao (a) só que compõe-se de uma esfera numa guia.
– O corte no fluxo de sentido contrário é mais rápido do que nas outras.
– Boa para fluídos viscosos com sólidos em suspensão que prejudicam o funcionamento, dos outros tipos.

Composição das Válvulas comuns:
- Corpo
- Castelo
- Volante
- Haste
- Sede
- Contra - sede

Corpo: Parte da válvula que aloja a sede ou assento e possibilita também a conexão da mesma com a tubulação.

Material:
- ferro fundido
- aço carbono
- bronze
- aços ligas

– **Gaxeta de vedação:**
Material: depende da pressão, temperatura e natureza do fluído.
– Ela impede o vazamento do fluído para a haste.
– A gaxeta ajusta-se por prensa-gaxeta.
– A gaxeta usada é do tipo esmagamento.

Tipos:

– Deve-se ter o cuidado de apertar a gaxeta o suficiente pois com muito aperto ela perde o seu lubrificante e dificulta a vedação.
– As gaxetas podem ser de: – fibras torcidas e trançadas de algodão, asbesto, rayon, nylon, juta, teflon, cobre, vidro, alumínio, chumbo.
– fibras tecidas em pano,
– de metal enrolado em espiral,
– de couro.

E todas elas contêm material lubrificante, para diminuir o atrito entre ela e a haste.

Haste: Aciona a contra-sede na operação da válvula.

Temos 4 tipos de Hastes:
1 – Haste ascendente - rôscas internas (Rising stam inside scrow).
2 – Haste com movimento ascendente - rôsca interna (Nom. Rising stam inside scrow).
3 – Volante estacionário – Haste ascendente - roscas externas com cadeira.
4 – Volante ascendente – Rising stem-outside scrow on yoke.

Volantes: Peça por onde se pode comandar a válvula.
– Pode ser simplesmente fixa no fim da haste ou fixa numa bucha rosqueada para dar movimento a haste.
– Os volantes podem ser ainda substituídos por volantes para correntes e por motores; hidráulicos, pneumáticos e elétricos.

- Podem também ter haste alongada para operação a distância.
- Temos ainda como volantes uma alavanca nos casos da válvula de macho e de esferas.

Válvula de macho

Descrição: peça cônica com furo (macho) geralmente retangular, fechamento rápido, 1/4 de volta, fecha ou abre, tem dispositivos para apertar o macho no corpo (mola, por exemplo).

- Uso: trabalha bem com fluídos gasosos com muitas partículas em suspensão.
  - comum em linhas de pequeno diâmetro para instrumentação.
  - não servem para fluídos frigorificos.
  - bom uso em caldeiras para fechamento rápido.

Desvantagens: –

- Não oferecem estanqueidade.
- Emperram facilmente, daí haver tipos com lubrificação.

Modelos: –

- Podem ser de 2, 3 e 4 bocas.(Fig. 103)

Fig. 103

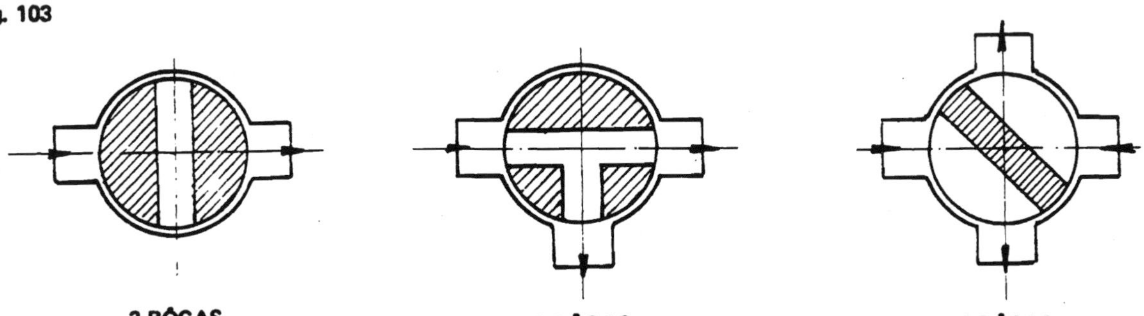

Válvula **agulha**: –

- Similar a válvula globo só que o disco é ponteagudo.
- a haste com a ponta geralmente feitas de aço em barras como se encontram no comércio.
- uso: - em linhas abaixo de 2", em instalações pilotos, equipamentos de partida e instrumentação.
  - boa para controle manual de fluxo.
  - Nem sempre o fechamento completo é possível devido as dificuldades do cone afastar-se na sede.

Válvulas automáticas de controle e regulagem

São destinadas ao contrôle de:

- níveis de líquidos
- pressão de gás
- descargas (Fig. 104).

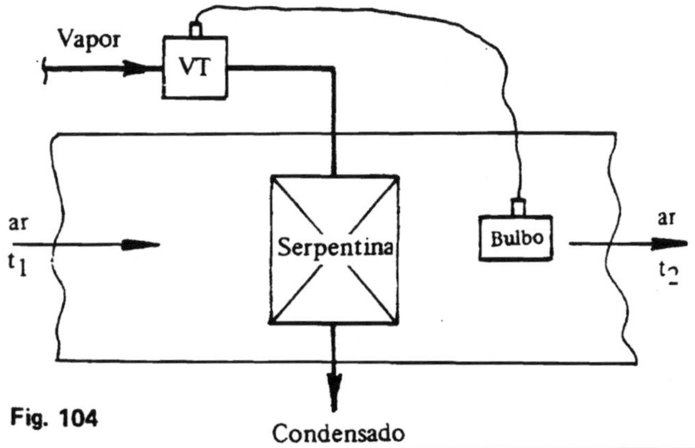

Fig. 104

O's modos de controle podem ser:

a) **termostáticos:**

A abertura da válvula é controlada pela temperatura do meio, cujo aquecimento se quer controlar.

A válvula termostática é de ação automática, de tipo globo.

O bulbo sob ação de t_2, abre ou fecha a válvula durante passagem a mais ou a menos vapor.

b) **Mecânico:**

Válvula de bóia, por exemplo:

Fig. 105

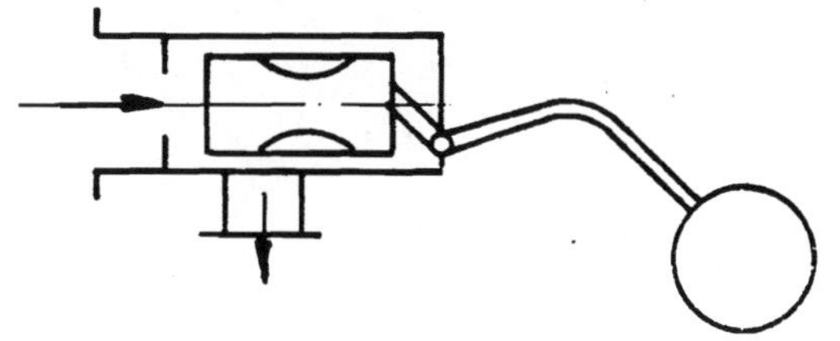

c) **Pressão:**

A abertura de válvula é regulada pela pressão e ajuste (em baixo); não para válvulas regulares ou redutoras de pressão de muito uso para vapor, para líquidos e para ar comprimido ou outros gases.

Fig. 106

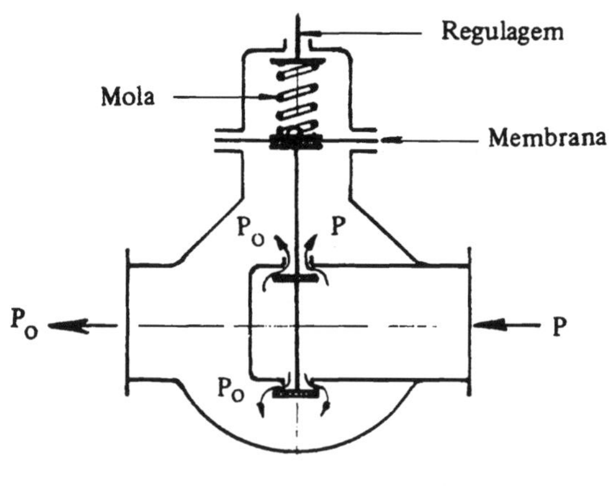

DIRETA

Fig. 107

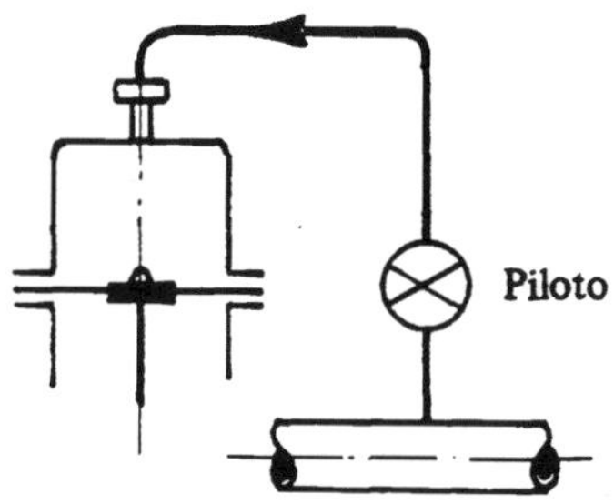

INDIRETA

Descrição:

O tipo Mola é mais esmerada para maior rendimento na sua finalidade, ou seja, o controle mais sensível do fluído.

A pressão do ar atua no diafragma proporcionando o movimento de ascenção da haste, abrindo ou fechando o orifício da passagem do fluído.

A pressão de ar é controlada por um instrumento primário de medição.

A contra-sede (o disco) tem um formato paraböico ou em "V" para dar as características de regulagem desejada. A contra-sede dupla proporciona um controle mais sensível e requer uma pequena força para movimentar a haste.

Uso: Em controles de fluxo e pressão nas instalações de processos.

Limites: Só são usadas em instalações grandes onde o seu alto custo se torna perfeitamente admissível.

- As válvulas reguladoras de pressão podem ser: de ação direta, Fig. 106 com piloto (indireta), Fig. 107.
- E também de assento simples e duplo.
  As válvulas reguladoras de pressão são selecionadas baseando-se em:
- natureza do fluído
- sensibilidade necessária P/P_O
- descarga necessária.

No duplo assento há equilíbrio de pressões, pois as pressões atuam em sentidos contrários nos discos. O esforço para operação da válvula é, pois, pequeno.

Como se apresenta comumente: — Fig. 108.

Fig. 108

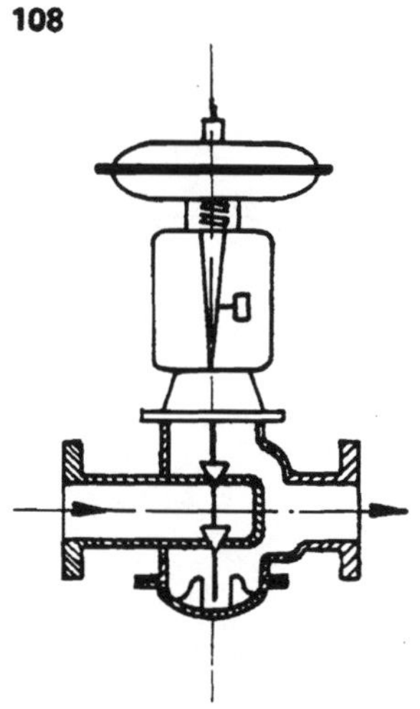

Válvula de contrôle manual: Tipo

Usadas em instalações piloto e outras onde o contrôle automático não se justifica.

É uma válvula reguladora de furo simples com micrômetro na haste regulando até 1/100 de volta.

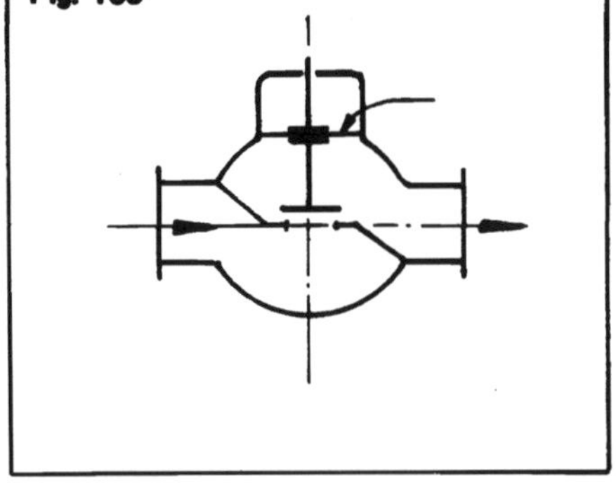

Válvula sem gaxeta Fig. 109

Quando há necessidade de se usar uma válvula que não vasa pela gaxeta usamos as válvulas sem gaxeta por exemplo: quando o fluído é caro e perigoso.
Nelas a haste não chega até o disco de vedação, apenas aciona uma membrana que faz abaixar o disco.
Usadas para serviços em que a temperatura não ultrapassa a 400° F.

Válvulas de segurança: (abrem quando a força na contra-sede excede a força de mola ou peso).
Protege uma máquina contra pressão excessiva.
São obrigatórias nas caldeiras e nos vasos contendo fluídos em pressão.

São de dois tipos:

de contrapeso (o disco é mantido contra o assento por um contrapeso no extremo de um braço). Fig. 110.

de mola (o disco é mantido contra o assento por uma mola). Fig. 111.

O tipo do miolo é semelhante a "globo angular".
O emprego das válvulas são regulados por códigos.
Não é boa para fluídos altamente corrosivos.
Requer inspeção periódica para resguardar a sua eficiência.

Válvulas de alívio:
São do tipo das válvulas de segurança, porém de contrução mais simples.
Também são usadas contra pressões excessivas mas de menor responsabilidade como linhas de ar comprimido, de água, de vapor, aquecedores, etc.
By - pass (desvio).
O by-pass permite igualar as pressões antes e depois da válvula para facilitar a sua abertura.
Usado em válvulas grandes.

Também é usado em válvulas de retenção nas descargas de bombas para escorvamento com o líquido a montante (depois).

Fig. 110

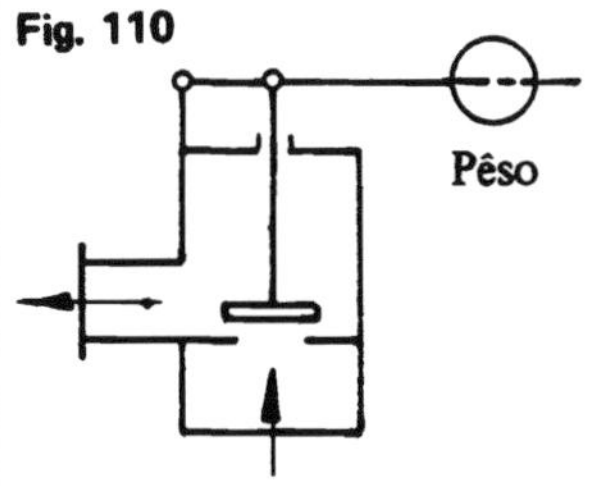

CONTRAPESO

Fig. 111

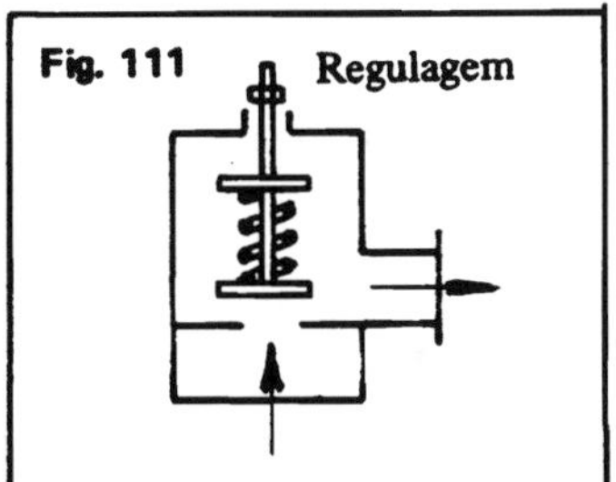

MOLA

Disco de ruptura: Consta de um diafragma de metal fino para romper-se a pressões pré-determinadas.
Usado para proteger equipamentos contra pressões excessivas quando a manutenção é difícil e o excesso de pressões ocorrem raramente.
Desvantagens: O disco deve ser reposto a cada excesso.

Para seleção de uma válvula necessitam:

- natureza e condições do fluído (p, t.)
- uso frequente ou não
- segurança
- perda de carga admissível
- função da válvula
- ligação
- localização
- exigências de vedação
- modo de operação.

Não se deve selecionar uma válvula maior que o necessário para regulagem pois, ela ficaria sempre parcialmente fechada sujeita a grande desgaste.

Filtros: São peças destinadas a reter detritos.
São usados antes de aparelhos de medidas, de válvula de regulagem, de instrumentos, etc. onde hajam orifícios pequenos facilmente obstruíveis.
Os filtros podem ser: Temporários e Permanentes

Temporários: São filtros cuja finalidade é trabalhar na linha, na operação de teste de unidade, para reter

resíduos de solda ou qualquer sujeira existente na tubulação.
Como principal tipo temos o de chapa perfurada.
— São usados principalmente nas sucções das bombas centrífugas.
— São colocados com juntas nos dois lados.
— O material usado para o filtro é o aço carbono.
A área furada não deve ser menor do que 60% de chapa.
São fabricados para flanges FF., RF. e RTJ.

Fig. 112

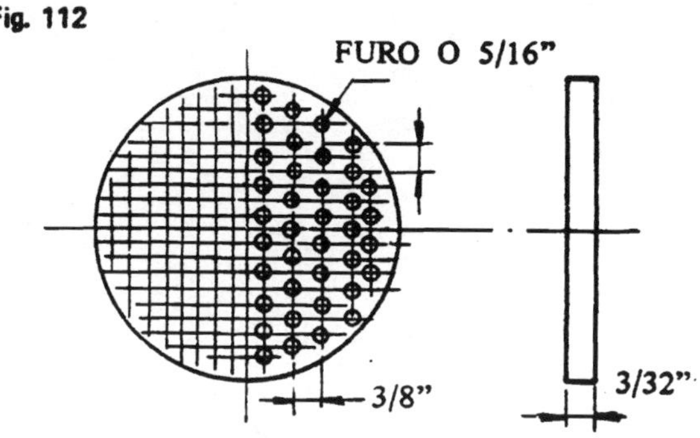

Permanentes: São filtros especificados para trabalharem nas linhas continuamente, fazendo parte delas.
— Possue uma costa de tela no seu interior.
— O seu corpo é feito de forma a poder retirar a cesta, para limpeza, por uma tampa.
— O corpo pode ser de ferro fundido ou de aço carbono.
— No corpo encontramos: uma conexão de entrada, uma de saída, uma para drenagem e uma tampa para retirar a cesta.
— Podem ser encontrados em vários modelos.
Os mais conhecidos são:

Tipo "Y" (pequeno) — (Fig. 112)
Geralmente usados em linhas de pequeno diâmetro (até 2"), com conexões rosqueadas e soquetes soldados.

Tipo Vertical (grande)
Geralmente usados em linhas de grande diâmetro (3" em diante) com conexões flangeadas.

Tipo fabricado no campo (Fig. 113)
— O corpo é a própria tubulação.
— A cesta possue uma aba que ficará intercalada entre dois flanges com juntas nos dois lados.
— O sentido da cesta, será o sentido do fluxo.
— O arame da tela, a malha e as dimensões da cesta serão determinados por tabelas e variação segundo o diâmetro nominal do tubo.

Fig. 113

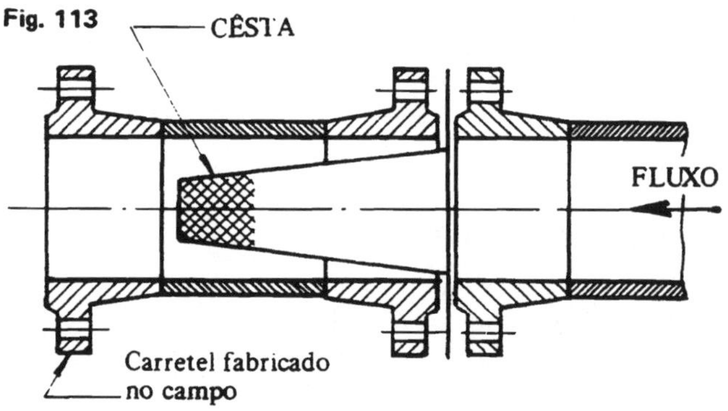

Figura em Forma de 8

Peça que serve para interromper o funcionamento de um trecho de uma linha por um tempo relativamente longo. Esta peça e mais econômica do que uma válvula e não possibilita o restabelecimento do fluxo na linha por uma pessoa, inadvertidamente.
— Consta de uma chapa de aço carbono, em forma de "8" com um lado cheio e outro vazado. (Fig. 114).
— No centro da peça existe um furo que serve de centro de giro para mudar a posição da peça nos flanges.
— Num dos flanges serão feitos dois furos rosqueados sobre uma das linhas de centro, no círculo dos parafusos. Nessas roscas trabalharão dois parafusos de pressão que devem afastar os flanges no momento de girar a peça indicada (1) na (Fig. 115).

Fig. 114

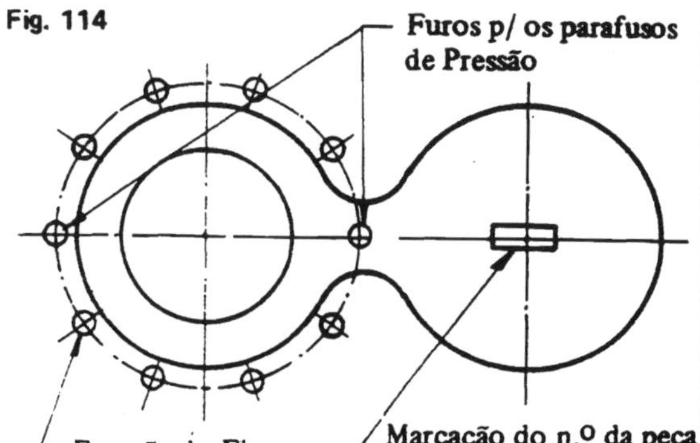

Raquete: (Fig. 117) Peça com a mesma finalidade da Fig.114 mas possuindo unicamente o lado cheio.
A colocação na linha é feita da mesma maneira da Figura 115.
— Em geral é fixado no flange por uma corrente.

Fig. 115

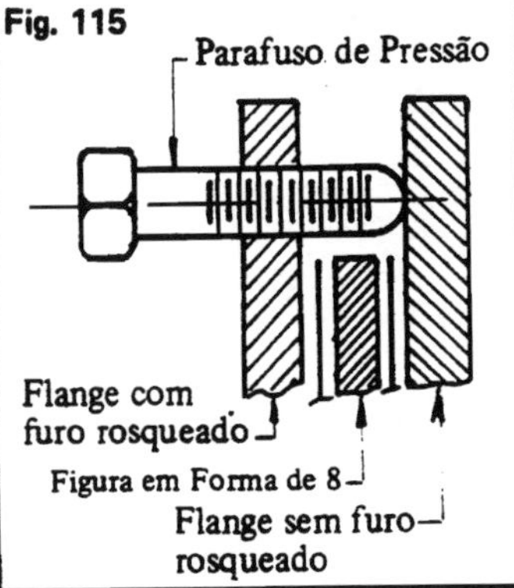

Fig. 116

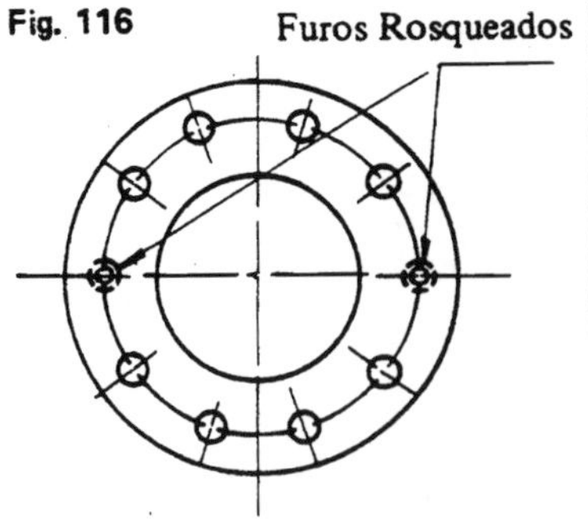

DISCO DE RUPTURA

Fig. 117

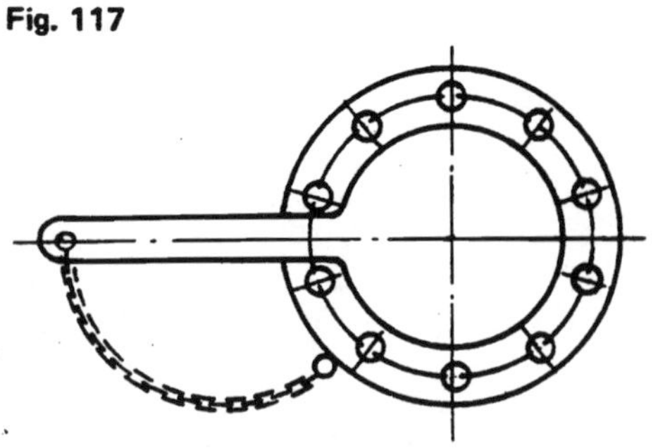

RAQUETE PARA BLOQUEIO DE FLUXO

Anel espaçador:
– Peça usada para propiciar uma possibilidade de conexão do dreno ou instrumento em locais acanhados.

Fig. 118

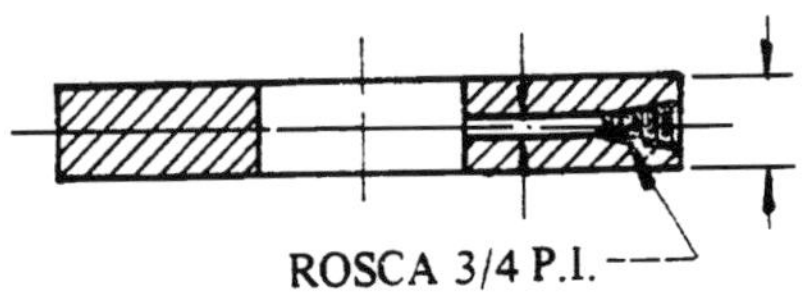

ANEL ESPAÇADOR

Fig. 119

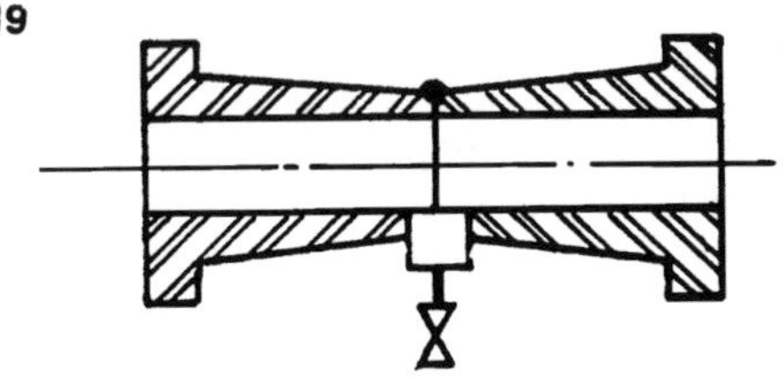

– Feita de chapa de aço carbono para se alojar entre dois flanges com juntas em ambos os lados, tendo em sua periferia um furo radial com rosca para tubo, comunicando-se com o interior do tubo. (Fig. 118)

– Usados para tubos até 6" - diâmetro nominal.

– Para 8" e acima usar dois flanges, soldados pelo pescoço, tendo uma luva de 3/4" no meio da peça.

Visores
– São peças destinadas a mostrar, numa análise visual, se há ou não fluxo na tubulação.
– Possuem um mostrador de vidro e no seu interior um labirinto destinado a dar turbulência no fluxo, tornando-se visível para o observador.

Separadores
O separador tem por fim separar partículas líquidas de gás em circulação na tubulação.

Nas linhas de vapor d'água - separadores de água e óleo.
Nas linhas de ar comprimido - separadores de água, separadores de óleo.
Nas linhas de vapor frigorífico -separadores de óleo, separadores de líquido.

Vamos estudar somente os separadores para vapor.

– A água presente no vapor tem que ser retirada, antes do vapor atingir os aparelhos nos quais é usado, porque:

a) o vapor condensado não tem ação motora e nem ação aquecedora eficiente.
b) evitar a entrada de condensado nos motores, a vapor, de êmbolo.
c) o vapor úmido difilculta a lubrificação dos motores de êmbolo.
d) proteger as válvulas e pás e os locais das turbinas contra a ação sucessiva do vapor úmido.

Qualidades de um separador
a) eficiência na separação das partículas líquidas.
b) oferecer pequena perda de carga na linha.
c) no caso de máquina a vapor, o separador deve ser igual a 4 vezes o volume do cilindro da máquina.
d) simplicidade, durabilidade, segurança.

Tipos: –
Baseiam-se nos fenômenos físicos que intervém na operação de um separador de vapor que são: expansão, inércia, elasticidade e capilaridade. (Figs 120, 121, 122,123).

Fig. 120

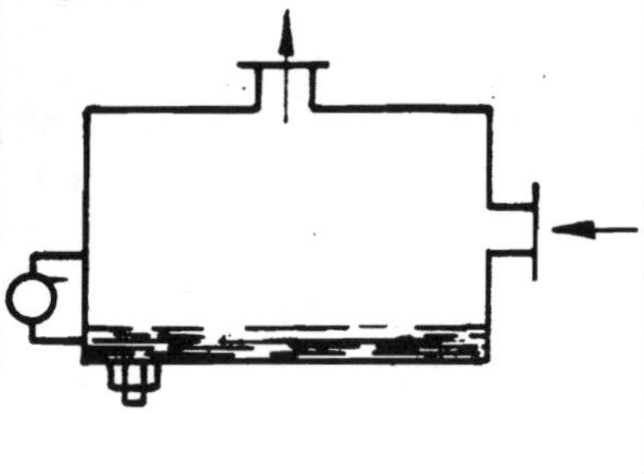

EXPANSÃO

Fig. 121

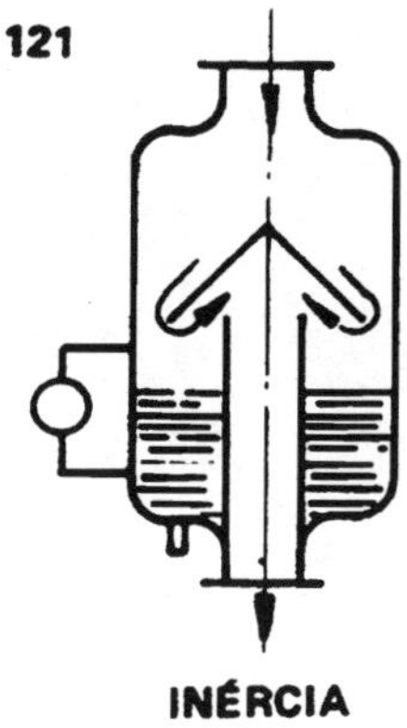

INÉRCIA

Fig. 122

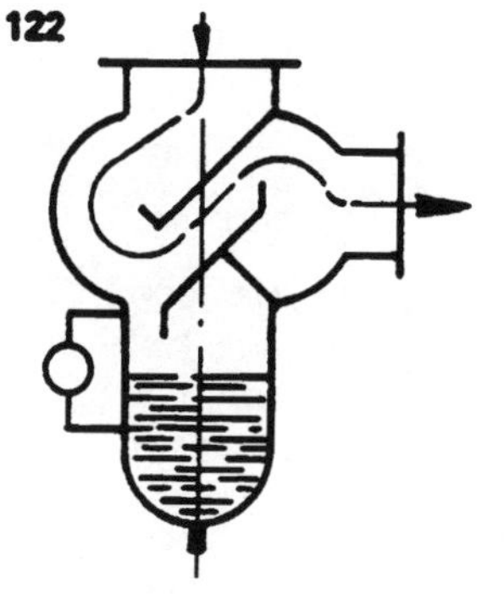

ELASTICIDADE

Fig. 123

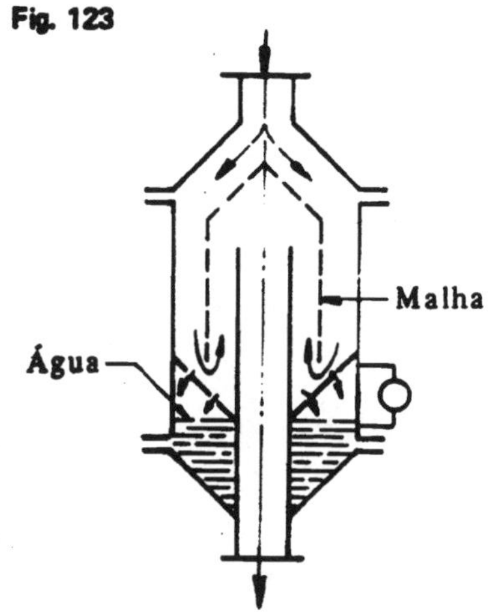

CAPILARIDADE

Expansão: O vapor ao entrar no separador se expande, devido ao aumento de volume, a sua densidade cai, diminuindo assim a tendência de carregar partículas de água. Assim as partículas se depositam.

Inércia: O separador mede a direção do fluxo de vapor, assim as partículas de água tendem a manter-se em linha reta chocando-se com parede do separador. Daí agrupam-se formando filetes de líquido para o fundo.

Elasticidade: Ao chocar-se o vapor numa placa, o vapor reflete mas a água, devido a sua pequena elasticidade, adere à placa. Daí agrupam-se e em filetes escorrem para o fundo.

Capilaridade: O vapor ao passar por uma peneira faz com que as partículas de água, devido a sua capilaridade, se aglomerem e formem filetes líquidos.

– Os separadores devem ser isolados termicamente pois isso melhora a sua eficiência.

– Os separadores devem ser colocados o mais próximo possível dos aparelhos que vão receber o vapor.

Acessórios de um separador

– Os separadores devem ter visor de nível de água; isolamento externo e conexão para retirada de água líquida

– Essa retirada pode ser manual por meio de uma válvula, ou automática por meio de um purgador.

Purgador

É um dispositivo que deixa passar a água líquida mas não deixa passar o vapor.
O seu funcionamento é automático.

Os purgadores servem para: –
– purgar a água das linhas de vapor, dos separadores de água e dos aparelhos que usam vapor.

Um bom purgador para vapor deve também permitir a saída dos gases, incondensáveis.

Tipos: –
Os purgadores mais usados são: Mecânicos e Termodinâmicos.

Mecânicos:
Purgador de bóia
Conta de uma haste presa a uma bóia, que por sua vez comanda uma válvula na descarga do purgador.

A válvula é aberta quando houver água suficiente para fazer a bóia flutuar.

A bóia tem que ter força de flutuação suficiente para vencer a pressão de vapor condensado que entra no purgador.

Quanto maior a força do vapor ou quanto maior o furo de descarga, maior deverá ser o volume da bóia.

Este tipo não deixa passar os gases incondensáveis nem o ar do sistema, por causa do selo de líquido que fica , no fundo do purgador.

Purgador de panela aberta: Consta de uma panela com a boca aberta para cima. Esta panela comanda uma válvula.
O funcionamento baseia-se na flutuação da panela que, enquanto flutua, mantém-se a válvula fechada. (Fig. 124)
Quando o líquido transbordar para dentro da panela esta perde sua flutuação e desce devido o seu peso próprio.
Nesse momento a válvula se abre e a pressão do vapor condensado abriga uma quantidade de água, da panela, a sair.
Assim, a panela volta a ter flutuação e fechar a válvula.
A descarga da panela não é total. Sempre fica uma pequena quantidade do líquido, para selar a saída, impedindo que o vapor saia também.
Dessa forma esse purgador também não serve para purgar gases incondensáveis ou ar.

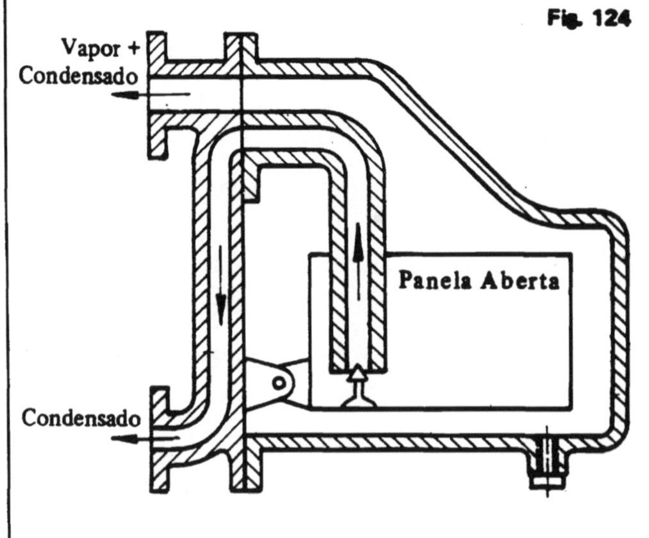

Fig. 124

Purgador de panela aberta invertida
Funcionamento: O condensado ao entrar na panela acumula-se no fundo fazendo-a flutuar e fechar a válvula de descarga.
Em cima da panela tem um orifício que deixa escapar o vapor condensado.

Se a quantidade de condensado que entra no purgador é moderada, o orifício é insuficiente para igualar as pressões entre a parte interna e externa da panela. Assim, o nível da água sobe, mais rapidamente, por fora da panela, fazendo-a flutuar e manter a válvula fechada.

Quando a parte externa da panela está cheia o condensado na parte interna vai escapando pelo orifício, fazendo com que a panela perca flutuação e afunde, abrindo a válvula.

A pressão do vapor força a saída do líquido até que se estabeleça novamente a flutuação da panela, fechando a válvula.

Este purgador permite a descarga de ar não de modo satisfatório.

A descarga é intermitente.

No início da operação o purgador deve ser enchido com água.

É um tipo muito usado pelas boas qualidades que possue.

Purgador Termodinâmico
Operação: —

a) chegando condensado o ar no purgador; a pressão levanta o disco e tem-se a descarga do condensado e ar na temperatura do vapor.

b) chegando vapor no purgador, o jato em alta velocidade, na face inferior do disco, cria uma área de baixa pressão. O jato é defletido na câmara, onde cria uma pressão devido a recompressão que age na parte superior do disco.

c) a pressão na câmara sobre toda a área do disco, excede à força do vapor que chega à força da zona de baixa pressão, forçando o disco para baixo e fechando o orifício.

Quando a condensação diminui a pressão do vapor na câmara, o disco sobe, e se repete o processo a ou b.

Vantagens: —

— baixa manutenção;
— grande gama de pressões para um purgador;
— serve para cargas variáveis;
— não é necessário escovar o purgador com água;
— estanque ao vapor;
— descarrega o condensado na temperatura do vapor;
— descarrega o ar.

Instalação: — Para instalação dos purgadores devemos ter em mente o seguinte:
1) Colocar, sempre que possível, o purgador abaixo do aparelho, para melhor escoamento

Fig. 125

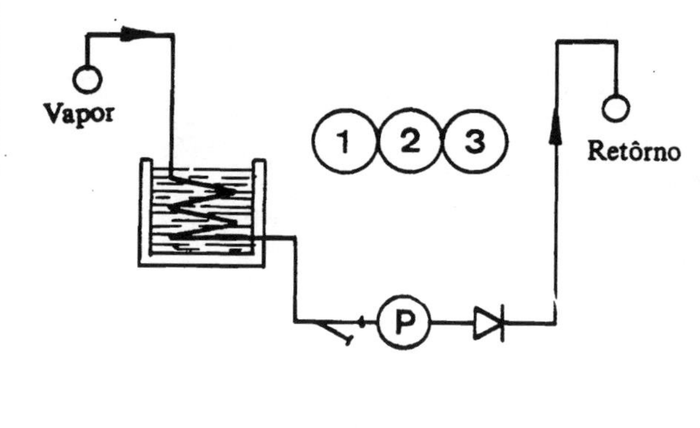

Fig. 126

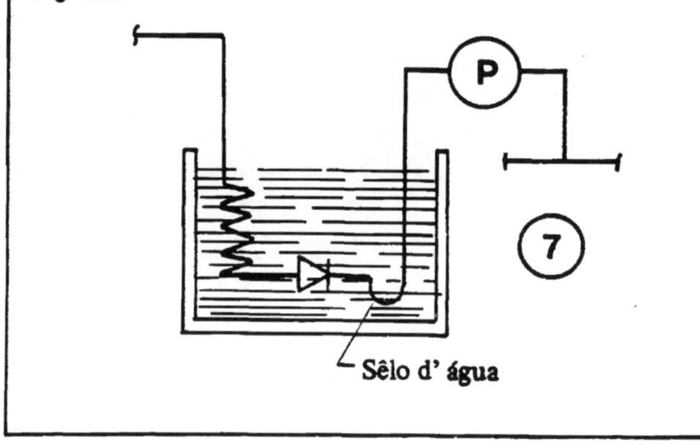

Fig. 127

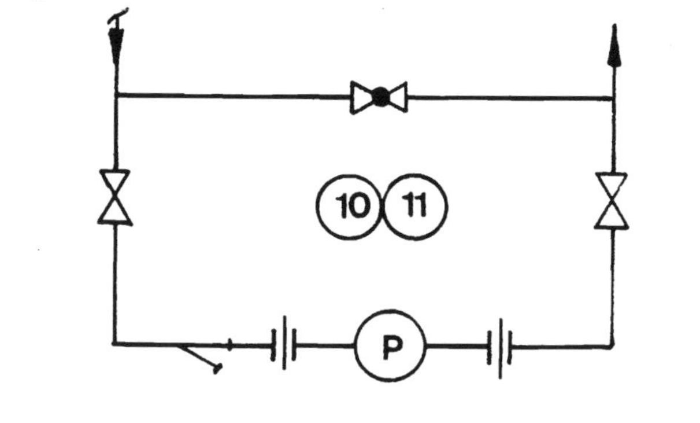

Fig. 128

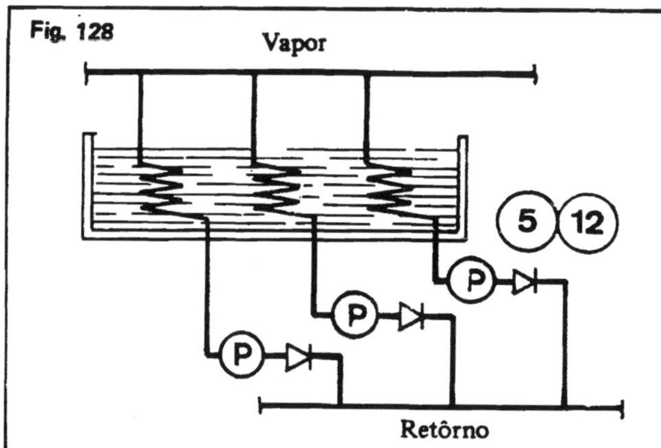

do condensado.

2) Usar um filtro antes do purgador. Excelente meio para tirar a sujeira da tubulação.

3) Colocar válvula de retenção após o purgador, quando a tubulação tem que subir para linhas de retorno. A válvula deve ficar no trecho horizontal.

4) Colocar o purgador num lugar acessível para manutenção e inspeção.

5) Quando o equipamento tem várias serpentinas, usar um purgador para cada serpentina.

6) Os purgadores devem ficar o mais próximo possível dos equipamentos com que trabalham.

7) Usar um selo d'água quando o condensado tem que subir para o purgador, e usar uma válvula de retenção antes do selo.

8) As linhas horizontais que vão para os purgadores devem sempre ter caimento no sentido do purgador.

9) Nas pontas baixas das linhas de distribuição do vapor usar purgadores.

10) A instalação deve prever facilidades de remoção do purgador para reparos.

11) Quando a instalação for fechada (linha de retorno) e houver necessidade de não interromper o fluxo, usar uma derivação (by pass) para remoção do purgador.

12) Quando houver vários purgadores descarregados numa mesma linha de retorno, usar válvula de retenção, na saída de cada purgador.

A escolha do purgador é feita levando em conta um fator de segurança. Assim, a descarga de água torna-se menos intensa, possibilitando a saída do ar acumulado no purgador.

LEGENDA

- (P) Purgador
- Válvula de Retenção
- Filtro
- Válvula de Bloqueio
- União
- Serpentina

Isolamento (Fig. 129)– Tem por fim:

Quando o fluído é mais quente, que o meio.

- reduzir as perdas de calor
- reduzir a condensação de vapor na tubulação
- reduzir o calor das superfícies dos tubos para evitar acidentes ; explosão, queimaduras, etc.
- aumentar a inércia térmica
- aumento da capacidade térmica da instalação

Quando o fluído é mais frio, que o meio. { — reduzir perdas de frio
— aumentar a inércia térmica
— evitar a condensação do vapor de água do ar sobre o tubo
— aumento da capacidade térmica da instalação }

Espessura
O critério para determinação da espessura do isolamento é puramente econômico.

Fig. 129

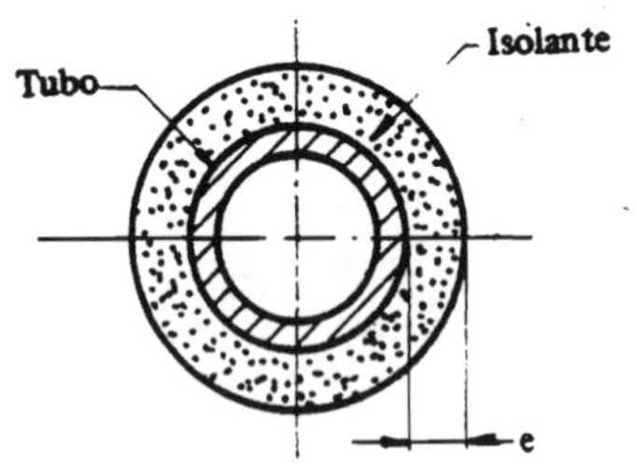

— quanto maior a espessura do isolante, melhor o isolamento do tubo, mas de custo mais elevado.

A espessura econômica é aquela em que o custo do calor perdido somado ao custo do isolante seja mínimo.

Material

A escolha depende de { — preço
— facilidade de instalação
— condutividade térmica
— propriedades mecânicas
— resistências às temperaturas }

I — Os mais usados para calor são:

Asbesto
Amianto
Magnésio 85%
Lãs minerais (de rocha)

Isolamento interno e externo Fig. 130
Para baratear e aumentar o poder isolante, quando o tubo a ser isolado tem temperatura muito alta, aplica-se uma camada de isolante para alta temperatura diretamente sobre o tubo, a seguir uma de baixa temperatura.
O uso de duas camadas ajuda a reduzir a força do calor pelas juntas, das calhas, fazendo-as desencontradas.

II — Os mais usados para frio são:

Cortiça
Lãs minerais
Borracha esponjosa
Plástico esponjoso
Papelão asfaltado
Fibras de madeira
Feltro de lã ou de cabelo

Fig. 130

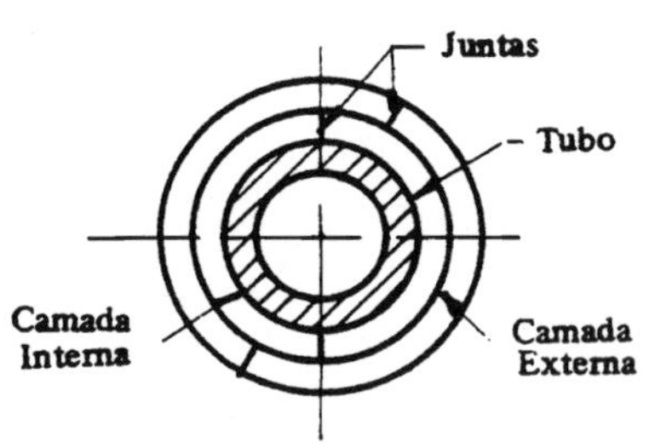

Para o frio, o fator de extrema importância é a impermeabilização da superfície externa do isolante.
Isso impede que a umidade do ar ou a água atinjam a superfície fria do tubo podendo se congelar. O gêlo, crescendo, destrói o isolante.

Aplicação do isolante
O isolante pode ser aplicado em calhas (pré-moldados) ou como reboco.
As calhas (duas meias canas) são colocadas no tubo e amarradas com arame galvanizados.
No caso do reboco a massa deve ser aplicada com a tubulação quente para secar a massa.
O acabamento externo sobre o isolamento dependerá do local onde se achar o tubo. Se dentro de um recinto ou ao tempo.
No caso de se encontrar ao tempo, tem-se que proteger o isolante contra a água.

Para isso usa-se { chapas de aço galvanizada.
chapas de alumínio.
pano forte impermeabilizado. }

No caso de correr dentro de recintos, o acabamento pode ser simplesmente com um pano adequado de algodão ou lona.

Isolar, também os flanges, válvulas e outros acessórios.

Este isolamento é trabalhoso.

Deve-se ter cuidado de prever a desmontagem desses elementos.

Nota: Há casos em que se necessita de um tubo com revestimento refratário interno para isolar o tubo do fluído.

Suportes:

— São fixações para as linhas, numa instalação industrial.

— Os principais fatores que nos levam a selecionar o tipo de suporte a ser empregado numa linha, são:

a — Flexibilidade (permitir movimento provocado pela expansão térmica).
b — Pêso próprio da linha (tubo, acessórios, fluído e isolamento).
c — Vento (deve ser considerado).
d — Choques eventuais (descuido de operário em circulação).
e — Caimento das linhas (condensado por exemplo).
f — Esforços sobre os equipamentos (evitá-los para não danificar bocais).
g — Isolamento.

— Existe uma variedade grande de tipos de suportes.

— Além dos existentes ainda podemos criar alguns, de acordo com fatores especiais que devemos levar em conta.

— Devemos ainda considerar a vizinhança de elementos estruturais do prédio (vigas, paredes, forro, etc.) para fixação dos suportes.

— Os suportes devem permitir a ajustagem para não introduzir esforços inadequados às linhas.

— Para a facilidade de colocação dos suportes podem ser soldados elementos diretamente ao tubo, se os códigos permitirem.

— Os suportes podem ser empregados em linhas horizontais e verticais.

— Para melhor estudarmos os tipos, vamos dividí-los quanto à função, assim:

Suportes para tubos horizontais e verticais:

Tipos de Suportes
- individuais
  - Sapatas / Guias
    - fixos
    - de deslisamento
  - Ancoragem / Pendurais
    - rígidos
    - flexíveis (mala)
- em grupos
  - Simples metálicos
  - Simples de concreto (dormentes)
  - Intermediários
  - De pórtico (bancada elevada)

Individuais: —

1) **Sapatas Fixas**

— São Suportes para tubos quentes que levam isolamento. São fixados ao tubo.

— Para tubos leves, resume-se num pedaço de perfil "T" com altura de 4" entre a geratriz. inferior do tubo (B. O. P.) e o apoio.

— Para tubos pesados, a sapata e mais robusta como mostra Detalhe Capítulo XII.

2) **Sapatas de deslizamento** (fixadas no apoio)

— Berço para tubos pesados.

— Suportes de rôlos Detalhe Capítulo XII

3) **Guias**

— São Suportes que só permitem ao tubo o movimento longitudinal. São guias lateriais.

Tipos para os Tubos
- Isolados
- Não isolados Detalhe Capítulo XII.

Guias para Tubos Verticais — Iguais aos anteriores.

Podemos encontrar casos especiais (Capítulo VII) onde o tubo é guiado em tôdas as direções.

4) **Ancoragem**

— São tipos de Suportes que tem a finalidade de fixarem os tubos aos suportes **de grupos**, não permitindo que eles se movimentem em qualquer sentido.

— Servem também para dirigirem a dilatação, aos tubos quentes, para as curvas de expansão.

Ancoragem { **Tubos não isolados** — iguais as guias, mas soldadas no tubo.
Tubos isolados — peça de cantoneira fixada no tubo e montada a distância de 4" do (B.O.H.)

Casos especiais — **Pedestais:** colunas que suportam os tubos verticais, atuando diretamente, no joelho.

4) Pendurais

— São Suportes semelhantes a tirantes, que penduram as linhas.

Tipos — **Rígidos:** São suportes em geral de vergalhão de aço, entre dois olhais, um no tubo e outro na peça que servirá de apoio

No meio do pendural há uma luva (esticador) com rosca à direita e à esquerda para ajustar o comprimento do vergalhão.

Casos especiais — São peças (drelhas) soldadas nos tubos e braços moldados nas estruturas unidas com parafusos.

Flexíveis — São suportes que além de suportarem os tubos deverão acompanhar os seus movimentos provocados por esforços extras. (Ver Capítulo XII).

— Em geral são empregadas molas aspirais nos suportes.

— Existem molas que são aplicadas entre o tubo e o apoio.

— Temos também o suporte do tipo pendural de molas de tensão variável.
Esta peça pode ser empregada em todos os tipos de pendurais, horizontais e verticais.

— Temos também o suporte pendural de molas de tensão constante.
É chamado assim devido ao conjunto de alavancas que permite o equilíbrio de momentos formados pela força da mola e pelo esforço do tubo no suporte.

— Como caso especial temos o suporte de contra-peso (Ver Capítulo XII).

Tipos — **Em grupos**

São suportes que servem para vários tubos, de qualquer diâmetro, ao mesmo tempo.

1) Simples metálicos

— São suportes que utilizam uma viga horizontal e um vergalhão de aço.

— O vergalhão é utilizado para diminuir a superfície de contato com o tubo.

— Podem ser elevados com postes de concreto ou metálicos.

2) Simples de concreto

Também chamados de dormentes. São blocos de concreto apoiados no solo tendo no topo um perfil de aço carbono chumbado onde se apoiarão os tubos.

— Usados como bancada de tubos nas áreas de tanques de armazenamento.

3) Intermediários

— Para tubos finos.

— São suportes entre dois tubos de grande diâmetro para suportar linhas finas.

4) De Pórtico

Suporte elevado que tem a finalidade de suportar tóda tubulação que intercomunica os equipamentos na área de processamentos.

— É a melhor solução, pois agrupa o maior número de tubos possíveis, mantendo a mesma elevação.

— É a melhor solução, porque permite fácil acesso aos equipamentos, para operação de válvulas de controle de instrumentos.

— Tornam-se mais econômicos pela facilidade que apresentam em se poder modular as peças usadas na sua montagem.

— Os quadros podem ter uma, duas ou mais elvações dependendo da necessidade.

— É preferível usar o menor número possível de elevações para facilitar a montagem da tubulação e sua manutenção.

— O pórtico permite fazer arranjos de suportes para grupos de linhas em qualquer direção.

— O espaçamento entre os quadros são dados em tabela. Comumente usa-se 20" (6 metros) como módulo.

— Podem ser em metal e concreto.

— Sua elevação depende do lugar onde for montado.

Se em área de circulação de pessoas	— 9' — 0" (2,70 m).
Se sobre área de tráfego de válvulas	— 15' — 0" (4,50 m).
Se sobre estradas de ferro e rodagem	— 22' — 0" (6,70 m).

DISPOSIÇÃO DA TUBULAÇÃO

1.0 Escopo

1.1. Este esquema Hércules mostra os princípios gerais a serem seguidos no desenho de layout de tubulação industrial.

2.0 Geral

2.1. A tubulação deve estar agrupada sempre que possível. A tubulação agrupada deve estar em elevações específicas estabelecidas para toda a tubulação em qualquer direção, e em outras elevações específicas para toda tubulação em ângulos retos para prover intersecções de linha ramificada e o cruzamento de linhas. Entretanto, algumas excessões são permitidas para evitar bolsas desnecessárias e trocas na elevação.

2.2. Os conjuntos de tubos paralelos devem estar espaçados com a distância de linha de centro à linha de centro, igual à soma da metade do flange de uma linha com a metade do flange da linha adjacente mais uma polegada.

2.2.1 Os flanges de tubos adjacentes devem ser alternados.

2.3. Em linhas com orifícios deve ser providenciado espaçamento suficiente para a instalação da tubulação de orifício e alojamentos de instrumentos.

2.4. Deve-se evitar bolsas e extremidades fixas em tubulação que conduzam soda cáustica, ácido ou material que pode se congelar ou resfriar, ou que contenham sólidos que possam provocar entupimento, ou tubulação na qual possa se formar condensado corrosivo. A tubulação deve estar prevista com inclinação para drenagem.

2.5. Linhas que correm através de paredes de edifícios, chão ou telhado deverão correr através de luvas colocadas nas paredes, chão ou telhados; luvas que sejam grandes e suficientes para os flanges passarem. Deverá ser colocado um revestimento para toda abertura externa.

2.6. Em serviços que requerem que a viscosidade do fluído seja mantida, ou que requerem proteção contra o resfriamento, a tubulação deve ser aquecida por meios adequados.

2.7. Linhas de tubulação que conduzem materiais de alto ponto de fusão devem ser de construção flangeada para permitir a desmontagem. A tubulação que requer limpeza mecânica na remoção de sólidos deve, nas voltas, usar montagem flangeada ou curvas de raio adequado para as ferramentas de limpeza. O lugar do tubo entre os pontos de limpeza deve se limitar ao que se segue:

Limpeza de uma extremidade: 50 pés (15 metros)
Limpeza de ambas extremidades: 95 pés (29 metros)

2.8. As linhas de vapor (de descarga) exausto devem ter cabeçotes de exaustão para descarga à atmosfera.

3.0 Elevação das Linhas

3.1. Toda a tubulação deve ser elevada de modo a ter o mínimo do espaçamento, como especificado no Standard Hércules 6 DE - 6W1, exceto no que segue:

3.1.1 Esgotos, suprimentos de água e retorno principal devem geralmente ser localizados abaixo do piso.

3.1.2 Aspiração do compressor e tubulação de descarga, e bombas e condutores auxiliares tais como óleo gland e água resfriadora devem, de preferência, ser localizadas abaixo da bomba ou chão da casa do compressor.

3.1.3 Tubulação como linhas de sucção à bomba, linhas de condensação de vapor e linhas de dreno poderão ser localizadas abaixo da sala principal (exceto sobre passarelas e áreas de trabalho) ou abaixo do piso, quando for impossível serem elevadas.

3.2 Ácido, cloro, cáustico e outras linhas quentes devem, geralmente, ser localizadas acima do piso.

3.3 Juntas flangeadas ou frágeis em ácido ou outras linhas químicas perigosas devem em geral, ser localizadas tão longe quanto possível dos caminhos em acesso, linhas ferroviárias, rodoviárias e passarelas

3.4. Quando a tubulação em serviços que requerem inspeção e assistência tal como ácido, cáustico, fenol, e linhas providas de aquecimento protetor - for localizada abaixo do piso, deverá ser em canaletas. Outra tubulação deve ser enterrada, e quando necessário deverão ser providenciadas canaletas para as linhas quentes.

3.5. As linhas de água deverão ser arranjadas de modo que possam ser isoladas por válvulas shut-off em ramificações, ao invés de serem isoladas por válvulas nas canalizações mestras.

3.6. Linhas de água underground não podem estar localizadas abaixo de algum alicerce, estrutura ou equipamento.

3.7. Esgotos underground devem ser localizados com mais de 12 polegadas de cobertura.

3.6. Linhas de água underground devem ser localizadas abaixo da linha de congelamento, ou com mais de 12 polegadas de cobertura, seja o que quer que guie.

3.9. As linhas underground devem ter cobertura ou proteção em cruzamento de estradas para evitar danos de cargas de tráfego.

4.0 Locação das Válvulas

4.1. Todos os componentes de tubulação que requerem frequentemente a atenção do pessoal de operação devem ser prontamente acessíveis pela plataforma ou base de operação. Equipamentos como válvulas de controle automático devem, de preferência, ser agrupados nos principais níveis de operação. Equipamentos como válvulas operadas a motor e válvulas de alívio devem ser acessíveis pelas plataformas ou pisos.

4.2. Válvulas operadas manualmente, que requerem manobras durante a operação ou uma emergência devem ser colocadas de maneira que os volantes manuais fiquem próximos de uma plataforma ou piso. Se for necessário colocar a base do volante manual mais alto que 6 pés e 9 polegadas acima da plataforma ou piso, ou se o volante da válvula for de qualquer forma inacessível, deve-se providenciar correntes de operação ou extensores. As correntes de operação não devem ser usadas em válvulas rosqueadas. As válvulas com correntes de operação devem ser localizadas ou ter extensores de modo que as correntes não atrapalhem as passarelas. As correntes devem ser de 3 pés acima do nível de operação.

4.3. Válvulas de descarga instaladas em equipamentos de alta pressão, devem estar arranjadas para operação em local longe e conveniente em caso de emergência.

4.4. As correntes para operação em construções onde se processam solventes inflamáveis e gases devem ser feitas de metal que não produza faíscas.

4.5. Todas as válvulas colocadas underground ou em canaletas devem ser acessíveis para operação. Válvulas com coluna indicadora atendem a este requisito.

5.0 Tubulação de Válvulas de Controle

5.1. A tubulação de válvulas de controle automático deve, de preferência, ser de acordo com:

5.1.1 As válvulas de controle devem ser, geralmente, instaladas com a haste vertical.

5.1.2 By-passes, devem ser localizadas acima ou na elevação da válvula de controle.

5.1.3 Em serviços que tem vaporização, as válvulas de controle, devem ser instaladas perto da extremidade de jusante de tubulação.

5.1.4 Válvulas de controle automático, devem ser instaladas com espaçamento suficiente abaixo da válvula, para remover o plug, e acima da válvula para permitir a remoção do operador de diafragma.

6.0 Tubulação da Bomba

6.1. Deve-se providenciar meios na tubulação de conexões com bombas ou turbinas que permitam a remoção da bomba ou turbina sem se desmontar as válvulas de bloqueio. Para isso uma válvula check flangeada, ou ajustada contra a turbina deve ser satisfatoriamente considerada.

6.2. As linhas de sucção da bomba devem ser tão diretas quanto possível e devem drenar em direção à bomba onde quer que seja possível. Não se deve permitir bolsas nas quais se possa coletar vapor ou gás.

6.3. Válvulas de descarga da bomba devem ser um diâmetro maior que o bocal da bomba, exceto onde o bocal da bomba fôr o mesmo diâmetro da linha.

6.4. Quando necessário deve haver peças de carretel na tubulação das bombas e turbinas para facilitar a remoção do impulsor da bomba ou da turbina.

6.5. As bombas devem ter traços de vapor onde as linhas de conexão tiverem traços de vapor.

7.0 Tubulação de Queimador de Combustível

7.1. A tubulação de queimador de combustível deve atender aos seguintes requisitos:

7.1.1 Conexões de tubulação para suprir cabeçotes devem, de preferência, estar no topo do tubo; entretanto são permitíveis conexões nos lados.

7.1.2 As válvulas usadas para ajustar a chama devem ser localizadas no lado das fornalhas com queimadores no fundo, próximas aos orifícios de inspeção, e perto dos queimadores das fornalhas com queimadores na parede.

7.1.3Os coletores de óleo combustível devem correr próximos à tubulação de vapor de atomização para permitir que sejam isoladas em conjunto.

7.1.4A tubulação de suprimento de óleo combustível deve estar disposta como um sistema recirculante, para circulação contínua através dos cabeçotes. (headers).

7.1.5A tubulação de suprimento de gás combustível deve estar disposta de modo a produzir distribuição equalizada de fluxo e deve estar provida de bolsas de condensado, cada qual provida de válvulas semi automáticas para drenagem à atmosfera.

8.0 Tubulação de vapor

8.1. As linhas de vapor devem ser inclinadas na direção do fluxo.

8.2. As conexões de vapor para as linhas das turbinas do distribuidor de vapor vivo deverão ser feitas no topo da tubulação; e as de vapor exausto, no topo ou no lado.

8.3. Os coletores de vapor vivo ou de descarga de turbina nos diâmetros de 3 polegadas e maiores devem estar dispostos de modo a drenar as bolsas de condensado individuais, cada qual provida de um purgador. Um coletor de 2-1/2 polegadas de diâmetro ou menor deve ser disposto de modo a drenar o condensado diretamente ao purgador.

9.0 Válvula de Alívio, Válvula de Segurança e Tubulação de Disco de Ruptura

9.1. A tubulação de válvula de segurança e de alívio deve ser de acordo com os requisitos dos códigos aplicáveis e os seguintes:

9.1.1Válvulas de Segurança e de alívio devem ser instaladas em posição vertical.

9.1.2O tipo do sistema de descarga (aberto ou fechado) deve ser especificado na especificação do serviço.

9.1.3Válvulas de alívio em serviços de material inflamável e vapores de descarga à atmosfera devem ter a extensão da tubulação de descarga maior que 10 pés acima do nível mais alto de trabalho com um raio de 40 ou 15 pés acima do telhado do edifício mais próximo, seja o que quer que comande.

9.1.4 Discos de ruptura ou válvulas de alívio que possam desprender líquidos inflamáveis devem ter a tubulação de descarga para descarga em um tanque recolhedor, ou local onde o material descarregado possa , ser lidado com segurança.

9.1.5A tubulação para válvulas de alívio que tem descarga para um sistema fechado deverá, de preferência, estar disposto de maneira a drenar em direção à extremidade de descarga do sistema. Entretanto, válvulas de alívio que desse modo seriam inacessíveis, podem ser localizadas em elevação mais baixa. O ponto baixo deve ter uma bolsa de captação e um dreno valvulado para que a inha de descarga fique livre de líquido.

9.1.6Válvulas de alívio em serviços de água devem estar em lugar conveniente a uma descarga em posição segura e em local visível de uma plataforma ou piso.

9.1.7Válvulas de segurança em serviços de vapor devem ter descarga à atmosfera.

9.1.8Tubulação de vent de válvula de alívio deve ter suportes de modo que a válvula possa ser removida sem necessidade de suportes temporários.

9.1.9A tubulação de disco de ruptura deve, em geral, estar de acordo com os parágrafos 9.1 até 9.1.7.

SUPORTES DE TUBO
VÃOS DE TUBOS PERMISSÍVEIS
TUBOS DE AÇO CARBONO
TUBOS DE LIGA DE AÇO

1. ESCOPO

1.1. Este padrão tabula o espaço máximo de Suportes para aço carbono, permite tubos de aço e dá as condições em que a tubulação pode ser usada.

2. GERAL

2.1. Os vãos mostrados nos quadros abaixo podem ser usados para todo material de tubulação com resistência à tensão equivalente ou maior que ASTM A 53 Gr. A.

2.2. Os cálculos dos vãos estão baseados em extremidades fixas, um stress de curvatura de 3300 psi para temperatura de 300.º F ou menor, e um stress de curvatura de 2.800 psi para temperatura entre 300.º F a 600.º F.

3. CONDIÇÕES ESPECIAIS

3.1. É preciso que se dê considerações especiais para os vãos de suporte das seguintes condições:

3.1.1 Quando há concentrações de carga no vão, tais como válvulas e flanges de derivação;

3.1.2 Quando o pêso do isolamento excede o do silicato de cálcio da espessura padrão;

3.1.3 Quando a espessura da parede do tubo é menor que os valores tabulados;

3.1.4 Quando a corrosão permitida é maior que os valores tabulados;

3.1.5 Quando a densidade específica do líquido é apresciavelmente maior que 1,00 (densidade específica da água)

3.1.6 Quando houver troca na direção do tubo, a distância que vai da curva ao suporte mais próximo não deve exceder a 1/4 do vão normalmente usado; e a distância total que vai de um suporte ao outro, medida em volta da curva não deve exceder a metade do espaço normal usado.

ESGOTOS

1. GERAL

1.1. Os esgotos devem ser classificados em: pluviais, sanitários ou industriais. Normalmente, cada tipo deve ser independente dos outros.

1.2. Os esgotos devem ser projetados para percorrer todo o espaço do projeto.

1.2.1 O declive dos esgotos de gravidade deve ser suficiente para garantir as proporções adequadas de escoamento.

1.3. A determinação das perdas por atrito devem ser baseadas na fórmula de William e Hazen, ou na fórmula de Kutter, usando o constante adequado para a espécie e condições do tubo.

1.4. O diâmetro nominal mínimo das linhas principais de esgoto deve ser de 6 polegadas; linhas ramificadas 4 polegadas.

1.5. Todo equipamento como compressores e vasos devem ser providos de receptores de entrada de esgotos quando necessário com o tôpo do receptor localizado em elevação acima do ponto alto do pavimento.

2. ESGOTOS PLUVIAIS

2.1. Esgotos pluviais por meio de gravidade devem ter tamanhos baseados na densidade pluvial e na proporção de escoamento. O declive deve ser de tal forma que a velocidade do fluxo seja maior que 2 1/2 pés por segundo.

2.2. O montante do escoamento deve ser determinado baseando-se no tipo e extenção do pavimento ou superfície do terreno.

2.3. Um sistema de esgoto pluvial underground deve coletar e conduzir água perdida não contaminada, e água pluvial de áreas pavimentadas e de telhados de edifícios.

2.4. Áreas pavimentadas no piso, o fundo de canaletas e assoalhos de salas de compressor e de bombas devem ser providas de drenos para a captação de drenagem de superfície. Entretanto os assoalhos de salas de controle, salas de distribuição e lavatórios não devem ter drenos. Drenos locados em edifícios , devem ter instalações de dreno tipo "Seaded".

4. ESGOTOS INDUSTRIAIS

4.1. Os esgotos industriais devem ser usados para resíduos não adaptados para descarga em esgotos pluviais ou sanitários.

4.2. Os esgotos industriais devem ser projetados para resistir aos efeitos dos resíduos mais nocivos que possam transportar.

4.3. Deve-se providenciar reservatórios apanhadores quando os resíduos contenham algum material que, possam entupir o esgoto.

4.4. Deve-se providenciar "venting" quando os esgotos possam conter resíduos inflamáveis, ou resíduos que possam reagir e produzir gases inflamáveis.

ESPAÇAMENTOS E FOLGAS

1. A altura livre sobre plataformas elevadas, passarelas, sobre passagens e áreas de trabalho deve ser maior que 7 pés, 6 polegadas.

2. A altura livre para linhas externas áreas de processo em geral não deve ser menor que 7 pés, 6 polegadas.

2.1. Quando a altura livre não é necessária para linhas externas, áreas de processo em geral, as linhas devem ser a uma elevação livre do solo num mínimo de 18 polegadas.

3. A altura livre acima de áreas designadas para uso como vias de acesso principais não deve ser menor que 10 pés, 0 polegadas.

4. A altura livre acima de rodovias não deve ser menor que 16 pés, 0 polegadas.

5. A folga horizontal do canto das estradas não devem ser menor que 6 pés, 9 polegadas.

6. A altura livre acima de estradas de ferro, quando medidas de topo dos trilhos, não deve ser menor que 22 pés, 0 polegadas (22 pés, 6 polegadas, na Califórnia).

7. A folga horizontal da linha de centro da linha de bitola padrão não deve ser menor que 8 pés, 0 polegadas (8 pés, 6 pol. em linhas diretas e 9 pés, 6 polegadas em linhas curvas na Califórnia).

8. Espaçamentos de manutenção e acesso não devem ser menores que o mínimo necessário para a área particular ou equipamento.

9. A largura mínima da passagem entre os conjuntos de bombas e outros equipamentos deve ser de 3 pés. Duas bombas podem ser colocadas num pedestamento comum quando o layout assim o requerer.

VENTS, DRENOS, RETIRADA DE AMOSTRAS

1. VENTS

1.1. A tubulação que necessita de respiro deve ser valvulada. Os respiros para equipamento podem ser localizados nas tubulações adjacentes desde que não haja válvulas ou flanges cegos localizados entre o respiro e o equipamento.

1.2. Deve-se providenciar respiros nos pontos mais altos das linhas que necessitam ser tratadas hidrostaticamente.

1.3. As conexões de respiro à tubulação devem ter diâmetro de no mínimo, 1/2 polegada.

1.4. As linhas de respiro devem ser dispostas de maneira a se evitar bolsas. Onde possa haver condensação, as linhas de descarga das válvulas de segurança ou de alívio devem drenar, ou ter um orifício de 3/8 pol. de diâmetro, no ponto alto da linha.

1.5. Os respiros em serviços de materiais manejados acima do ponto de ignição automático devem ser tubulados a um resfriador.

2. DRENOS

2.1. Deve-se providenciar conexões com válvulas na tubulação a fim de servirem como drenos nos seguintes casos:

2.1.1 Pontos baixos das linhas.

2.1.2 Entre duas válvulas de bloqueio em série, quando há o perigo de expansão térmica do líquido contido entre as mesmas, danificando-as. Materiais perigosos coletados desta maneira devem ser coletados de forma segura.

2.1.3 Entre duas válvulas de bloqueio em série, para prevenir contaminação.

2.1.4 Entre duas válvulas de bloqueio em série nas linhas com gases inflamáveis pressurados, a fim de evitar-se vazamento da válvula de jusante durante a manutenção do equipamento.

2.2. As conexões de dreno na tubulação devem ter diâmetro mínimo de 3/4 polegadas exceto no seguinte:

2.2.1 Conexões de dreno na tubulação em diâmetros de 1/2 a 1 pol. devem ser de 1/2 pol. Para diâmetros abaixo de 1/2 pol. os drenos devem ter o mesmo diâmetro das linhas que servirem.

2.3. Tubulação de dreno de equipamento que contenha vapores inflamáveis ou gases devem ser dispostos de maneira que se evite infiltração de ar no equipamento.

2.4. Em geral, as linhas de dreno que vão até os esgotos devem estar dispostas de maneira que a extremidade de descarga fique acima do dreno coletor e visível do lugar da válvula de escoamento.

3. GERAL

3.1. Todos os drenos e respiros valvulados individuais nos serviços de processo para manutenção e teste devem ser providos somente de plugs ou flanges cegos, exceto nos casos seguintes:

3.1.1 Em geral, os respiros da bomba ou drenos para bombas em serviços não voláteis devem ter tubulação à chapa da base da bomba, ou ter dreno aberto.

3.1.2 Os respiros das bombas ou drenos para bombas em serviços de materiais manejáveis, de pressão de vapor maior que 10 psig. na temperatura atmosférica, devem ser dispostos a dar saída através de um sistema de tubulação fechado para um lugar de segurança e para drenagem a um dreno coletor.

4. RETIRADAS DE AMOSTRAS

4.1. As retiradas de amostras na tubulação ou equipamento em serviços quentes poderão ter meios de resfriamento da amostra. Um dreno resfriador pode ser usado para retiradas de amostras agrupadas.

4.2. Deve-se providenciar meios para o espaçamento das linhas de amostra e resfriadores em serviços que envolvem materiais de alta viscosidade quando frios, e em todos os serviços quando as retiradas de amostras agrupadas usarem o mesmo resfriador.

DIÂMETROS DE VÁLVULAS DE SEGURANÇA E DE ALÍVIO

1.1. Os sistemas de tubulação devem ter a proteção de alívio de pressão quando possa ser produzida em excesso da proporção de pressão do serviço de algum componente.

1.2. Deve-se considerar o aumento para a pressão presumida no "lieu" da proteção da válvula de alívio fornecida.

1.3. As exigências para as válvulas de segurança e de alívio devem estar de acordo com as exigências dos códigos aplicáveis.

1.4. As válvulas de segurança e de alívio devem ser instaladas de maneira que tenham um mínimo de tubulação entre a linha protetora ou equipamento e a entrada da válvula.

DETALHES TÍPICOS DE TUBULAÇÃO

Procedimentos para Teste de Tubulações e Válvulas

1 — Exceto onde indicado em contrário, as elevações se referem à geratriz inferior externa das tubulações.

2 — Elevações designadas "C" e "INV" referem-se à linha de centro e à geratriz inferior interna das tubulações, respectivamente.

3 — Elevações designadas "F", referem-se à face dos flanges quando horizontais.

4 — As linhas serão providas de sapatas de acordo com os desenhos padrões, exceto quando indicado em contrário.

5 — Teste em tubulação:

5.1. TUBULAÇÕES DE AÇO CARBONO E AÇO LIGA: serão testadas hidraulicamente com pressão de 1,5 vezes o "rating" do flange, sendo a mínima de 185 lbs/pol^2 para o caso de linhas que possuam válvulas de 125 lbs (pertencentes à Espec. classe 1).

5.2. TUBULAÇÕES DE FERRO FUNDIDO (W_1, W_2, W_3, W_7, W_8 e W_9): serão testadas hidrostaticamente com pressão de 185 lbs/pol^2.

5.3. TUBULAÇÕES DE AR DE INSTRUMENTOS: serão testadas pneumaticamente com 100 lbs/pol^2 de pressão.

5.4. VÁLVULAS DE SEGURANÇA: serão submetidas a teste, mediante acompanhamento da Divisão de Inspeção de Equipamentos, e com a pressão indicada em suas respectivas Folhas de Dados. O teste será realizado pela Secção correspondentes da RPBC, na bancada apropriada.

5.5. Não serão submetidos a teste de pressão:
5.1. Linhas de drenos e "vents".
5.2. Linhas de esgôto (W_4 e W_5).

5.6. RECOMENDAÇÕES GENÉRICAS:
— Após o teste, as linhas deverão ser limpas e tanto quanto possível, a fim de estarem aptas à entrega para a operação.
— Deverão ser isolados do teste, mediante flanges cegos tipo "raquete", todos os equipamentos, principalmente as bombas e turbinas.
— Este procedimento não será seguido quando especificamente anotado nos desenhos.

DETALHES TÍPICOS DE TUBULAÇÃO

Especificação para Proteção da Tubulação Subterrânea

1 — Lixar bem o tubo.

2 — Aplicar sobre a superfície do tubo, bem seca, uma demão do "PRIMER" ONDALIT P.O. 115.

3 — Sobre o "PRIMER" ou similar, aplica-se uma camada de aproximadamente 3/16" de "ENAMEL" ONDALIT M.O. 140/37 ou similar.

4 — Para proteção do "ENAMEL" ou similar, aplica-se bandagem cintada, com arame de 10 em 10, de aniagem impregnada de ONDALIT ou similar.

NOTA: O "ENAMEL" é aplicado a quente com brocha. A temperatura de aquecimento não deve ir além de 200°C. O "ENAMEL" deve ser agitado continuamente para que sua carga não se deposite. A quantidade que sobrar de um dia para outro deve ser misturada aos poucos nas cargas novas.

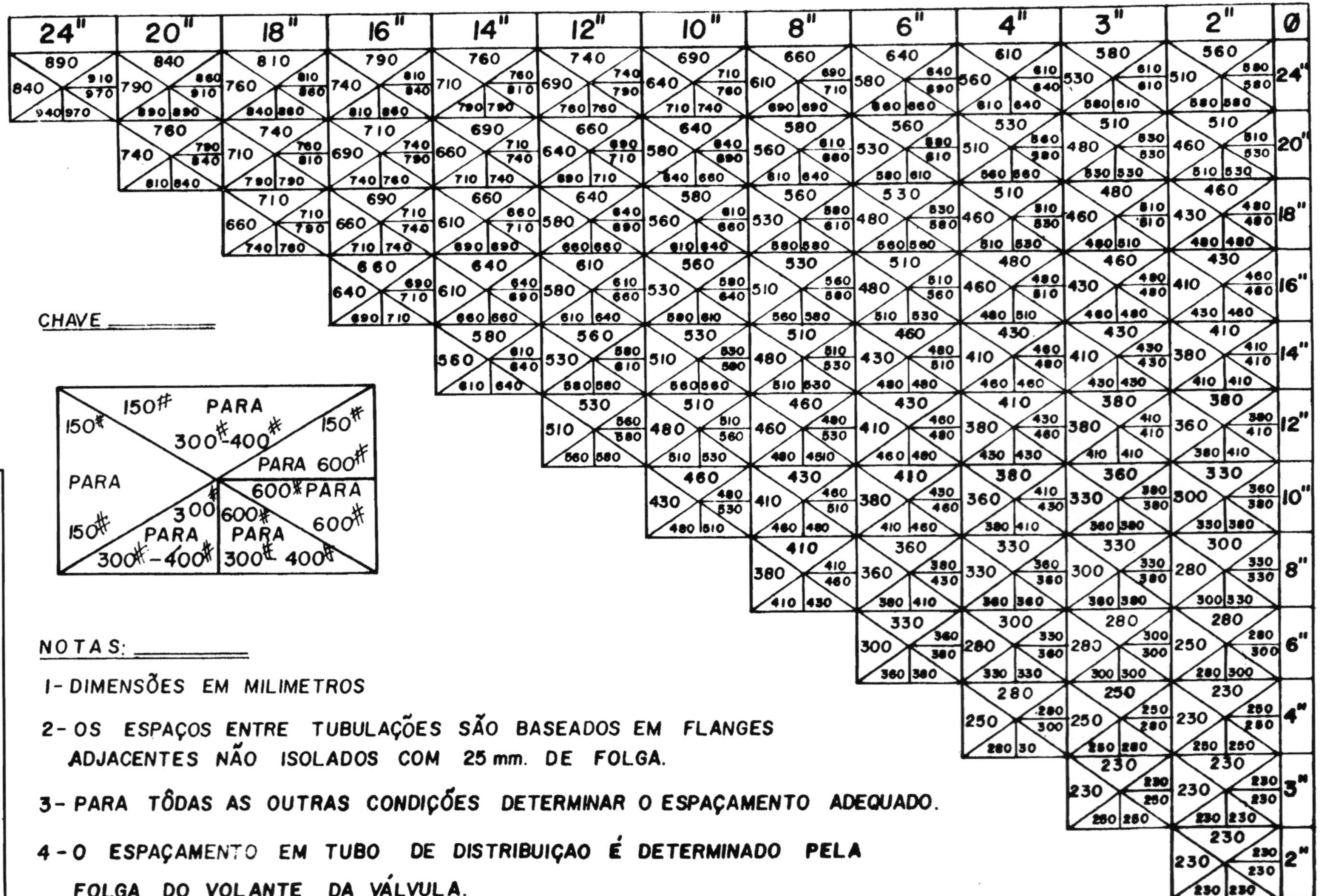

NOTAS:

1- DIMENSÕES EM MILIMETROS

2- OS ESPAÇOS ENTRE TUBULAÇÕES SÃO BASEADOS EM FLANGES ADJACENTES NÃO ISOLADOS COM 25 mm. DE FOLGA.

3- PARA TÔDAS AS OUTRAS CONDIÇÕES DETERMINAR O ESPAÇAMENTO ADEQUADO.

4- O ESPAÇAMENTO EM TUBO DE DISTRIBUIÇAO É DETERMINADO PELA FOLGA DO VOLANTE DA VÁLVULA.

TÍTULO

ESPAÇAMENTO ENTRE TUBOS (2" ATÉ 24")

CAPÍTULO III
PLANTA E ISOMÉTRICO (LINHA SIMPLES)

Desenhos Isométricos — Linhas a 90° e 45°

Os isométricos são desenhos feitos em perspectivas isométricas, sem escala; faz-se, geralmente, um desenho para cada tubulação individual ou grupo de tubulações próximas. No caso de uma tubulação muito longa pode ser necessário subdividir a tubulação em vários desenhos e isométricos sucessivos.

Nos desenhos isométricos, os tubos verticais são representados por traços verticais e os tubos horizontais, nas direções ortogonais, são representados por traços inclinados com ângulos de 30° sobre a horizontal para a direita ou para a esquerda. Os tubos fora de qualquer uma das quatro direções ortogonais, são representados por traços inclinados com ângulos diferentes de 30°, devendo ser inclinados nos desenhos e ângulo verdadeiro de inclinação do tubo com uma qualquer das quatro direções ortogonais básicas. Para facilitar o entendimento, costuma-se desenhar em traços finos (como linhas de chamada) o retângulo ou o paralelogramo do qual a direção inclinada dos tubos seja uma diagonal. Os tubos curvados e as curvas nos tubos, são representados por curvas em perspectivas, devendo sempre ser indicado o raio verdadeiro de curvatura. Todos os tubos, qualquer que seja o diâmetro, são representados por um traço único, na posição da sua linha de centro.

Nos desenhos isométricos devem aparecer também todas as válvulas e todos os acessórios de tubulação (flanges, conexões, etc.), com suas descrições e especificações completas, também como a localização de todas as emendas (soldadas, rosqueadas, etc.) dos tubos e dos acessórios.

Nesses desenhos devem figurar detalhadamente, inclusive os acessórios pequenos e secundários que hajam nas tubulações, tais como válvulas de dreno e de respiro, bocais para instrumentos, tomadas para retirada de amostras, etc.

Os desenhos isométricos devem contar todas as cotas e dimensões necessárias para a fabricação e montagem das tubulações tais como: dimensões dos trechos retos de tubo, ângulos, raios de curvaturas, elevações de todos os tubos, dimensões de válvulas e acessórios, localização e orientação de todos os bocais de vasos e equipamentos, posição das hastes e volantes das válvulas, etc. As elevações dos tubos, a menos que esteja expressamente indicado em contrário, costumam ser referidas à linha de centro dos mesmos.

Qualquer tubo que passe de uma folha de isométrico para outra, é representado como interrompido devendo haver sempre indicações do número da folha de isométrico na qual o mesmo continue. Todos os tubos devem ser designados por sua identificação completa, tal como nas plantas de tubulação.

Os diversos tipos usuais de válvulas e de acessórios, têm convenções especiais de desenho, que devem ser obedecidas. Costuma-se fazer em cada folha de isométrico, a lista do material necessário para as tubulações representadas na mesma. Cada folha de desenho deve ter também a relação das tubulações que figuram na referida folha, como indicações da temperatura e pressão do projeto e do tipo de isolamento térmico e de sistema de aquecimento, se houverem.

Em todos os desenhos deve haver sempre a indicação da orientação (Norte do projeto) para se poder obter a localização dos tubos no terreno.

A numeração dos desenhos isométricos deve ser feita em combinação com a numeração das plantas, de maneira que seja fácil identificar-se em que planta está representada uma linha que aparece em determinado isométrico e vice-versa.

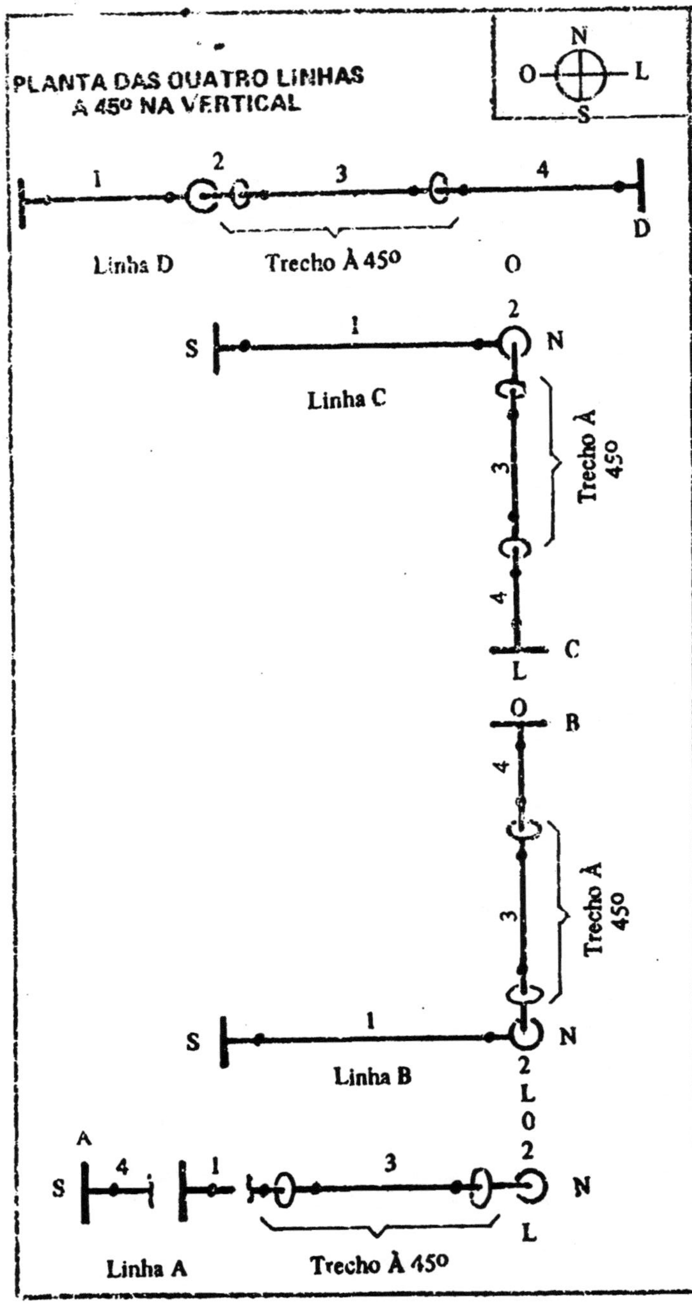
PLANTA DAS QUATRO LINHAS
À 45º NA VERTICAL
N
O
L
S
Linha D
Trecho À 45º
Linha C
Trecho À 45º
Linha B
Trecho À 45º
Linha A
Trecho À 45º

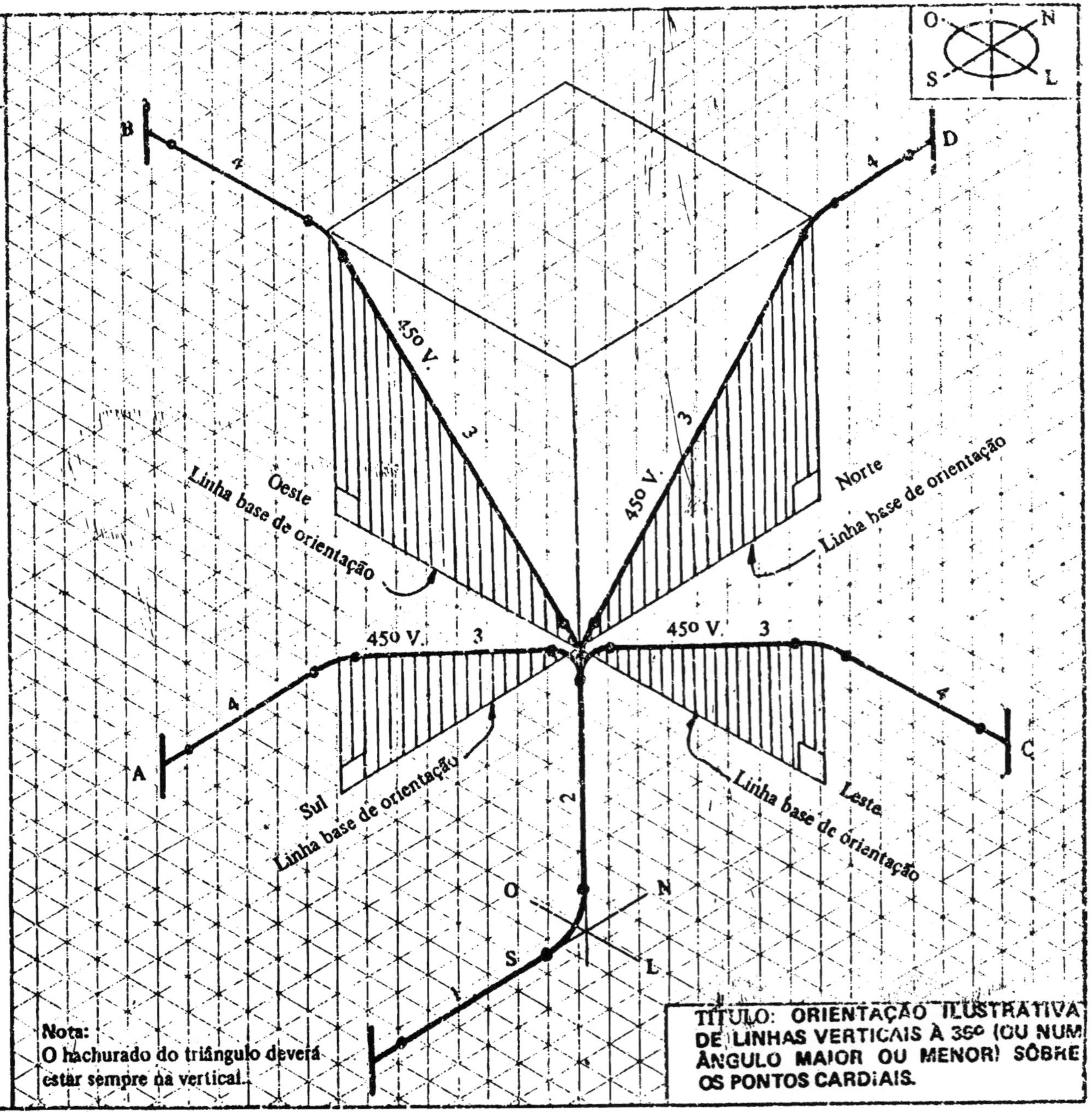
O
N
S
L
450 V.
Oeste
Linha base de orientação
Norte
Linha base de orientação
Sul
Linha base de orientação
Leste
Linha base de orientação
Nota:
O hachurado do triângulo deverá estar sempre na vertical.
TÍTULO: ORIENTAÇÃO ILUSTRATIVA DE LINHAS VERTICAIS À 35º (OU NUM ÂNGULO MAIOR OU MENOR) SÔBRE OS PONTOS CARDIAIS.

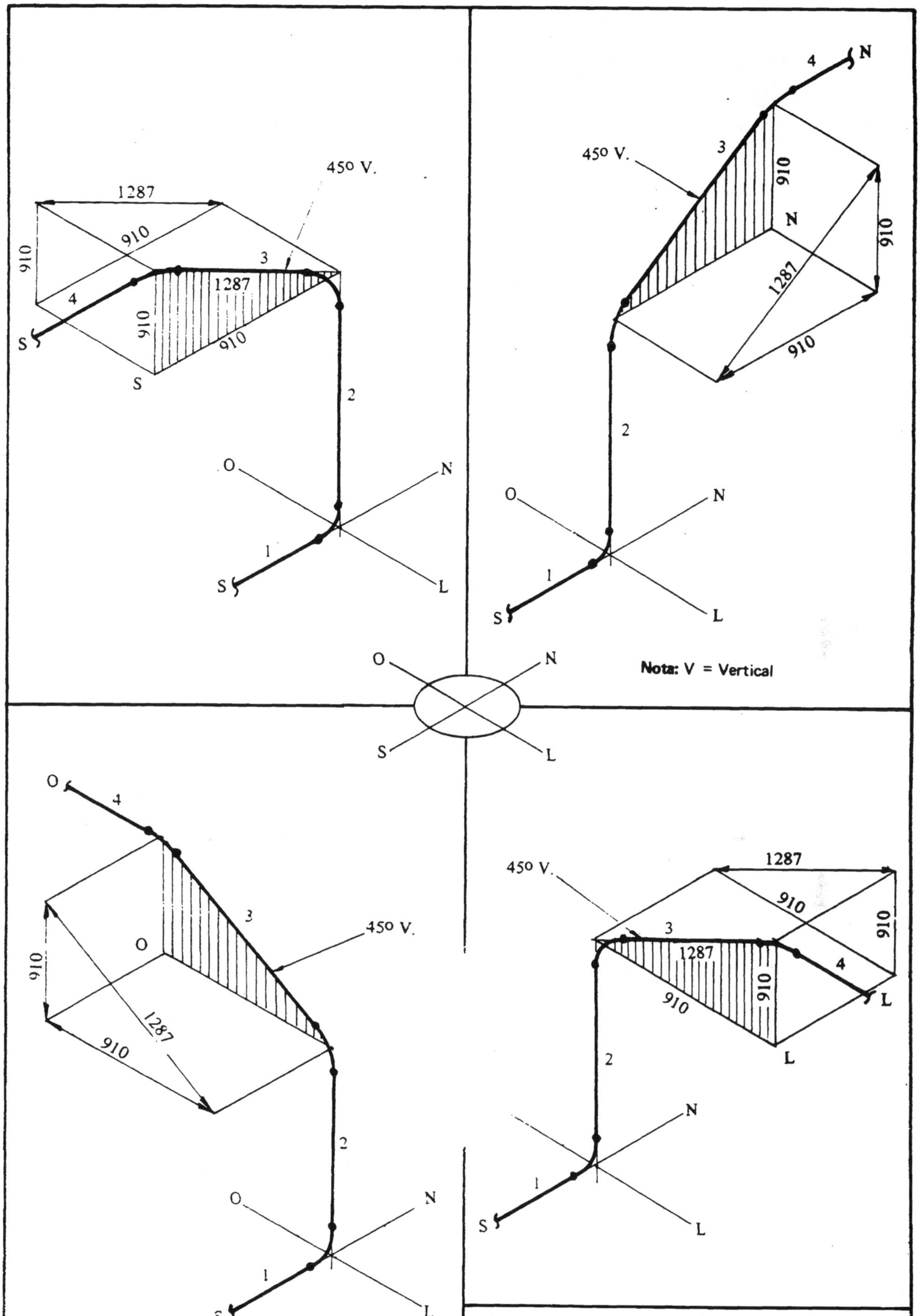

TÍTULO: **REPRESENTAÇÃO, TIPO TRIANGULAR, DE LINHAS VERTICAIS À 45º (OU NUM ÂNGULO MAIOR OU MENOR)**

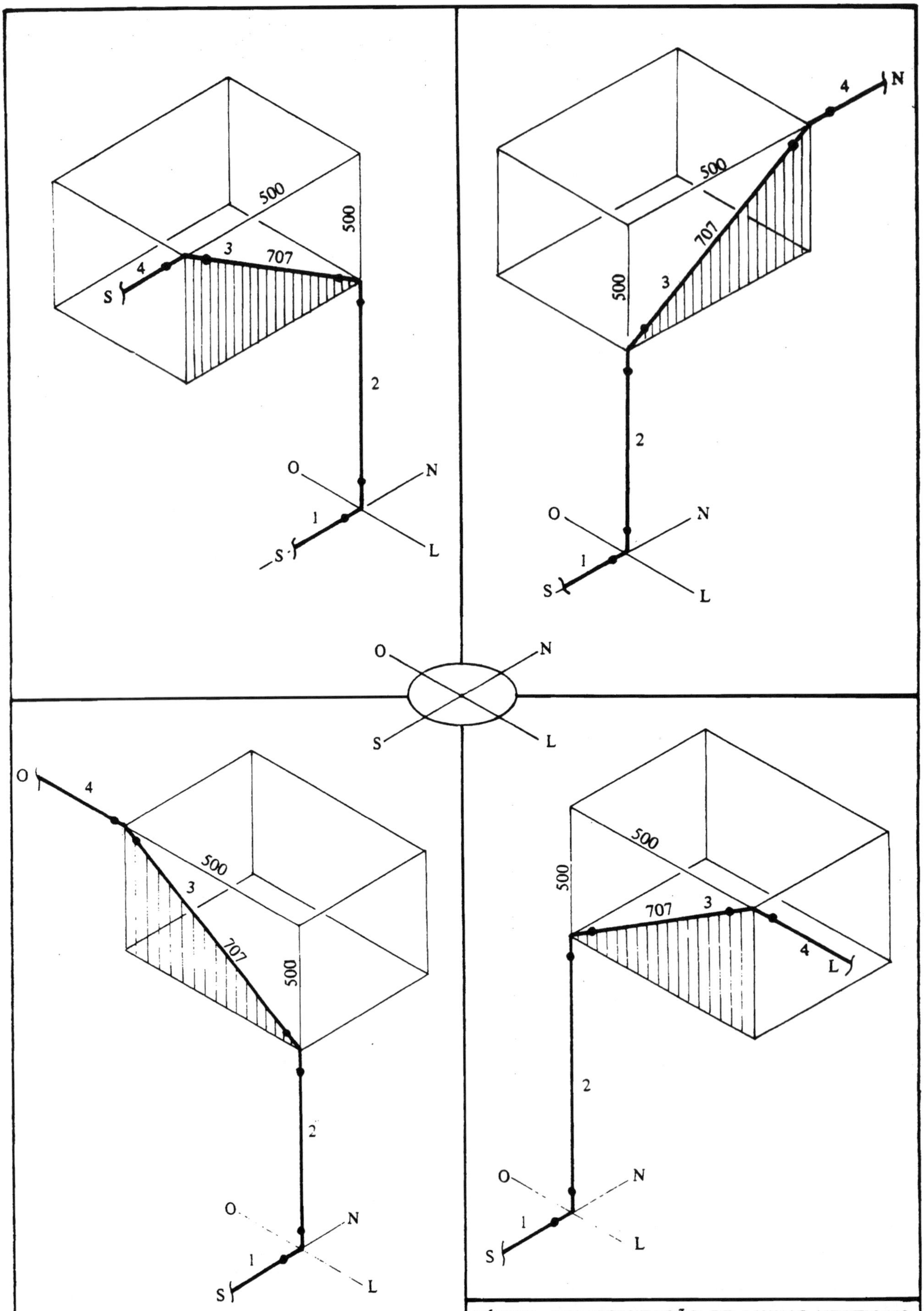

TÍTULO: **REPRESENTAÇÃO DE LINHAS VERTICAIS À 45º (OU NUM ÂNGULO MAIOR OU MENOR) TIPO CAIXÃO.**

PLANTA DAS QUATRO LINHAS À 45º NA HORIZONTAL

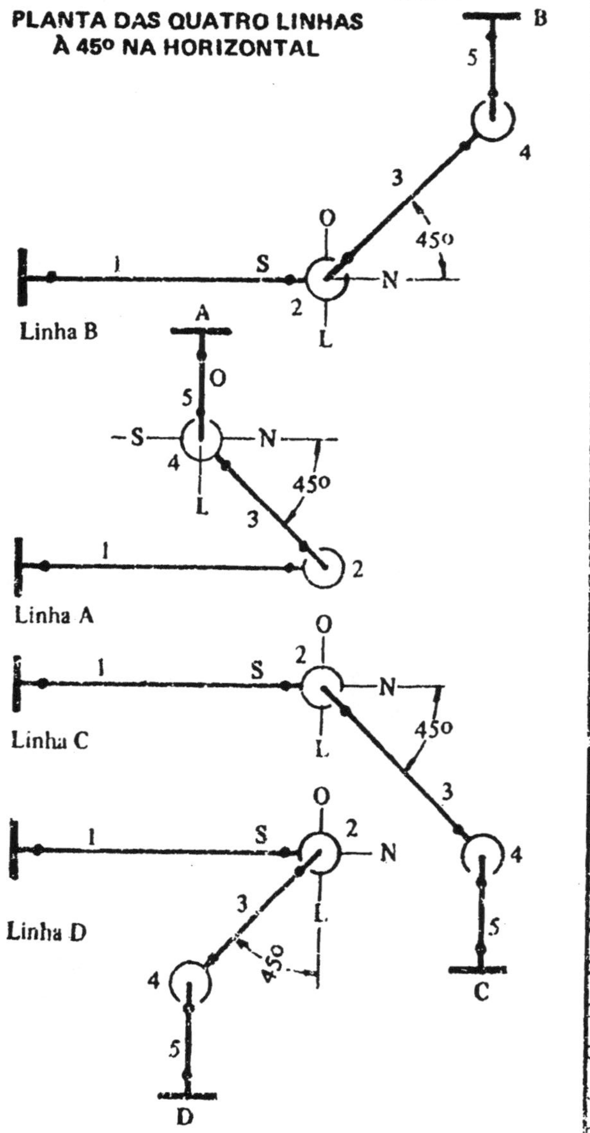

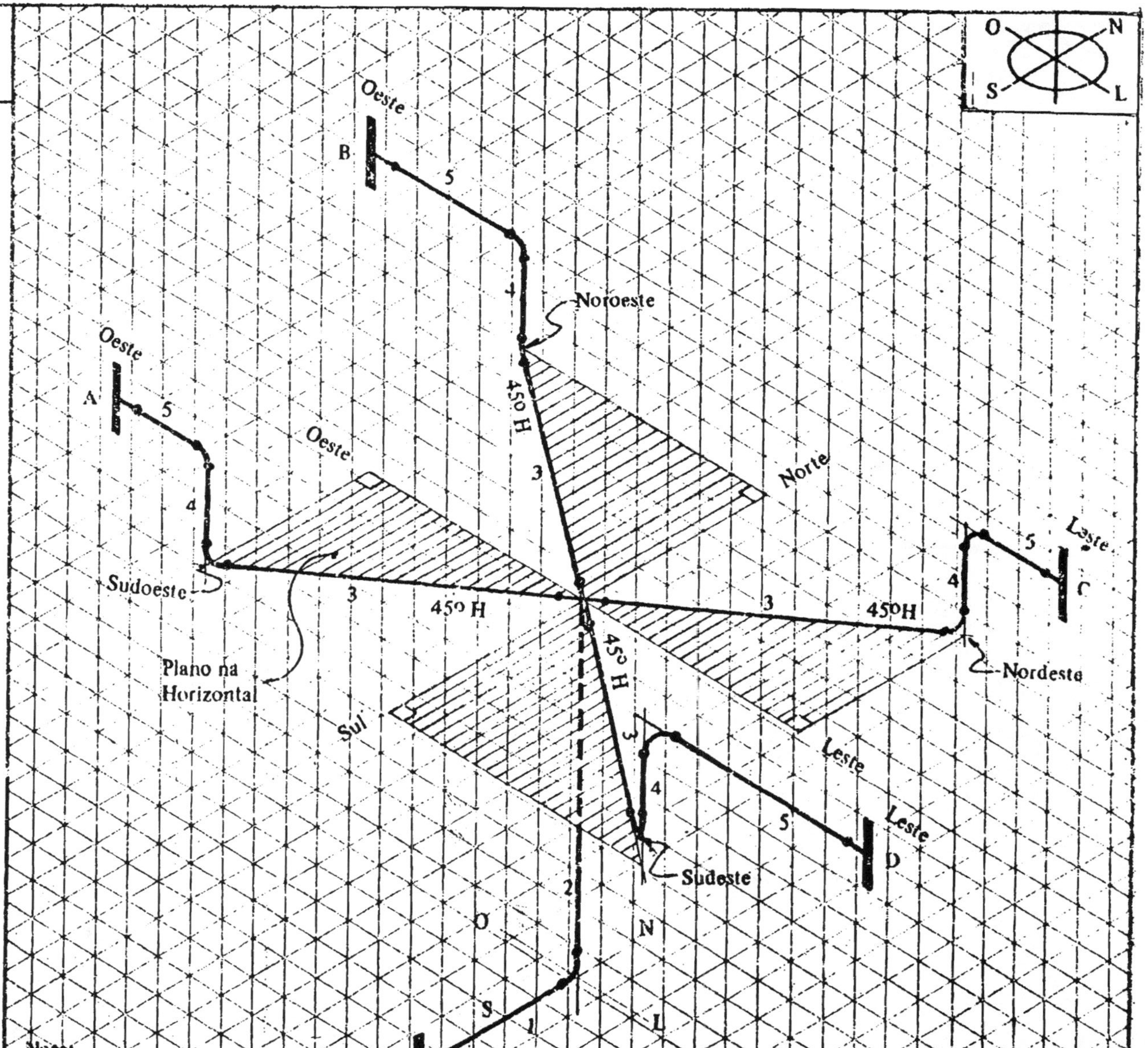

Nota:
O hachurado do triângulo deverá sempre ser paralelo às linhas horizontais (Norte-Sul, Leste-Oeste).

TÍTULO: ORIENTAÇÃO ILUSTRATIVA DE LINHAS HORIZONTAIS À 45º (OU NUM ÂNGULO MAIOR OU MENOR ENTRE OS PONTOS CARDIAIS).

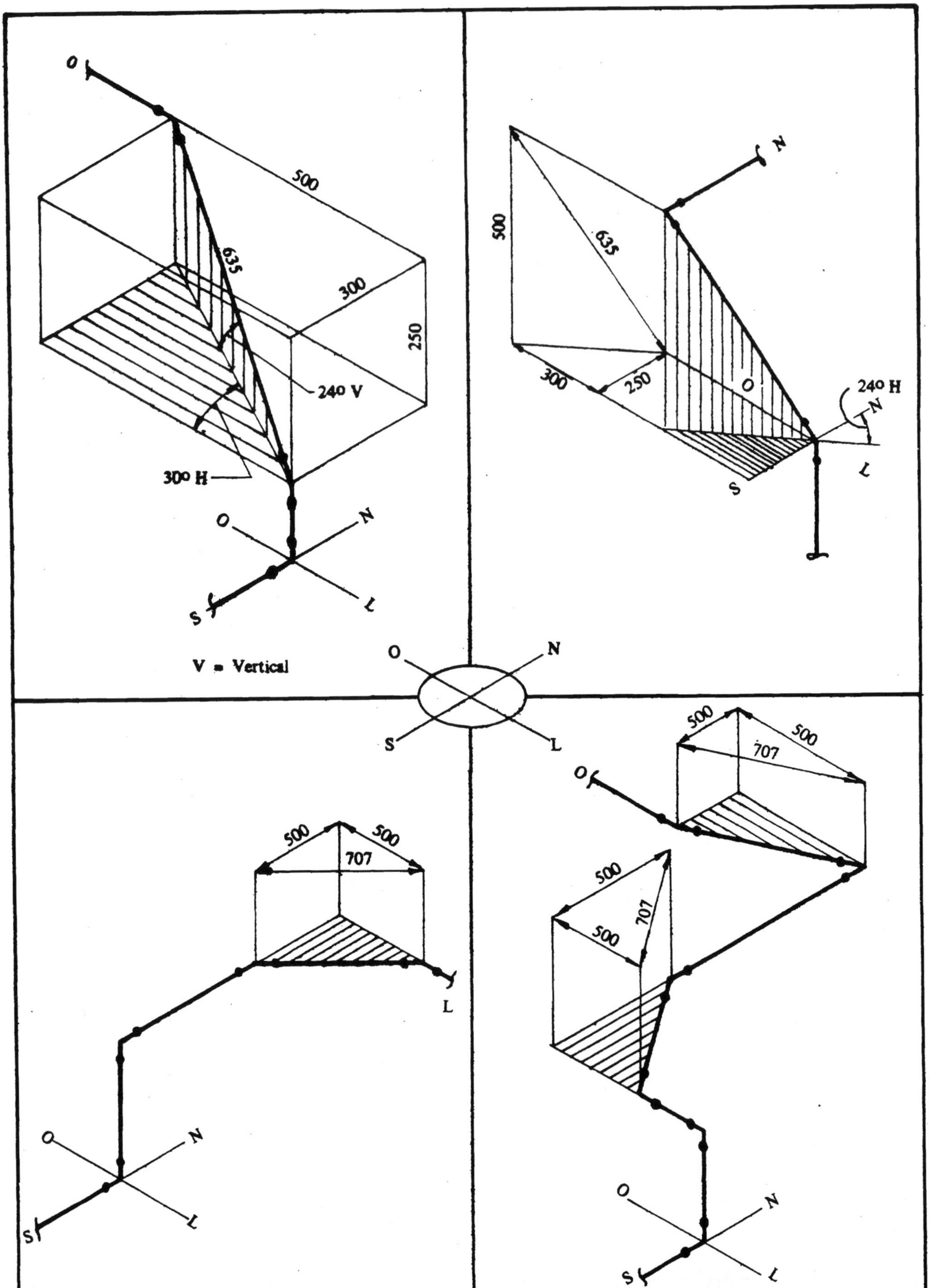

TÍTULO: REPRESENTAÇÃO DE LINHAS COM DESLOCAMENTO INCLINADO NA VERTICAL E HORIZONTAL À 45º (OU NUM ÂNGULO MAIOR OU MENOR) TIPO CAIXÃO = TRIANGULAR).

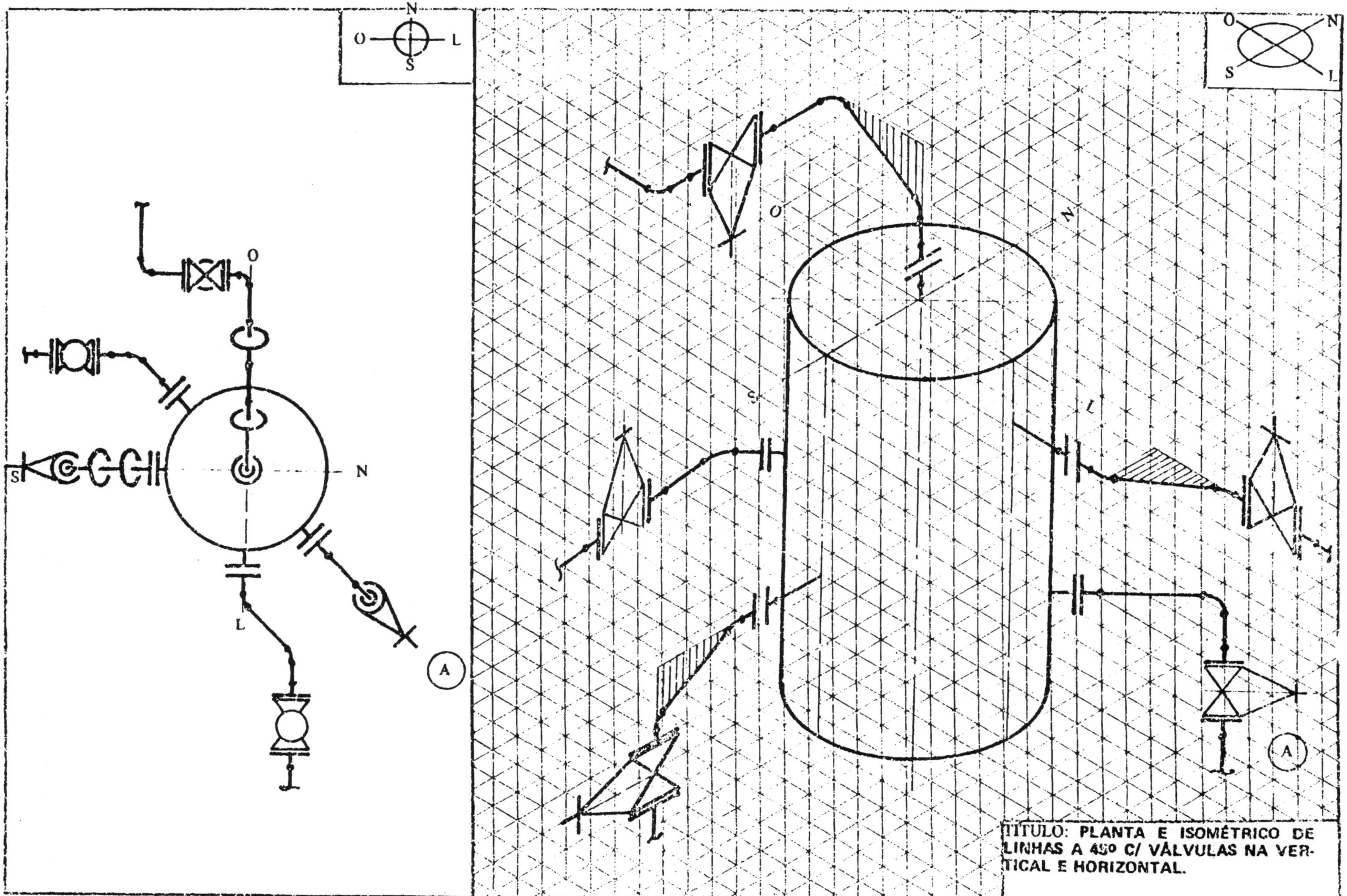

TITULO: PLANTA E ISOMÉTRICO DE LINHAS A 45º C/ VÁLVULAS NA VERTICAL E HORIZONTAL.

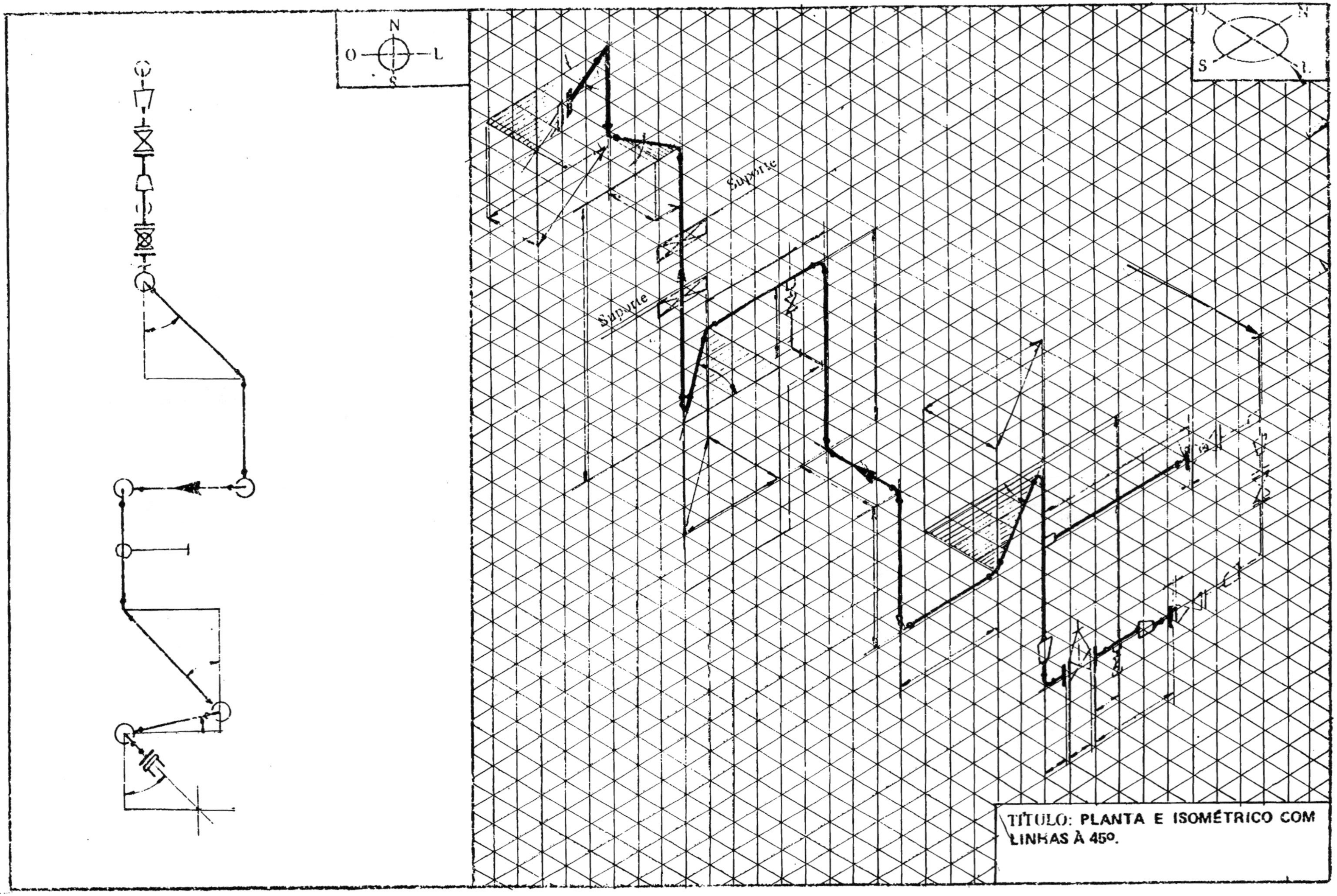
N
O
L
S
Suporte
Suporte
TÍTULO: PLANTA E ISOMÉTRICO COM LINHAS À 45º.

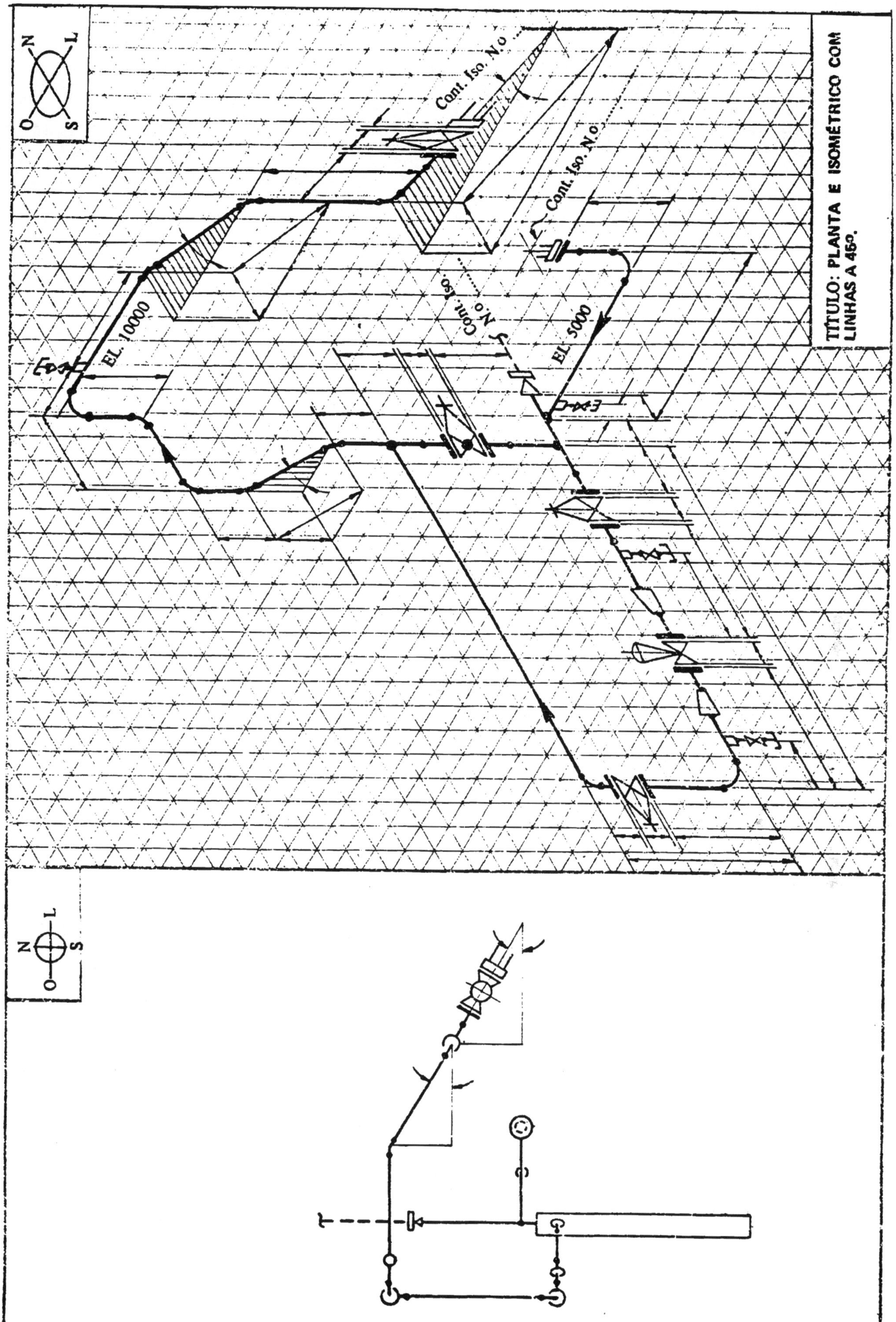
TÍTULO: PLANTA E ISOMÉTRICO COM LINHAS A 45º.
N
L
O
S
Cont. Iso. N.º
Cont. Iso. N.º
Cont. Iso. N.º
EL. 10000
EL. 5000
N
L
O
S

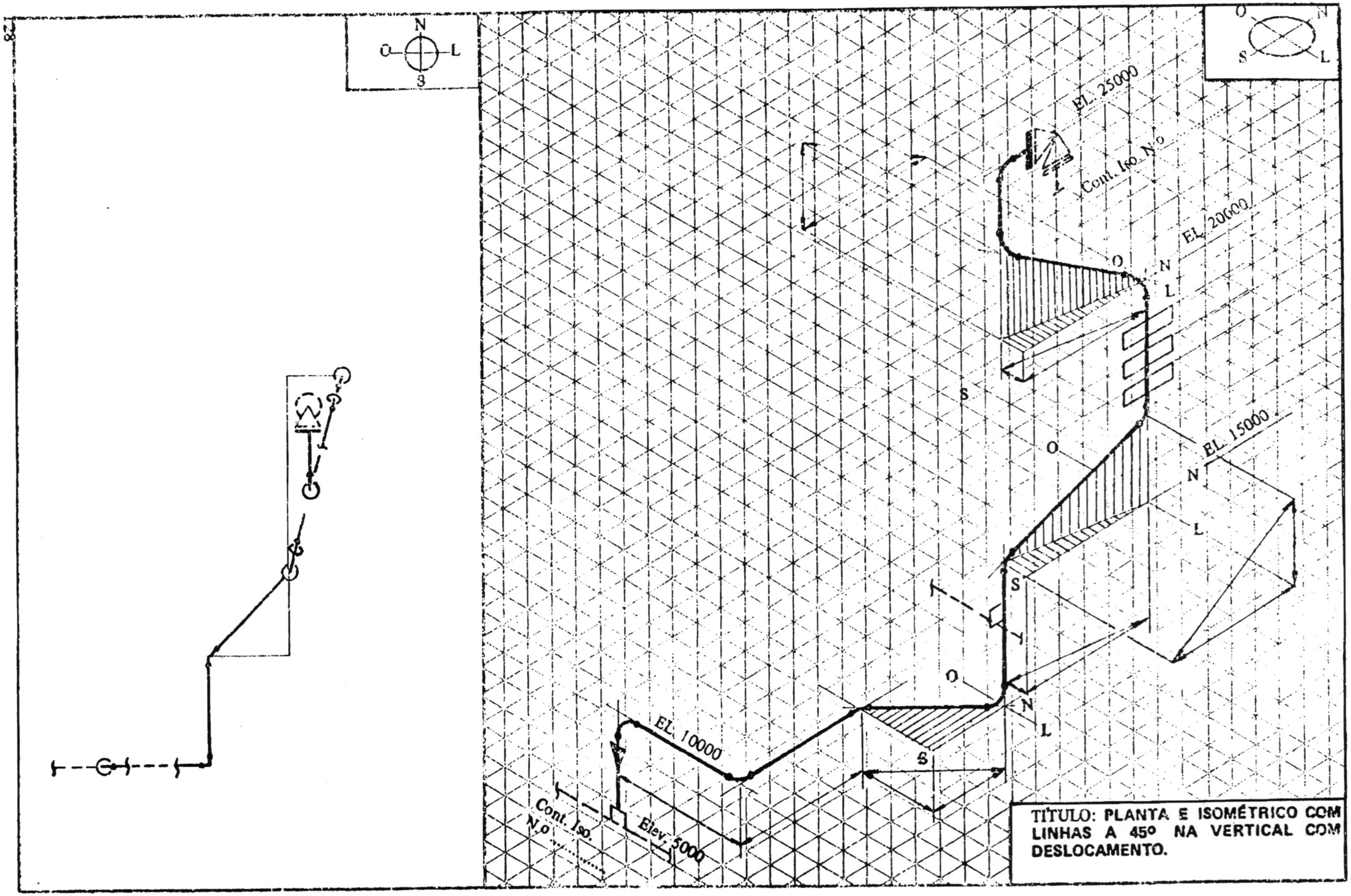

TÍTULO: PLANTA E ISOMÉTRICO COM LINHAS A 45º NA VERTICAL COM DESLOCAMENTO.

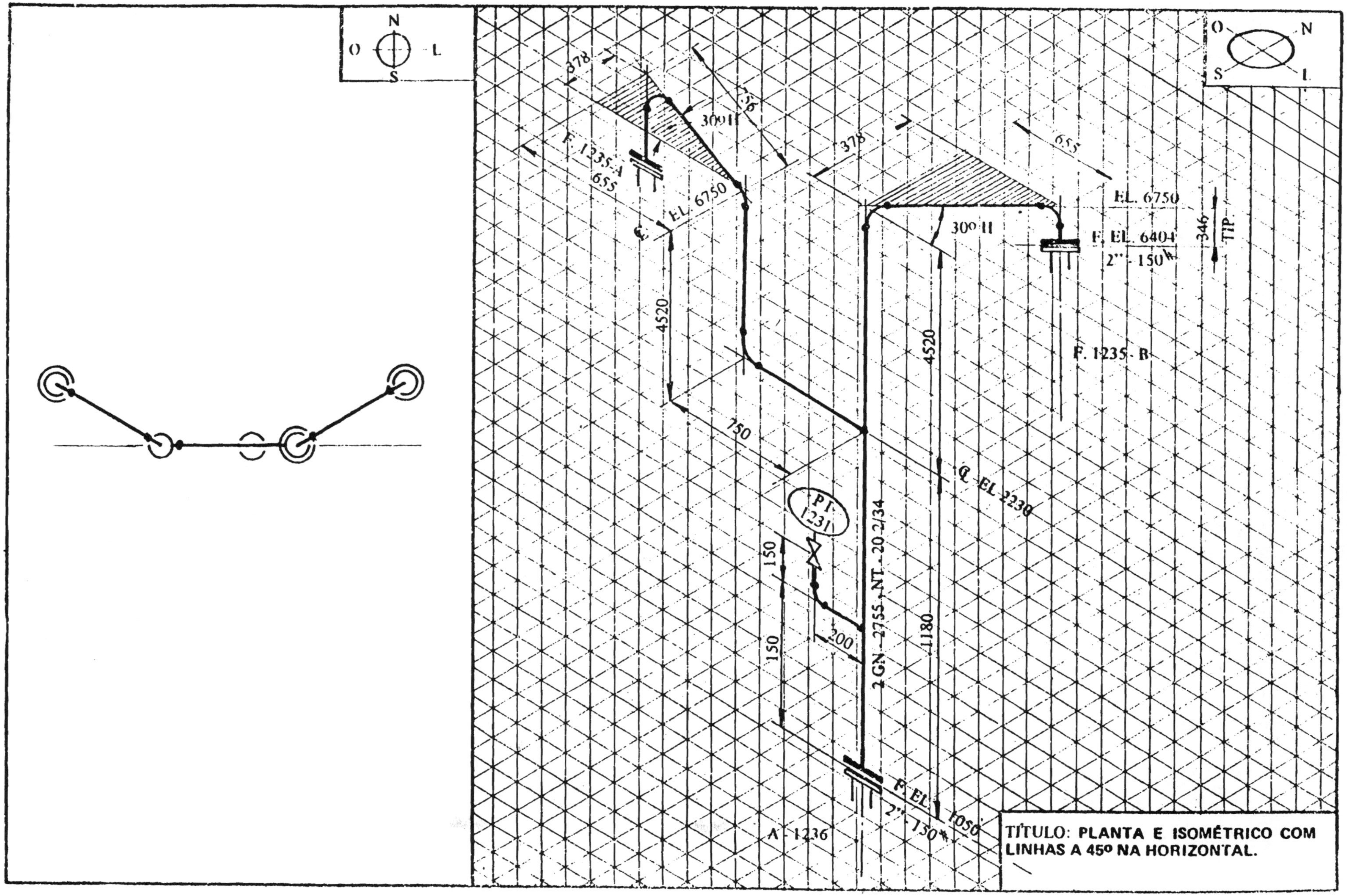
N
O
L
S
378
736
30º H
F. 1235-A
655
EL. 6750
4520
750
378
655
EL. 6750
30º H
F. EL. 6404
2" - 150#
346
TIP.
F. 1235 - B
4520
℄ EL 2230
PI-1231
150
150
200
2 GN - 2755 - NT - 20-2/34
1180
F. EL. 1050
2" - 150#
A - 1236
TÍTULO: PLANTA E ISOMÉTRICO COM LINHAS A 45º NA HORIZONTAL.

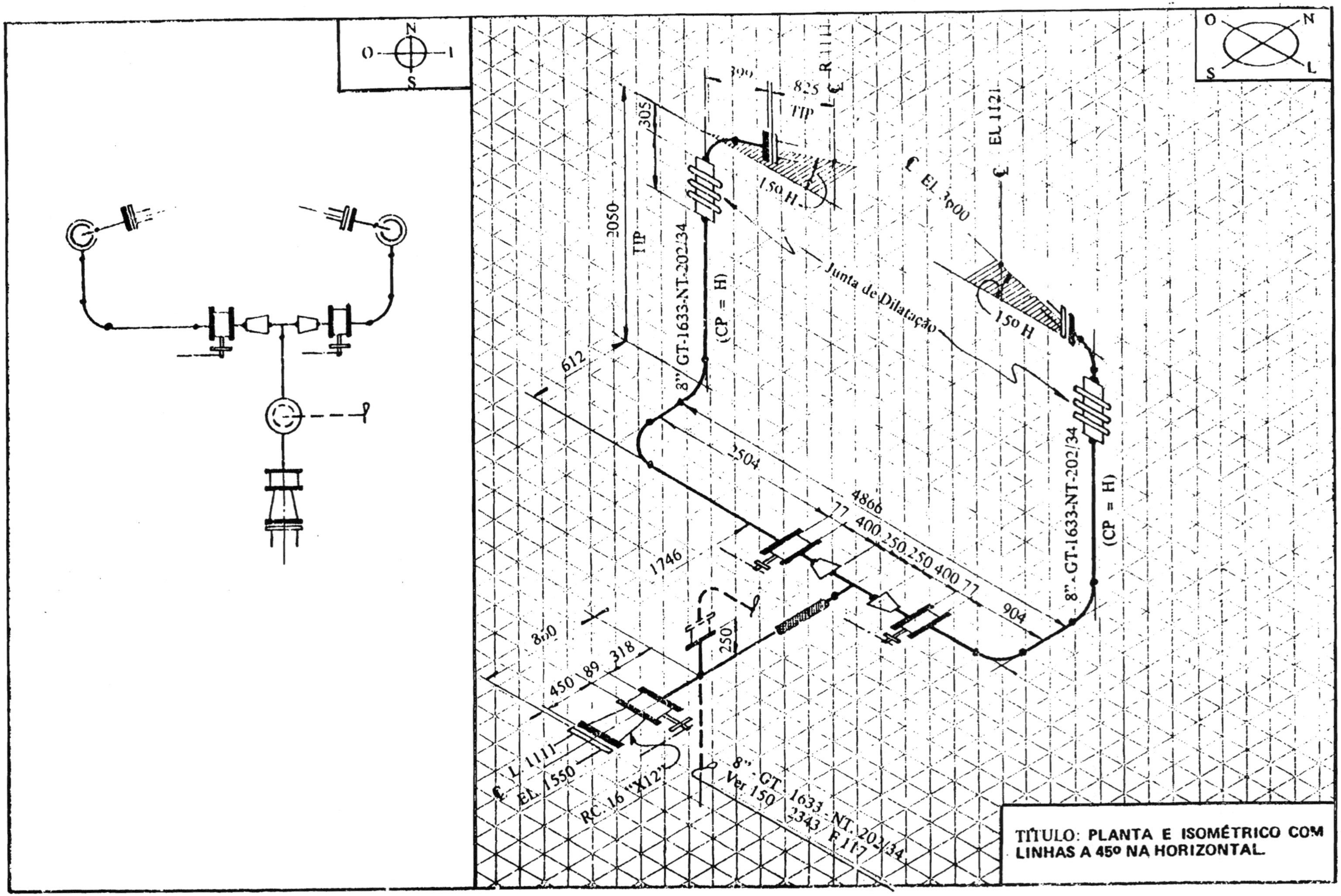
TÍTULO: PLANTA E ISOMÉTRICO COM LINHAS A 45º NA HORIZONTAL
Junta de Dilatação
8" GT-1633-NT-202/34
(CP = H)
150 H
EL 3600
EL 1121
2050
TIP
305
825
2504
4866
77 400 250 250 400 77
904
1746
612
450 89 318
250
EL 1550
L 1111
RC 16 "X12"
8" GT 1633 NT 202/34
Ver 150 2343 F 117

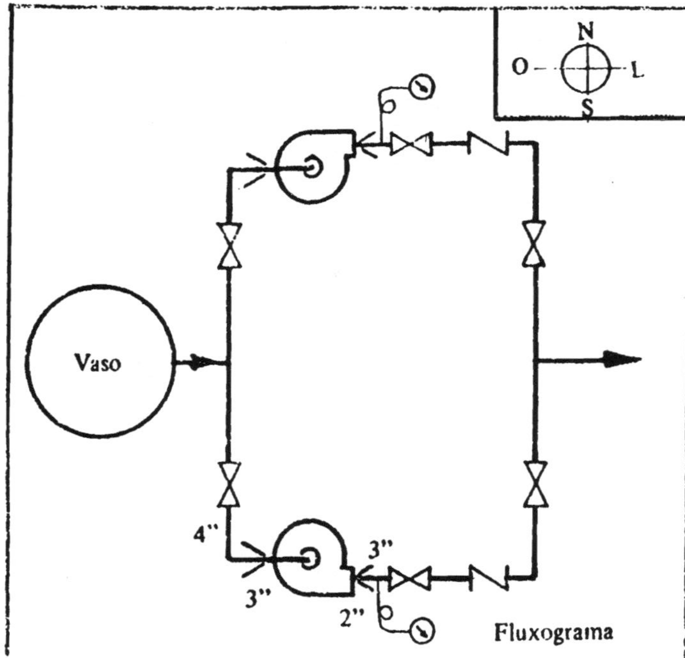

Fluxograma

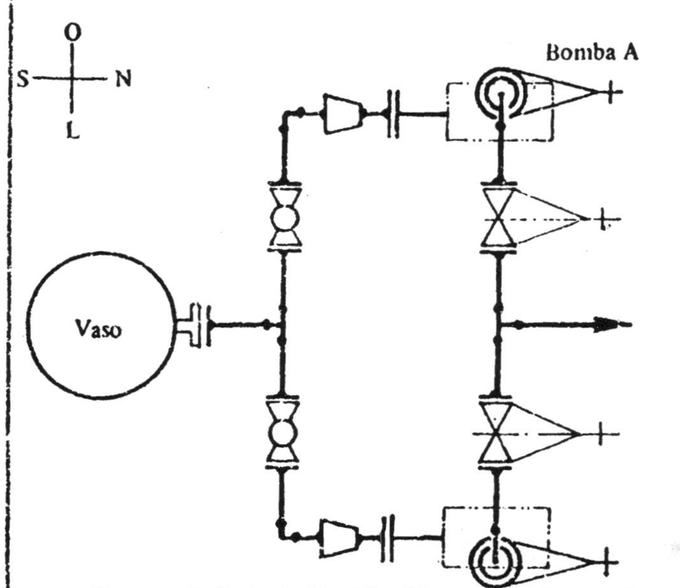

Planta de Referência (Sem Escala)

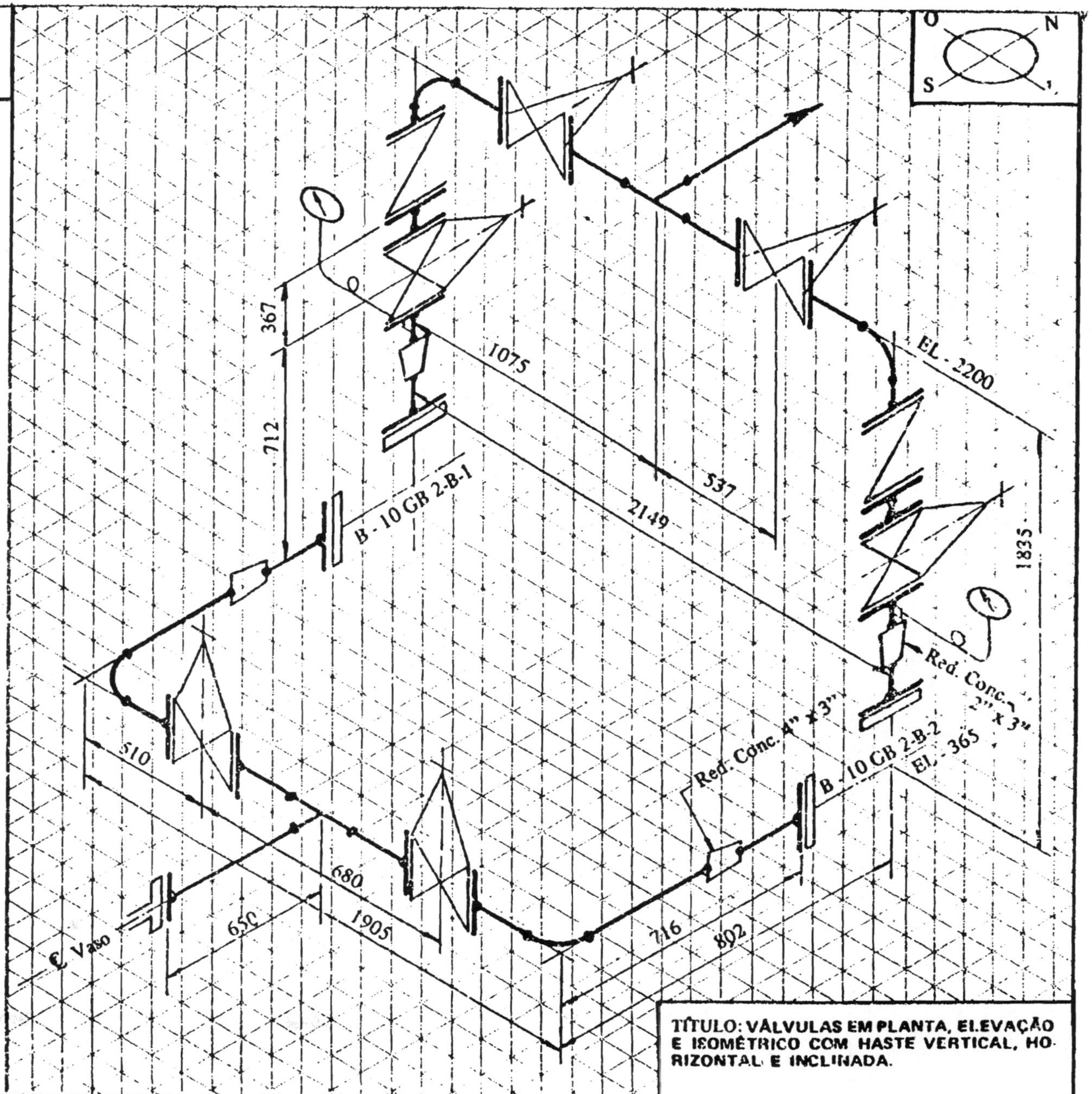

TÍTULO: VÁLVULAS EM PLANTA, ELEVAÇÃO E ISOMÉTRICO COM HASTE VERTICAL, HORIZONTAL E INCLINADA.

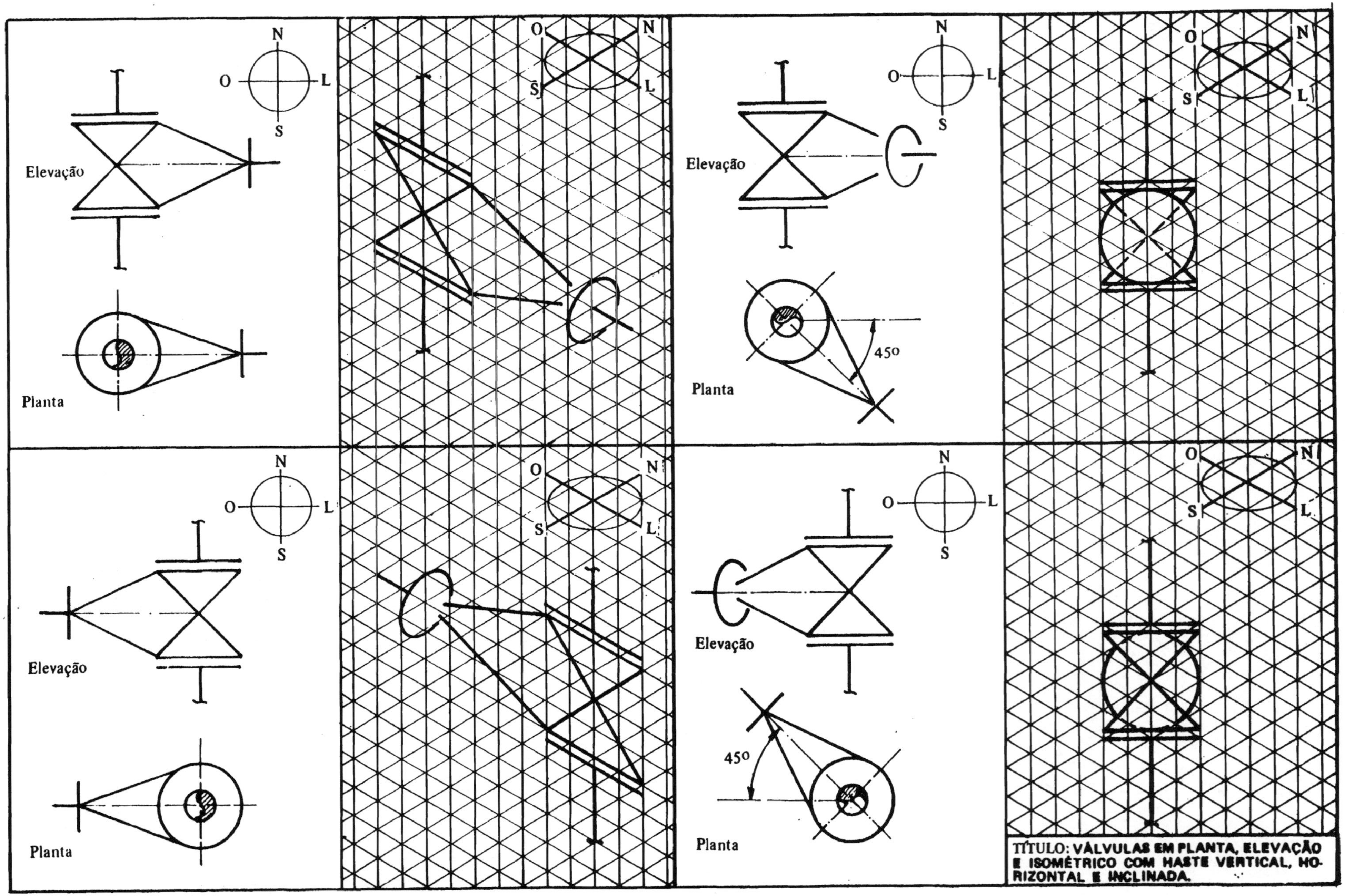

TÍTULO: VÁLVULAS EM PLANTA, ELEVAÇÃO E ISOMÉTRICO COM HASTE VERTICAL, HORIZONTAL E INCLINADA.

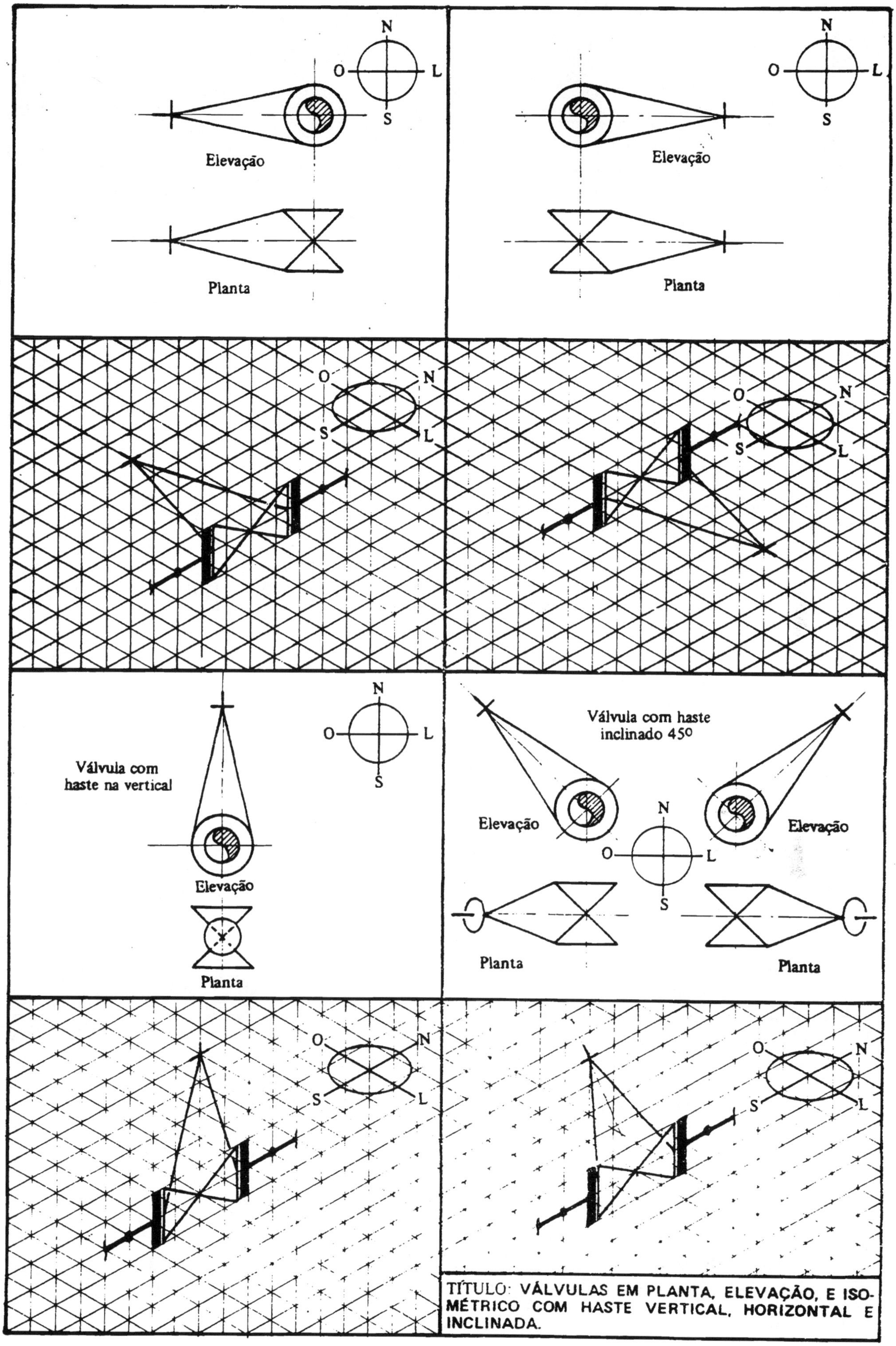

TÍTULO: VÁLVULAS EM PLANTA, ELEVAÇÃO, E ISOMÉTRICO COM HASTE VERTICAL, HORIZONTAL E INCLINADA.

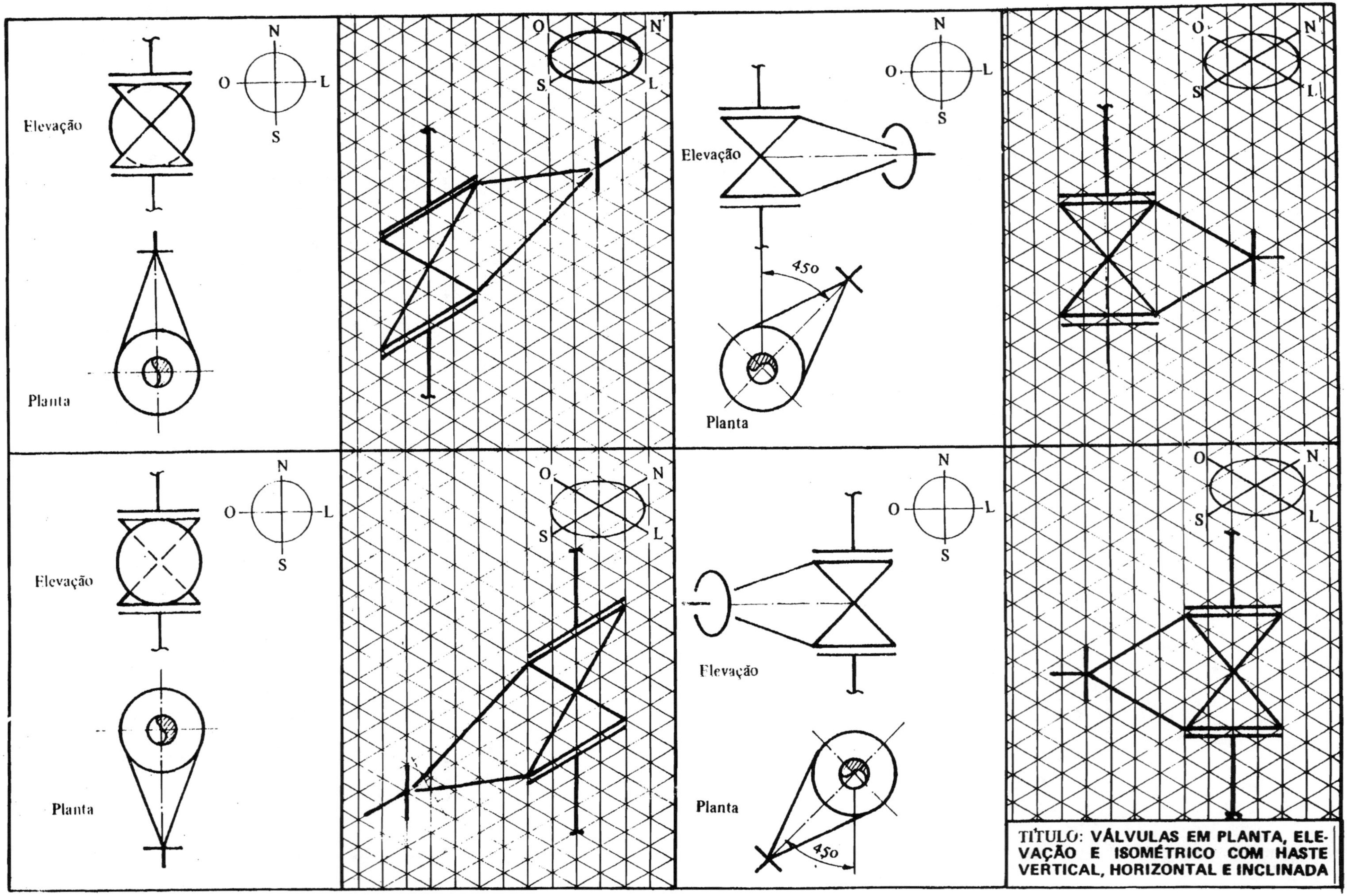

TÍTULO: VÁLVULAS EM PLANTA, ELEVAÇÃO E ISOMÉTRICO COM HASTE VERTICAL, HORIZONTAL E INCLINADA

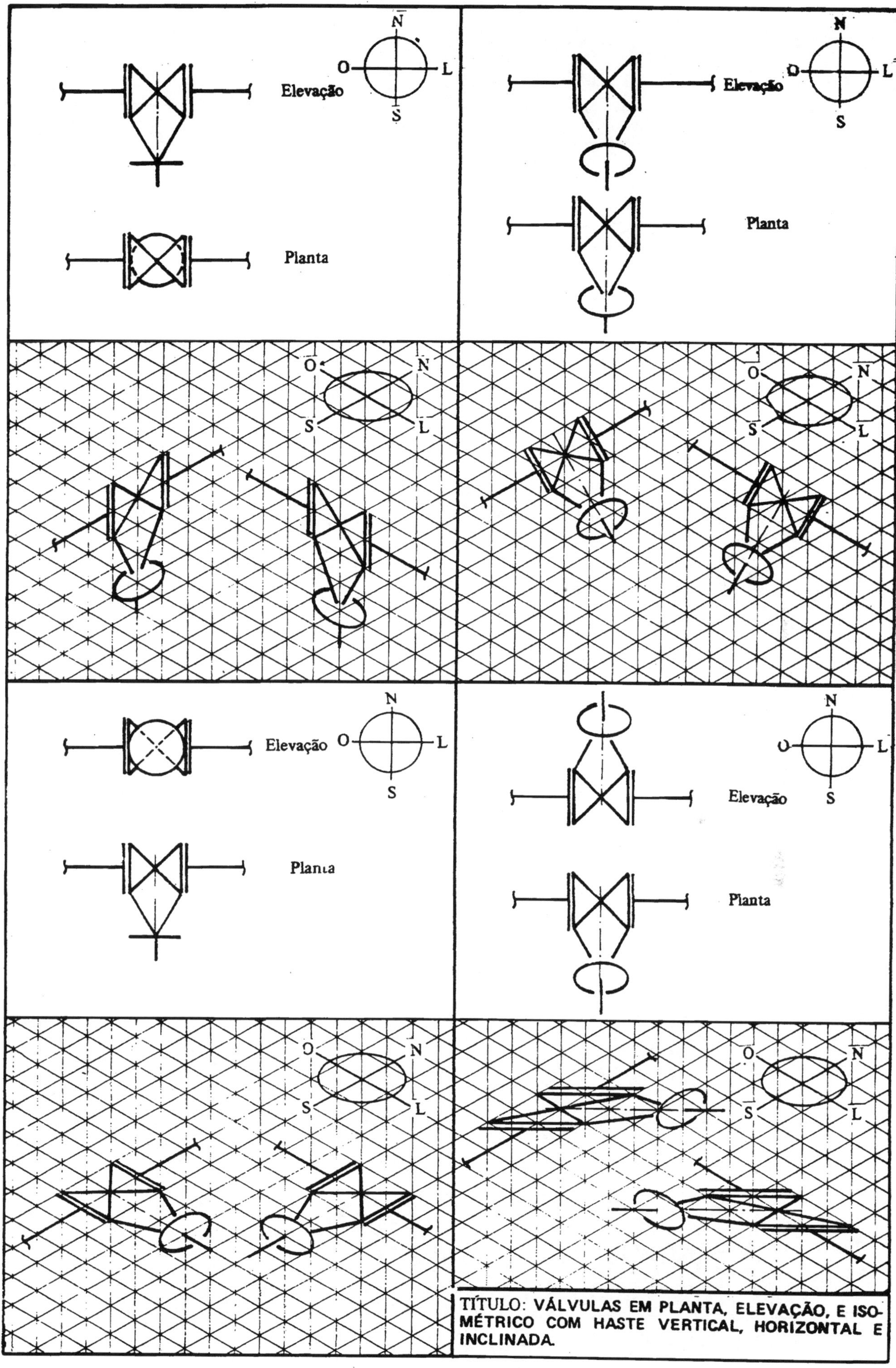

TÍTULO: VÁLVULAS EM PLANTA, ELEVAÇÃO, E ISOMÉTRICO COM HASTE VERTICAL, HORIZONTAL E INCLINADA.

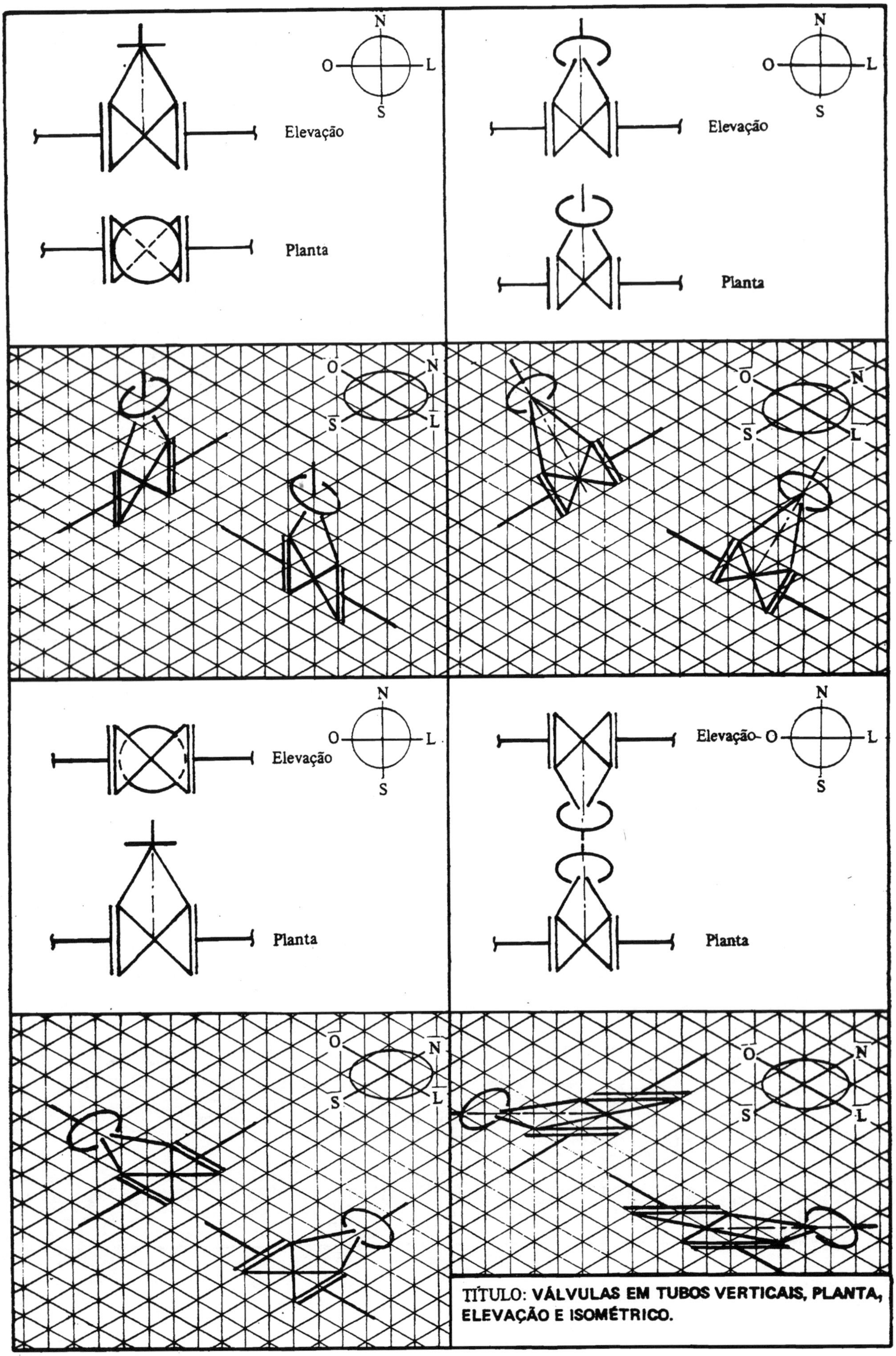

TÍTULO: **VÁLVULAS EM TUBOS VERTICAIS, PLANTA, ELEVAÇÃO E ISOMÉTRICO.**

PLANTA BAIXA – O MESMO EM ISOMÉTRICO

As plantas de tubulação são desenhos feitos em escala, contendo todas as tubulações de uma determinada área representadas em projeção horizontal, olhando-se de cima para baixo.

Os tubos de diâmetros até 12" são representados por um traço único, na posição da linha de centro. Os tubos de diâmetros maiores costumam ser representados por dois traços paralelos, mostrando o tubo em escala, com a finalidade de dar uma melhor idéia das distâncias entre os tubos. Todos os tubos devem ser identificados por sua identificação completa, e pelo sentido de fluxo. As válvulas e acessórios de tubulação são representados por convenções especiais, e devem ser tanto quanto possível, desenhadas em escala. Nas plantas de tubulação devem figurar as elevações de todos os tubos (geralmente elevações "BOP", a menos que indicado em contrário), as distâncias entre os tubos paralelos e todas as cotas dos tubos.

Além de todos os tubos com suas válvulas e acessórios, esses desenhos devem também mostrar o seguinte:

– Linhas principais de referência (com suas coordenadas) tais como: Limites de áreas, limites dos desenhos, linhas de centro de ruas, contornos de ruas, valas de drenagem, diques, edifícios, vasos e equipamentos grandes, bases de concreto, etc.

– Todos os suportes de tubulação, com numeração, indicação convencional do tipo, posição e elevação cotadas, inclusive as colunas das estruturas de apoio de tubos elevados indicadas por sua numeração. Os suportes são indicados, por siglas dentro dos pequenos retângulos.

– Todos os vasos e equipamentos, com identificação, e com posição e elevação cotadas da linha de centro e dos bocais de onde são concentradas as tubulações, e contorno das respectivas bases de concreto.

– Plataformas e escadas de acesso, com posição, dimensão e elevação cotadas.

– Todos os instrumentos, com identificação, indicação convencional e posição aproximada.

Em todas as folhas de desenhos deve haver sempre indicação da orientação (Norte do projeto); nos limites de cada folha deve haver, também, sempre a indicação das coordenadas e dos números das outras folhas de desenhos que sejam continuação para qualquer lado.

Em áreas congestionadas em que se tenham muitos em mais de uma elevação, faz-se, para maior clareza, tantos desenhos da mesma área quantos forem necessários, mostrando cada um as tubulações que correm entre dois planos horizontais. Suponhamos que para uma certa área sejam feitos três desenhos: um designado como sendo "nível do solo", outro designado como na "elevação 4m", e outro como "elevação 8m". O desenho no nível do solo mostra todas as tubulações desde a elevação 4m até o nível do solo, olhando-se de cima para baixo, o desenho da elevação 4m mostrará as tubulações entre as elevações 8m e 4m, olhando-se também de cima para baixo, e o desenho na elevação 8m mostrará as tubulações existentes acima da elevação 8m, e assim por diante para qualquer outro caso.

Em sistemas complexos, quando necessários para maior clareza, são feitos também cortes, que são projeções verticais das tubulações. Pode haver também necessidade de se desenhar, em escala maior, detalhes em plantas ou em corte de determinados trechos mais congestionados. Tanto os cortes como os detalhes são também desenhados em escala e com as mesmas indicações e convenções das plantas.

Em cada folha de planta de tubulação devem figurar ainda, em local conveniente, os números de todos os desenhos de referência relativos à planta em questão, tais como a planta de locação geral, o fluxograma, as demais plantas da mesma área em outras elevações (se houverem), detalhes típicos, detalhes de suportes, etc. .

Além dos desenhos acima descritos, devemos ainda dar referência aos desenhos de fabricação, desenhos das tubulações subterrâneas, desenhos dos suportes, e as folhas de dados de tubulação.

Os desenhos de fabricação são desenhos feitos em escala com todas as dimensões e detalhes, tais como indicação dos materiais, processos de fabricação, tolerâncias, simbologia de solda, usinagem, acabamentos, etc. Esses desenhos são feitos só quando necessário, para a fabricação de peças especiais de tubulações.

Os desenhos dos suportes são desenhos de fabricação, feitos em escala, com todos os detalhes e dados necessários à fabricação na oficina. Esses desenhos frequentemente são padronizados pelas organizações projetistas, e válidos para todos os projetos.

As folhas de dados de tubulação contém usualmente as informações abaixo relacionadas:

a) Número da linha.
b) Classe ou tipo do fluído circulante.
c) Diâmetro nominal.
d) Sigla abreviada da especificação de materiais.
e) Extremidades da linha, isto é, de onde vem e para onde a linha vai.
f) Velocidade ou vasão do fluído.
g) Perda de carga unitária.
h) Temperatura e pressão de operação.
i) Temperatura e pressão de projeto.
j) Pressão de teste.
k) Necessidade ou não de isolamento térmico; tipo de isolamento.
l) Necessidade ou não de aquecimento da linha.

As folhas de dados de tubulação são preparadas inciaimente pela equipe de processo, que preenche geralmente as informações b, c, e, f, g, h, k, l, do quadro acima; as demais informações são completadas pela equipe de projeto mecânico.

Nota: Para identificar linhas, cada firma projetista adota o seu sistema, que poderá variar de firma, para firma.

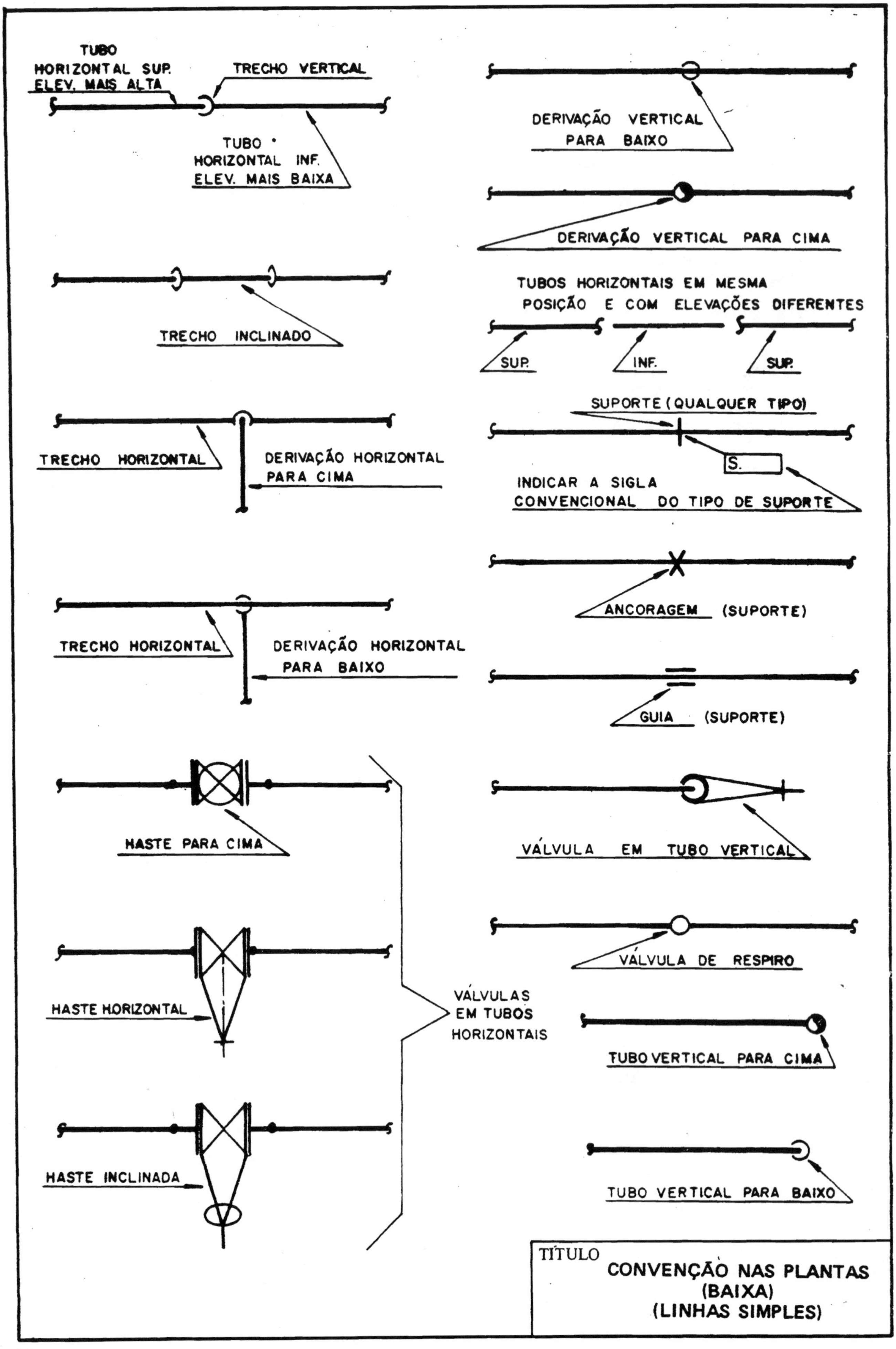
TUBO HORIZONTAL SUP. ELEV. MAIS ALTA
TRECHO VERTICAL
TUBO HORIZONTAL INF. ELEV. MAIS BAIXA
DERIVAÇÃO VERTICAL PARA BAIXO
DERIVAÇÃO VERTICAL PARA CIMA
TRECHO INCLINADO
TUBOS HORIZONTAIS EM MESMA POSIÇÃO E COM ELEVAÇÕES DIFERENTES
SUP.
INF.
SUP.
SUPORTE (QUALQUER TIPO)
S.
INDICAR A SIGLA CONVENCIONAL DO TIPO DE SUPORTE
TRECHO HORIZONTAL
DERIVAÇÃO HORIZONTAL PARA CIMA
ANCORAGEM (SUPORTE)
TRECHO HORIZONTAL
DERIVAÇÃO HORIZONTAL PARA BAIXO
GUIA (SUPORTE)
HASTE PARA CIMA
VÁLVULA EM TUBO VERTICAL
VÁLVULA DE RESPIRO
HASTE HORIZONTAL
VÁLVULAS EM TUBOS HORIZONTAIS
TUBO VERTICAL PARA CIMA
HASTE INCLINADA
TUBO VERTICAL PARA BAIXO
TÍTULO
CONVENÇÃO NAS PLANTAS (BAIXA) (LINHAS SIMPLES)

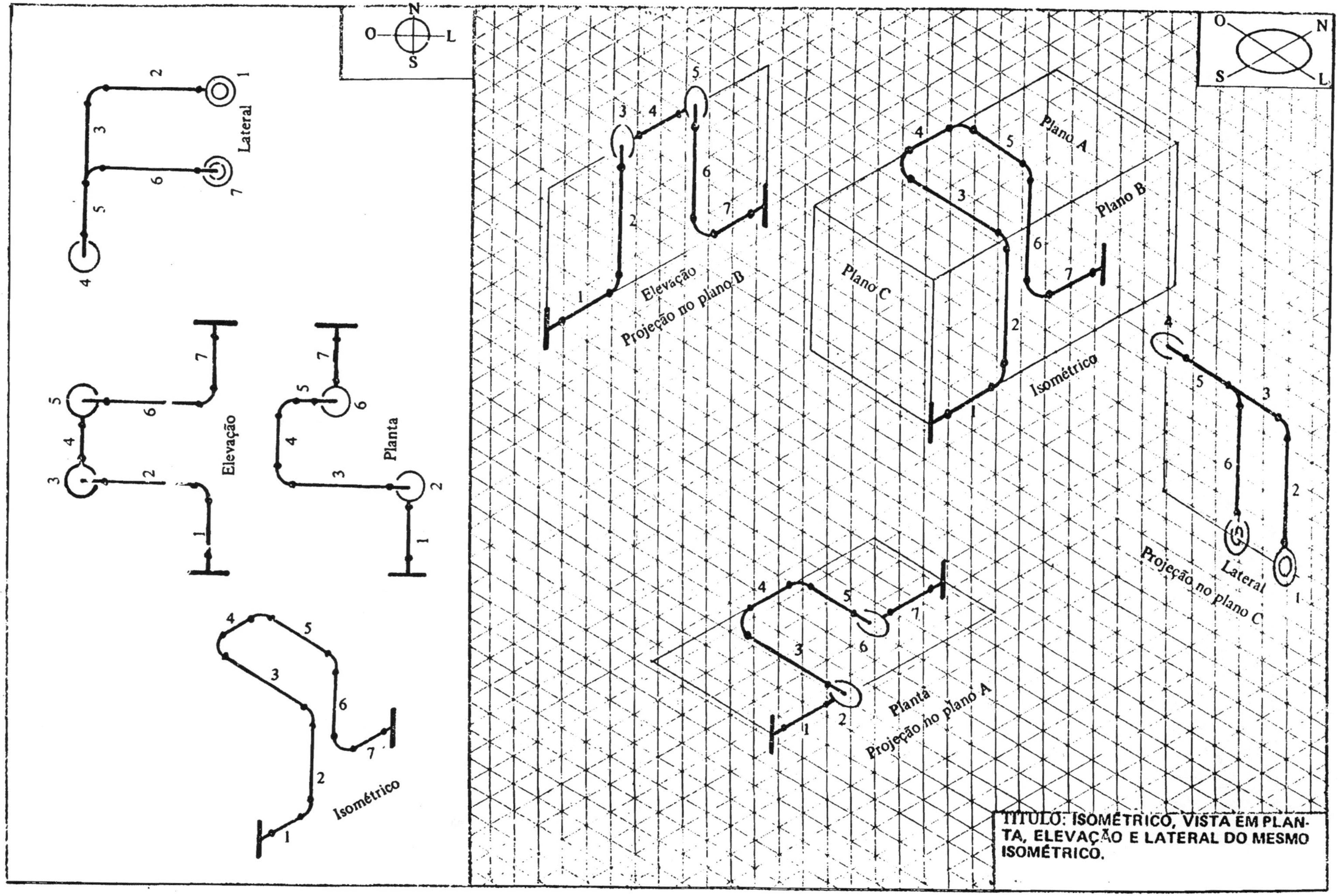
N
O
L
S
Lateral
Elevação
Planta
Isométrico
Plano A
Plano B
Plano C
Elevação
Projeção no plano B
Planta
Projeção no plano A
Lateral
Projeção no plano C
TÍTULO: ISOMÉTRICO, VISTA EM PLANTA, ELEVAÇÃO E LATERAL DO MESMO ISOMÉTRICO.

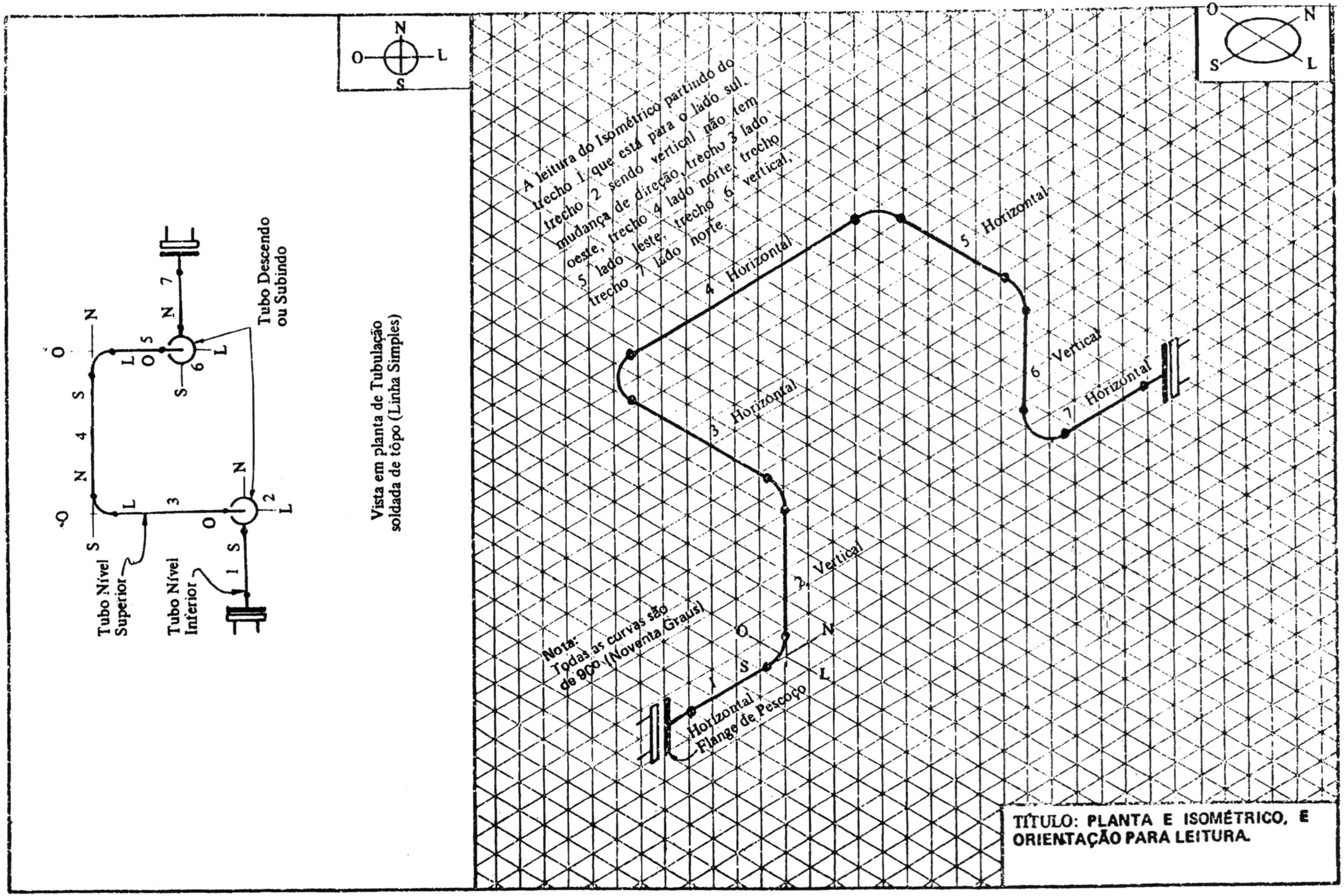
Tubo Nível Superior
Tubo Nível Inferior
Tubo Descendo ou Subindo
Vista em planta de Tubulação soldada de tôpo (Linha Simples)
A leitura do Isométrico partindo do trecho 1 que está para o lado sul, trecho 2 sendo vertical não tem mudança de direção, trecho 3 lado oeste, trecho 4 lado norte, trecho 5 lado leste, trecho 6 vertical, trecho 7 lado norte.
4 Horizontal
5 Horizontal
3 Horizontal
6 Vertical
7 Horizontal
2 Vertical
Nota:
Todas as curvas são de 90º (Noventa Graus)
1 Horizontal
Flange de Pescoço
TÍTULO: PLANTA E ISOMÉTRICO, E ORIENTAÇÃO PARA LEITURA.

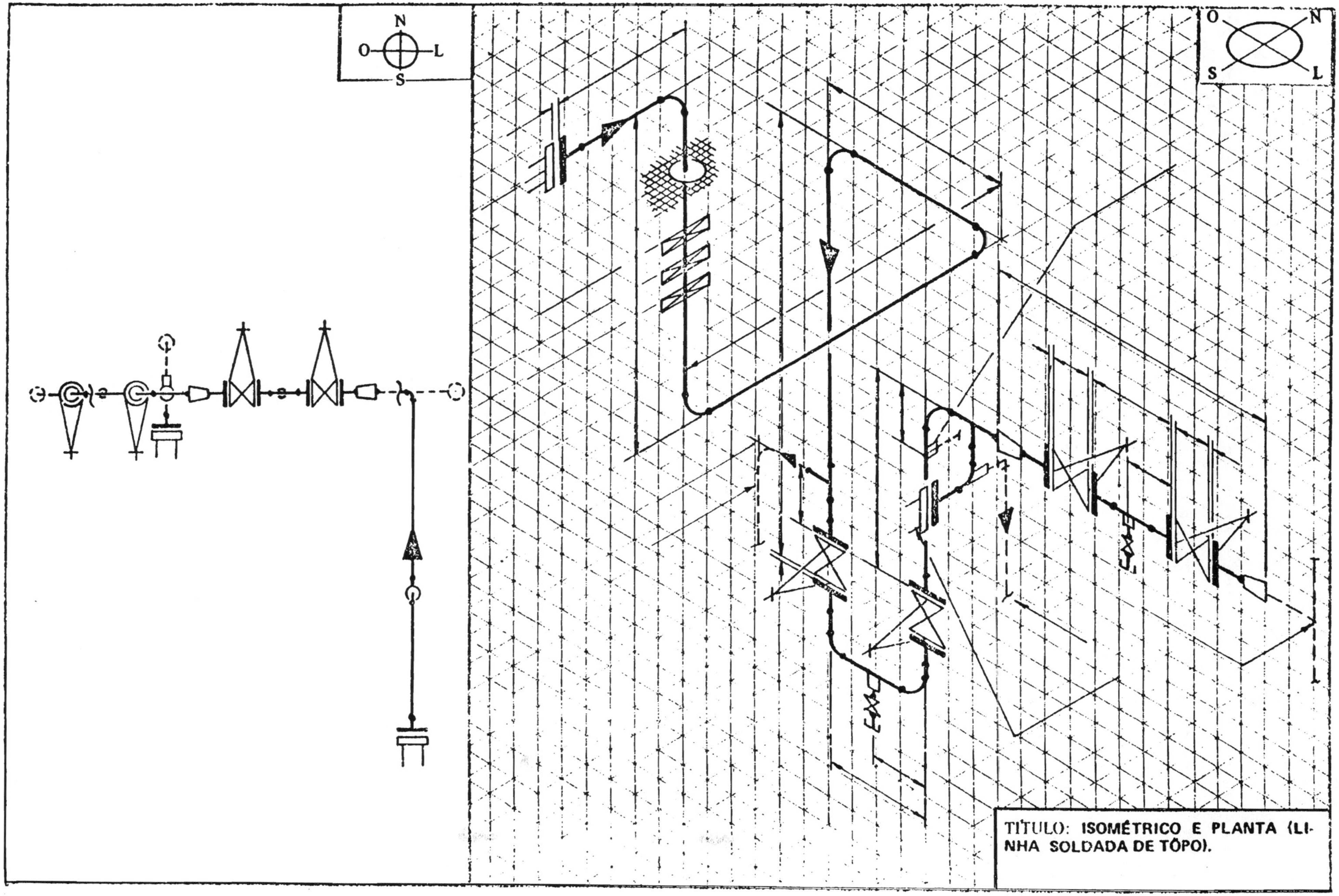

TÍTULO: ISOMÉTRICO E PLANTA (LINHA SOLDADA DE TÔPO).

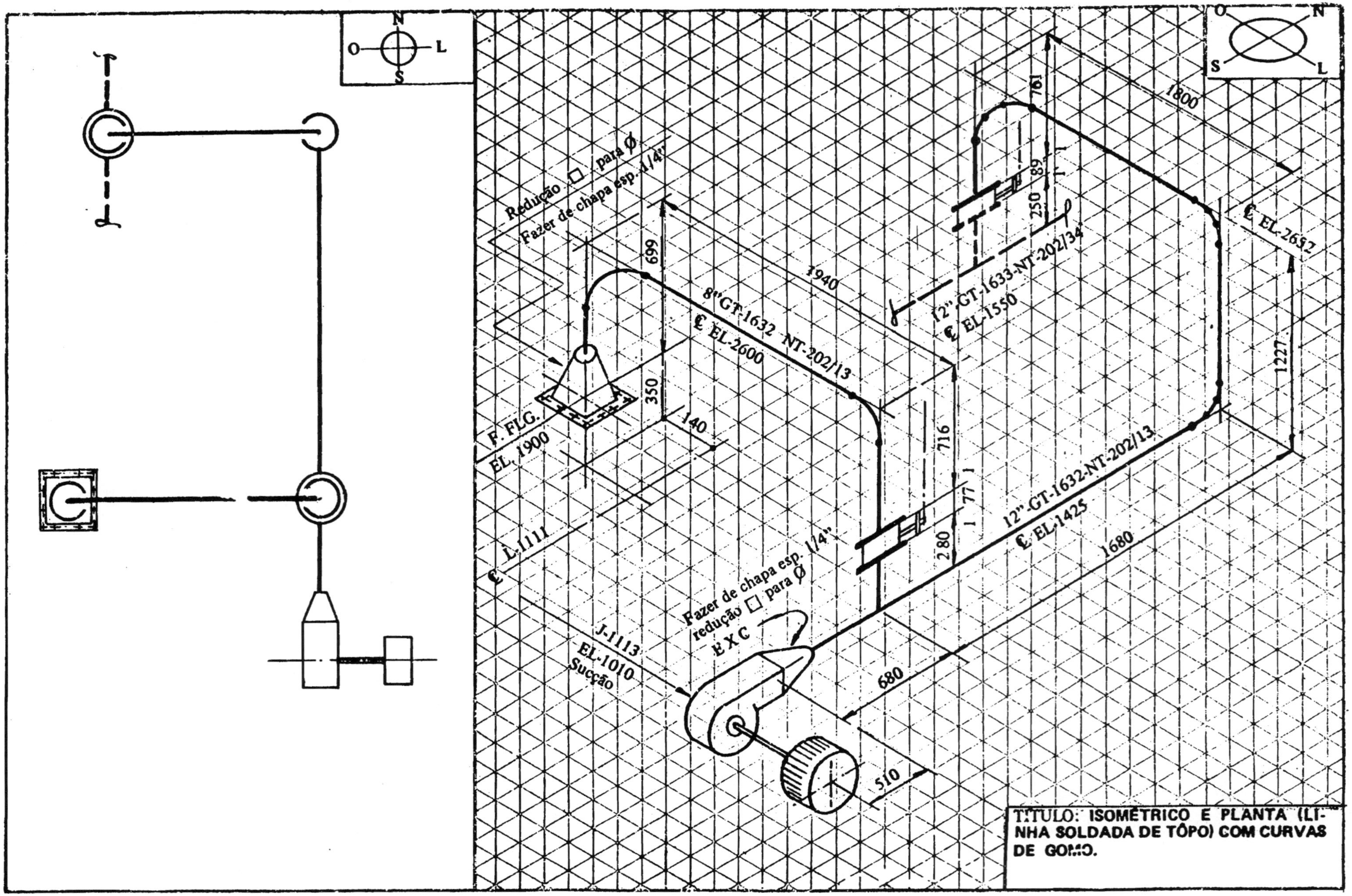

TÍTULO: ISOMÉTRICO E PLANTA (LINHA SOLDADA DE TÔPO) COM CURVAS DE GOMO.

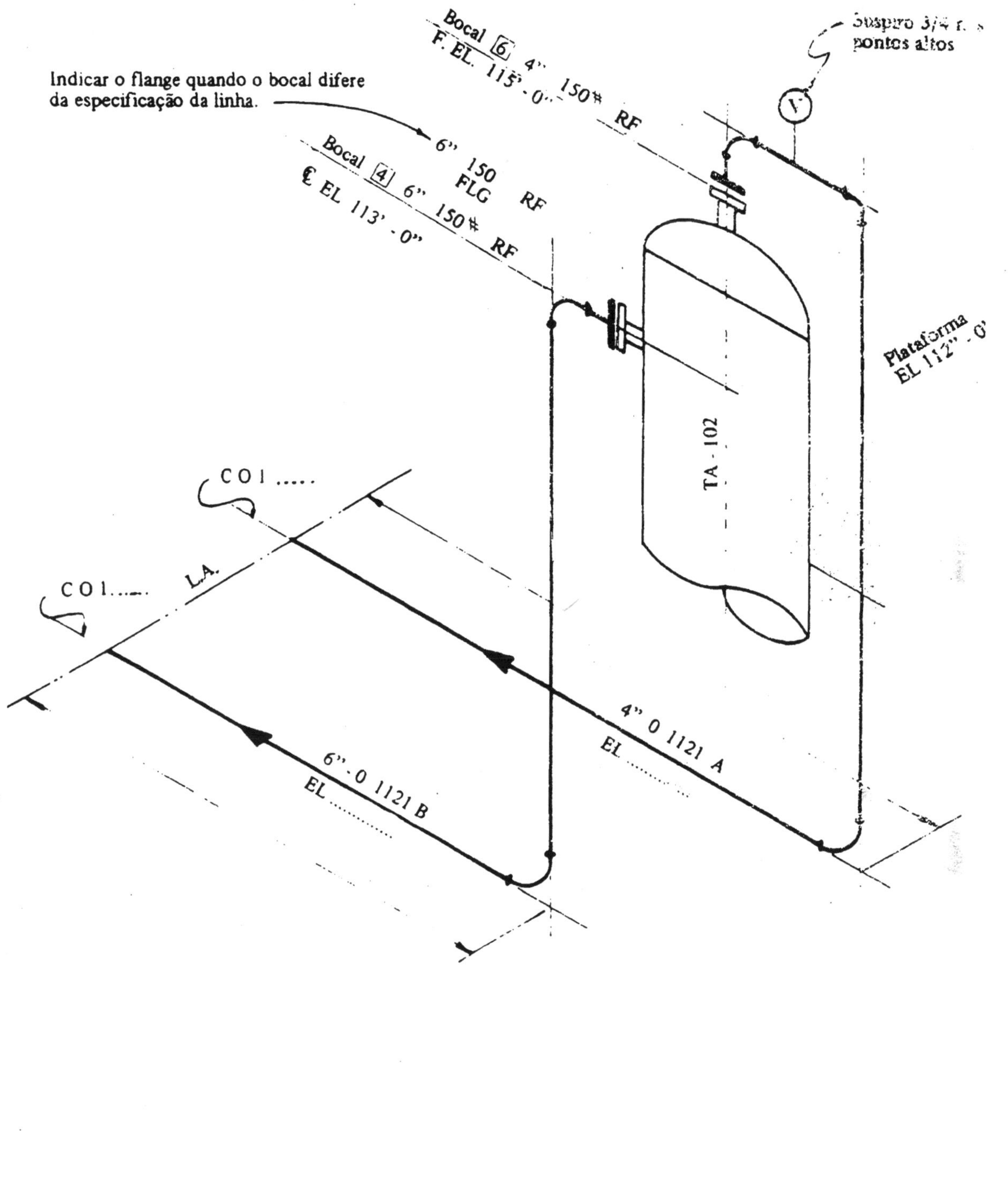

TÍTULO: **REPRESENTAÇÃO DE EQUIPAMENTO VERTICAL EM ISOMÉTRICO COM BOCAIS E LINHAS.**

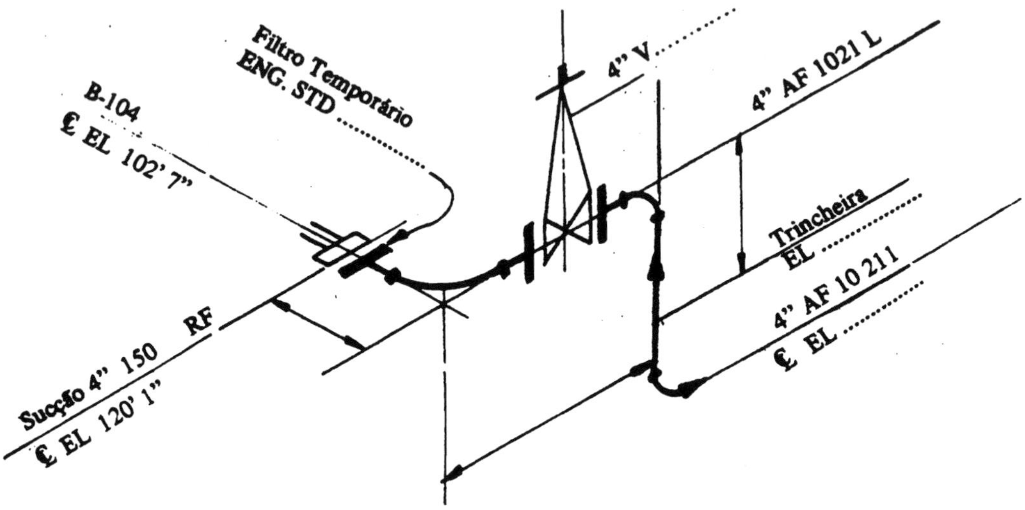

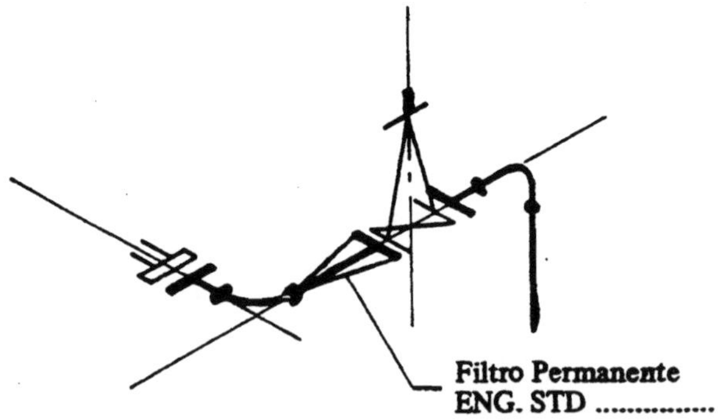

TÍTULO: REPRESENTAÇÃO EM ISOMÉTRICO DE SUCÇÃO DE BOMBAS.

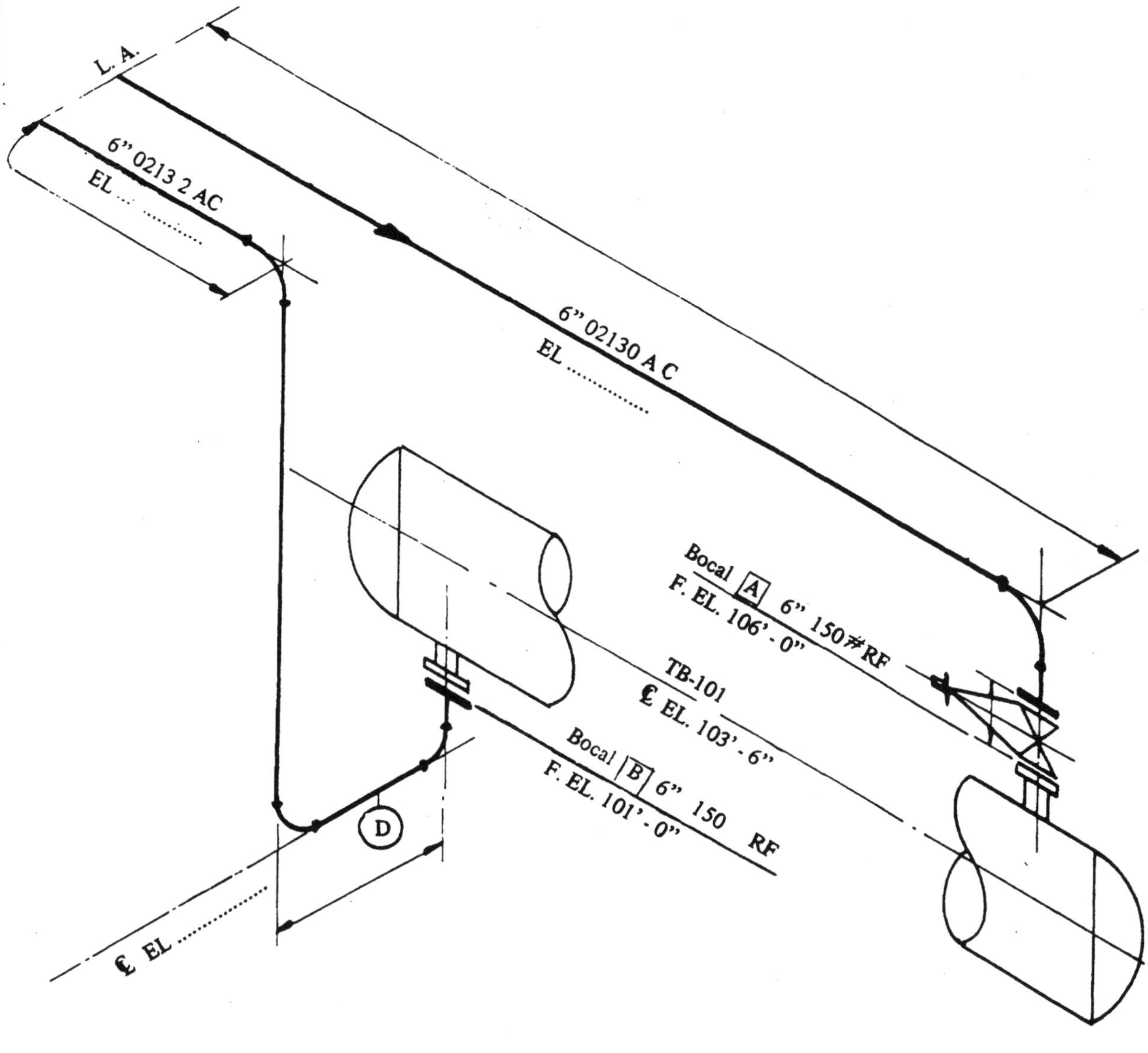

TÍTULO: REPRESENTAÇÃO DE TAMBORES HORIZONTAIS EM ISOMÉTRICO COM BOCAIS E LINHAS.

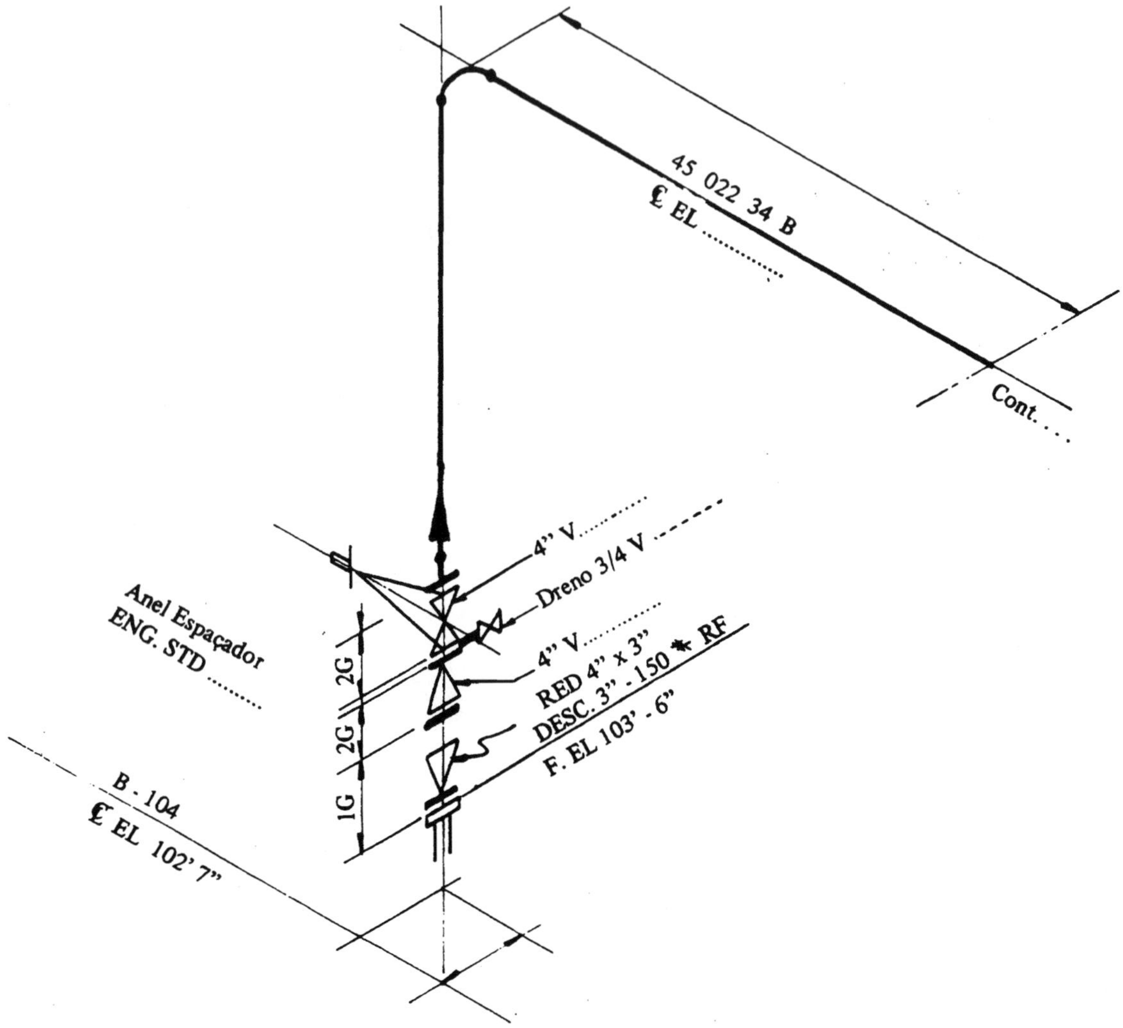

TÍTULO: REPRESENTAÇÃO DE BOMBAS EM ISOMÉTRICO.

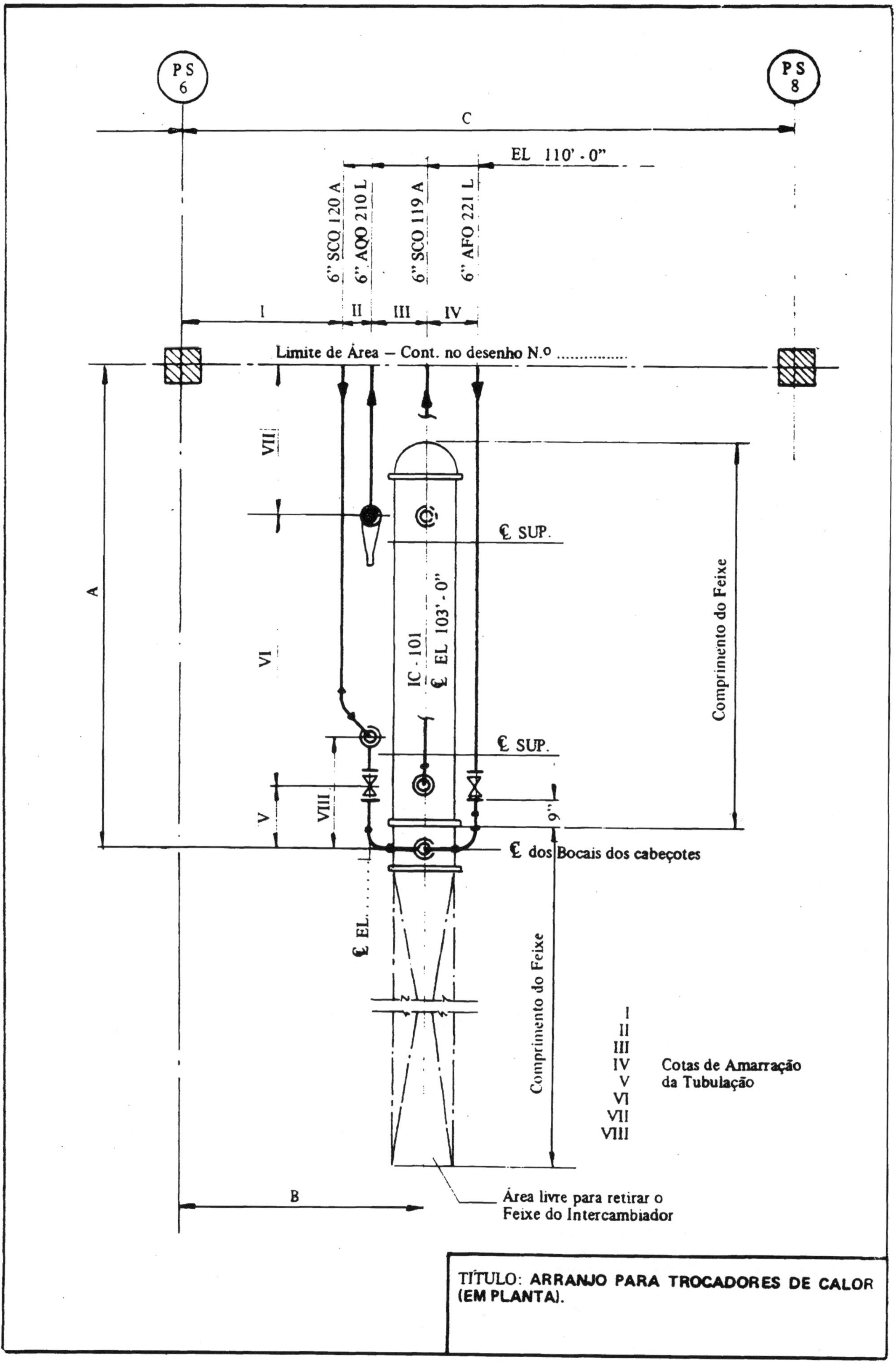

TÍTULO: **ARRANJO PARA TROCADORES DE CALOR (EM PLANTA).**

CAPÍTULO IV
CÁLCULOS DE LINHA A 45°
(VERTICAL E HORIZONTAL)

Círculo Trigonométrico: É o círculo onde se definem as funções trigonométricas e que tem as seguintes propriedades:

– O raio é igual a unidade.

– Os arcos são considerados positivos quando medidos no sentido anti-horário.

– Fica dividido por dois diâmetros perpendiculares entre si, um horizontal A'A, outro vertical BB', em quatro setôres iguais chamados quadrantes.

Convenciona-se tomar para origem dos arcos a extremidade direita do diâmetro horizontal (ponto A).

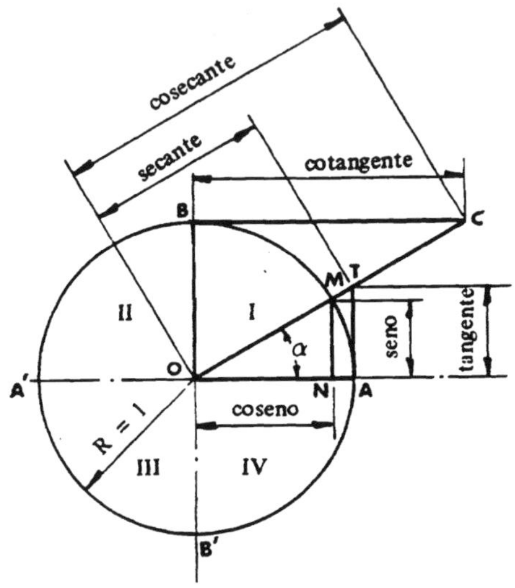

Definições das Funções Trigonométricas: Chamando-se de α o ângulo cujas funções se quer definir, o lado OA desse ângulo é fixo, isto é, a origem de todos os ângulos considerados no círculo trigonométrico; o lado OM é móvel; variando à medida que varia a posição do ponto M.

Chama-se **Seno** do ângulo α o segmento perpendicular, baixado da extremidade M do lado móvel do ângulo, sobre o lado fixo OA.

Seno α = MN

Coseno do ângulo α no círculo trigonométrico é o segmento sôbre o lado fixo OA do ângulo compreendido entre o centro O do círculo e o pé N do seno.

Coseno α = ON

Tangente do ângulo α no círculo trigonométrico é o segmento da tangente ao círculo na origem do arco A, compreendido entre o ponto de tangência A e o prolóngamento do lado móvel T.

Tangente α = AT

Cotangente do ângulo α no círculo trigonométrico é o segmento da tangente ao círculo no ponto B compreendido entre o ponto de tangência B o ponto de cruzamento da tangente com o prolongamento do lado móvel.

Cotangente α = BC

Secante do ângulo α no círculo trigonométrico é o segmento sobre o lado móvel do ângulo, compreendido entre o centro do círculo O e o ponto de encontro do lado móvel com a tangente.

Secante α = OT

Cossecante do ângulo α no círculo trigonométrico é o segmento sôbre o lado móvel do ângulo, compreendido entre o centro do círculo e o ponto de encontro do lado móvel com a cotangente.

Cossecante α = OC

Convenção de Sinais das Funções Trigonométricas: – O seno é positivo quando medido acima da reta A A' (1.º e 2.º quadrantes).

– O conseno é positivo quando medido à direita da reta BB' (1.º e 4.º quadrantes).

– A tangente e a cotangente são positivas no 1.º e no 3.º quadrantes.

– Como a secante é o inverso do coseno (1/cos), ela tem necesariamente o mesmo sinal do coseno.

– Como a cossecante é o inverso do seno (1/sen), ela tem necessariamente o mesmo sinal do seno.

Obs.: Observando o círculo trigonométrico, verificamos que o seno e o coseno podem valer no máximo 1 (uma unidade); a secante e a cossecante tem o valor mínimo igual a 1(uma unidade), porque os pontos T e C caem sempre fora do círculo, podendo excepçionalmente cair sobre o círculo; a tangente e a cotangente podem assumir todos os valores reais.

Variações das Funções Trigonométricas: Vamos considerar um ângulo crescendo de 0° a 360° e estudar como variam as diferentes funções trigonométricas desse ângulo. A tabela das variações das funções encontra-se abaixo.

TABELA DA VARIAÇÃO DAS FUNÇÕES DE 30°, 45°, 60°, 90° e 0°

Funções	30°	45°	60°	90°	0°
Seno	.500	.707	.866	1.000	0.000
Coseno	.866	.707	.500	0.000	1.000
Tangente	.577	1.000	1.732	00	0.000
Cotangente	1.732	1.000	.577	0.000	00
Secante	1.154	1.414	2.000	00	1.000
Cossecante	2.000	1.414	1.154	1.000	00

Trigonometria: É a parte da Matemática que estuda a medida dos triângulos, baseada nas relações entre seus lados e ângulos.

Estudo de um Ângulo: Seja a figura geométrica formada pelas semi-retas OM e ON, traçadas por um ponto O; essa figura representa um ângulo. O ponto O é o vértice e as semi-retas OM e ON são os lados. Designa-se o ângulo pelo símbolo MON ou ainda, simplesmente, pela letra O do vértice, precedida da palavra **ângulo** ou ainda do símbolo $\measuredangle$. Também é frequente o emprego de uma só letra minúscula collocada na abertura do ângulo. (São usadas letras gregas para esse tipo de representação de ângulo):

Estudo do Grau: Se traçarmos dois diâmetros perpendiculares, teremos dividido o círculo em quatro partes iguais ou **quatro quadrantes.** Teremos formado, 4 ângulos retos.

Grau: É o ângulo correspondente a 1/90 de um ângulo reto. A circunferência terá portanto 90 x 4 = 360°. O grau subdivide-se em 60 minutos de arco (escreve-se 60') e cada minuto de arco em 60 segundos de arco (escreve-se 60") A circunferência tem, pois: 360 x 60 x 60 = 1.296.000".

O segundo admite submúltiplos que se designam por décimos, centésimos e milésimos de segundos.

Radiano: Em Trigonometria, medem-se os elementos de um círculo em função do raio do mesmo círculo. Assim, a unidade de arco, num círculo dado, é o arco de comprimento equivalente do raio do mesmo círculo: o **radiano.**

Radiano é, pois, o ângulo central que subentende um arco de circunferência equivalente ao comprimento do raio do círculo. Sabemos por geometria, que a circunferência toda C é igual a 2π raios, ou 2π radianos. Temos: C = 2 x 3,1416 raios = 2 x 3,1416 radianos. Uma semi-circunferência é igual a π radianos ; um quadrante é igual $\pi/2$ radianos; 45° equivalem a $\pi/4$ radianos e assim sucessivamente.

Conversão de Graus em Radianos: Multiplicar o número de graus por $\pi/180$.

Exemplo: **Calcular** em radianos o arco de 450°

$$R = \frac{\pi \times 450^\circ}{180} = \frac{5}{2} \text{ radianos}$$

Conversão de Radianos em Graus: Multiplicar o número de radianos por $180/\pi$.

Exemplo: Calcular em graus o arco de 1 radiano.

Sabemos que π radianos é igual a 180°. Então, teremos:

$$1 \text{ radiano} = \frac{180}{\pi} = \frac{180}{3,14} = 57^\circ\ 17'\ 44''$$

Exercício: Dois móveis partem do mesmo ponto A de uma circunferência e percorrem-na em sentido contrário à circunferência, com as velocidades respectivas de 3°/seg. e 6°/seg. Calcular:

— Quanto tempo decorrerá entre cada encontro?

— Em quais pontos da circunferência se darão os primeiros dois encontros?

Resolução: — Seja t o tempo que decorre entre o momento da saída e o primeiro encontro. Nesse tempo, o primeiro móvel terá percorrido certo número de graus igual a 3° x t, e o segundo móvel 6° x t. O total dos graus percorridos será então, de 360° e temos: 3t + 6t = 360°

$$\text{logo:. } t = \frac{360^\circ}{9} \text{ e portanto}$$

t = 40 seg. Os encontros sucessivos se darão, pois, em cada 40 segundos.

— Em 40 segundos o primeiro móvel percorreu um arco de 3° x 40 = 120°. O segundo encontro se dará depois de um percurso de mais 120°, ou 240°, a partir do ponto de saída.

Exercícios propostos: 1) Qual é, em radianos, o valor dos seguintes arcos: 30°, 120° e 12°30' ?

2) Qual é, em radianos, o arco percorrido pelo ponteiro dos minutos de um relógio, num período de 25 minutos? Resposta: 2,618 rd.

3) Converter em graus o arco de 5,5 radianos.

Estudo das Razões Trigonométricas: As razões possíveis entre os 3 lados de um triângulo retângulo de lados a, b, c, são em número de seis e foram chamadas respectivamente: **Seno, Coseno, Tangente, Cotangente, Secante e Cossecante.**

Seja o triângulo retângulo de lados a, b, e e de ângulos A, B e C, sendo A = 90º. Teremos as 6 razões referentes ao ângulo B e variáveis com ele.

$$\text{Seno de B} = \frac{\text{Cateto Oposto}}{\text{Hipotenusa}} = \frac{b}{a}$$

$$\text{Coseno de B} = \frac{\text{Cateto Adjacente}}{\text{Hipotenusa}} = \frac{c}{a}$$

$$\text{Tangente de B} = \frac{\text{Cateto Oposto}}{\text{Cateto Adjacente}} = \frac{b}{c}$$

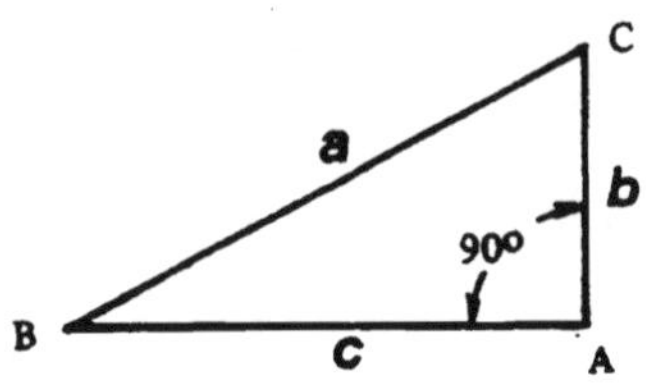

$$\text{Cotangente de B} = \frac{\text{Cateto Adjacente}}{\text{Cateto Oposto}} = \frac{c}{b}$$

$$\text{Secante de B} = \frac{\text{Hipotenusa}}{\text{Cateto Adjacente}} = \frac{a}{c}$$

$$\text{Cossecante de B} = \frac{\text{Hipotenusa}}{\text{Cateto Oposto}} = \frac{a}{b}$$

No triângulo ABC:

1) o lado **a é a hipotenusa**
2) o lado **b é o cateto oposto** ao ângulo B
3) o lado **c é o cateto adjacente** ao ângulo B

Poderemos então, definir as primeiras quatro razões trigonométricas do ângulo B, como sendo respecitvamente:

$$\text{sen B} = \frac{b}{a} = \frac{\text{Cateto Oposto}}{\text{Hipotenusa}}$$

$$\text{cos B} = \frac{c}{a} = \frac{\text{Cateto Adjacente}}{\text{Hipotenusa}}$$

$$\text{tg B} = \frac{b}{c} = \frac{\text{Cateto Oposto}}{\text{Cateto Adjacente}}$$

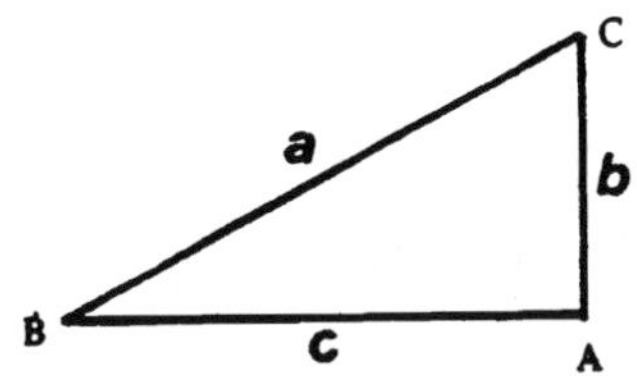

$$\text{cot B} = \frac{c}{b} = \frac{\text{Cateto Adjacente}}{\text{Cateto Oposto}}$$

Então, o seno do ângulo B é a razão do cateto oposto a esse ângulo para a hipotenusa. E assim por diante para as outras razões.

Nota: Se considerássemos o ângulo C teríamos:

$$\text{sen C} = \frac{c}{a} \; ; \; \text{cos C} = \frac{b}{a}$$

$$\text{tg C} = \frac{c}{b} \; ; \; \text{cotg C} = \frac{b}{c}$$

Funções Trigonométricas: As seis razões trigonométricas variam conforme o ângulo a que se referem. São perfeitamente determinadas para cada um dos ângulos compreendidos entre 0º e 90º e a cada ângulo, nesse intervalo, corresponde apenas um valor para cada razão.

As razões trigonométricas são, pois, funções dos ângulos a que se referem e costumam-se chamar **Funções Trigonométricas.**

Essas funções são contínuas e definidas dentro do intervalo de 0º a 90º.

Fórmulas Fundamentais e suas Deduções: Tomemos um triângulo retângulo e consideremos todos os seus lados e ângulos.

Agora, podemos estudar qualquer ângulo desse triângulo. Tomemos o ângulo B.

$$\text{sen } B = \frac{\text{Cateto Oposto}}{\text{Hipotenusa}} = \frac{b}{a} \qquad a = \frac{b}{\text{sen } B} \qquad b = \text{sen } B \cdot a$$

$$\cos B = \frac{\text{Cateto Adjacente}}{\text{Hipotenusa}} = \frac{c}{a} \qquad a = \frac{c}{\cos B} \qquad c = \cos B \cdot a$$

$$\text{tg. } B = \frac{\text{Cateto Oposto}}{\text{Cateto Adjacente}} = \frac{b}{c} \qquad c = \frac{b}{\text{tg } B} \qquad b = \text{tg } B \cdot c$$

$$\text{cotg } B = \frac{\text{Cateto Adjacente}}{\text{Cateto Oposto}} = \frac{c}{b} \qquad b = \frac{c}{\text{cotg } B} \qquad c = \text{cotg } B \cdot c$$

$$\sec B = \frac{\text{Hipotenusa}}{\text{Cateto Adjacente}} = \frac{a}{c} \qquad c = \frac{a}{\sec B} \qquad a = \sec B \cdot c$$

$$\text{cosec } B = \frac{\text{Hipotenusa}}{\text{Cateto Oposto}} = \frac{a}{b} \qquad b = \frac{a}{\text{cose } B} \qquad a = \text{cosec } B \cdot b$$

Teorema de Pitágoras e suas Deduções: Enunciado: "Em todo triângulo retângulo, o quadrado da hipotenusa é igual à soma dos quadrados dos catetos".

$$a^2 = b^2 + c^2 \; ; \; a = \sqrt{b^2 + c^2} \; ; \; b^2 = a^2 - c^2 \; ; \; b^2 = \sqrt{a^2 - c^2}$$

$$c^2 = a^2 - b^2 \; ; \; c = \sqrt{a^2 - c^2}$$

Variações das Funções Trigonométricas: Seno: MN; Coseno: ON; Tangente: AT; Cotg. : BC; Secante: OT ; Cossecante OC.

	0°	0° a 90°	90°	90° a 180°	180°	180° a 270°	270°	270° a 360°	360°
Sen	0	Cresce	1	Decresce	0	Decresce	-1	Cresce	0
Cos	1	Decresce	0	Decresce	-1	Cresce	0	Cresce	1
Tg	0	Cresce	$\pm\infty$	Cresce	0	Cresce	$\pm\infty$	Cresce	0
Cotg	$\pm$	Decresce	0	Decresce	$\pm\infty$	Decresce	0	Decresce	$\pm\infty$
Sec	1	Cresce	$\pm\infty$	Cresce	-1	Decresce	$\pm\infty$	Decresce	1
Cossec	$\pm$	Decresce	1	Cresce	$\pm\infty$	Cresce	-1	Decresce	$\pm\infty$

Triângulo Retângulo: Formado por 2 Ângulos Agudos (A e B) e 1 Ângulo Reto (C) de 90°.

A = Ângulo ALFA } Qualquer grau do ângulo
B = Ângulo BÉTA }
C = Ângulo GAMA = 90° = Ângulo Reto

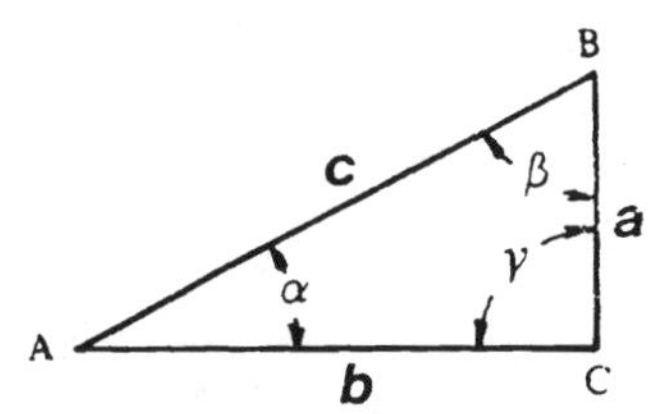

Ângulo Agudo é o ângulo de menos (–) de 90° fecha até 0°.
Ângulo Reto é o ângulo de 90°
Ângulo Obtuso, é o ângulo de mais (+) de 90°, abre até 180°

A – B – C são os vértices do triângulo retângulo.

Contorno do triângulo retângulo, são chamados pelas letras: **a = lado oposto; b = lado adjacente; c = Hipotenusa.**

Os ângulos tem as suas siglas, e escreve-se assim: **sen = seno; cos = coseno; tg = tangente; cotg = cotangente**
Os ângulos agudos podem ser chamados ângulos ALFA (α) ou ângulo BÉTA (β).

Maneira de se achar os Ângulos dos Vértices: A e B

C = Ângulo GAMA (γ) = 90° menos o vértice "A" ângulo ALFA (α) nos dá o vértice "B" ângulo BÉTA (β) ($\gamma - \alpha = \beta$ ou 90° – A = B)

C = Ângulo GAMA (γ) = 90° menos o vértice "B" ângulo BÉTA (β) nos dá o vértice "A" ângulo ALFA (α) ($\gamma - \beta = \alpha$ ou 90° – B = A)

Fórmula dos Cálculos Trigonométricos: Para os valôres decimais dos graus, deve-se consultar a tabela trigonométrica aos graus correspondentes.

$$\text{sen}\,\alpha = \frac{a}{c} \qquad \cos\alpha = \frac{b}{c} \qquad \text{tg}\,\alpha = \frac{a}{b} \qquad \text{cotg}\,\alpha = \frac{b}{a}$$

$$\text{sen}\,\beta = \frac{b}{c} \qquad \cos\beta = \frac{a}{c} \qquad \text{tg}\,\beta = \frac{b}{a} \qquad \text{cotg}\,\beta = \frac{a}{b}$$

$$a = c \cdot \text{sen}\,\alpha = b \cdot \text{tg}\,\alpha = \frac{b}{\text{cotg}\,\alpha} = c \cdot \cos\beta = \frac{b}{\text{tg}\,\beta} = b \cdot \text{cotg}\,\beta$$

$$b = c \cdot \text{sen}\,\beta = a \cdot \text{tg}\,\beta = \frac{a}{\text{cotg}\,\beta} = c \cdot \cos\alpha = \frac{a}{\text{tg}\,\alpha} = a \cdot \text{cotg}\,\alpha$$

$$c = \frac{a}{\text{sen}\,\alpha} = \frac{b}{\text{sen}\,\beta} = \frac{a}{\cos\beta} = \frac{b}{\cos\alpha}$$

Cálculos do Triângulo Retângulo: É bom lembrar que a soma dos 2 ângulos agudos tem que ser sempre 90°

1) Quantos graus tem o ângulo "B" sendo o ângulo "A" de 25°? (B = 90° – 25° = 65°)

Resposta: Ângulo "B" tem 65°

2) Quantos graus tem o ângulo "A" sendo o ângulo "B" de 76°? ("A" = 90° – 76° = 14°)

Resposta: Ângulo "A" tem 14°

3) Se temos o lado oposto a = 360 e o lado adjacente b = 920 ; calcular o ângulo α e depois o ângulo β

Ângulo α será: $\text{tg}\,\alpha = \frac{a}{b} = \frac{360}{920} = 0{,}39130$

0,39130 é decimal de graus, deve-se então procurar na tabela trigonométrica, quanto vale em graus a tg. de 0,39130 e vamos achar 21° e 22' (vinte e um grau e vinte e dois minutos) da mesma forma se for Cos., Sen etc. . .

Então o Ângulo α = 21° 22' e o ângulo β será: $\gamma - \alpha$ = 90° – 21° 22' = 89° 60' – 21° 22' = 68° 38'

$$\begin{array}{r} 89°60' \\ -\;21°22' \\ \hline 68°38' \end{array}$$

Casos como este, quando de 90°, temos que fazer uma subtração que envolve a operação de minutos, empresta-se 1 dos 90° que é igual a 60', e o cálculo é feito como acima.

Resposta: Ângulo α = 21° 22' e o ângulo β = 68° 38'

4) Se temos o lado oposto a = 460 e a Hipotenusa C = 870 ; calcular o ângulo β e depois o ângulo α

Na fórmula anterior: Ângulo β será: (ver **Fórmula dos Cálculos Trigonométricos**) :

$$\cos\beta = \frac{a}{c} = \frac{460}{870} = 0{,}52873$$

0,52873 é decimal de graus, procura-se na tabela trigonométrica, na coluna de cos. Vamos encontrar 0,52869 e é o n.º que mais se aproxima de 0,52873 que e igual a 58° 55'.

Ângulo α será: $\gamma - \beta$ = 90° – 58° 55' = 31° 5'

$$\begin{array}{r} 89°60' \\ -\;58°55' \\ \hline 31°05' \end{array}$$

(Emprestando-se 1° dos 90° temos 89° 60' para a subtração).

Resposta: Ângulo β = 58° 55' e Ângulo α = 31° 5'

```
4600  |870
2500   0,52873
 7600
  6400
   3100
    490
```

5) Se o lado adjacente b = 900 e o ângulo α = 18°; achar a distância "a" (lado oposto)

Na fórmula anterior (ver **Fórmula dos Cálculos Trigonométricos**) a = b x tg α = 900 x tg de 18°

conforme tabela trigonométrica na coluna de tg. achamos 0,32492, logo:

a = 900 x 0,32492 = 292

$$\begin{array}{r} 0{,}32492 \\ \times\;900 \\ \hline 292{,}42800 \end{array}$$

Resposta: Distância a = 292

6) Se o lado oposto a = 292 e o angulo α = 25°, achar a distância b.
Na fórmula anterior (ver Fórmula dos Cálculos Trigonométricos) a distância b é:

$$b = \frac{a}{tg\,\alpha} = \frac{292}{tg\,25°} = \frac{292}{0,46631} = 626$$

```
29200000 /0,46631
 122140   626,1
  288780
   089940
    43309
```

Resposta: Distância b é 626

7) Se o lado oposto a = 560 e o lado adjacente b = 800, achar o ângulo α ; ângulo β ; e a hipotenusa C.

$$\text{Ângulo } \alpha = \frac{a}{b} = tg\,\alpha \quad \text{logo } tg\,\alpha = \frac{560}{800} = 0,700 = 35°$$

$$\text{Ângulo } \beta = \gamma - \alpha = 90° - 35° = 55°$$

```
5600 /800
000   0,700
```

$$\text{Hipotenusa} = \frac{a}{sen\,\alpha} = \frac{560}{0,57358} = 976$$

```
 90°
-35°
 55°
```

```
56000000 /0,57358
 437780   976,3
  362740
   185920
    13846
```

Resposta: Ângulo α = 35° ; Ângulo β = 55° ; Hipotenusa C = 976

8) Exemplo final: Subtrair de 90° – 57° 54'20"

Casos como este, 1° = 60' (Um grau é igual a sessenta minutos); 1' = 60" (Um minuto é igual a sessenta segundos), então de 90° empresta-se 60' (60 minutos) e fica então 89°, depois empresta-se 60", e fica, então, 59' tendo-se finalmente 89° 59'60"

Resolvendo-se a operação, temos:

```
  89° 59' 60"
– 57° 54' 20"
  32° 05' 40"
```

Resposta: 90° – 57° 54' 20" restam 32° 05' 40".

Exercício: Calcular as medidas assinaladas com "A" (Tubulação vista em Elevação).

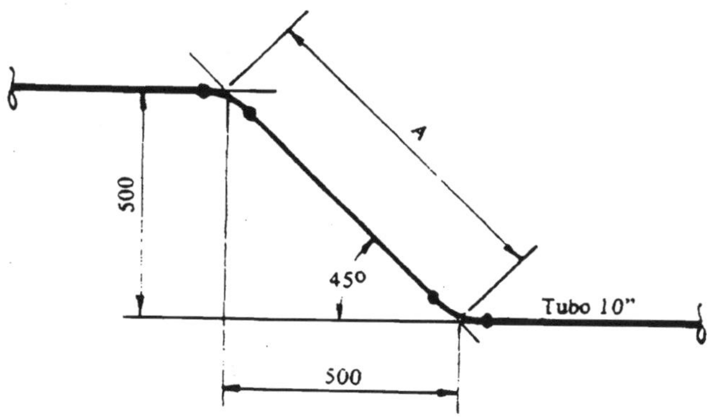

A = 1,414 x 500 = 707 (Veja tabela na pagina 224).

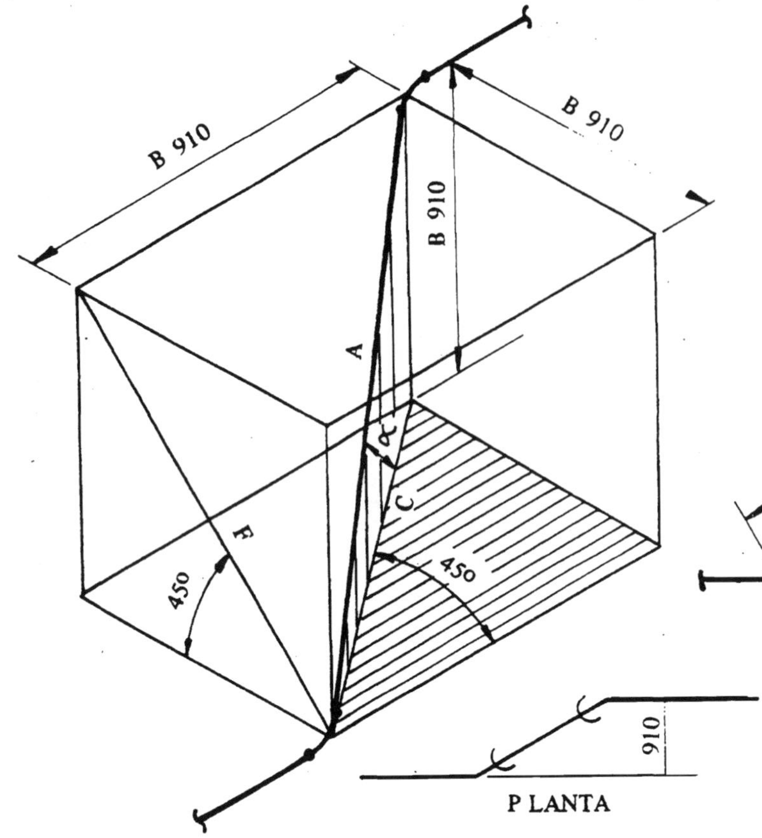

P LANTA

SÓ PARA QUADRADO

$F = 1.414.B$

$A = B.\sqrt{3}$

$A = 910 . 1.7321$

$A = 1576$

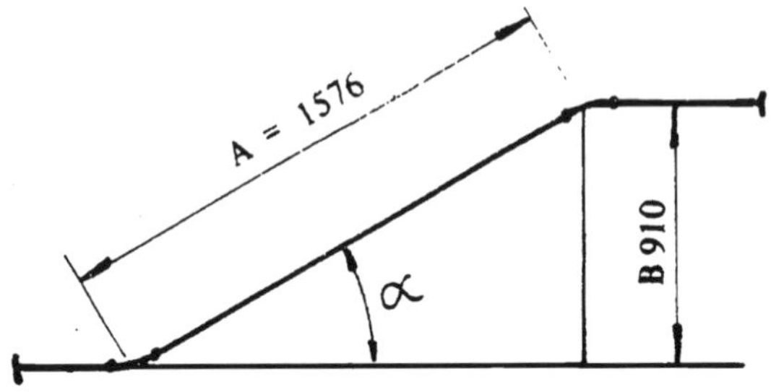

$\text{SENO}\ \alpha = \frac{910}{1576} = 0,5774$

$\text{SENO}\ \alpha = 0,5774 = 35^\circ\ 15'$

LADO A CALCULAR	LADO CONHECIDO	LADO A MULTIPLICAR PELA CONSTANTE	CURVAS					
			60º	45º	30º	22 1/2º	11 1/4º	5 5/8º
A	B	B	1,155	1,414	2.000	2,613	5,125	10,187
B	A	A	0,866	0,707	0,500	0,383	0,195	0,098
C	B	B	0,577	1,000	1,732	2,414	5,027	10,158
B	C	C	1,732	1,000	0,577	0,414	0,198	0,098
A	C	C	2,000	1,414	1,155	1,082	1,019	1,004
C	A	A	0,500	0,707	0,866	0,924	0,980	0,995

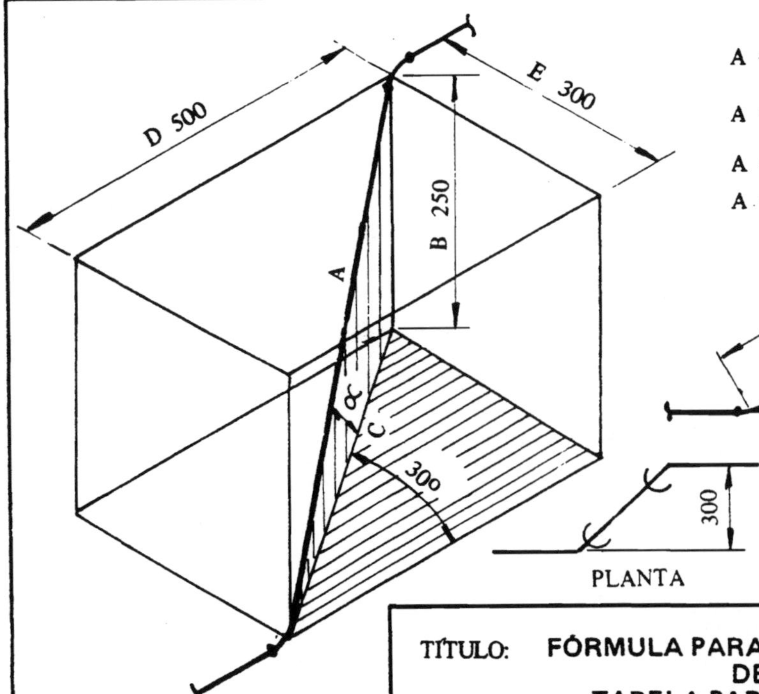

PLANTA

$A = \sqrt{D^2 + E^2 + B^2}$

$A = \sqrt{500^2 + 300^2 + 250^2}$

$A = \sqrt{402500}$

$A = 634,4$

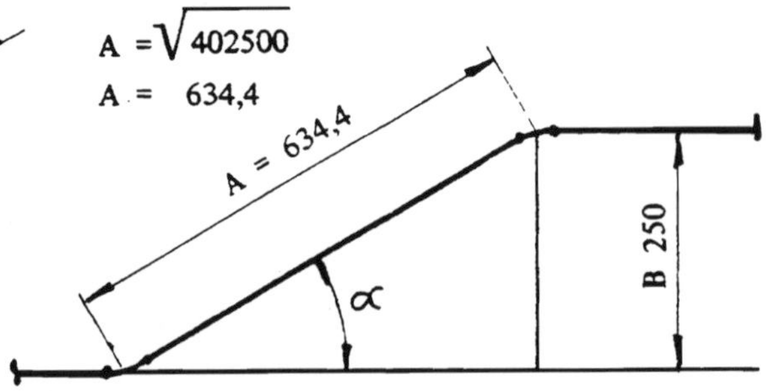

$\text{SENO}\ \alpha = \frac{250}{634,4} = 0,394$

$\text{SENO}\ \alpha = 0,394 = 24^\circ$

TÍTULO: **FÓRMULA PARA CALCULAR LINHA À 45º COM DESLOCAMENTO E TABELA PARA CALCULAR TRIÂNGULO RETÂNGULO MULTIPLICANDO UM LADO PELA CONSTANTE**

LINHAS TRIGONOMÉTRICAS

SENO

Grau \ Min.	0'	10'	20'	30'	40'	50'	60'	Min. \ Grau
0	0,00000	0,00291	0,00582	0,00873	0,01164	0,01454	0,01745	89
1	0,01745	0,02036	0,02327	0,02618	0,02908	0,03199	0,03490	88
2	0,03490	0,03781	0,04071	0,04362	0,04653	0,04943	0,05234	87
3	0,05234	0,05524	0,05814	0,06105	0,06395	0,06685	0,06976	86
4	0,06973	0,07266	0,07556	0,07846	0,08136	0,08426	0,08716	85
5	0,08716	0,09005	0,09295	0,09585	0,09874	0,10164	0,10453	84
6	0,10453	0,10742	0,11031	0,11320	0,11609	0,11898	0,12187	83
7	0,12187	0,12476	0,12764	0,13053	0,13341	0,13629	0,13917	82
8	0,13917	0,14205	0,14493	0,14781	0,15069	0,15356	0,15643	81
9	0,15643	0,15931	0,16218	0,16505	0,16792	0,17078	0,17365	80
10	0,17365	0,17651	0,17937	0,18224	0,18509	0,18795	0,19081	79
11	0,19081	0,19366	0,19652	0,19937	0,20222	0,20507	0,20791	78
12	0,20791	0,21076	0,21360	0,21644	0,21928	0,22212	0,22495	77
13	0,22495	0,22778	0,23062	0,23345	0,23627	0,23910	0,24192	76
14	0,24192	0,24474	0,24756	0,25038	0,25320	0,25601	0,25882	75
15	0,25882	0,26163	0,26443	0,26724	0,27004	0,27284	0,27564	74
16	0,27564	0,27843	0,28123	0,28402	0,28680	0,28959	0,29237	73
17	0,29237	0,29515	0,29793	0,30071	0,30348	0,30625	0,30902	72
18	0,30902	0,31178	0,31454	0,31730	0,32006	0,32282	0,32557	71
19	0,32557	0,32832	0,33106	0,33381	0,33655	0,33929	0,34202	70
20	0,34202	0,34475	0,34748	0,35021	0,35293	0,35565	0,35837	69
21	0,35837	0,36108	0,36379	0,36650	0,36921	0,37191	0,37461	68
22	0,37461	0,37730	0,37999	0,38268	0,38537	0,38805	0,39073	67
23	0,39073	0,39341	0,39608	0,39875	0,40142	0,40408	0,40674	66
24	0,40674	0,40939	0,41204	0,41469	0,41734	0,41998	0,42262	65
25	0,42262	0,42525	0,42788	0,43051	0,43313	0,43575	0,43837	64
26	0,43837	0,44098	0,44359	0,44620	0,44880	0,45140	0,45399	63
27	0,45399	0,45658	0,45917	0,46175	0,46433	0,46690	0,46947	62
28	0,46947	0,47204	0,47460	0,47716	0,47971	0,48226	0,48481	61
29	0,48481	0,48735	0,48989	0,49242	0,49495	0,49748	0,50000	60
30	0,50000	0,50252	0,50503	0,50754	0,51004	0,51254	0,51504	59
31	0,51504	0,51753	0,52002	0,52250	0,52498	0,52745	0,52992	58
32	0,52992	0,53238	0,53484	0,53730	0,53975	0,54220	0,54464	57
33	0,54464	0,54708	0,54951	0,55194	0,55436	0,55678	0,55919	56
34	0,55919	0,56160	0,56401	0,56641	0,56880	0,57119	0,57358	55
35	0,57358	0,57596	0,57833	0,58070	0,58307	0,58543	0,58779	54
36	0,58779	0,59014	0,59248	0,59482	0,59716	0,59949	0,60182	53
37	0,60182	0,60414	0,60645	0,60876	0,61107	0,61337	0,61556	52
38	0,61566	0,61795	0,62024	0,62251	0,62479	0,62706	0,62932	51
39	0,62932	0,63158	0,63383	0,63608	0,63832	0,64056	0,64279	50
40	0,64279	0,64501	0,64723	0,64945	0,65166	0,65386	0,65606	49
41	0,65606	0,65825	0,66044	0,66262	0,66480	0,66697	0,66913	48
42	0,66913	0,67129	0,67344	0,67559	0,67773	0,67987	0,68200	47
43	0,68200	0,68412	0,68624	0,68835	0,69046	0,69256	0,69466	46
44	0,69166	0,69675	0,69883	0,70091	0,70298	0,70505	0,70711	45
Grau / Min.	60'	50'	40'	30'	20'	10'	0'	Grau / Min.

COSENO

COSENO

Grau \ Min.	0'	10'	20'	30'	40'	50'	60'	Min. \ Grau
0	1,00000	1,00000	0,99998	0,99996	0,99993	0,99989	0,99985	89
1	0,99985	0,99979	0,99973	0,99966	0,99958	0,99949	0,99939	88
2	0,99939	0,99929	0,99917	0,99905	0,99892	0,99878	0,99863	87
3	0,99863	0,99847	0,94831	0,99813	0,99795	0,99776	0,99756	86
4	0,99756	0,99736	0,99714	0,99692	0,99668	0,99644	0,99619	85
5	0,99619	0,99594	0,99567	0,99540	0,99511	0,99482	0,99452	84
6	0,99452	0,99421	0,99390	0,99357	0,99324	0,99229	0,99255	83
7	0,99255	0,99219	0,99182	0,99144	0,99106	0,99067	0,99027	82
8	0,99027	0,98986	0,98944	0,98902	0,98858	0,98814	0,98769	81
9	0,98769	0,98723	0,98676	0,98629	0,98580	0,98531	0,98481	80
10	0,98481	0,98430	0,98378	0,98325	0,98272	0,98218	0,98163	79
11	0,98163	0,98107	0,98050	0,97992	0,97934	0,97875	0,97815	78
12	0,97815	0,97754	0,97692	0,97630	0,97566	0,97502	0,97437	77
13	0,97437	0,97371	0,97304	0,97237	0,97169	0,97100	0,97030	76
14	0,97030	0,96959	0,96887	0,96815	0,96742	0,96667	0,96593	75
15	0,96593	0,96517	0,96440	0,96363	0,96285	0,96206	0,96126	74
16	0,96126	0,96046	0,95964	0,95882	0,95799	0,95715	0,95630	73
17	0,95630	0,95545	0,95459	0,95372	0,95284	0,95195	0,95106	72
18	0,95106	0,95015	0,94924	0,94832	0,94740	0,94646	0,94552	71
19	0,94552	0,94457	0,94361	0,94264	0,94167	0,94068	0,93969	70
20	0,93969	0,93869	0,93769	0,93667	0,93565	0,93462	0,93358	69
21	0,93358	0,93253	0,93148	0,93042	0,92935	0,92827	0,92718	68
22	0,92718	0,92609	0,92499	0,92388	0,92276	0,92164	0,92050	67
23	0,92050	0,91936	0,91822	0,91706	0,91590	0,91472	0,91355	66
24	0,91355	0,91236	0,91116	0,90996	0,90875	0,90753	0,90631	65
25	0,90631	0,90507	0,90383	0,90269	0,90133	0,90007	0,89879	64
26	0,89879	0,89752	0,89623	0,89493	0,89363	0,84232	0,89101	63
27	0,89101	0,88968	0,88835	0,88701	0,88566	0,88431	0,88295	62
28	0,88295	0,88158	0,88020	0,87882	0,87743	0,87603	0,87462	61
29	0,87462	0,87321	0,87178	0,87036	0,86892	0,86748	0,86603	60
30	0,86603	0,86457	0,86310	0,86163	0,86015	0,85866	0,85717	59
31	0,85717	0,85567	0,85416	0,85264	0,85112	0,84959	0,84805	58
32	0,84805	0,84650	0,84495	0,84339	0,84182	0,84025	0,83867	57
33	0,83867	0,83708	0,83549	0,83389	0,83228	0,83066	0,82904	56
34	0,82904	0,82741	0,82577	0,82413	0,82248	0,82082	0,81915	55
35	0,81915	0,81748	0,81580	0,81412	0,81242	0,81072	0,80902	54
36	0,80902	0,80730	0,80558	0,80386	0,80212	0,80038	0,79864	53
37	0,79864	0,79688	0,79512	0,79335	0,79158	0,78980	0,78801	52
38	0,78801	0,78622	0,78442	0,78261	0,78079	0,77897	0,77715	51
39	0,77715	0,77531	0,77347	0,77162	0,76977	0,76791	0,76604	50
40	0,76604	0,76417	0,76229	0,76041	0,75851	0,75661	0,75471	49
41	0,75471	0,75280	0,75088	0,74896	0,74703	0,74509	0,74314	48
42	0,74314	0,74120	0,73924	0,73728	0,73531	0,73333	0,73135	47
43	0,73135	0,72937	0,72737	0,72537	0,72337	0,72136	0,71934	46
44	0,71934	0,71732	0,71529	0,71325	0,71121	0,70916	0,70711	45
Grau / Min.	60'	50'	40'	30'	20'	10'	0	Grau / Min.

SENO

LINHAS TRIGONOMÉTRICAS

TANGENTE

Min. / Grau	0'	10'	20'	30'	40'	50'	60'	Min. / Grau
0	0,00000	0,00291	0,00582	0,00873	0,01164	0,01455	0,01746	89
1	0,01746	0,02036	0,02326	0,02619	0,02910	0,03201	0,03492	88
2	0,03492	0,03783	0,04075	0,04366	0,04658	0,04949	0,05241	87
3	0,05241	0,05533	0,05824	0,06116	0,06408	0,06700	0,06993	86
4	0,06993	0,07285	0,07578	0,07870	0,08163	0,08456	0,08749	85
5	0,08749	0,09042	0,09335	0,09629	0,09923	0,10216	0,10510	84
6	0,10510	0,10805	0,11099	0,11394	0,11688	0,11983	0,12278	83
7	0,12278	0,12574	0,12879	0,13165	0,13461	0,13758	0,14054	82
8	0,14054	0,14351	0,14648	0,14945	0,15243	0,15540	0,15838	81
9	0,15838	0,16137	0,16435	0,16734	0,17033	0,17333	0,17633	80
10	0,17633	0,17933	0,18223	0,18534	0,18835	0,19136	0,19438	79
11	0,19438	0,19740	0,20042	0,20345	0,20648	0,20952	0,21256	78
12	0,21256	0,21560	0,21864	0,22169	0,22475	0,22781	0,23087	77
13	0,23087	0,23393	0,23700	0,24008	0,24316	0,24624	0,24933	76
14	0,24933	0,25242	0,25552	0,25862	0,26172	0,26483	0,26795	75
15	0,26795	0,27107	0,27419	0,27732	0,28046	0,28360	0,28675	74
16	0,28675	0,28990	0,29305	0,29621	0,29938	0,30255	0,30573	73
17	0,30573	0,30891	0,31210	0,31530	0,31850	0,31271	0,32492	72
18	0,32492	0,32814	0,33136	0,33460	0,33783	0,34108	0,34433	71
19	0,34433	0,34758	0,35085	0,35412	0,35740	0,36068	0,36397	70
20	0,36397	0,36727	0,37057	0,37388	0,37720	0,38053	0,38386	69
21	0,38386	0,38721	0,39055	0,39391	0,39727	0,40065	0,40443	68
22	0,40403	0,40741	0,41081	0,41421	0,41763	0,42105	0,42447	67
23	0,42447	0,42791	0,43136	0,43481	0,43828	0,44175	0,44523	66
24	0,44523	0,44872	0,45222	0,45573	0,45924	0,46277	0,46631	65
25	0,46631	0,46985	0,47341	0,47698	0,48055	0,48414	0,48773	64
26	0,48773	0,49134	0,49495	0,49858	0,50222	0,50587	0,50953	63
27	0,50953	0,51319	0,51688	0,52057	0,52427	0,52798	0,53171	62
28	0,53171	0,53545	0,53920	0,54296	0,54673	0,55051	0,55431	61
29	0,55431	0,55812	0,56194	0,56577	0,56962	0,57348	0,57735	60
30	0,57735	0,58124	0,58513	0,58905	0,59297	0,59691	0,60086	59
31	0,60086	0,60483	0,60881	0,61280	0,61681	0,62083	0,62487	58
32	0,62487	0,62892	0,63299	0,63707	0,64117	0,64528	0,64941	57
33	0,64941	0,65355	0,65771	0,66189	0,66608	0,67028	0,67451	56
34	0,67451	0,67875	0,68301	0,68728	0,69157	0,69588	0,70021	55
35	0,70021	0,70455	0,70891	0,71329	0,71769	0,72211	0,72654	54
36	0,72654	0,73100	0,73547	0,73996	0,74447	0,74900	0,75355	53
37	0,75355	0,75812	0,76272	0,76733	0,77196	0,77661	0,78129	52
38	0,78129	0,78598	0,79070	0,79544	0,80020	0,80498	0,80978	51
39	0,80978	0,81461	0,81946	0,82434	0,82923	0,83415	0,83910	50
40	0,83910	0,84407	0,84906	0,85408	0,85912	0,86419	0,86929	48
41	0,86929	0,87441	0,87955	0,88473	0,88992	0,89515	0,90040	48
42	0,90040	0,90569	0,91099	0,91633	0,92170	0,92709	0,93252	47
43	0,93252	0,93797	0,94345	0,94896	0,95451	0,96008	0,96569	46
44	0,96569	0,97133	0,97700	0,98270	0,98843	0,99420	0,00000	45
Grau / Min.	60'	50'	40'	30'	20'	10'	0'	Grau / Min.

COTANGENTE

COTANGENTE

Min. / Grau	0'	10'	20'	30'	40'	50'	60'	Min. / Grau
0	∞	343,77371	171,88540	114,58865	85,93979	68,75009	57,28996	89
1	57,28996	49,10388	42,96408	38,18846	34,36777	31,24158	28,63625	88
2	28,63625	26,43160	24,54176	22,90377	21,47040	20,20555	19,08114	87
3	19.08114	18,07498	17,16934	16,34986	15,60478	14,92442	14,30067	86
4	14,30067	13,72674	13,19688	12,70621	12,25051	11,82617	11,43005	85
5	11,43005	11,05943	10,71191	10,38540	10,07803	9,78817	9,51436	84
6	9,51436	9,25530	9,00983	8,77689	8,55555	8,34496	8,14435	83
7	8,14435	7,95302	7,77035	7,59575	7,42871	7,26873	7,11537	82
8	7,11537	6,96823	8,82694	6,69116	6,56055	6,43484	6,31375	81
9	6,33175	6,19703	6,08444	5,97576	5,87080	5,76937	5,67128	80
10	5,67128	5,57638	5,48451	5,39552	5,30928	5,22566	5,14455	79
11	5,14455	5,06584	4,98940	4,91516	4,84300	4,77286	4,70463	78
12	4,70463	4,63825	4,57363	4,51071	4,44942	4,38969	4,33148	77
13	4,33148	4,27471	4,21933	4,16530	4,11256	4,06107	4,01078	78
14	4,01078	3,96165	3,91364	3,86671	3,82083	3,77595	3,73205	75
15	3,73205	3,68909	3,64705	3,60588	3,56557	3,52069	3,48741	74
16	3,48741	3,44951	3,41236	3,37594	3,34023	3,30521	3,27085	73
17	3,27085	3,23714	3,20406	3,17159	3,13972	3,10842	3,07768	72
18	3,07768	3,04749	3,01783	2,98869	2,96004	2,93189	2,90421	71
19	2,90421	2,87700	2,85023	2,82391	2,79802	2,77254	2,74778	70
20	2,74748	2,72281	2,69853	2,67462	2,65109	2,62791	2,60509	69
21	2,60509	2,58261	2,56046	2,53865	2,51715	2,49597	2,47509	68
22	2,47509	2,45451	2,43422	2,41421	2,39449	2,37504	2,35585	67
23	2,35585	2,33693	2,31826	2,29984	2,29167	2,26274	2,24604	66
24	2,24604	2,22857	2,21132	2,19430	2,17749	2,16090	2,14451	65
25	2,14451	2,12832	2,11233	2,09654	2,08094	2,06553	2,05030	64
26	2,05030	2,03526	2,02039	2,00569	1,99116	1,97680	1,96261	63
27	1,96261	1,94858	1,93470	1,92098	1,90741	1,89400	1,88073	62
28	1,88073	1,86760	1,85462	1,84177	1,82906	1,81649	1,80405	61
29	1,80405	1,79174	1,77955	1,76749	1,75556	1,74375	1,73205	60
30	1,73205	1,72047	1,70901	1,69766	1,68643	1,67530	1,66428	59
31	1,66428	1,65337	1,64256	1,63185	1,62125	1,61074	1,60033	58
32	1,60033	1,50902	1,57981	1,56969	1,55966	1,54972	1,53987	57
33	1,53987	1,53010	1,52043	1,51084	1,50133	1,49190	1,48256	56
34	1,48256	1,47330	1,46411	1,45501	1,44598	1,43703	1,42815	55
35	1,42815	1,41934	1,41061	1,40195	1,39336	1,38484	1,37638	54
36	1,37638	1,36800	1,35968	1,35142	1,34323	1,33511	1,32704	53
37	1,32704	1,31904	1,31110	1,30323	1,29541	1,28764	1,27994	52
38	1,27994	1,27230	1,26471	1,25717	1,24969	1,24227	1,23490	51
39	1,23490	1,22758	1,22031	1,21310	1,20593	1,19882	1,19175	50
40	1,19175	1,18474	1,17777	1,17085	1,16398	1,15715	1,15037	49
41	1,15037	1,14363	1,13694	1,13029	1,12369	1,11713	1,11061	48
42	1,11061	1,10414	1,09770	1,09131	1,08496	1,07864	1,07237	47
43	1,07237	1,06613	1,05994	1,05378	1,04766	1,04158	1,03553	46
44	1,03553	1,02952	1,02355	1,01761	1,01170	1,00583	1,00000	45
Grau / Min.	60'	50'	40'	30'	20'	10'	0'	Grau / Min.

TANGENTE

CAPÍTULO V
ALINHAMENTOS, TUBULAÇÕES PRÉ-FABRICADAS
(SPOOL)

ALINHAMENTO DO TUBO — Uma das mais importantes tarefas de um encanador é o alinhamento adequado.

Se feito corretamente, a soldagem será muito mais fácil e o sistema de tubulação será facilmente executado. Se o alinhamento não fôr apropriado, entretanto, a soldagem será difícil e o sistema de tubulação pode não funcionar adequadamente.

Muitos modelos são úteis para ajudar o alinhamento. O Tube Turns fabrica três tipos de anéis de solda os quais não somente fazem o alinhamento mais fácil como fornecem uma abertura correta para a soldagem

Há variação nos métodos de alinhamento nas indústrias em geral os quais se adaptam a cada tipo de encanador.

Os procedimentos sugeridos por este centro de Treinamento são populares entre muitos profissionais e irá rapidamente capacitá-los a obter um bom alinhamento.

TUBO A TUBO — Mova os tubos juntos, em toda sua extensão, até que os seus chanfros estejam quase encostados, deixando espaço de 1/8" para a solda. Centralize os esquadros no tôpo de ambos os tubos e mova-os para cima e para baixo até que os esquadros estejam alinhados. Ponteie no tôpo e no fundo (em cima e em baixo). Repita o procedimento colocando os esquadros no lado do tubo. Corrija o alinhamento movendo o tubo à direita e à esquerda. Ponteie em cada lado.

Concluída esta fase o tubo-a-tubo está pronto para ser soldado.

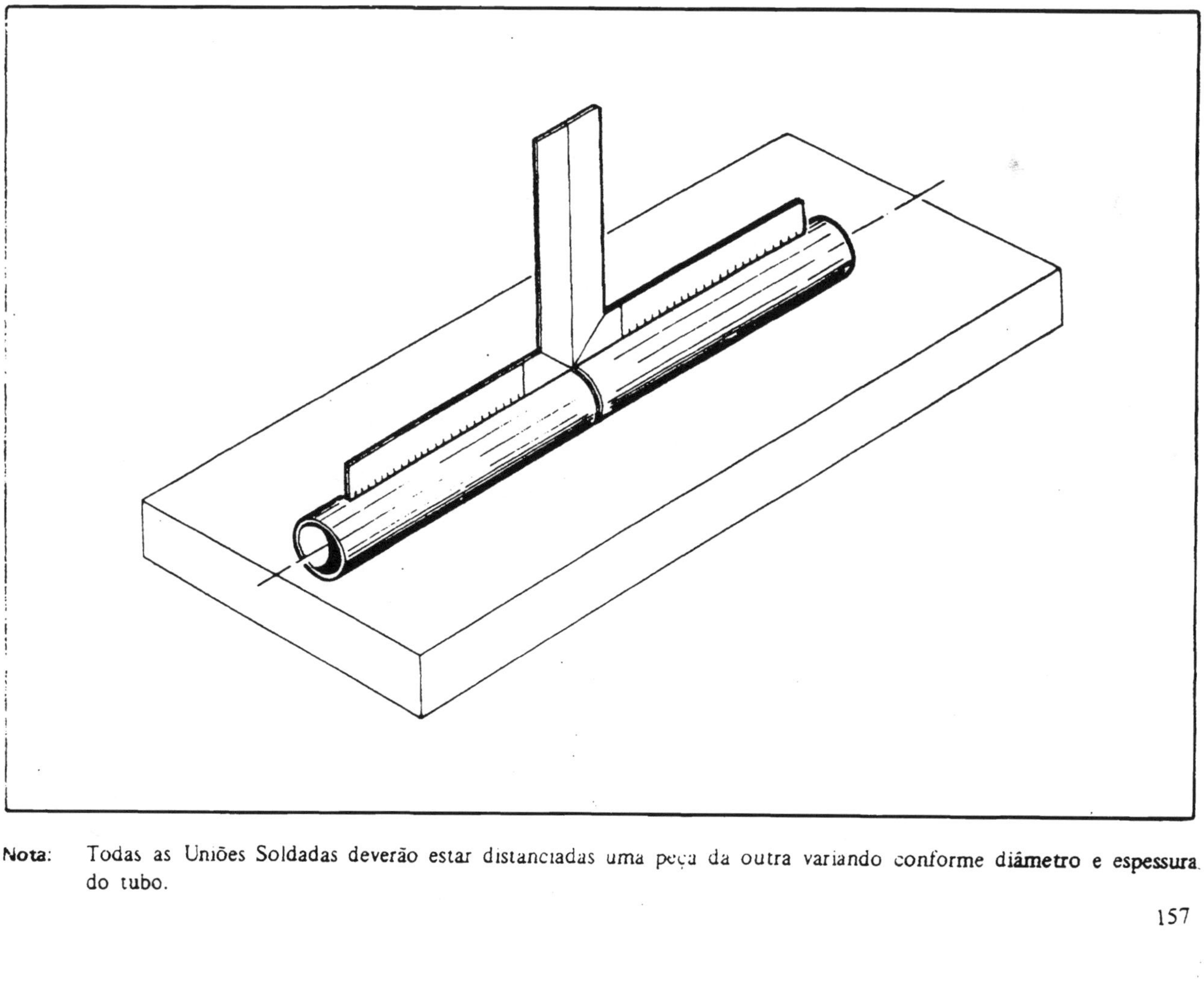

Nota: Todas as Uniões Soldadas deverão estar distanciadas uma peça da outra variando conforme diâmetro e espessura do tubo.

JUNTA "T" AO TUBO – Junte os chanfrados deixando lugar para a solda. Ponteie no tôpo. Centralize, o esquadro no tôpo do tubo. Coloque o segundo esquadro no centro da saída lateral do "T".

Mova a junta "T" até os esquadros estarem alinhados.

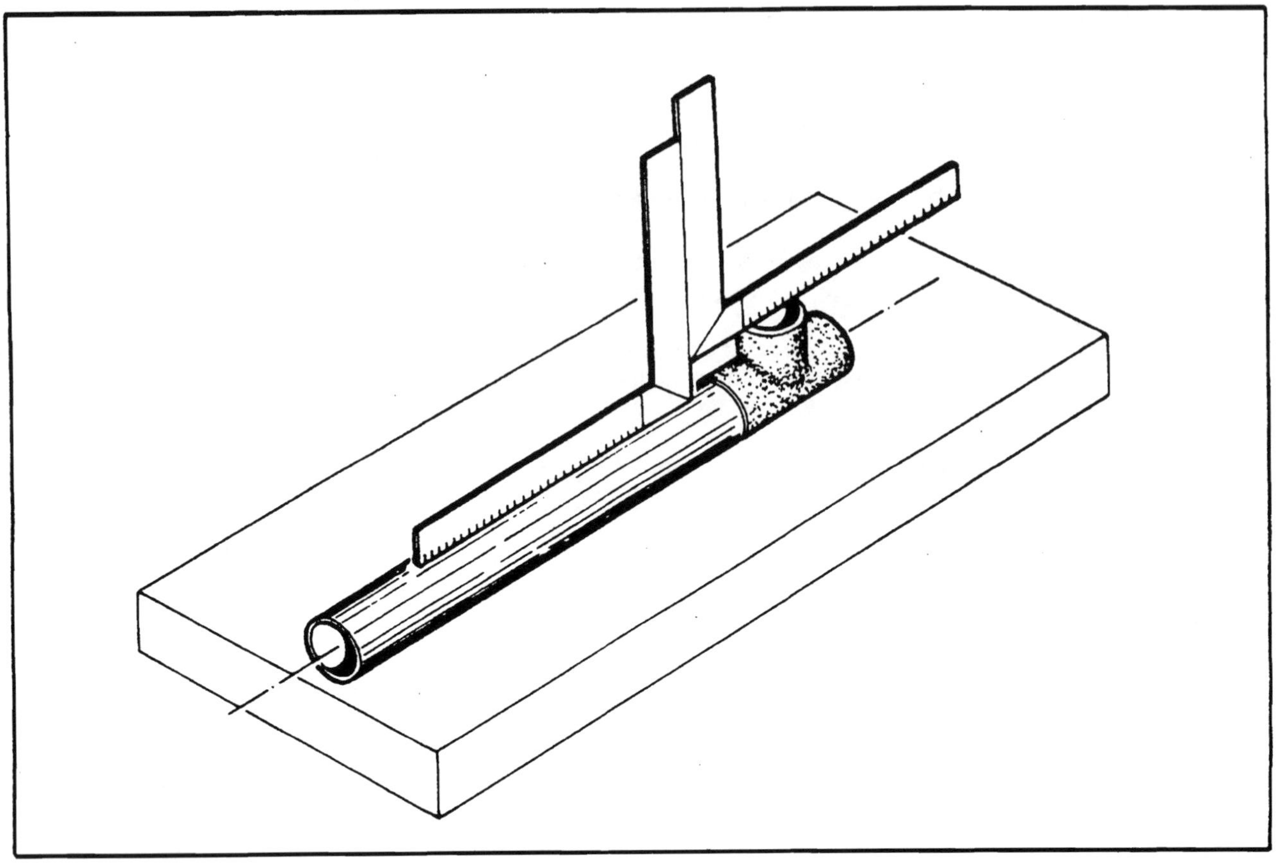

MÉTODO ALTERNADO – Siga o mesmo procedimento para encostar o tubo a junta "T". Coloque o esquadro sôbre a junta "T" como ilustrado. Centralize a régua no tôpo do tubo. A lâmina do esquadro deverá estar paralela ao tubo. Confira medindo com a régua em diversos pontos do tubo.

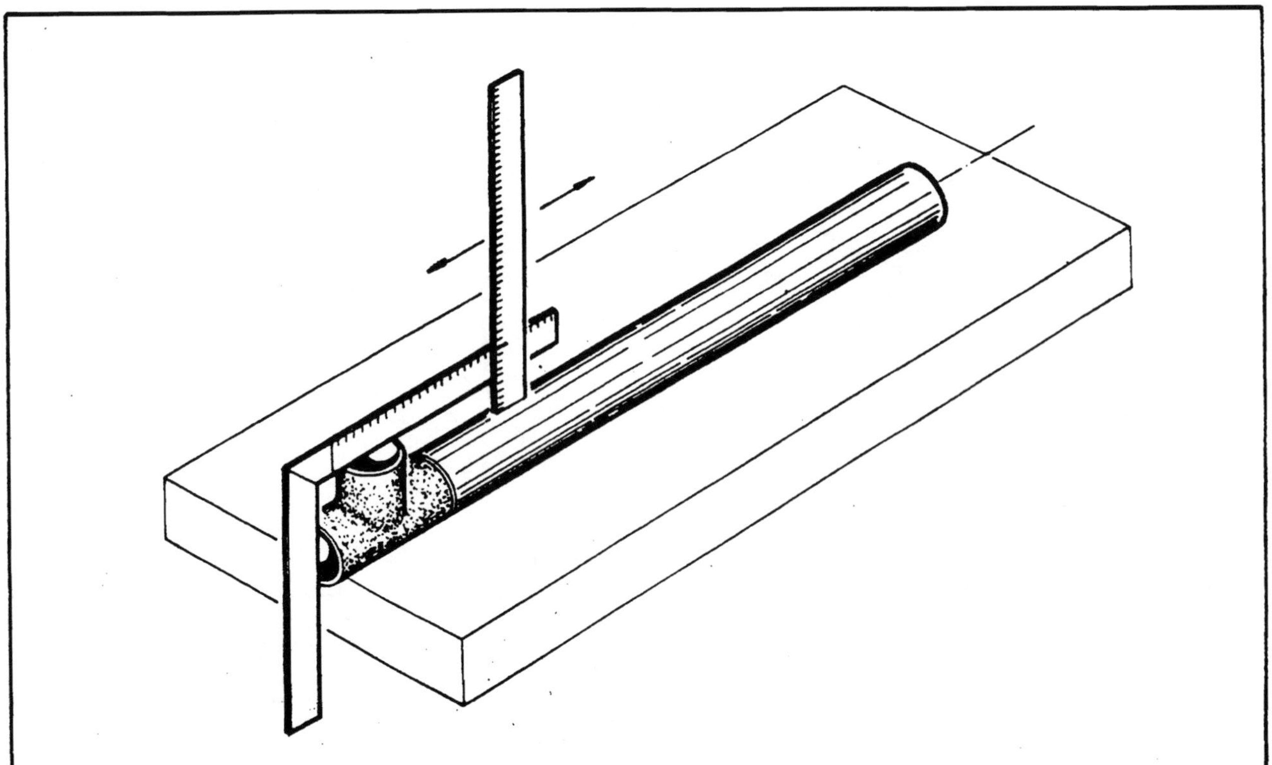

FLANGE AO TUBO – Trace os dois centros do Flange entre os furos; coloque o Flange junto ao tubo ponteando, colocando um esquadro no centro do tubo e o outro no centro do Flange, sendo que os dois esquadros fiquem no mesmo alinhamento.

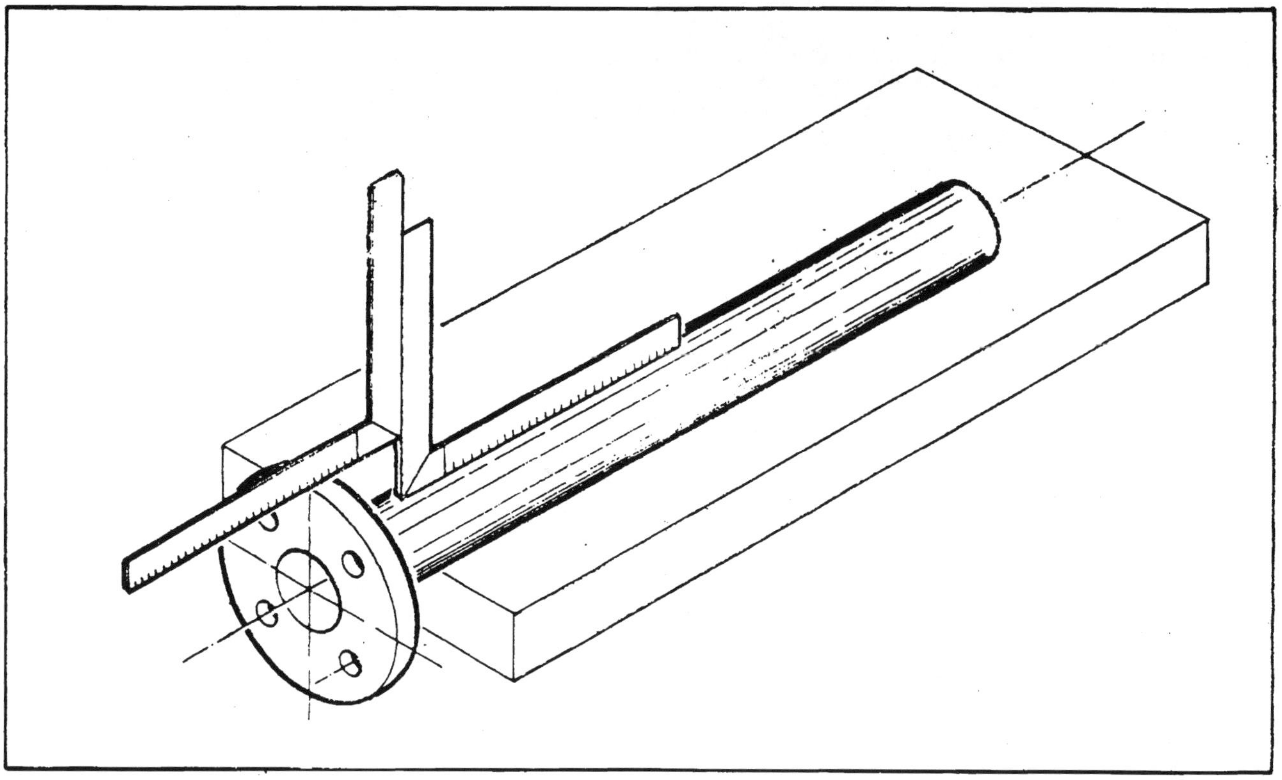

FLANGE A CURVA DE 90º – Trace os dois centros do Flange entre os furos, coloque o Flange junto a curva, colocando um esquadro no centro do tubo, e outro no centro do Flange, sendo que os dois esquadros fiquem no mesmo alinhamento.

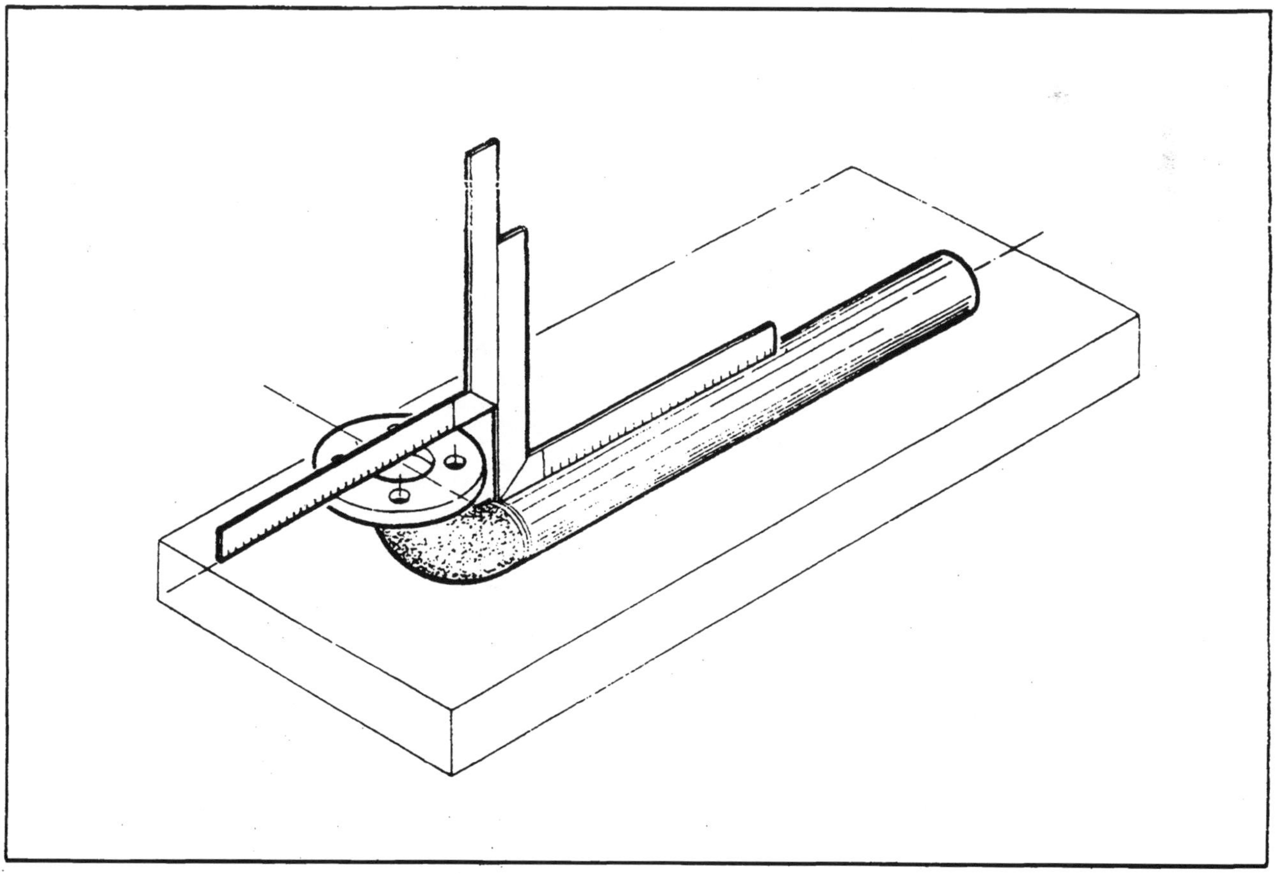

CURVA DE 90º À TUBO – Coloque o chanfro da curva em linha com o chanfro do tubo, deixando o espaço de 1/8" para a solda. Ponteie a solda no tôpo. Centralize o esquadro no tôpo do tubo.
Centralize o segundo esquadro na face alternada da curva.
Mova a curva até que os esquadros estejam alinhados.

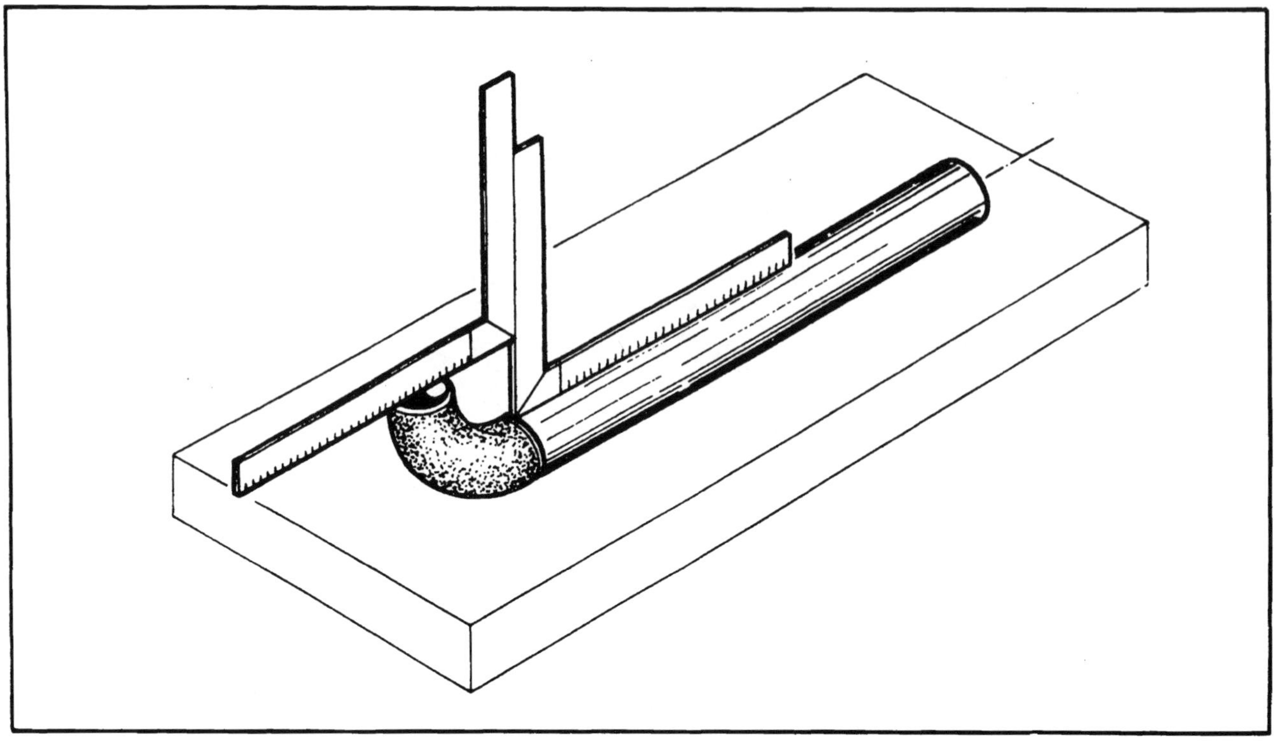

CURVA DE 45º À TUBO – Coloque o chanfro da curva em linha com o chanfro do tubo, deixando o espaço de 1/8" para a solda.
Ponteie a solda no tôpo. Centralize o esquadro no tôpo do tubo. Coloque o segundo esquadro na face, inclinada (45º) da curva (os esquadros vão se cruzar). Para obter um ângulo correto de 45º, as distâncias A e B no esquadro de 45º têm que ser iguais (vêr ilustração). Uma vez conseguido isto, ponteie tôpo e fundo Repita o procedimento colocando os esquadros no lado do tubo.

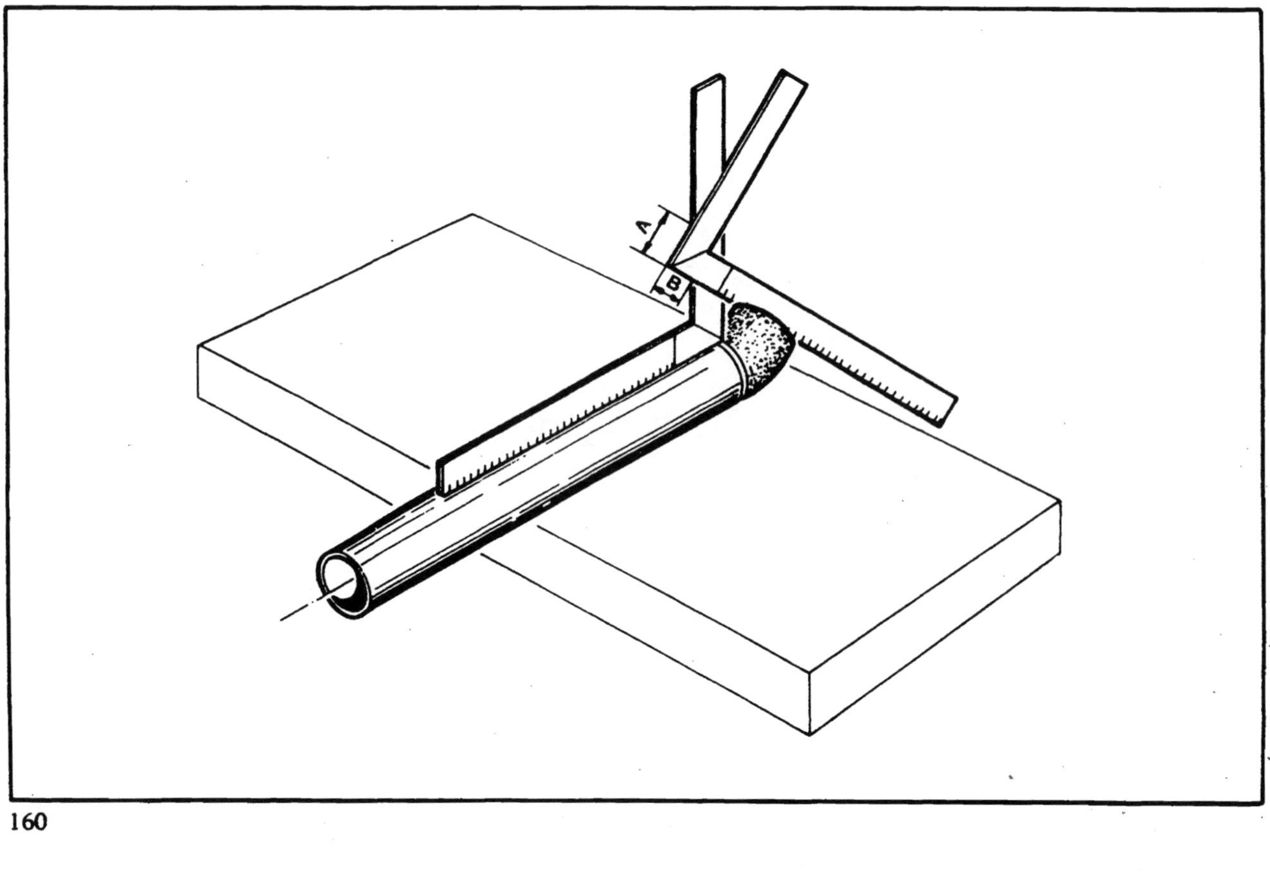

MÉTODO ALTERNADO – Use o mesmo procedimento para encostar o tubo e a curva. Centre o nível no tubo. Depois centralize o nível de 45º na face da curva e mova a mesma até que a bôlha do nível de 45º esteja centralizada.

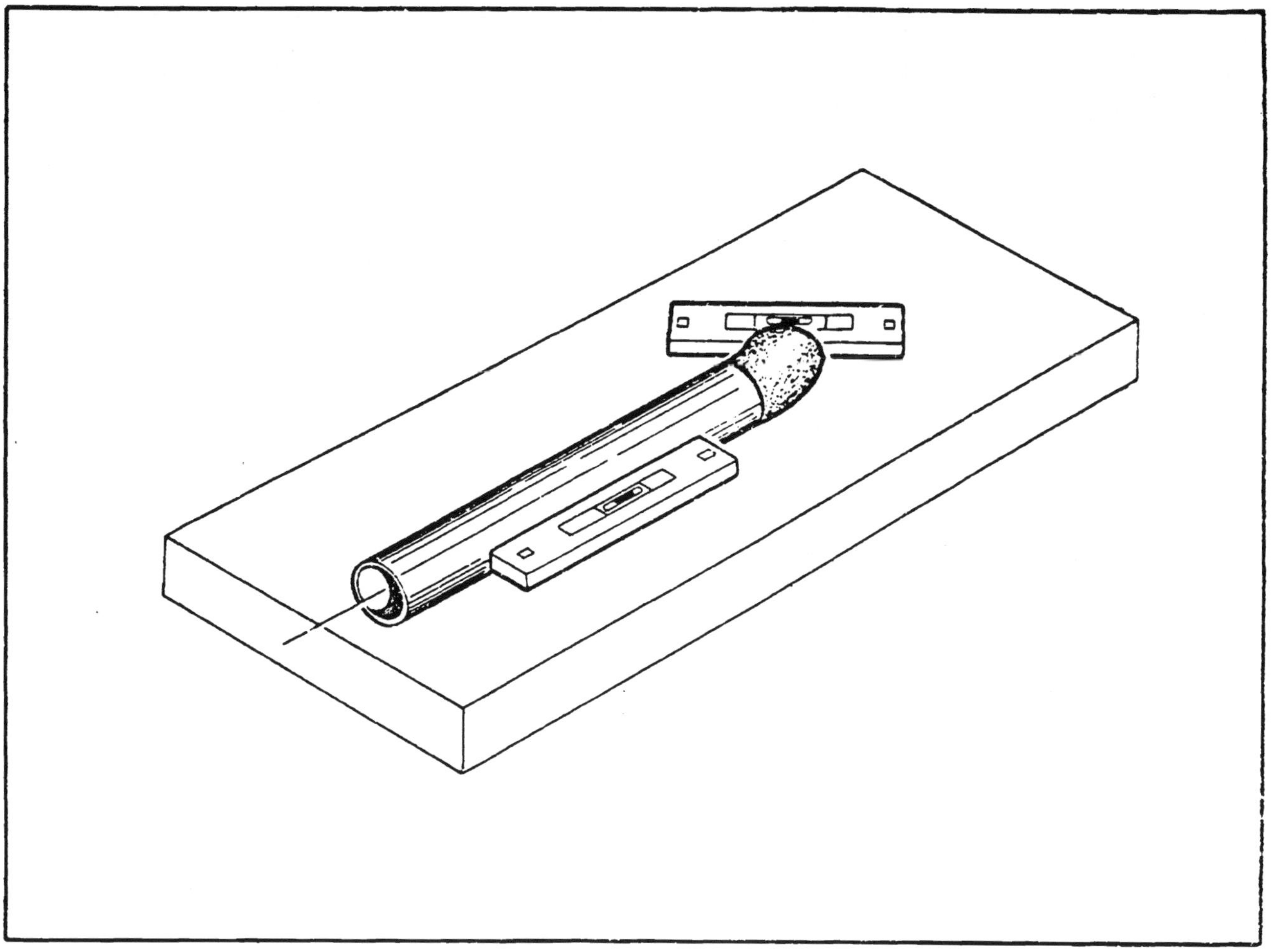

DIMENSIONAMENTO – Ainda que não seja necessário para a determinação da geometria da tubulação, é essencial que a firma projetista indique para o fabricante informações adicionais tais como:

a) Raio de Curvatura
b) Tipo de Curva
c) Folgas para Juntas e Outras
d) Diâmetro Nominal do Tubo e Espessura da Parede
e) Método de Ramificação tal como Tês, Boca de Lobo, etc. . .
f) Localização das Juntas Flangeadas ou Solda de Campo
g) Localização de Acessórios
h) Tolerâncias Admissíveis
i) Material.

VARIÁVEIS DE FABRICAÇÃO – Esta seção é destinada a familiarizar o projetista com as variáveis comuns aos fabricantes.

Na junção dos componentes dos tubos pré-fabricados, o fabricante deve considerar 3 (três) fatôres: espaçamento para solda, contração e tolerância da fabricação das conexões.

A fim de assegurar uma penetração completa da raiz da solda, as extremidades a serem soldadas são separadas entre si por uma pequena folga, chamada de espaçamento para solda. Este espaçamento pode variar de zero à 6,35 mm (1/4") dependendo do metodo de solda.

A contração do metal soldado ocorre durante o resfriamento. Esta contração varia com o processo de solda, material do tubo e espessura da parede. Com tubo de aço a contração da solda geralmente é de 1,6 mm (1/16") à 3,2 mm (1/8").

Consequentemente o fabricante deve levar em consideração uma certa pressão para contração.

Todas as conexões soldadas e flanges estão sujeitos à tolerâncias nas suas dimensões fianis (extremidade à extremidade, face à face, ou extremidade à linha de centro, etc . . .)

A tolerância no comprimento total dos flanges, conforme ANSI B16.5 é de mais ou menos 1,6 mm (1/16") para bitolas até 10" inclusive a de 3,2 mm (1/8") para diâmetros nominais maiores. A norma ANSI B16.9 dá tolerâncias para conexões com solda de tôpo. Estas são de mais ou menos 1,6 mm (1/16") para diâmetros nominais até 8" inclusive, mais ou menos 2,4 mm (3/32") de 10" até 24", mais ou menos 3,2 mm (1/8") de 26" até 30" e 4,8 mm (3/16") de 32" até 48".

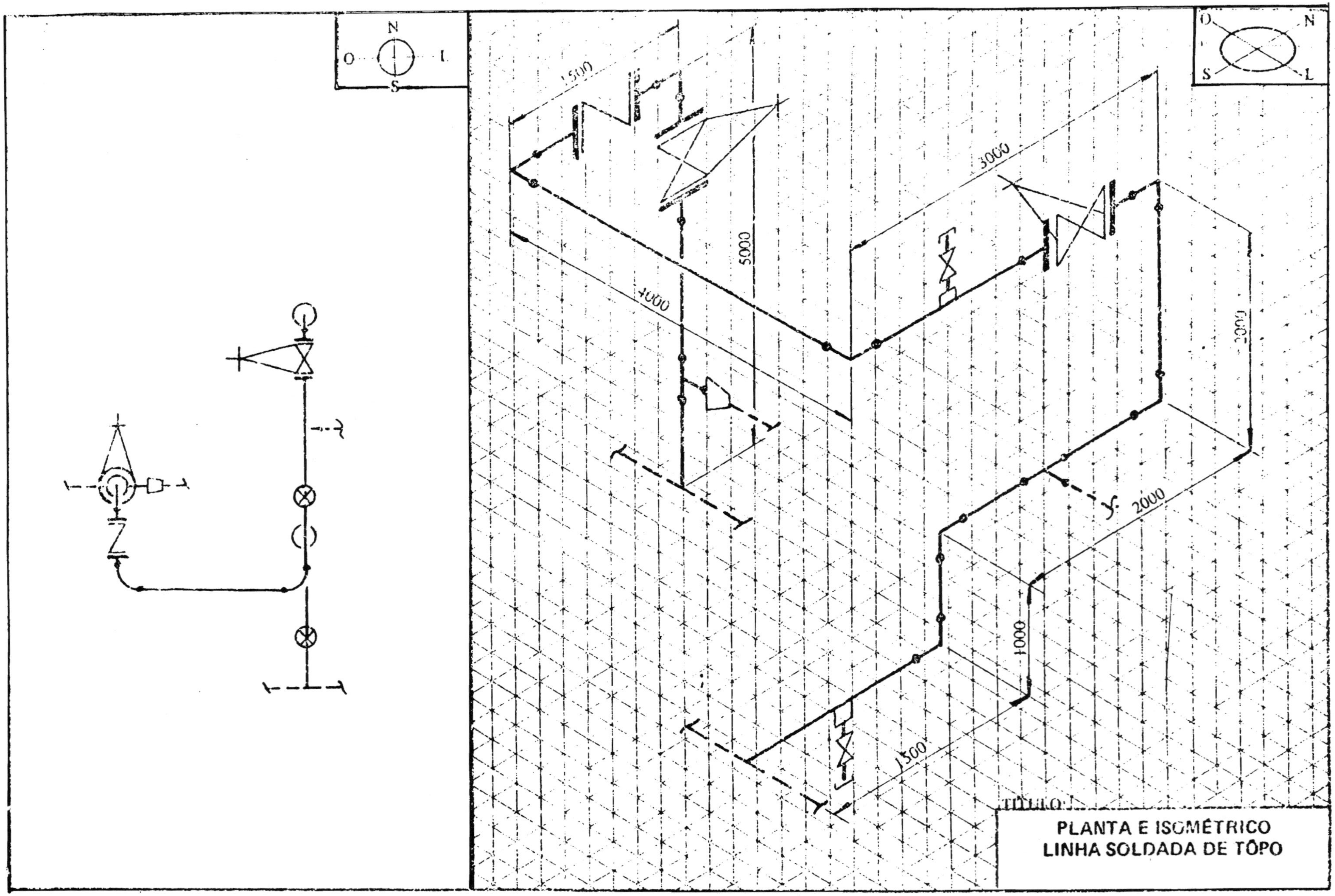
N
O
L
S
1500
3000
5000
4000
3000
2000
1000
1300
TÍTULO:
PLANTA E ISOMÉTRICO
LINHA SOLDADA DE TÔPO

Desenhar e calcular os trechos n.os 1 e 2 somando a curva mais duas soldas, mais o flange e meia válvula depois diminuir dos 2000 ou 3000 a sobra será os dois pedaços de tubos a serem soldados.

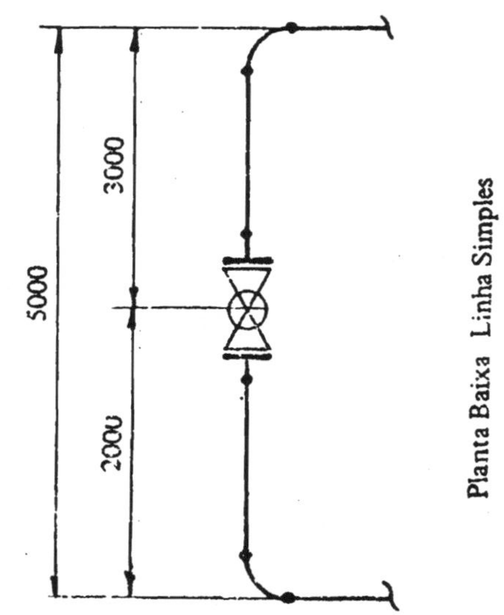

Planta Baixa Linha Simples

1

152
3
3
76
2
114,5
350,5

2000,0
350,5
1649,5

2

3000,0
350,5
2649,5

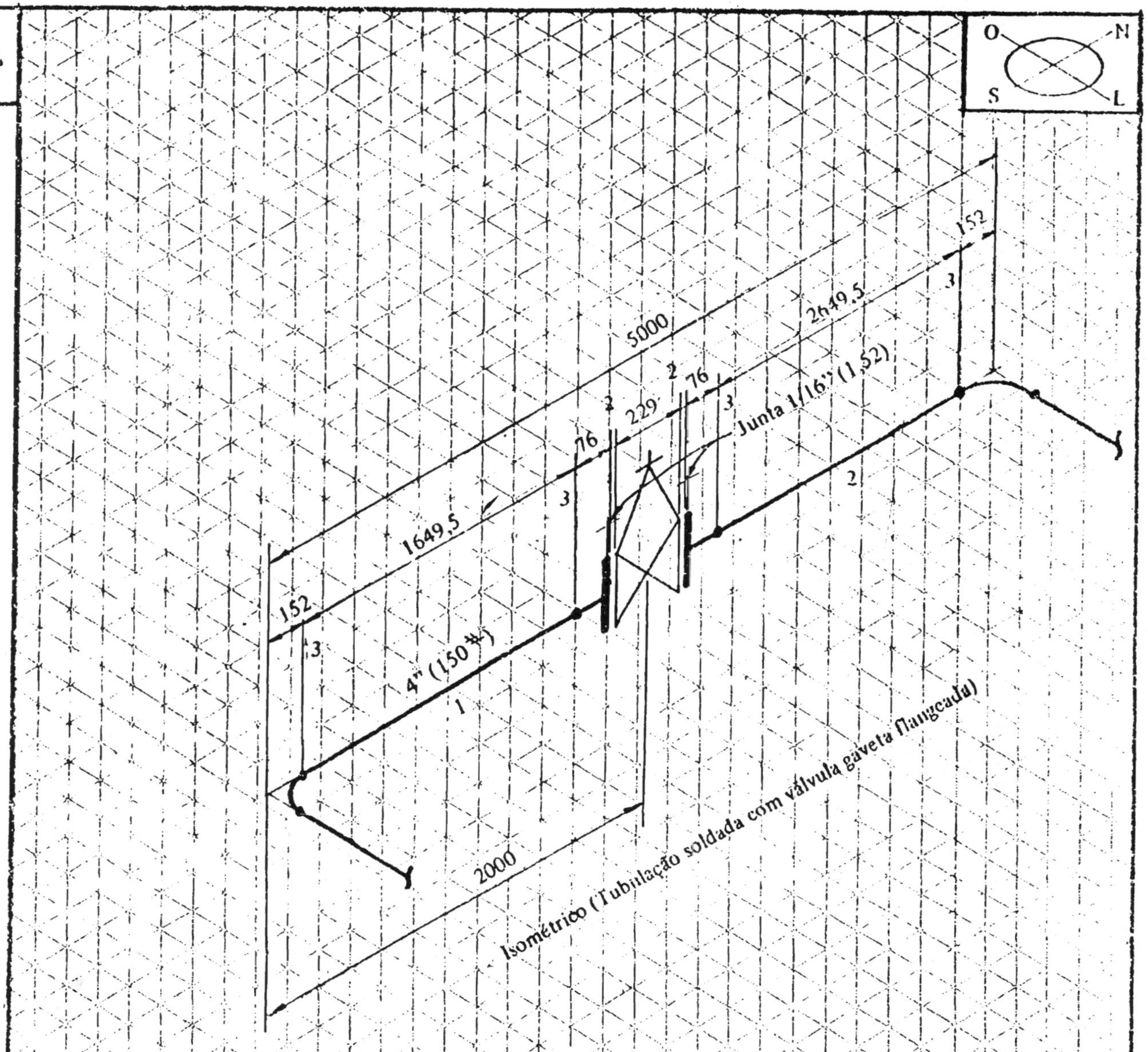

TÍTULO:
PLANTA E ISOMÉTRICO VÁLVULA GAVETA FLANGEADA 4" (150 #)

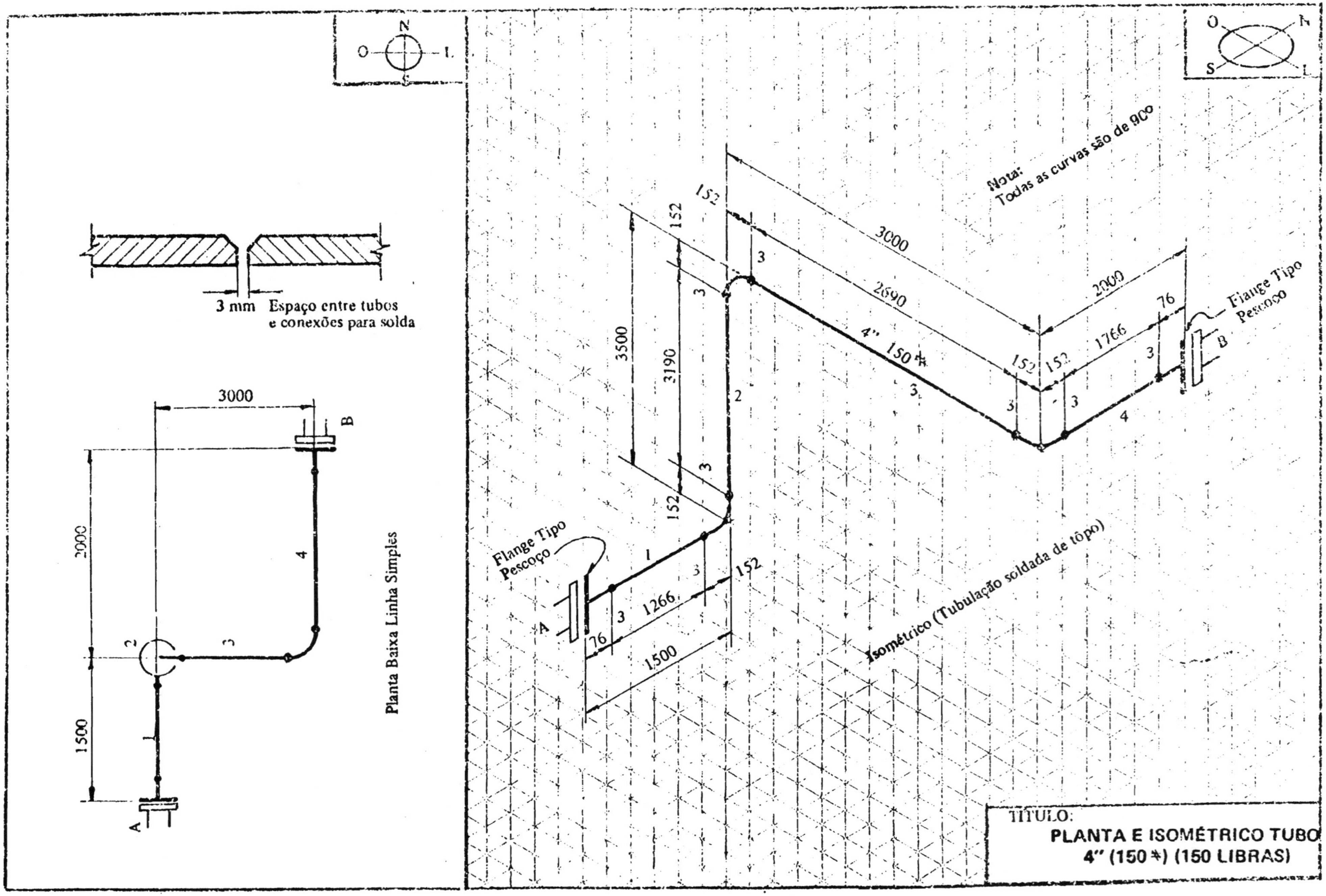
3 mm Espaço entre tubos e conexões para solda
3000
2000
1500
A
B
1
2
3
4
Planta Baixa Linha Simples
Nota:
Todas as curvas são de 90º
Flange Tipo Pescoço
3500
3190
152
76
1266
1500
3000
2690
4" 150 #
2000
1766
Isométrico (Tubulação soldada de tôpo)
TITULO:
PLANTA E ISOMÉTRICO TUBO
4" (150 #) (150 LIBRAS)

CAPÍTULO VI
ESPECIFICAÇÃO DO MATERIAL

Especificação do Material de Tubulação

Chamam-se especificações de material de tubulação as normas específicas escritas especialmente para cada classe de serviços e para cada projeto ou instalação.

Cada especificação costuma abranger um certo número de serviços semelhantes e uma certa faixa de variação de pressões e temperaturas, para os quais possam ser recomendadas as mesmas especificações, tipos e modelos de tubos, válvulas e acessórios. Para isso, faz-se coincidir a faixa de variações de cada especificação com a faixa de variações de cada classe de pressão normal (Ratng) de flanges, válvulas e acessórios. Assim, por exemplo, teremos uma especificação abrangendo a faixa de variações de pressão e temperaturas correspondentes à classe de pressão nominal de 150 flanges, válvulas e acessórios, outra especificação abrangendo a faixa de variações correspondentes à classe 300, e assim por diante. A mesma especificação pode incluir um ou mais serviços com fluídos diferentes desde que, para todos possam ser adotados os mesmos tubos, válvulas e acessórios, quanto ao tipo, modelo, materiais de construção, etc.

Em um determinado projeto, não se deve ter um número excessivamente grande de especificações diferentes, que complicaria o projeto e dificultaria a compra e estocagem dos materiais, mas também, não se deve ter um número muito pequeno de especificações, que resultaria, fatalmente, em despesas desnecessárias, consequentes do uso não adequado de materiais.

É evidente que, havendo uma única especificação, esta deveria servir mais severo, ficando assim superdimensionada para todos os serviços.

Para a representação das especificações, o primeiro serviço a fazer é a listagem de todos os fluídos, com suas características completas e suas respectivas pressões e temperaturas de operação. Feita essa lista, é possível grupar-se os fluídos que possam ser incluídos em uma mesmas especificação, isto é, para os quais se possam economicamente recomendar os mesmos materiais.

Em todas as especificações, devem constar, obrigatoriamente, as seguintes informações:

– Sigla indicativa da especificação
– Classes de fluídos a que se destinam
– Faixa de variações de pressões e temperaturas
– Tolerância de corrosão adotada

Tubos: Especificações de materiais, processos de fabricação, espessuras recomendadas para os diversos diâmetros e sistemas de ligações adotados.

– Válvulas: tipos empregados para bloqueio (gaveta, macho, esfera, etc.), para regulagem, para retenção, etc., com indicações completas dos materiais de construção, da carcaça e do 'trim'' processos de fabricação, tipos de extremidades, classe de pressão nominal, tipo de castelo, de movimentação de haste, tipo de "trim" etc.
– Flanges e Acessórios Flangeados: Especificação de material, processo de fabricação, classe de pressão nominal e faceamento.
– Acessórios para Solda ou Rosqueados: Especificação de material, processo de fabricação, classe de pressão nominal e espessura.
– Parafusos: Tipo e especificação de material.
– Juntas: Tipo e especificação de material.

Nota-se que os tipos, materiais, classes de pressão, espessuras, etc., tanto dos tubos, como também das válvulas e dos acessórios, quase nunca são os mesmos para toda a série de diâmetros nominais.

As especificações podem conter ainda, a critério do projetista e quando for o caso, entre outras, as seguintes indicações: processos de solda e eletrodos usados, tratamentos térmicos, revestimentos externos ou internos, emprego de curvas de gomo e de derivação soldada, etc.

Para o caso das válvulas, é usual, nas especificações, a adoção de uma sigla para cada tipo de válvula, e a citação, como exemplo, de nome de um fabricante comercial, seguido da expressão "ou equivalente", para indicar que materiais semelhantes de outros fabricantes também satisfazem.

Damos, a seguir, um exemplo de especificação de materiais de tubulação, para casos típicos:

Especificação "C".

Classe de Fluídos: Água doce, ar comprimido, vapor exausto de baixa pressão, condensados.
Faixa de Variação de Pressão e Temperatura: 8,5 kg/cm^2 a 180° C – 12 kg/cm^2 a 40° C.
Classe de Pressão Nominal (ASA): 125.
Tolerância de Corrosão: 0,05".
Tubos: 1/2" a 1 1/2": Aço-carbono, preto, com ou sem costura ASTM A-53 Gr.A ou API-5L Gr.A, "sch. 80", extremidades rosqueadas com luvas.

Tubos — 1/2" a 1 1/2": Aço-carbono, preto, com ou sem costura ASTM A-53 Gr.A ou API-5L Gr.A, "sch. 80", extremidades rosqueadas com luvas. — 3" a 10": Aço-carbono, preto, com solda de resistência elétrica, ASTM A-53 Gr.A ou PI-5L Gr.A, "sch. 40", pontas chanfradas — 12" as24": Ídem, ídem, espessura de 3/8", pontas chanfradas.
Flanges — 2" a 24": Flanges de pescoço ou sobreposto, face plana, classe ASA 150, aço forjado ASTM A-181 Gr.L, espessura de acordo com o tubo.
Acessórios — 1/2" a 2": Extremidades rosqueadas, classe 3.000 de aço forjado ASTM A-334 Gr.A — 3" a 24": Extremidades para solda de topo, espessura de acordo com o tubo, aço forjado ASTM A-234 Gr.B.
Características gerais de todas as válvulas — 1/2" a 2": Válvulas de latão, classe 125, extremos rosqueados, "trim" de latão — 3" a 24": Válvulas de ferro fundido ASTM A-126, classe 125, extremos com flanges de faces planas, "trim" de latão.
Válvulas de Bloqueio (válvulas de gaveta) — 1/2" a 2": Gaveta maciça, haste com rosca interna, castelo rosqueado, semelhante ao modelo "Grane" 428, ou equivalente — 3" a 24": Gaveta maciça, haste com sobrecastelo e rosca externa, castelo aparafusado, semelhante ao modelo "Grane" 465 1/2, ou equivalente.
Válvulas de globo — 1/2" a 2": Tampão maciço, haste com rosca interna, castelo rosqueado, modelo "Grane" 1, ou equivalente — 3" a 4": Tampão maciço, haste com sobrecastelo e rosca externa, castelo flangeado, modelo "Grane" 1 351, ou equivalente.
Válvulas de retenção — 1/2" a 2": Válvula de levantamento, castelo rosqueado, modelo "Grane" 20, ou equivalente — 3" a 24": Válvulas de portinhola, castelo parafusado, semlhante ao modelo "Grane" 373, ou equivalente.
Juntas: Juntas planas amianto comprimido, 1/16" de espessura, para flange de face plana.
Parafusos e porcas: Parafusos de máquinas, aço-carbono ASTM A-307, com porca de aço-carbono quadrada ou hexagonal.

Além das especificações de material, acima referidas, é comum escrever-se, também, para projetos grandes (ou de uma vez todas), uma especificação global contendo dados e prescrições válidas para todos os serviços de tubulação que se tenha.

Serviço: Vapor de alta pressão e condensado.
Material: Aço Carbono
Avaliação ASA: 600 lb. face de ressalto.
Temperatura Limite: 750° F.
Pressão Máxima: Conforme padrão ASA B 16.5 Tabela 5
Construção: 1 1/2" e menores encaixe e solda — 2" e maiores solda de topo exceto quando indicado.
Válvula — Gaveta: 1 1/2" e menores - 600 lb. aço carbono forjado, encaixe e solda, castelo aparafusado, haste de rosca externa, tipo Crane 3605 XU — 2" a 6" - 600 lb. aço carbono fundido, pontas chanfradas para solda de topo, castelo aparafusado, haste de rosca externa, tipo Crane 76 1/2 U.
Globo: 1 1/2" e menores - 600 lb. aço carbono forjado, encaixe e solda, castelo aparafusado, haste de rosca externa, tipo Crane 3.652 XU — 2" a 6" - 600 lb. aço carbono fundido, pontas chanfradas, castelo aparafusado, haste de rosca externa, tipo Crane 171 1/2 U.
Retenção: 1 1/2" e menores - 600 lb. aço carbono forjado, encaixe e solda, tampa aparafusada, tipo pistão Crane 3682X - Horizontal — 2" a 6" - 600 lb. aço carbono fundido, pontas chanfradas para solda de topo, tampa aparafusada, tipo Crane 175 1/2 X de portinhola, horizontal e vertical.
Respiro: Usar luva e bujão de cabeça cilíndrica 3/4" - 6000 lb. roscado (rosca NPT) ASTM A-105 Gr. II padrão MSS-SP-49.
Drenos: Serão valvulados (válvula gaveta) com diâmetro mínimo de 3/4" e levarão tampão 3000 lb. roscado (rosca NPT), ASTM A-105 Gr. II padrão MSS-SP-49
Tubulação — 1/2" a 6" - Tubo de aço carbono, sem costura, preto, padrão ASA B 36.1, ASTM A-106 Gr.A — 1/2" a 1 1/2" - Escla 80, ponta plana — 2" a 6" - Escala 80, ponta chanfrada
Conexões — (4) 1 1/2" e menores - 3000 lb. aço carbono forjado, encaixe e solda, material ASTM A-105 Gr. II, pretas, dimensões conforme padrão ASA B 16.11 — 2" a 6": aço carbono forjado, peso reforçado (XS), sem costura, solda de topo, material ASTM A-234, padrão ASA B 16.9.
Falnges — 600 lb. Aço carbono forjado, ASTM-A-105 Gr. I, padrão ASA B 16.5, face de ressalto liso — 1 1/2" e menores: encaixe e solda — 2" a 6" com pescoço, usar sobreposto onde for necessário ao projeto.
Flange de Orifício: (1) 600 lb. Aço carbono forjado, ASTM-A-105 Gr. I, com ressalto liso, com pescoço, com 2 juntas tipo Metaflex (Spirotallic) com anel externo de centralização e de limite de compressão, espessura do anel 1/8".
Derivações: (2 - 1).
Derivações para Instrumentos: (3).
Uniões: Usar flanges.
Niples: 1 1/2" e menores ponta plana, cortados de tubo, de acordo com especificação da tubulação.
Reduções: 1 1/2" e menores usar niple de redução, tipo swage niple, aço forjado, peso reforçado (XS), sem costura, ASTM-A-105 Gr. II.
Juntas: Espirais alternadas de aço inoxidável tipo 304 e amianto, com anel externo de centralização e limite de compressão, espessura do anel 1/8", tipo Asberit Metalflex 913.
Parafusos e Porcas: Estojo de aço liga ASTM-A-193 Gr.B 7, cada um com 2 porcas hexagonais reforçadas ASTM-A-194 Gr. 2H, padrão ASA B 18.2 e ASA B 1.1.
Solda de Selgaem: Usar solda de selagem nas ligações roscadas, exceto nos respiros, drenos e ligações com instrumentos.
Curvas de Tubo: Usar raio mínimo de 5 diâmetros.

Serviço: Vapor de baixa pressão condensado e óleo.
Material: Aço carbono.
Avaliação ASA: 150 lb. face com ressalto.
Temperatura Limite: 750° F
Pressão Máxima: Conforme padrão ASA B 16.5 — Tabela 2
Construção: 1 1/2" e menores, encaixe e solda — 2" e maiores, solda de topo, exceto quando indicado.
Válvulas: Gaveta — 1 1/2" e menores - 600 lb. Aço carbono forjado, encaixe e solda, castelo roscado, sobre-castelo aparafusado, haste, sede e cunha em ASTM-A-182 Gr. F.6, haste de tosca externa, tipo Vogt SW-5-5871-77 — 2" a 12" - 150 lb. Aço carbono fundido, flangeada, face com ressalto, castelo aparafusado, sede em liga de 54% Ni, 33% Cu e 13% Sn, haste e cunha em ASTM-A-182 Gr. F.6, haste de rosca externa, tipo Crane 47 XR.
Globo — 1 1/2" e menores - 600 lb. Aço carbono forjado, encaixe e solda, castelo roscado sobre castelo aparafusado, haste e vedação em ASTM-A-182 Gr. F.6, haste de rosca externa, tipo Vogt SW-803/7 — 2" a 4" - 150 lb. Aço carbono fundido, flangeada, face com ressalto, castelo aparafusado, sede em liga de 54% Ni, 33% Cu e 13% Sn, haste e vedação em ASTM-A-182 Gr. F.6, haste de rosca externa, tipo Crane 143 XR.

Retenção — 1 1/2" e menores - 600 lb. Aço carbono forjado, encaixe e solda, tampa tipo união, vedação em ASTM-A-182 Gr. F.6, tampão esfera Vogt SW-5-4853-7 - Horizontal e vertical — 2" a 8" - 150 lb. Aço carbono fundido, flangeada, face com ressalto, tampa aparafusada, vedação em ASTM-A-182 Gr. F.6, tipo Crane 147 X de portinhola - Horizontal e vertical.
Macho (somente para o sistema de óleo) — 1/2" a 1 1/2" - 300 lb. Aço carbono fundido, roscada, castelo aparafusado, macho lubrificado, tipo curto com chave, Nordstrom 2.024 — 2" a 4" - 150 lb. Aço carbono fundido, flangeada, face com ressalto, castelo aparafusado, macho lubrificado, tipo curto com chave, Nordstrom 1924.
Tubulação — 1/2" a 10": Tubo de aço carbono, sem costura, preto, padrão ASA B 31.3 e ASA B 36.10, API 5 L Gr. B — 1/2" a 1 1/2": Escala 80, ponta plana — 2" a 10": Escala 40, ponta chanfrada.
Conexões (4) — 1 1/2" e menores - 3000 lb. Aço carbono forjado, encaixe e solda, material ASTM-A-105 Gr. II, pretas, dimensões conforme padrão ASA B 16.11 — 2" a 16": Aço carbono forjado, sem costura, solda de topo, material ASTM-A-234 Gr. WPB, padrão ASA B 16.9 — 2" a 10": peso normal (STD).
Flanges — 300 lb. Aço carbono forjado, ASTM-A-181 Gr. I padrão ASA B 16.5, face de ressalto liso — 1 1/2" e menores: encaixe e solda — 2" e maiores :com pescoço, usar sobreposto onde for necessário ao projeto.
Flanges de Orifício (1) : 300 lb. Aço forjado ASTM-A-105 Gr. I com ressalto liso, com pescoço, com 2 juntas tipo metalflex (spirotallic) com anel externo de centralização e de limite de compressão, espessura do anel 1/8"
Derivações: (2 - 1).
Derivações para Instrumento: (3).
Uniões: 1 1/2" e menores - 3000 lb. Aço forjado, encaixe e solda, com sede integral de aço, ASTM-A-105 Gr. II.
Niples — 1 1/2" e menores: ponta plana, cortados de tubo, de acordo com especificação de tubulação.
Reduções — 1 1/2" e menores: usar niple de redução, tipo swage nipple, aço forjado, peso reforçado (XS), sem costura, ASTM-A-105 Gr. II.
Juntas: Espirais alternadas de aço inoxidável tipo 304 e amianto, com anel externo de centralização e de limite de compressão, expessura do anel 1/8", tipo Asberit Metalflex 913.
Parafusos e Porcas: Estojo de aço liga ASTM-A-193 Gr. B 7, cada um com 2 porcas hexagonais reforçadas ASTM-A-194 Gr. 2H, padrão ASA B 18.2 e ASA B 1.1.
Solda de Selagem: Usar solda de selagem nas conexões roscadas, exceto nos respiros, drenos e ligações com instrumentos.
Curvas de Tubo: Usar raio míinmo de 5 diâmetros.
Serviço — Água: clarificada, de máquinas de resfriamento, e potável, ar comprimido, incluindo cabeçote de distribuição de ar para instrumentos.
Material: Aço carbono.
Avaliação ASA: 125 lb. face plana.
Temperatura Limite: 353° F.
Pressão Máxima — 12" e menores: 125 lb. a 353° F ou 175 lb. a 150° F — 14" a 24": 125 lb. a 353° F ou 150 lb. a 150° F.
Construção — 1 1/2" e menores: roscado — 2" e maiores: solda de topo, exceto quando indicado.
Válvulas — Gaveta: 1 1/2" e menores - 125 lb. Bronze roscada (rosca NPT), haste e vedação de bronze, castelo roscado, haste ascendente, rosca interna, cunha sólida, tipo Crane 428 — 2" e maiores: 125 lb. Ferro fundido, flangeada, face plana, haste, sede e vedação da cunha em bronze, castelo aparafusado, haste de rosca externa, tipo Crane 465 1/2.
Nota: As válvulas de 12" e maiores deverão ser fornecidas com By-Pass, conforme catálogo Crane 60, pag. 77 e 282.
Globo — 1 1/2" e menores: 125 lb. Bronze, roscada (rosca NPT), haste e vedação em bronze, castelo roscado, haste de rosca interna, tampão cônico tipo Crane 1 — 2" a 10": 125 lb. Ferro fundido, flangeada, face plana, haste e vedação em bronze, castelo aparafusado, haste de rosca externa, tipo Crane 351.
Retenção — 2" e menores: 125 lb. Bronze, roscada (rosca NPT), vedação em bronze, tampa roscada, tampão cônico, tipo Crane 20 Horizontal — 2" e maiores: 125 lb. Ferro fundido, flangeada, face plana, vedação em bronze, tampa aparafusada, tipo Crane 373 de portinhola, Horizontal e vertical.
Borboleta — 20" - ND 10 - Ferro fundido, com caixa de engrenagem 1 : 72 (redução) em ferro fundido, corpo curto, flangeada flange conforme padrão ASA B 16.5, vedação por latão e neoprene tipo Bopp 8· Reuther ou similar.

Respiro: usar luva e bujão de cabeça cilíndrica 3/4" - 2.000 lb. roscado (rôsca NPT) ASTM-A-105 Gr. II padrão MSS-SP-49.
Drenos: serão valvulados (válvula gaveta) com diâmetro mínimo de 3/4", e levarão bujão de cabeça cilíndrica roscado (rôsca NPT) ASTM-A-105 Gr. II.
Tubulações: tubo de aço carbono, sem costura, preto, conforme API 5L - Gr. B padrão ASA B 31.3 e ASA B 36.10. – 1.1/2" e menores, escala 80, ponta roscada com luva. – 2" a 10", escala 40, ponta chanfrada para solda. – 12" a 48" - tubo de aço carbono, costurado, ASTM-A-285 Gr. B, ASTM-A-155 Gr. C50, classe 2, com fator de junta longitudinal 0.85, ponta chanfrada para solda, padrão ASA B 31.3. – 12" a 48" - 0.375" de parede.
Conexões: (4) 1.1/2" e menores - 2.000 lb. Aço carbono forjado, roscada (rôsca NPT), material ASTM-A-105 Gr. II pretas conforme padrão MSS-SP-49. – 2" a 16". Aço carbono forjado, peso normal STD, sem costura, solda de topo, material ASTM-A-234 Gr. WPB, padrão ASA B 16.9.– 18" e maiores - fabricadas de tubo.
Flanges: 24" e menores 150 lb. Aço carbono forjado, ASTM-A-181 Gr. I, padrão ASA B 16.5 face plana. – 2" e menores - roscada (rôsca NPT). – 2" a 24" - sobreposto. – 30" e maiores - feitos de chapa ASTM-A-515 Gr. 70, projetadas e calculadas de acordo com ASME Section VIII de 1968.
Flange de Orifício: (1) 300 lb. Aço forjado ASTM-A-105 Gr. I com ressalto ranhurado, com pescoço, com 2 juntas de amianto comprimido, de 1/16" de espessura.
Derivações: (2 - 1)
Derivações para Instrumentos: (3)
Uniões: 1.1/2" e menores - 2.000 lb. Aço forjado, roscada (rosca NPT) material ASTM-A-105 Gr. II sede bronze/aço.
Niples: 1.1/2" e menores cortados de tubo, escala 80, API 5L Gr. B.
Reduções: 1.1/2" e menores usar niple de redução, tipo swage nipple, aço forjado peso reforçado (XS), sem costura, ASTM-A-105 Gr. II.
Juntas: amianto comprimido com 1/16" de espessura, para flange 150 lb. face plana, dimensões conforme padrão ASA B 16.5.
Parafusos e Porcas: parafusos de cabeça quadrada, aço carbono, cada um com uma porca hexagonal reforçada material ASTM-A-307 Gr. B padrão ASA B 18.2 e ASA B 1.1.
Nota: Nas flanges de 30" e maiores utilizar parafusos estojos ASTM-A-193 Gr. B7 com porcas hexagonais ASTM-A-194 Gr. 2H.
Solda de Selagem: não usar.
Curva de Tubo: usar raio mínimo 5 diâmetros.
Serviço: Ácido Sulfúrico 98%.
Material: Aço Carbono.
AvaliaçãoASA: 150 lb. Face plana.
Limites de Temperatura e Pressão: 125 lb. – 350° F; 170 lb – 150° F
Construção: 1.1/2" e menores encaixe e solda.
Construção: 1.1/2" e menores encaixe e solda – 2" e maiores solda de tôpo, exceto quando indicado.
Válvulas: Diafragma – 1/2" a 4" – Ferro fundido flangeada, flanges de acordo com padrão ASA 125 lb. face plana, castelo aparafusado, revestimento do corpo de vidro, diafragma de Teflon, tipo A ou KB - Saunders.
Drenos e Respiros: serão valvulados (válvula diafragma) diâmetro mínimo 3/4".
Tubulação: Tubo de aço carbono, sem costura, preto, conforme API – 5L – Gr. B, padrão ASA B 31.3 e ASA B 36.10. – 1.1/2" e menores, escala 80, ponta plana. – 2" a 4", escala 80, ponta chanfrada para solda.
Conexões: (4) 1.1/2" e menores – 3.000 lb. Aço carbono forjado, encaixe e solda, material ASTM-A-105 Gr. II, pretas dimensões conforme padrão ASA B 16.11. – 2" a 4" – Aço carbono forjado, peso reforçado (XS), sem costura solda de tôpo, material ASTM-A-234 Gr. WPB, padrão ASA B 16.9.
Flanges: 150 lb. Aço carbono forjado, ASTM-A-181 Gr. I, padrão ASA B 16.5 face plana. – 1.1/2" e menores - encaixe e solda. – 2" a 4" - usar sobreposto..
Flange de Orifício (1): 300 lb. Aço carbono forjado, ASTM-A-105 Gr. I, com ressalto ranhurado, com pescoço e com 2 juntas de fibra de amianto azul - comprimido de 1/16" de espessura.
Derivações: (Ver Notas Gerais (2 - 1)).
Juntas: Amianto comprimido com 1/16" de espessura, para flange 150 lb. face de ressalto, dimensões conforme padrão ASA B 16.5.
Parafusos e Porcas: Estojo de aço liga ASTM-A-193 Gr. B.7., cada um com 2 porcas hexagonais reforçadas ASTM-A-194 Gr. 2H, padrão ASA B 18.2 e ASA B 1.1.
Solda de Selagem: Usar solda de selagem nas válvulas e conexões roscadas, exceto nos respiros e drenos.
Curvas de Tubo: Usar raio mínimo 5 diâmetros.
Finalidade: Esta especificação abrange os requisitos de projeto, instalação e material para tubulação de PVC.
Serviço: Diversos.
Material: PVC rígido.
Limites de Temperatura e Pressão: 21 psig – 140° F; 106 psig – 68° F.
Construção: Soldada, com encaixe ou ponta e bolsa.. (A solda poderá ser com adesivo, ou por aquecimento).
Válvulas: Diafragma – 1/2" a 4" – ferro fundido, flangeada, flanges de acordo com padrão ASA 125 lb. face plana, castelo aparafusado, revestimento do corpo de vidro diafragma de neoprene, tipo A ou KB da Saunders.
Drenos e Respiros: serão valvulados (válvula diafragma), tipo KB com diâmetro mínimo de 1".
Tubulação: tubos de PVC rígido conforme P-EB-183 da ABNT, extremidades lisas. 1/2" a 2" – tabela I classe 20 – 2.1/2" a 4" – tabela I classe 12.
Conexões: 1/2" a 2" - cotovelo, tê, redução, PVC rígido, com encaixe para solda, dimensões conforme P-EB-183 da ABNT, tabela I - classe 20. – 2.1/2" a 6" - curvas tê, redução, PVC rígido, bolsas simples nas extremidades, conforme P-EB-183 da ABNT, classe Standard.

Flanges: serão feitas de chapa de aço carbono ASTM-A-283 Gr. C, com os cantos arredondados semelhantes ao flange louco (lap. joint), dimensões concordando com flanges padrão ASA 150 lb. com exceção do diâmetro do furo, espessura 3/8".
Pestanas: PVC rígido conforme P-EB-183 da ABNT. classe de acordo com a tubulação.
Derivações: 2" e menores, usar tê ou tê de redução, 3" e maiores, usar tê ou tê de redução, para derivações iguais ou maiores que a metade do diâmetro da linha principal. Usar bôca de lôbo para derivações menores que a metade do diâmetro principal.
Reduções: Idem. Idem conexões.
Juntas: Borracha sintética de 1/8" de espessura, para flange 125 lb. dimensões conforme ASA B 16.21.
Serviço: vapor de média pressão e condensado.
Material: Aço carbono.
Avaliação ASA: 300 lb. face ressalto.
Temperatura Limite: 750° F.
Pressão Máxima: Conforme padrão ASA B 16.5 Tabela 3.
Construção: 1.1/2" e menores - encaixe e solda — 2" e maiores - solda de tôpo, exceto quando indicado.
Válvulas: Gaveta: 1.1/2" e menores - 600 lb. Aço carbono forjado, encaixe e solda castelo roscado, sobre castelo aparafusado, haste, sede e cunha em ASTM-A-182 Gr. F. 6. haste de rosca externa, tipo Vogt SW-5-5871-77. — 2" a 8" - 300 lb. Aço carbono fundido, flangeada, face com ressalto, castelo aparafusado, sede em liga de 54% Ni, 33% Cu e 13% Sn, haste e cunha em ASTM-A-182 Gr.F.6, haste de rosca externa, tipo Grane 33XR.
Globo: 1.1/2" e menores - 600 lb. Aço carbono forjado, encaixe e solda, castelo roscado, sobre castelo aparafusado, haste e vedação em ASTM-A-182 Gr.F.6, haste de rosca externa tipo Vogt SW-803-7 — 2" a 8" - 300 lb. Aço carbono fundido, flangeada face com ressalto, castelo aparafusado, séde em liga de 54% Ni, 33% Cu e 13% Sn, haste e vedação em ASTM-A-182 Gr.F.6, haste de rosca externa, tipo Crane 151 XR.
Retenção: 1.1/2" e menores - 600 lb. Aço carbono forjado, encaixe e solda, tampa tipo União vedação em ASTM-A-182 Gr.F.6, tampão esfera Vogt SW-5-4853/7 horizontal e vertical — 2" a 12"- 300 lb. Aço carbono fundido, flangeada, face de ressalto, tampa aparafusada, vedação em ASTM-A-182 Gr.F.6, tipo Crane 159X de portinhola - horizontal e vertical.
Respiro: usar luva e bujão de cabeça cilíndrica 3/4" - 3000 lb. roscado (rosca NPT) ASTM-A-105 Gr. II padrão MSS-SP-49.
Drenos: Serão valvulados (válvula gaveta) com diâmetro mínimo de 3/4", e levarão tampão 3000 lb. roscado (rôsca NPT), ASTM-A-105 Gr. II padrão MSS-SP-49.
Respiro: Usar luva e bujão de cabeça cilíndrica — 3/4" - 3000 lb. roscado (rosca NPT) ASTM-A-105 Gr. II, padrão MSS-SP-49.
Drenos: Serão valvulados (válvula gaveta) com diâmetro mínimo de 3/4", e levarão tampão 3000 lb. roscado (rosca NPT), ASTM-A-105 Gr. II padrão MSS-SP-49.
Tubulação: 1/2" a 10" - tubo de aço carbono, sem costura, preto, padrão ASA B 36.10, API 5L Gr. B. — 1/2" a 1.1/2" - escala 80, ponta plana — 2" a 10" - escala 40, ponta chanfrada — 12" a 16" - tubo de aço carbono, costurado, ASTM-A-285 Gr. B., ASTM-A-155 Gr.C50, classe 2, com fator de junta longitudinal 0.85, ponta chanfrada para solda, padrão ASA B 31.3 com 0.375" de parede.
Conexões: (4) 1.1/2" e menores 3000 lb. Aço carbono forjado, encaixe e solda, material ASTM-A-105 Gr. II, pretas, dimensões conforme padrão ASA B 16.11 — 2" a 16" - aço carbono forjado, peso normal (STD), sem costura solda de topo, material ASTM-A-234 Gr. WPB, padrão ASA B 16.9.
Flanges: 150 lb. Aço carbono forjado, ASTM-A-181 Gr. I, padrão ASA B 16.5 face de ressalto ranhurado — 1.1/2" e menores - encaixe e solda — 2" e maiores - com pescoço. usar sobreposto onde for necessário ao projeto.
Flanges de Orifício: (1) — 300 lb. Aço carbono forjado ASTM-A-105 Gr. I, com ressalto ranhurado, com pescoço, com 2 juntas de amianto comprimido de 1/16" de espessura.
Derivações: (2 - 1)
Derivações para Instrumentos: (3)
Uniões: 1.1/2" e menores - 3000 lb. Aço forjado, encaixe e solda, com sede integral de aço, material ASTM-A-105 Gr. II.
Niples: 1.1/2" e menores, ponta plana, cortados de tubo, de acôrdo com especificação de tubulação.
Redução: 1.1/2" e menores usar niple de redução tipo swage nipple, aço forjado, peso reforçado (XS), sem costura, ASTM-A-105 Gr. II.
Parafusos e Porcas: Parafusos de cabeça quadrada, aço carbono, cada um com uma porca hexagonal reforçada, material ASTM-A-307 Gr. B., padrão ASA B 18.2 e ASA B 1.1.
Curvas e Tubos: Raio mínimo 5 diâmetros.

Notas Gerais para Especificação de Materiais

As seguintes notas aplicam-se e tornam-se parte de todas as classes de linhas:

a. Especificações de fabricantes ou equivalentes aprovados podem ser usadas.
b. Salvo anotado em contrário, todas as pressões e temperaturas referidas são condições de projeto.
c. Nenhuma substituição de válvula flangeada será permitida a menos que as dimensões - face a face coincidam com as do fabricante do ítem cujo número de identificação conste na lista.
d. Válvulas macho operadas por chave serão pedidas com chaves individuais.

Nas folhas de "Classe de Linha", a seguir, qualquer ítem seguido por um número entre parênteses refere-se à Nota Geral do mesmo número que se segue abaixo:

Exemplo: (2) (4) etc. Tais notas aplicam-se e tornam-se parte da "Classe de Linha" que contém a indicação.

1. Flanges de Orifício: devem normalmente ser limitadas ao mínimo de 2" de diâmetro, e devem atender ao seguinte:
   a) Roscas seguindo padrão "AGA"
   1/2" para flanges de 300 lb. - 400 lb. e 600 lb.
   3/4" para flanges de 900 lb. e 1500 lb.
   b) Furo (bore) deverá concordar com diâmetro interno da tubulação.
2. A mesmos que anotado em contrário, na "Classe de Linhas" respectivas, as derivações deverão ser feitas de acordo com o abaixo:
   2.1. — Classe de linha Aa, Ab, Ac, Ad, Ae, Af.

Linhas ou cabeçotes	Ramais	Usar o seguinte
1.1/2" e menores	Menor diâmetro	Tê de redução
1.1/2" e menores	mesmo diâmetro	Tê
2" somente	1/2" e 3/4"	Luva inteira
2" somente	1" a 2"	Boca de Lôbo
3" e maiores	1/2" a 1.1/2"	Luva inteira
3" e maiores	2" e maiores	Boca de Lôbo

Derivações para Instrumentos: (3).
Uniões: 1.1/2" e menores - 3.000 lb. Aço carbono forjado, encaixe e solda, com sede integral de aço, material ASTM-A-105 Gr. II.
Niples: 1.1/2" e menores, ponta plana cortados de tubo, de acordo com especificação de tubulação.
Reduções: 1.1/2" e menores, usar niple de redução, tipo swage nipple, aço forjado, peso reforçado (XS), sem costura, ASTM-A-105 Gr. II.
Juntas: Material Teflon, ESP. 1/16", dimensões ASA B 16.21 - 125 lb.
Parafusos e Porcas: Estojo de aço liga ASTM-A-193 Gr. B7, cada um com 2 porcas hexagonais reforçadas ASTM-A-194 Gr. 2H, padrão B 18.2 e ASA B 1.1.
Solda de Selagem: Usar selo de solda do lado do niple quando em válvulas ou conexões roscadas, exceto em ligações com instrumentos.
Curvas de Tubo: Usar raio mínimo 5 diâmetros.

Obs: As bocas de lôbo serão de acordo com ASA B 31.3 última revisão. As luvas de 1.1/2" e menores serão de aço carbono conforme especificação.

3. Derivações para instrumentos.
   1.1/2" e menores usar luvas de aço carbono conforme a especificação.
4. Quando fôr especificado para conexões soldadas uma espessura de parede de modo a coincidir com a tubulação, deverão ser utilizadas conexões comerciais, mesmo que as espessuras destas sejam ligeiramente acima daquelas da tubulação.

TABELA PARA DEGRAUS DE ESCADAS E ESPAÇO DE TRABALHO E OPERAÇÃO

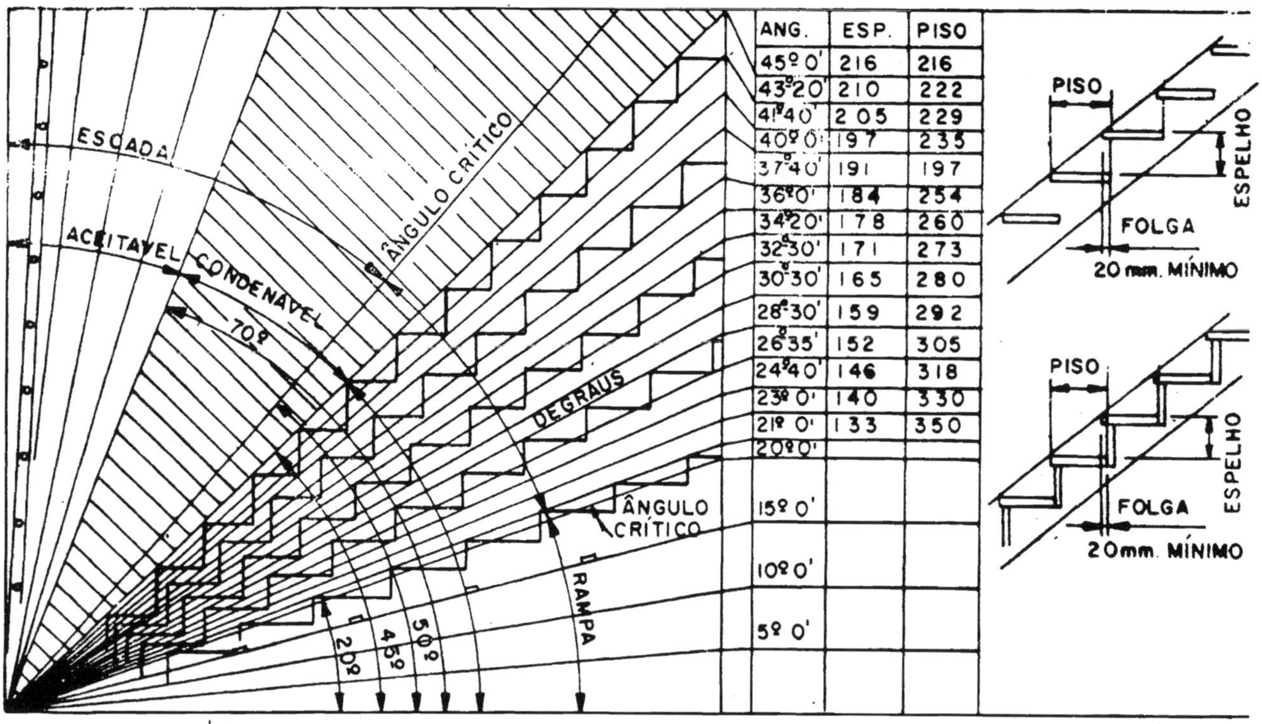

ANG.	ESP.	PISO
45º 0'	216	216
43º20'	210	222
41º40'	205	229
40º0'	197	235
37º40'	191	197
36º0'	184	254
34º20'	178	260
32º30'	171	273
30º30'	165	280
28º30'	159	292
26º35'	152	305
24º40'	146	318
23º 0'	140	330
21º 0'	133	350
20º0'		
15º 0'		
10º 0'		
5º 0'		

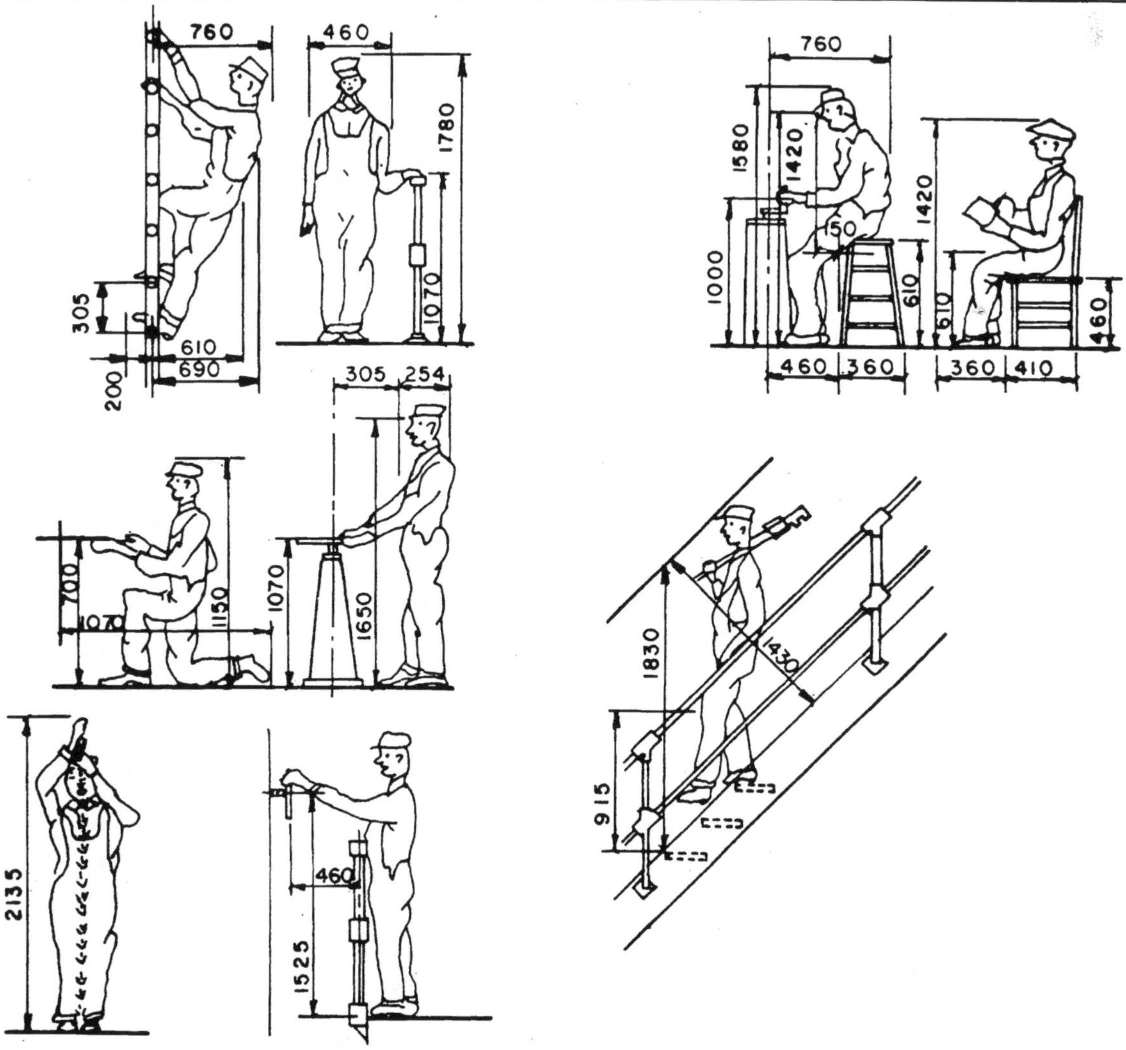

CAPÍTULO VII
SUPORTES TÍPICOS – TRAÇADOS
DEFINIÇÃO

Definição e Classificação dos Suportes de Tubulação: Os suportes de tubulação (pipe-supporte) são os dispositivos destinados a suportar os pesos e os demais esforços exercidos pelos tubos ou sobre os tubos, transmitindo esses esforços diretamente ao solo das estruturas vizinhas à equipamentos, ou ainda a outros tubos adjacentes.

Existe uma grande variedade de tipos e de modelos diferentes de suporte de tubulação. De acordo com a função principal que exercem, os suportes podem ser classificados em:

1 – Suportes destinados a sustentar os pesos:

Rígidos: Apoiados; Pendurados

Semi-rígidos (pipe-hangers)

Não Rígidos: Suporte de mola (spring-hangers); Suporte de contrapeso

2 – Suportes destinados a limitar os movimentos dos tubos:

Dispositivos de fixação total – Ancoragens.
Dispositivos que impedem o movimento em um sentido.
Batentes, – Dispositivos que permitem apenas movimentos axiais, –Guias, – Dispositivos que impedem os movimentos laterais, – Contraventos.

3 – Dispositivos que absorvem as vibrações – Amortecedores.

TIPOS

Suportes Rígidos: Chamam-se suportes rígidos os que não permitem nenhuma liberdade de movimento vertical aos tubos. São os mais comuns de todos os tipos de suportes.

Esses suportes podem ser apoiados ou pendurados, conforme transmitem os pesos para baixo ou para cima.

Quando se tiver tubos paralelos de diâmetros muito diferentes, procura-se fazer com que os tubos finos e leves sejam sustentados por suportes intermediários soldados aos tubos grossos.

Os tubos suportantes devem ter no mínimo 4 vezes o diâmetro do maior tubo suportado. Quando se empregam esses suportes intermediários, deve-se fazer uma verificação das tensões nos tubos suportantes, sempre que houver solicitações grandes nesses tubos ou quando se tiver dúvidas sobre a capacidade de suportes dos mesmos.

É importante que os suportes intermediários, quando pendurados em dois tubos, não sejam nunca rigidamente presos a ambos, para que seja possível o movimento relativo de um dos tubos suportantes em relação ao outro.

Nos suportes de tubulação procura-se geralmente evitar o contato direto entre os tubos e a superfície de apoio, com a finalidade de permitir a pintura da face inferior dos tubos e da própria superfície de apoio. Um dos recursos usados para evitar esse contato direto é a colocação de um vergalhão de aço (geralmente de 3/4" de diâmetro), transversalmente aos tubos, soldados na superfície metálica do suporte.

O vergalhão costuma ter as extremidades com as pontas viradas para cima, de modo a impedir que os tubos possam cair fora do suporte.

Tratando-se de tubos pesados (mais de 14"), ou de tubos com paredes muito finas, a carga concentrada resultante do contato com o vergalhão, poderia danificar ou mesmo causar o colapso do tubo. Adotam-se então chapas de reforço ou berços construídos de chapa, com o objetivo de melhorar a distribuição da carga concentrada. As chapas de reforço devem ser soldadas na parede do tubo.

Em nenhum caso pode-se permitir que tubos com isolamento térmico descansem diretamente nos suportes, porque o próprio peso dos tubos e principalmente o movimento de deslizamento sobre os suportes, em consequência da dilatação, danificariam completamente o isolamento.

Suportes Semi-Rígidos, Suportes para Tubos Verticais: Os suportes semi-rígidos (pendurais), são empregados principalmente para tubos leves, dentro de edifícios ou em áreas de processamento. Esses suportes dão grande liberdade de movimento lateral aos tubos porque neles não há atrito. Por essa razão não devem ser empregados para tubos sujeitos a vibrações, choques dinâmicos, golpes de ariete, etc. Quando for necessário limitar os movimentos laterais de tubos suportados por pendurais, devem ser colocados contraventos, como veremos adiante.

Os pendurais costumam ser feitos de vergalhões de aço dobrado, presos ao tubo por meio de orelhas soldadas ou de braçadeiras, e pendurados em vigas de aço, de concreto, ou em outros tubos. Os pendurais devem ter um sistema qualquer para a ajustagem do comprimento durante a montagem, que pode ser um esticador com rosca direita e esquerda, ou simplesmente uma emenda soldada no campo, de comprimento variável. Para tubos de até 2" de diâmetro os vergalhões de aço devem ter diâmetro mínimo de 1/2"; tubos maiores o diâmetro mínimo deve ser de 5/8".

Os suportes para tubos verticais consistem geralmente em orelhas soldadas às paredes dos tubos, descansando em vigas horizontais. Para tubos pesados usam-se saias e reforços abraçando todo o tubo, para melhor distribuição de cargas. Note-se que para a simples sustentação do peso de um tubo vertical bastaria um suporte na parte superior do tubo; na prática, frequentemente há necessidade de maior número de suportes para evitar vibrações e deflexões laterais nos tubos.

Suportes Especiais para Tubos Leves: Para o suporte de tubos leves é pouco importante (até 1 1/2" de diâmetro), tanto horizontal como vertical, e frequentemente mais econômico o emprego de ferragens compradas prontas no comércio, principalmente no caso de tubos que correm isoladamente.

A maioria dessas peças são fabricadas de ferro maleável geralmente galvanizadas, embora exista também de ferro fundido, de aço e de materiais plásticos. Várias dessas ferragens tem chumbadores integrantes, para fixação direta em concreto ou em alvenaria.

Suportes Não-Rígidos: Os suportes não-rígidos são dispositivos que sustentam o peso das tubulações dando ao mesmo tempo uma certa liberdade de movimento vertical às mesmas.

Os suportes não-rígidos são empregados apenas em tubulações sujeitas a movimentos verticais; quando esses movimentos causarem tensões excessivas na tubulação, nos equipamentos a elas ligados, ou nos próprios suportes, caso fossem suportes rígidos.

Os movimentos verticais das tubulações podem se dar para cima ou para baixo, são causados pelas dilatações de trechos verticais da tubulação, ou por movimentos dos pontos extremos, consequentes de dilatação de tanques, torres, vasos, ou outros equipamentos ligados à tubulação.

Existem 3 tipos de mola de tensão de suportes não-rígidos: Suportes de mola de tensão variável, Suporte de mola de tensão constante, Suporte de contrapeso.

Suportes de Mola (Spring-Hangers): Os suportes de mola, chamados de "tensão variável", são os dispositivos de suporte não-rígidos de uso mais frequente em tubulação industrial. Consistem em uma mola helicoidal de aço, geralmente dentro de uma caixa também de aço, de maneira que o peso dos tubos seja suportado diretamente pela mola, tentando comprimí-la.

Esses suportes são chamados de tensão variável porque a força necessária para comprimir a mola aumenta a medida que a deflexão aumenta, isto é, a cada posição de deflexão da mola corresponde uma capacidade diferente.

Empregam-se os suportes de tensão constante, para suporte de tubulações sujeitas a movimentos verticais, nos seguintes casos:

1 — Quando os deslocamentos verticais forem muito grandes (15 cm ou mais).

2 — Quando a carga suportada for muito grande.

3 — Quando a tubulação estiver ligada a algum equipamento sensível de modo a não se permitir transmissões de esforços da tubulação para o equipamento.

Todos os suportes de mola costumam ter um índice, por fora da caixa, dando uma indicação visual imediata da deflexão da mola. Quando instalados, com a tubulação fria, não dilata, a mola deve ficar comprimida entre zero e um quarto de curso total.

Os suportes de mola, de qualquer tipo, são sempre aparelhos comprados prontos e completos. Quando são recebidos da fábrica, as molas costumam vir com a calibragem correta, para darem a capacidade de suporte e a deflexão que forem pedidas.

Suportes que limitam os movimentos dos Tubos: São quatro os tipos gerais mais importantes de suportes que restringem os movimentos dos tubos: ancoragem, guias, batentes e contraventos.

As ancoragens são pontos de fixão total, isto é, são suportes que restringem completamente todos os movimentos dos tubos.

As guias são suportes que permitem apenas deslocamentos axiais dos tubos, restringindo os demais movimentos. Os batentes impedem apenas os deslocamentos axiais, em um ou em ambos os sentidos. Os contraventos são dispositivos que, a rigor não deveriam estar incluidos entre os suportes de tubulações, porque não suportam pesos exercidos pelos tubos limitando apenas os movimentos laterais dos mesmos.

Nas ancoragens em geral é feita a soldagem firme do tubo na chapa ou na viga de apoio, por intermédio de barras chatas, perfis ou estruturas especiais. Em algumas ancoragens usam-se chumbadores presos diretamente ao piso ou à estrutura de concreto.

As guias para os tubos horizontais consistem, na maioria das vezes, em barras chatas ou em perfis, soldados também na viga ou na chapa de apoio, deixando folga (1,5 mm a 3mm) de ambos os lados dos tubos.

Os contraventos resumem-se frequentemente a vergalhões de aço engastados em braçadeiras ou em orelhas soldadas aos tubos, trabalhando apenas à tração.

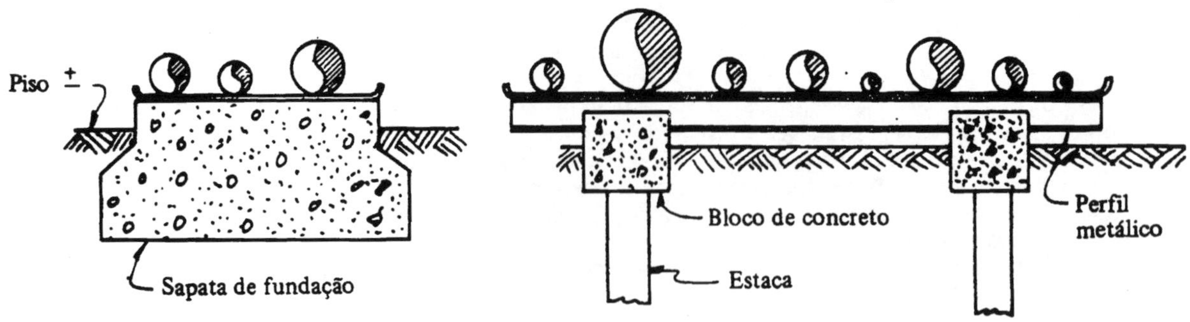

TÍTULO:
SAPATAS DE CONCRETO ACIMA DO PISO PARA APOIOS DAS TUBULAÇÕES

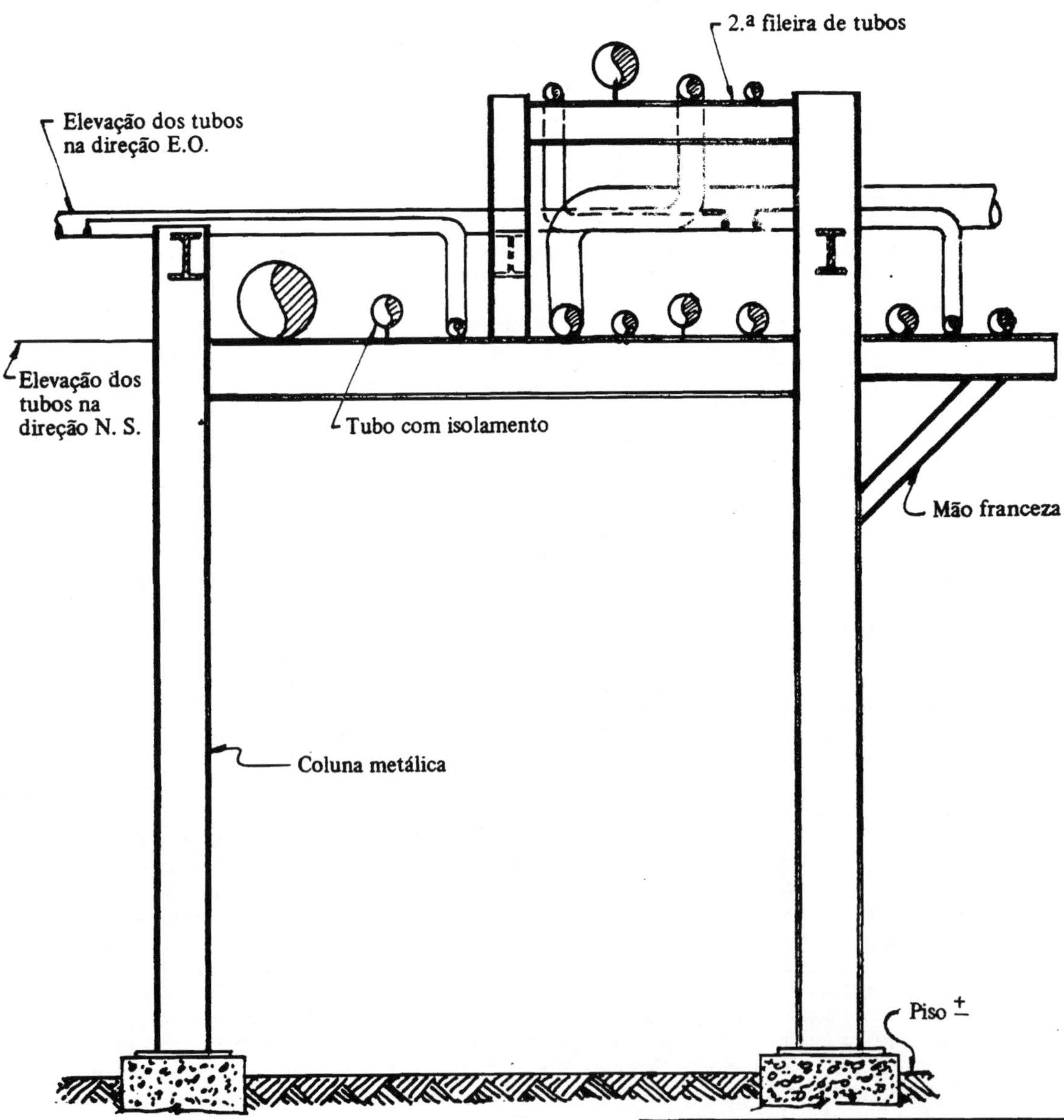

TÍTULO:
ESTRUTURA DE PÓRTICO PARA TUBULAÇÕES ELEVADAS

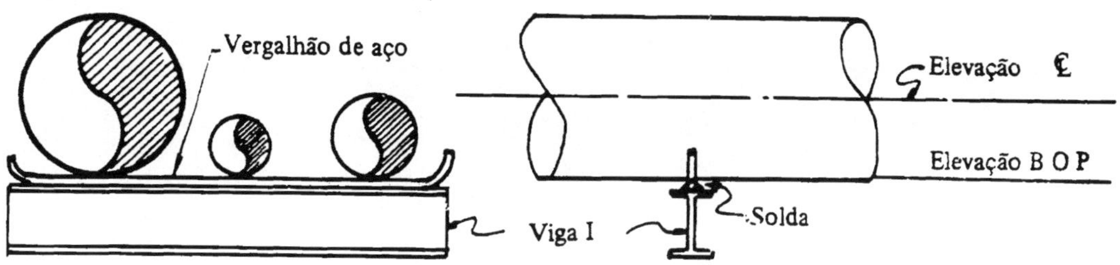

SUPORTE SIMPLES METÁLICO

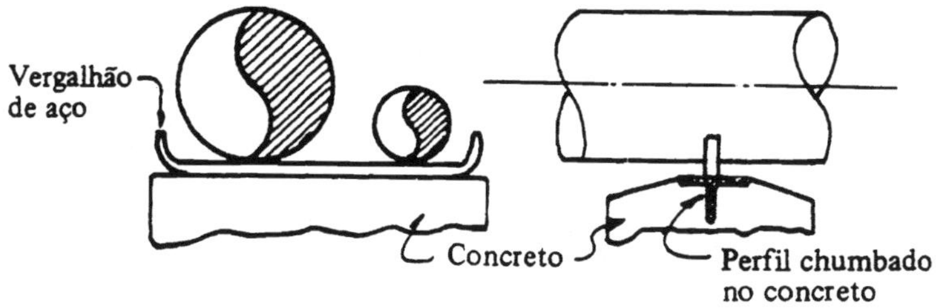

SUPORTE SIMPLES DE CONCRETO

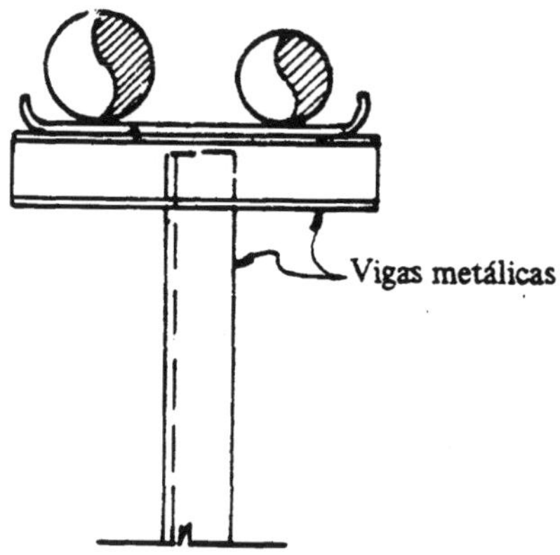

SUPORTE PARA TUBOS ELEVADOS

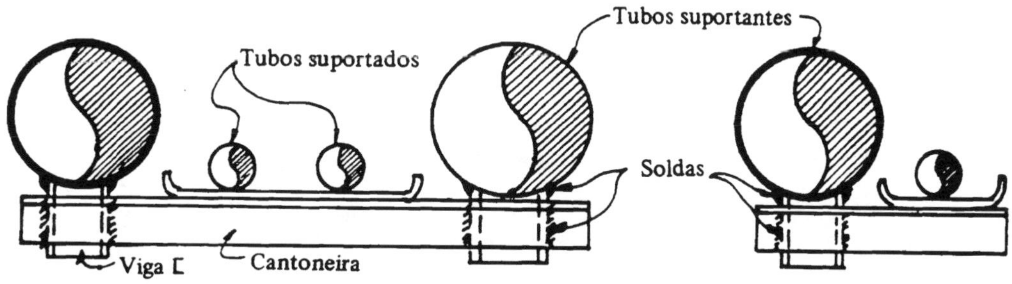

SUPORTES INTERMEDIÁRIOS (Para Tubos Finos)

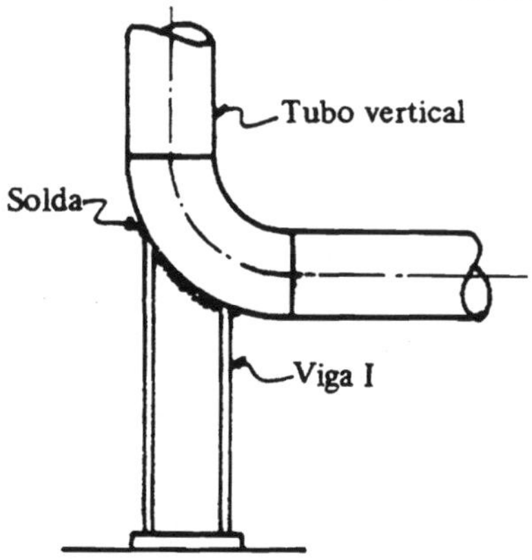

SUPORTE PEDESTAL

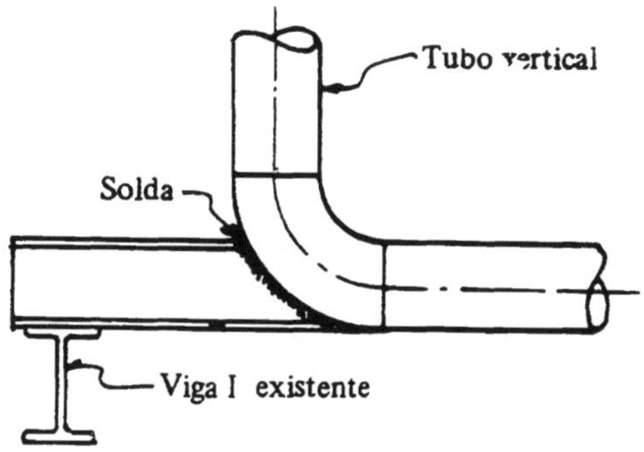

SUPORTES "TRUNION"

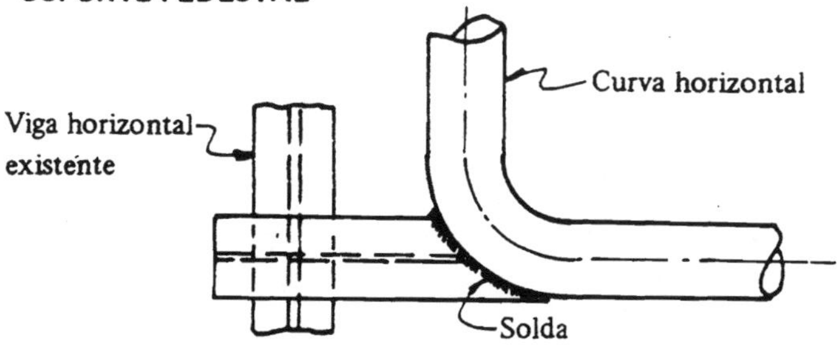

TÍTULO:
SUPORTES SIMPLES

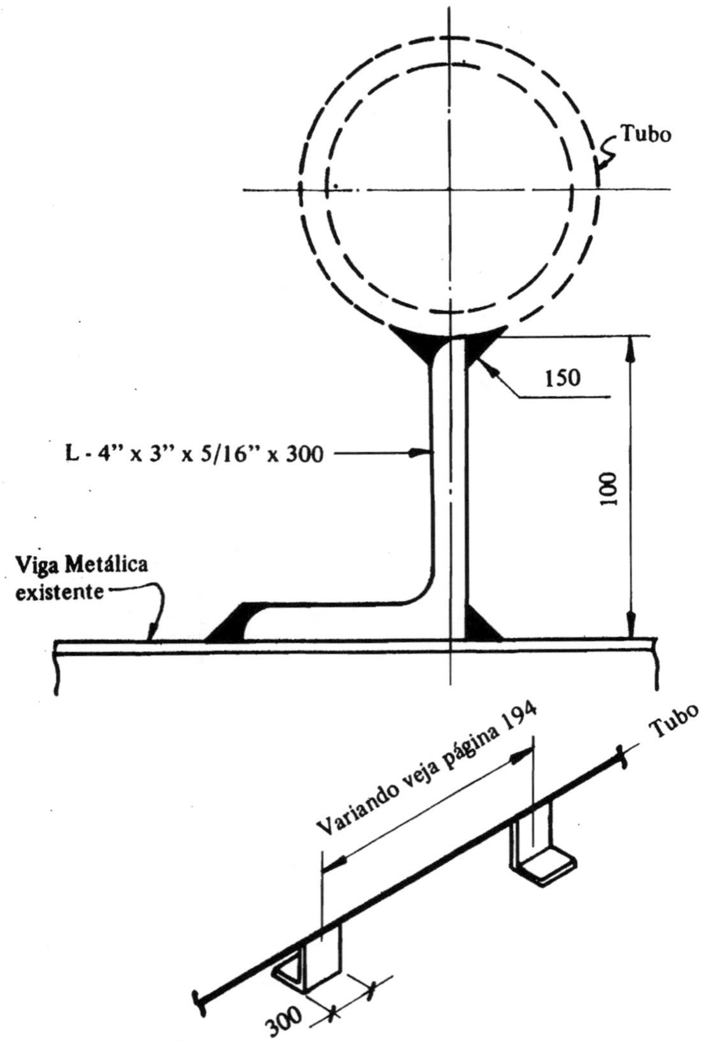

INSTALAÇÃO TÍPICA ENTRE DOIS SUPORTES

TÍTULO:

SUPORTE LIVRE (CANTONEIRA)

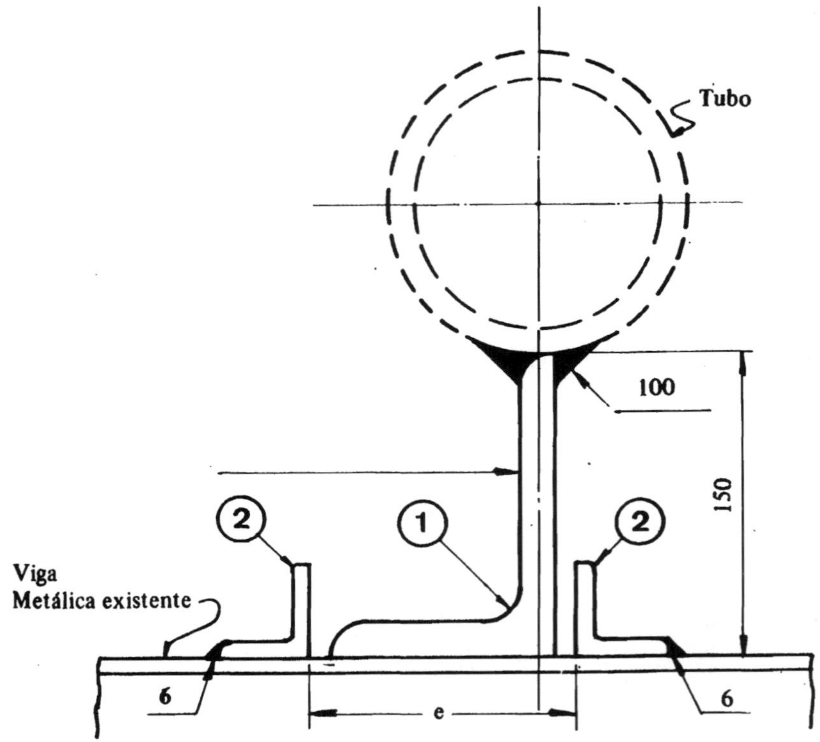

ITEM	QUANT.	DISCRIMINAÇÃO
①	1	L - 4" x 3" x 5/16" x 300
②	2	L - 2 1/2" x 2 1/2" x 1/2" x 75

NOTA: A DISTÂNCIA "e" DEVERÁ SER DETERMINADA NO CAMPO AFIM DE PERMITIR DESLIZAMENTO.

TÍTULO:

SUPORTE DE GUIA (CANTONEIRA)

SUPORTE DE TUBULAÇÃO
TIPO ST - 17

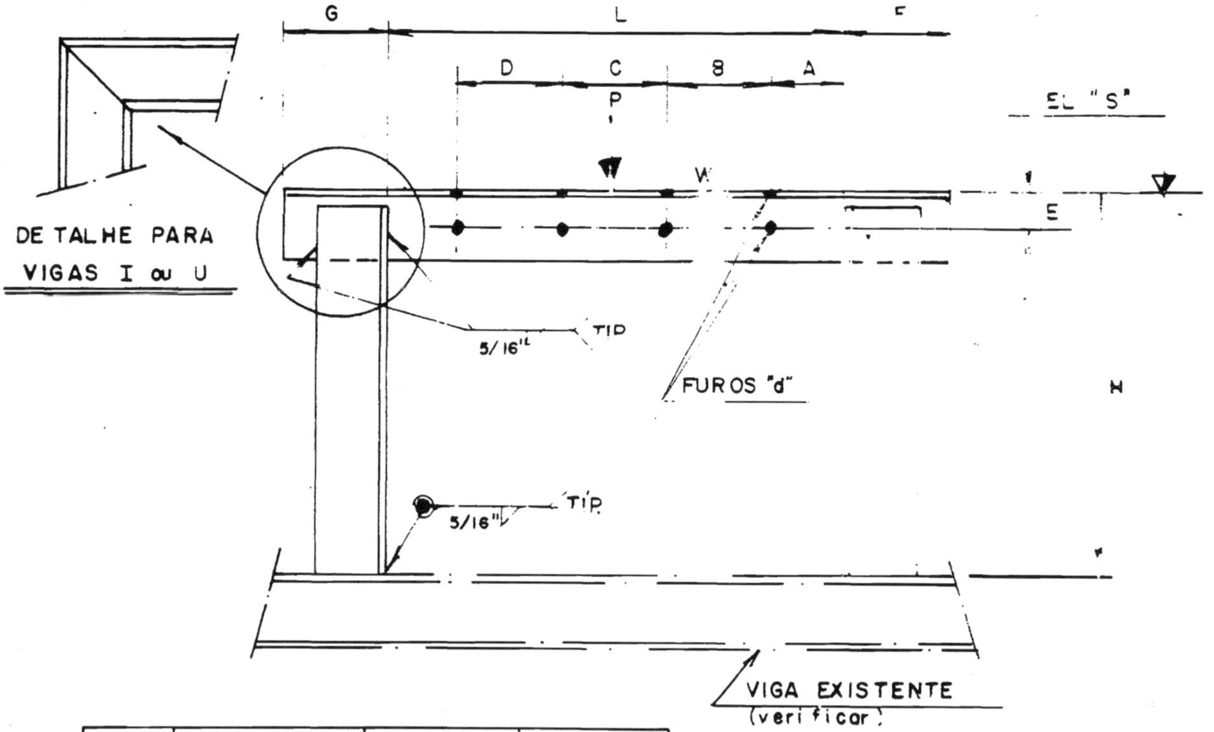

TIPO	PERFIL	CARGA MÁX. (Kg)		DIMENSÃO MÁX (mm)	
		* W	P	L	H
ST-17	L 3" x 3" x 3/8"	1.500	750	1 000	1 500
ST-17 A	L 4" x 4" x 3/8"	2 500	1300	1 000	1 500
ST-17 B	U 6" x 8,2#	2.000	2.000	2 000	1.500
ST-17 C	I 8" x 12,5#	3300	3300	2 000	1.500

* CARGA UNIFORMEMENTE DISTRIBUIDA POR METRO LINEAR.
QUANDO HOUVER ANCORAGEM ESTE SUPORTE DEVERÁ SER VERIFICADO.

TABELA PADRÃO, MAS VARIANDO CONFORME O PROJETO DAS LINHAS.

TIPO	QUANT.	LINHA Nº	DIMENSÃO (mm)									FURO "d"	ELEV. "s"	OBS.
			A	B	C	D	E	F	G	H	L			

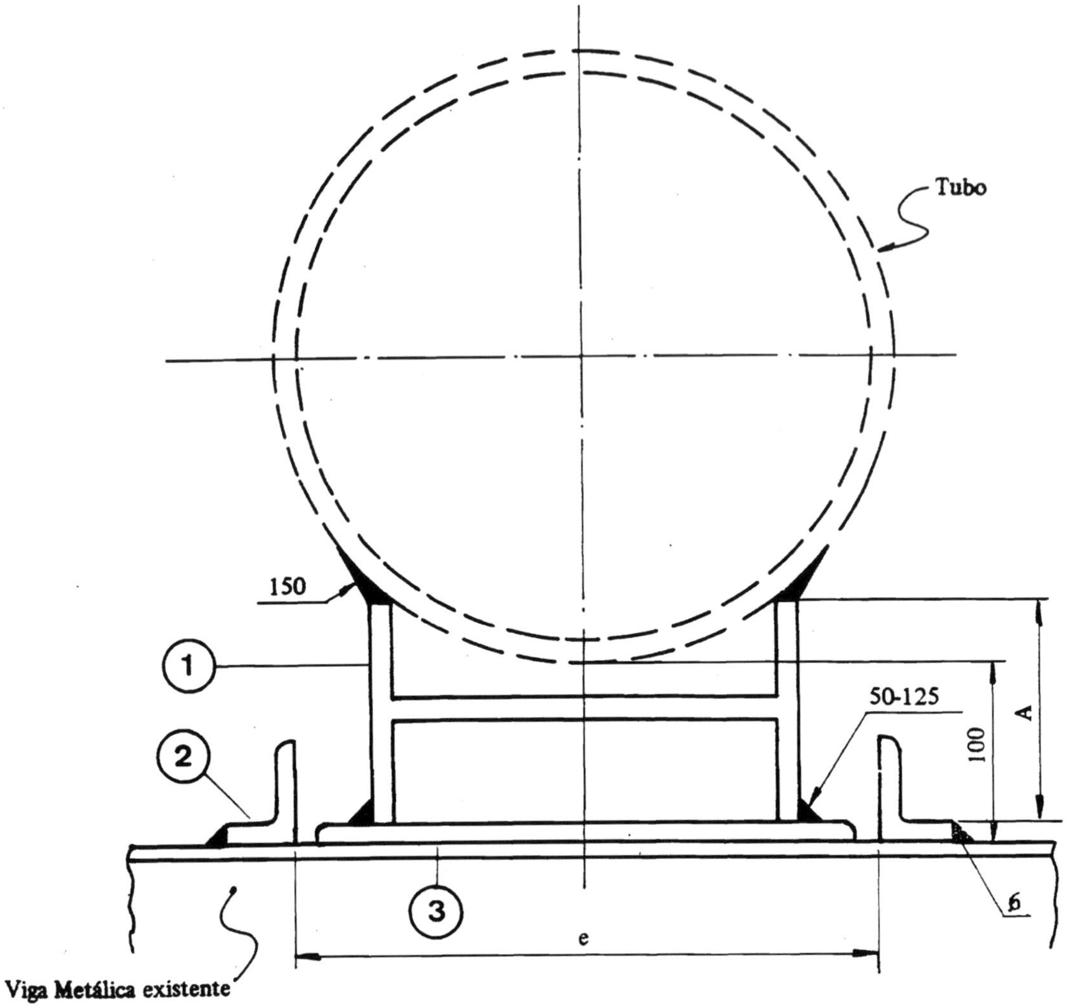

NOTA: A DISTÂNCIA "e" DEVERÁ SER DETERMINADA NO CAMPO AFIM DE PERMITIR DESLISAMENTO

TUBO O	A	①	②	③
12"	123	I 8" x 4" x 0,270" x 300	L 2 1/2" x 2 1/2" x 1/4" x 75	CH. 1/4" x 300 x 300
14"	121	I 8" x 4" x 0,270" x 300	L 2 1/2" x 2 1/2" x 1/4" x 75	CH. 1/4" x 300 x 300
16"	115	I 8" x 4" x 0,270" x 300	L 2 1/2" x 2 1/2" x 1/4" x 75	CH. 1/4" x 300 x 300
18"	125	I 10" x 4 5/8" x 0,310" x 300	L 2 1/2" x 2 1/2" x 1/4" x 75	CH. 1/4" x 300 x 300
20"	122	I 10" x 4 5/8" x 0,310" x 300	L 2 1/2" x 2 1/2" x 1/4" x 75	CH. 1/4" x 300 x 300

TÍTULO:
SUPORTE DE GUIA PARA TUBOS DE Ø 12" A Ø 20"

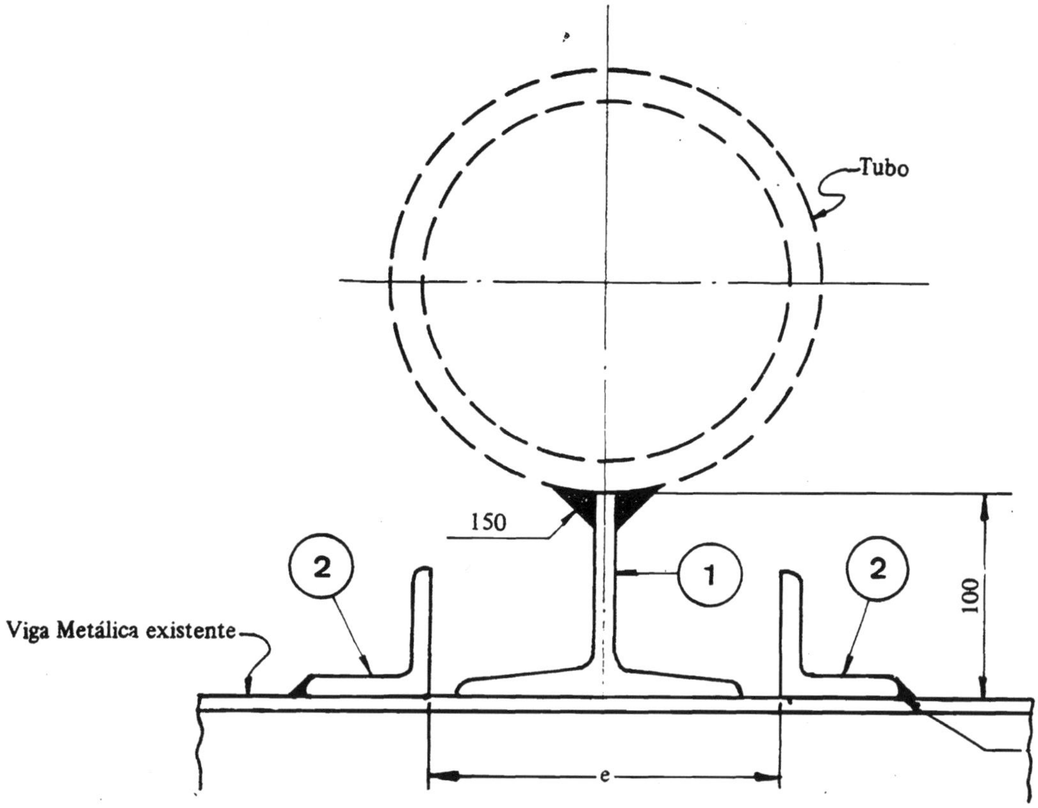

ITEM	QUANT.	DISCRIMINAÇÃO
①	1	MEIO I 8" x 4" x 0,270" x 300
②	2	L 2 1/2" x 2 1/4" x 75

NOTA: A DISTÂNCIA "e" DEVERÁ SER DETERMINADA NO CAMPO AFIM DE PERMITIR O DESLIZAMENTO.

TÍTULO

SUPORTE DE GUIA PARA TUBOS DE Ø 4" A Ø 10"

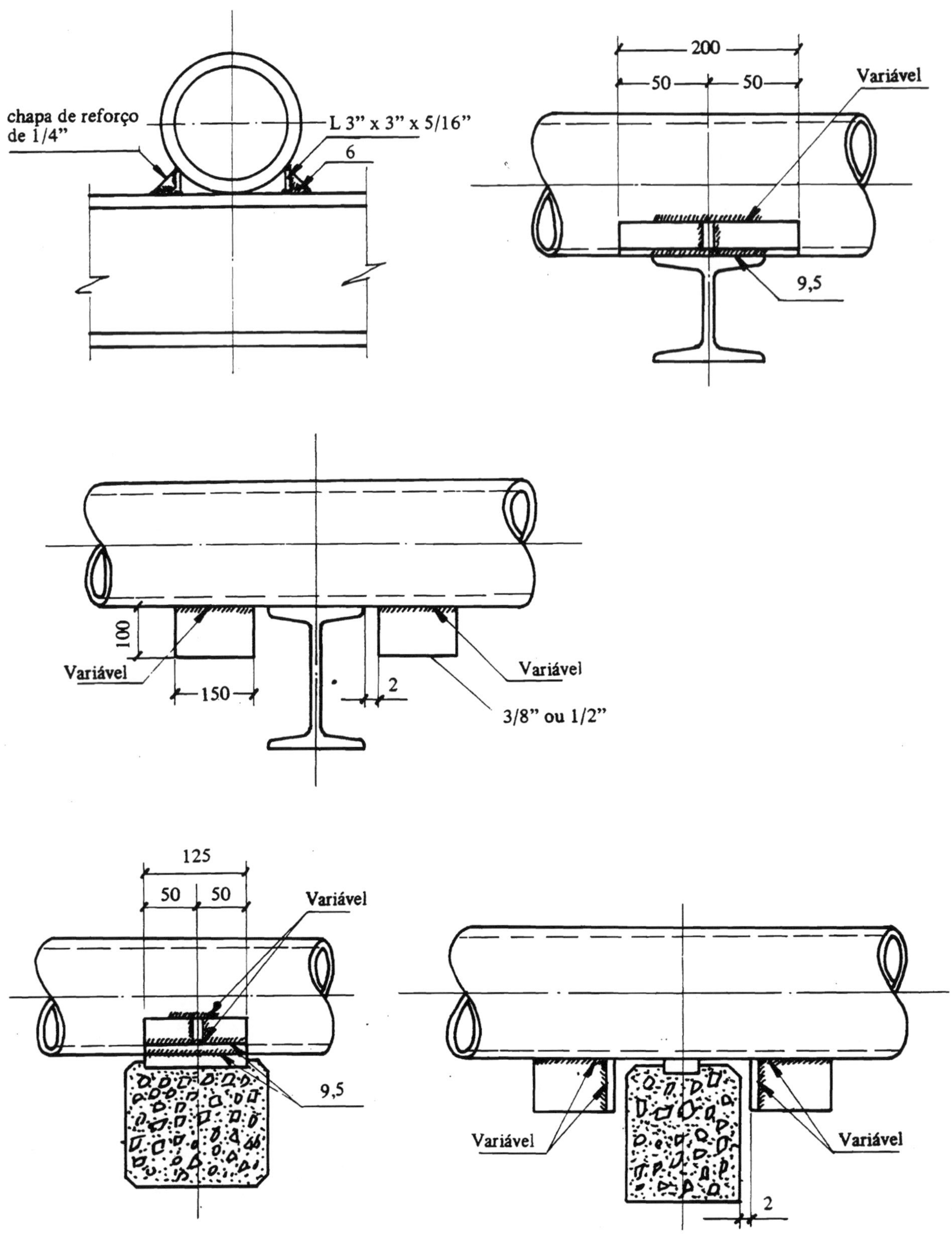

TUBO	MATERIAL
6" e 8"	2 - L 3" x 3" x 5" x 5/16" x 200
10" - 12" - 14"	4 - CH. 100 x 150 x 3/8"
16" - 18" - 20"	4 - CH. 100 x 150 x 1/2"
ATÉ 4"	2 - CH. 4" x 1/2"

TÍTULO:

SUPORTES DE ANCORAGEM

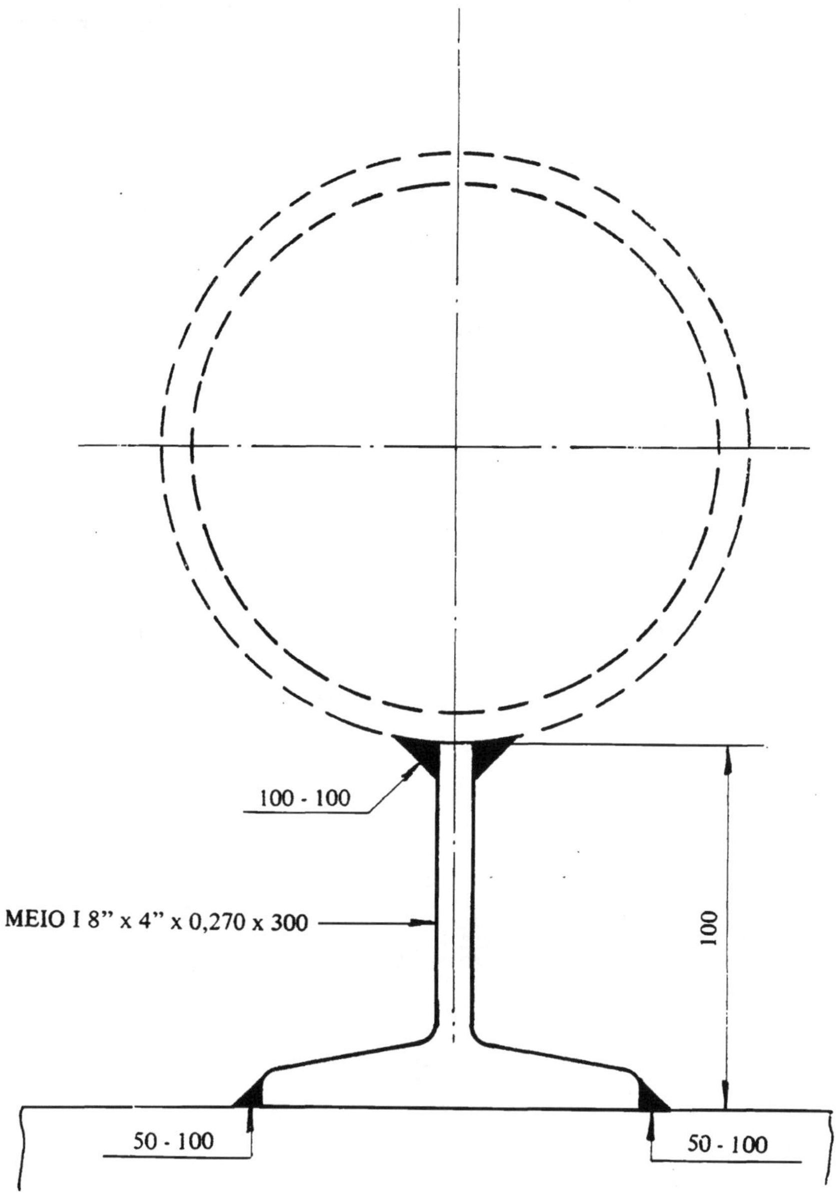

TÍTULO:

SUPORTE DE ANCORAGEM PARA TUBOS DE 4" A 10"

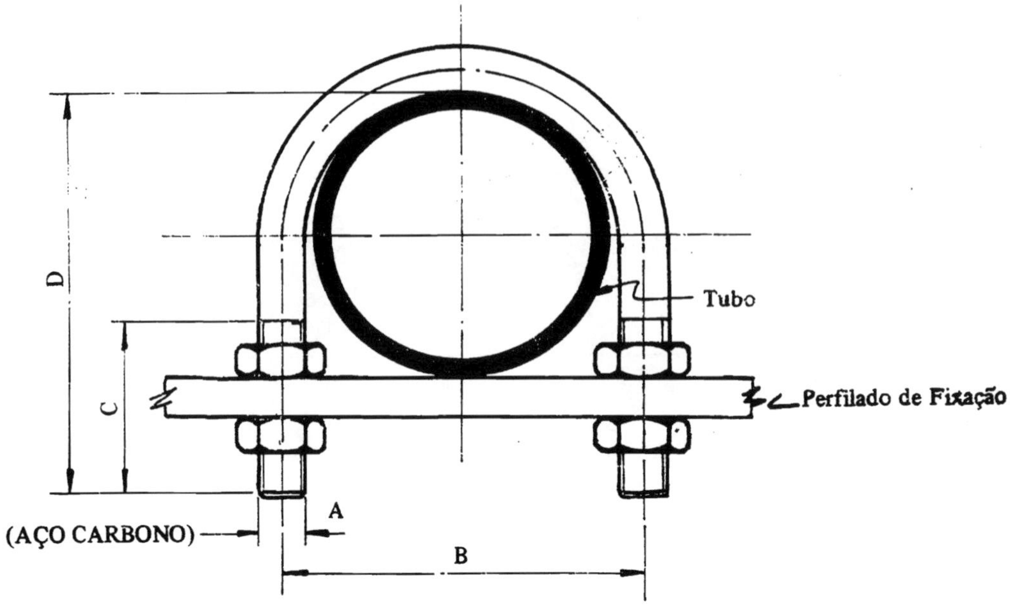

DIAM. NOM. DO TUBO	DIÂM. A	COMPR. TOTAL DO GRAMPO	℄ B	COMPR. ROSCA C	D
1/4	1/8	85	20	25	25
3/8	1/8	95	24	30	30
1/2	1/4	105	30	35	35
3/4	1/4	115	35	50	50
1	1/4	185	45	60	60
11/4	3/8	210	55	60	75
1 1/2	3/8	220	60	65	90
2	3/8	240	72	70	100
2 1/2	1/2	275	88	70	115
3	1/2	310	95	75	135
4	1/2	380	130	75	160
5	1/2	450	158	85	190
6	1/2	520	186	90	120
8	5/8	705	210	90	295
10	5/8	850	300	90	350
12	3/4	990	348	90	410
14	3/4	1080	380	105	440
16	7/8	1210	434	105	490
18	7/8	1360	484	120	550
20	1	1490	540	120	600
24	1	1750	640	120	700

TÍTULO:

GRAMPOS PARA FIXAR TUBOS 1/4" ATÉ 24"

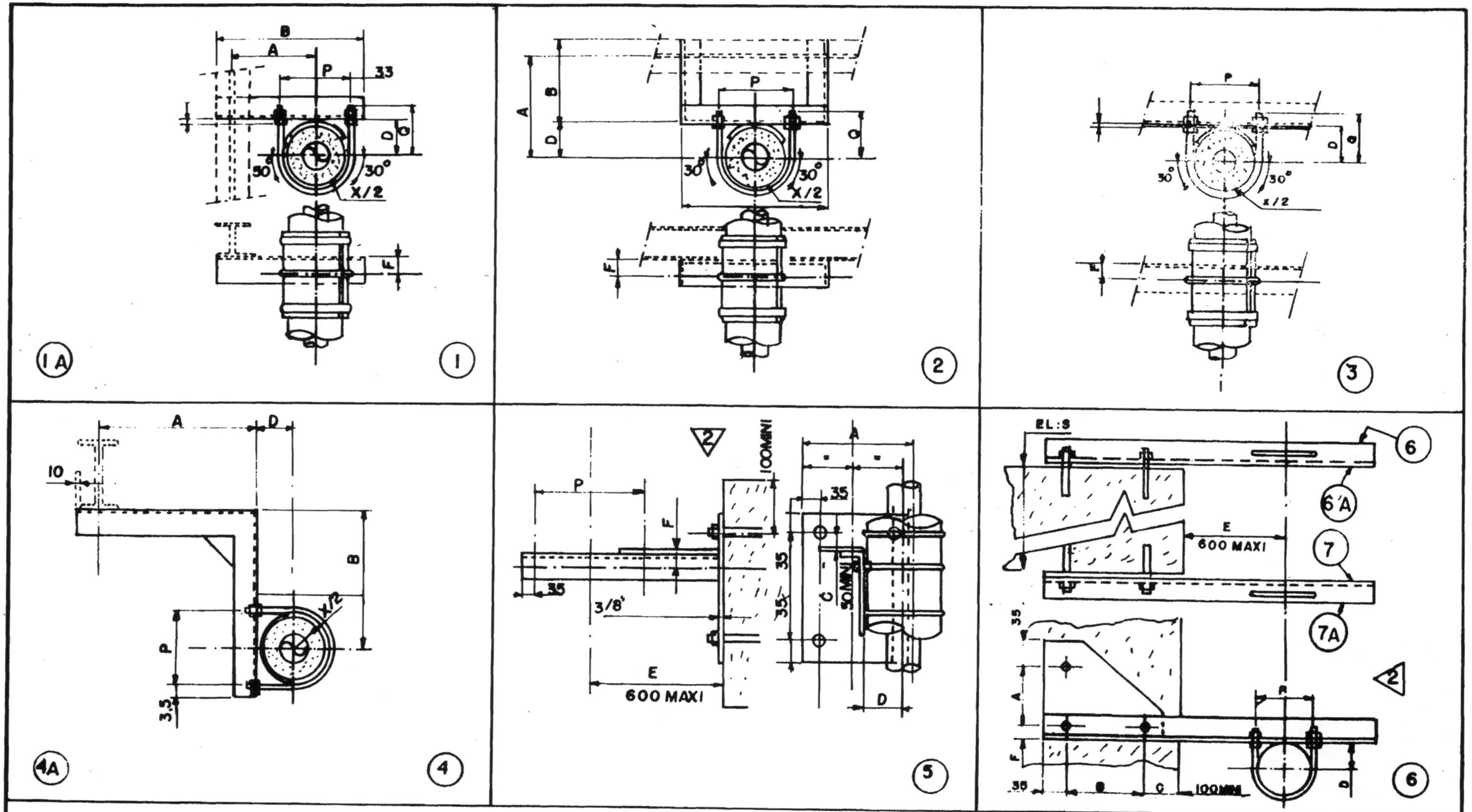

Nota: ┌ 2 1/2" x 2 1/2" L x 4 — 1 1/2" TO 4" — F = 32
┌ 3 x 3 L x 7,20 — 6" TO 12" — F = 45
┌ 4 x 4 L x 12,80 — 14" — F = 55

TÍTULO:
SUPORTES FIXOS E CONCRETO ARMADO, OU ESTRUTURA METÁLICA

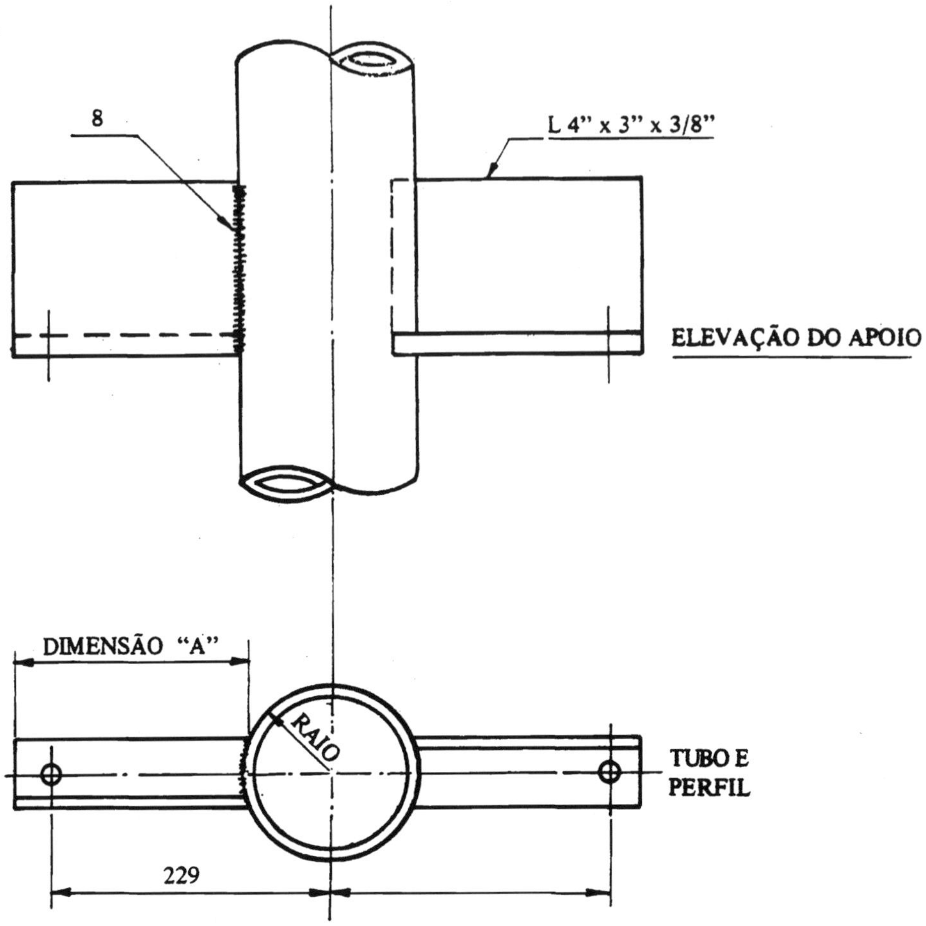

TUBO Ø	PERFIL 2 PEÇAS	PARAFUSO PARA CABEÇA QUADRADA E PORCA HEXAGONAL			TUBO Ø	CARGA MÁXIMA Kgs	COMP. EQUIV. DE TUBO CHEIO DE ÁGUA · + 1 VALV. GAVETA · 300
	DIM. "A"	Ø FURO	Ø PARAF.	QUANT.			
3" 4"	241 213	16 16	1/2" 1/2"	2 2	3" 4"	700 1000	1219 10670

NOTA: DIMENSÕES EM MILÍMETROS E POLEGADAS

TÍTULO:

SUPORTE DE ANCORAGEM PARA TUBOS DE Ø 3" E Ø 4"

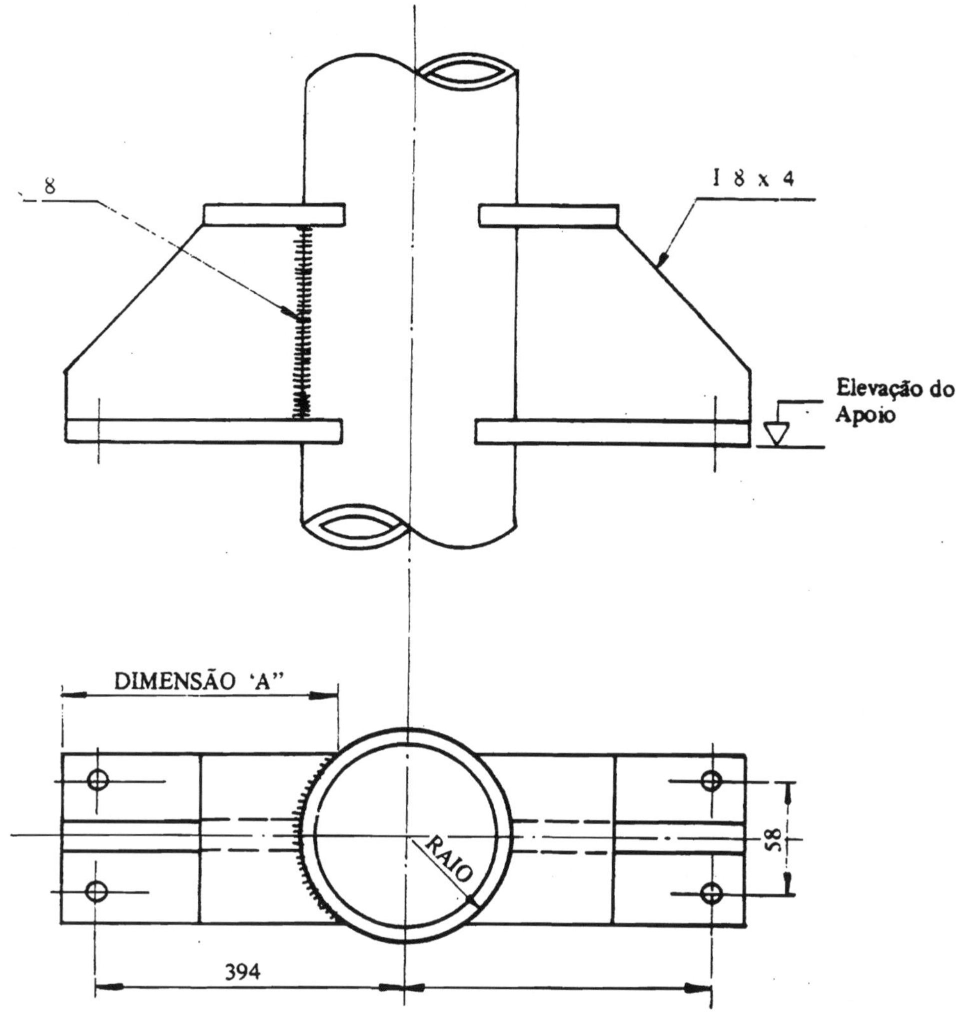

TUBO Ø	PERFIL 2 PEÇAS	PARAFUSO PARA CABEÇA QUADRADA E PORCA HEXAGONAL			TUBO Ø	CARGA MÁXIMA Kgs	COMP. EQUIV. DE TUBO CHEIO DE ÁGUA + 1 VALV. GACETA - 300
	DIM. "A"	Ø FURO	Ø PARAFUSO	QUANT.			
6" 8"	381 343	16 16	1/2 1/2	4 4	6" 8"	2400 3000	13720 10670

NOTA: DIMENSÕES EM MILÍMETROS E POLEGADAS

TÍTULO:

SUPORTE DE ANCORAGEM PARA TUBOS DE Ø 6" E Ø 8"

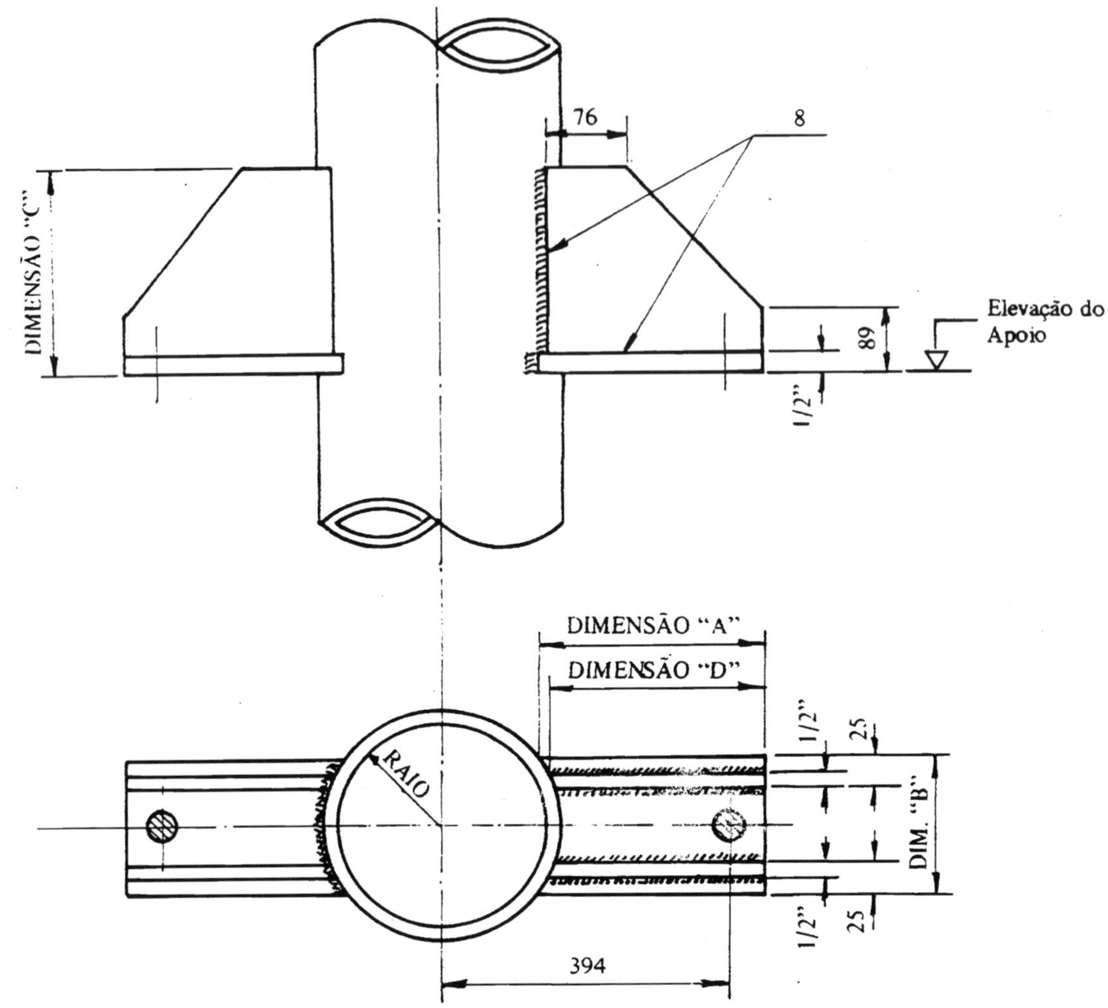

TUBO Ø	CHAPA INFERIOR 2 PEÇAS		CHAPA DE REFORÇO 4 PEÇAS		PARAFUSO P CABEÇA QUADR. E PORCA HEX.			TUBO Ø	CARGA MÁXIMA KGS	COMP. EQUIV. DE TUBO CHEIO DE ÁGUA + 1 VALV. GAV. 300
	Dim. "A"	Dim. "B"	Dim. "C"	Dim. "D"	Ø Furo	Ø Paraf.	Quant.			
10"	318	152	254	305	25	7/8	2	10"	4800	13720
12"	289	152	305	279	25	7/8	2	12"	6000	12190
14"	286	203	356	270	25	7/8	2	14"	6800	12190
16"	257	203	406	245	25	7/8	2	16"	8000	9140

NOTA: DIMENSÕES EM MILÍMETROS E POLEGADAS

TÍTULO:

SUPORTE DE ANCORAGEM TUBOS DE O 10" A O 16"

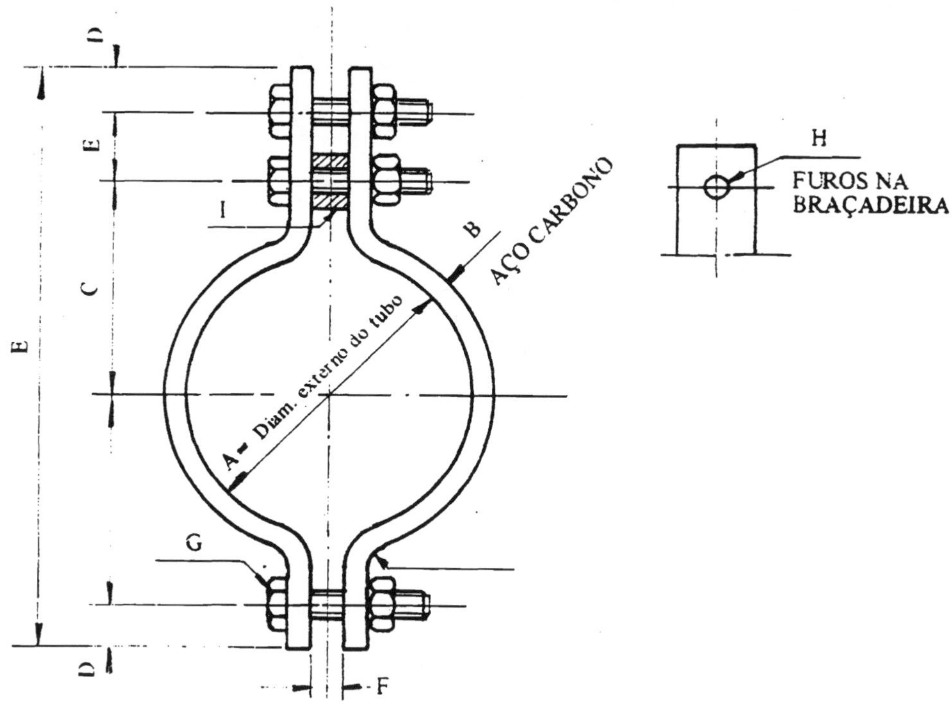

DIÂM NOM. DO TUBO	A	B	C	D	E	F	G PARAFUSO C/ PORCA	H	I TUBO DIST.	COMP. MEIA BRAÇ.
3/4	27	1 x 1/4	25	15	155	15	3/8 x 1 1/2	7/16	1/2 x 15	160
1	34	1 x 1/4	30	15	165	15	3/8 x 1 1/2	7/16	1/2 x 15	185
1 1/2	48	1 x 1/4	40	15	185	15	3/8 x 1 1/2	7/16	1/2 x 15	215
2	60	1/x 1/4	50	15	205	15	3/8 x 1 1/2	7/16	1/2 x 15	250
2 1/2	73	1 1/2 x 3/8	65	20	245	20	1/2 x 2 1/4	9/16	3/4 x 20	290
3	89	1 1/2 x 3/8	75	20	265	20	1/2 x 2 1/4	9/16	3/4 x 20	320
4	115	1 1/2 x 3/8	90	25	305	20	5/8 x 2 1/4	11/16	3/4 x 20	370
5	142	2 x 1/2	110	25	345	20	5/8 x 2 1/4	11/16	3/4 x 20	430
6	168	2 x 1/2	125		385	30	3/4 x 3 1/4	11/16	1 x 30	480
8	220	2 1/2 x 1/2	155	30	445	30	7/8 x 3 1/2	15/16	1 x 30	570
10	273	2 1/2 x 1/2	185	30	505	30	7/8 x 3 1/2	15/16	1 x 30	660
12	324	3 x 1/2	215	30	565	30	5/8 x 3 1/2	15/16	1 x 30	750
14	356	3 x 1/2	210	30	595	30	5/8 x 3 1/2	1 1/16	1 1/4 x 30	770
16	407	3 x 5/8	260	30	655	30	1 x 4 1/2	1 1/16	1 1/4 x 30	890
18	458	3 x 5/8	285	30	705	30	1 x 4 1/2	1 1/16	1 1/4 x 30	970
20	508	3 x 5/8	320	45	795	35	11/2 x 4 1/2	1 3/16	1 1/4 x 35	1090
24	610	2 x 5/8	370	45	895	35	11/2 x 4 1/2	1 3/16		1245

TÍTULO:

BRAÇADEIRA PARA TUBOS COM ISOLAMENTO DIAM. 3/4" ATÉ 24"

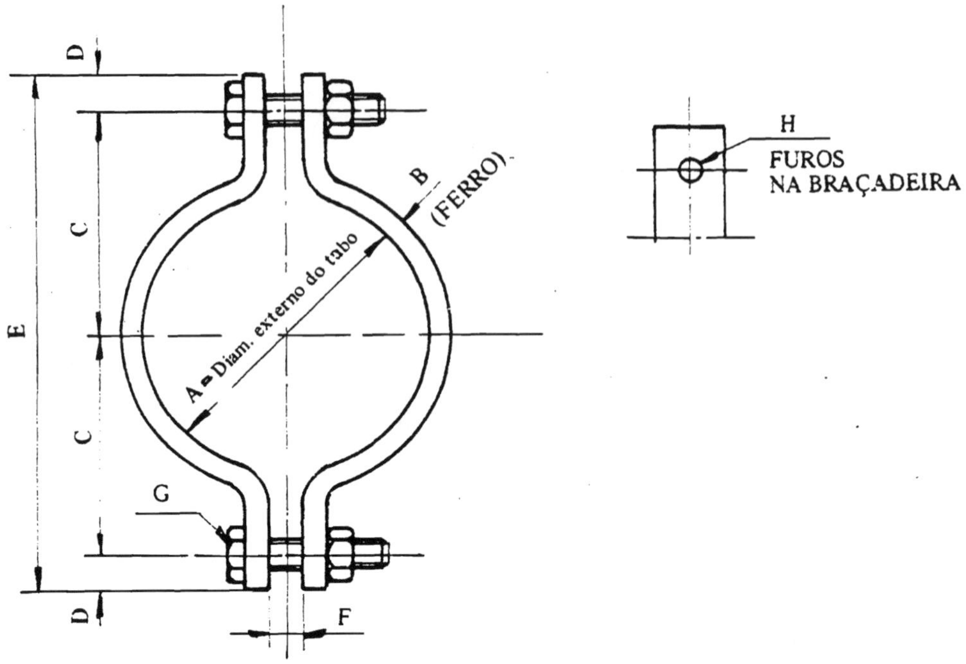

DIÂM. NOM. DO TUBO	A	B	C	D	E	F	G PARAFUSO C/ PORCA	H	COMP. MEIA BRAÇ.
3/4	27	1 x 1/4	25	15	80	15	3/8 x 1 1/2	7/16	85
1	35	1 x 1/4	30	15	90	15	3/8 x 1 1/2	7/16	110
1 1/2	48	1 x 1/4	40	15	110	15	3/8 x 1 1/2	7/16	140
2	60	1 1/2 x 3/8	50	15	130	15	3/8 x 1 1/2	7/16	175
2 1/2	73	1 1/2 x 3/8	65	20	170	20	1/2 x 2 1/4	9/16	215
3	89	1 1/2 x 3/8	75	20	190	20	1/2 x 2/1 4	9/16	245
4	115	2 x 1/2	90	25	230	20	5/8 x 2 1/4	11/16	295
5	145	2 x 1/2	110	25	270	20	5/8 x 2 1/4	11/16	355
6	168	2 1/2 x 1/2	125	30	310	30	3/4 x 3 1/4	13/16	395
8	220	2 1/2 x 1/2	155	30	370	30	3/4 x 3 1/4	13/16	405
10	227	2 x 1/2	185	30	430	30	7/8 x 3 1/2	15/16	585
12	394	3 x 1/2	215	30	490	30	7/8 x 3 1/2	15/16	675
14	356	3 x 1/2	230	30	520	30	1 x 4 1/2	1 1/16	695
16	407	3 x 1/2	260	30	580	30	1 x 4 1/2	1 1/16	815
18	458	3 x 5/8	285	30	630	30	1 x 4 1/2	1 1/16	895
20	508	3 x 5/8	320	40	720	35	1 x 4	1	1015
24	610	3 x 5/8	370	40	820	35	11/2 x 4 1/211	1 3/16	1170

TÍTULO:

BRAÇADEIRA PARA TUBO SEM ISOLAMENTO 3/4" ATÉ 24"

SAPATA PARA LINHAS FRIAS

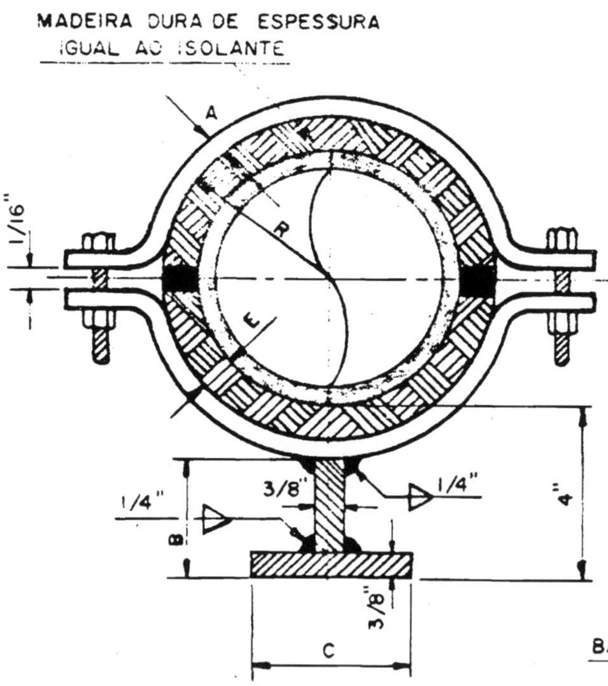

CORTE A A

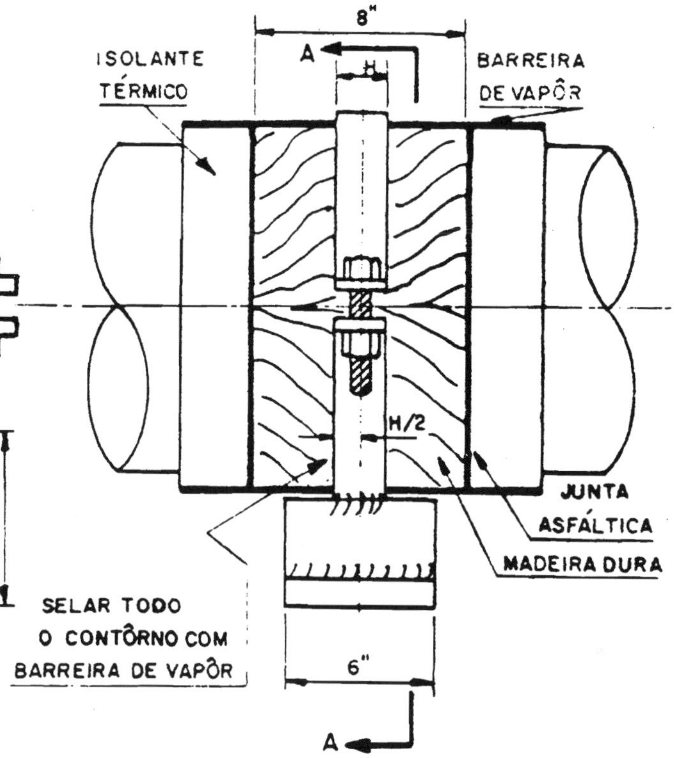

DIÂM. NOM.	50° A 30°F			30° A 10°F			10° A -10° F			-10° A -30°F			A X H	PARAFUSO	FURO	C
	E	R	B	E	R	B	E	R	B	E	R	B				
3/4"	1"	1 1/2"	2 13/16"	1"	1 1/2"	2 13/16"	1 1/2"	2"	2 5/16"	2"	2 1/2"	1 13/16"	3/16"X1"	3/8"X1"	7/16"	2"
1"	1"	1 11/16"	2 13/16	1"	1 11/16"	2 13/16"	1 1/2"	2 3/16"	2 5/16"	2"	2 11/16"	1 13/16"	3/16"X1"	3/8"X1"	7/16"	2"
1 1/4"	1"	1 7/8"	2 13/16"	1"	1 7/8"	2 13/16"	1 1/2"	2 3/8"	2 5/16"	2"	2 7/8"	1 13/16"	3/16"X1"	3/8"X1"	7/16"	2"
1 1/2"	1"	1 15/16"	2 13/16"	1"	1 15/16"	2 13/16"	1 1/2"	2 7/16"	2 5/16"	2"	2 15/16"	1 13/16"	3/16"X1"	3/8"X1"	7/16"	2"
2"	1"	2 3/16	2 13/16	1"	2 3/16	2 13/16	1 1/2"	2 11/16	2 5/16	2"	3 3/16	1 13/16	3/16"X1"	3/8"X1"	7/16"	3"
2 1/2"	1"	2 7/16"	2 15/16"	1 1/2"	2 15/16	2 5/16"	2"	3 7/16"	1 13/16"	2 1/2"	3 15/16"	1 5/16"	3/16"X1"	3/8"X1"	7/16"	3"
3"	1"	2 3/4"	2 13/16"	1 1/2"	3 1/4"	2 5/16"	2"	3 3/4"	1 13/16"	2 1/2"	4 1/4"	1 5/16"	3/16"X1"	3/8"X1"	7/16"	4"
3 1/2"	1"	3"	2 13/16"	1 1/2"	3 1/2"	2 5/16"	2"	4"	1 13/16"	2 1/2"	4 1/2"	1 5/16"	3/16"X1 1/2"	1/2"X1 1/4"	9/16"	4"
4"	1"	3 1/4"	2 13/16"	1 1/2"	3 3/4"	2 5/16"	2"	4 1/4"	1 13/16"	2 1/2"	4 3/4"	1 5/16"	3/16"X1 1/2"	1/2"X1 1/4"	9/16"	4"
6"	1 1/2"	4 13/16"	2 1/4"	1 1/2"	4 13/16"	2 1/4"	2 1/2"	5 13/16"	1 1/4"	3"	6 5/16"	3/4"	1/4"X1 1/2"	1/2"X1 1/2"	9/16"	4"
8"	1 1/2"	5 13/16"	2 1/4"	1 1/2"	5 13/16"	2 1/4"	2 1/2"	6 13/16"	1 1/4"	3"	7 5/16"	3/4"	1/4"X1 1/2"	1/2"X1 1/2"	9/16"	4"
10"	1 1/2"	6 7/8"	2 1/4"	1 1/2"	6 7/8"	2 1/4"	2 1/2"	5 7/8"	1 1/4"	3"	8 3/8"	3/4"	1/4"X1 1/2"	1/2"X1 1/2"	9/16"	4"

GRAMPOS PARA FIXAR TUBOS

1/4" ATÉ 24"

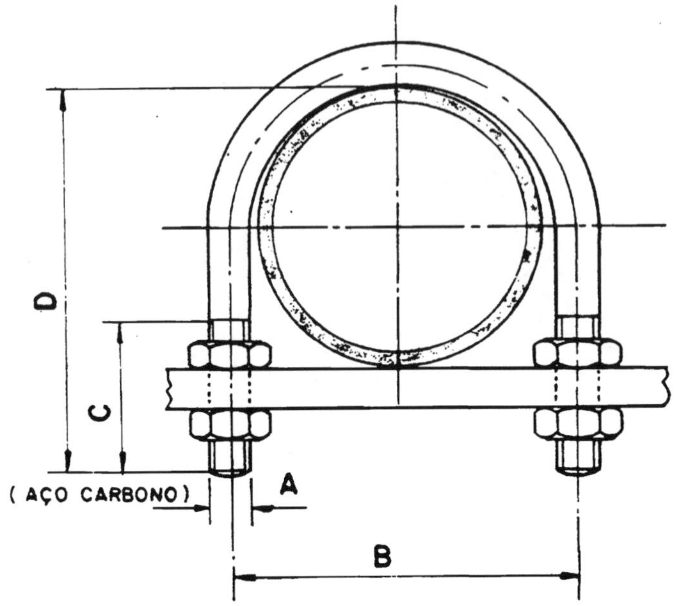

DIAM. NOM. DO TUBO	A	COMP. TOT. DO GRAMPO	B	C	D
1/4	1/8	85	20	25	25
3/8	1/8	95	24	30	30
1/2	1/4	105	30	35	35
3/4	1/4	115	35	50	50
1	1/4	185	45	60	60
1 1/4	3/8	210	55	60	75
1 1/2	3/8	220	60	65	90
2	3/8	240	72	70	100
2 1/2	1/2	275	88	70	115
3	1/2	310	95	75	135
4	1/2	380	130	75	160
5	1/2	450	158	85	190
6	1/2	520	186	85	220
8	5/8	705	240	90	295
10	5/8	850	300	90	350
12	3/4	990	348	90	410
14	3/4	1080	380	90	440
16	7/8	1210	434	105	490
18	7/8	1360	484	105	550
20	1	1490	540	120	600
24	1	1750	640	120	700

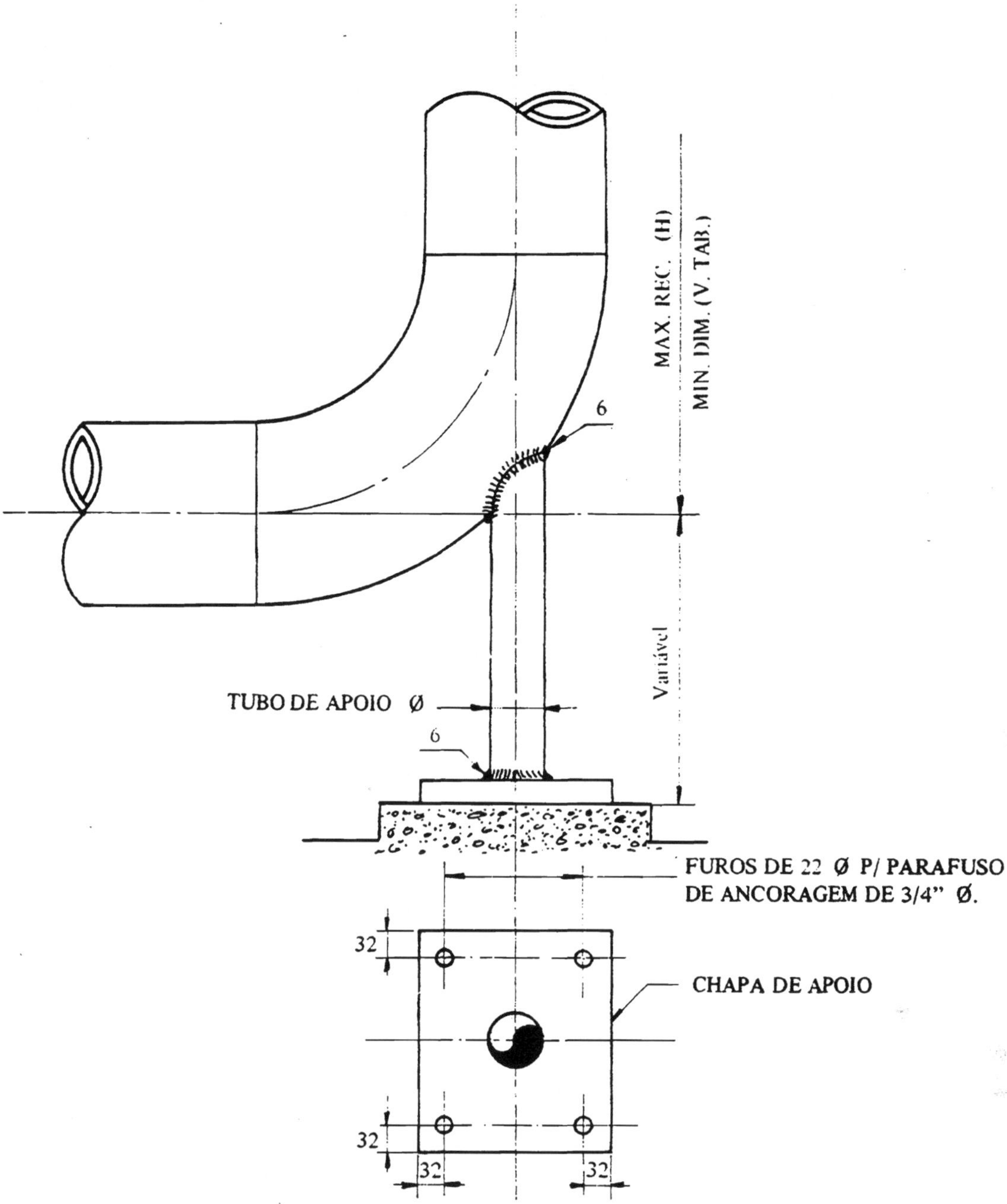

CURVA	TUBO APOIO Ø SCH. 80	CHAPA DE APOIO	DIM. MÍNIMA "H"
2"	1"	152 x 152 x 1/2"	152
3"	11/2"	152 x 152 x 1/2"	152
4"	2"	152 x 152 x 1/2"	203
6"	2"	152 x 152 x 1/2"	203
8"	3"	203 x 203 x 1/2"	203
10"	4"	203 x 203 x 1/2"	203
12"	4"	203 x 203 x 1/2"	254

NOTA: DIMENSÕES EM MILÍMETROS E POLEGADAS

TÍTULO:

SUPORTE PARA TUBULAÇÃO ANCORAGEM DE CURVA

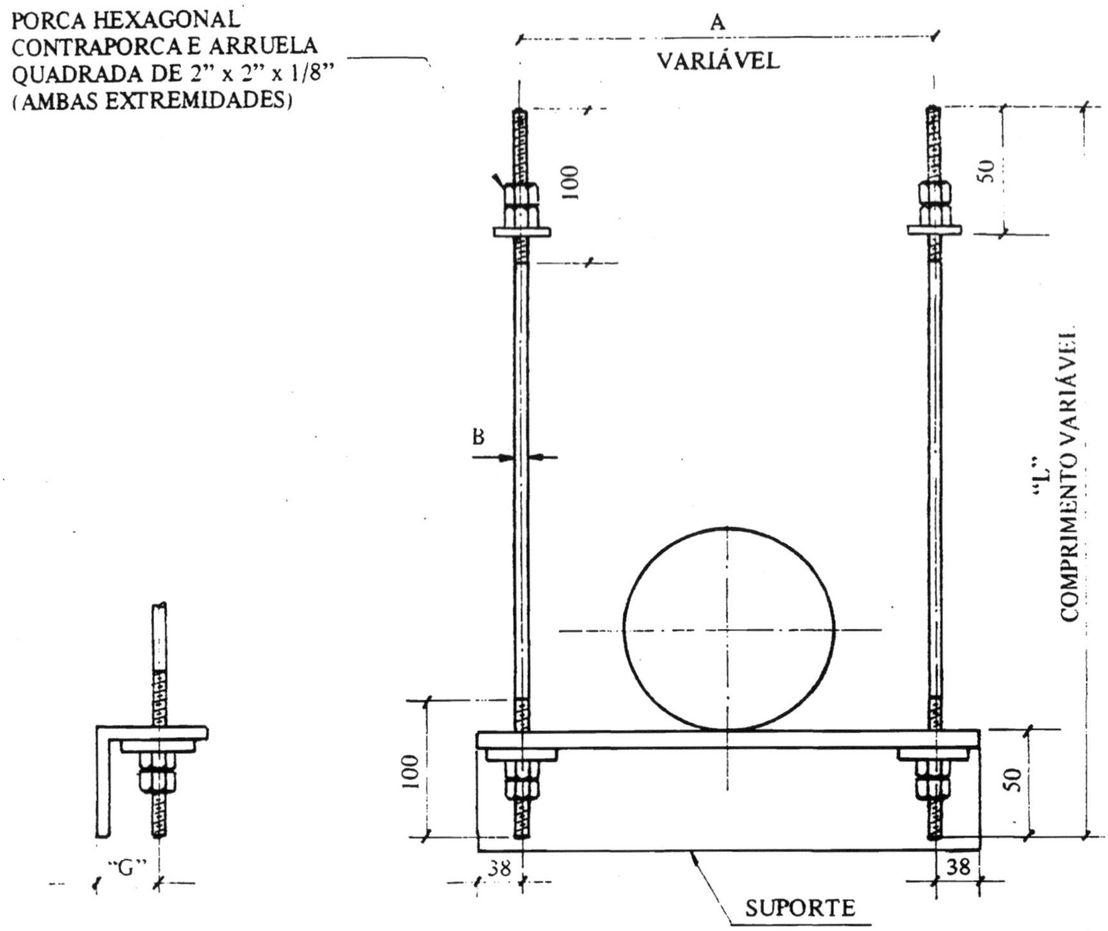

TUBO Ø	BARRAS 2 PEÇAS		SUPORTE – 1 PEÇA			TUBO Ø	CARGA MÁX. (LIBRAS)	COMP. EQUIV. TUBO + VALV.
	Ø B	"L"	CANTONEIRA	FURO P/ BARRA	"G"			
6"	5/8"	V	4" x 3" x 3/8" x 305	19	45	6"	3200	15240 + 1 VALV.
8"	5/8"	A	4" x 3" x 3/8" x 356	19	45	8"	3200	9140 + 1 VALV.
10"	3/4"	R	5" x 3" x 3/8" x 406	22	45	10"	4800	12190 + 1 VALV.
12"	3/4"	I	5" x 3" x 3/8" x 457	22	45	12"	4800	7620 + 1 VALV.
14"	7/8"	Á	6" x 4" x 1/2" x 483	25	64	14"	6800	9140 + 1 VALV.
16"	7/8"	V	6" x 4" x 1/2" x 533	25	64	16"	6800	6140 + 1 VALV.
18"	1"	E	6" x 4" x 3/4" x 584	29	64	18"	8000	6100 + 1 VALV.
20"	1"	L	6" x 4" x 3/4" x 635	29	64	20"	8000	4240 + 1 VALV.

Válv. 300 e tubo cheio de água.

NOTA: DIMENSÕES EM MILIMETROS E POLEGADAS.

TÍTULO:

SUPORTE PARA TUBULAÇÃO PENDURAL

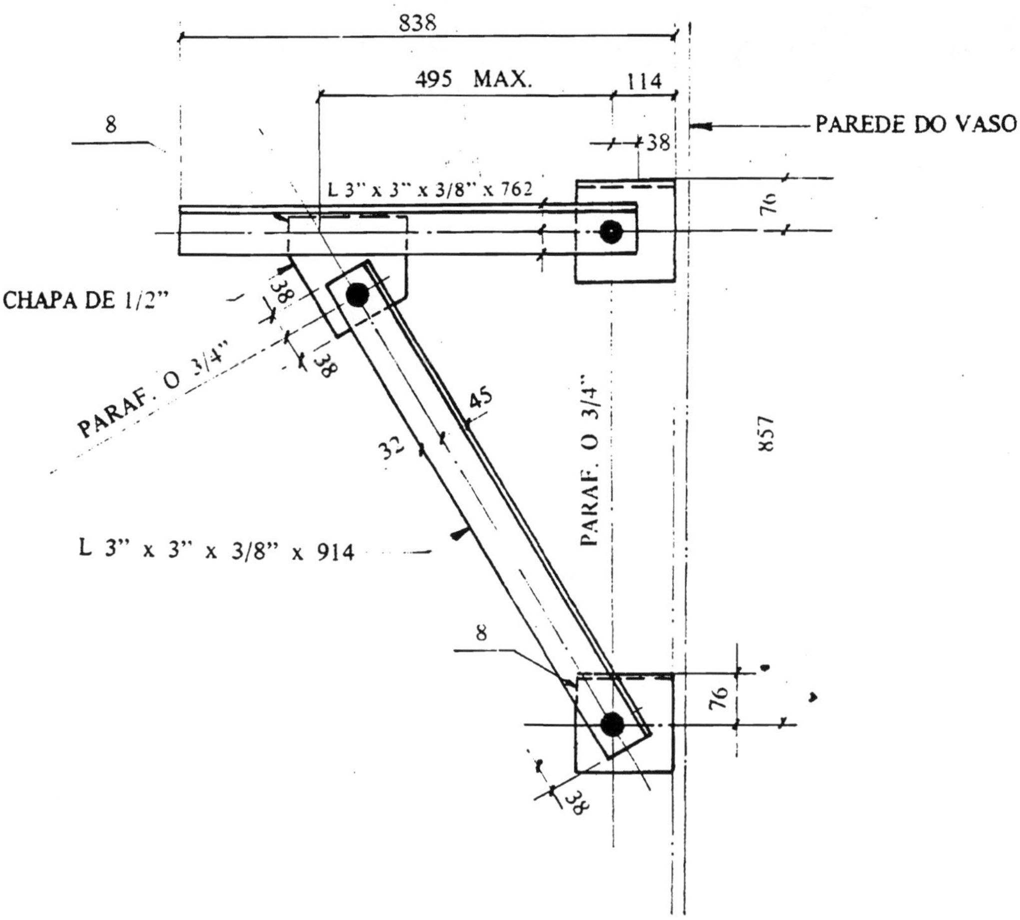

VASO		CAR. MAX. (LBS)
DIAM.	ESPES.	
4' - 0"	1/4"	1010
	3/8"	2440
	1/2"	4390
	5/8"	6760
6' - 0"	3/8"	1740
	1/2"	2860
	5/8"	4390
	3/4"	6340
8' - 0"	3/8"	1320
	1/2"	2160
	5/8"	4390
	3/4"	4880
10' - 0"	3/8"	1180
	1/2"	2020
	5/8"	3140
	3/4"	4530
	1"	8090
12' - 0"	3/8"	1040
	1/2"	1950
	5/8"	3000
	3/4"	4320
	1"	7600

USAR EM PARES, EM AMBOS OS LADOS DO VASO

NOTAS:

1 – DIMENSÕES EM MILÍMETROS E POLEGADA

2 – QUALQUER OUTRO SUPORTE APOIADO EM VASOS DEVERÁ SER CALCULADO MECÂNICAMENTE.

3 – OS "CLIPS" DE APOIO SERÃO FORNECIDOS PELO FABRICANTE DO VASO.

TÍTULO:
SUPORTE TIPO MÃO FRANCEZA (60°)

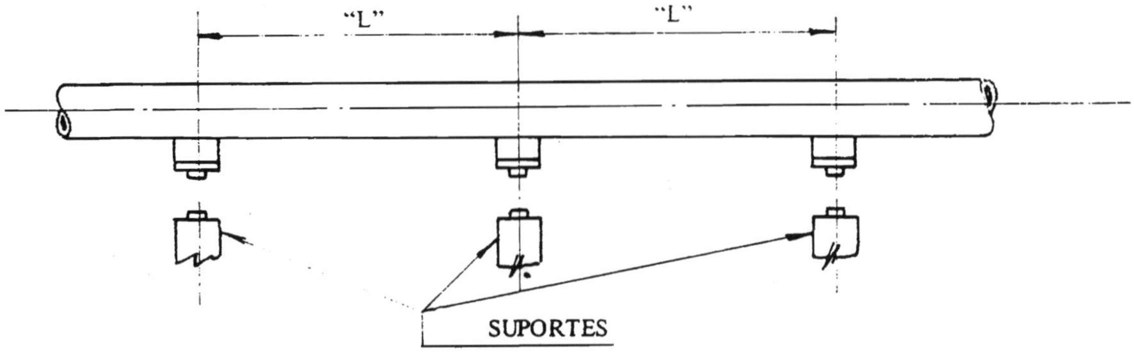

TUBO Ø	"L" mm. VÃO	MAX. TENSÃO P S I	DEFLEXÃO POL.
3/4"	3050	2778	079
1"	3660	2953	097
1 1/2"	4270	2693	083
2"	4880	2892	094
3"	6100	2876	099
4"	6700	2789	090
6"	7900	2748	084
8"	9150	2915	091
10"	9750	2732	078
12"	10350	2690	073
14"	11000	2749	076
16"	12200	2973	089
18"	12800	2853	084
20"	13400	2896	084

A TENSÃO E A DEFLEXÃO FORAM CALCULADOS SUPONDO-SE TUBO SCH.40 CHEIO DE ÁGUA E COM ISOLAMENTO NORMAL.

PARA OUTRAS CONDIÇÕES USE AS FÓRMULAS:

$$\text{TENSÕES} = \frac{0,5\ WL^2\ D}{I} \qquad \text{OU} \qquad \text{"L"} = \sqrt{\frac{3000 \cdot I}{0,5\ WD}}$$

$$\text{DEFLEXÃO} \equiv \frac{4,5\ WL^4}{EI}$$

W PESO, Lb/ft
L COMP. VÃO, ft
I MOMENTO DE INERCIA - IN^4
E 29,000.000
D DIAMETRO EXTERNO TUBO, IN

NOTA: DIMENSÕES EM MILÍMETROS E POLEGADAS

TÍTULO:

ESPAÇAMENTO ENTRE SUPORTES TUBO CONTÍNUO

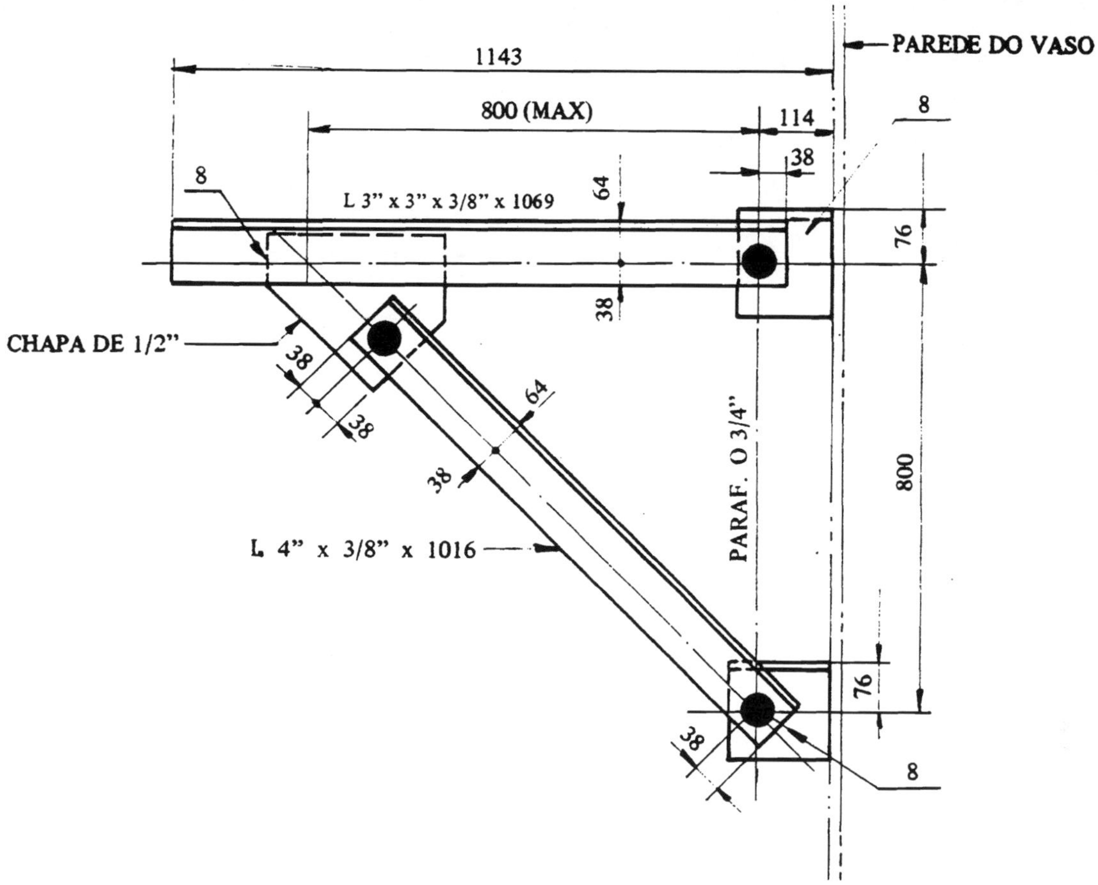

VASO		CARGA MAX. (LBS)
DIAM.	ESPES.	
4' - 0"	1/4"	630
	3/8"	1530
	1/2"	2750
	5/8"	4240
6' - 0"	3/8"	1090
	1/2"	1790
	5/8"	2750
	3/4"	3980
8' - 0"	3/8"	830
	1/2"	1350
	5/8"	2140
	3/4"	3060
10' - 0"	3/8"	740
	1/2"	1270
	5/8"	1970
	3/4"	2840
	1"	5070
12' - 0"	3/8"	650
	1/2"	1220
	5/8"	1880
	3/4"	2710
	1"	4770

USAR EM PARES, EM AMBOS OS LADOS DO VASO.

NOTAS:

1 – DIMENSÕES EM MILÍMETROS E POLEGADAS.

2 – QUALQUER OUTRO SUPORTE APOIADO EM VASOS DEVERÁ SER CALCULADO MECÂNICAMENTE.

3 – OS "CLIPS" DE APOIO SERÃO FORNECIDOS PELO FABRICANTE DO VASO.

TÍTULO:
SUPORTE TIPO MÃO FRANCEZA (45º)

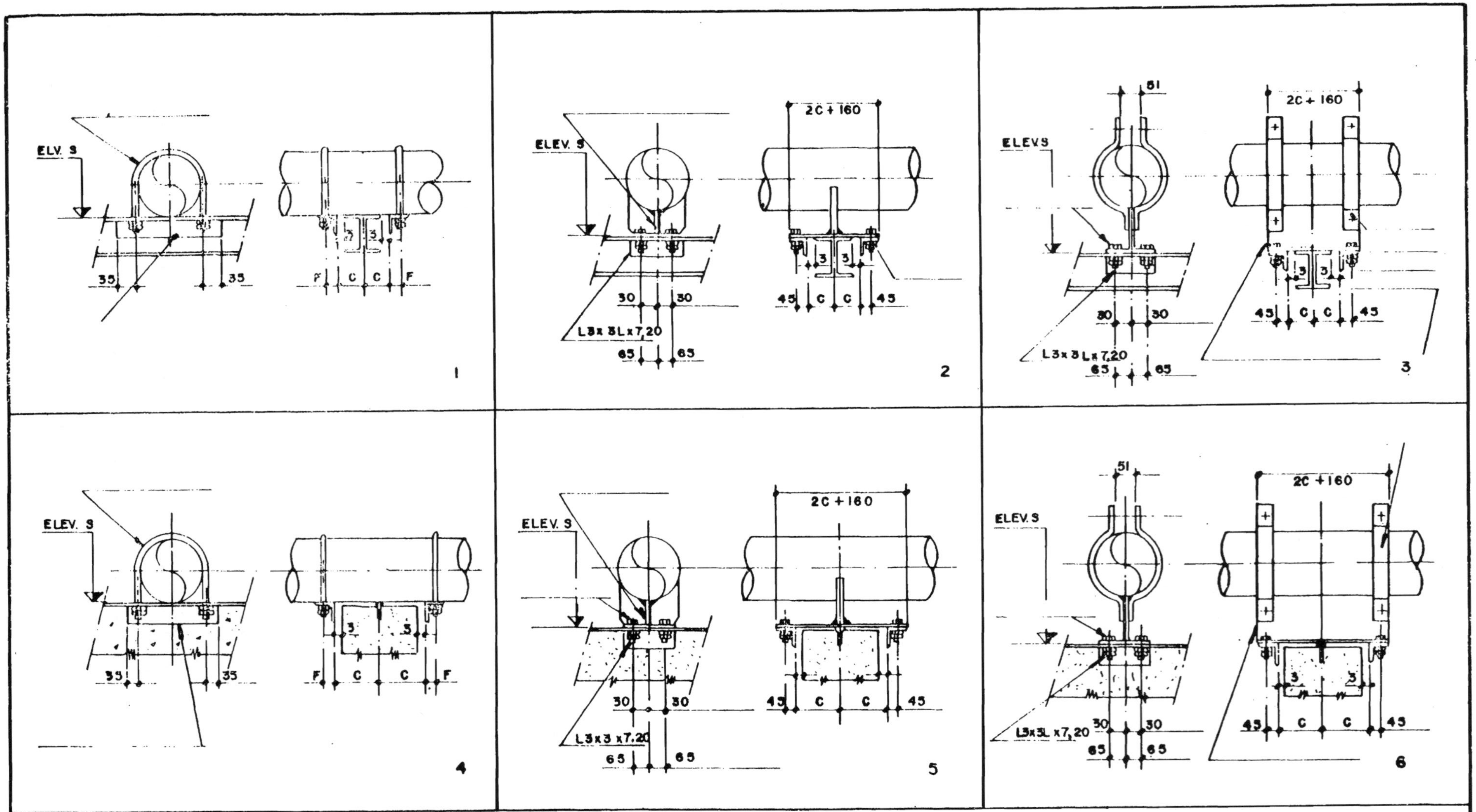

TÍTULO:

TUBULAÇÃO
PADRÕES TÍPICOS

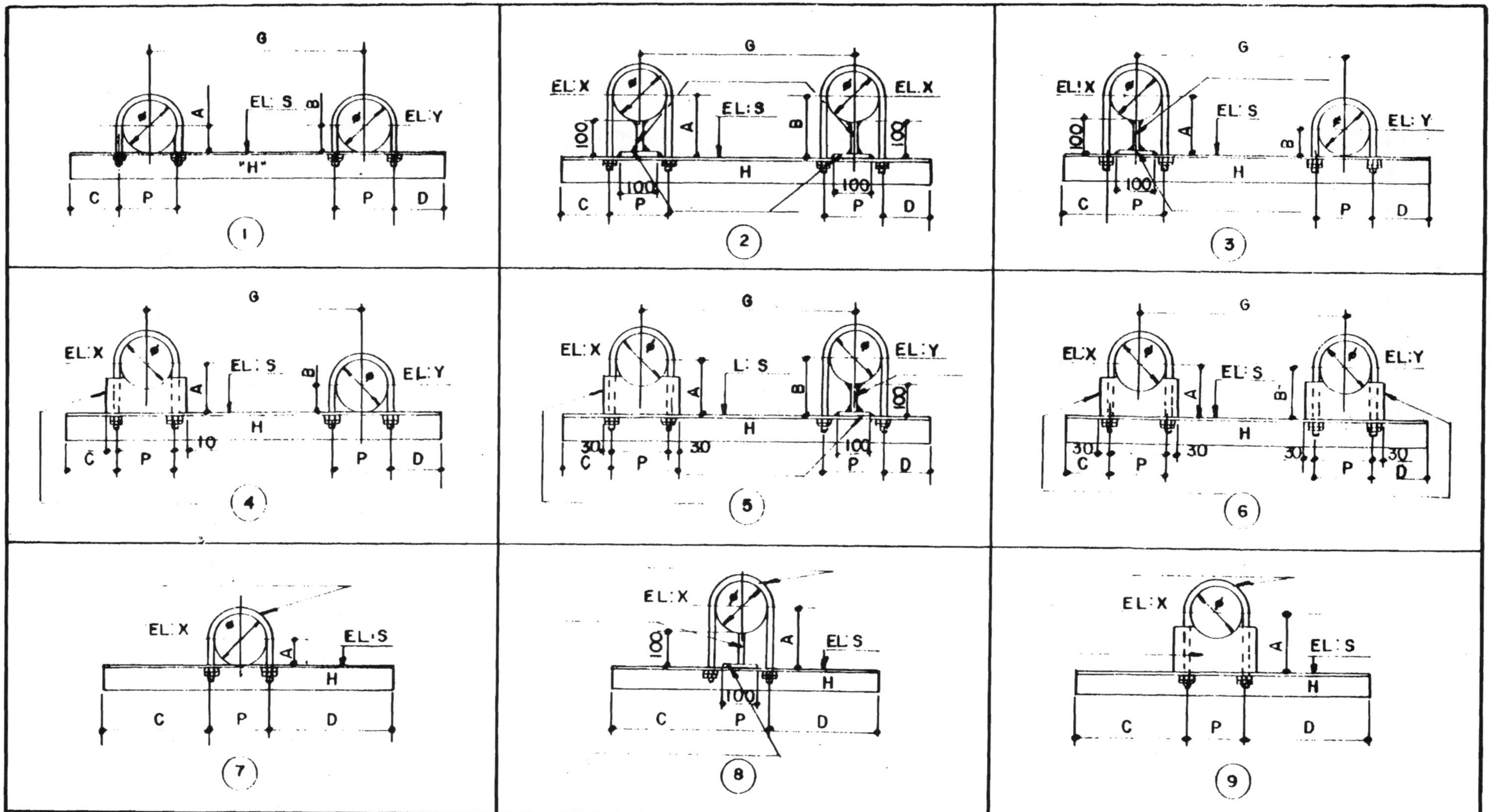

	H	G	C D	C D
I	Γ 3 x 3 L x 9,40	1400	400	400
II	Γ 4 x 4 L x 9,80	1800	600	600
III	Γ 5 x 5 L x 12,3	2200	700	700

TÍTULO:
TUBULAÇÃO
PADRÕES TÍPICOS

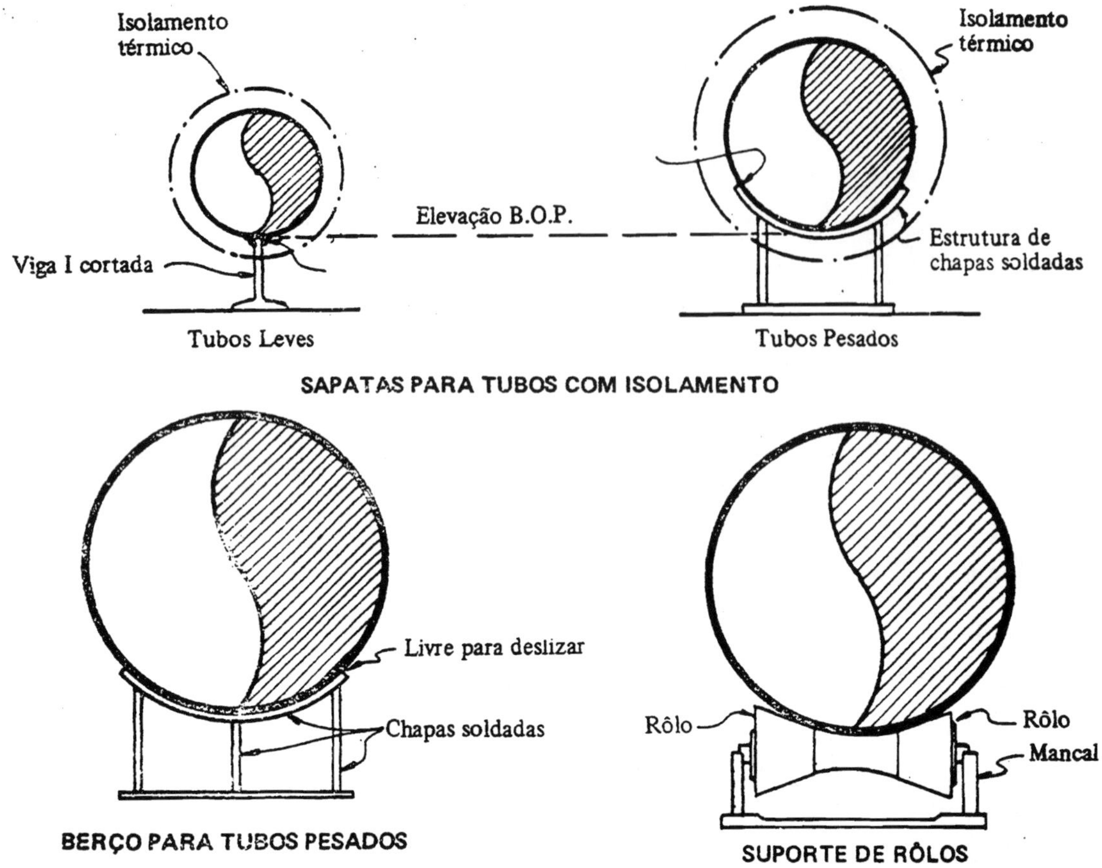

TÍTULO:
VÁRIOS TIPOS DE APOIOS PARA TUBOS

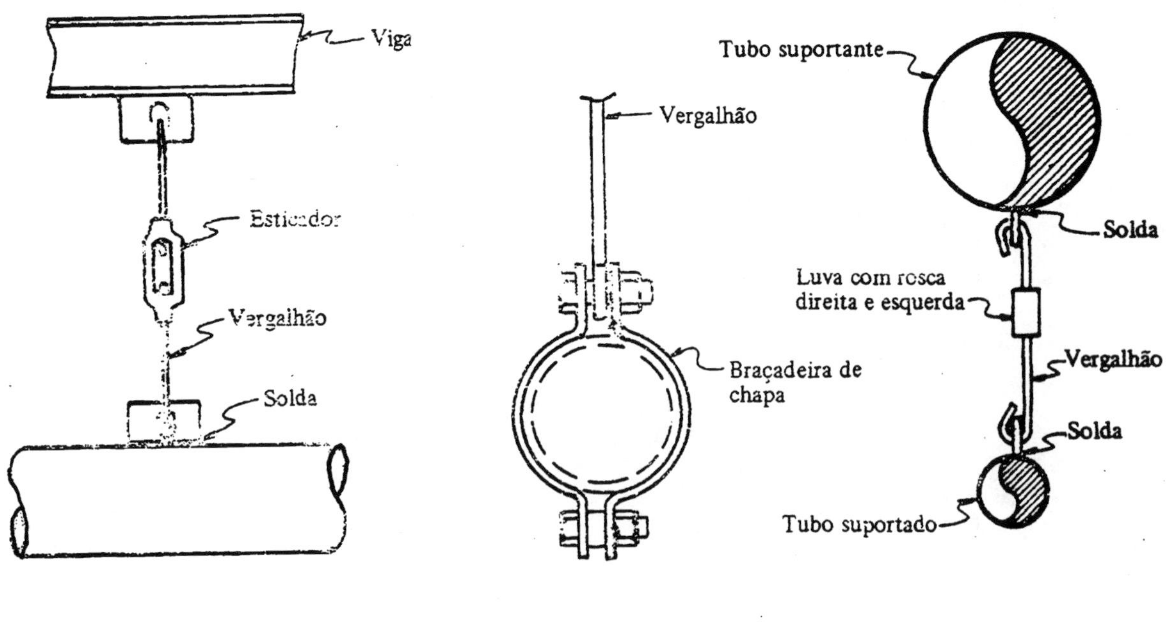

TÍTULO:
PENDURAIS RÍGIDOS

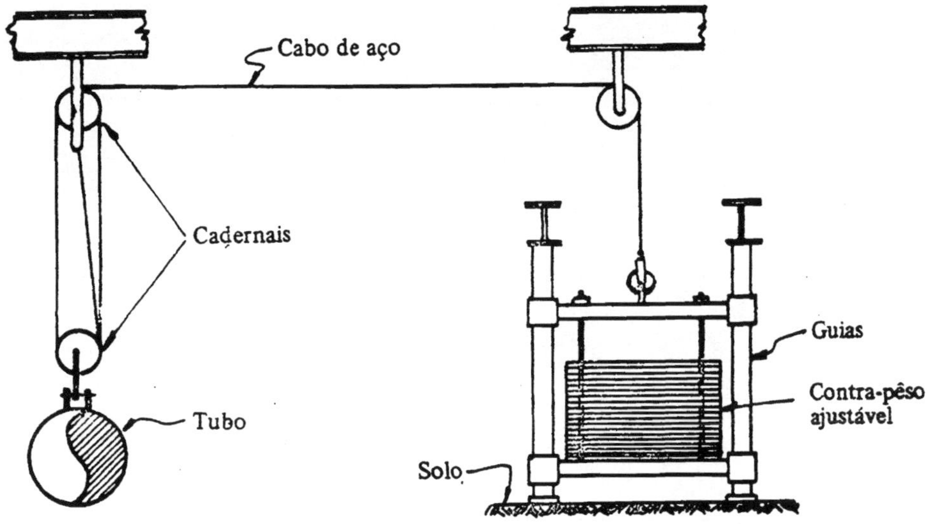

TÍTULO:
PENDURAL DE CONTRA-PÊSO

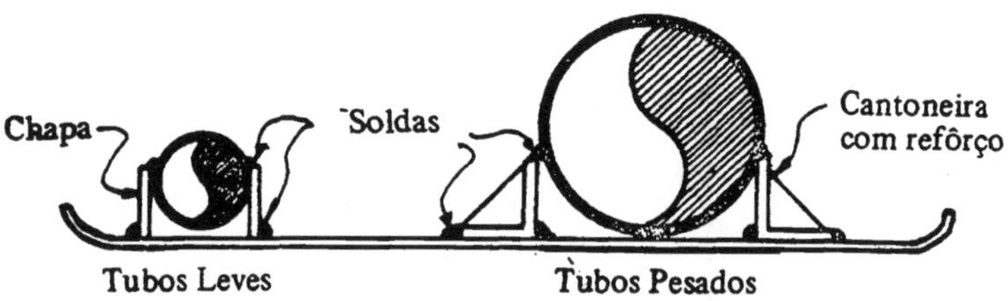

ANCORAGEM PARA TUBOS NÃO ISOLADOS

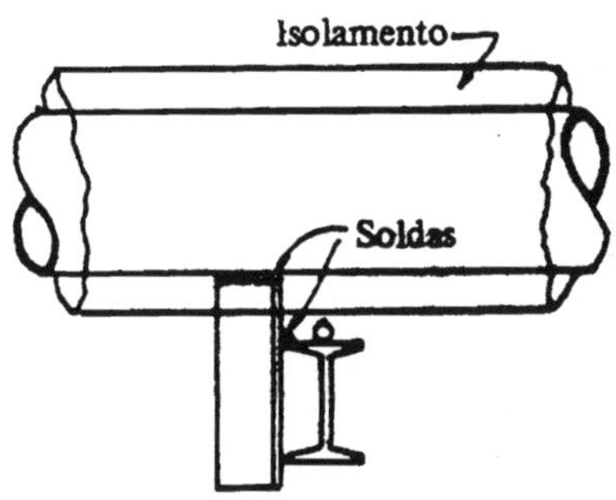

ANCORAGEM PARA TUBOS COM ISOLAMENTO

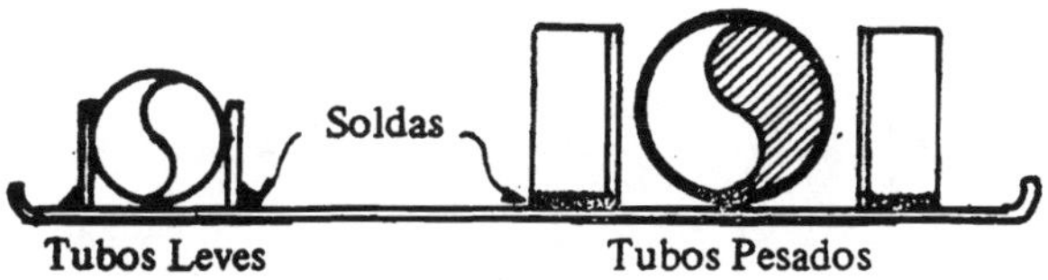

GUIAS PARA TUBOS NÃO ISOLADOS

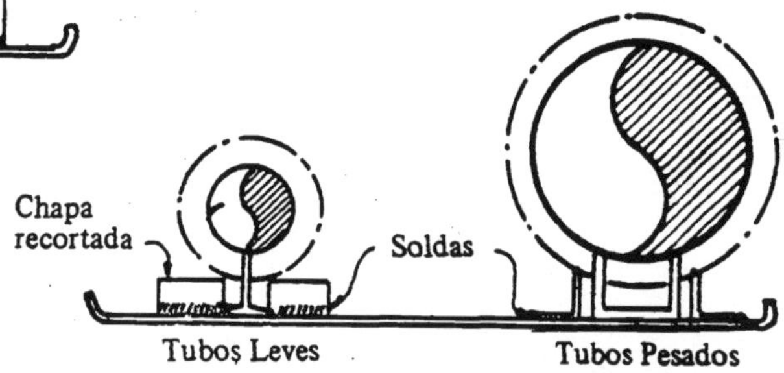

GUIAS PARA TUBOS COM ISOLAMENTO

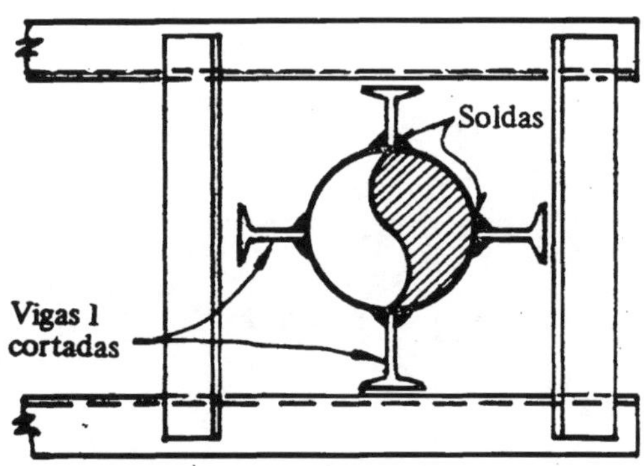

GUIAS PARA TUBOS VERTICAIS (Planta)

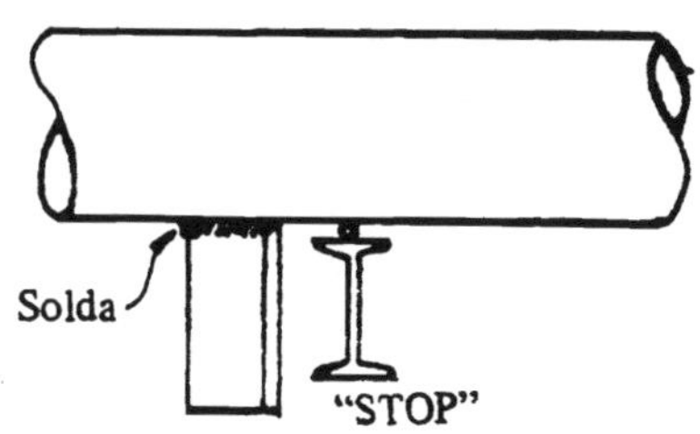

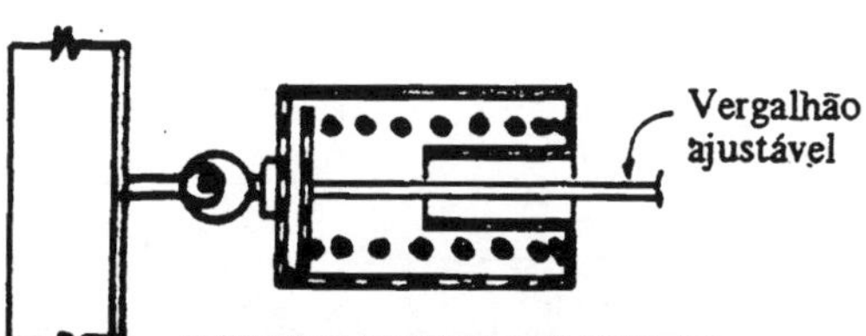

CONTRA-VENTO DE MOLAS

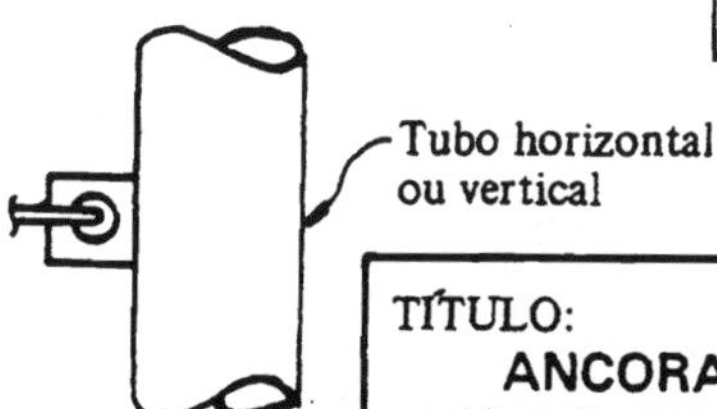

TÍTULO:
ANCORAGEM E GUIA PARA TUBOS COM E SEM ISOLAMENTO

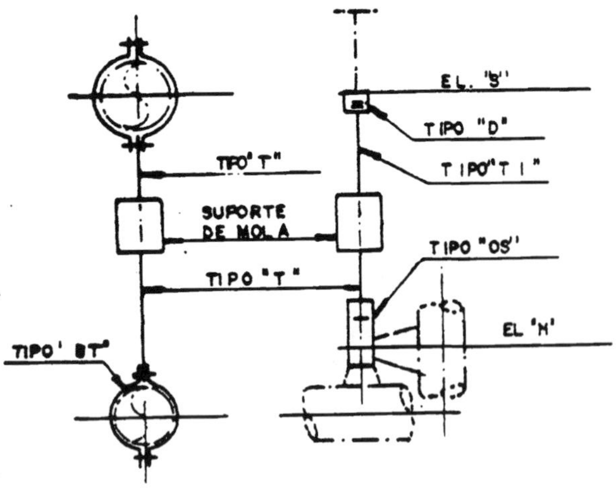

TIPO SM-1

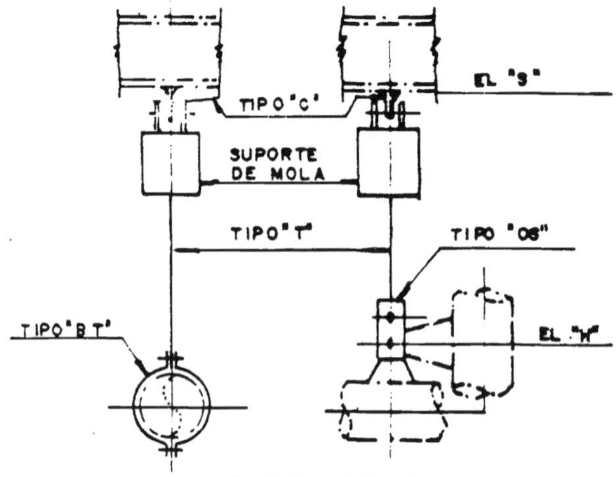

TIPO SM-2

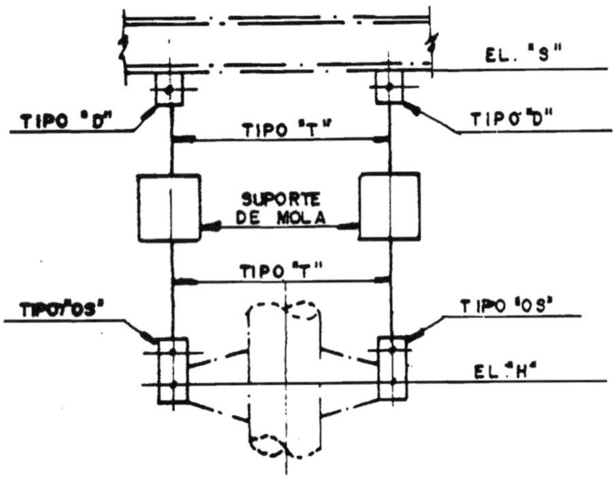

TIPO SM-3

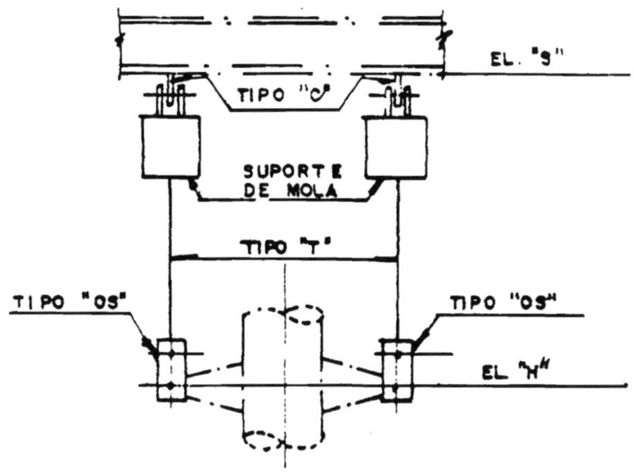

TIPO SM-4

Tipo	Linha N.º	Elevação		Carga			Tirante			"SM" Sup Mola		BT-Braçadeira Tubo		"OS" Orelha Susp.		Orelha	
		S	H	Deflex.	Inst.	Oper.	Tipo	Quant	Dim L	Tipo	Quant	Tipo	Quant	Tipo	Quant	Tipo	Quant

TÍTULO:
CONJUNTO PADRÃO SUPORTE DE MOLA TIPO SM-1 A SM-4

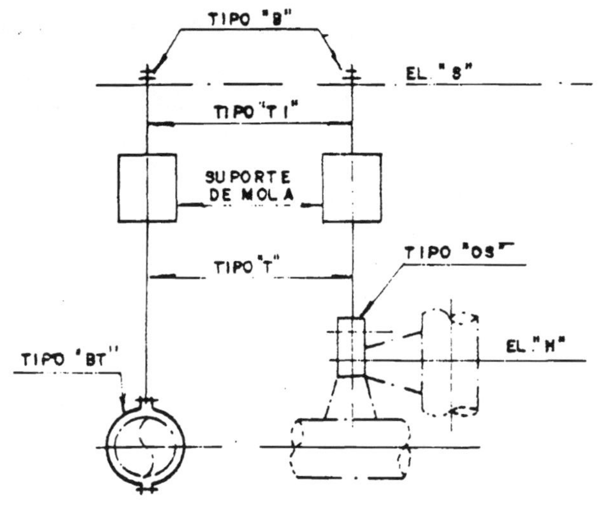

TIPO SM-5

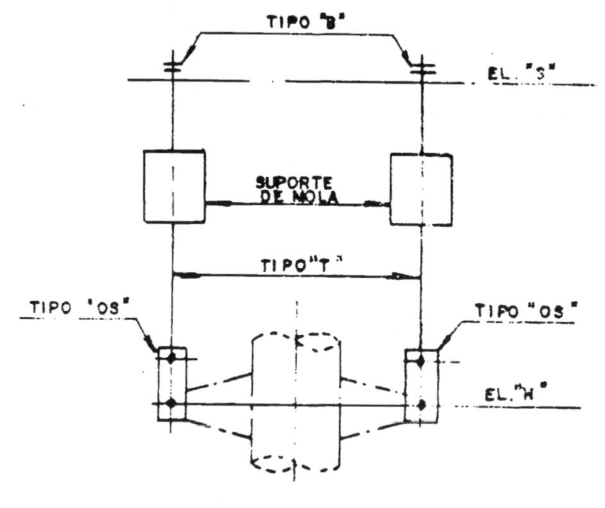

TIPO SM-6

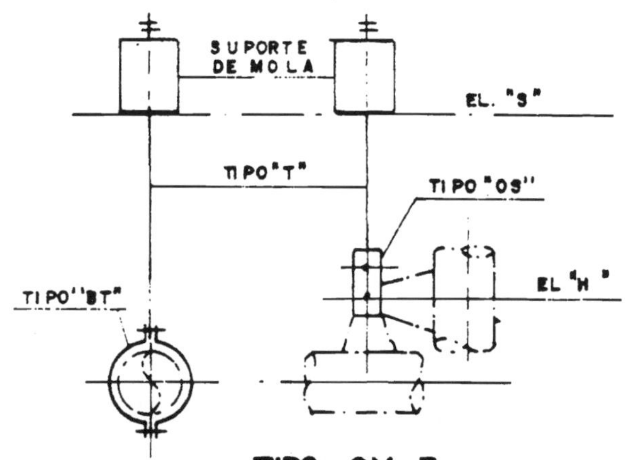

TIPO SM-7

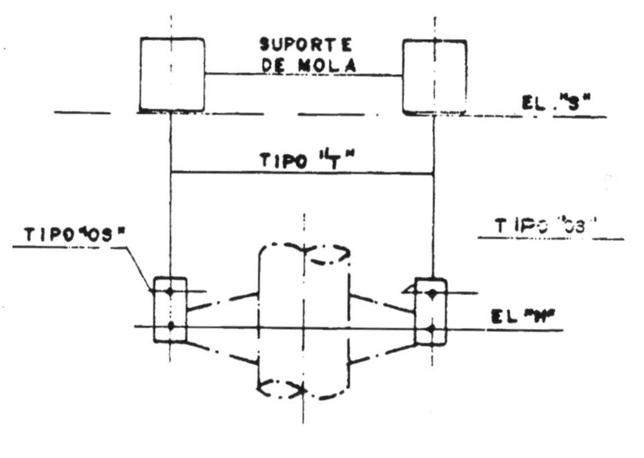

TIPO SM-8

Tipo	Linha N.º	Elevação		Carga			Tirante			"SM" Suporte mola		"BT" Braçadeira tubo		"B" Arruela		"OS" Orelha susp.	
		"S"	"H"	Deflex.	Inst.	Oper.	Tipo	Quant	Dim.	Tipo	Quant	Tipo	Quant	Tipo	Quant	Tipo	Quant

Nota: Tipos "OS" - "BT" - "T" - "B" - ver ítens padrão

TABELA PADRÃO, MAS VARIANDO CONFORME O PROJETO DAS LINHAS

TÍTULO:
SUPORTE DE TUBULAÇÃO TIPO SM 5 A SM 8

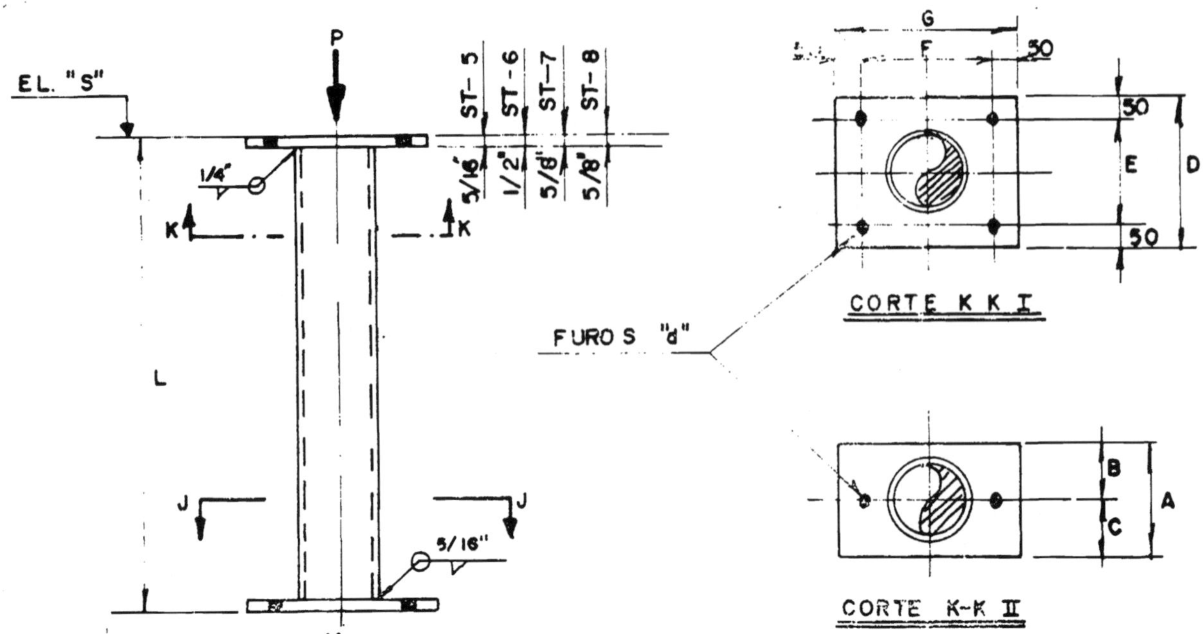

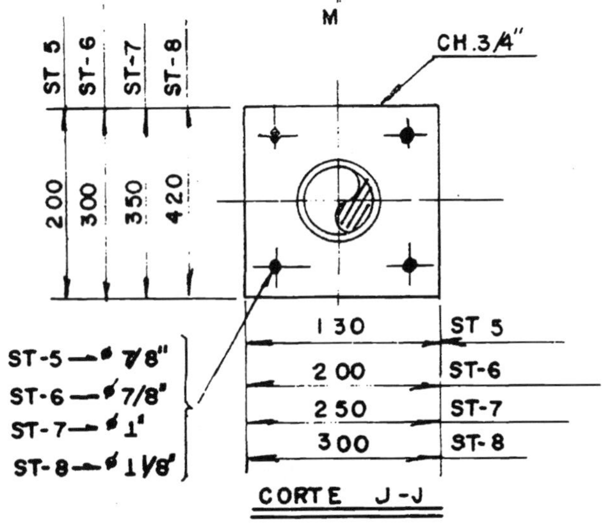

Tipo	Perfil	P (kg) Carga Máx.	M (kg x cm) Momento Máx.	L (mm) Dimen. Máx.
ST 5	Tubo Ø 4" SCH 40	4.000	36.000	1.800
ST 6	Tubo Ø 6" SCH 40	4.500	125.000	2.500
ST 7	Tubo Ø 8" SCH 40	8,000	180.000	3.000
ST 8	Tubo Ø 10" SCH 40	13.000	38.000	3.800

QUANDO HOUVER ANCORAGEM ESTE SUPORTE DEVERÁ SER VERIFICADO.

Tipo	Quant.	Linha N.º	A	B	C	D	E	F	G	L	Furo "d"	Elev. "s"	Observações

TABELAS PADRÕES, MAS VARIANDO CONFORME O PROJETO DAS LINHAS

TÍTULO:

SUPORTES DE TUBULAÇÃO TIPO ST 5 ATÉ ST 8

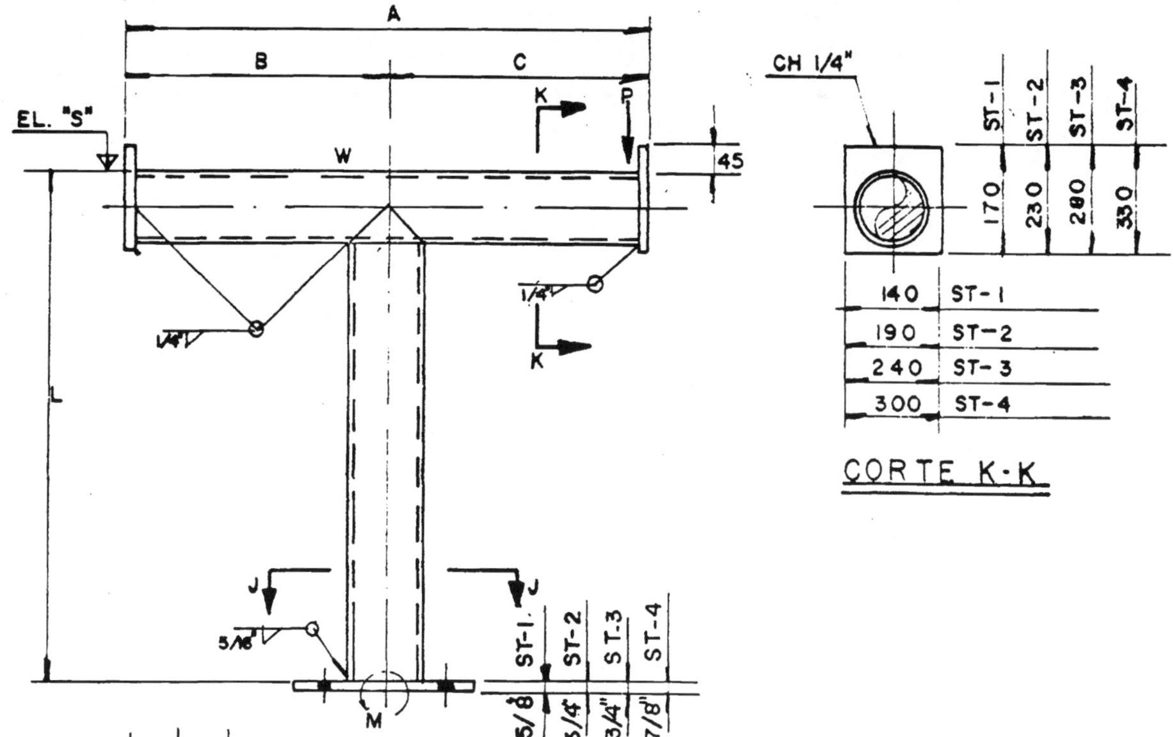

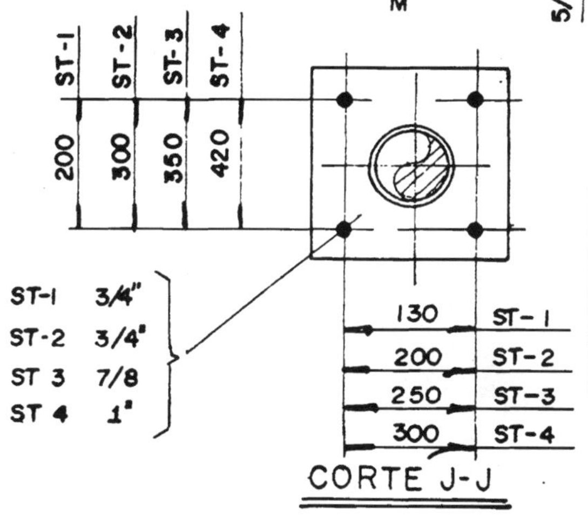

Tipo	Perfil	Carga Máx. (kg)		M kg x cm momento máximo	Dimen. Máx. (mm)	
		*W	P		A	L
ST 1	Tubo Ø 4" SCH 40	1700	600	47800	1500	1700
ST 2	Tubo Ø 6" SCH 40	3700	1400	105000	1500	2500
ST 3	Tubo Ø 8" SCH 40	16000	4000	200000	1000	3000
ST 4	Tubo Ø 8" SCH 40	30000	7500	375000	1000	4000

* Carga uniformemente distribuida por metro linear.

– Quando houver ancoragem, este suporte deverá ser verificado.

Tipo	Quant.	Linha N.º	Dimensão (mm)				Elev. "S"	Observações
			A	B	C	L		

TABELAS PADRÕES, MAS VARIANDO CONFORME O PROJETO DAS LINHAS

TÍTULO:
SUPORTE DE TUBULAÇÃO TIPO ST 1 ATÉ ST 4

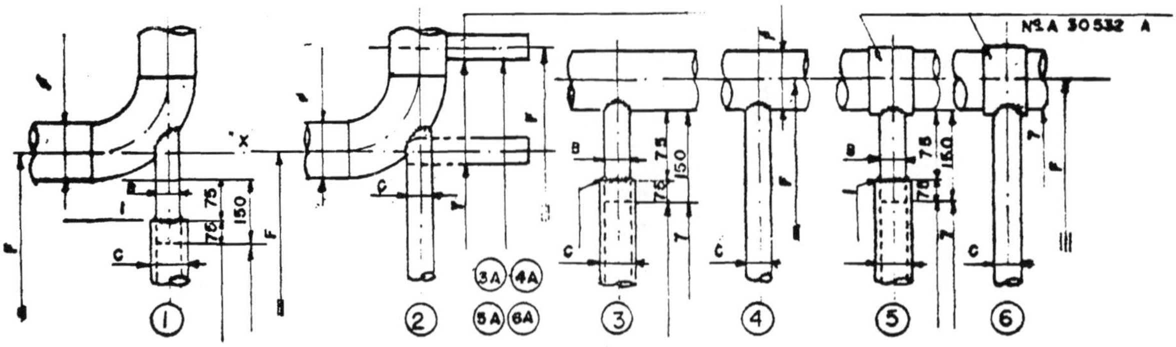

	1 1/2" 2" 2 1/2"	3" 4"	5" 6"	8" 10"	12" 14" 16" 18"
	A	B	C	D	E
	1" SCH 80 1 1/2" SCH 40 150 x 150 x 3/6" 60 25	1 1/2" SCH 40 2" SCH 40 200 x 200 x 3/8" 80 30	1 1/2" SCH 40 2" SCH 40 200 x 200 x 3/8" 100 30	3" SCH 40 4" SCH 40 200 x 200 x 3/8" 100 30	3" SCH 40 4" SCH 40 300 x 300 x 3/8" 100 30

Nota: Para tipo 1, 3 e 4, dimensão: 200 x 200 x 3/8"

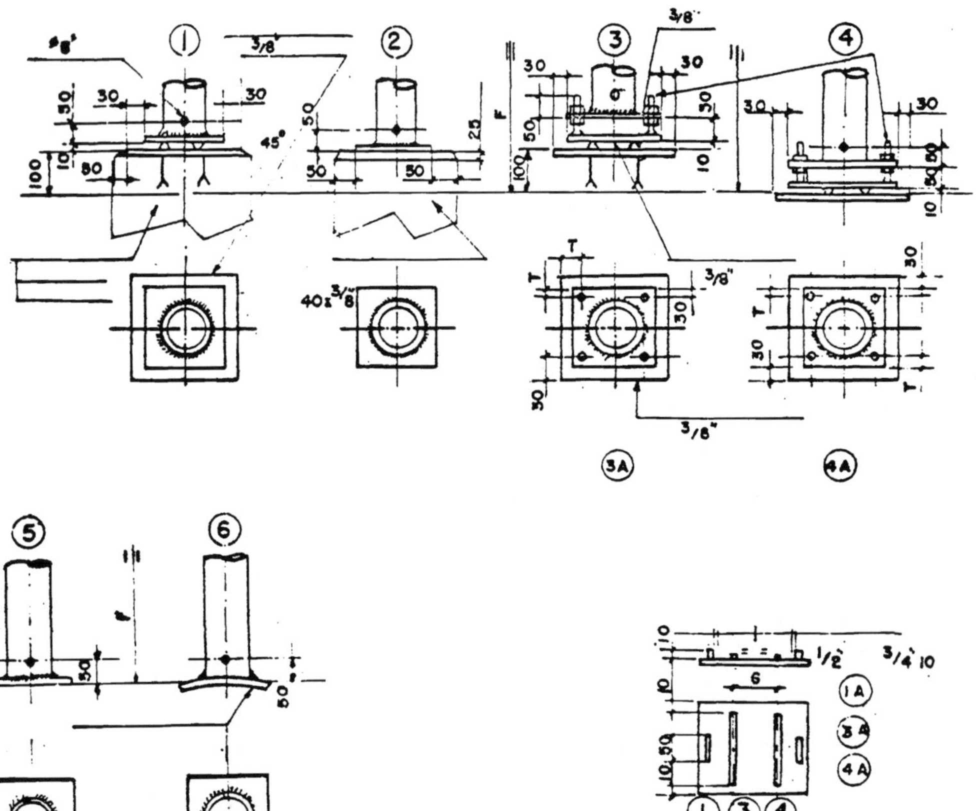

TABELAS PADRÕES, MAS VARIANDO CONFORME O PROJETO DAS LINHAS

TÍTULO: **TUBULAÇÃO PADRÕES TÍPICOS**

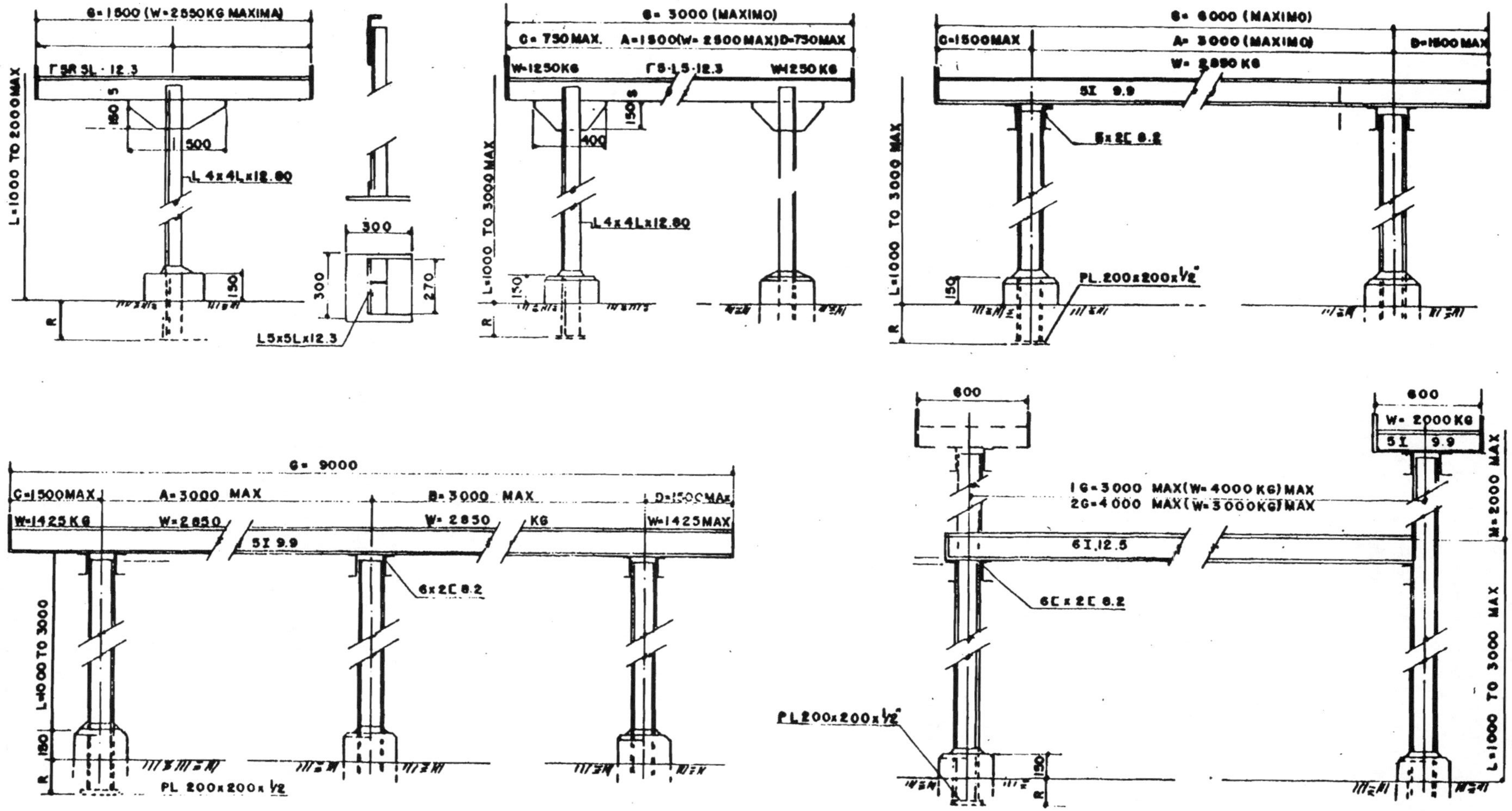

TÍTULO: **TUBULAÇÃO PADRÕES TÍPICOS**

SUPORTE DE TUBULAÇÃO
TIPO ST - 91 e ST - 92

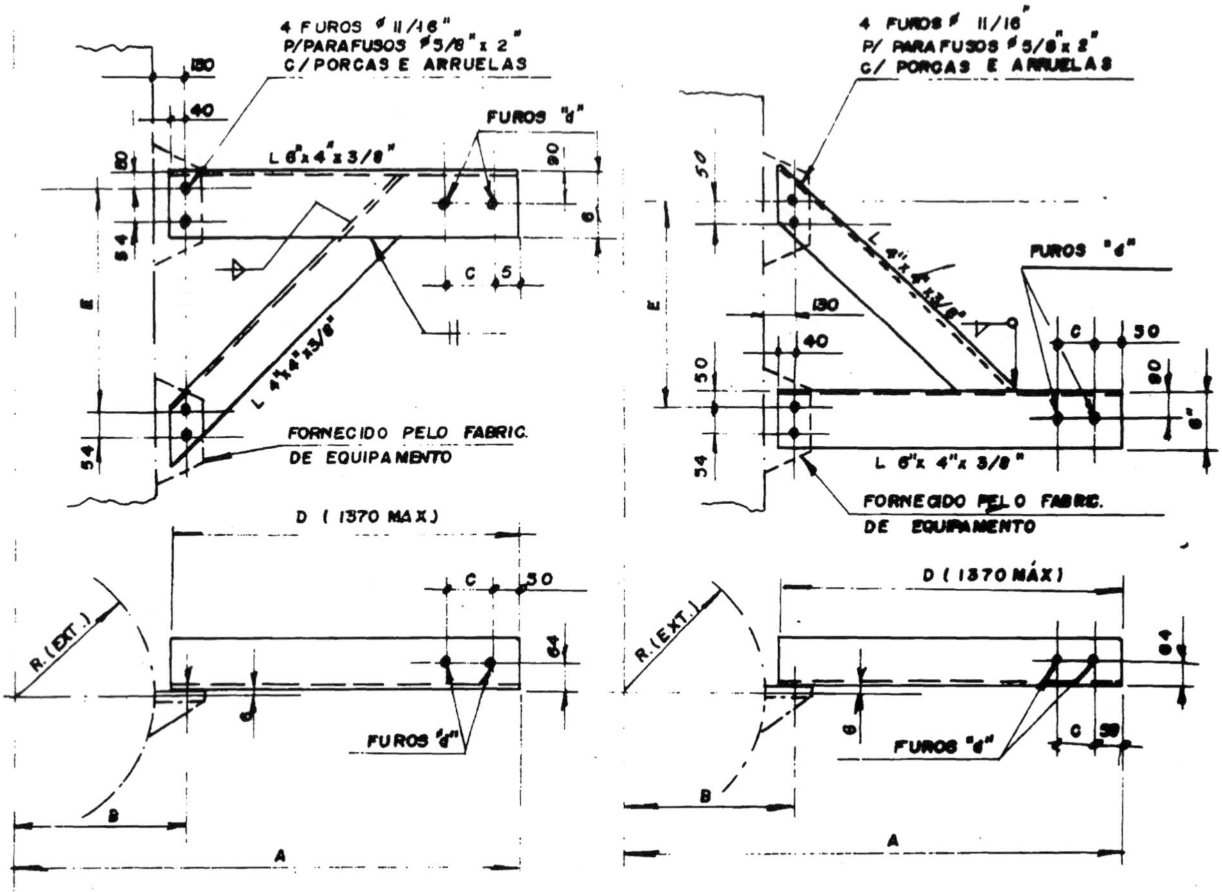

ST-91 ST-92

TABELAS PADRÕES, MAS VARIANDO CONFORME O PROJETO DAS LINHAS

TIPO	QUANT.	LINHA Nº	DIMENSÃO (mm)						FURO	ELEV.	OBS
			A	B	C	D	E	R	"d"	"H"	

SUPORTE DE TUBULAÇÃO
TIPO ST - 14

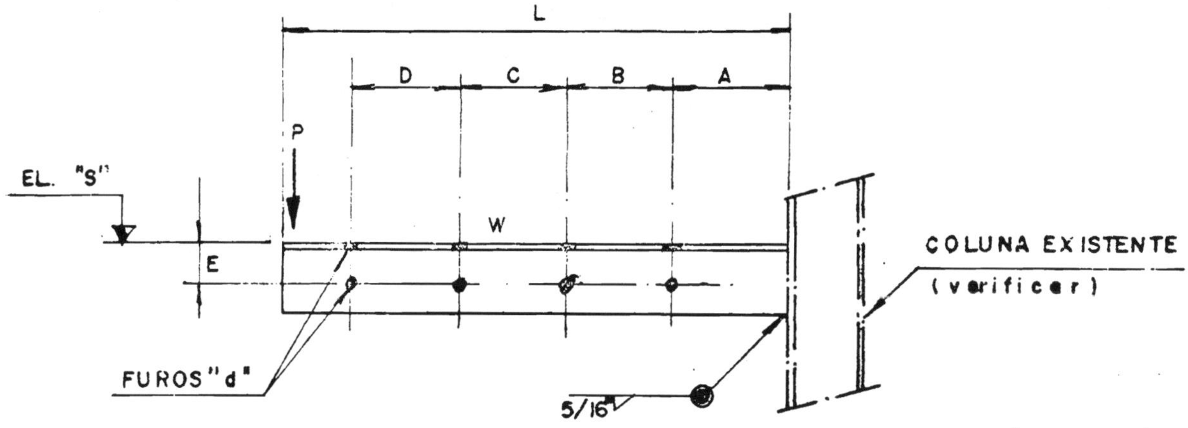

TIPO	PERFIL	CARGA MÁX. (Kg)		L (mm) DIMEN. MAX.
		* W	P	
ST-14	L 3" x 3" x 5/16"	1200	300	500
ST-14 A	L 4" x 4" x 3/8"	2,500	600	500
ST-14 B	L 6" x 6" x 3/8"	2.500	1.000	700
ST-14 C	U 6" x 8, 2#	4.000	1.400	700
ST-14 D	I 6" x 12, 5#	5.000	2.000	700
ST-14 E	U 8" x 11,5 #	5.500	2,300	700
ST-14 F	I 8" x 18,4#	10.000	4000	700

* CARGA UNIFORMEMENTE DISTRIBUIDA POR METRO LINEAR.
– QUANDO HOUVER ANCORAGEM, ESTE SUPORTE DEVERÁ SER VERIFICADO.

TABELA PADRÃO, MAS VARIANDO CONFORME O PROJETO DAS LINHAS

TIPO	QUANT.	LINHA Nº	DIMENSÃO (mm)						FURO	ELEV.	OBS.
			A	B	C	D	E	L	"d"	"s"	

SUPORTE DE TUBULAÇÃO
TIPO ST - 14

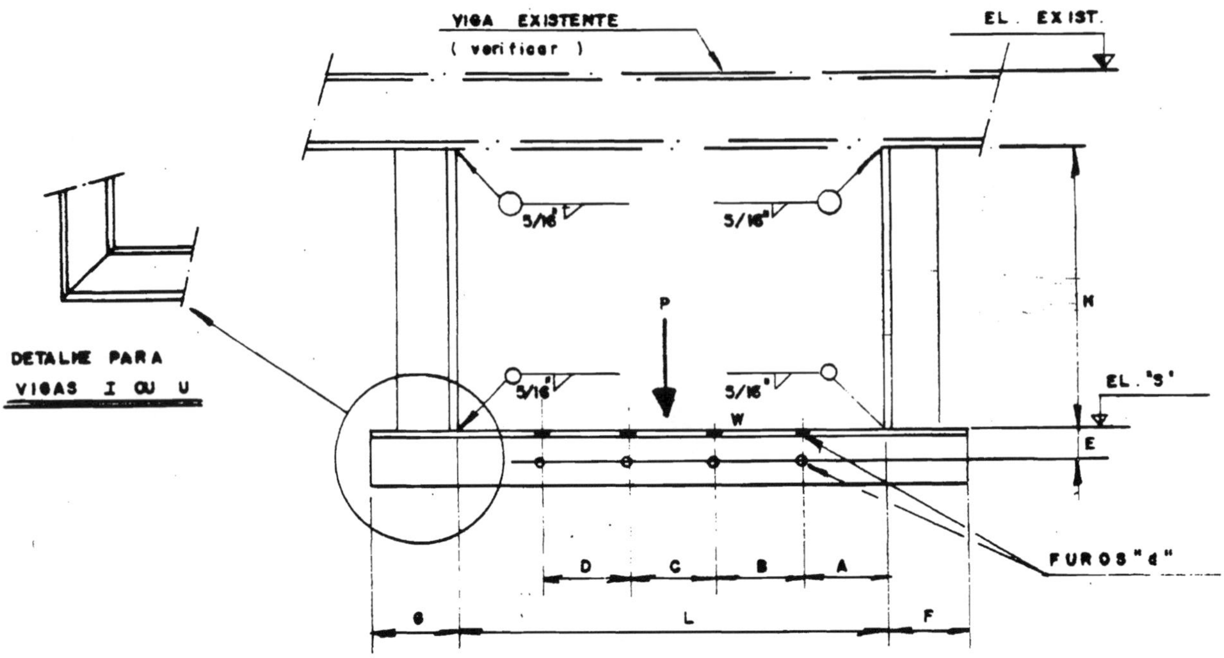

TABELA PADRÃO, MAS VARIANDO CONFORME O PROJETO DAS LINHAS

TIPO	PERFIL	CARGA MAX. (Kg)		DIMEN. MAX. (mm)	
		* W	P	L	H
ST - 16	L 3" x 3" x 3/8"	1.500	750	1.000	3.500
ST - 16 A	L 4" x 4" x 3/8"	2.500	1.300	1000	4.000
ST - 16 B	U 6" x 8,2 *	3.500	2.500	1.500	3200
ST - 16 C	I 6" x 12,5 *	6.000	4500	1.500	4300

* CARGA UNIFORMENTE DISTRIBUIDA POR METRO LINEAR.

— QUANDO HOUVER ANCORAGEM, ESTE SUPORTE DEVERÁ SER VERIFICADO.

TIPO	QUANT.	LINHA Nº	DIMENSÃO (mm)									FURO	ELEV.	OBS.
			A	B	C	D	E	F	G	H	L	"d"	"s"	

SUPORTE DE TUBULAÇÃO
TIPO ST - 18

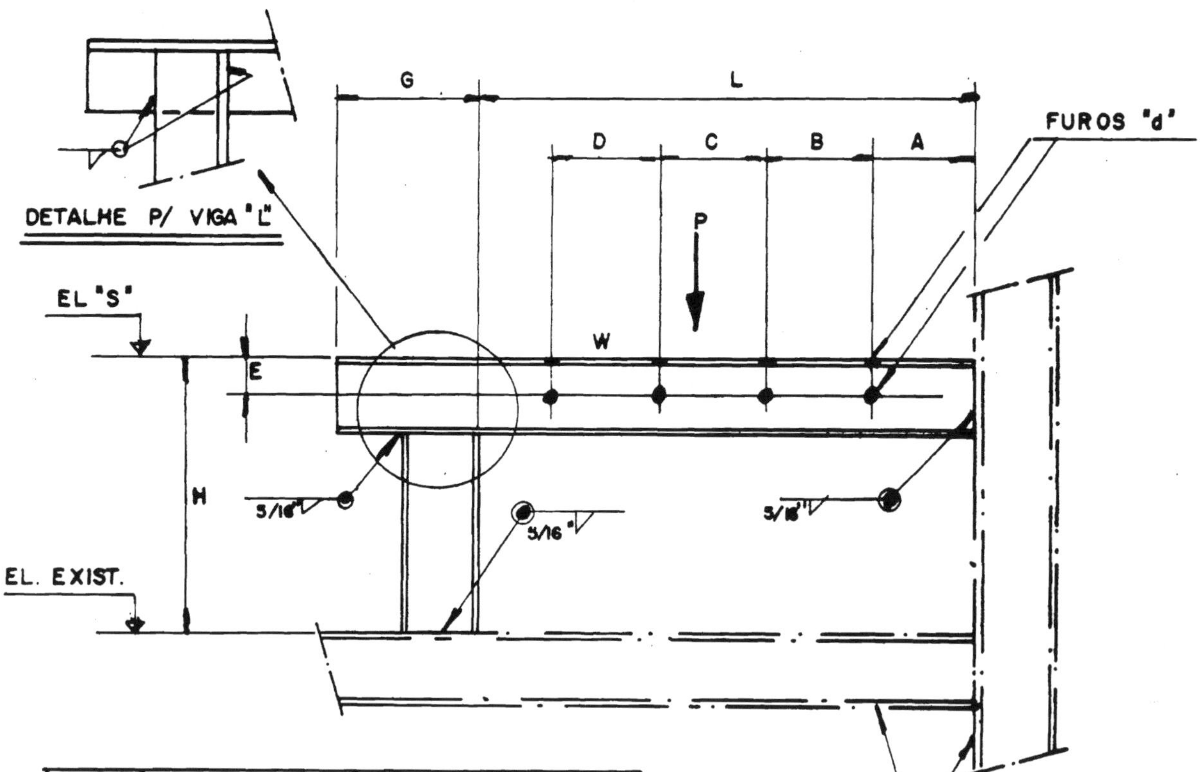

TIPO	PERFIL	CARGA MÁX. (Kg)		DIMENSÃO MAX (mm)	
		* W	P	L	H
ST-18	L 3" x 3" x 3/8"	1500	900	1000	1500
ST-18 A	L 4" x 4" x 3/8"	2500	1750	1000	1500
ST-18 B	U 6" x 8,2*	2000	2600	2000	1.500
ST-18 C	I 6" x 12,5*	3.300	4500	2000	2000

* CARGA UNIFORMEMENTE DISTRIBUIDA POR METRO LINEAR.

— QUANDO HOUVER ANCORAGEM, ESTE SUPORTE DEVERÁ SER VERIFICADO.

TABELA PADRÃO, MAS VARIANDO CONFORME O PROJETO DAS LINHAS

TIPO	QUANT.	LINHA Nº	DIMENSÃO (mm)								FURO	ELEV.	OBS.
			A	B	C	D	E	G	H	L	"d"	"s"	

SUPORTE DE TUBULAÇÃO
TIPO ST - 15

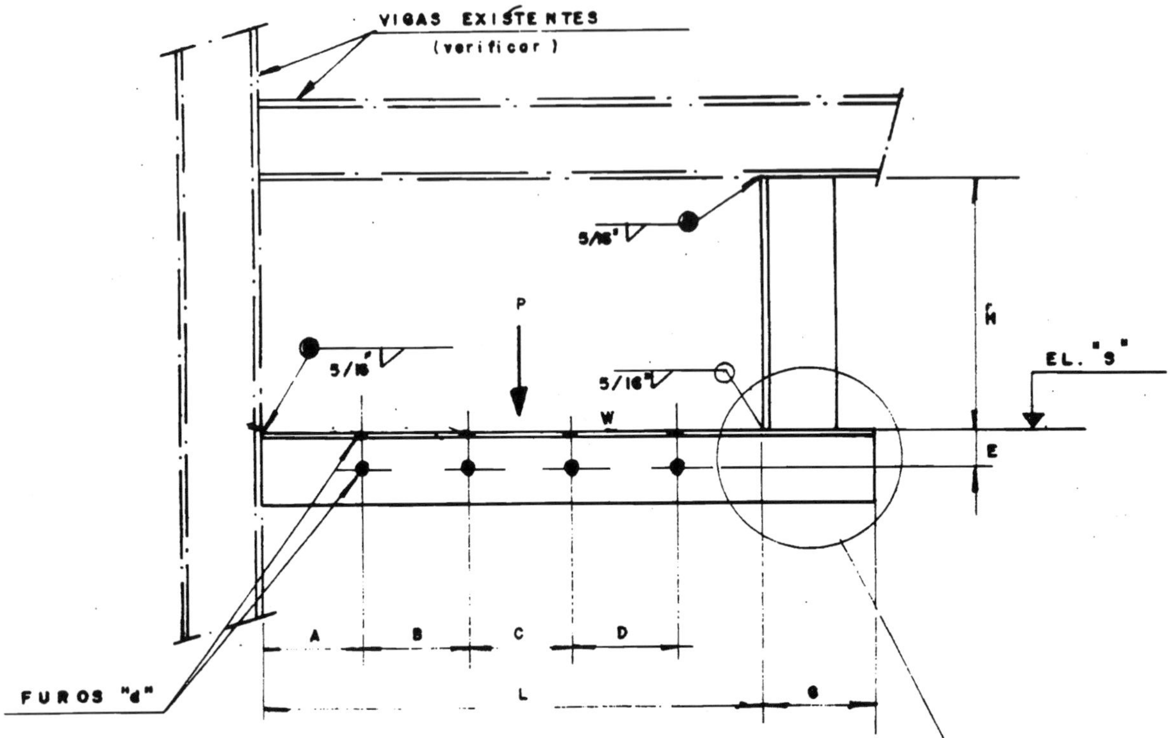

TIPO	PERFIL	CARGA MÁX. (Kg)		DIMENSÃO MAX (mm)	
		* W	P	L	H
ST-15	L 3"x 3"x 3/8"	1.500	960	1 000	3500
ST-15A	L 4"x 4"x 3/8"	2 500	1 800	1000	4 000
ST-15B	U 6"x 8,2*	3.500	3 500	1.500	3.200
ST-15C	I 6"x 12,5*	6.000	6.000	1.500	4.300

* CARGA UNIFORMENTE DISTRIBUIDA POR METRO LINEAR
- QUANDO HOUVER ANCORAGEM, ESTE SUPORTE DEVERÁ SER VERIFICADO.

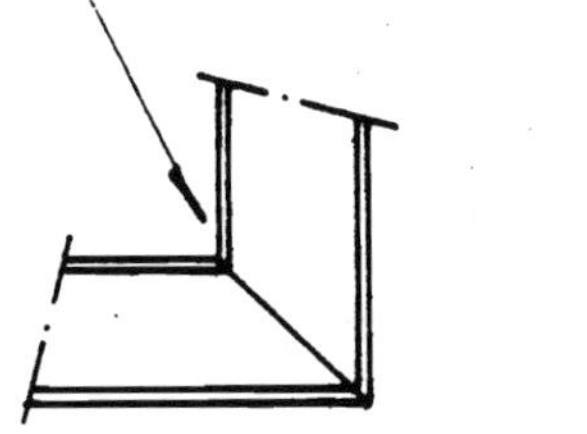

DETALHE P/ VIGAS I ou U

TABELA PADRÃO, MAS VARIANDO CONFORME O PROJETO DAS LINHAS

TIPO	QUANT.	LINHA Nº	DIMENSÃO (mm)								FURO "d"	ELEV. "s"	O.B.S.
			A	B	C	D	E	G	H	L			

SUPORTE DE TUBULAÇÃO
TIPO ST - 12

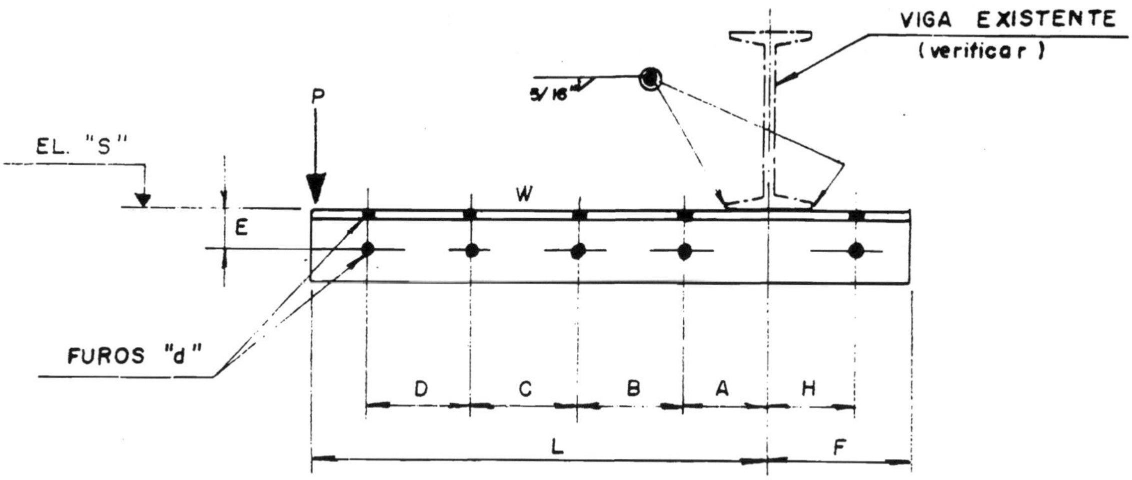

TIPO	PERFIL	CARGA MAX (Kg)		L (mm) DIMEN.
		* w	P	MAX
ST-12	L 3" x 3" x 5/16"	1.200	300	500
ST-12 A	L 4" x 4" x 3/8"	2.500	600	500
ST-12 B	L 6" x 6" x 3/8"	2.500	1000	700

* CARGA UNIFORMEMENTE DISTRIBUIDA POR METRO LINEAR.
QUANDO HOUVER ANCORAGEM, ESTE SUPORTE DEVERÁ SER VERIFICADO.

TABELA PADRÃO, MAS VARIANDO CONFORME O PROJETO DA LINHA

TIPO	QUANT.	LINHA Nº	DIMENSÃO (mm)								FURO "d"	ELEV. "s"	OBS.
			A	B	C	D	E	F	H	L			

SUPORTE DE TUBULAÇÃO
TIPO ST - 13

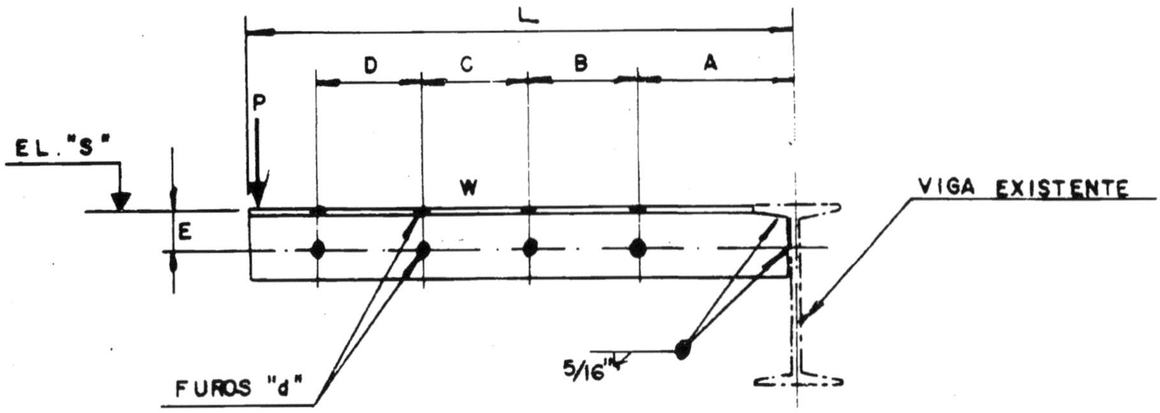

TIPO	PERFIL	CARGA MAX. (Kg)		L (mm) DIMEN. MAX.
		* W	P	
ST-13	L 3"x 3"x 5/16"	1.200	300	500
ST-13A	L 4"x 4"x 3/8"	2.500	800	500
ST-13B	L 6"x 6"x 3/8"	2.300	1.000	700
ST-13C	U 6"x 8,2#	4000	1.400	700
ST-13D	I 6"x 12,5#	5000	2000	700

* CARGA UNIFORMEMENTE DISTRIBUIDA POR METRO LINEAR QUANDO HOUVER ANCORAGEM. ESTE SUPORTE DEVE-RA SER VERIFICADO.

TABELA PADRÃO, MAS VARIANDO CONFORME O PROJETO DAS LINHAS.

TIPO	QUANT.	LINHA Nº	DIMENSÃO (mm)						FURO "d"	ELEV. "S"	OBS
			A	B	C	D	E	L			

SUPORTE DE TUBULAÇÃO
TIPO ST - 19

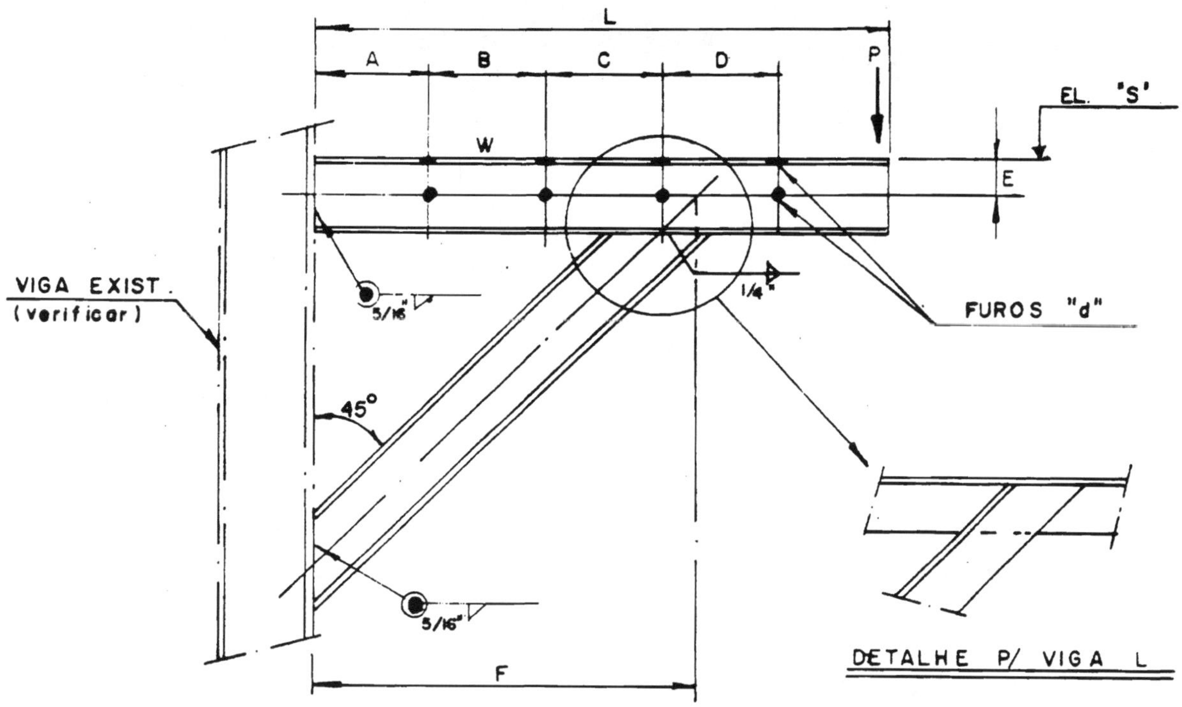

TIPO	PERFIL	CARGA MÁX. (Kg)		DIMENSÃO MÁX (mm)	
		* W	P	L	F
ST-19	L 4" x 4" x 3/8"	1000	500	1500	1.000
ST-19 A	L 6" x 6" x 3/8"	2000	500	1500	1000
ST-19 B	U 6" x 8,2 #	2500	1000	1500	1000
ST-19 C	I 6" x 12,5 #	5.000	1800	1500	1000
ST-19 D	U 8" x 11,5 #	4.800	1800	1500	1000
ST-19 E	I 8" x 18,4 #	10.000	3000	1500	1000
ST-19 F	I 10" x 25,4 #	15000	5000	1500	1000

* CARGA UNIFORMEMENTE DISTRIBUIDA POR METRO LINEAR.
- QUANDO HOUVER ANCORAGEM, ESTE SUPORTE DEVERÁ SER VERIFICADO.

TABELA PADRÃO, MAS VARIANDO CONFORME O PROJETO DAS LINHAS.

TIPO	QUANT.	LINHA Nº	DIMENSÃO (mm)							FURO	ELEV.	OBS.
			A	B	C	D	E	F	L	"d"	"s"	

CAPÍTULO VIII

ISOLAMENTO DO EQUIPAMENTO E DA TUBULAÇAO
APLICAÇÃO DE SILICATO DE CÁLCIO E APLICAÇÃO DE MATERIAIS SEMELHANTES

1. ESCOPO

1.1 Este padrão Hércules abrange a aplicação do silicato de cálcio, amosite asbestos, sílica expandida com liga de 85% de magnésio para isolamento da tubulação e do equipamento.

2. GERAL

2.1 Os materiais de isolamento devem ser especificados nas Listas de Especificação de Engenharia aplicáveis, séries 10ES - 4B e 10ES - 4C.

2.2 A espessura do isolamento deve ser do modo apresentado nos quadros de designação de linhas, projetos ou folhas de especificação de equipamento.

2.3 Toda tubulação ou equipamento deve ser designado pela Hércules, quando estiver preparado para o isolamento, antes que este seja aplicado.

2.4 O fornecedor deve providenciar suportes para a segurança adequada do isolamento, se forem necessários mais suportes que os apresentados no projeto.

2.5 Onde for usado revestimento de metal, todos os pontos terminais e aberturas expostas à umidade devem ser chapeados ou vedados para previnir penetração de umidade.

2.6 Nos equipamentos e tubulação de aço inoxidável não se deve usar nenhuma espécie de cimentou em contato com a superfície do metal. Esta exigência substitui qualquer afirmação contrária nos parágrafos 3.2.1, 3.3.1, 3.4.2 e 3.4.3. Entretanto, o cimento de isolamento pode ser usado quando o aço inoxidável for protegido por duas camadas aplicadas por escova ou spray, qualquer das seguintes, em ordem de preferência: (1) Thur-Ma-Lox 70 (produzido por The Dampney Company, Hyde Park, Mass.), cada camada deve estar na proporção não menor que 0,4 galões por 100 pés quadrados, ou (2) Benjamin Foster N.º 57-50, cada camada com proporção não menor que 0,5 galões por 100 pés quadrados. Aço inox deve ser pintado 12 pol. além dos pontos terminais de cimento.

2.6.1 Como uma variante ao acima exposto, a pintura do aço inox pode ser omitida se o campo ou fábrica fabricadora substituírem os blocos de isolamento por cimento de isolamento. Eles podem ser do mesmo material e espessura que o isolamento adjacente e cortados para se evitar fendas significantes entre os blocos adjacentes. Os blocos podem ser juntados somente com silicato de cálcio onde se deseja uma liga. É essencial que o material de acabamento para ser usado acima do isolamento não toque o aço inox, e, para essa extremidade é preferível coberturas ajustáveis de alumínio onde o tubo não é pintado.

3. APLICAÇÃO

1. No tubo

3.1.1 Para temperaturas até 600º F o isolamento deve ser aplicado em uma camada simples e protegido com 4 voltas de fio em cada três pés de isolamento.

3.1.2 Para temperaturas acima de 600º F, o isolamento deve ser aplicado em 2 camadas, com juntas, alternadas circunferentes e longitudinais. Cada camada deve estar segura com 4 voltas de fio em cada 3 pés de isolamento.

3.1.3 Para amosite asbestos entre temperaturas de 600º F e 1200º F o isolamento deve ser aplicado em uma camada simples e segura com 4 voltas de fio em cada 3 pés de isolamento. As juntas circulares devem ser grampeadas, e as juntas de expansão devem ser projetadas e espaçadas de acordo com as especificações do fabricante.

3.1.4O isolamento deve ser revestido com jaqueta de alumínio, que deve estar de acordo com uma das seguintes especificações:

(a) A jaqueta deve ser sobreposta em todas as juntas com um mínimo de 2 pol. e instaladas a fim de desprender a água. As juntas circunferentes da jaqueta devem ser alternadas de acordo com as juntas circunferentes do isolamento. A jaqueta deve ser segura com cintas de centros de 9 pol. Deve ser usada uma cinta em cada junta circunferente.

(b) A jaqueta deve ser fabricada com uma junta de fecho longitudinal integral e deve ter um selo de vedação firme, de alumínio, envolvido com cinta de aço inox, ou um selo de aço inox cobrindo cada junta circunferente. A jaqueta deve ser instalada de modo que desprenda a água e deve ser segura com uma cinta de aço inox adicional no meio de cada seção.

3.1.5As linhas que forem traçadas devem ser revestidas com isolamento de pernas longas, ou ter tamanhos maiores para incluir os traços. Fita de tecido de amianto revestida com "Benjamin Foster Lagtone" é admissível para uso nas voltas de traços irregulares. Onde o cimento condutivo fôr aplicado, deve ser aplicado de acordo com as especificações do fabricante.

3.2. Em válvulas e conexões de 2 pol. e menores.

3.2.1Todas as válvulas e conexões devem ser isoladas com cimento para a espessura especificada para o tubo adjacente. Tês de solda de topo e extensões do tubo devem ser isolados como o tubo.

3.2.2Todos os tubos devem ser isolados, a não ser que seja especificado de outra forma. Se não fôr isolado, o isolamento adjacente deve ser afilado a fim de permitir a remoção do parafuso. Caixas de gaxetas, plugs de dreno e tampões não devem ser isolados, a não ser que seja especificado de outra forma.

3.2.3Onde a massa Benjamin Foster n.º 31-49 fôr usada para o acabamento resistente ao tempo especificado a aplicação deverá ser feita em duas camadas. Uma "tack coat" aplicada a 2 galões por 100 pés quadrados deve ser embebida em tela de vidro. As costuras da tela devem ser recobertas de 2 pol. pelo menos. A espessura da massa quando seca não deve ser menor que 1/16 pol. Onde uma conexão ou válvula fôr adjacente a uma jaqueta, a massa deve se estender 2 pol. embaixo da jaqueta. Se uma massa aprovada alternada fôr usada para o acabamento, deverá ser aplicada de acordo com as instruções do fabricante.

3.2.4Onde uma massa de acabamento Insul-Coustic Corporation n.º 551 (ou outra côr quando especificada) for especificada, deverá ser aplicada onde a tela de vidro 5 : 5 for especificada, a uma proporção de 7 a 8 galões por pés quadrados. Onde for especificado tela de vidro 10 : 10, deverá ser aplicada a uma proporção de 11 a 12 galões por 100 pés quadrados. A espessura da massa, quando seca, não deve ser menor que 1/8". O acabamento deve ser feito com uma escova úmida, para uma superfície lisa. Onde uma conexão ou válvula for adjacente a uma jaqueta, a massa deve se estender 2" embaixo da jaqueta. Se uma massa aprovada alternada for usada, deve ser aplicada de acordo com as instruções do fabricante.

3.2.5Onde fôr especificado acabamento de lona, deve ser aplicada uma "tack coat" do adesivo especificado, ao cimento. A lona do peso especificado deve ser embebida no revestimento úmido, alisada para se evitar dobras, ou recoberta nas costuras, de 2" pelo menos, (exceto quando impossível, ou em conexões menores). Uma camada do acabamento adesivo especificado deve ser aplicada em toda a superfície. Se o "Benjamin Foster Lagtone" (côr selecionada) for usado, as duas camadas deverão ser aplicadas a uma proporção de 80 pés quadrados por galão, por escova ou spray. Se um adesivo aprovado alternado fôr usado, deverá ser aplicado de acordo com as especificações do fabricante.

3.3. Em válvulas e conexões maiores que 2 polegadas.

3.3.1Todas as válvulas e conexões devem ser revestidas por segmentos de isolamento da mesma espessura do tubo adjacente. Os segmentos devem ser seguros prendedores, e todas as fendas e vazios devem ser preenchidos com cimento de isolamento alisados, para uma superfície uniforme.

3.3.2Todos os flanges devem ser isolados, a não ser que seja especificado de outra forma. Se não forem isolados, o isolamento adjacente deve ser afilado, para permitir a remoção do parafuso. Caixas de gaxetas nas válvulas, plugs de dreno e tampões não devem ser isolados, a não ser que seja especificado de outra forma.

3.3.3Onde fôr especificado um acabamento resistente ao tempo, as válvulas e as conexões devem ser acabadas do modo exposto nos ítens 3.2.3 ou 3.2.4, com as seguintes excessões: (a) onde fôr especificado alumínio Ell-Jacs, devem ser usados em vez dos acima descritos; (b) superfícies cilíndricas podem ser acabadas com, revestimento de alumínio para a tubulação adjacente.

3.3.4 Onde fôr especificado acabamento não resistente ao tempo, as válvulas e as conexões devem ser acabada do modo exposto no ítem 3.2.5, com poucas excessões, como descrito no 3.3.3.

3.4. No equipamento.

3.4.1 Todas as seções cilíndricas de equipamento de 33 pol. de diâmetro devem ser isoladas e acabadas do modo exposto para tubo, no ítem 3.1. Seções cilíndricas entre 33 e 42 pol. podem ser isoladas e acabadas de maneira exposta no ítem 3.1, ou como segue:

3.4.2 Todas as seções cilíndricas de equipamentos acima de 42 pol. de diâmetro até 50 pés de diâmetro devem ser isoladas com blocos encaixados de 12" x 36". Seções maiores que 50 pés de diâmetro devem ser isoladas com blocos chatos de 12" x 36". Os blocos devem ser aplicados em camadas simples, para temperaturas até 600° F, e em camada dupla para temperaturas acima de 600° F. Todos os blocos devem ser alternados e firmamente soldados. Os vazios devem ser preenchidos com cimento, lã mineral ou fibra de asbestos soltas. O isolamento deve estar seguro por fitas de 12 pol. entre centros em equipamentos até 8 pés de diam., e 9 pol entre centros em equipamentos acima de 8 pés de diâmetro.

3.4.3 Todas as extremidades, cabeças, topo de equipamentos e superfícies irregulares devem ser isoladas com, blocos de isolamento, fabricadas para assentar o contorno do equipamento. O isolamento deve ser seguro por predendores, e uma camada de tela de arame deve ser aplicada sobre isolamento e deve ser seguro por predendores. Um revestimento de cimento de espessura mínima de 1/2 pol. deve ser aplicado sobre a tela de arame, alisada para se obter uma superfície uniforme. Em superfícies irregulares onde não é possível o uso de blocos de isolamento, este deve ser feito por cimento de isolamento, aplicado em número suficiente de camadas de 1 pol. de espessura máxima, para igualar a espessura total especificada. Cada camada deve ser segura por tela de arame embebida no cimento.

3.4.4 Todos flanges de equipamentos devem ser isolados, a não ser que seja especificado de outra forma. Se não forem isolados, o isolamento adjacente deve ser afilado, a fim de permitir a remoção do parafuso. Bocas de visita e outras aberturas de acesso do equipamento devem ter revestimentos de isolamento removíveis.

3.4.5 Chapas de marca, placas de inspeção, selagens, furos de dreno e plugs do dreno não devem ser isolados.

3.4.6 Onde fôr especificado jaqueta de alumínio corrugada de 3/16 pol. todas as juntas devem ser sobrepostas num mínimo de 3 pol. e instaladas de modo a desprender a água. No equipamento vertical o curso da base da jaqueta deve ser apoiado no suporte de isolamento. Cursos adicionais devem ser apoiados em ganchos "Z" de aço inox, espaçados de modo a previnir deslizamento. A jaqueta deve ser segura por cintas de 9 pol. entre centros com uma cinta em cada junta horizontal. No equipamento horizontal as cintas devem ter 9 pol. entre centros, com uma cinta em cada junta vertical.

3.4.7 Onde fôr especificado jaqueta de alumínio corrugada de 2 1/2 pol., as juntas horizontais devem ser sobrepostas com um mínimo de 3 pol. e instaladas de modo a desprender a água. Juntas verticais devem ser sobrespotas com um mínimo de 2 1/2". A jaqueta deve ser apoiada da maneira exposta para revestimentos de 3/16". Deve ser seguro por cintas de 36" entre centros e por parafusos adequados para folha de alumínio, ou rebites. Estes últimos devem ser localizados na crista da corrugação e espaçados por 5 pol. entre centros, através da corrugação, e 6 pol. entre centros, paralelos à corrugação.

3.4.8 Onde fôr usada massa Foster n.º 31-49 para o acabamento resistente ao tempo especificado, o isolamento nas extremidades, (fechada) topos de equipamentos e superfícies irregulares devem ser revestidos com a massa, aplicada de acordo com o ítem 3.2.3.

3.4.9 Onde fôr especificada Massa Insul-Coustic Corporation n.º 551 a aplicação deverá ser feita de acordo com o ítem 3.2.4, exceto que a superfície do isolamento ou do cimento de isolamento deve, primeiramente, ser preparada com uma solução de 1 parte n.º 551 para 8 partes de água.

3.4.10

Onde fôr especificado acabamento de cimento a aplicação deverá ser feita de acordo com o ítem 3.4.3. Deve ser dada uma camada de revestimento, impermiabilidade específica no cimento de isolamento. Se fôr usado "Lagtone Benjamin Foster", a aplicação deverá ser feita a uma proporção de 70 a 80 pés quadrados por galão.

3.4.11

Onde fôr especificado "Expand-R-Straps", estas deverão ser tensionadas por alongamento da cinta, entre 1 e 2 pol. por pé de extensão corrugada da cinta ("strap"). Devem ser usadas em todo equipamento de acima de 12 pés de diâmetro; e em equipamento entre 6 pés e 12 pés de diâmetro e temperaturas de 300° F e acima.

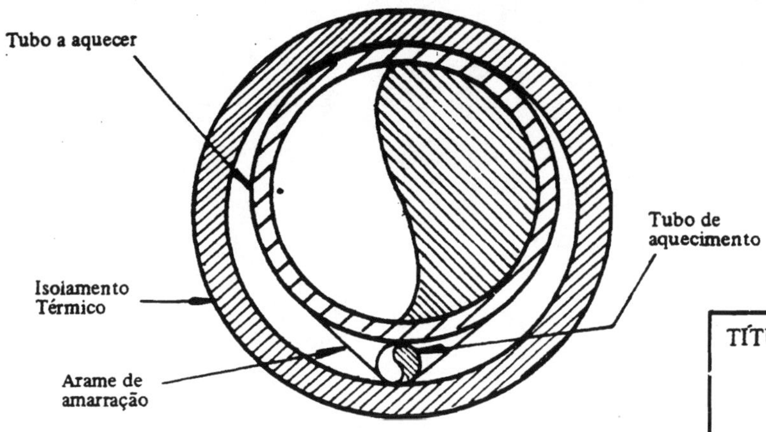

TÍTULO:

AQUECIMENTO POR TUBO DE VAPOR EXTERNO

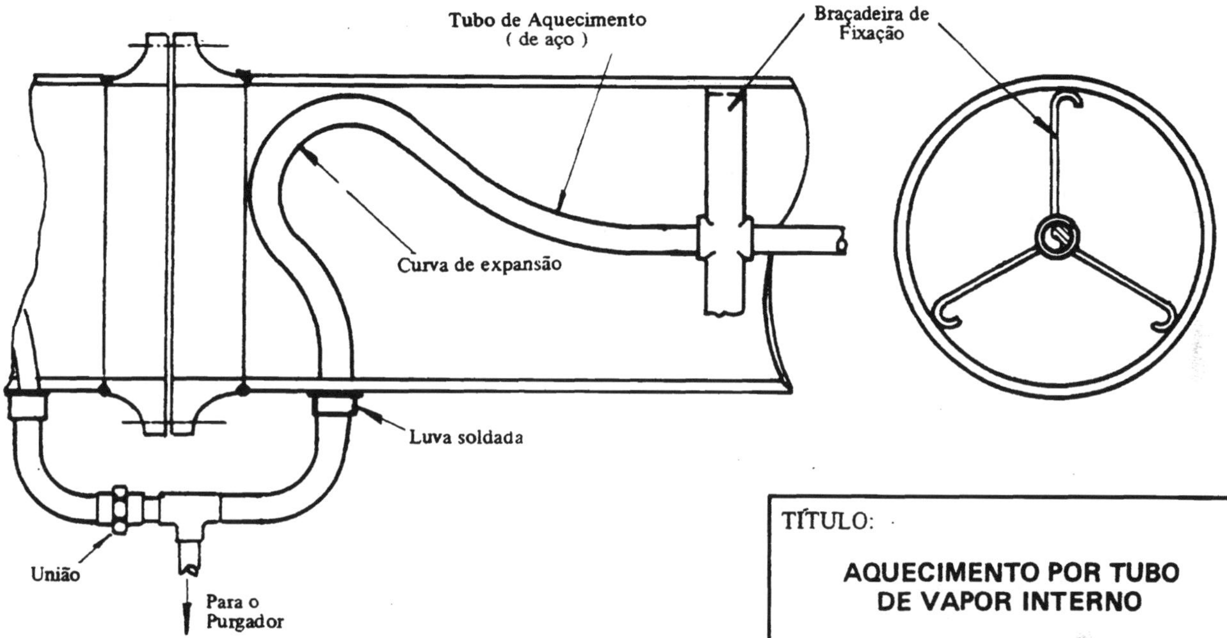

TÍTULO:

AQUECIMENTO POR TUBO DE VAPOR INTERNO

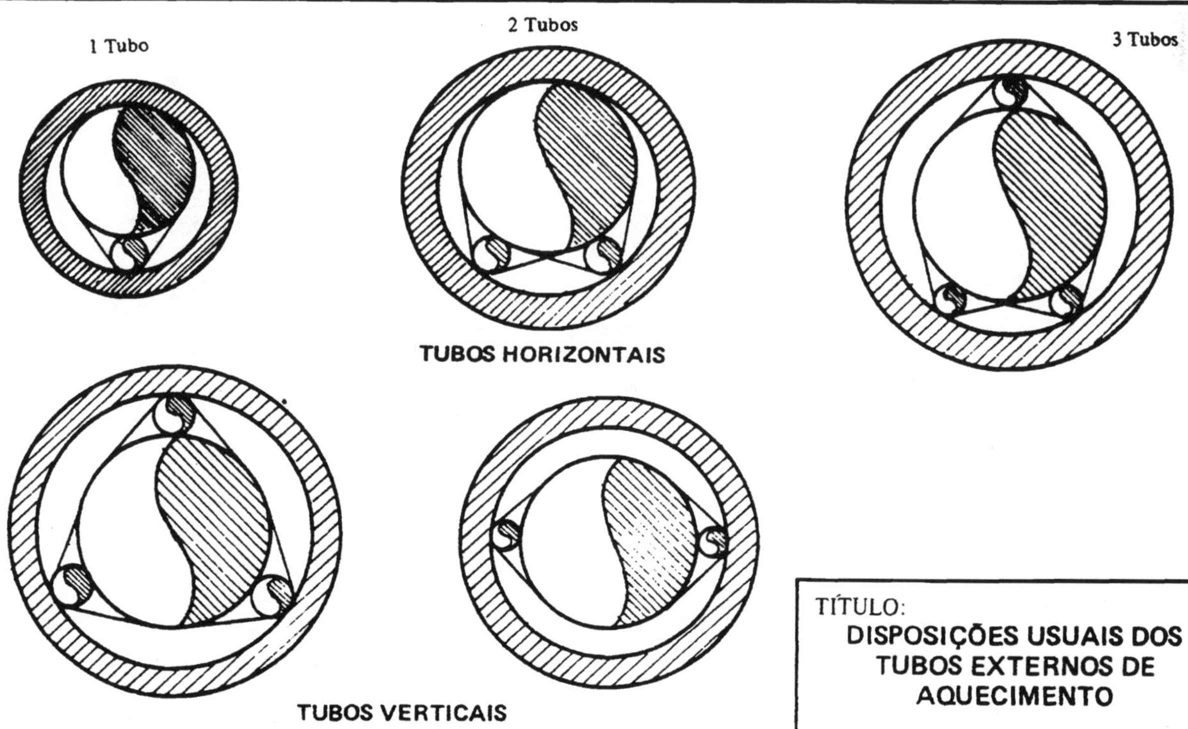

TÍTULO:

DISPOSIÇÕES USUAIS DOS TUBOS EXTERNOS DE AQUECIMENTO

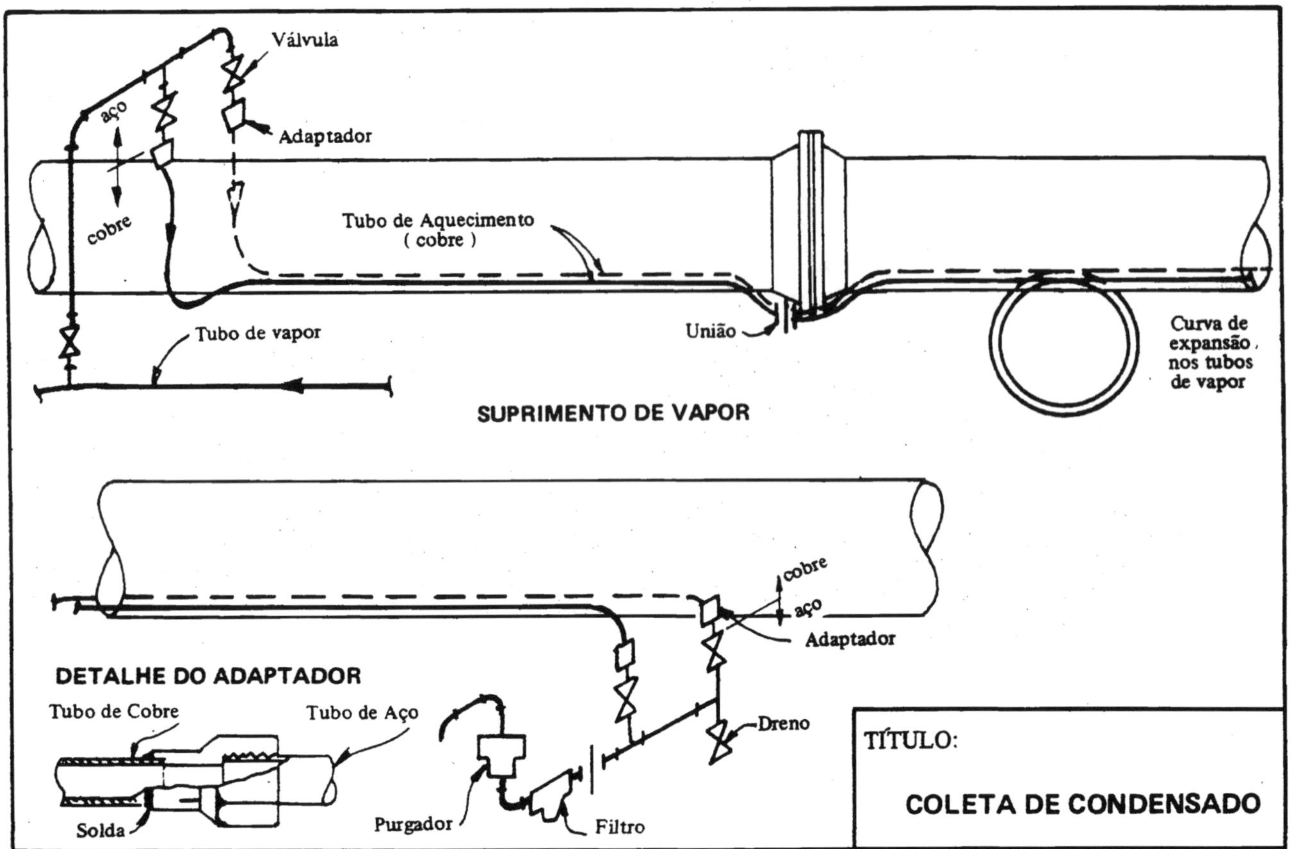

TÍTULO: COLETA DE CONDENSADO

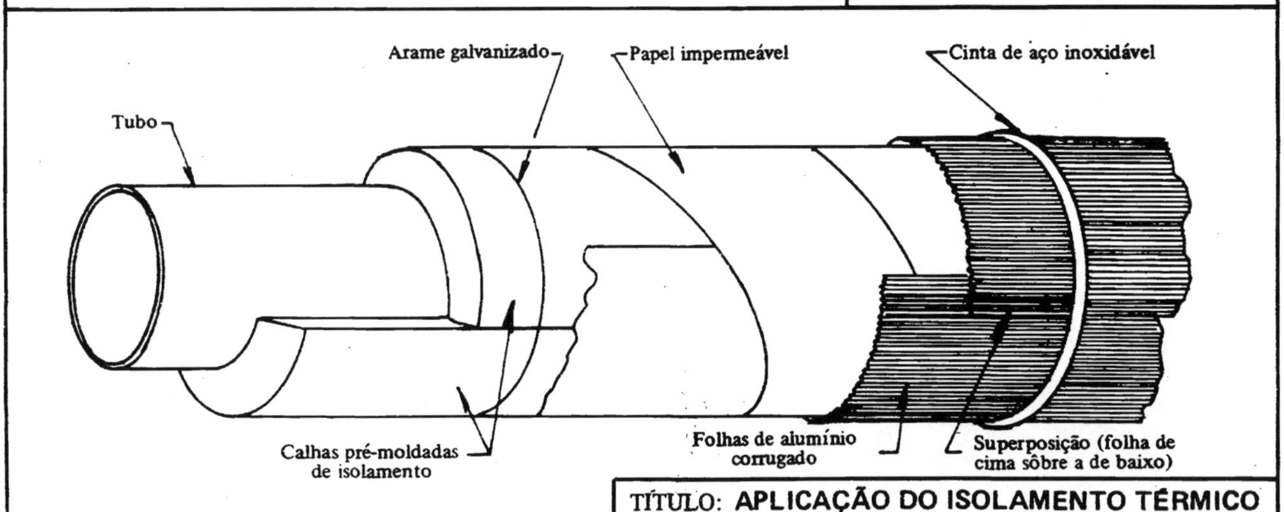

TÍTULO: APLICAÇÃO DO ISOLAMENTO TÉRMICO

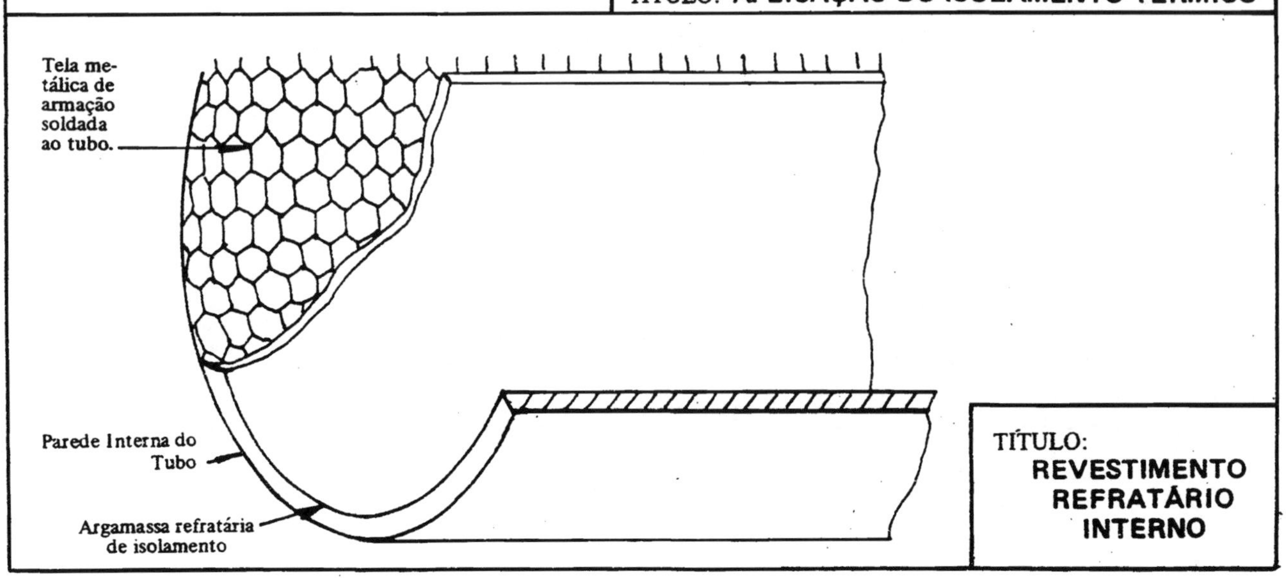

TÍTULO: REVESTIMENTO REFRATÁRIO INTERNO

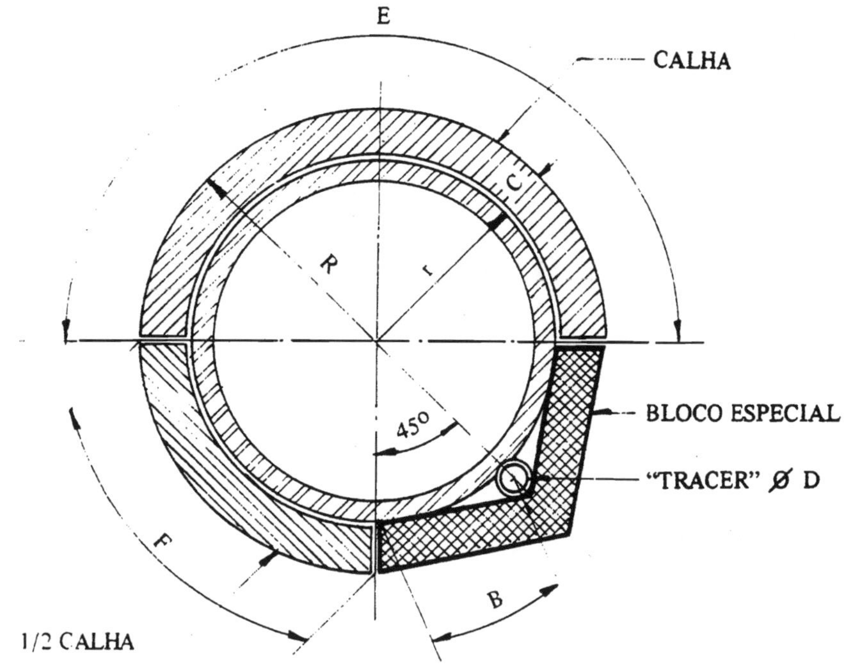

PARA TUBOS DE 2" 3" 4" E 6"

Ø TUBO	Quant. de Blocos e Calhas *				A	B	C	D		E	F	R	r	ÂNGULOS	
	Calha	1/2	Norm.	Espec.				Ø	Quant					ζ	β
2"	1	1	–	2	–	23	1"	1/2"	1	173	86	55	30	–	–
3"	1	1	–	2	–	34	1"	1/2"	1	217	108	69	44	–	–
4"	1	1	–	2	–	45	1"	1/2"	1	257	128	82	57	–	–
6"	1	1	–	2	–	66	1"	3/4"	1	342	171	109	84	–	–

FORMULÁRIO:

PARA B: 0,01745 . r. ζ - PARA B DE 2" 3" 4" e 6": 0,785 . r
PARA R: C + r
PARA E: 3,141 . R
PARA F $\frac{E}{2}$; 1,57 . R; $\frac{3{,}141 . R}{2}$

* A QUANTIDADE SE REFERE A SEÇÃO TRANSVERSAL.

TÍTULO:
DETALHES TÍPICOS DE ISOLAMENTO LINHAS COM "TRACER" – (I)

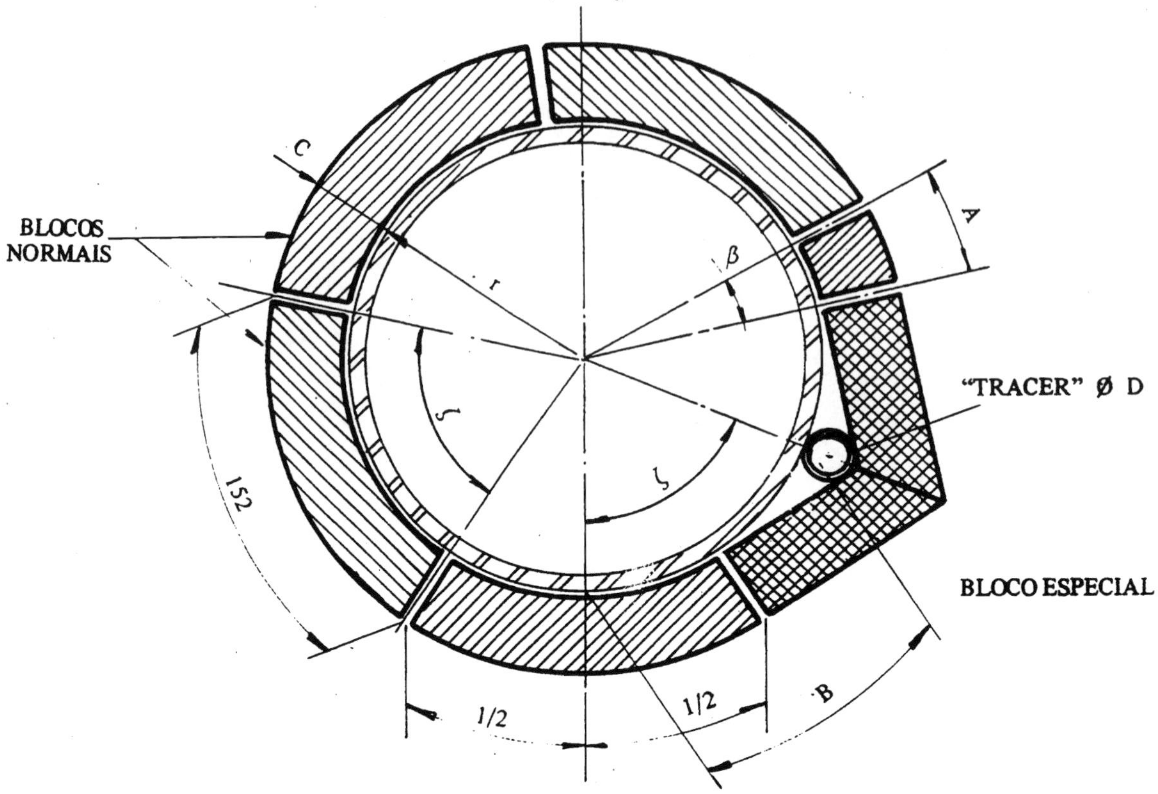

PARA TUBOS DE 8" e 10"

Ø TUBO	Quant. de Blocos e Calhas				A	B	C	D		E	F	R	r	ÂNGULOS	
	Calha	1/2	Norm.	Espec.				Ø	Quant					ζ	β
8"	–	–	5	2	18	113	1 1/2"	3/4"	1	–	–	148	110	58° 50'	7°
10"	–	–	6	2	36	119	1 1/2"	3/4"	1	–	–	175	137	49° 45'	12°

FORMULÁRIO:

PARA "A" : 0,01745 . R. B

PARA ζ : $57{,}296 \dfrac{152}{R}$

PARA β : 360° - CN (SENDO N O MAIOR FATOR - NÚMERO INTEIRO QUE TORNA ζ . N $\leq$ 360°).

TÍTULO:
DETALHES TÍPICOS DE ISOLAMENTO LINHAS COM "TRACER" (II)

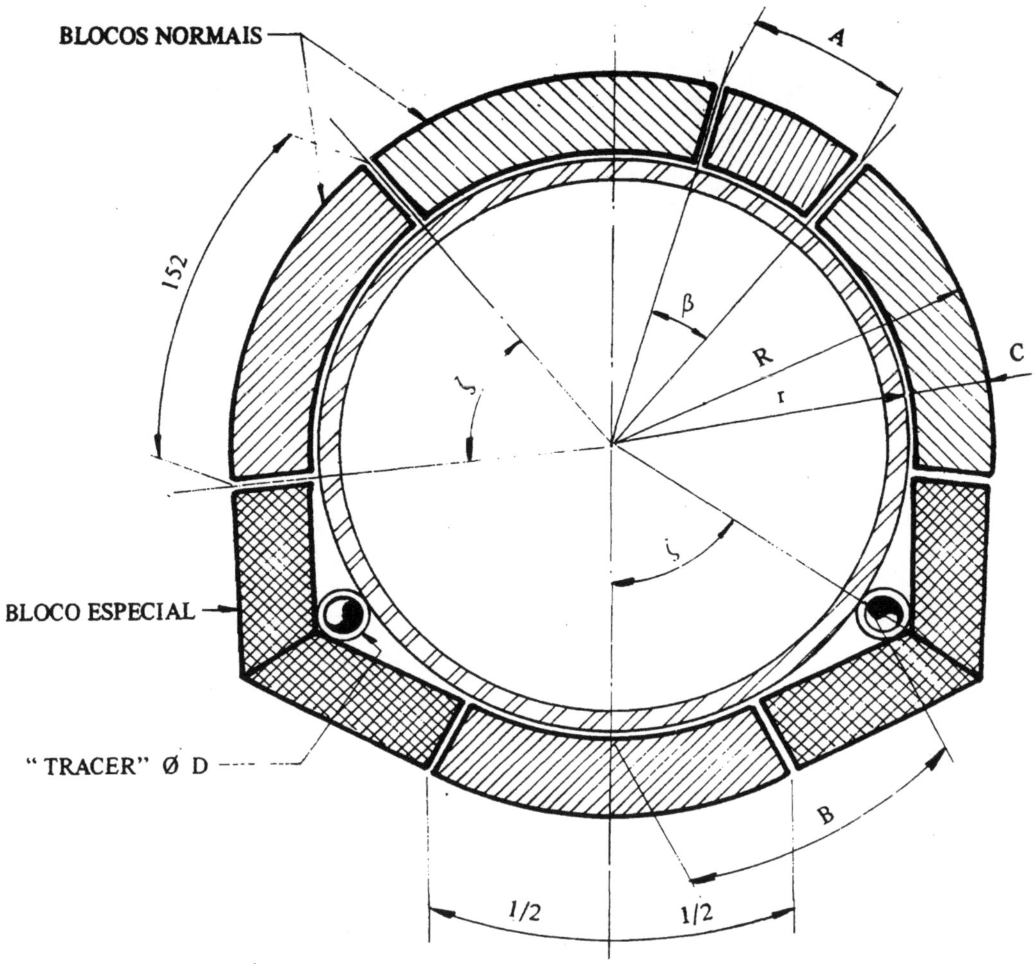

PARA TUBOS DE 12", 14" 16" E 18"

Ø TUBO	Quant. de Blocos e Calhas				A	B	C	D		E	F	R	r	ÂNGULOS	
	Calha	1/2	Norm.	Espec.				Ø	Quant.					ζ	β
12"	–	–	6	4	42	123	1 1/2"	3/4"	2	–	–	200	162	43º 32'	12º
14"	–	–	7 **	4	143	125	1 1/2"	3/4"	2	–	–	216	178	40º 18'	38º
16"	–	–	8	4	0	128	1 1/2"	3/4"	2	–	–	241	203	36º 07'	0
18"	–	–	9	4	0	130	1 1/2"	3/4"	2	–	–	267	229	32º 36'	0

FORMULÁRIO:

PARA "A": $0{,}01745 \cdot R \cdot \beta$

PARA ζ : $57{,}296 \cdot \dfrac{152}{R}$

PARA β : $360^\circ - \zeta \cdot N$ (SENDO "N" O MAIOR FATOR - NÚMERO INTEIRO QUE TORNA $\zeta \cdot N \leqslant 360^\circ$).

** ESTÁ INCLUÍDO O BLOCO DE DIMENSÃO A

TÍTULO:
DETALHES TÍPICOS DE ISOLAMENTO LINHAS COM "TRACER" (III)

CAPÍTULO IX

TRAÇADOS (Conexões fabricadas no Local da Obra)

Para fabricação destas conexões que deverão ser soldadas, o Encanador deve fazer o Traçado (Desenvolvimento) de cada peça; podendo ser de um tubo, com derivações, ou em chapa.

A seguir, mostramos como proceder para desenvolver o Traçado das peças mais comuns, usadas em Tubulação Industrial, através do Desenho, Desenvolvimento e Descrição.

DERIVAÇÃO SOLDADA A 45°

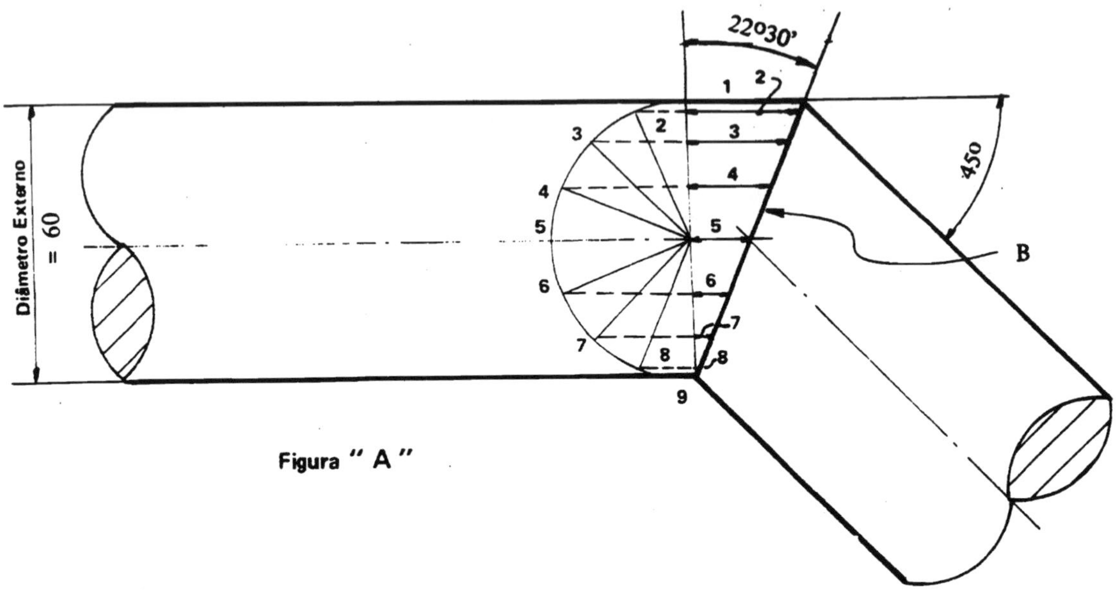

Figura " A "

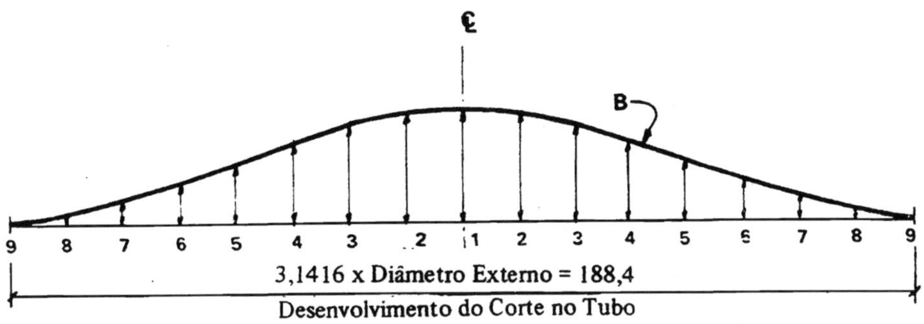

Figura " B "

Para desenvolver uma derivação à 45°, primeiro traçamos a (Fig. A) mas temos que dividir a inclinação por 2 (dois). Ex.: $\frac{45^\circ}{2} = 22^\circ 30'$ assim determinamos a inclinação do corte de cada tubo. Na linha de centro de um deles traçamos uma semi-circunferência, que dividiremos em 8 (oito) partes iguais. Por estes pontos projetamos paralelas à linha de centro até a linha inclinada (22° 30'); assim ficam determinados os comprimentos de cada ordenada de 1 à 9. Para traçarmos o desenvolvimento, marcamos sôbre uma reta horizontal, 16 (dezesseis) vãos igualmente espaçados que correspondem a: $\frac{3{,}1416 \times \text{diâmetro externo}}{16}$, e sôbre estes pontos levantamos retas perpendiculares cujos comprimentos tomamos nas ordenadas (de 1 à 9) da (Fig. A), marcando essas distâncias sôbre a linha correspondente na (Fig. B).

DERIVAÇÃO SOLDADA À 90°

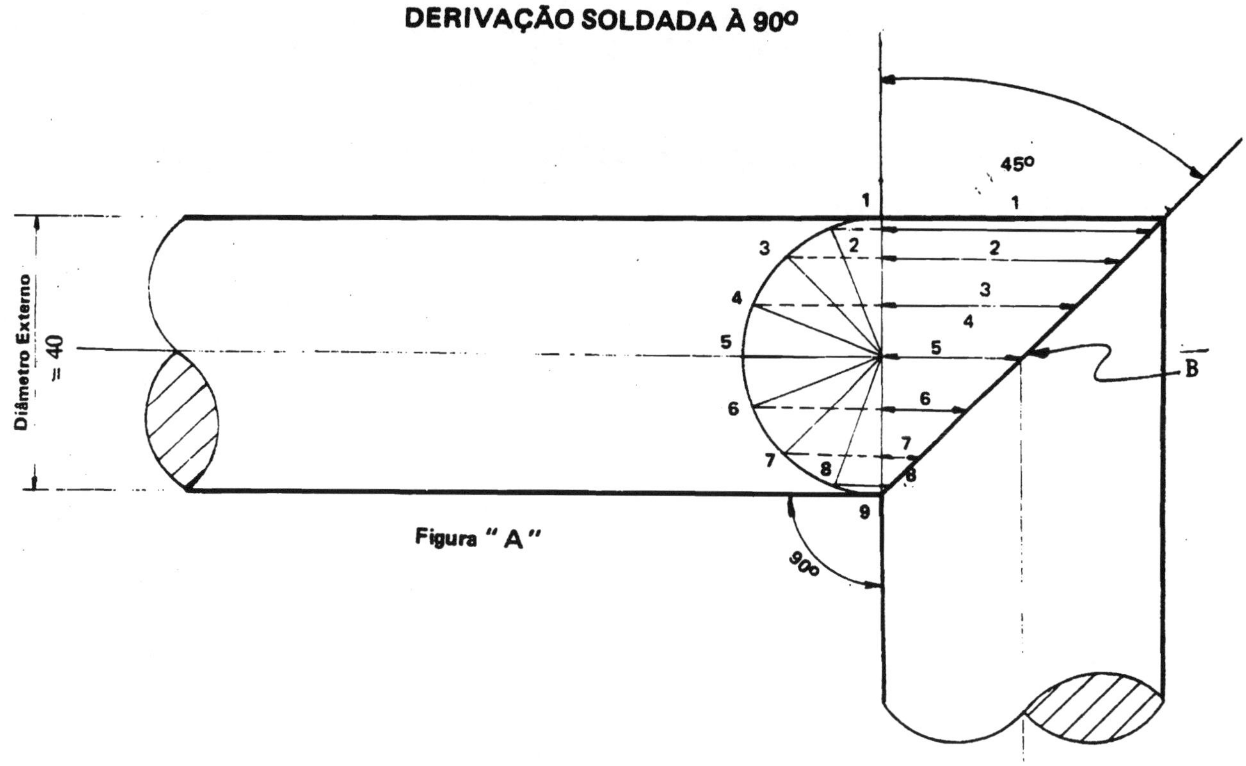

Figura " A "

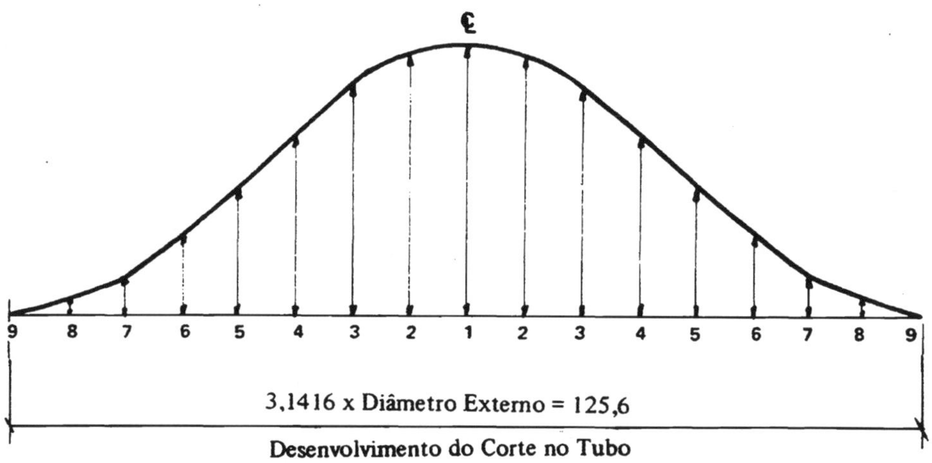

Figura " B"

Para desenvolver uma derivação à 90°, primeiro traçamos a (Fig. A) mas temos que dividir a inclinação por 2 (dois). Ex.: $\frac{90^\circ}{2} = 45^\circ$ assim determinamos a inclinação do corte de cada tubo. Na linha de centro de um deles, traçamos uma semi-circunferência que dividiremos em 8 (oito) partes iguais. Por êstes pontos projetamos paralelas à linha de centro até a linha inclinada (45°); assim determinamos o comprimento de cada ordenada de 1 à 9. Para traçarmos o desenvolvimento, marcamos sôbre uma reta horizontal 16 (dezesseis) vãos igualmente espaçados que correspondem a:

$\frac{3{,}1416 \text{ x diâmetro externo}}{16}$ e sôbre êstes pontos levantamos retas perpendiculares cujos comprimentos tomamos nas ordenadas (de 1 à 9) da (Fig. A), marcando essas distâncias sôbre cada linha correspondente, determinando assim a (Fig. B).

CURVA DE GOMO COM DERIVAÇÃO A 45° COM 2 SOLDAS

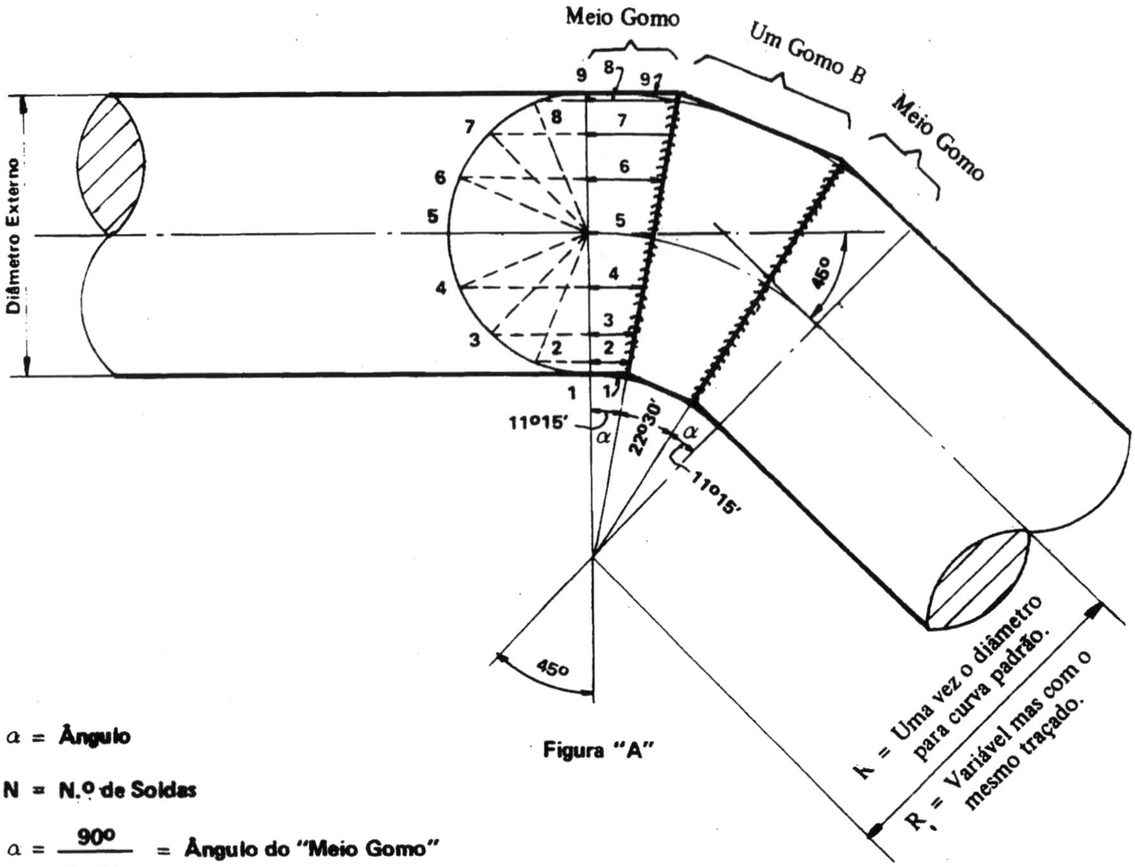

α = Ângulo

N = N.º de Soldas

$\alpha = \frac{90°}{2 \cdot N}$ = Ângulo do "Meio Gomo"

Figura "A"

Nota: Para fazer o desenvolvimento usar o diâmetro externo.

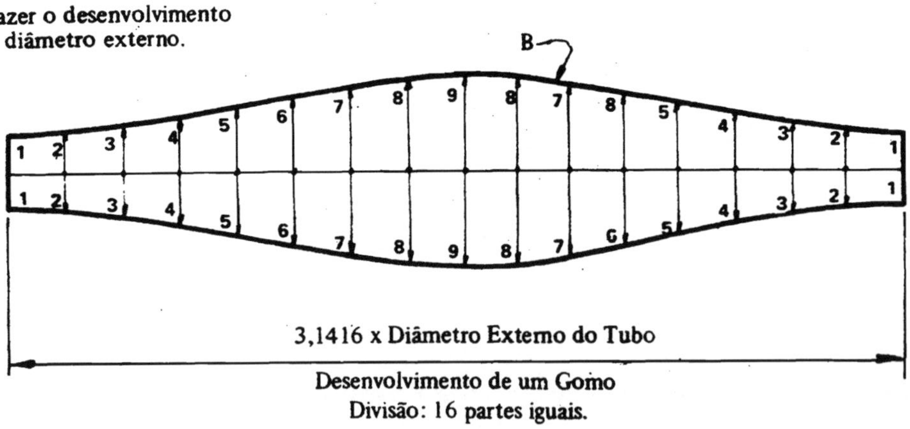

Desenvolvimento de um Gomo
Divisão: 16 partes iguais.

Figura "B"

Para desenvolver uma curva de gomo a 45°, primeiro temos que traçar a (Fig. A). Depois traçamos uma semi-circunferência que dividiremos em 8 (oito) partes iguais; a partir destes pontos, projetamos paralelas a linha de centro até a primeira linha inclinada, (11° 15'), conforme mostra a (Fig. A); assim determinamos o comprimento das ordenadas de 1 a 9. Para o desenvolvimento de um gomo, traçamos uma reta horizontal e marcamos 16 vãos igualmente espaçados equivalentes a 3,1416 x Ø/16, sobre os quais traçamos retas perpendiculares. Depois transportamos as ordenadas da (Fig. A), para um e outro lado da horizontal, ligando-se suas extremidades, conforme mostra a (Fig. B).

CURVA DE GOMO COM DERIVAÇÃO À 45º COM 3 SOLDAS

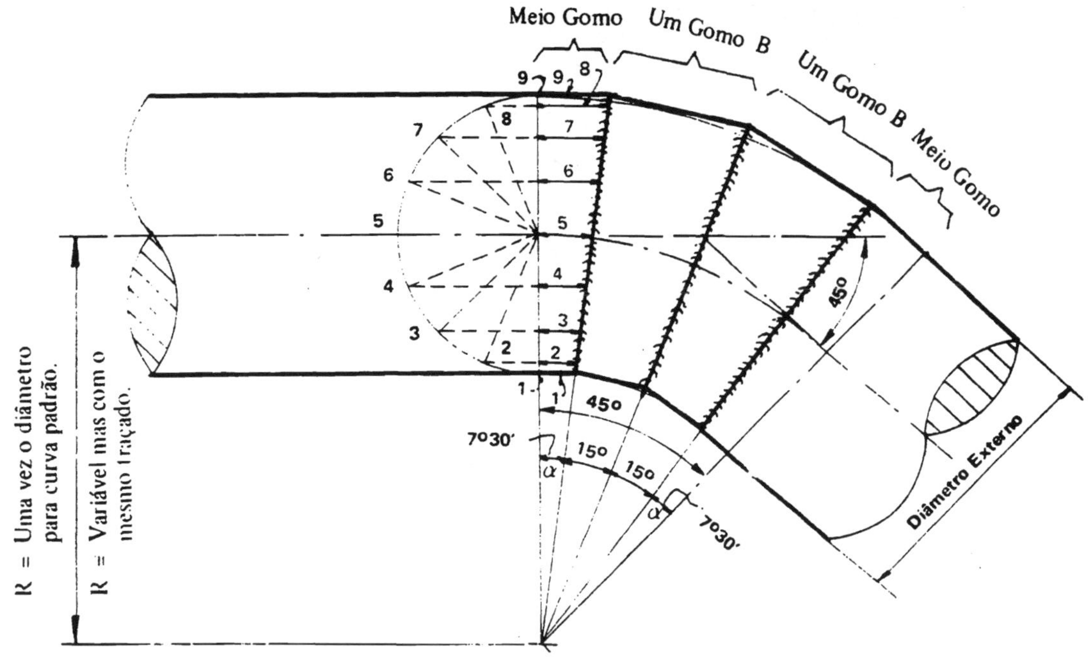

Figura "A"

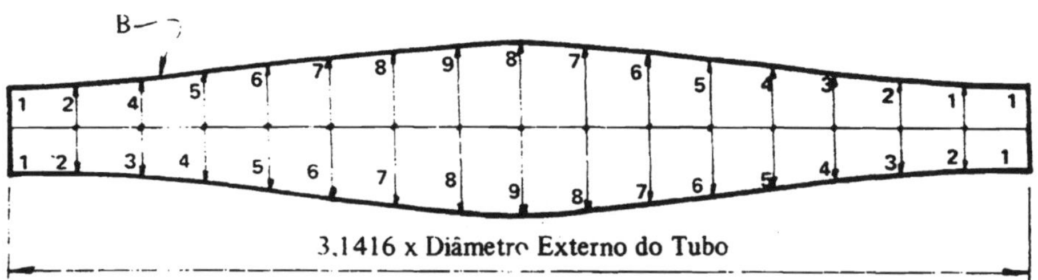

Desenvolvimento de um Gomo
Divisão: 16 partes iguais.

Nota: Para fazer o desenvolvimento, usar o diâmetro externo.

Fig. B

Figura "B"

α = **Ângulo**

N = N.º de Soldas

$\alpha = \dfrac{45^\circ}{2 \cdot N}$ = **Ângulo do "Meio Gomo"**

Para desenvolver uma curva de gomo a 45°, primeiro temos que traçar a (Fig. A). Depois traçamos uma semi-circunferência que dividiremos em 8 (oito) partes iguais; a partir destes pontos, projetamos paralelas à linha de centro até a primeira linha inclinada, (7° 30'), conforme mostra a (Fig. A); assim determinamos o comprimento das ordenadas de 1 a 9. Para o desenvolvimento de um gomo, traçamos uma reta horizontal e marcamos 16 vãos igualmente espaçados equivalentes a 3,1416 x ∅/16, sobre os quais traçamos retas perpendiculares. Depois transportamos as ordenadas da (Fig. A), para um e outro lado da horizontal, ligando-se suas extremidades, conforme mostra a (Fig. B).

CURVA DE GOMO COM DERIVAÇÃO À 60º COM 3 SOLDAS

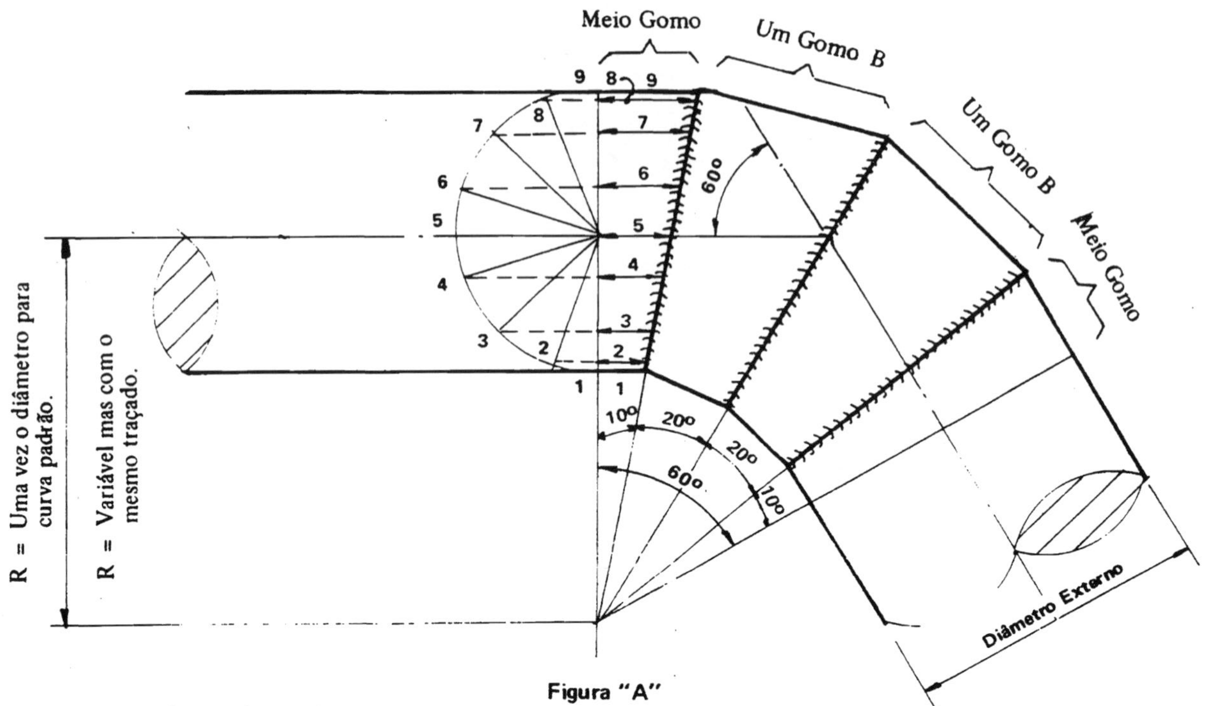

Figura "A"

Nota: Para fazer o desenvolvimento usar o diâmetro externo.

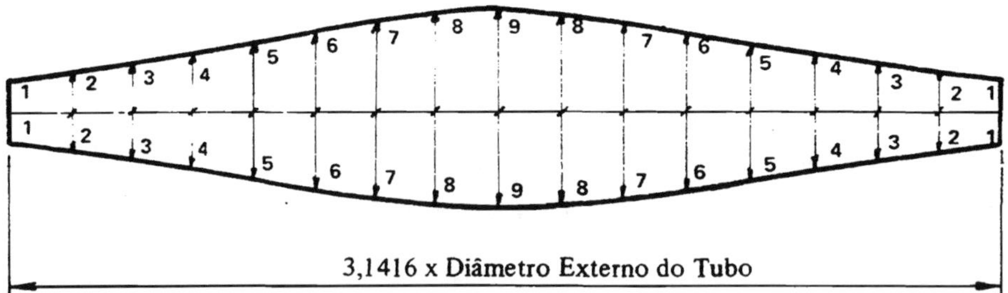

Desenvolvimento de um Gomo
Divisão: 16 partes iguais

α = **Ângulo**

N = N.º de Soldas

$\alpha = \frac{60^{o}}{2 . N}$ = **O Ângulo do Meio Gomo**

Figura "B"

Para desenvolver uma curva de gomo a 60º, primeiro temos que traçar a (Fig. A). Deposi traçamos uma semi-circunferência que dividiremos em 8 (oito) partes iguais; a partir destes pontos, projetamos paralelas a linha de centro até a primeira linha inclinada (10º), conforme mostra a (Fig. A); assim determinamos os comprimentos das ordenadas de 1 a 9. Para o desenvolvimento de um gomo, traçamos uma reta horizontal e marcamos 16 vãos igualmente espaçados equivalentes a 3,1416 x Ø/16, sobre os quais traçamos retas perpendiculares. Depois transportamos as ordenadas da (Fig. A), para um e outro lado da horizontal, ligando-se suas extremidades, conforme mostra a (Fig. B).

CURVA DE GOMO COM DERIVAÇÃO A 90° COM DUAS SOLDAS

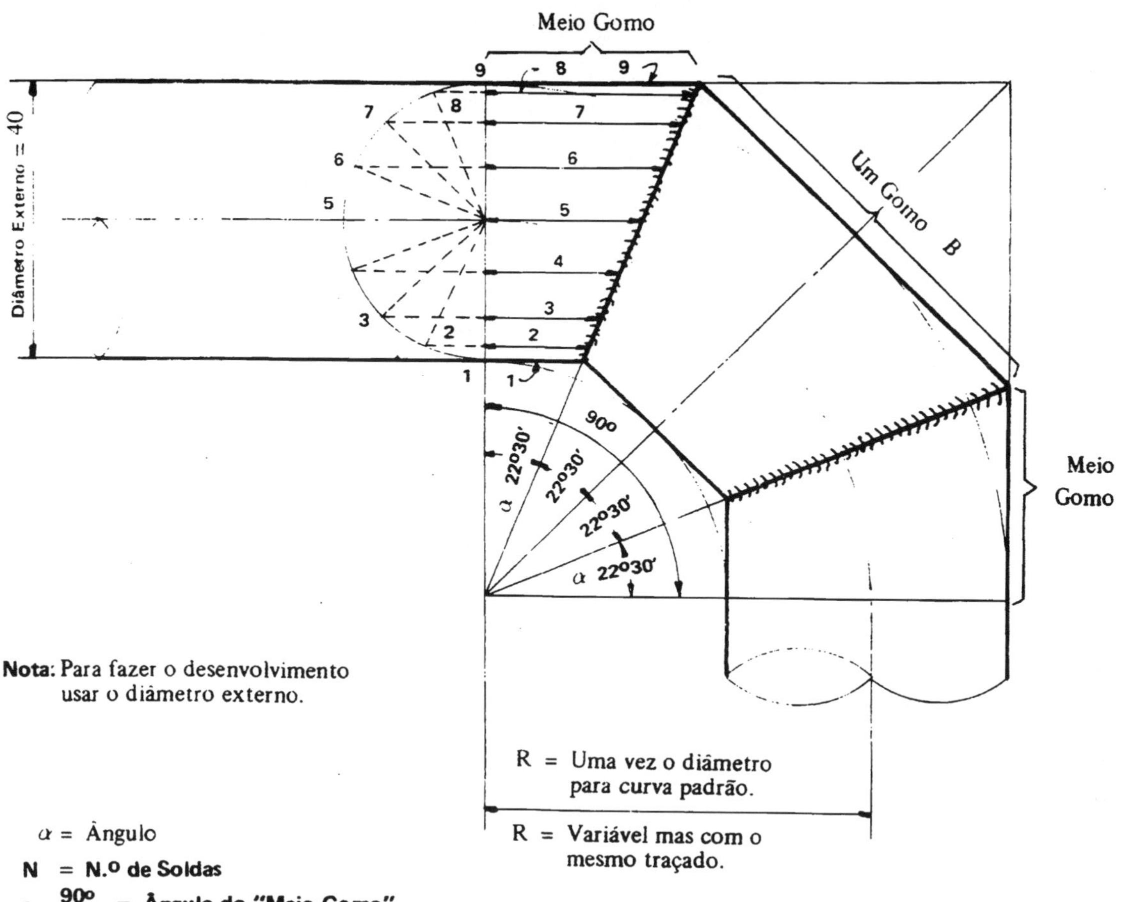

Fig. A

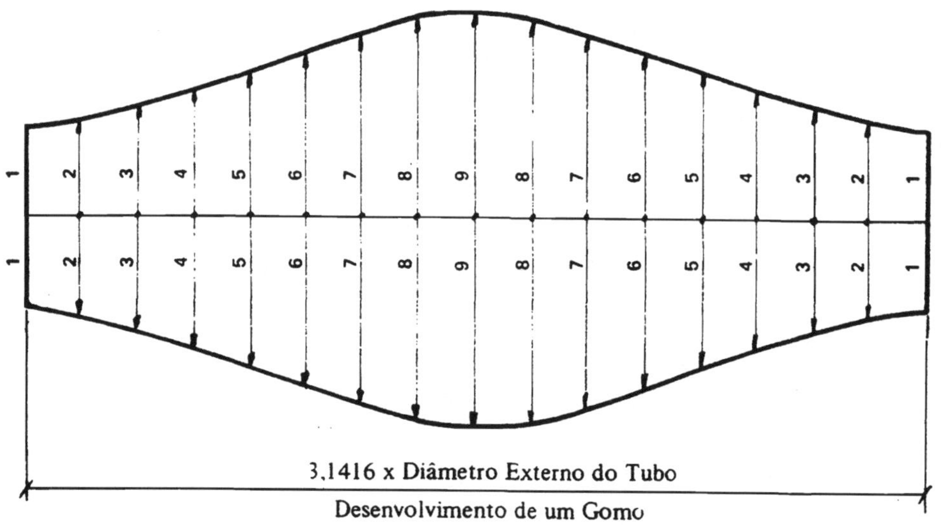

Desenvolvimento de um Gomo
Divisão: 16 partes iguais

Para desenvolver uma curva de gomo com duas soldas à 90°, primeiro temos que construir a (Fig. A), depois, traçamos uma semi-circunferência, que dividiremos em 8 (oito) partes iguais; a partir destes pontos, projetamos paralelas à linha de centro até a primeira linha inclinada, (22° 30'), conforme mostra a (Fig. A), assim determinamos o comprimento das ordenadas de 1 à 9. Para o desenvolvimento de um gomo, traçamos uma reta horizontal e marcamos 16 vãos igualmente espaçados equivalentes a 3,1416 x O/16, sobre os quais, traçamos retas perpendiculares. Depois, transportamos as ordenadas para um e outro lado da horizontal, ligando-se suas extremidades, conforme mostra a (Fig. B).

CURVA DE GOMO COM DERIVAÇÃO À 90° COM 3 SOLDAS

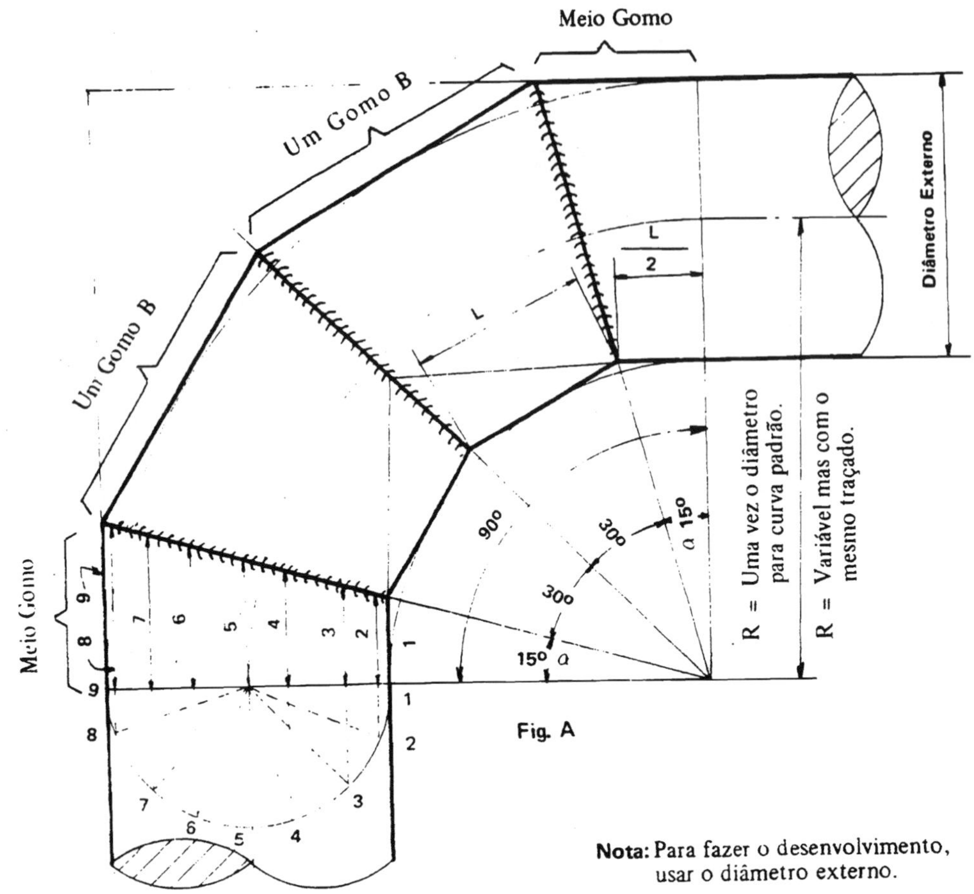

Fig. A

Nota: Para fazer o desenvolvimento, usar o diâmetro externo.

α = Ângulo

N = N.º de soldas

$= \frac{90^{o}}{2 \cdot N}$ = **Ângulo do "Meio Gomo"**

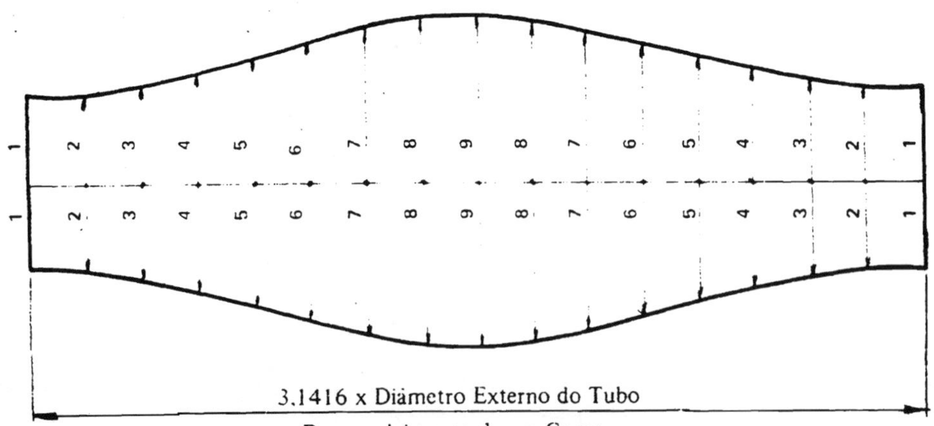

Desenvolvimento de um Gomo
Divisão: 16 partes iguais.

Fig. B

Para desenvolver uma curva de gomo, primeiro temos que traçar a (Fig. A), depois, traçamos uma semi-circunferência que dividiremos em 8 (oito) partes iguais; a partir destes pontos, projetamos paralelas à linha de centro até a primeira linha inclinada, (15°), conforme mostra a (Fig. A), assim determinamos o comprimento das ordenadas de 1 à 9. Para o desenvolvimento de um gomo, traçamos uma reta horizontal e marcamos 16 vãos igualmente espaçados equivalentes a 3,1416 x O/16, sobre os quais traçamos retas perpendiculares. Depois transportamos as ordenadas da (Fig. A), para um e outro lado da horizontal, ligando-se suas extremidades, conforma mostra a (Fig. B).

CURVA DE GOMO COM DERIVAÇÃO À 90° COM 4 SOLDAS

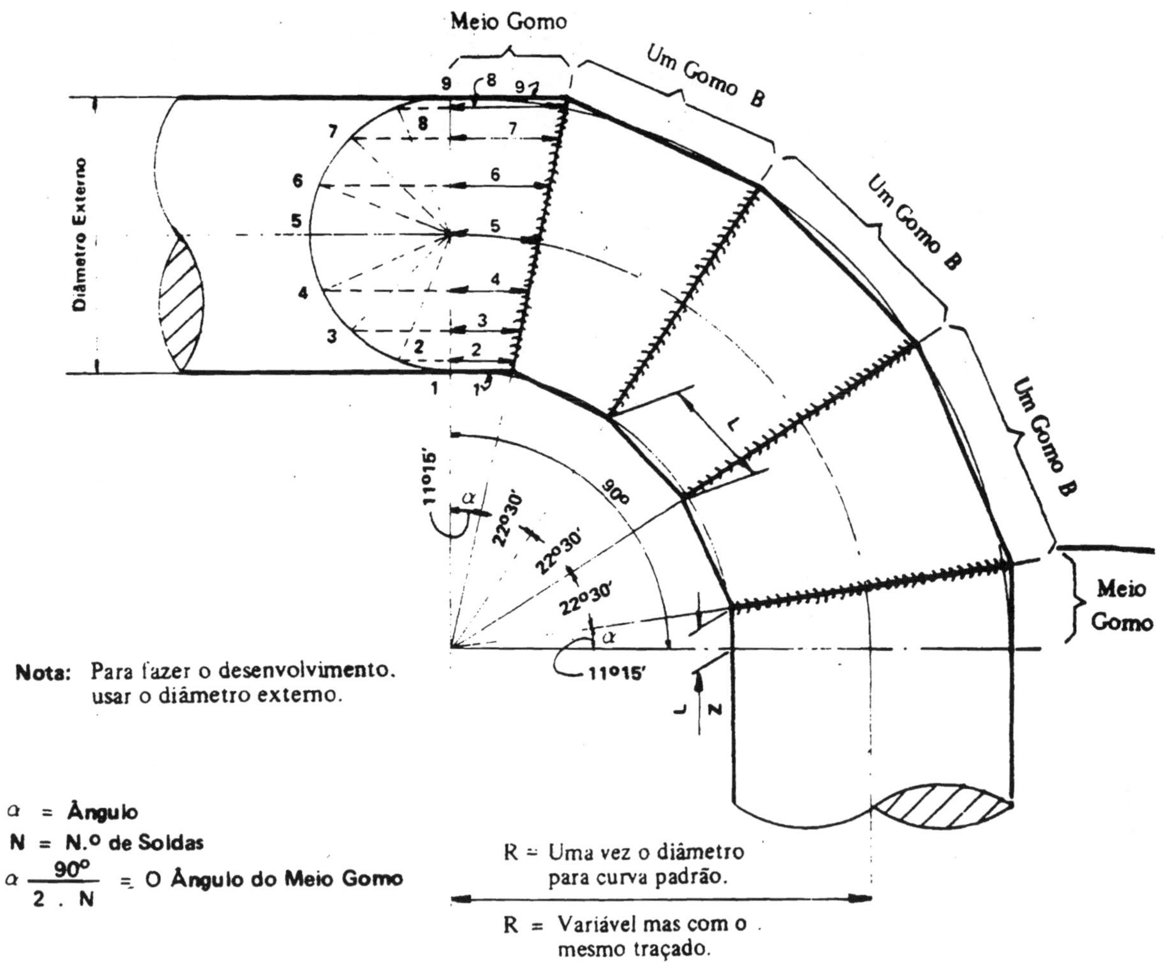

Fig. A

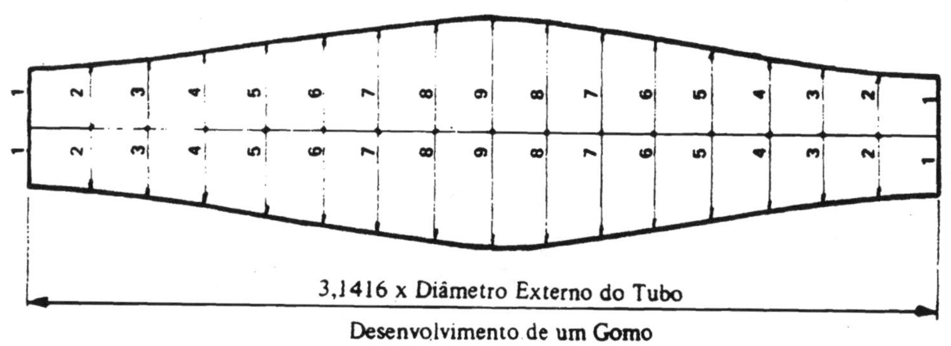

Fig. B

Para desenvolver uma curva de gomo, primeiro temos que traçar a (Fig. A), depois traçamos uma semicircunferência, que dividiremos em 8 (oito) partes iguais; a partir destes pontos, projetamos paralelas à linha de centro até a primeira linha inclinada, (11° 15'), conforme mostra a (Fig. A). Assim determinamos o comprimento das ordenadas de 1 a 9. Para o desenvolvimento de um gomo, traçamos uma reta horizontal e marcamos 16 vãos igulamente espaçados equivalentes a 3,1416 x O/16, sobre os quais traçamos retas perpendiculares. Depois transportamos as ordenadas da (Fig. A) para um e outro lado da horizontal, conforme mostra a (Fig. B).

REDUÇÃO CONCÊNTRICA

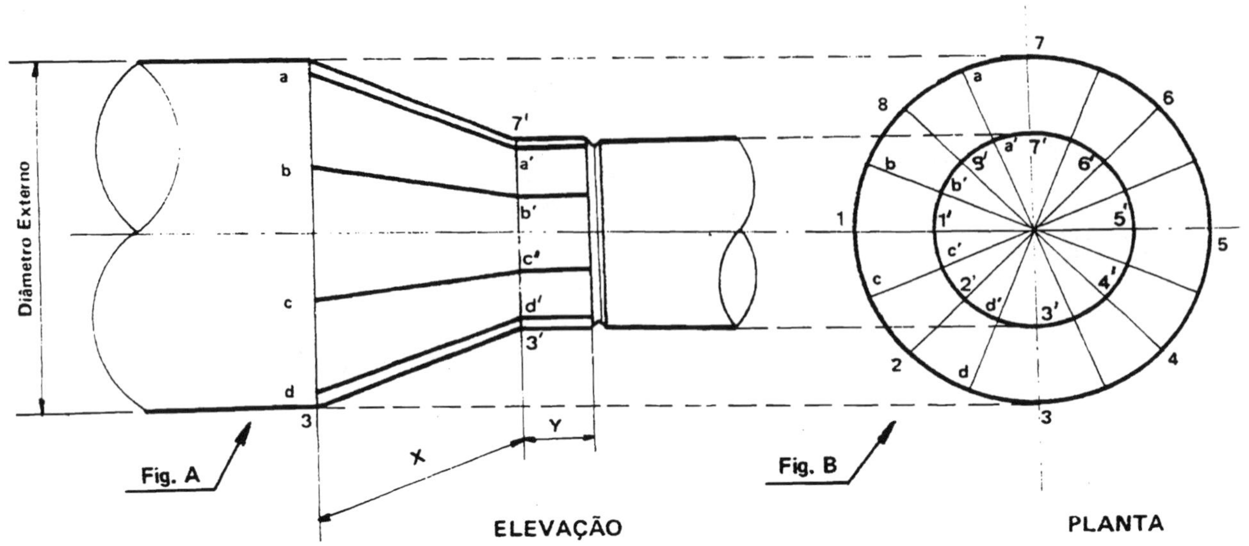

ELEVAÇÃO

PLANTA

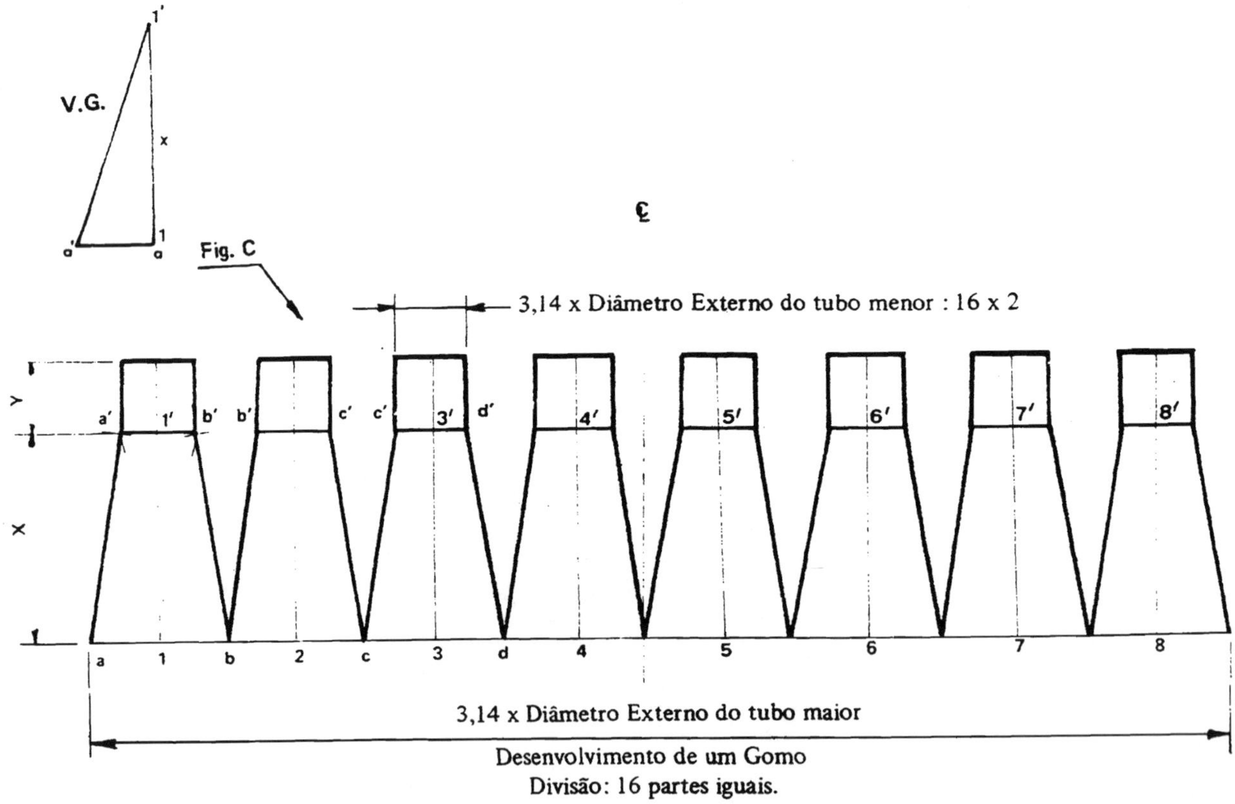

Desenvolvimento de um Gomo
Divisão: 16 partes iguais.

Para traçarmos uma redução concêntrica, dividimos a circunferência em 16 (dezesseis) partes iguais e projetamos os pontos a — a', b — b', c — c', d — d' sobre a (Fig. A). Para traçarmos o desenvolvimento marcamos sobre uma reta horizontal 16 (dezesseis) vãos igualmente espaçados, conforme mostra a (Fig. C), e pulando de um em um ponto, identificamos as linhas de centro de 1 à 8; a cada parte e sobre essas linhas de centro transportamos a distância X da (Fig. A); depois tomando a distância das V.G. que são idênticas, e com centro em a e b fazemos um arco em cada lado da linha de centro 1 e com abertura correspondente a $\frac{1}{16}$ do diâmetro menor, com centro em 1' fazemos os cruzamentos a' — b' (para obtermos a verdadeira grandeza das linhas a - a', b - b', etc., conforme nos mostra a figura D, traçamos duas linhas perpendiculares entre si e, da figura B, tomamos a distância a - a', marcando-a sobre a horizontal e sobre a vertical marcamos a distância (1 - 1') A (V.G.) correspondente à distância a' - 1'). Ligando os pontos a' - a e b' - b, determinamos o desenvolvimento de uma parte. Para desenvolver as demais, é só proceder do mesmo modo, conforme nos mostra a (Fig. C).

REDUÇÃO EXCÊNTRICA

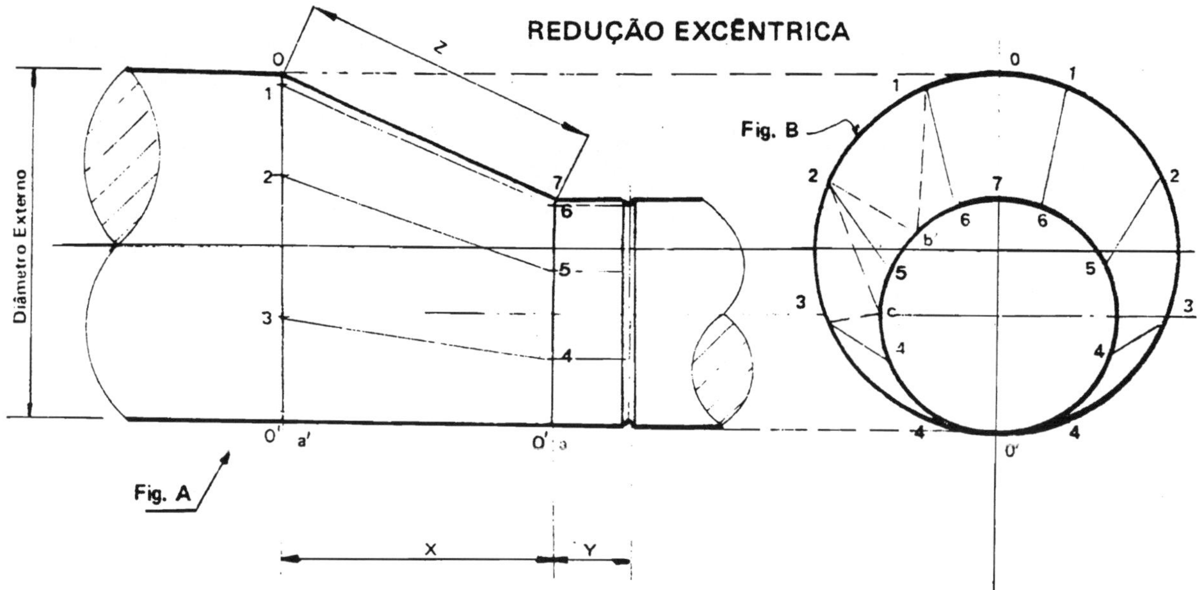

Para traçarmos uma redução excêntrica, temos que dividir as 2 (duas) circunferências, em 16 (dezesseis) partes iguais; na circunferência maior identificamos os pontos 0, 1, 2, 3, 4 e 0', e na circunferência menor, 7, 6, b, 5, c, 4; a seguir ligamos os pontos 1—6, 1—b, 2—b, etc., em uma reta vertical, com a altura de X, (Fig. A), traçamos uma perpendicular na extremidade, para determinarmos as V.G. (verdadeiras grandezas); tomamos as distâncias de 1—6 da (Fig. B) e com centro em a', marcamos para o lado esquerdo, e ligando estes pontos até a, teremos a V.G. 1—6, para a 2—5 e 3—4 proceder igual a 1—6; tomando a distância 1—b, da (Fig. B), e com centro em a', marcamos, a direita, sobre a reta e ligando este ponto até a, teremos a V.G. 1—b; para 2—c, 2—b, e 3—c proceder exatamente igual a 1—b. Assim determinamos a (Fig. C). Para traçarmos o desenvolvimento, traçamos uma reta horizontal na qual marcamos 16 (dezesseis) vãos igualmente espaçados e identificando-os conforme mostra a (Fig. D). Tomando o ponto 0, como linha de centro e marcando sobre ela a distância Z, tomada da (Fig. A), determinando o ponto 7, e com a distância 1—6 da (Fig. C), com o centro no ponto 1, fazemos um arco para cada lado e com a distância correspondente a uma divisão da circunferência menor, com o centro no ponto 7, fazemos o cruzamento no qual determinamos o ponto 6, depois ligamos até o ponto 1. Está determinada a primeira divisão. Tomando a distância 1—b da (Fig. C), com centro no ponto 1, fazemos um arco em ambos os lados e com a distância 2—b tomada da (Fig. C), com centro no ponto 2, fazemos o cruzamento, determinando o ponto b, e com a distância da linha 1—6, com centro em 1 e 2—5, com centro em 2, fazemos um arco e com a abertura, correspondente a uma divisão da circunferência menor, com centro em b, determinamos o cruzamento dos pontos 6 e 5. Ligando estes pontos 6 até 1 e 5 até 2, determinamos mais 2 (duas) partes e assim sucessivamente para as demais partes, conforme mostra na (Fig. D).

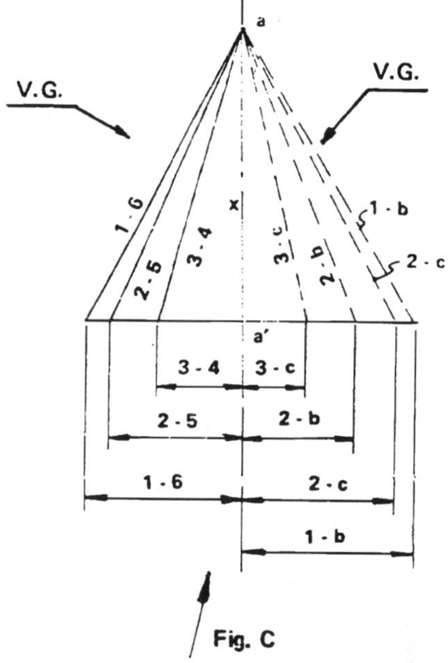

Fig. C

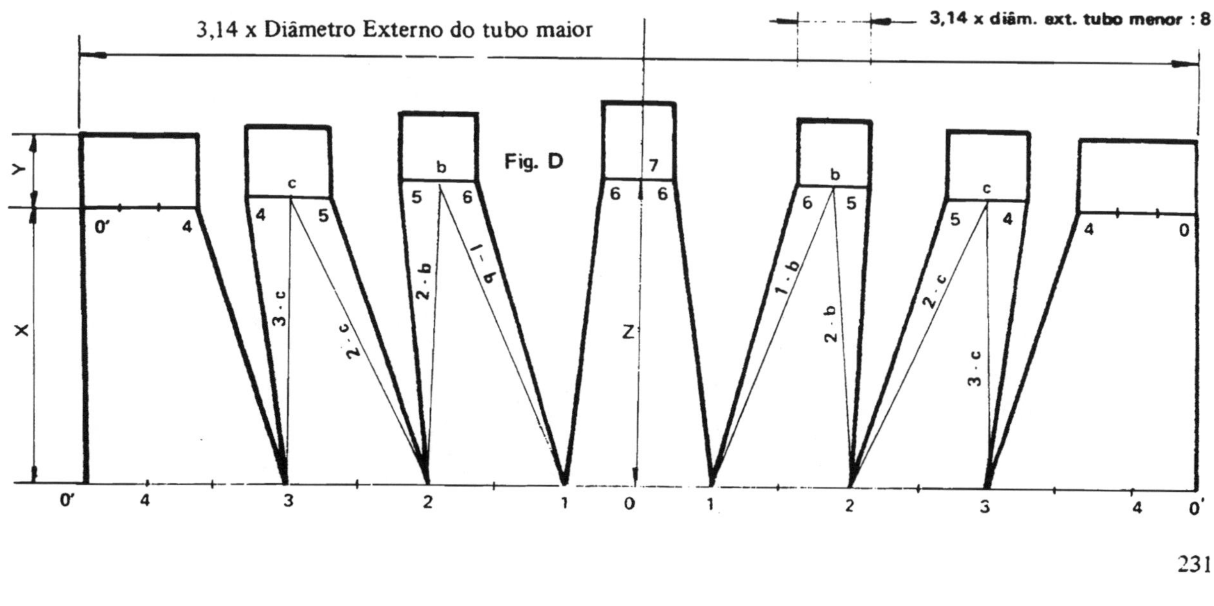

Fig. D

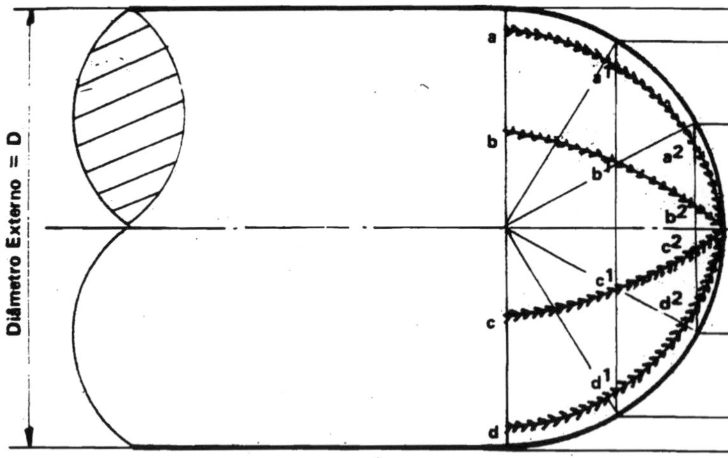

Fig. A

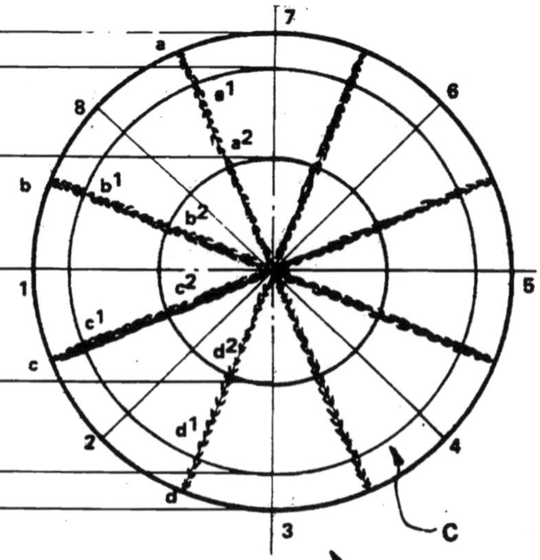

Fig. B

PONTA DE TUBO ESFÉRICA

$$L = \frac{D \times 3{,}142}{4}$$

$$a \text{ até } b = LO = \frac{D \times 3{,}142}{8}$$

$$a^1 \text{ até } b^1 = \frac{7 \times LO}{8}$$

$$a^2 \text{ até } b^2 = \frac{LO}{2}$$

Fig. D

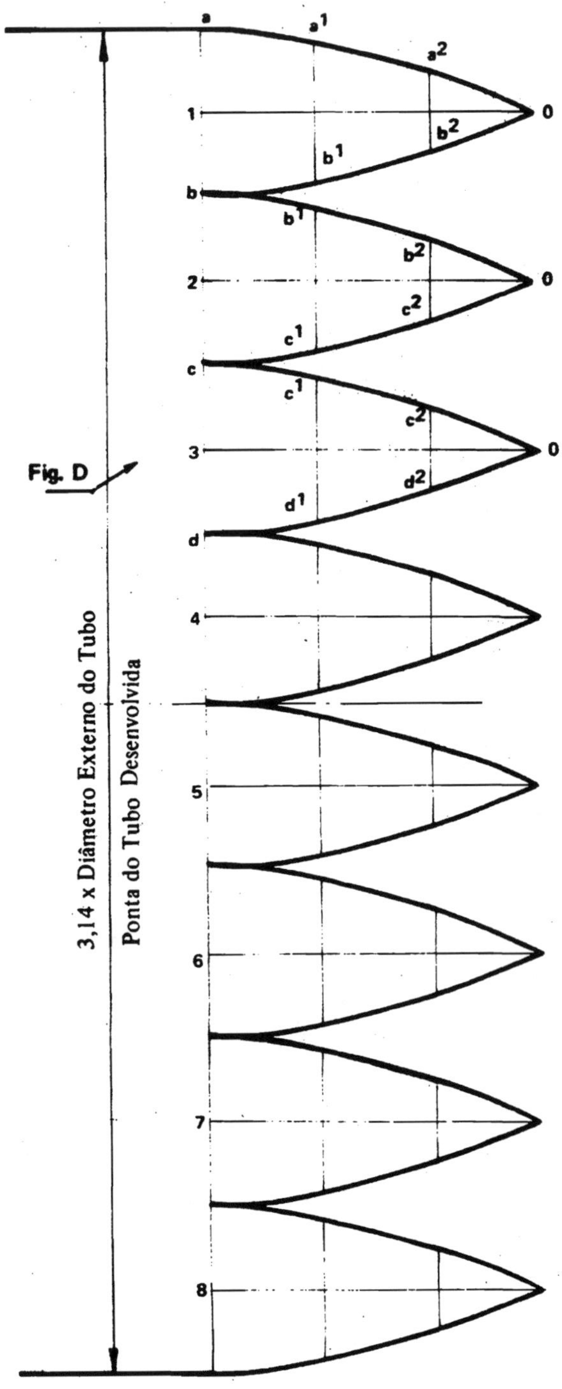

Fig. C

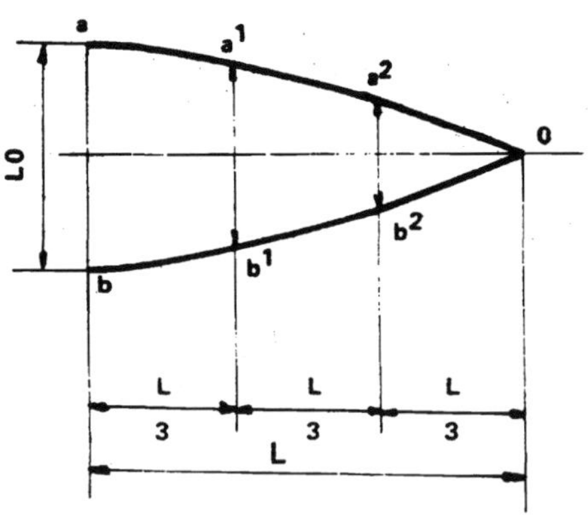

Detalhe de um Gomo

Para desenvolvermos um final de linha ou ponta de tubo esférica, dividimos a circunferência em 16 (dezesseis) partes iguais, conforme mostra a (Fig. B), para que o fechamento do tubo tenha 8 (oito) gomos. A meia esfera formada na ponta do tubo (Fig. A) dividimos em 6 (seis) partes iguais. Traçamos uma reta cujo comprimento está mostrado na (Fig. D) e dividimo-la em 16 (dezesseis) partes iguais, identificando cada ponto, conforme mostrado. A (Fig. C) nos dá, as dimensões para cada um dos 8 (oito) gomos.

BÔCA DE LÔBO COM TUBO MENOR INCLINADO (Qualquer Ângulo)

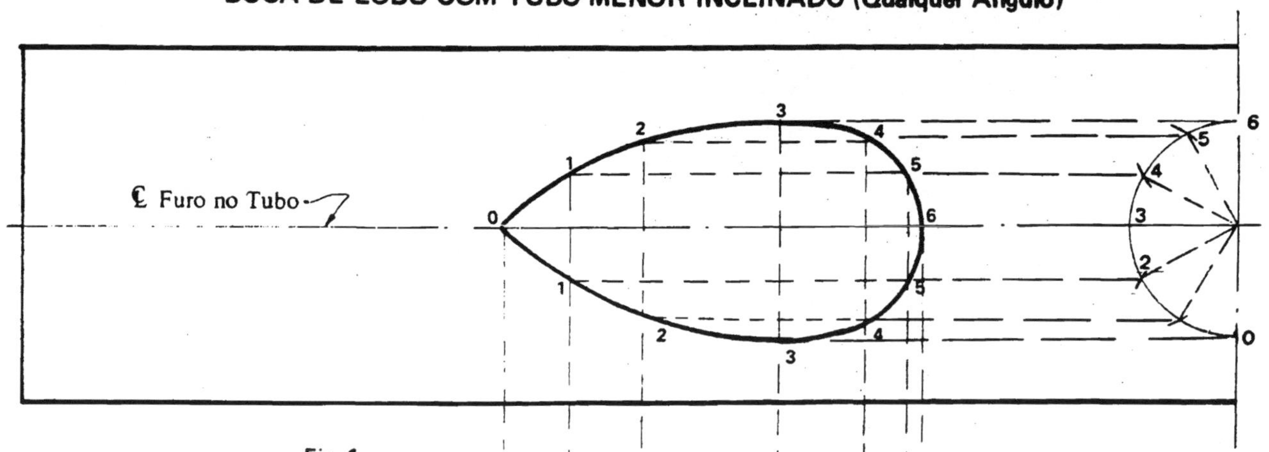

Fig. 1

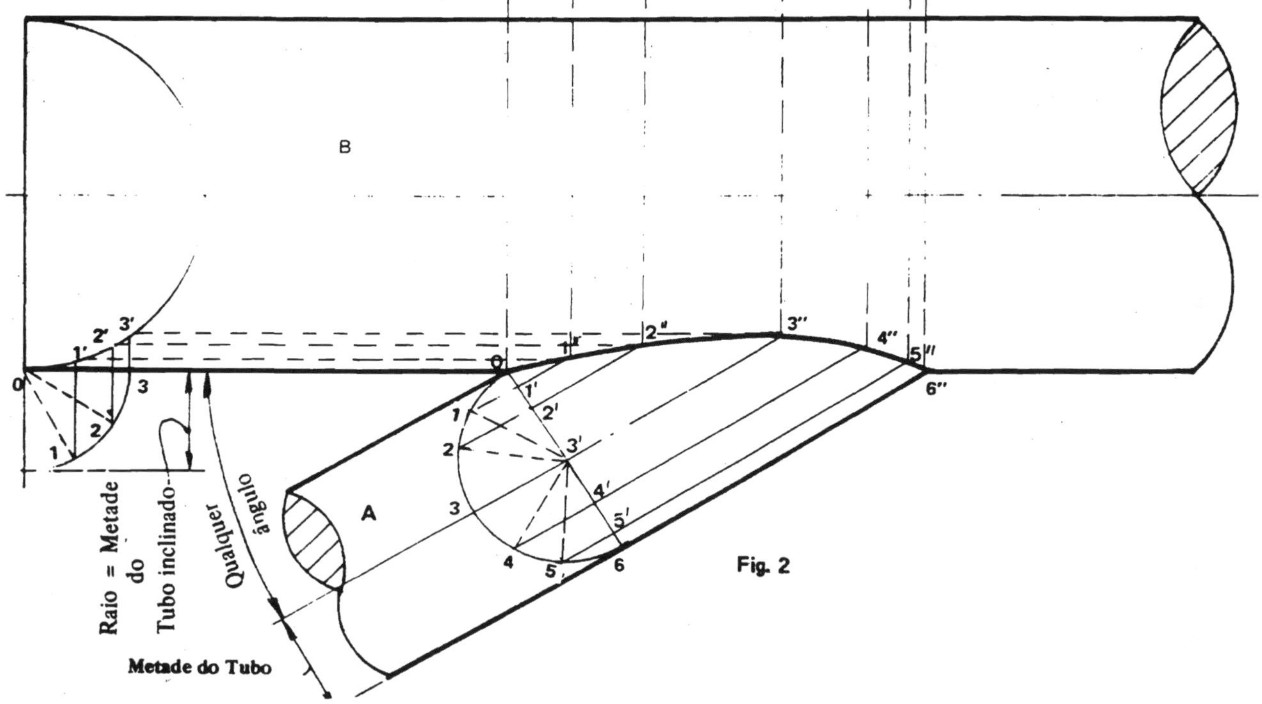

Fig. 2

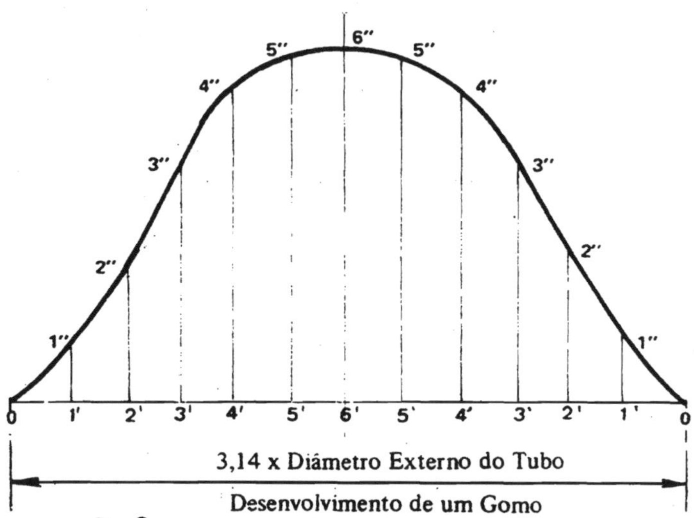

Fig. 3

Processo 1:

Para traçarmos uma bôca de lôbo, tendo determinada a intersecção dos tubos, temos, inicialmente, que traçar uma semi-circunferência, conforme mostra o tubo A, e 1/4 (um quarto) da circunferência deste na extremidade do tubo B, ver (Fig. 2), dividindo em 6 (seis) partes iguais a semi-circunferência e em 3 (três) partes iguais a quarta parte da circunferência, determinando os pontos 0 à 6 e 0 à 3; projetamos estes pontos paralelamente à linha de centro até que cruzem com os pontos 0 à 3, que estão projetados horizontalmente na extremidade do tubo; assim determinamos a intersecção dos tubos com os pontos 1"–2"–3"–4"–5"–6". Para traçarmos a projeção do furo formado no tubo B, projetamos estes pontos perpendiculares à linha de centro da (Fig. 1); na extremidade do tubo B, traçamos uma semi-circunferência com o diâmetro do tubo A, dividindo-a em 6 (seis) partes iguais, projetando os pontos de divisão horizontalmente até que se cruzem com as projeções verticais. Assim determinamos o furo, conforme mostra a (Fig. 1). Para traçarmos o desenvolvimento do tubo A, traçamos uma reta horizontal e marcamos sobre ela 12 (doze) vãos igualmente espaçados e levantamos retas perpendiculares a partir de cada ponto e tomando as distâncias 1'–1", 2'–2", 3'–3", 4'–4", 5'–5" e 6' - 6" no tubo A (Fig. 2), conforme mostra a (Fig. 3), marcamos sobre as verticais esses pontos unidos através de uma linha curva nos dá o desenvolvimento do tubo A.

DERIVAÇÃO DUPLA À 45º

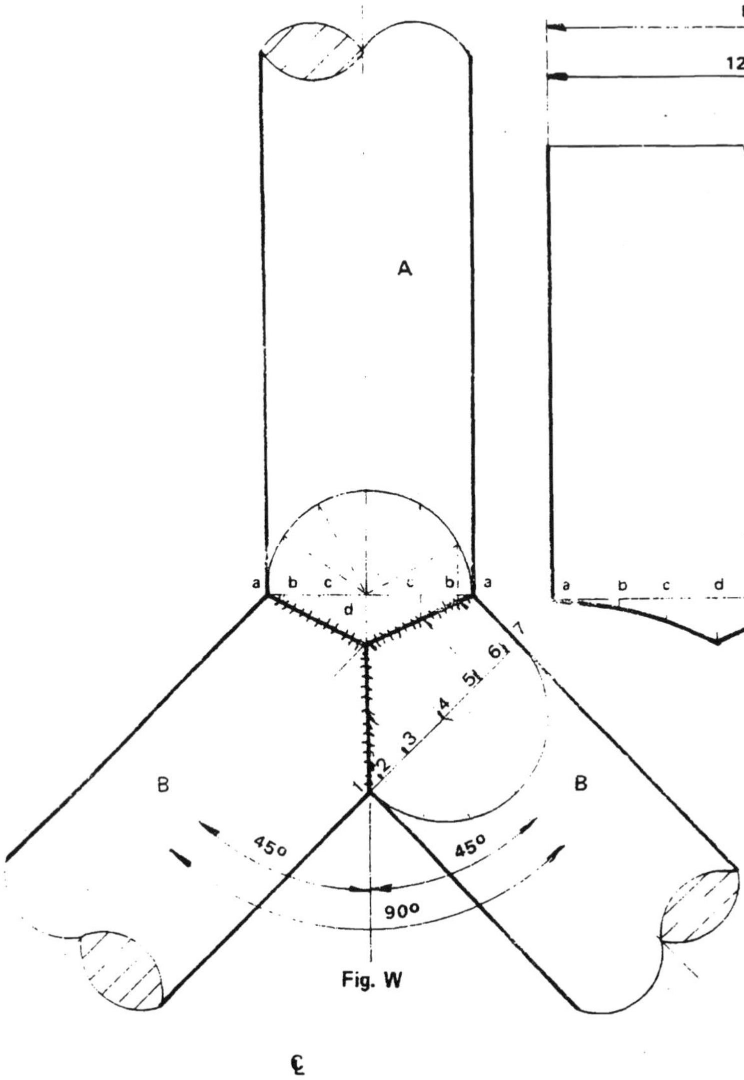

Fig. W

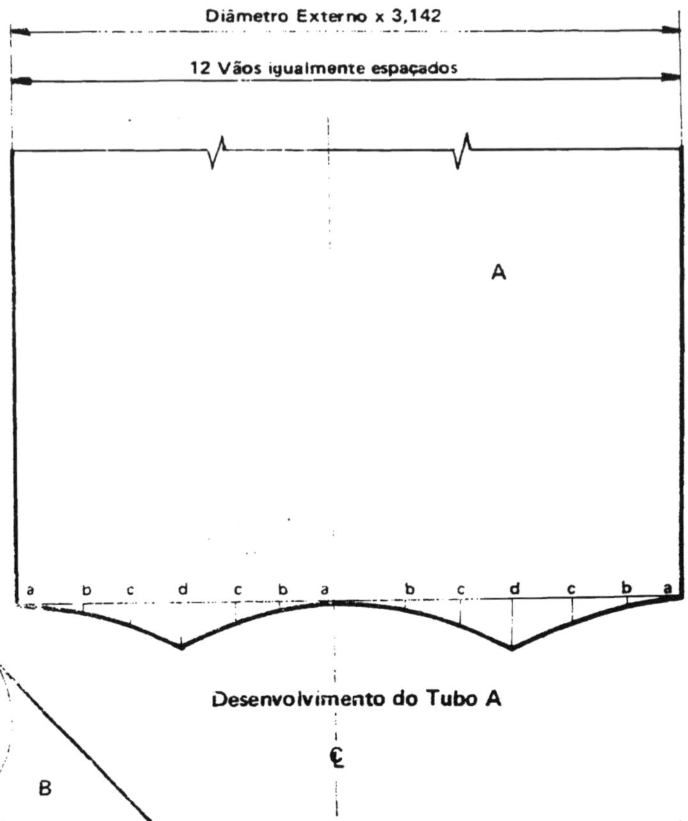

Desenvolvimento do Tubo A

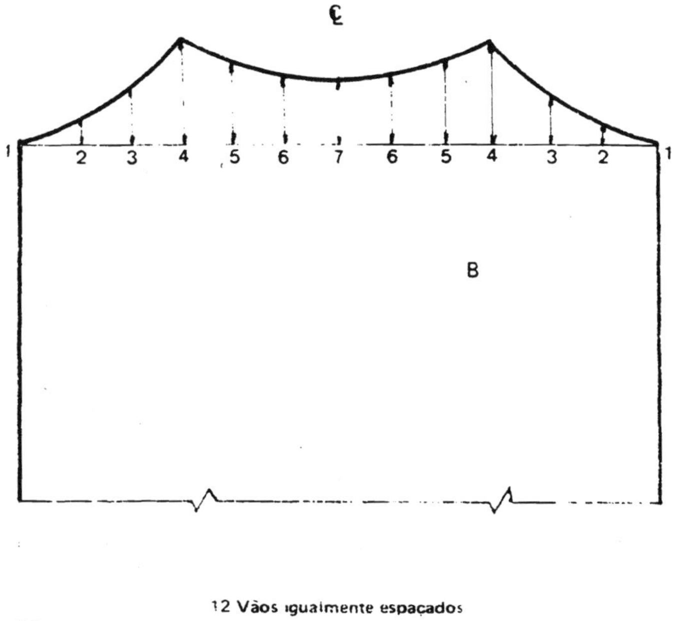

Desenvolvimento do Tubo B

Para desenvolver uma derivação dupla à 45º (Fig. W), tanto no tubo A como no tubo B, traçamos uma semi-circunferência que dividiremos em 6 (seis) partes iguais cada uma. Para o desenvolvimento do tubo A, projetamos os 6 (seis) pontos de divisão paralelamente à linha de centro até cruzarem as linhas de intersecção com os tubos B e a reta (a—b—c—d—c—b—a). Traçamos, a seguir, uma linha horizontal, cujo comprimento é o perímetro do tubo A (ou seja, 3,14 x Diâm. Ext.) e a dividimos em 12 (doze) vãos igualmente espaçados (a—b—c—d—c—b—a—b—c—d—c—b—a), levantando linhas perpendiculares para cada ponto, tomando da (Fig. W), da reta até a intersecção, o comprimento de cada ordenada e marcando sobre a linha correspondente no desenvolvimento do tubo A. Para desenvolver os tubos B, o procedimento é o mesmo.

BÔCA DE LÔBO À 90º

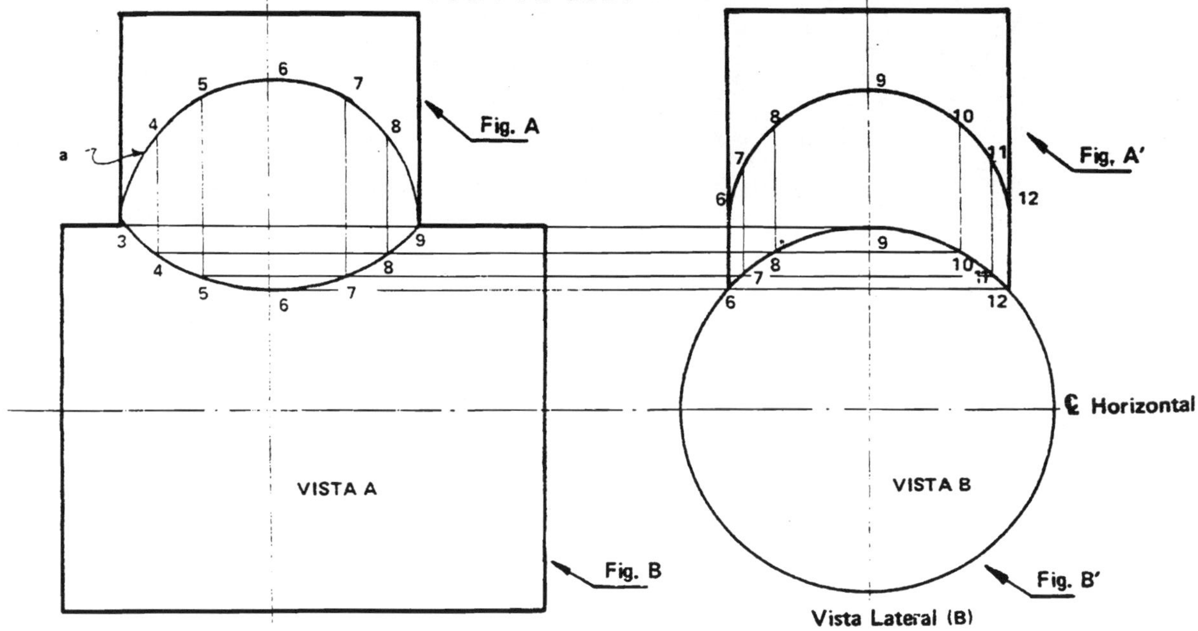

Vista de Frente (A)

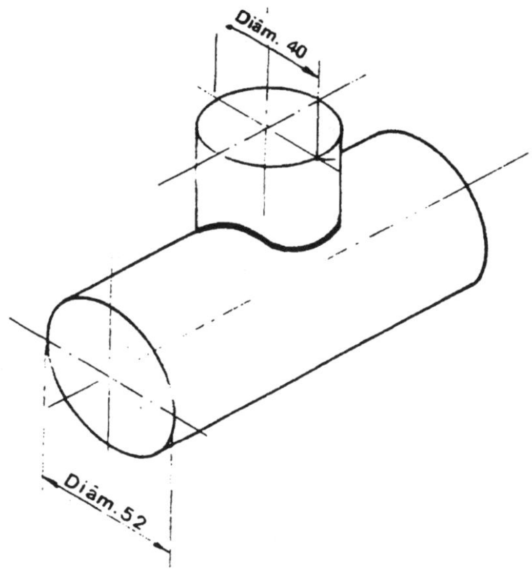

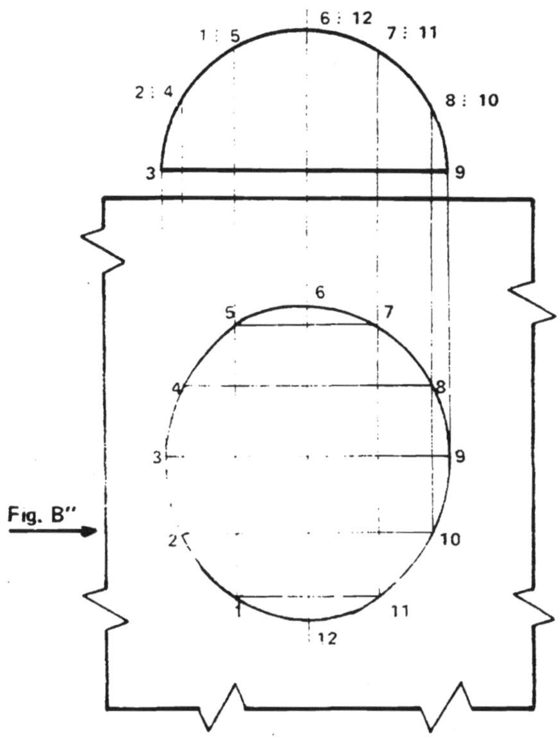

Desenvolvimento do Furo no tubo horizontal

Fig. A''

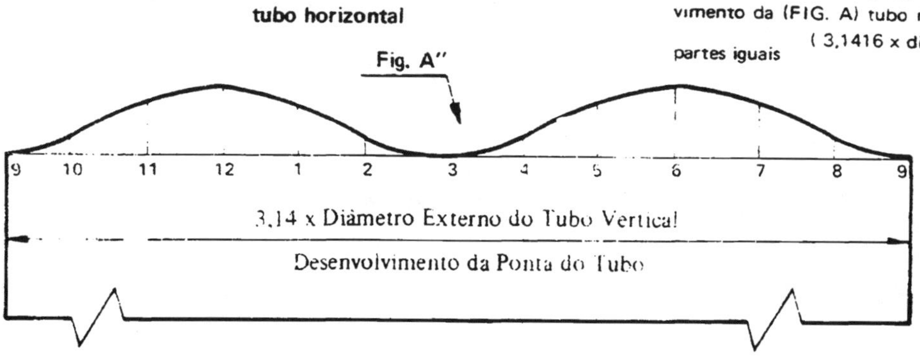

Traçando-se uma semi-circunferência (a) da (FIG. A e A') do tubo menor e dividindo em seis (6) partes iguais.

Projetando os pontos sôbre a (FIG. B'), e êstes pontos projetando no sentido horizontal, para se cruzarem com o ponto da (FIG. B) assim determinamos a entrada do tubo menor no maior.

Para traçar o desenvolvimento da (FIG. B''), marcar sôbre uma reta os pontos tomados da (FIG. A) e projetá-lo no sentido horizontal, conforme mostra na (FIG. B''), para determinarmos o furo da (FIG. B) do tubo maior. Para traçar o desenvolvimento da (FIG. A) tubo menor, marcar sôbre uma reta doze (12) partes iguais $\frac{3{,}1416 \times \text{diâmetro externo} + 1 \text{ esp.}}{12}$, o resultado desta operação, pegar com o compasso e marcar sôbre a reta e projetar os pontos perpendiculares e tomar as distâncias com o compasso da (FIG. A) e marcar, sôbre as retas perpendiculares os pontos correspondentes como na: (FIG. A'').

NORMA PARA INSTRUMENTOS EM TUBULAÇÃO
MEDIDOR DE FLUXO NA TUBULAÇÃO COM PURGA LÍQUIDO

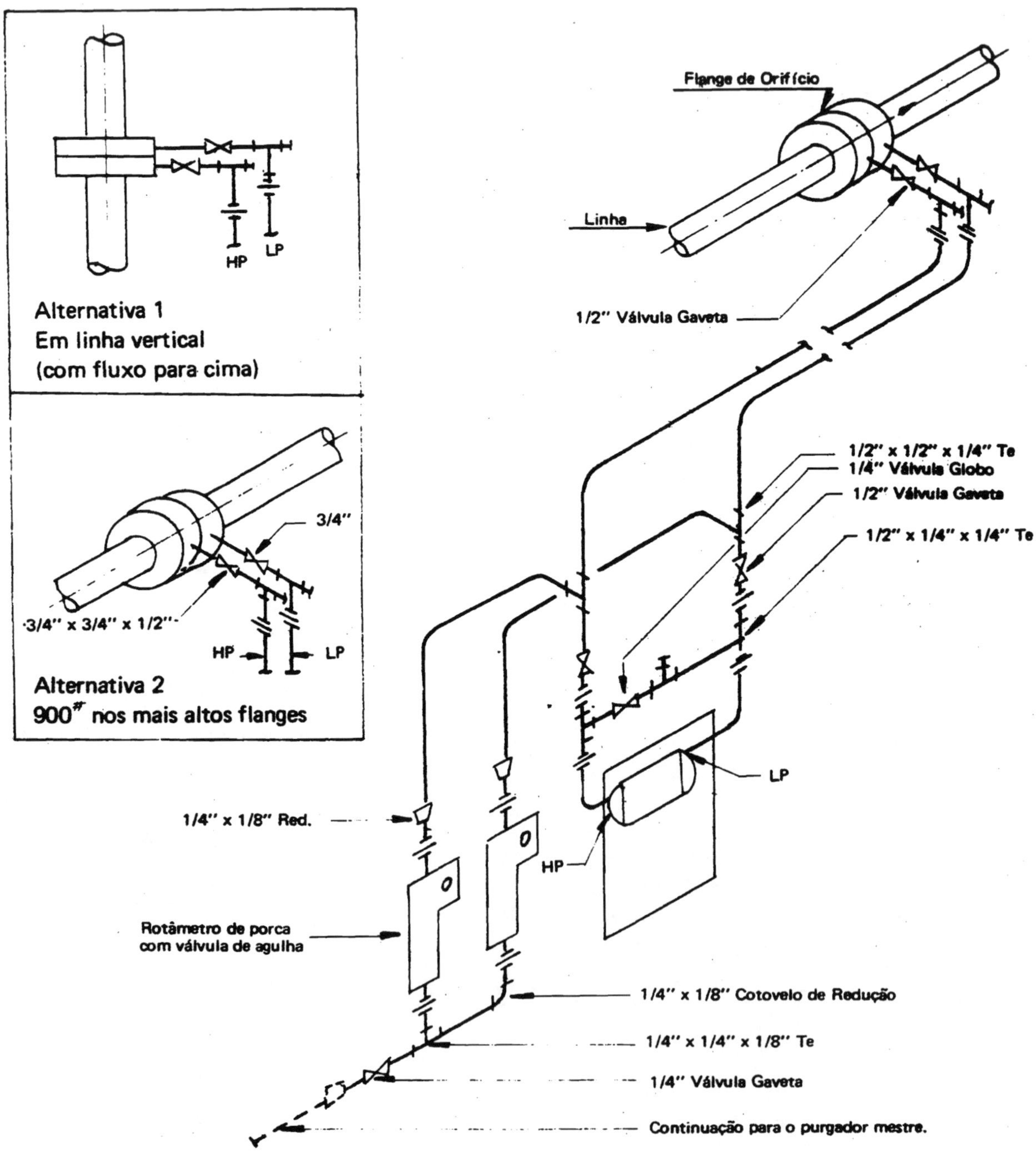

NORMA PARA INSTRUMENTO EM TUBULAÇÃO
INSTALAÇÃO DE DISCO DE ORIFÍCIO E FLANGES DESLIZANTES

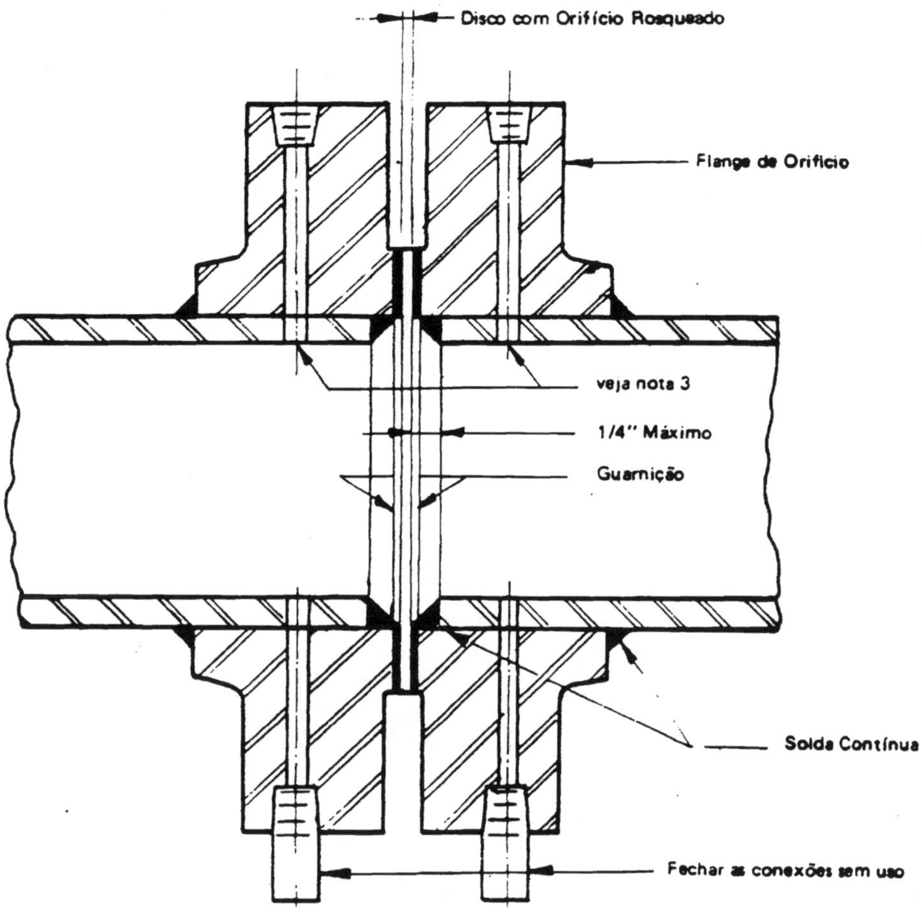

Notas:

1 — As tomadas para flanges com orifício devem ser conforme mostradas no desenho isométrico de tubulação.

2 — Disco com orifício e furo para dreno devem ser instalados com o furo para baixo.

3 — Furos nos tubos devem ser feitos, depois de soldados, com o mesmo diâmetro do orifício do flange (1/4 para medida 2 1/2" ou menor; 3/8" para medida 3"; 1/2" para medida 4" e maiores) abra todos os quatro furos. Remova as rebarbas depois de executados.

4 — Soldas devem ser conforme especificações de soldas para tubos da Foster Wheller Corp.

5 — Flanges de orifício fabricados na oficina devem ser montados na própria oficina.

NORMA PARA INSTRUMENTOS EM TUBULAÇÃO
FORNECIMENTO DE VAPOR COM TRANSMISSOR DE PRESSÃO ESTÁTICA

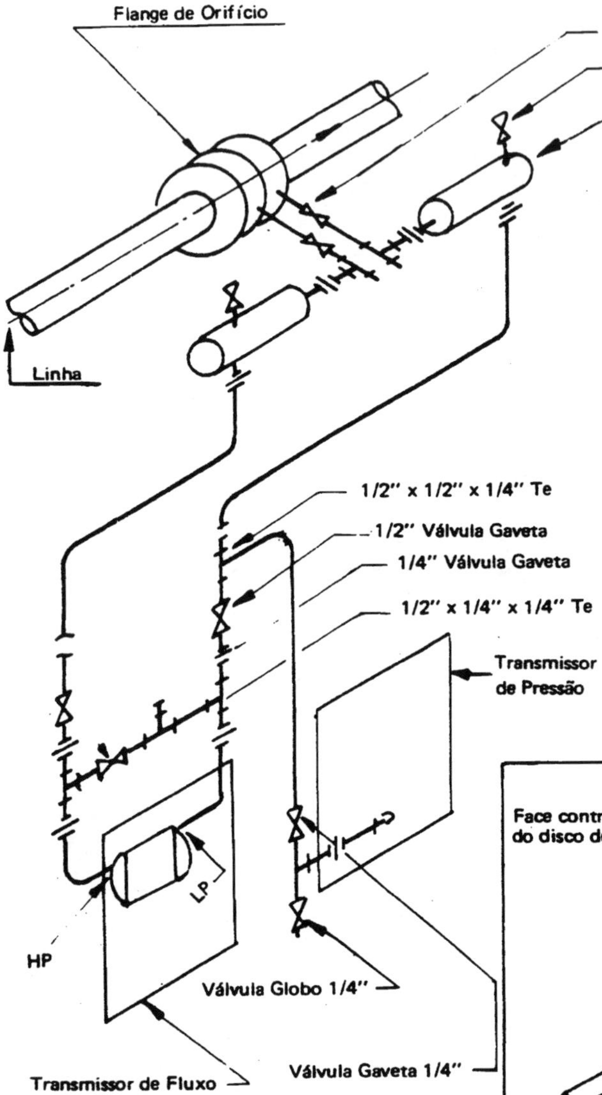

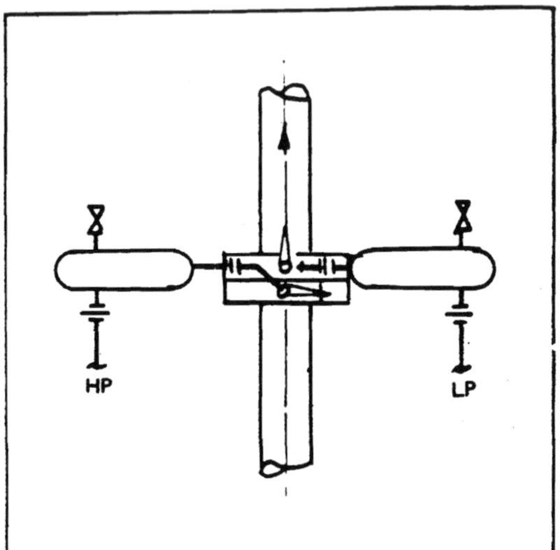

Alternativa 1
Em linha vertical

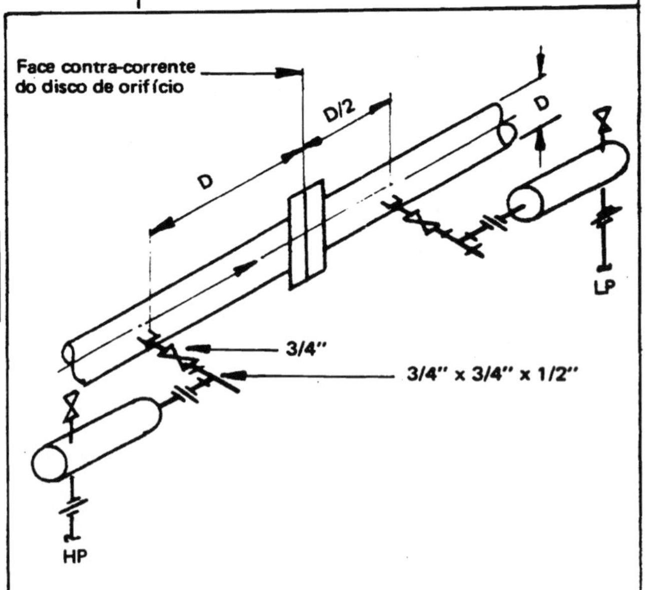

Alternativa 2
Tomadas na linha

Notas:

1 — Os vasos condensados devem ser localizados na mesma elevação. Para linhas horizontais as linhas de centro dos vasos serão na linha de centro da rede. Para linhas verticais a linha de centro dos vasos serão na parte mais alta da conexão.

NORMA PARA INSTRUMENTO EM TUBULAÇÃO
MEDIDOR DE FLUXO EM TUBULAÇÃO – TRANSMISSOR DE FORÇA BALANCEADO
FORNECIMENTO DE AR OU GÁS EM LINHAS HORIZONTAIS

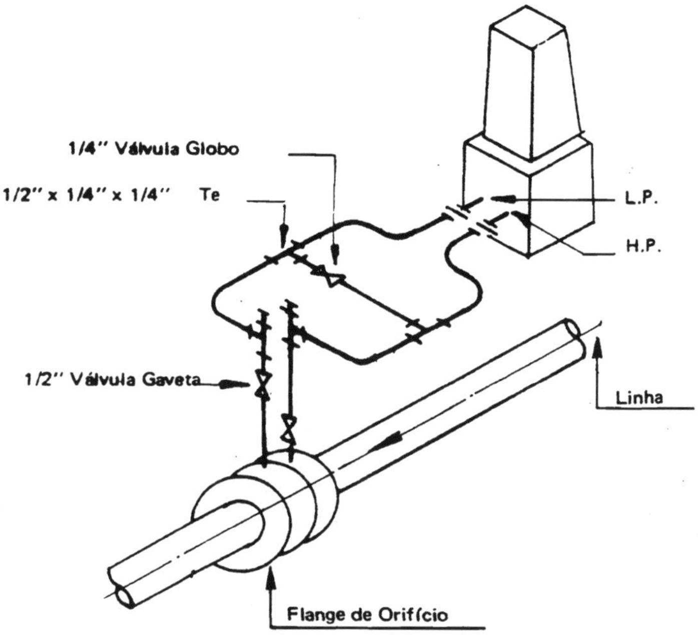

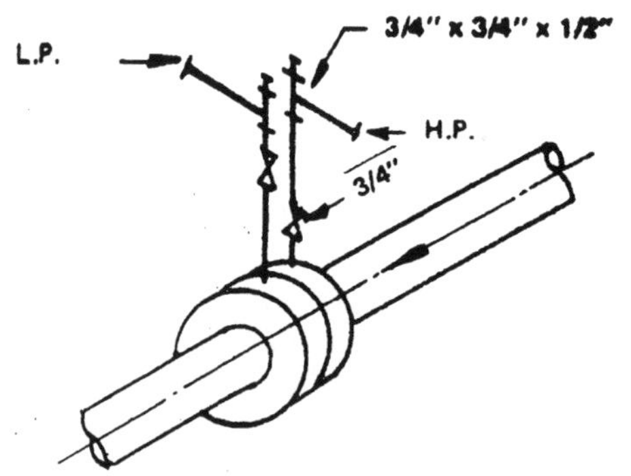

Alternativa 1

900# nos mais altos flanges

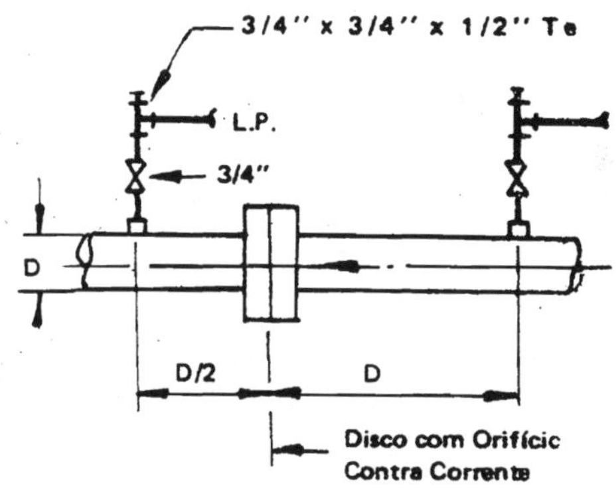

Alternativa 2

Tomadas na Linha

NORMA PARA INSTRUMENTO EM TUBULAÇÃO
FORNECIMENTO DE LÍQUIDO COM VASOS SELADOS

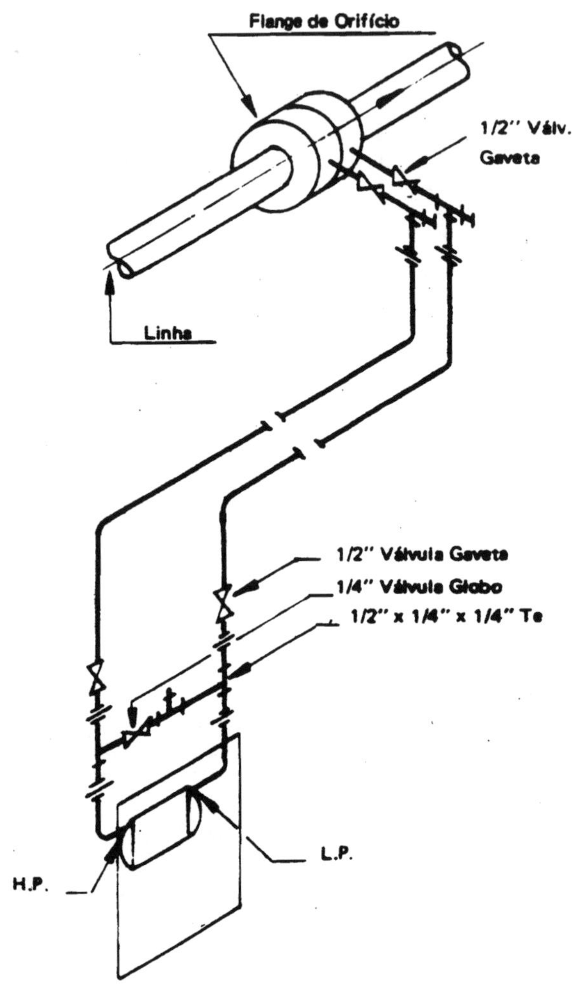

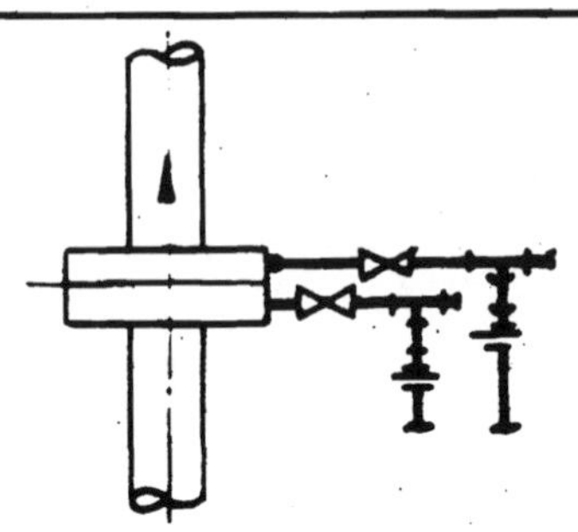

Alternativa 1
Em linha vertical
(somente em fluxo para cima)

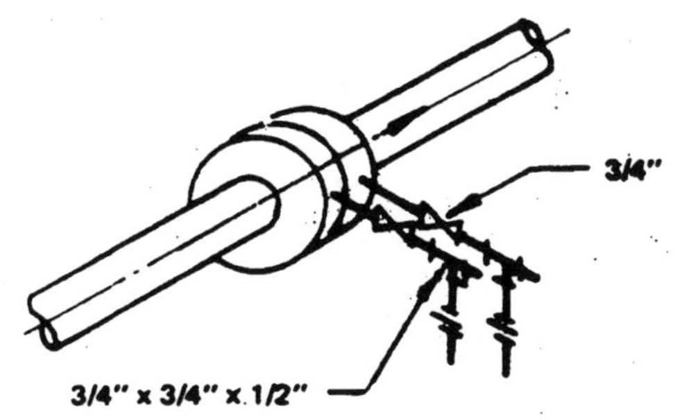

Alternativa 2
900# nas mais altas flanges

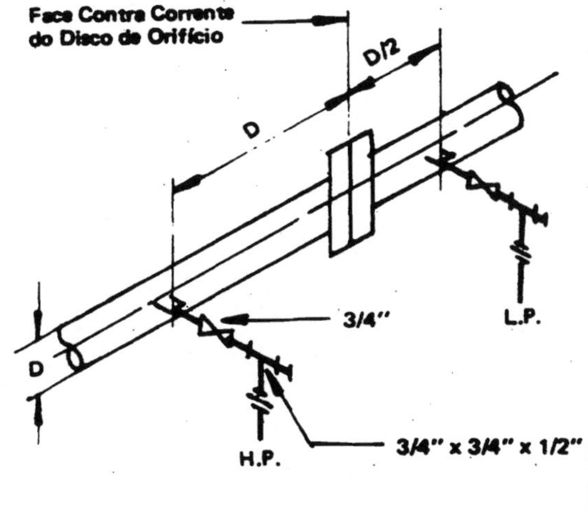

Alternativa 3
Tomadas na Linha

NORMAS PARA INSTRUMENTO EM TUBULAÇÃO
FORNECIMENTO DE VAPOR COM PENA DE PRESSÃO ESTÁTICA

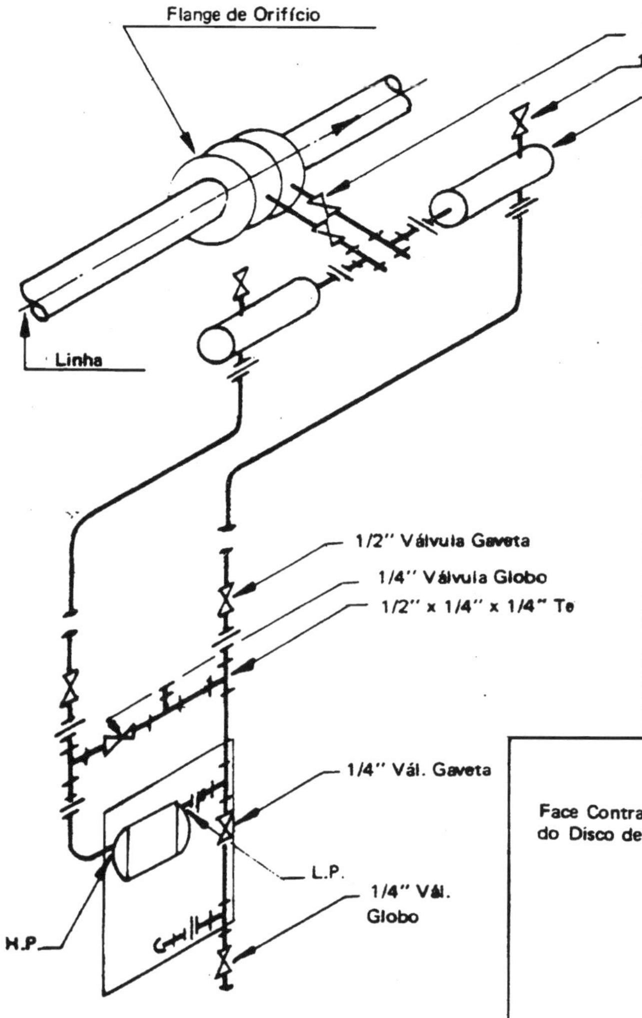

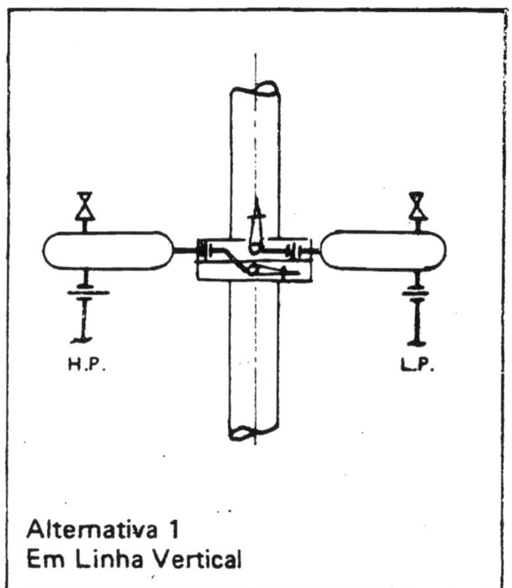

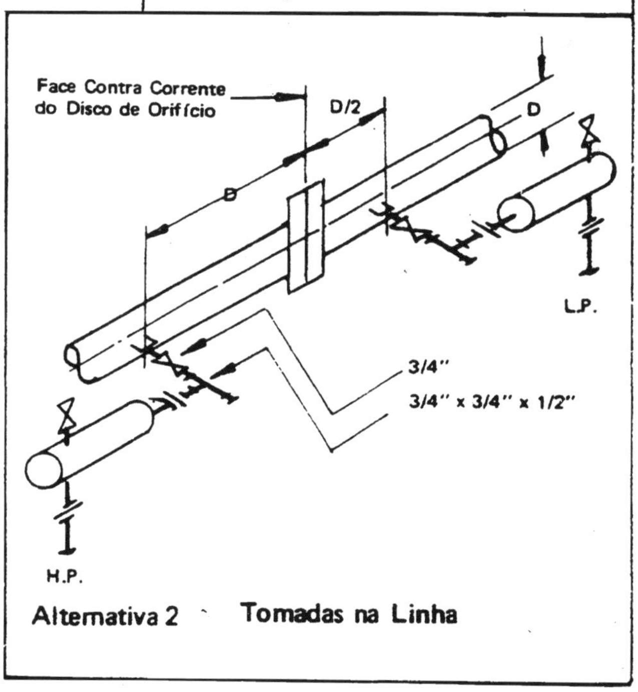

NOTA:

1. Os vasos de condensado devem ser localizados na mesma elevação. Para linhas horizontais as L dos vasos serão na L da rede. Para linhas verticais a L dos vasos serão na parte mais alta das conexões.

NORMA PARA INSTRUMENTO EM TUBULAÇÃO FORNECIMENTO DE AR OU GÁS SEM TUBULAÇÃO DE PRESSÃO ESTÁTICA – MEDIDOR ACIMA DA ABERTURA

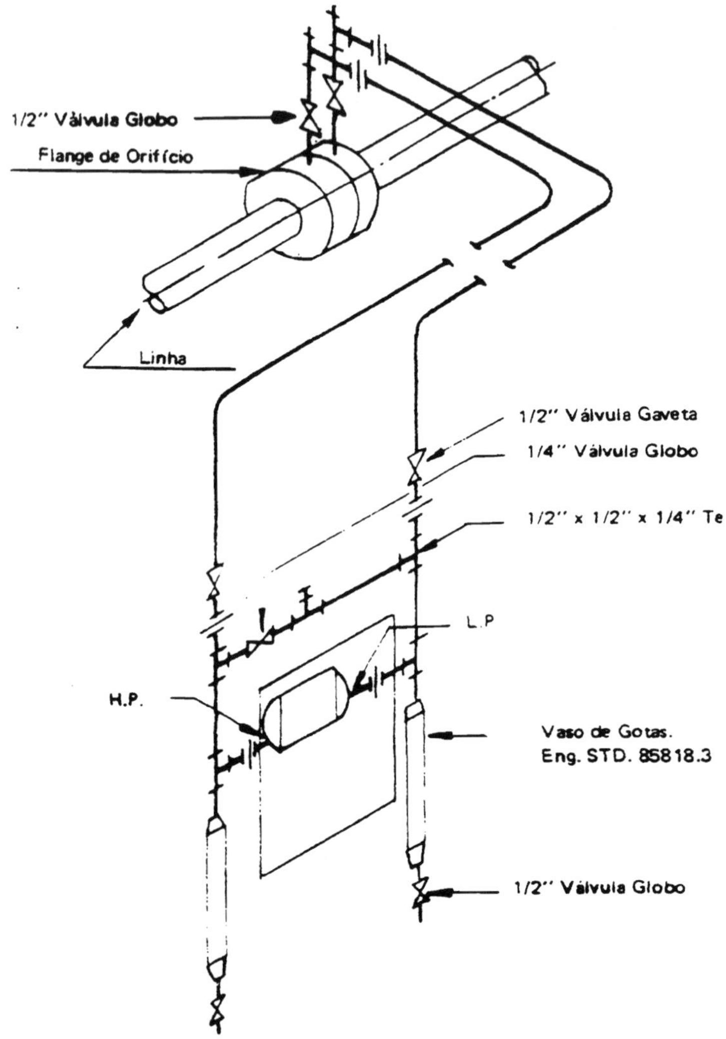

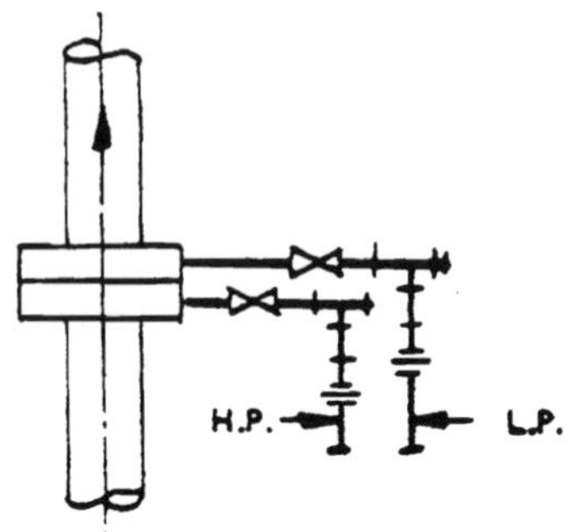

Alternativa 1
Em linha vertical

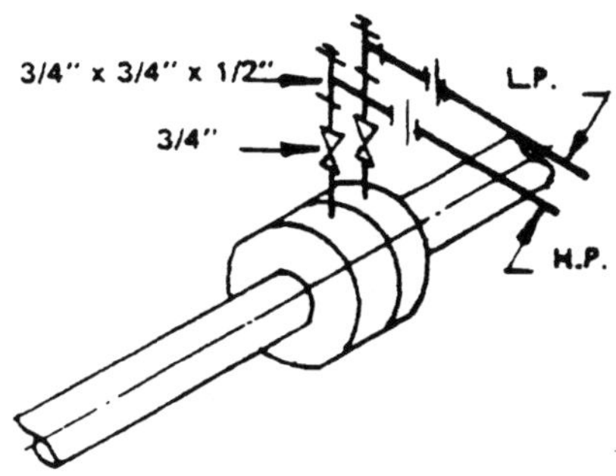

Alternativa 2

900" nas mais altas flanges

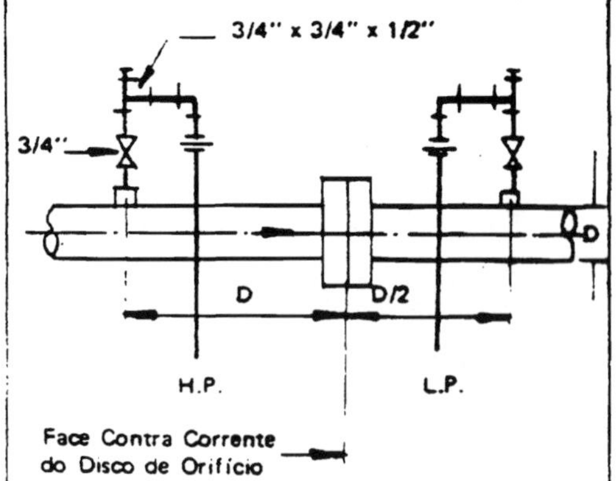

Alternativa 3

Tomadas na Linha

NORMA PARA INSTRUMENTO EM TUBULAÇÃO
MEDIDOR DE FLUXO – FORNECIMENTO DE GÁS ÚMIDO SEM PRESSÃO ESTÁTICA – MEDIDOR ABAIXO DA ABERTURA

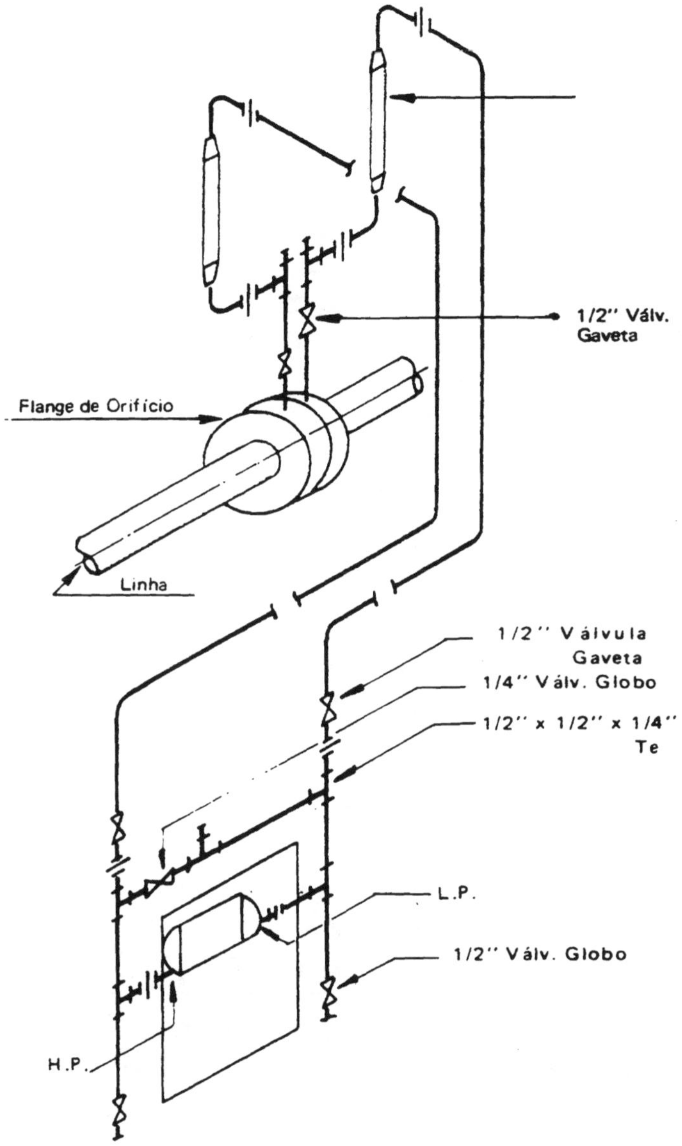

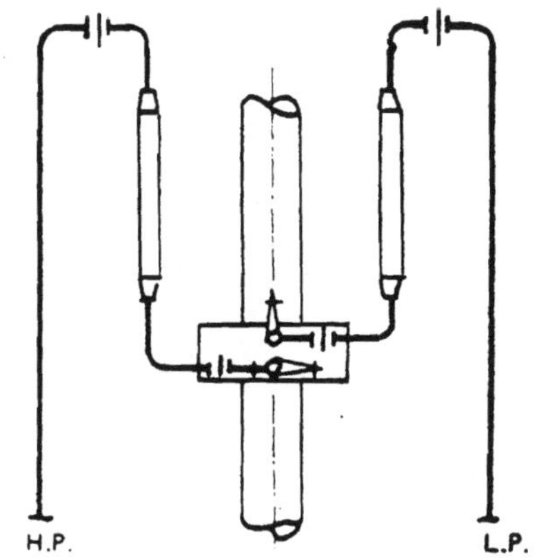

Alternativa 1
Em linha vertical

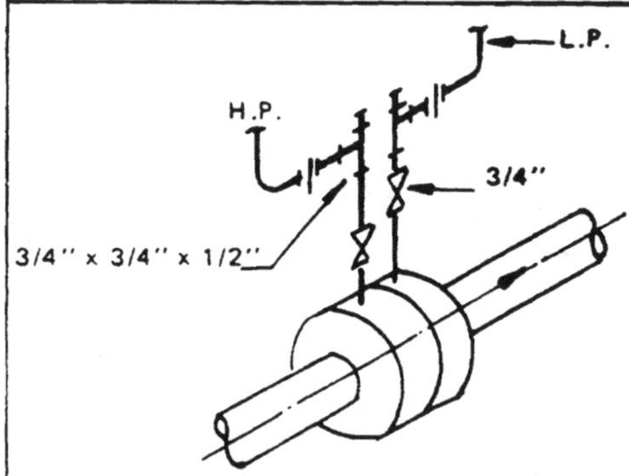

Alternativa 2
900# nos mais altos flanges

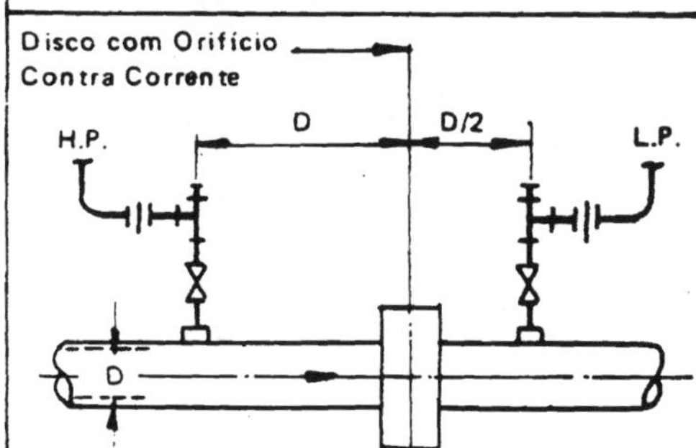

Alternativa 3
Tomadas na linha

NORMAS PARA INSTRUMENTO EM TUBULAÇÃO
FORNECIMENTO DE GÁS COM VASOS SELADOS

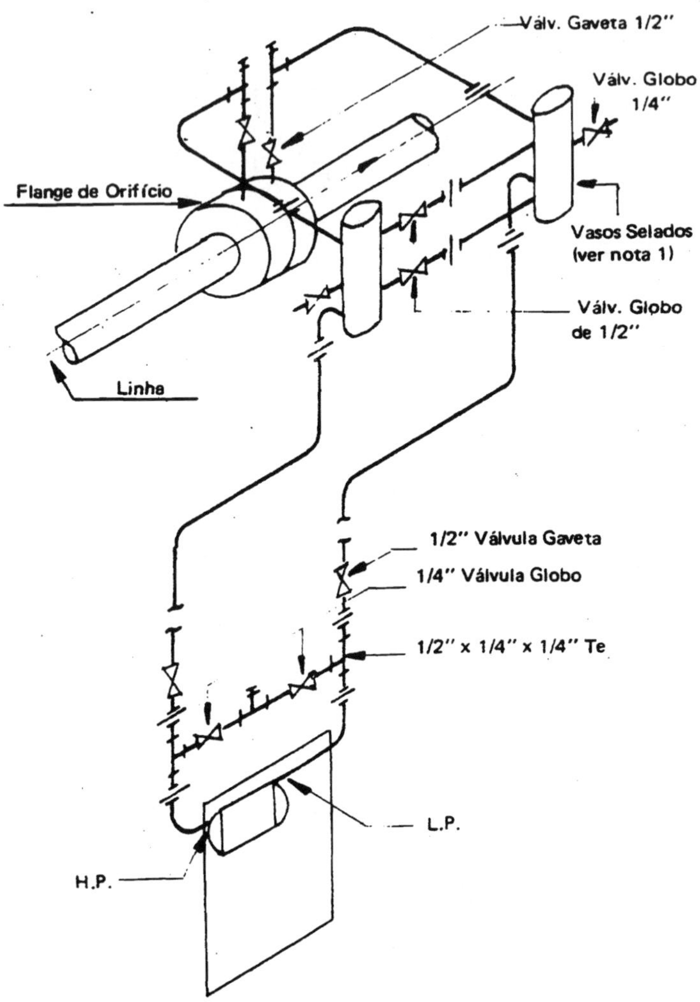

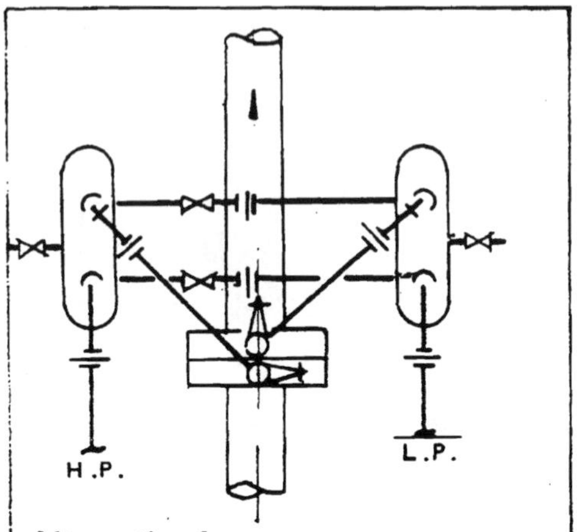

Alternativa 1
Em linha vertical

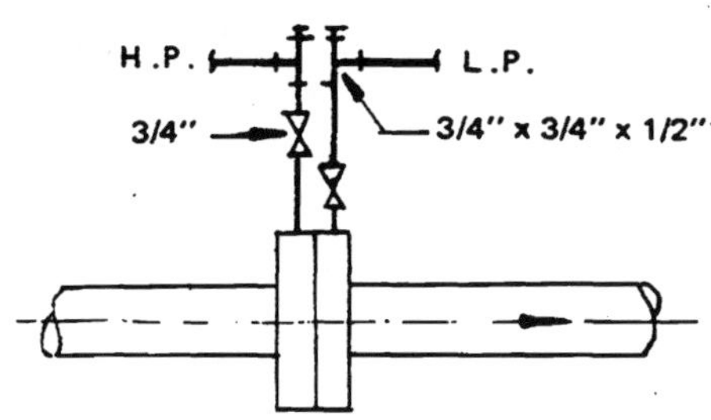

Alternativa 2
900# nos mais altos flanges

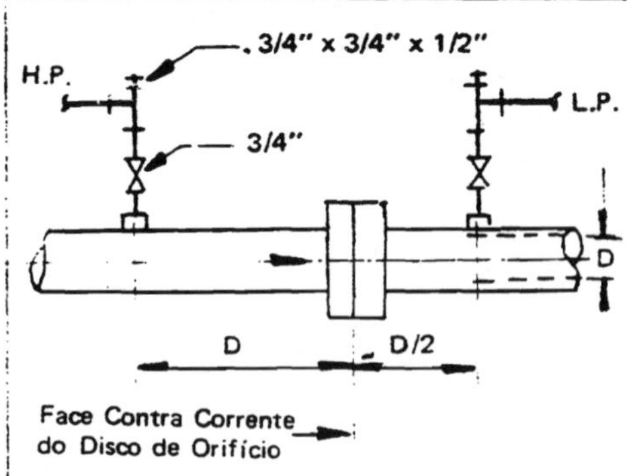

Alternativa 3

Tomadas na Linha

NOTA:
1. Os vasos selados devem estar na mesma elevação com a entrada aproximada a 15".

NORMA PARA INSTRUMENTO EM TUBULAÇÃO
MEDIDOR DE FLUXO EM TUBULAÇÃO – FORNECIMENTO DE AR SECO OU GÁS COM TRANSMISSOR DE PRESSÃO ESTÁTICA – MEDIDOR ABAIXO DA ABERTURA

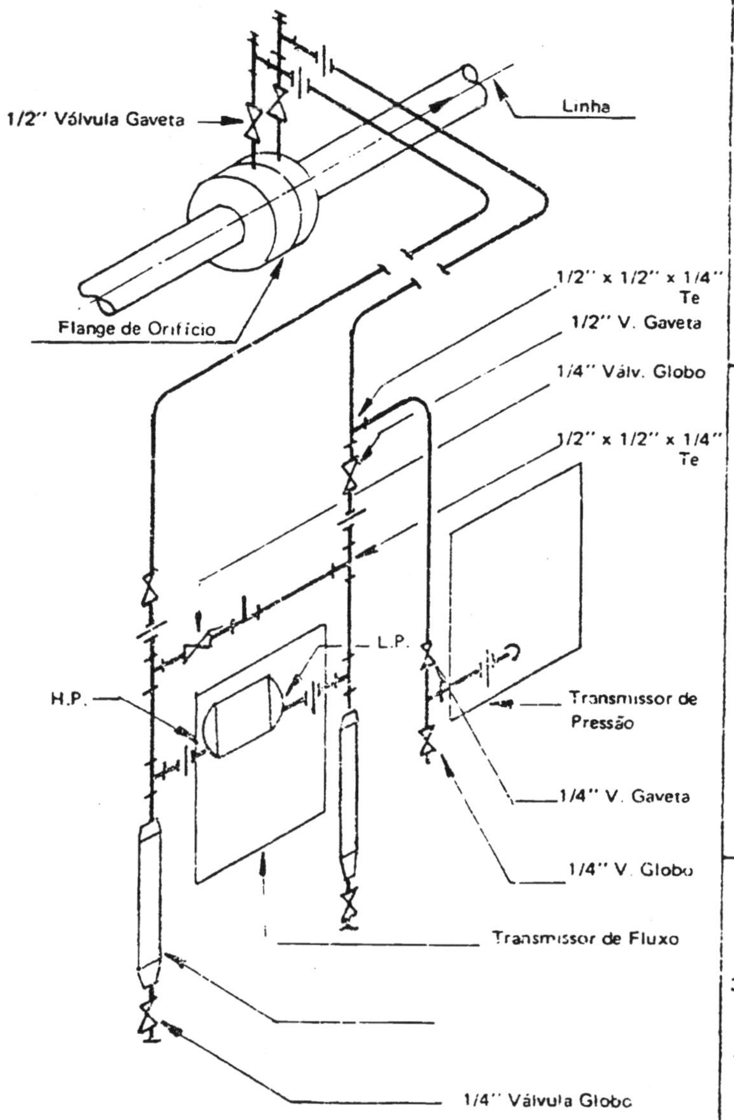

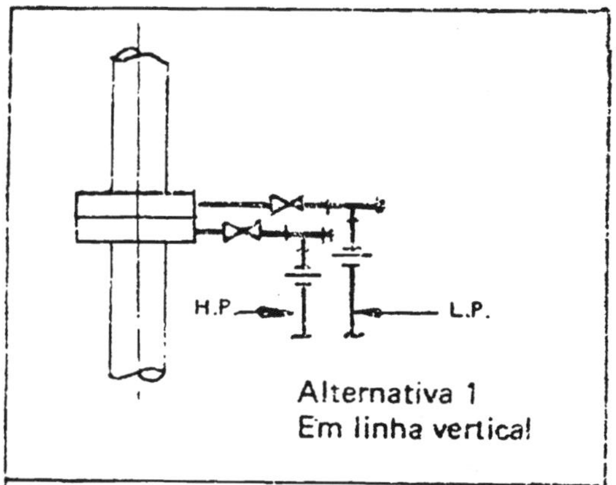

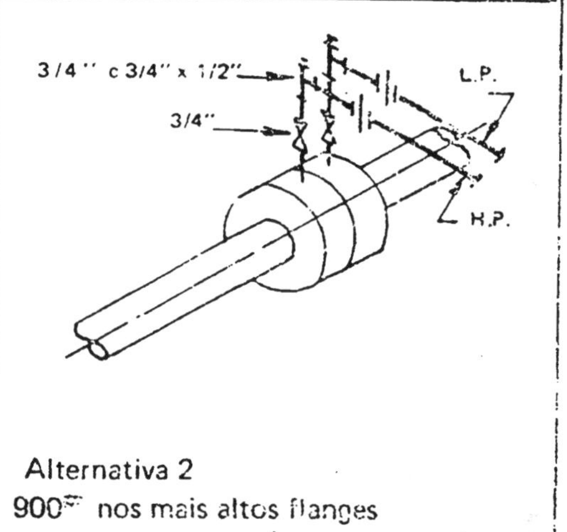

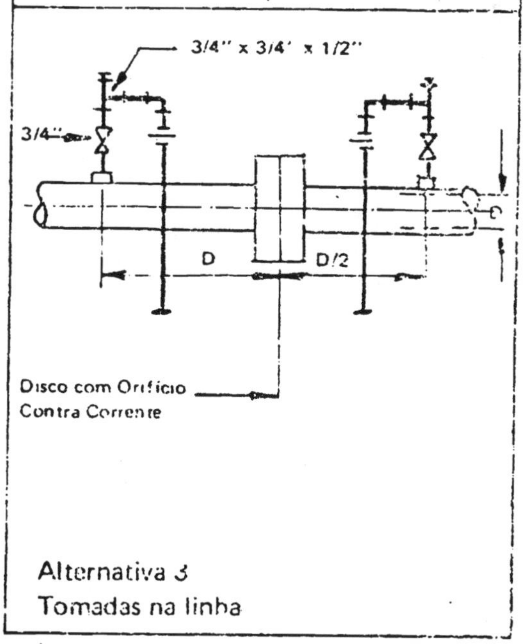

NORMA PARA INSTRUMENTO EM TUBULAÇÃO
FORNECIMENTO DE LÍQUIDO COM VASSOS SELADOS
LÍQUIDO SELADO MAIS PESADO DO QUE O LÍQUIDO DA LINHA

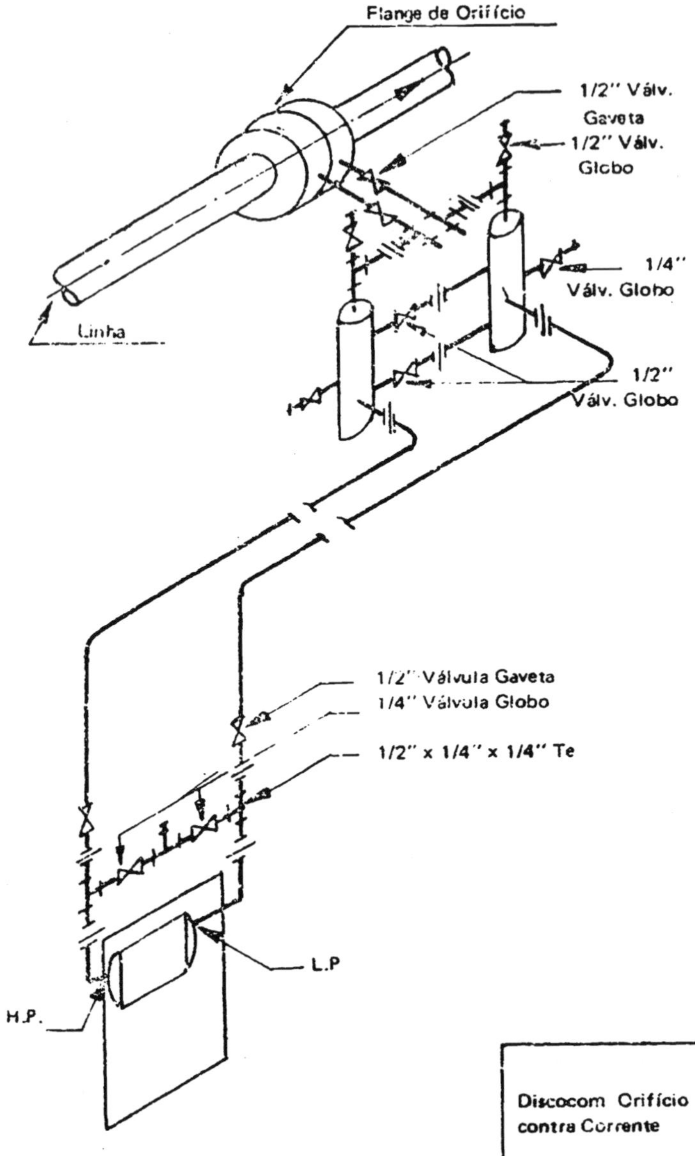

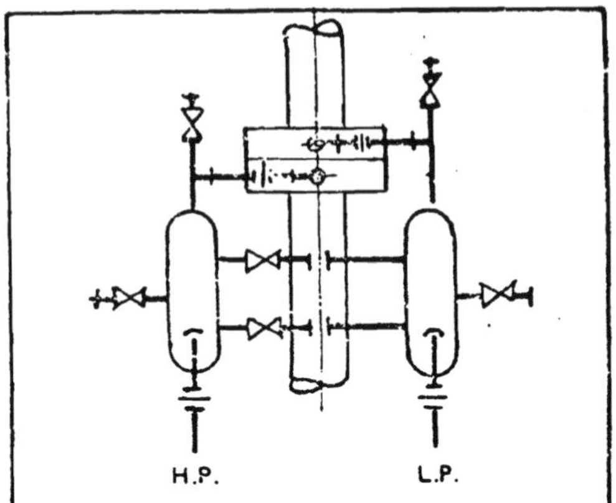

Alternativa 1
Na Linha Vertical

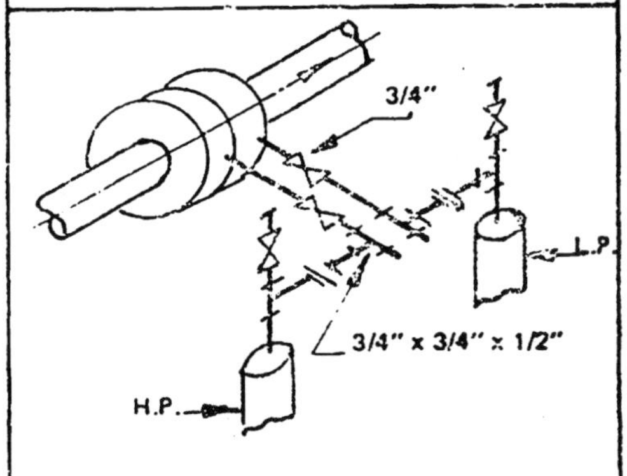

Alternativa 2
900# nos mais altos flanges

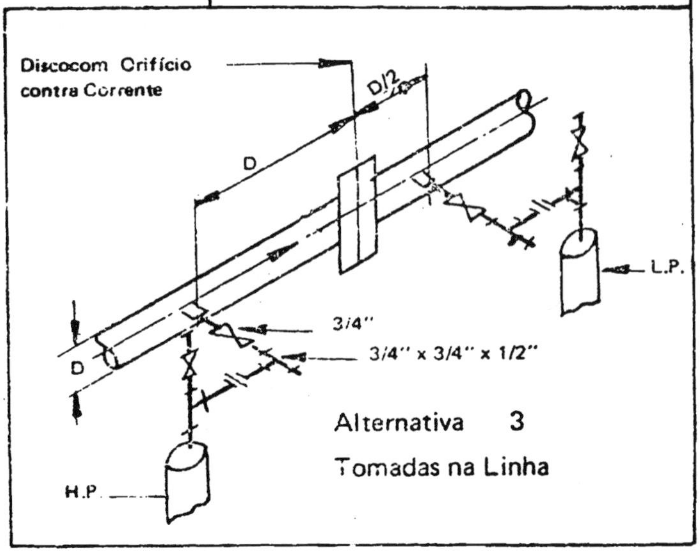

Alternativa 3
Tomadas na Linha

Nota:
1 — Vasos devem ser localizados na mesma elevação com a mínima distância abaixo das conexões. Use vasos de 6" para manômetros de mercúrio e 4" para todos os outros tipos.

NORMA PARA INSTRUMENTOS EM TUBULAÇÃO
FORNECIMENTO DE AR OU GÁS SEM TUBULAÇÃO DE PRESSÃO ESTÁTICA MENOR ACIMA DA ABERTURA

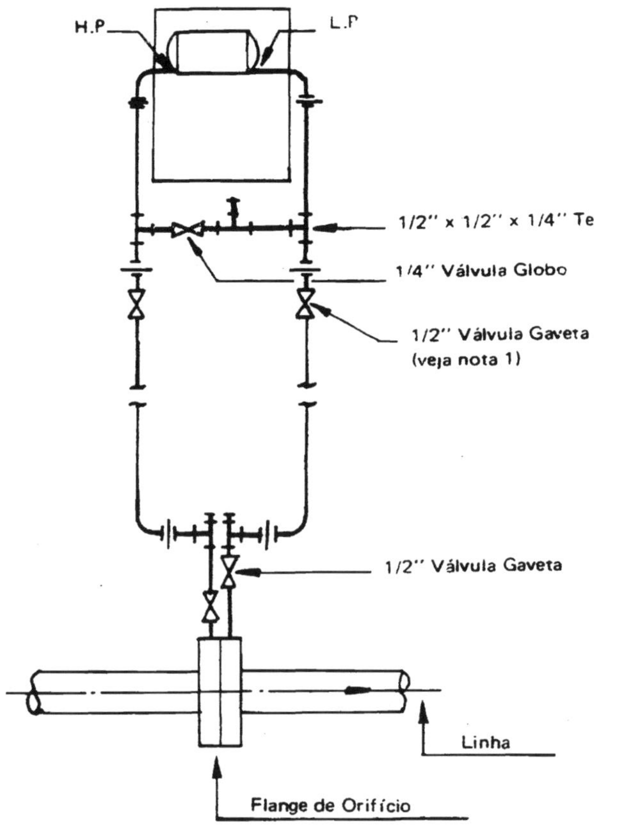

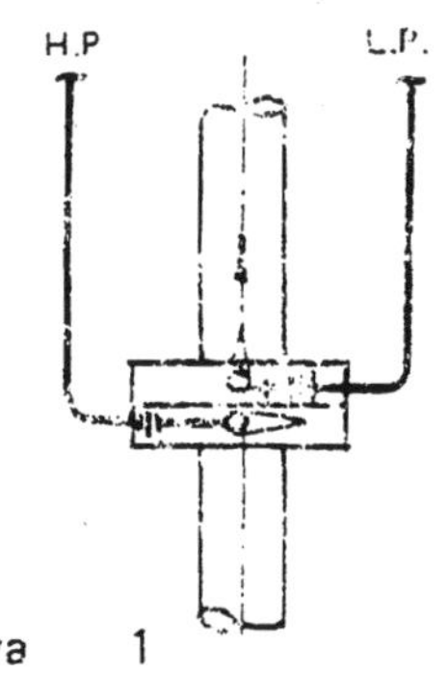

Alternativa 1
Em linha vertical

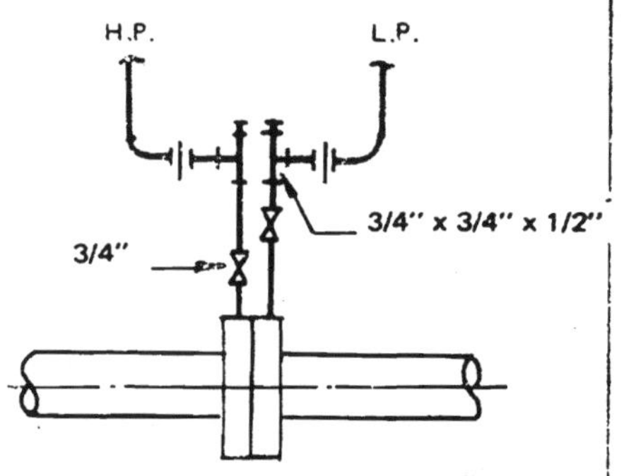

Alternativa 2
900 nos mais altos flanges

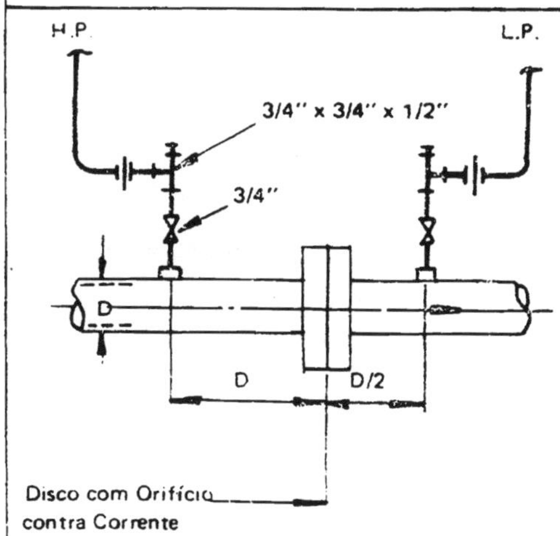

Alternativa 3
Tomadas na Linha

Nota:
1 – As válvulas que isolam o instrumento (shut off) do sistema podem ser omitidas se outras na linha forem ascessíveis da posição do operador.

NORMA PARA INSTRUMENTOS EM TUBULAÇÃO
SUPRIMENTO DE AR OU GÁS COM TRANSMISSOR DE PRESSÃO ESTÁTICA
MEDIDOR ACIMA

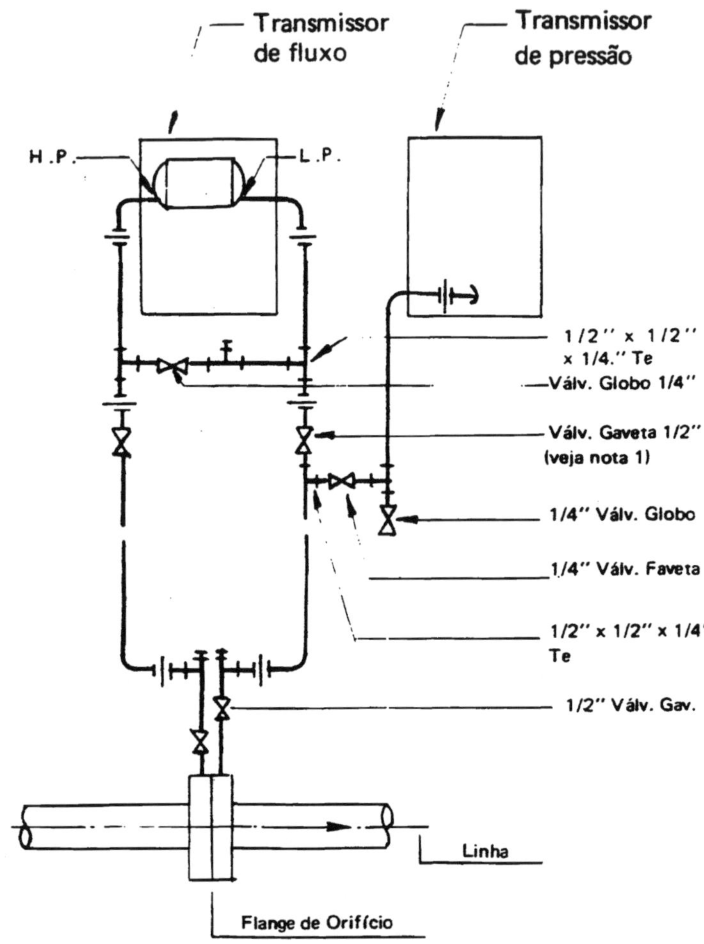

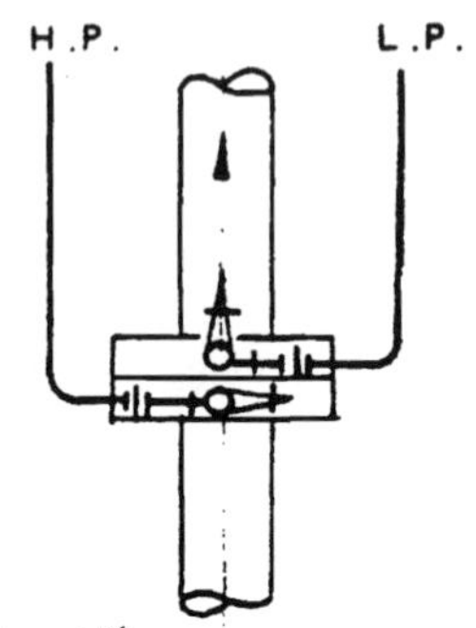

Alternativa 1#
Em linha vertical

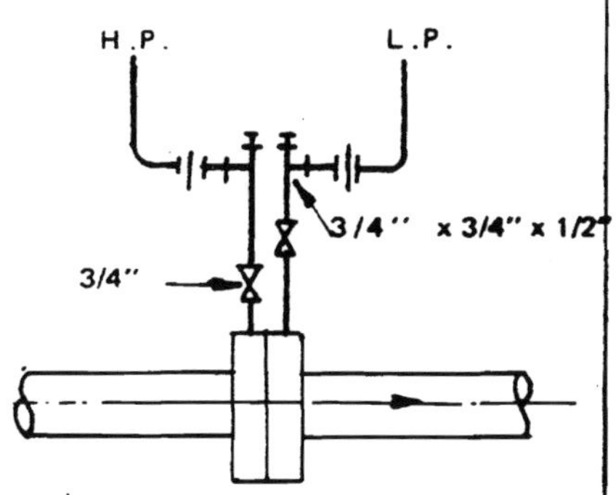

Alternativa# 2
900* nos mais altos flanges.

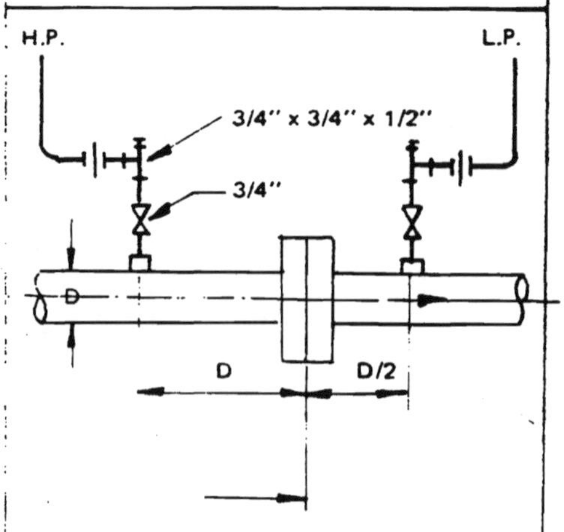

Alternativa 3
Tomadas em linha

Notas:

1 — As válvulas de interrupção do fluxo no instrumento podem ser omitidas se as existentes na linha são ascessíveis à posição do operador.

NORMA PARA INSTRUMENTO EM TUBULAÇÃO
MEDIDOR DE FLUXO EM TUBULAÇÃO – FORNECIMENTO DE AR SECO OU GÁS COM PENA DE PRESSÃO ESTÁTICA – MEDIDOR ABAIXO DA ABERTURA

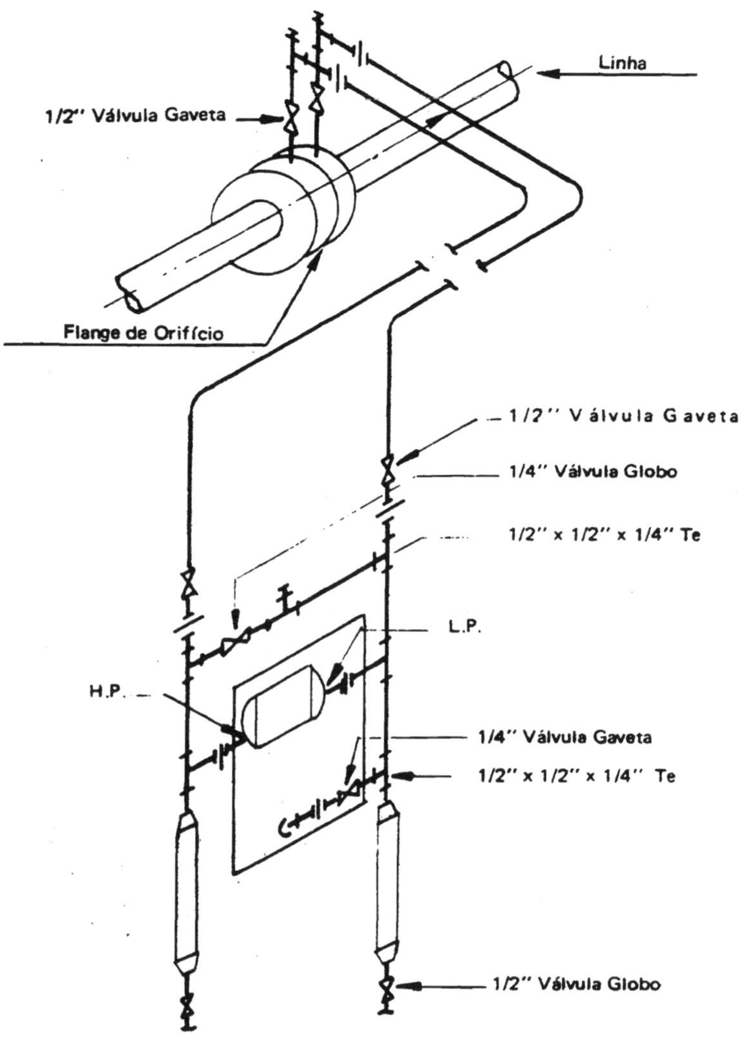

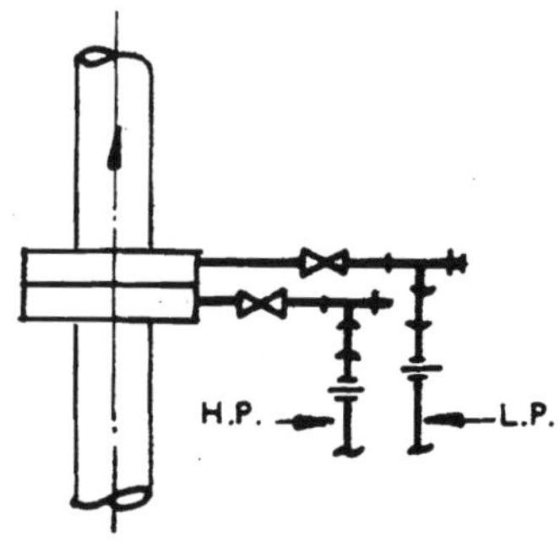

Alternativa 1
Em Linha Vertical

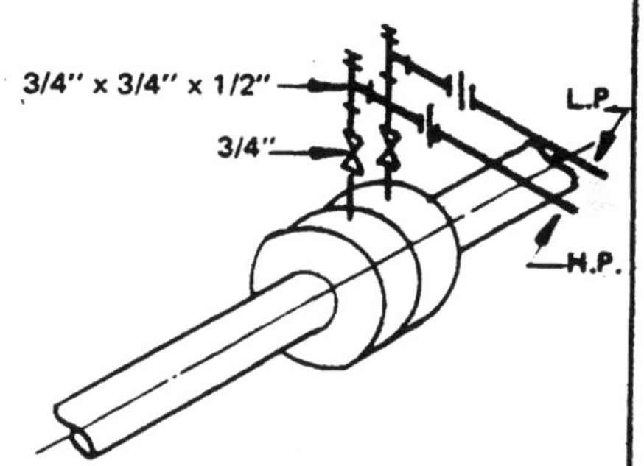

Alternativa 2
900# nos mais altos flanges

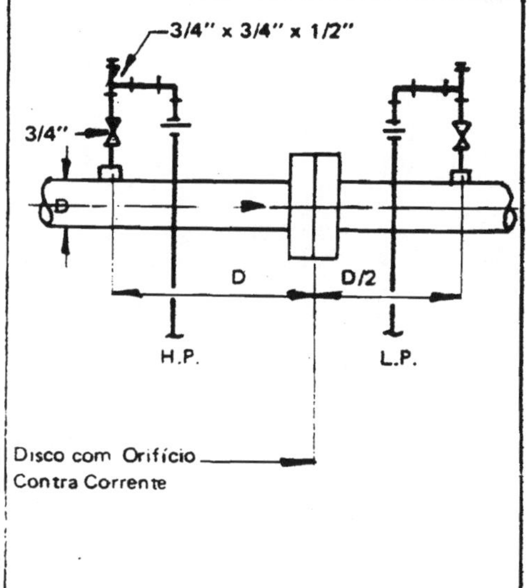

Alternativa 3
Tomadas na linha

NORMA PARA INSTRUMENTOS EM TUBULAÇÃO
FORNECIMENTO DE LÍQUIDO EM LINHAS VERTICAIS

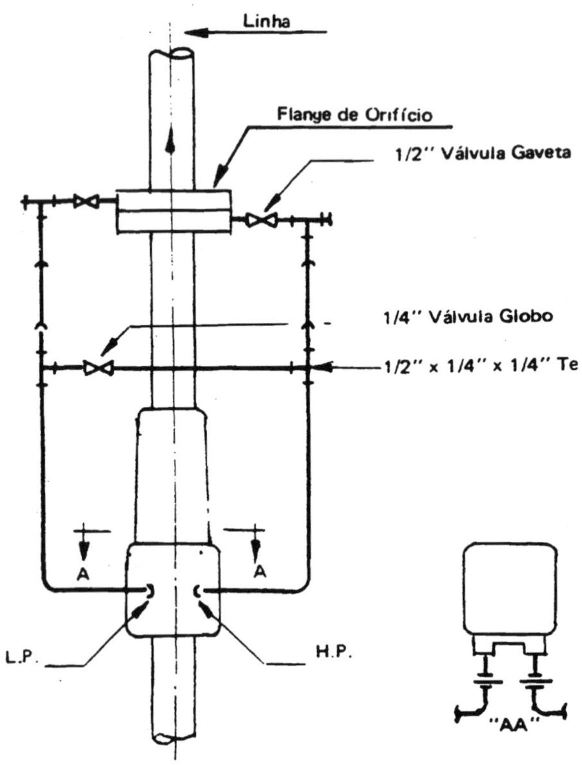

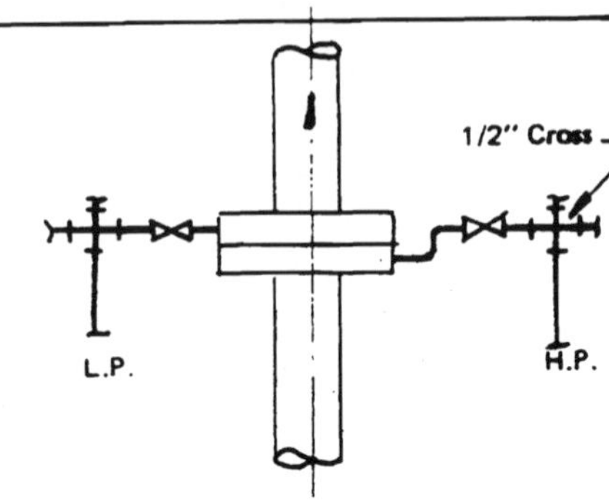

Alternativa 1
Medidor selado

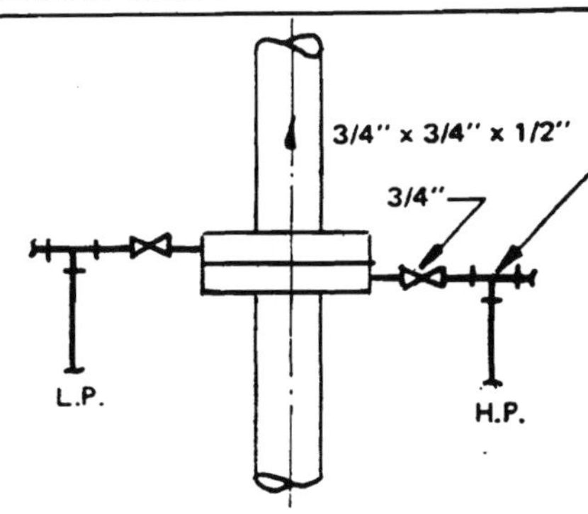

Alternativa 2
900# nos mais altos flanges

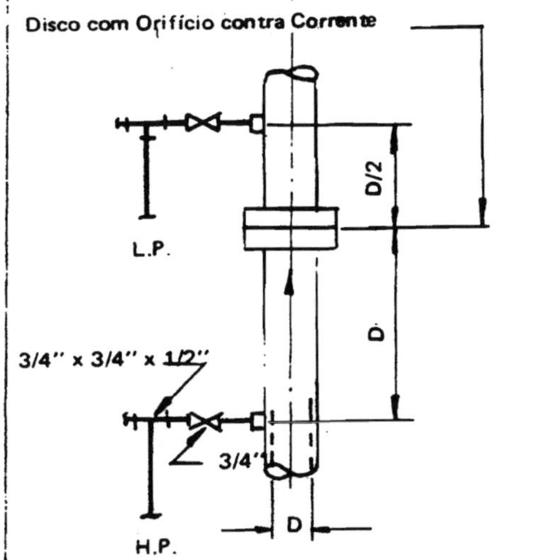

Alternativa 3
Tomadas na linha

Notas:

1 — Orifício em linhas verticais somente é permitido com fluxo para cima.
2 — Colocação das tomadas pode variar se o espaço não permite a montagem conforme o mostrado.

NORMA PARA INSTRUMENTO EM TUBULAÇÃO
MEDIDOR DE FLUXO EM TUBULAÇÃO – FORNECIMENTO DE LÍQUIDO COM VASOS SELADOS – LÍQUIDO INTERNO DO VASO MAIS LEVE DO QUE O DA LINHA

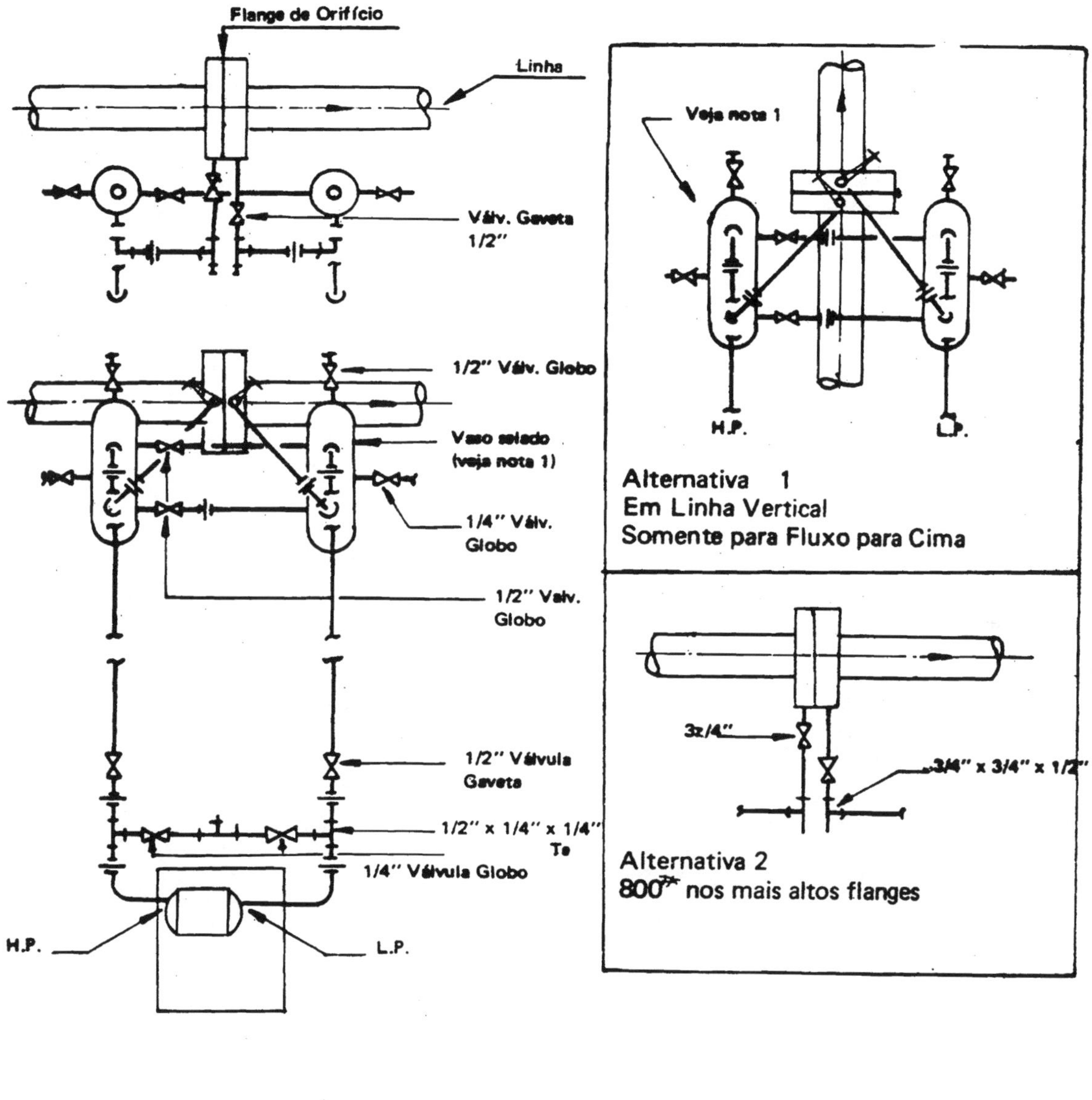

Notas:

1 – Os vasos selados devem ser localizados na mesma altura, com o topo na mesma altura dos furos das tomadas (tomada mais baixa da linha vertical). Com manômetros de mercúrio use vasos de 6" e de 4" para todos os outros tipos.

NORMA PARA INSTRUMENTOS EM TUBULAÇÃO
FORNECIMENTO DE VAPOR EM LINHAS VERTICAIS

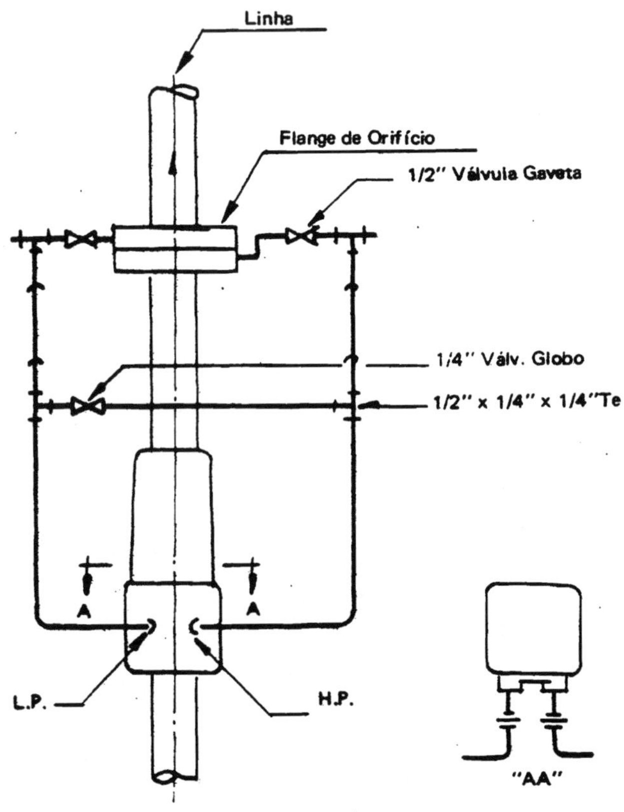

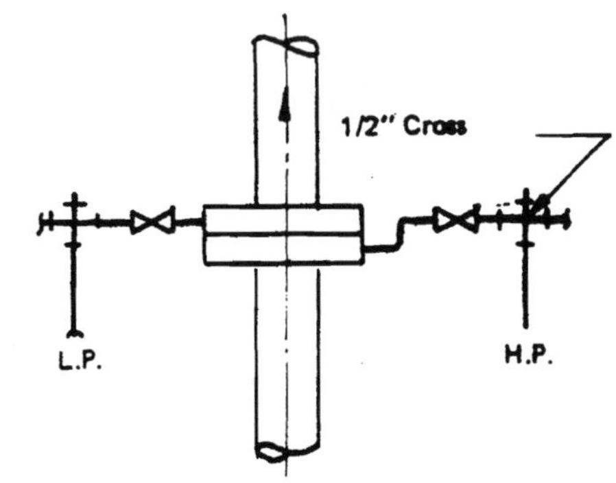

Alternativa 1
Medidor selado

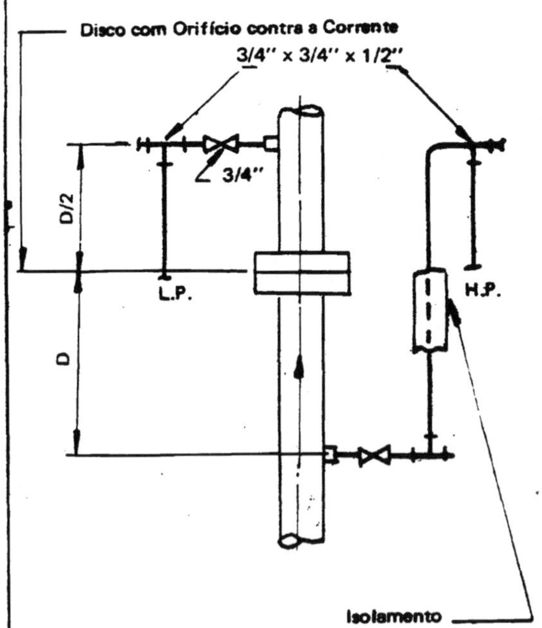

Alternativa 2
Tomadas na linha

Nota:
1 — Colocação das tomadas pode variar se o espaço não permite a montagem conforme mostrado.

NORMA PARA INSTRUMENTO EM TUBULAÇÃO
MEDIDOR DE FLUXO EM TUBULAÇÃO – TRANSMISSOR DE FORÇA BALANCEADO
FORNECIMENTO DE LÍQUIDO OU VAPOR – LINHAS HORIZONTAIS

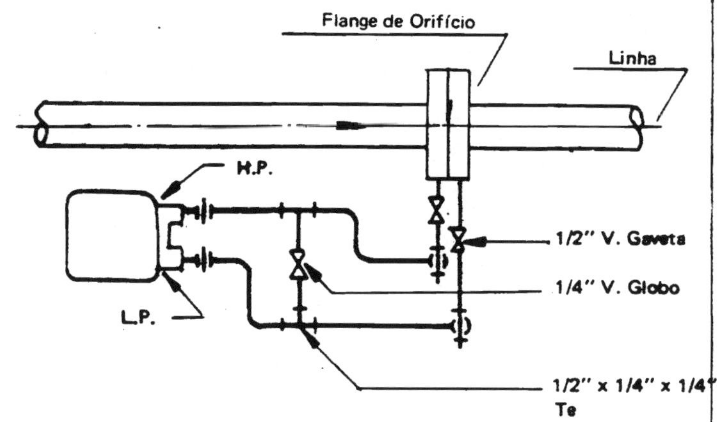

PLANTA

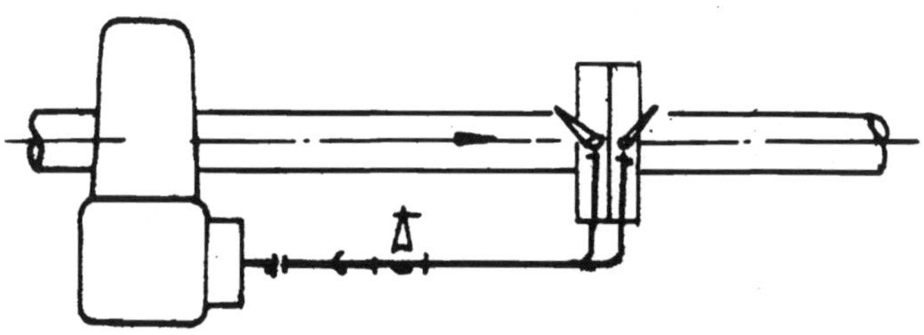

ELEVAÇÃO

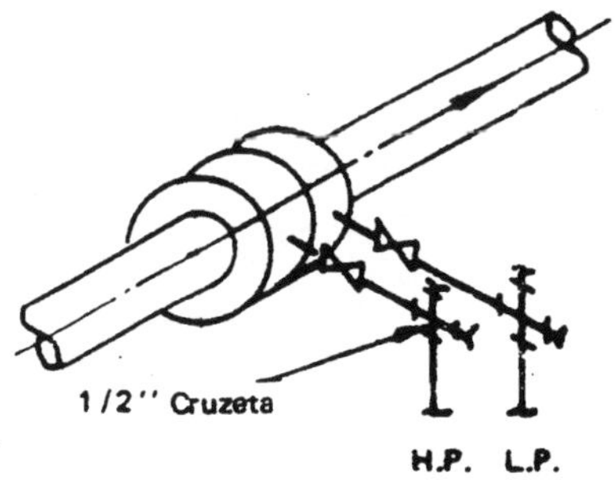

Alternativa 1
Medidor Selado

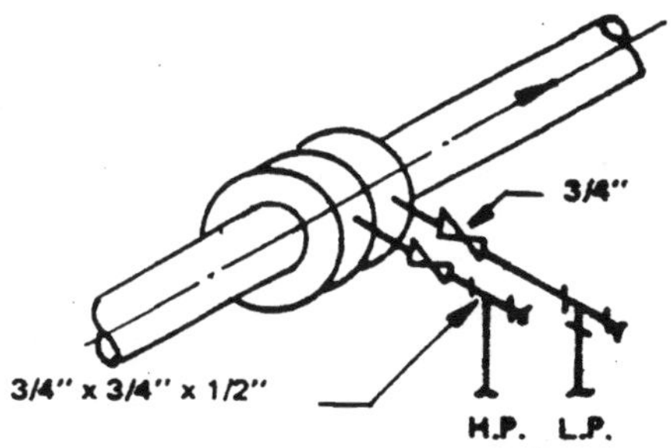

Alternativa 2
900# nos mais altos flanges.

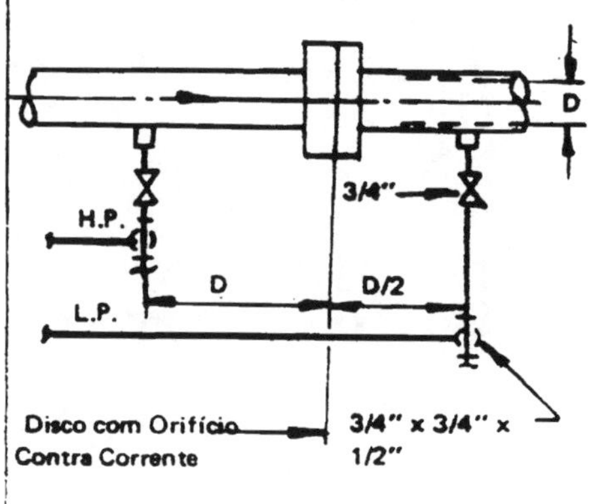

Alternativa 3
Tomadas na Linha

NORMA PARA INSTRUMENTOS EM TUBULAÇÃO
COM RAIOS CURTOS E DEVEM SER PROTEGIDOS CONTRA DANOS MECÂNICOS

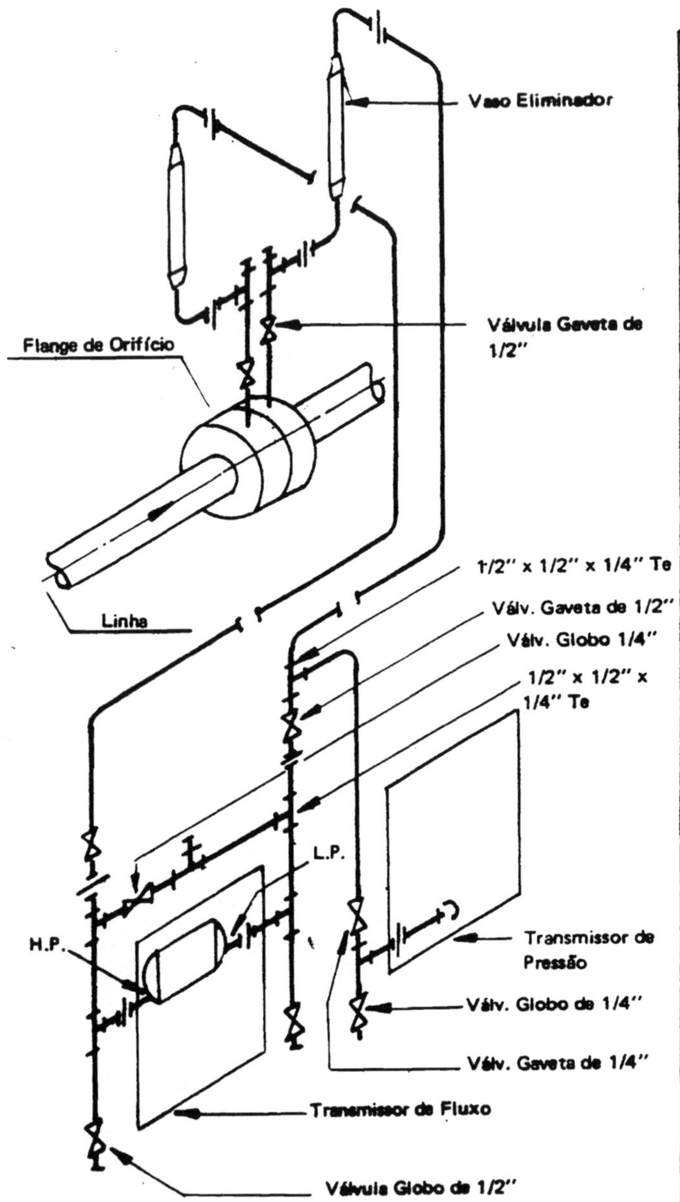

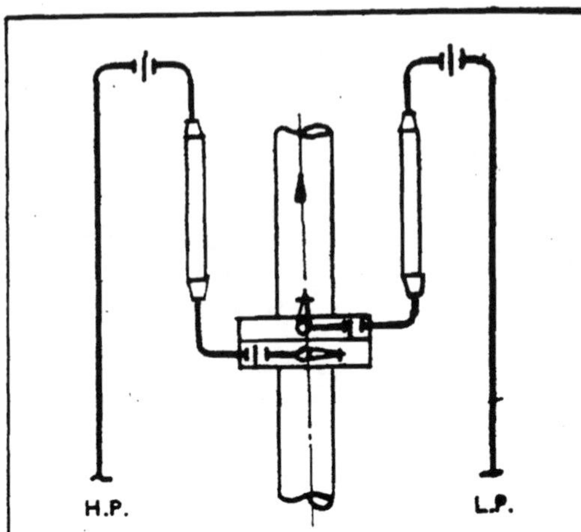

Alternativa 1
Em linha vertical

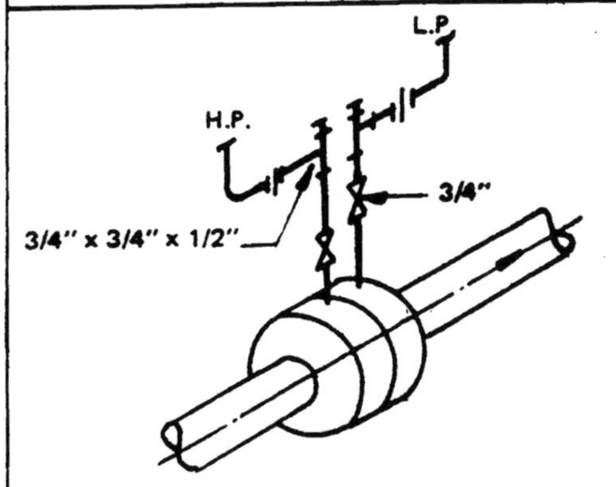

Alternativa 2
900# nos mais altos flanges

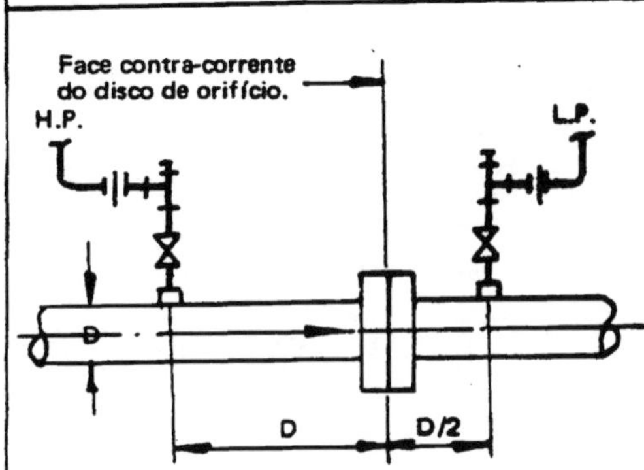

Alternativa 3
Tomadas na linha

NORMA PARA INSTRUMENTO EM TUBULAÇÃO
TUBULAÇÃO DE CONTROLE LOCAL
VÁLVULA DE CONTROLE COM POSICIONADOR

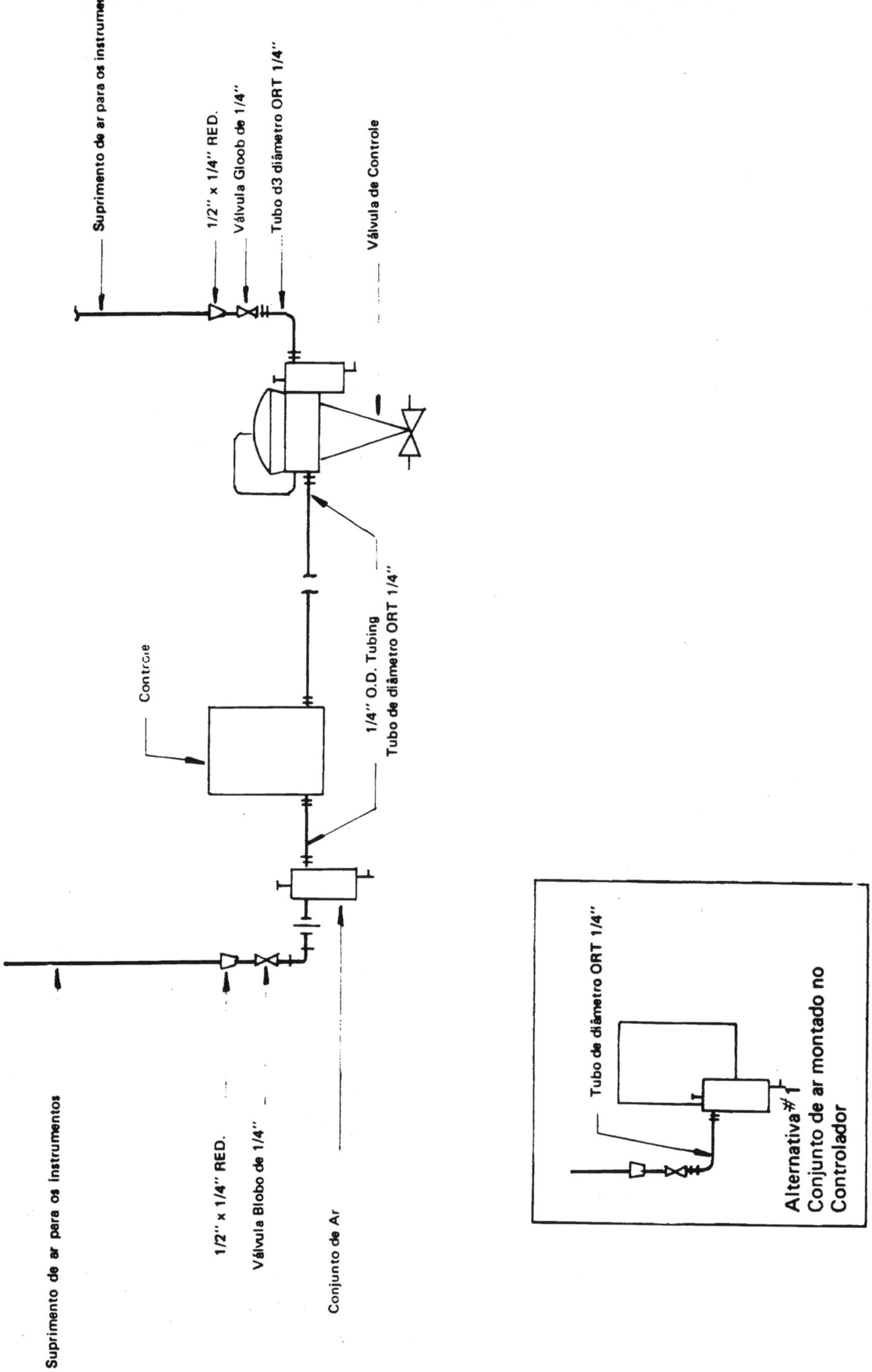

INSTRUMENTOS DE TUBULAÇÃO STANDARDS
INSTRUMENTO DE TUBULAÇÃO DE AR – CONTROLADOR PILOTO DUPLO

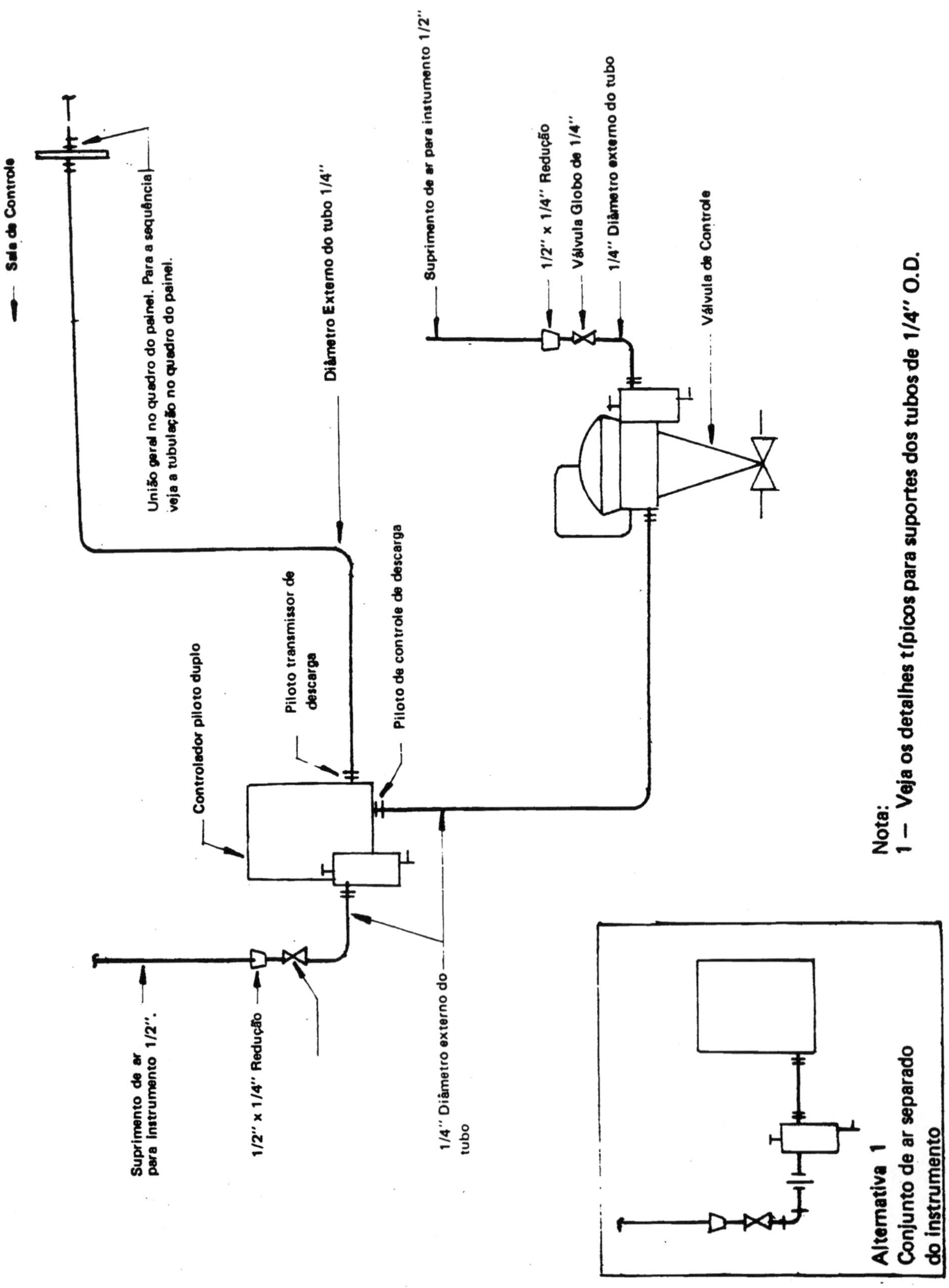

Nota:
1 – Veja os detalhes típicos para suportes dos tubos de 1/4'' O.D.

NORMA PARA INSTRUMENTOS EM TUBULAÇÃO
CONTROLE DO PAINEL – 2 VÁLVULAS COM POSICIONADORES

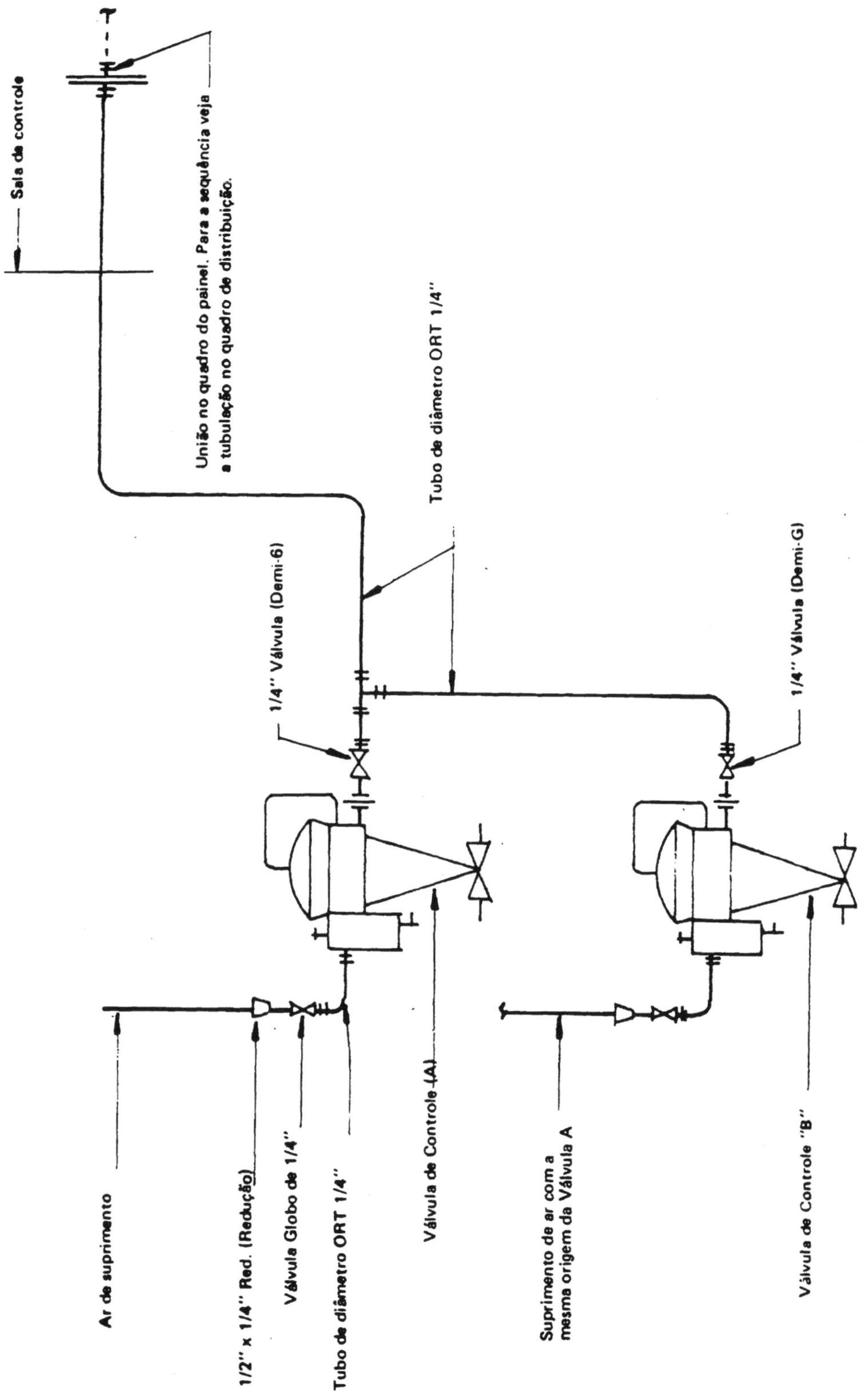

Nota:
1 – Veja detalhes típicos para suportes dos tubos de 1/4'' O.D.

NORMA PARA INSTRUMENTO EM TUBULAÇÃO
CONTROLE COM ORIGEM NO PAINEL
VÁLVULA DE CONTROLE DE DIAFRAGMA BALANCEADO COM AMPLIFICADOR

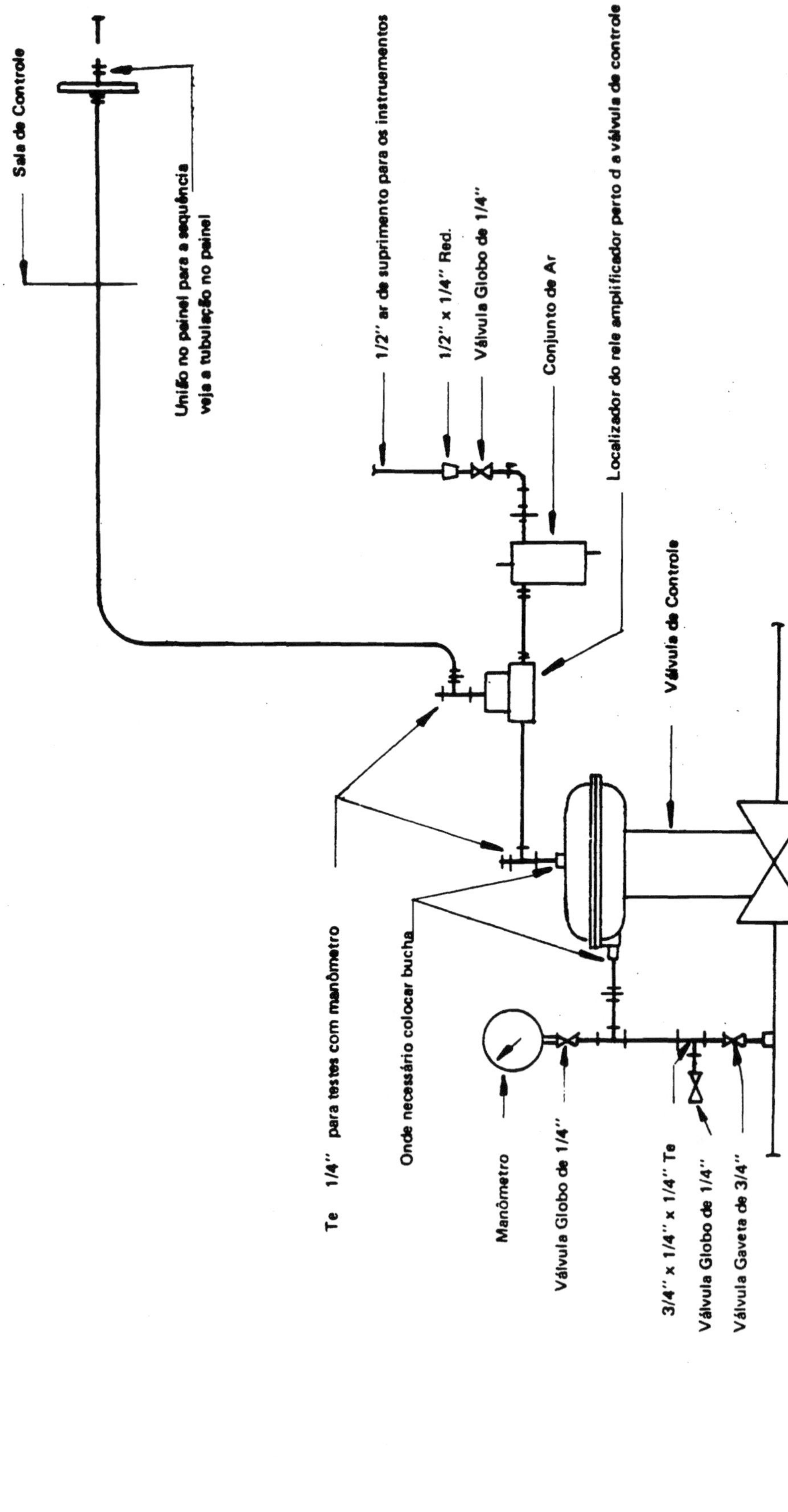

Nota:
1 — Tubulação no lado de baixo do diafragma será conforme as especificações do medidor.
Tubulação no lado de cima do diafragma será conforme as especificações para ar dos instrumentos.
2 — Veja detalhe típico para os suportes dos tubos de 1/4''

NORMA PARA INSTRUMENTO EM TUBULAÇÃO
TUBULAÇÃO PARA CLASSE "GAUGE"
EM TUBO VERTICAL – 3 SISTEMAS DE FLUÍDOS

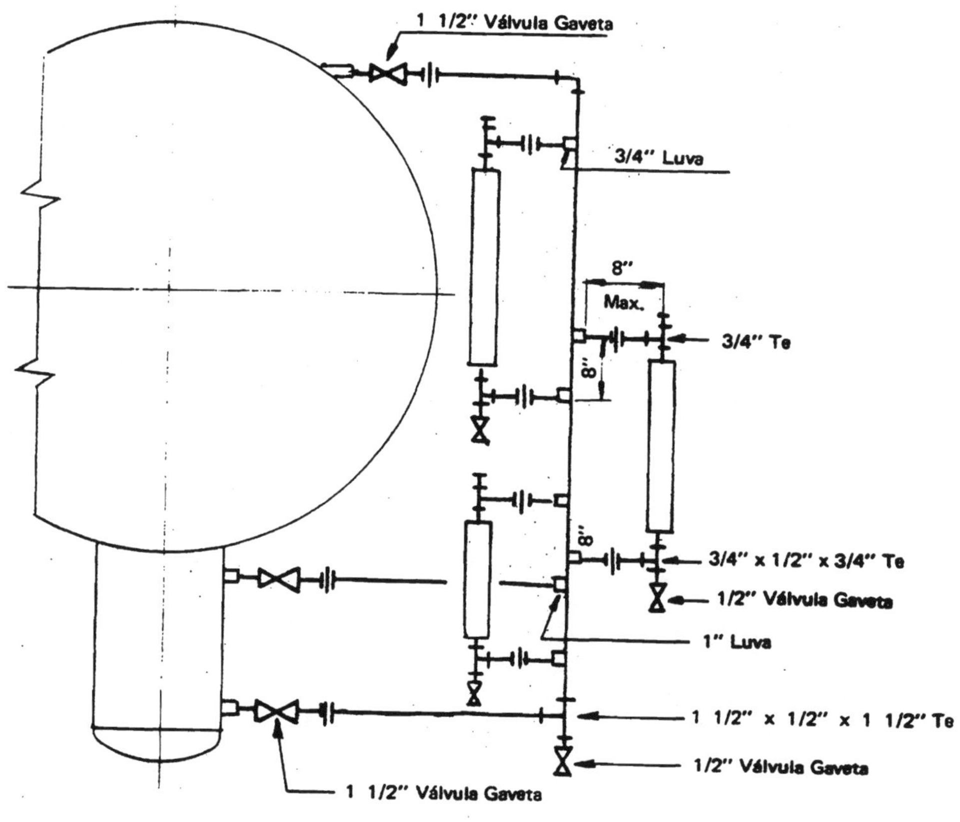

NORMAS PARA INSTRUMENTO EM TUBULAÇÃO
CONEXÃO NO TALO E NO FUNDO DO DESLOCADOR
ROSQUEADA OU SOLDA LEVE NO VASO E NO INSTRUMENTO

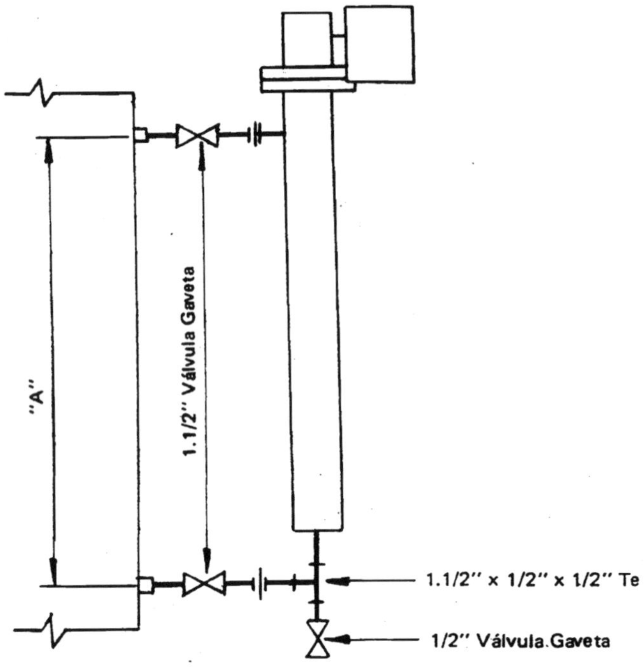

FAIXA	DIÂM. "A"
14"	22"
32"	40"
48"	56"
60"	68"
72"	80"
84"	92"
96"	104"
108"	116"
120"	128"

NORMAS PARA INSTRUMENTO EM TUBULAÇÃO
CONEXÕES NO TALO E NO FUNDO DO RENOVADOR
FLANGEADO NO VASO, ROSQUEADO OU SOLDA LEVE NO INSTRUMENTO

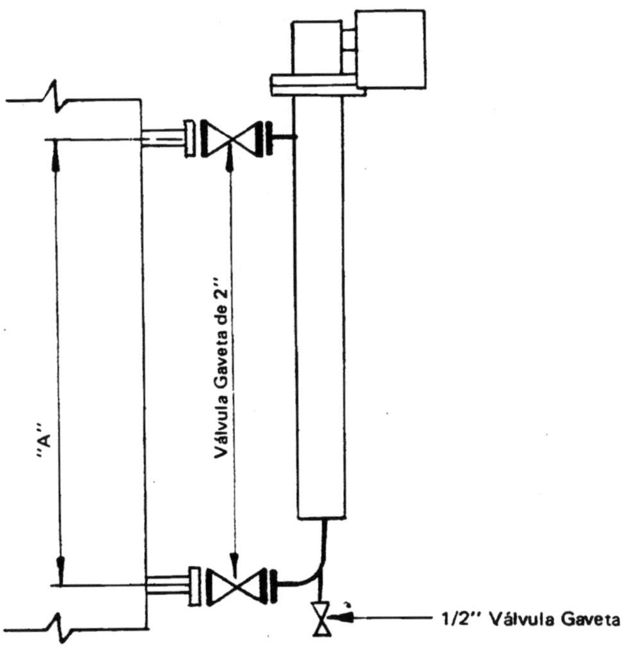

FAIXA	DIÂM. "A"
14"	22"
32"	40"
48"	56"
60"	68"
72"	80"
84"	92"
96"	104"
108"	116"
120"	128"

NORMAS PARA INSTRUMENTO EM TUBULAÇÃO
CONEXÕES NO TOPO E NO FUNDO DO RENOVADOR
ROSQUEADO OU SOLDA LEVE NO VASO E NO INSTRUMENTO

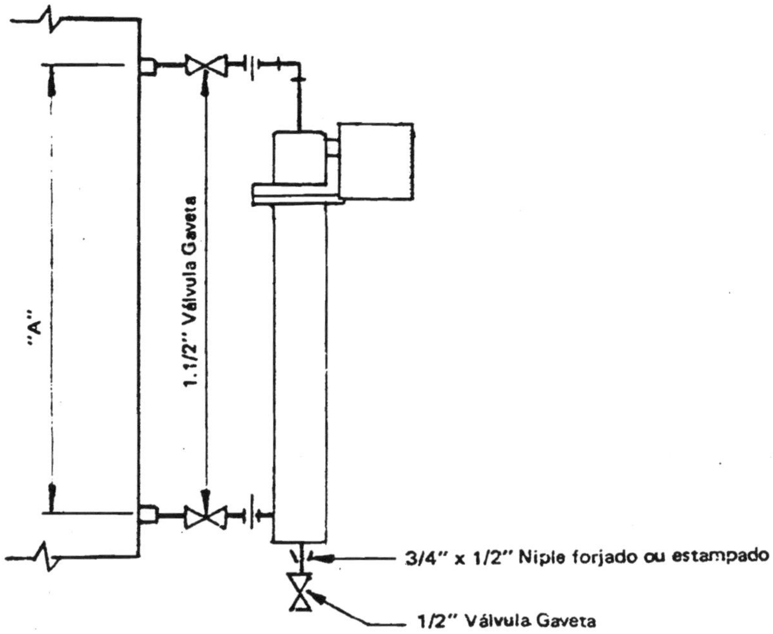

FAIXA	DIÂM. "A"
14"	26"
32"	44"
48"	60"
60"	72"
72"	84"
84"	96"
96"	108"
108"	120"
120"	132"

NORMAS PARA INSTRUMENTO EM TUBULAÇÃO
CONEXÕES NO TOPO E NO FUNDO, FLANGEADO NO FUNDO
ROSQUEADO OU SOLDADO NO INSTRUMENTO

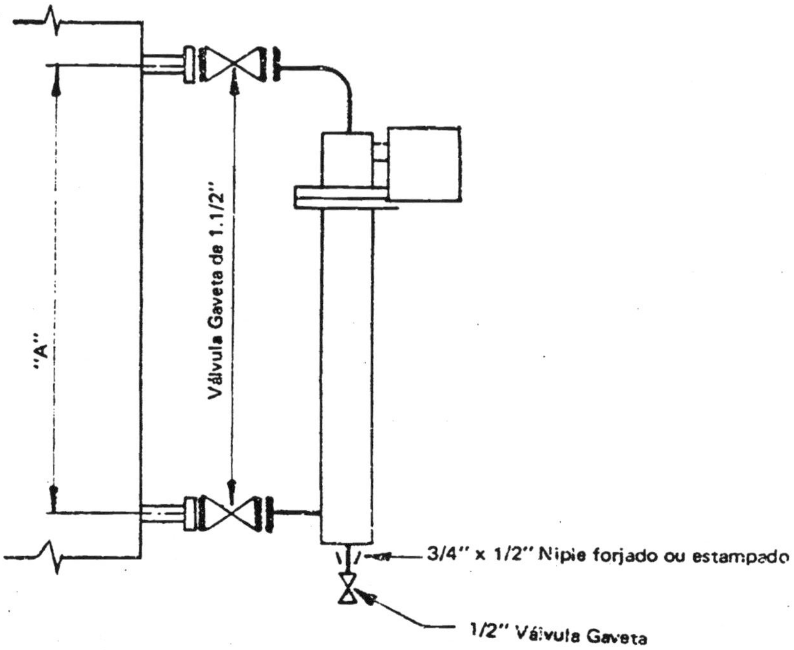

FAIXA	DIÂM. "A"
14"	26"
32"	44"
48"	60"
60"	72"
72"	84"
84"	96"
96"	108"
108"	120"
120"	132"

NORMAS PARA INSTRUMENTO EM TUBULAÇÃO
CONEXÕES NO TOPO E NO FUNDO
FLANGEADA NO VASO E NO INSTRUMENTO

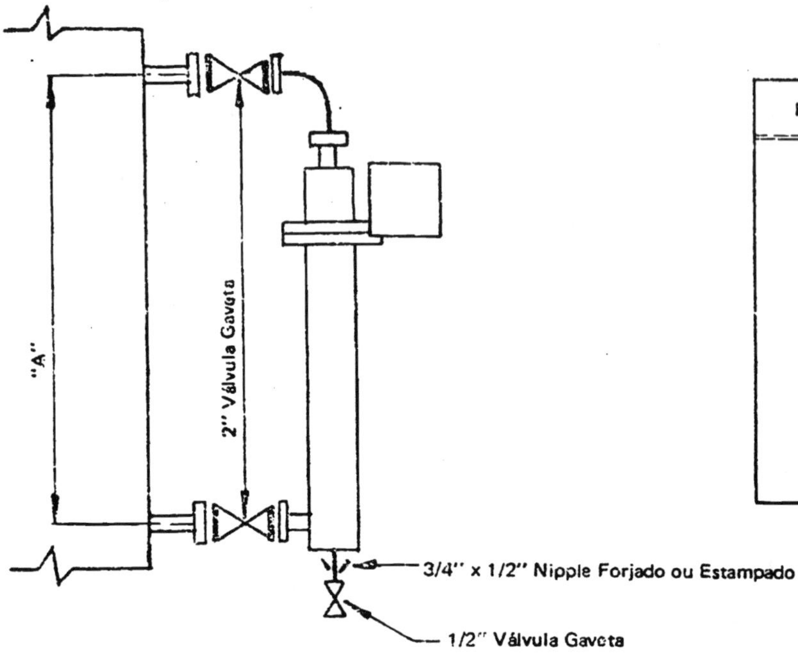

FAIXA	DIÂM. "A"
14"	32"
32"	50"
48"	66"
60"	78"
72"	90"
84"	102"
96"	114"
108"	126"
120"	138"

NORMAS PARA INSTRUMENTO EM TUBULAÇÃO
CONEXÕES NO TOPO E NO FUNDO DO REMOVEDOR
ROSQUEADO OU SOLDA LEVE NO VASO E NO INSTRUMENTO

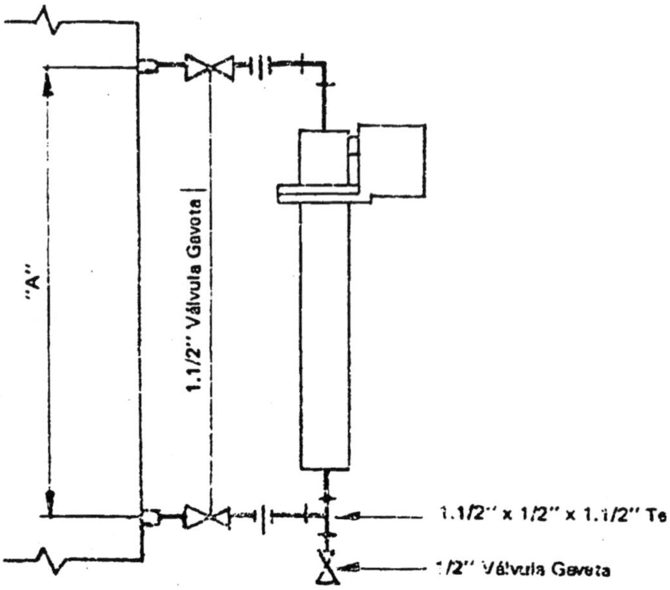

FAIXA	DIÂM. "A"
14"	34"
32"	52"
48"	68"
60"	80"
72"	92"
84"	104"
96"	116"
108"	128"
120"	140"

NORMAS PARA INSTRUMENTO EM TUBULAÇÃO
CONEXÕES NO TOPO E NO FUNDO, FLANGEADO NO VASO
ROSQUEADO OU SOLDADO NO INSTRUMENTO

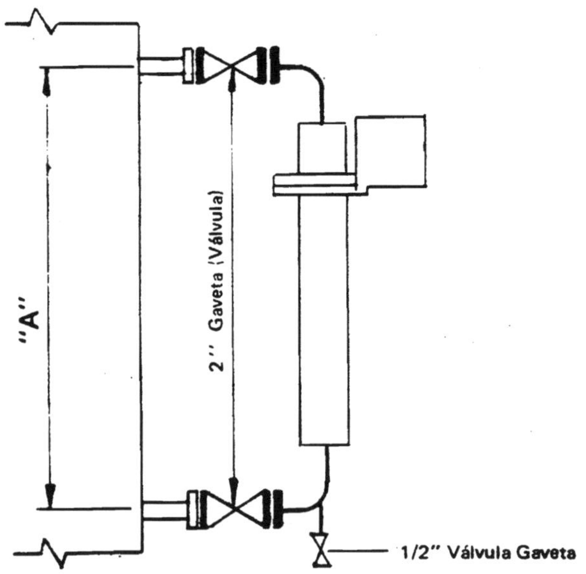

FAIXA	DIÂM. "A"
14"	34"
32"	52"
48"	68"
60"	80"
72"	92"
84"	104"
96"	116"
108"	128"
120"	140"

NORMAS PARA INSTRUMENTO EM TUBULAÇÃO
CONEXÕES NO TOPO E NO FUNDO
FLANGEADO NO VASO E NO INSTRUMENTO

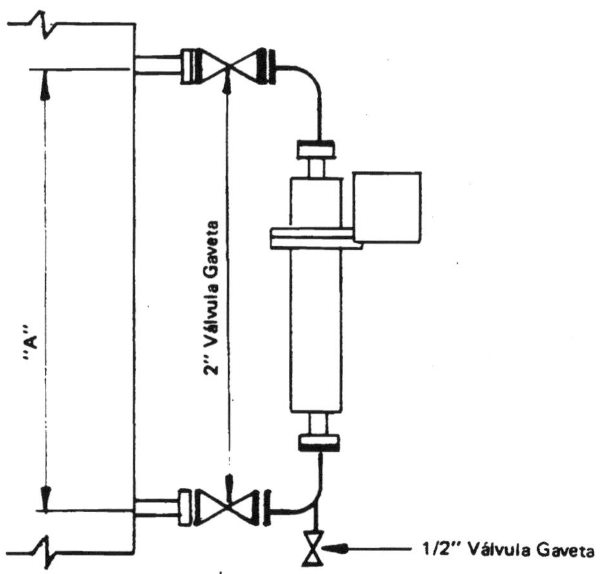

FAIXA	DIÂM. "A"
14"	44"
32"	62"
48"	78"
60"	90"
72"	102"
84"	114"
96"	126"
108"	138"
120"	150"

NORMA PARA INSTRUM OS EM TUBULAÇÃO
TUBULAÇÃO PARA MANÔM O E CHAVE DE PRESSÃO

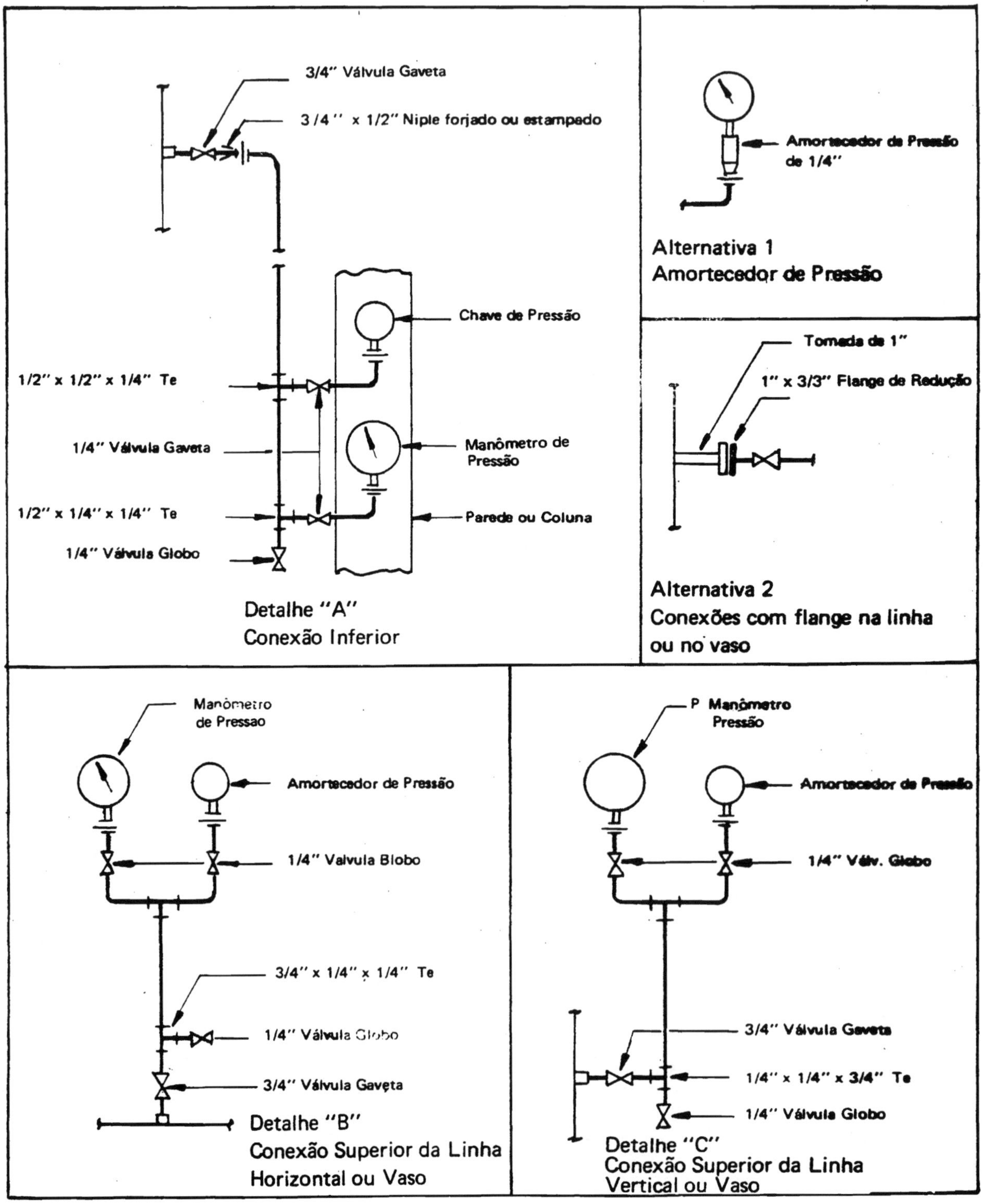

NORMA PARA INSTRUMENTOS EM TUBULAÇÃO
POÇO PARA TERMÔMETRO ROSQUEADO

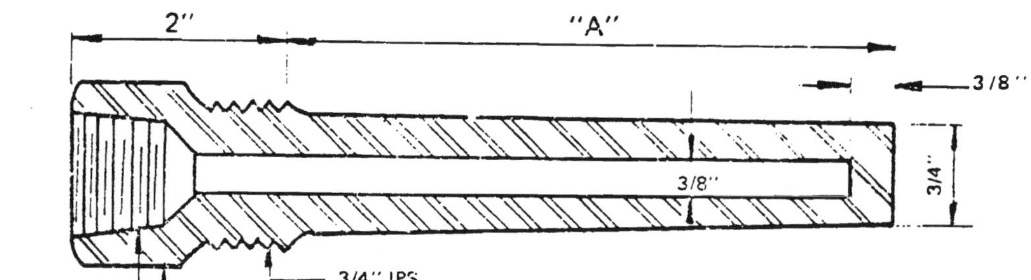

TIPO A

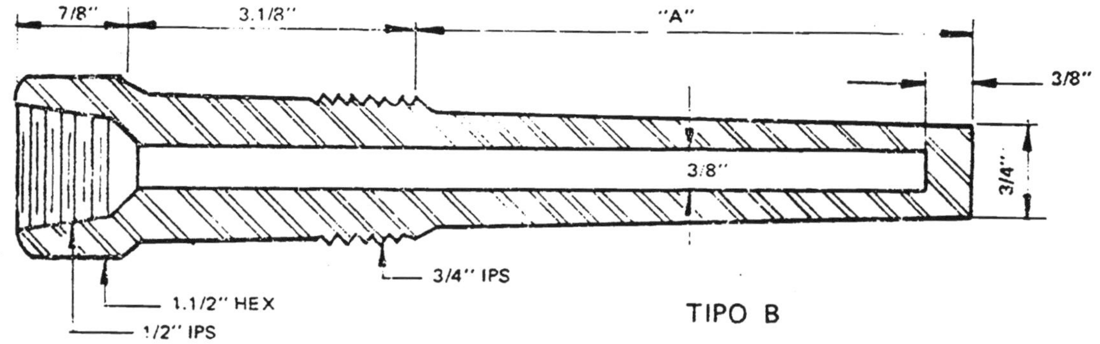

TIPO B

DIAM. DA LINHA	DIMENSÃO "A"		
	Conexão Rosqueada	Conexão Flangeada	
		150 - 600	900 - 2500
3"	3 - 1/2"	10"	12"
4"	3 - 1/2"	10"	12"
6"	6"	12"	12"
8"	6"	12"	15"
10"	8"	12"	15"
12"	8"	15"	15"
14"	8"	15"	18"
16"	10"	15"	18"
18"	10"	18"	18"
20" e acima	12"	18"	18"
Vasos	Adaptar-se	Adaptar-se	Adaptar-se

Notas:

1 — Use o tipo "B" quando a conexão for uma luva, use o tipo "A" quando a conexão for uma tomada e um flange de vedação rosqueado.

2 — O poço tipo "A" é equivalente ao tipo Trinity T.100, o tipo "B" é similar com 2" extensão trazeira adicionada.

3 — O material do poço deverá ser especificado na requisição.

NORMAS PARA INSTRUMENTO EM TUBULAÇÃO
TESTES DE POÇOS ROSQUEADOS

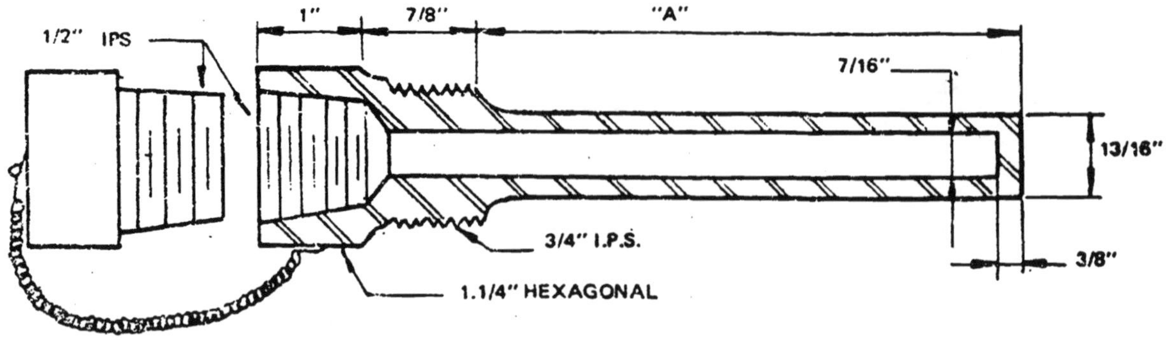

TIPO A

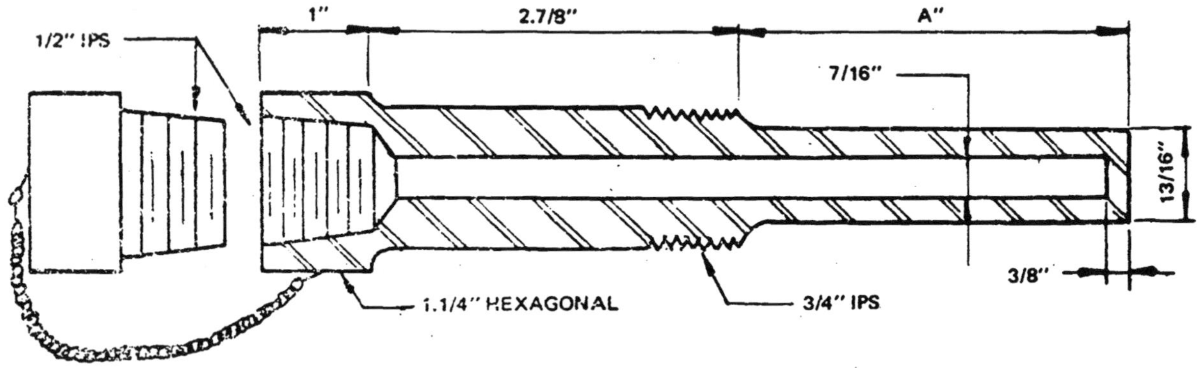

TIPO B

DIÂM. DA LINHA	DIMENSÃO "A"		
	CONEXÃO ROSQUEA.	CONEXÃO FLANGEADA	
		150 - 600 #	900 - 2500 #
3"	3"	12"	12"
4"	4"	12"	12"
6"	6"	12"	15"
8"	6"	12"	15"
10"	6"	15"	15"
12"	8"	15"	13"
14"	8"	15"	18"
16"	10"	18"	18"
18"	10"	18"	18"
20" e acima	12"	18"	18"
VASOS	Adapta-se	Adapta-se	Adapta-se

NOTAS:

1. Use o Tipo B quando a conexão for com luva, use o Tipo A quando a conexão for uma tomada e uma flange de vedação rosqueada.
2. Poço tipo A é equivalente ao trinity. Tipo B é similar ao logging.
3. O material do poço deverá ser especificado na requisição.

NORMA PARA INSTRUMENTO EM TUBULAÇÃO
POÇO DE TERMÔMETRO ROSQUEADO SEM EXTENSÃO TRAZEIRA

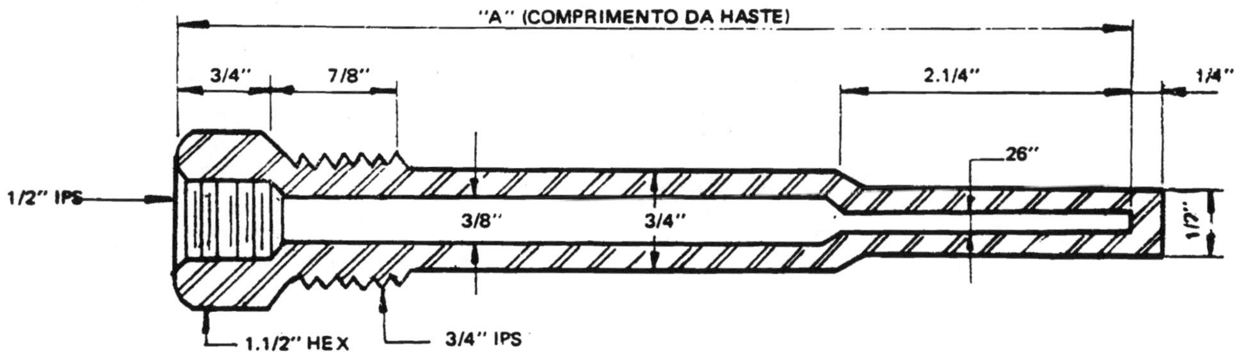

DIAM DA LINHA	DIMENSÃO "A"	
	150 - 600	900 - 2500
3"	12"	15"
4"	12"	15"
6"	15"	15"
8"	15"	18"
10"	15"	18"
	18"	18"
Vasos	Adaptar-se	Adaptar-se

Notas:
1 — Use esta extensão quando a conexão é uma tomada e uma flange de redução rosqueada.
2 — Este poço é equivalente ao tipo Trinity T-130.
3 — O material do poço deverá ser como especificado na requisição.

NORMA PARA INSTRUMENTOS EM TUBULAÇÃO
POÇO PARA TERMÔMETRO ROSQUEADO COM EXTENSÃO TRAZEIRA

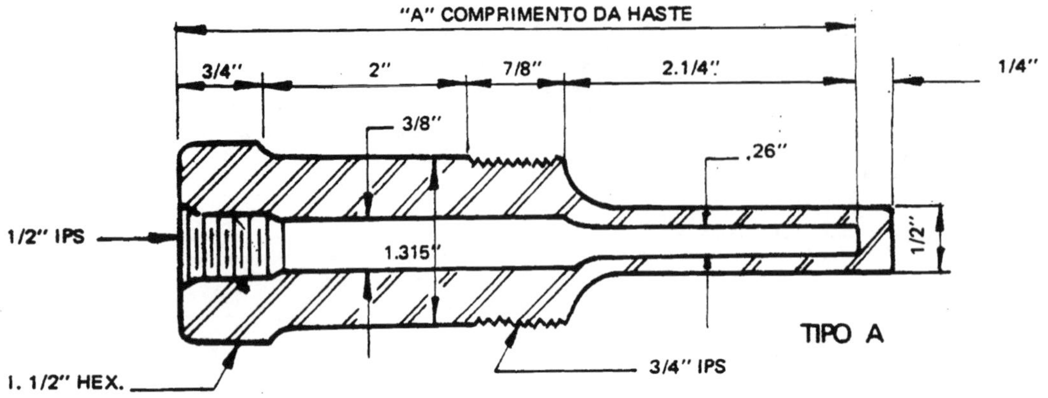

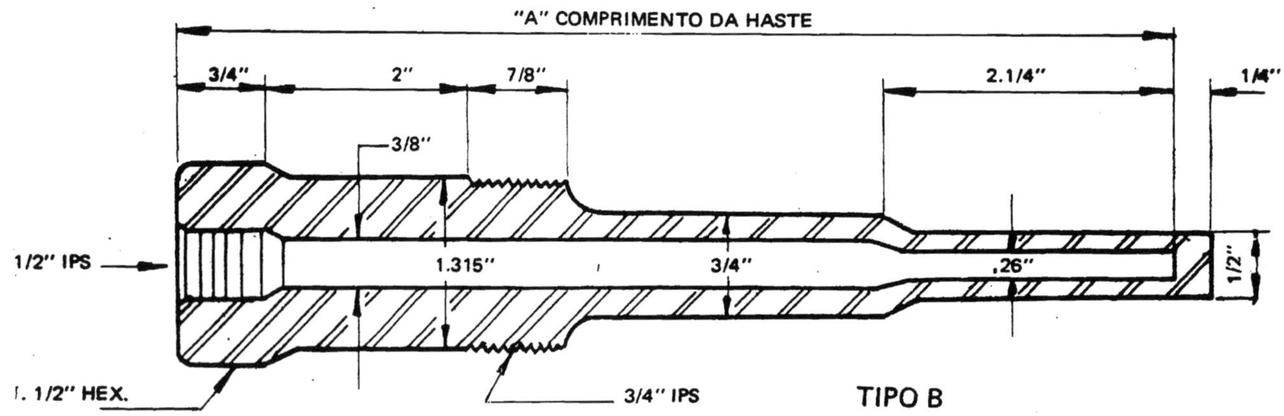

DIAM. DA LINHA	TIPO	DIMENSÃO "A"
3"	A	6"
4"	A	6"
6"	B	9"
8"	B	9"
10"	B	9"
12"	B	9"
14"	B	12"
16"	B	12"
18"	B	12"
20" e mais	B	18"
VASOS	B	ADAPTAR-SE

Notas:

1 — Use este poço quando a conexão for uma adaptação.

2 — Poço tipo "A" é equivalente ao tipo Trinity 131.

3 — Poço tipo "B" é equivalente ao tipo Trinity 131.

4 — O material do poço deverá ser especificado na requisição.

NORMA PARA INSTRUMENTO EM TUBULAÇÃO
INSTALAÇÃO DE TERMOPAR NA PAREDE DO AQUECEDOR

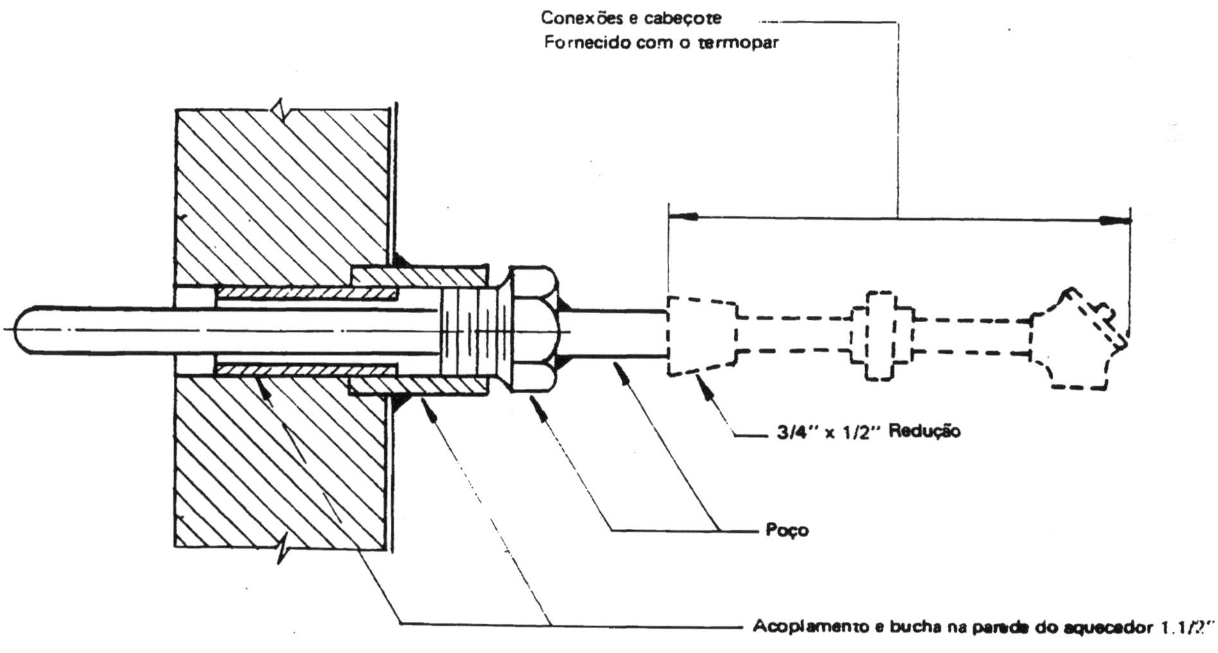

NORMA PARA INSTRUMENTOS EM TUBULAÇÃO
TERMÔMETRO DO AQUECEDOR DO POÇO

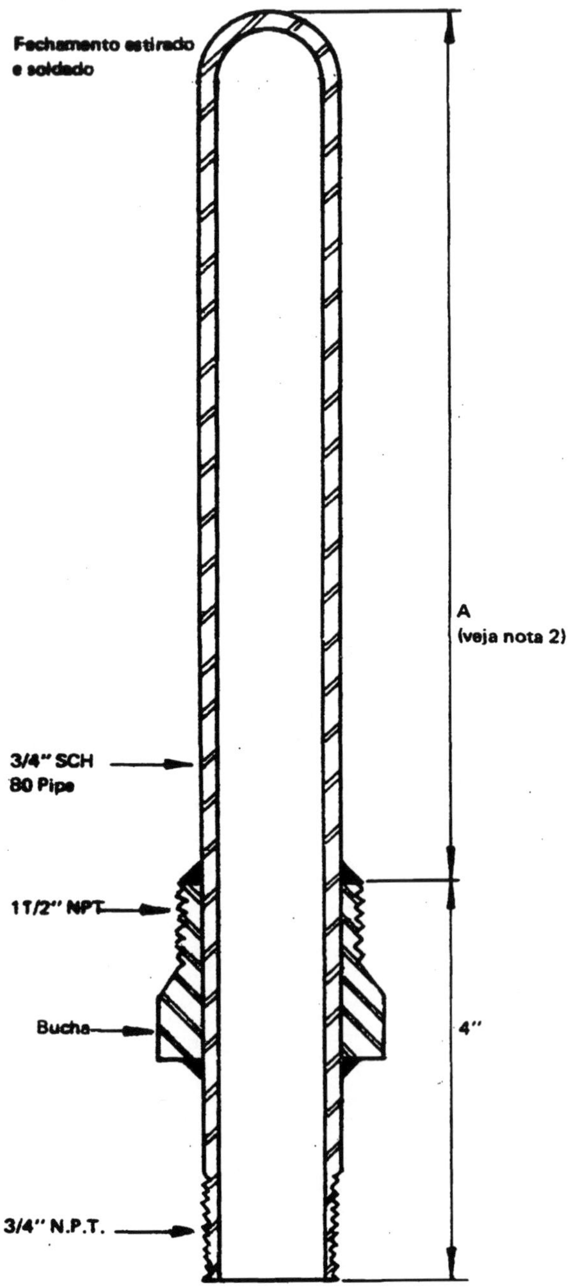

Notas:

1 – Este poço é equivalente ao tipo Trinity T - 172

2 – O material do poço e a dimensão A deverão estar especificados na requisição.

NORMA PARA INSTRUMENTOS EM TUBULAÇÃO
FLANGES PARA TERMÔMETRO

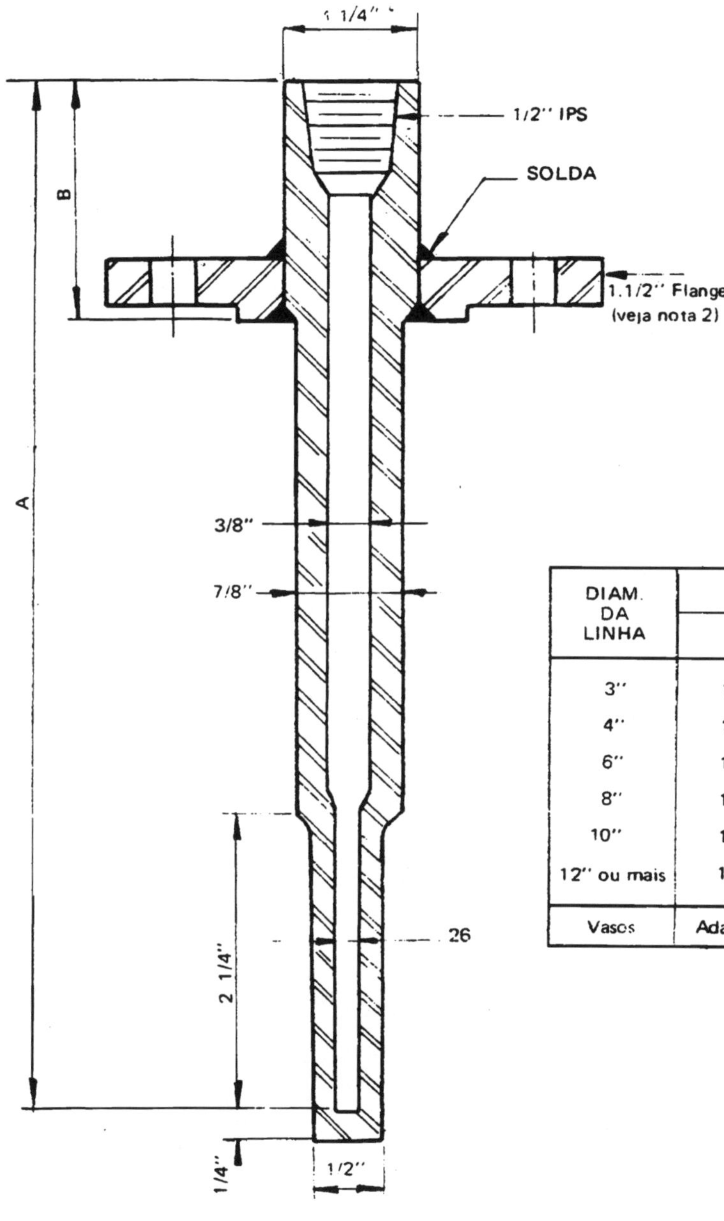

DIAM. DA LINHA	150 - 600#		900 - 2500#	
	A	B	A	B
3''	12''	2''	15''	3''
4''	12''	2''	15''	3''
6''	15''	2''	15''	3''
8''	15''	2''	18''	3''
10''	15''	2''	18''	3''
12'' ou mais	18''	2''	18''	3''
Vasos	Adaptar-se	2''	Adaptar-se	3''

Notas:

1 — Este poço é equivalente ao tipo Trinity T - 150, modificado para uso com termômetro de mostrador.

2 — A classe do flange e o material do poço deve ser como especificado na requisição.

NORMA PARA INSTRUMENTOS EM TUBULAÇÃO
FLANGE DO TERMÔMETRO PARA TESTE

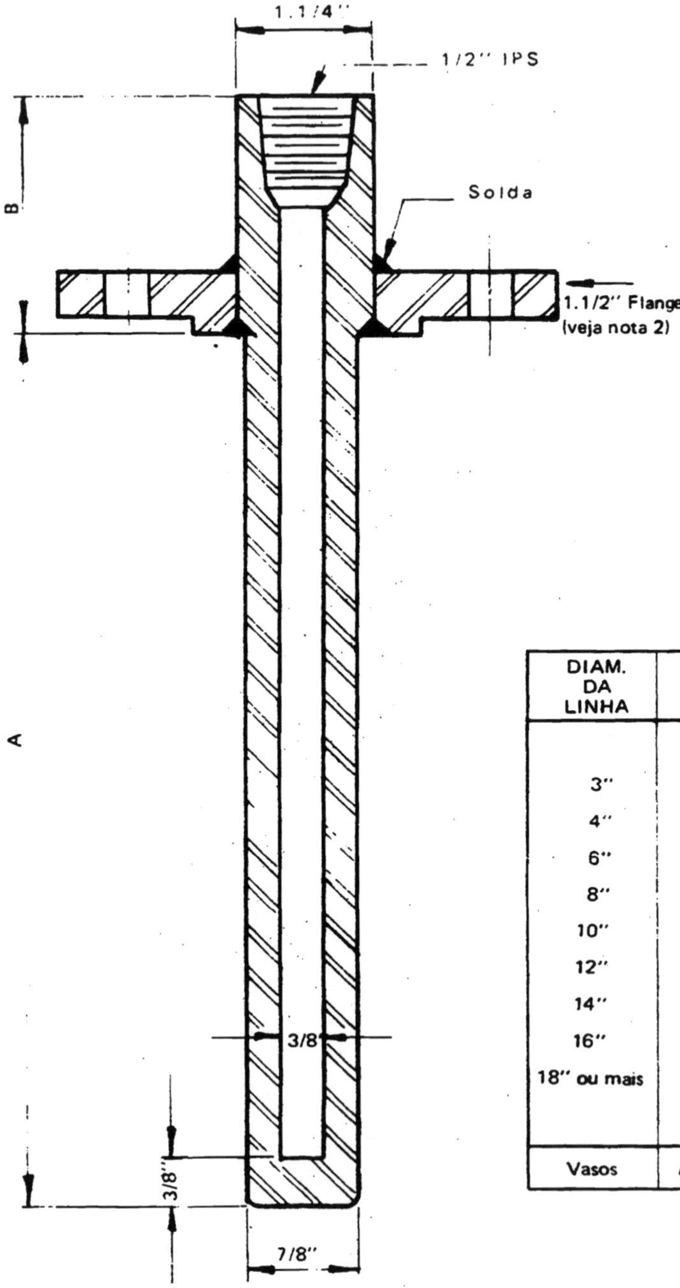

DIAM. DA LINHA	150 - 600#		900-2500#	
3"	10"	2"	12"	3"
4"	10"	2"	12"	3"
6"	12"	2"	12"	3"
8"	12"	2"	12"	3"
10"	12"	2"	15"	3"
12"	15"	2"	15"	3"
14"	15"	2"	15"	3"
16"	15"	2"	18"	3"
18" ou mais	18"	2"	18"	3"
Vasos	Adaptar-se	2"	Adaptar-se	3"

Notas:

1 — Este poço é equivalente ao tipo Trinity T-150

2 — A classe do flange e o material do poço devem ser como especificado na requisição.

3 — Prever plug e corrente, quando usado como poço de teste.

NORMA PARA INSTRUMENTOS EM TUBULAÇÃO
INSTALAÇÃO DE TERMOPAR EM POÇO FLANGEADO

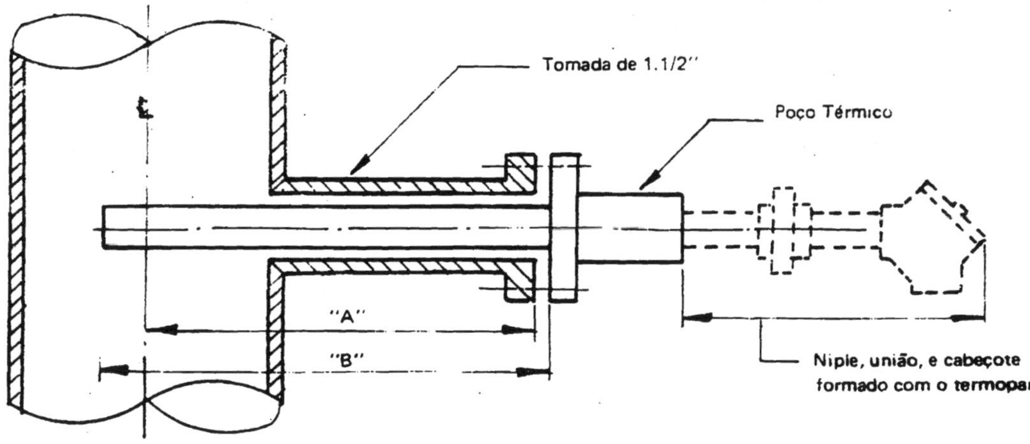

DIAM. DA PEÇA	150 - 600#		900 - 2500#	
	Projeção da tomada A	Comp. da peça B	Projeção da tomada A	Comp. da peça B
3"	10"	10"	11"	12"
4"	10"	10"	11"	12"
6"	11"	12"	12"	12"
8"	12"	12"	13"	12"
10"	13"	12"	14"	15"
12"	14"	15"	15"	15"
14"	15"	15"	16"	15"
16"	16"	15"	17"	18"
18" e acima		18"	d/2 + 9"	18"
Vasos		Adaptar-se		Adaptar-se

Notas:
1 — Conexões devem ser no topo ou no lado da linha horizontal.
2 — As especificações dos parafusos e gaxetas serão dadas pela listade material.
3 — Para instalações que sejam menores que 3", molde uma parte da linha para 3".
4 — Controle o I.D. da tomada em função do diâmetro do poço térmico, antes de usar o sistema.

NORMA PARA INSTRUMENTOS DE TUBULAÇÃO
INSTALAÇÃO DE POÇO DE TESTES EM TUBOS RETOS – POÇOS FLANGEADOS

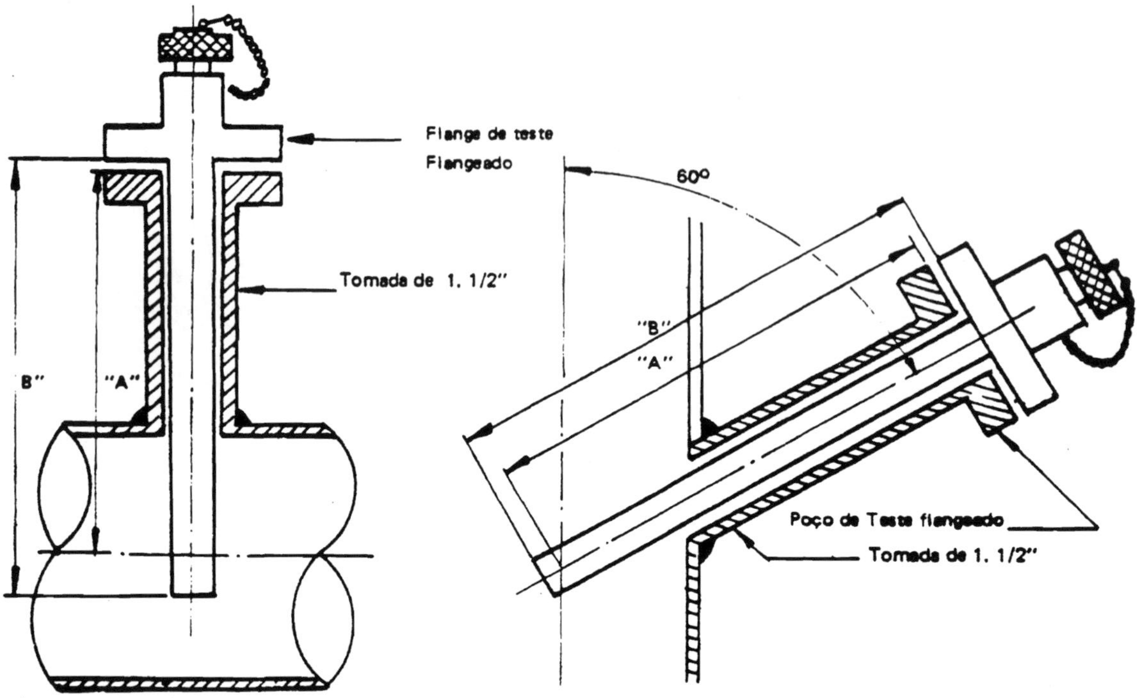

DETALHE A
Em linha horizontal

DETALHE B
Em linha vertical

DIAM. DA PEÇA	150 - 600*			900 - 2500*		
	PROJEÇÃO DA TOMADA		COMP. DA PEÇA B	PROJEÇÃO DA TOMADA		COMP' DA PEÇA
	A	B		A	C	
3"	9"	9"	10"	11"	11"	12"
4"	9"	9"	10"	11"	11"	12"
6"	11"	12"	12"	12"	13"	12"
8"	12"	12"	12"	13"	14"	12"
10"	13"	14"	12"	14"	15"	15"
12"	14"	15"	15"	15"	16"	15"
14"	15"	16"	15"	16"	17"	15"
16"	16"	17"	15"	17"	18"	18"
18"	17"	18"	18"	18"	19"	18"
			18"	d/2 + 9"		18"
Vasos			Adaptar-se			Adaptar-se

Notas:

1 – Especificação para parafusos e gaxetas será dada pela lista de material de tubulação do instrumento.

2 – Para instalações em linhas menores que 3", molde uma parte da linha de 3".

3 – Controle o I.D. das tomadas em função do diâmetro do poço térmico antes de usar o sistema.

NORMA PARA INSTRUMENTOS EM TUBULAÇÃO
INSTALAÇÃO DE BULBO DE TEMPERATURA – CONEXÃO FLANGEADA

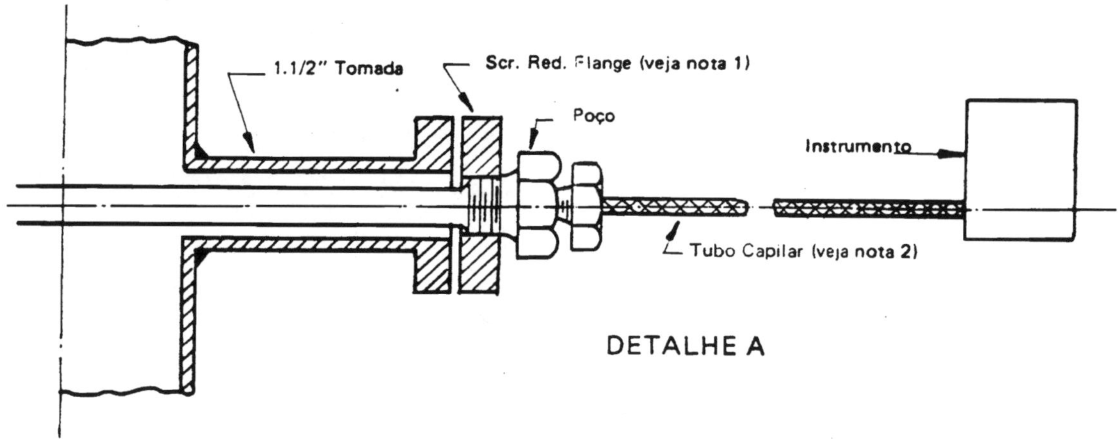

DETALHE A

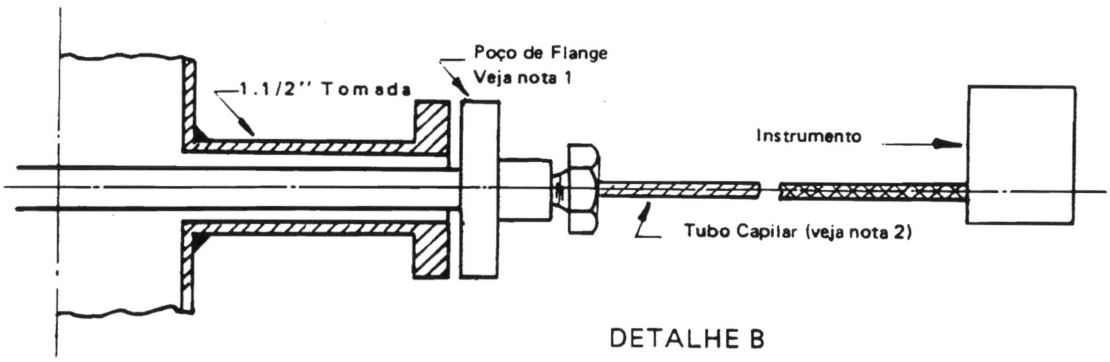

DETALHE B

Notas:

1 – Poços de termopar e bulbos são, usualmente, fornecidos pelos fabricantes, como peças padrões, adaptando-as à faixa do instrumento a que se destinam, assim, nenhuma tentativa até agora foi feita, procurando standardizar a dimensão e comprimento dos poços.
O desenho isométrico da tubulação especificará a conexão apropriada na linha ou no equipamento e a lista de material dará qualquer informação adicional, necessária para completar a instalação

2 – Tubo capilar não pode ser dobrado ou curvado com raios curtos e deve ser protegido contra danos mecânicos.

NORMA PARA INSTRUMENTOS EM TUBULAÇÃO
INSTALAÇÃO DE TERMOPAR COM POÇO ROSQUEADO
CONEXÃO FLANGEADA

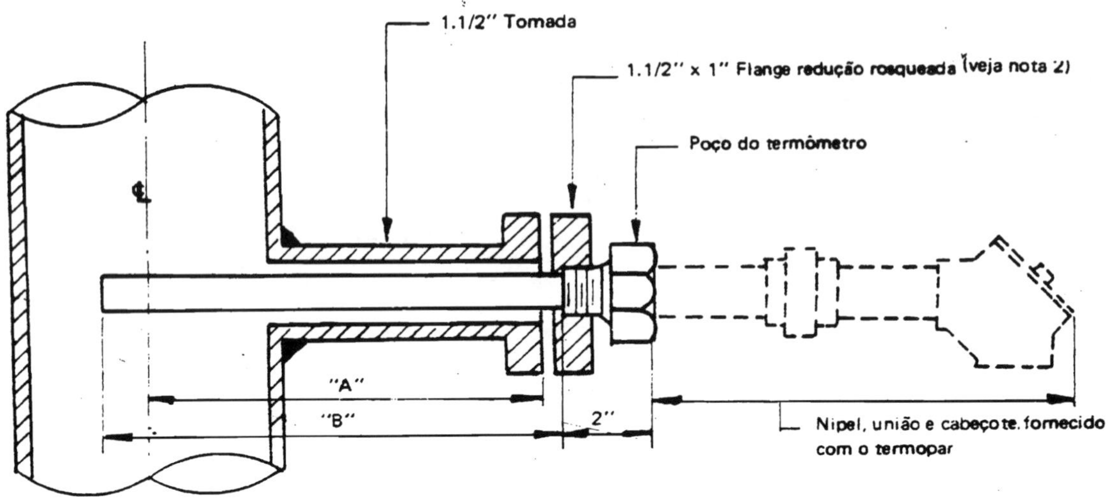

DIAM. DA LINHA	150 - 600#		900 - 2500#	
	Tomada Proj. A	Conexão bem larga B	Tomada Proj. A	Conexão bem larga B
3"	10"	10"	11"	12"
4"	10"	10"	11"	12"
6"	11"	12"	12"	12"
8"	12"	12"	13"	15"
10"	13"	12"	14"	15"
12"	14"	15"	15"	15"
14"	15"	15"	16"	18"
16"	16"	15"	17"	18"
18" ou mais		18"		18"
Vasos		Adaptar-se		Adaptar-se

Notas:

1 — Conexões podem ser no topo ou no lado das linhas horizontais.
2 — A lista de material dará as especificações para flange de redução, parafusos e guarnição.
3 — Para instalações em linhas menores que 3", molde parte da linha para 3".
4 — Controle o I.D. das tomadas e o diâmetro do poço antes de usar esta montagem.

DETALHES TÍPICOS DE TUBULAÇÃO
DESCARGA ATMOSFÉRICA COM INJEÇÃO DE VAPOR – D-5

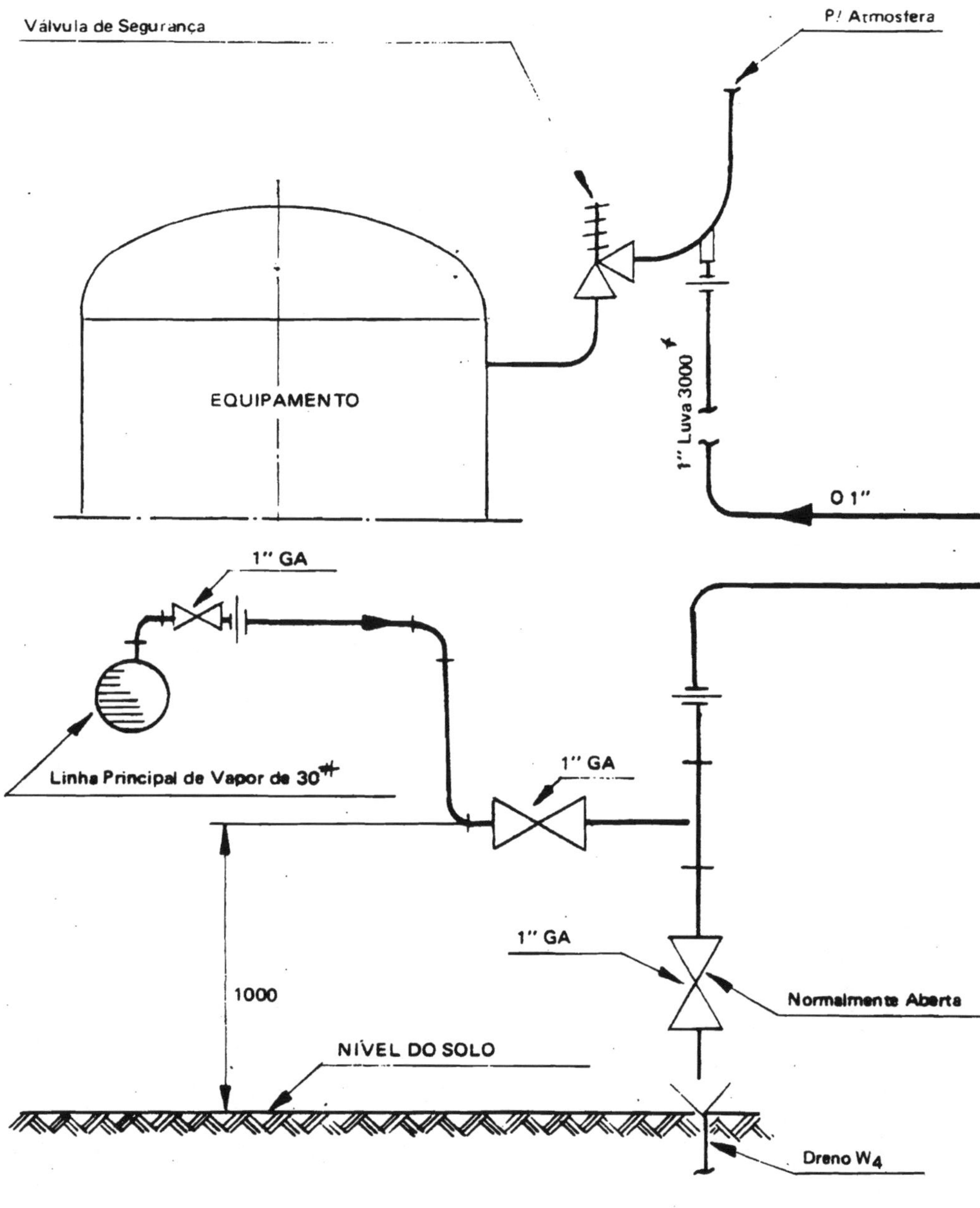

NOTA:

DIMENSÕESE EM MILÍMETROS

TABELA — 1 IDENTIFICAÇÃO FUNCIONAL

(1) Caso estas letras forem usadas conjugando com a primeira letra, por exemplo: PD (Pressão Diferencial), FF (Razão de Fluxos), FQ (Totalização de fluxo), estas serão consideradas como uma letra.

(2) Por exemplo, Registrador Multiponto de Temperatura será representado como TJR.

(3) Por exemplo, Receptor Indicador de Multivariável será identificado como (UI).

(4) Instrumento que possui mais de duas funções poderia ser identificado como (FU) caso o instrumento trata as variáveis referente ao fluxo.
Por exemplo: FIC/FSL/FQ → FU

(5) Vide tabela 2 "Letras e Símbolos Auxiliares" para cada caso.

F	RC -	2	A
Primeira Letra	Letras Subsq.	N.º de Loop	Suffix Não é necessár.
Identificação Funcional		Identificação do Loop	
Identificação do Instrumento ou Tag. Number			

	Tabela I		Identificação Funcional		
	Primeira Letra		Letras Subsequentes		
	Variável Medida ou Variável Iniciante	Modificador	Leitura ou Função Passiva	Função do Sinal de Saída	Modificador
A	Analisador		Alarme		
B	Chama de Queimador		Diponível	Disponível	Disponível
C	Condutividade (elét.)			Controle	
D	Densidade	Diferencial (1)			
E	Voltagem (E.F.M.)		Elemento Primário		
F	Fluxo	Razão (1) Fração			
G	Calibração Dimensional		Visor		
H	Manual				Alto
I	Corrente (elétrica)		Indicação		
J	Potência (força)	Scan			
K	Tempo ou Programa Temporizado			Estação de Controle	
L	Nível		Luz (Piloto)		Baixo
M	Umidade				Meio ou Intermediário
N	Disponível		Disponível	Disponível	Disponível
O	Disponível		Orifício (restrição)		
P	Pressão ou vácuo		Ponto (conexão p/tes)		
Q	Quantidade	Integrador Totalizador (1)			
R	Radioatividade		Registrador		
S	Velocidade (frequência)	Segurança		Chave	
T	Temperatura			Transmissor	
U	Multivariável (3)		Multifunção (4)	Multifunção (4)	Multifunção (4)
V	Viscosidade			Válvula registro ou veneziana	
W	Peso ou Potência		Poço de Instalação		
X	Não Classificado		Não Classificado	Não Classificado	Não Classificado
Y	Disponível			Relé Computador Extraidor-Raíz (S)	
Z	Posição			Aparelho Motriz Atuador ou Element.	

Linha de Conexão Processo e Suprimento Para Instrumentos	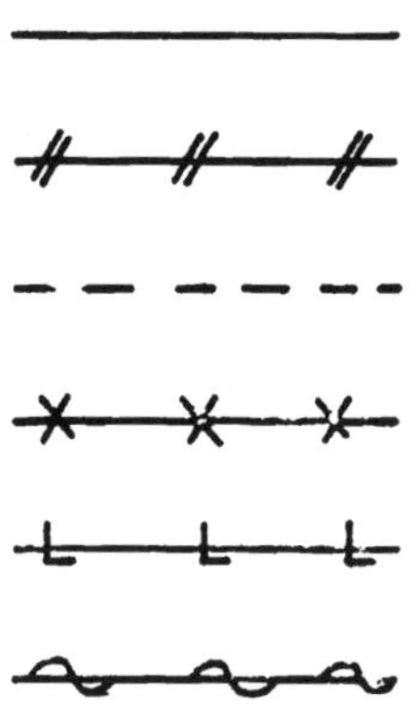
Linha de Sinal Pneumático	
Linha de Sinal Elétrico	
Linha de Tubo Capilar para Instrumentos	
Linha de Sinal Hidráulico	
Linha de Sinal Eletromagnético ou Sonoro	

Notas:

1) As linhas de instrumentação devem ter os traços mais finos que os das linhas de processo.

2) Poderão ser usados os seguintes símbolos para as linhas de alimentação elétrica, pneumática ou líquido purgador.

AS: Suprimento de Ar
ES: Alimentação Elétrica
GS: Suprimento de Gás
HS: Suprimento Hidráulico
NS: Suprimento de Nitrogênio
SS: Suprimento de Vapor
WS: Suprimento de Água

Exemplo:
AS 7 = Suprimento de ar com pressão de 7 kg/cm^2

ES 24 DC = Alimentação de Corrente contínua de 24V.

SIMBOLOGIA GERAL DOS INSTRUMENTOS: TRANSMISSORES, CONTROLADORES EM GERAL			
Ø7/16" 			
Instalação no Painel	Instalação no Campo	Instalação Atrás do Painel	Instalação no Campo: Exemplo: 6: Significa n.º da planta 584: Significa n.º do Loop 23: Significa n.º do elemento ou ponto.
	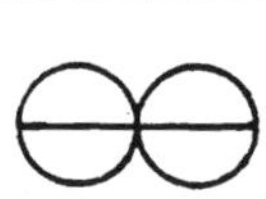		
Instalação no campo para os casos com 2 variáveis.	Instalação no painel para os casos com 2 variáveis.	Instalação atrás do painel para os casos com 2 variáveis.	

SÍMBOLOS DE ELEMENTOS PRIMÁRIOS

SÍMBOLOS DE ELEMENTOS PRIMÁRIOS A~E			
A Análise de composição ou concentração	1) 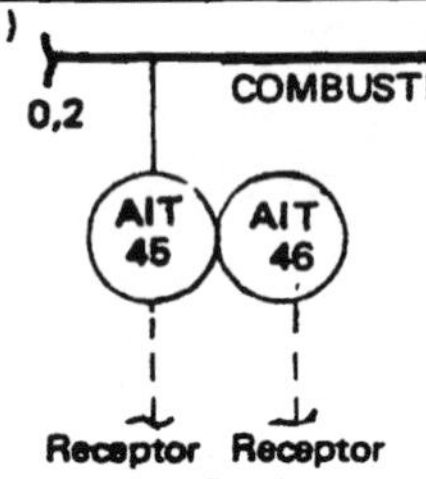 Analisador Duplo com Indicação e transmissão de concentração de oxigênio e combustíveis.	2)	3)
B Chama do Queimador	1) 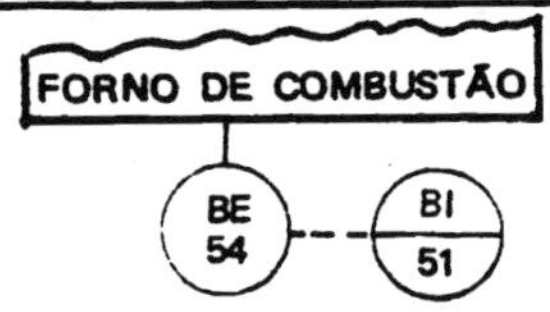 Um detetor de chama do queimador ligado ao indicador de intensidade de chama do T/Análogo	2) 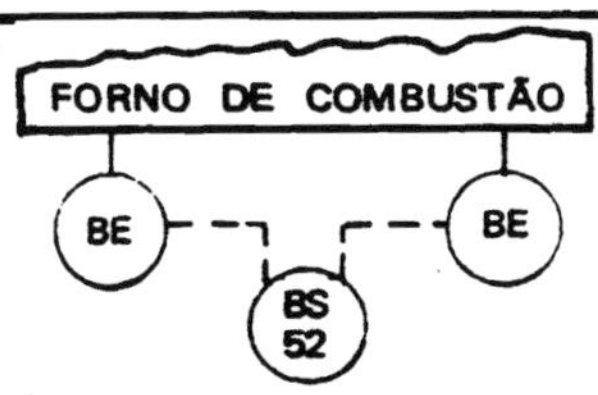 Dois detetores de chama ligados à uma chave comum.	3) 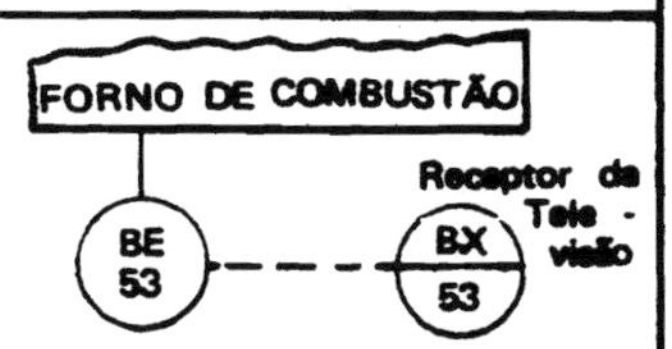 Câmara de televisão e receptor de televisão para a chama do queimador.
C Condutividade	1) 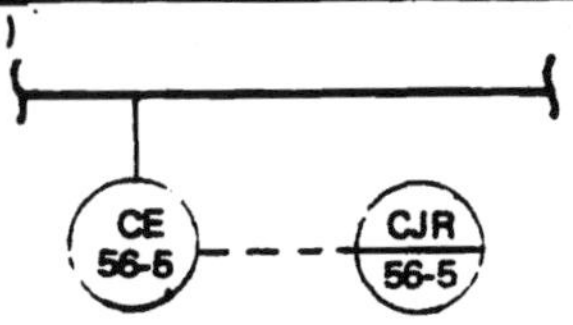 Célula de condutividade conectada ao ponto 5 do varredor-registrador de multiponto de condutividade.	2)	3)
D Densidade ou gravidade específica	1) 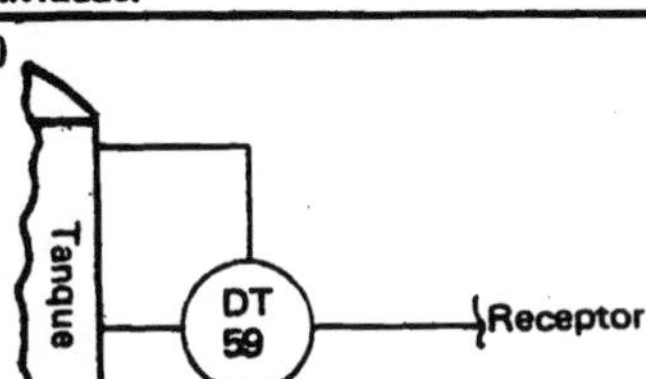 Transmissor de densidade, tipo pressão diferencial, conectado externamente.	2) 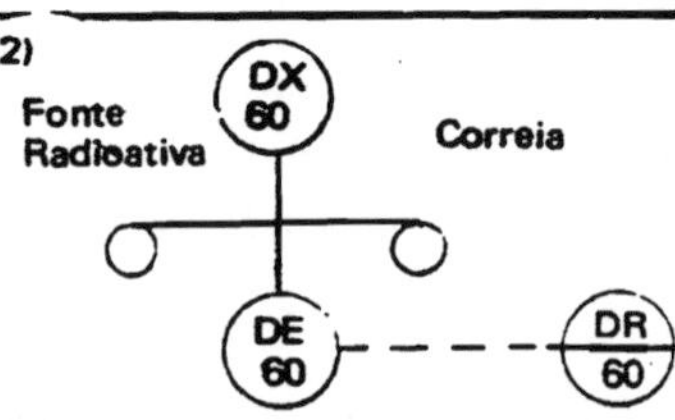 Elemento de medição de densidade do tipo radioativo, conectado ao registrador de dens/ painel.	3) 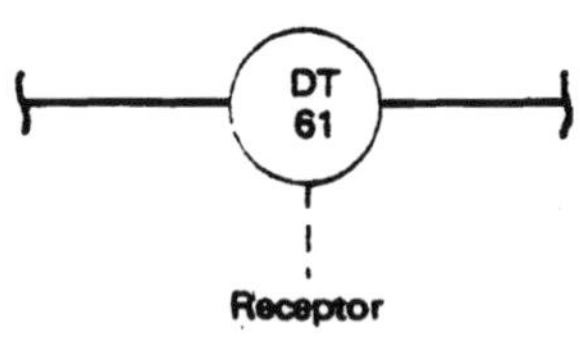 Transmissor de gravidade específica tipo fluxo passante.
E Voltagem	1) 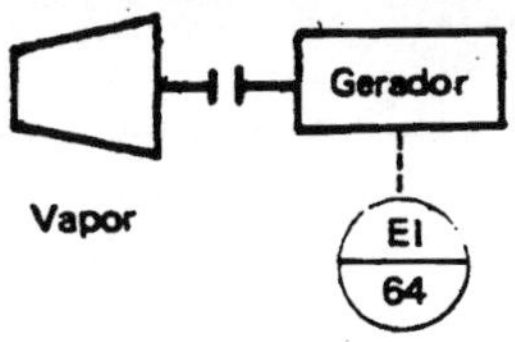 Indicador de voltagem conectado ao gerador a turbina.	2) 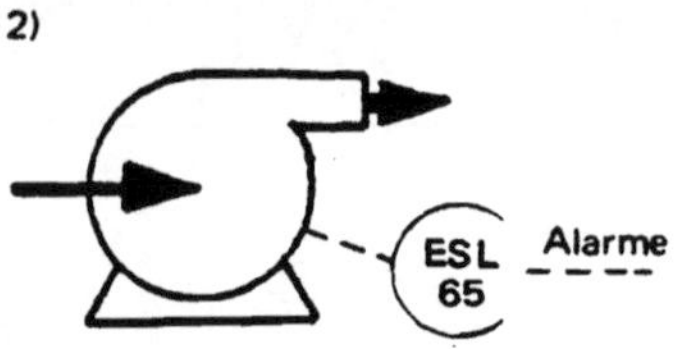 Chave de voltagem baixa conectada ao motor da bomba.	3)

SÍMBOLOS DE ELEMENTOS PRIMÁRIOS

SÍMBOLOS DE ELEMENTOS PRIMÁRIOS (CONTINUAÇÃO)

RAZÃO DE FLUXO

1) 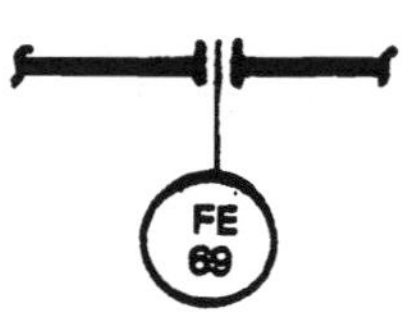 Placa de orifício com flanges ou "Corner Tap".	2) 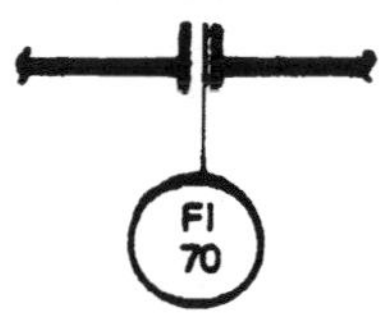 Placa de orifício com flanges ou "Corner Taps" conectado ao indicador de fluxo do tipo pressão diferencial.	3) 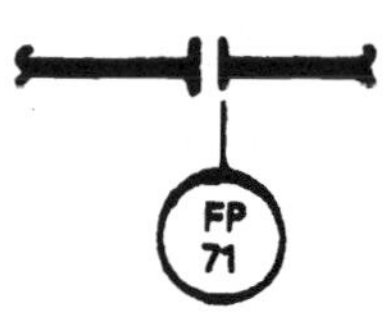 Conexão para teste sem placa de orifício ou "Corner Tap".
4) 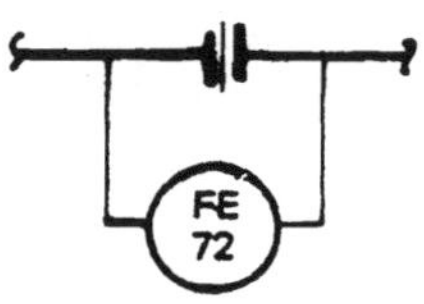 Placa de orifício com vena contracta, raio, ou pipe taps.	5) 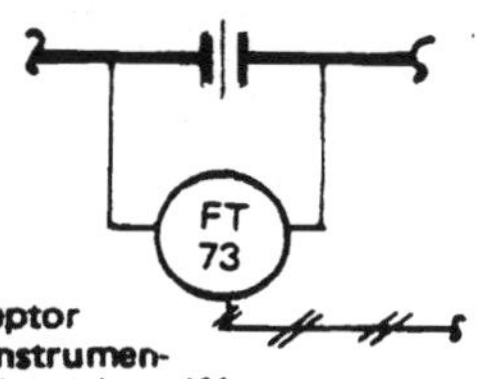 Receptor de instrumento placa de orifício com vena contracta, ou pipe taps conectado ao trans. de vazão T/Pr. Difer.	6) 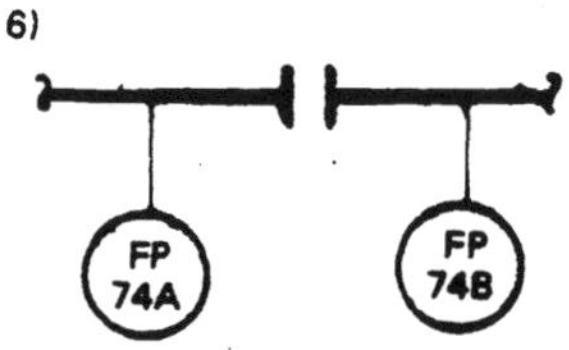 Conexão para teste sem placa de orifício na vena contracta, raio ou pipe tap.
7) 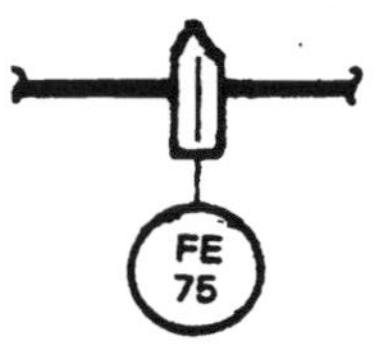 Placa de orifício instalada nos encaixes rápidos (quick opening)	8) 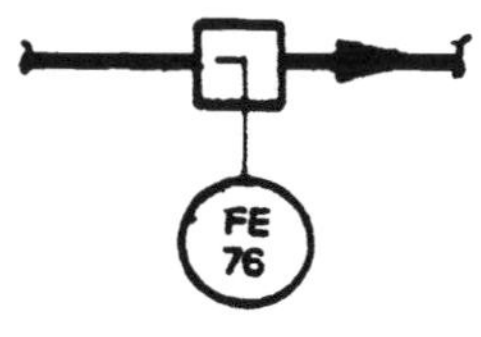 Tubo de Pitot ou tubo de Pitot-Venturi	9) 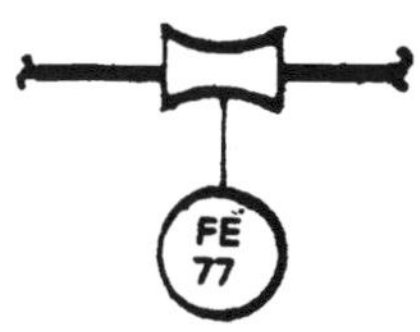 Tubo de Venturi ou bocal.
10) 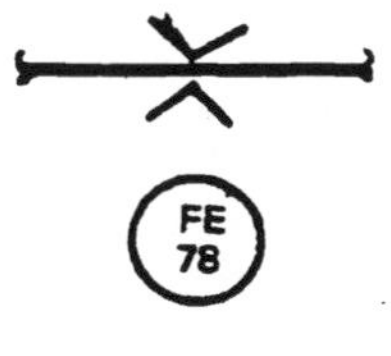 Canal	11) 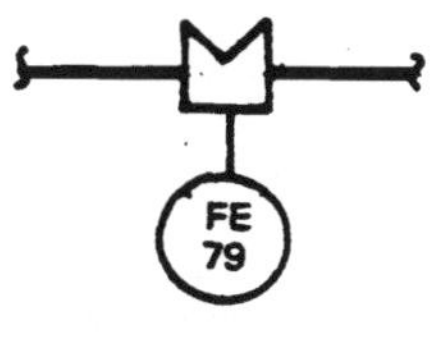 Vertedor	12) 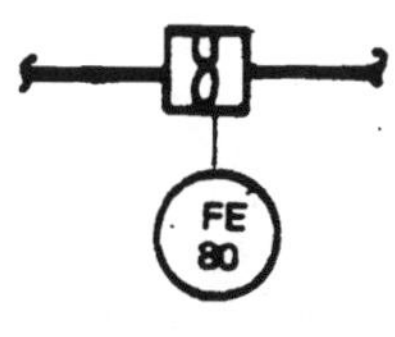 Elemento primário do tipo turbina ou hélice.
13) 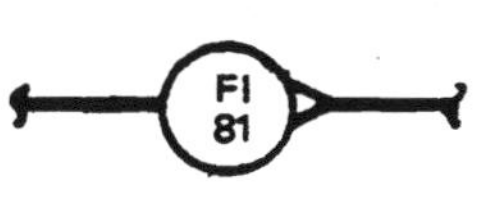 Indicador de vazão de tipo rotâmetro	14) 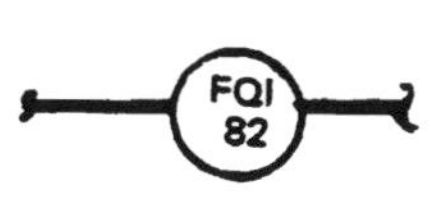 Indicador - totalizador de vazão de tipo deslocamento positivo.	15) 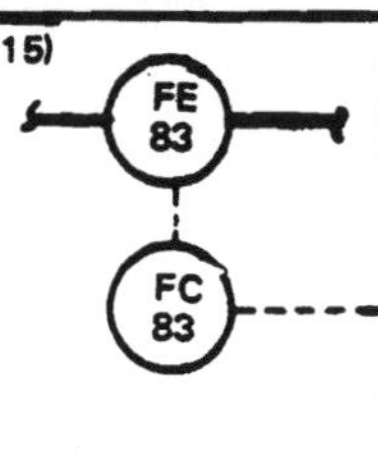 Medidor magnético ou laminar de fluxo. Elemento Controlado

SÍMBOLOS DE ELEMENTOS PRIMÁRIOS

SÍMBOLOS DE ELEMENTOS PRIMÁRIOS (CONTINUAÇÃO)			
RAZÃO DE FLUXO	16) Medidor tipo alvo ou massa, etc. PT 84. Instrumento receptor. Elemento primário não identificado de vazão integrante com transmissor.	17) FO 85. Orifício de restrição (Placa de orifício, tubo capilar ou tipo multietapa, etc.) na linha de processo.	18) FO 86. Orifício de restrição bloqueado no corpo da válvula.
	19) FG 87. Vidro visor de fluxo simples, com roda de pás, palheta, etc.	20) FR 88. Pá de endireitamento de fluxos.	21) FI 324. P 2. Indicador de fluxo tipo pressão diferencial com água de purga para as ambas tub. de impulso.

INTEGRAÇÃO OU TOTALIZAÇÃO			
	1) Medidor de vazão tipo pressão diferencial com: FR 273, FQIS 273. 1) Registro de razão de fluxo. 2) Indicação de vazão integrado e 3) Chave atuada p/um val. int. de flu.	2) Medidor de vazão tipo diferencial com: 1) Registro de razão de fluxo. FQI 274, FRS 274. Alarme. 2) Indicação de vazão integradore 3) Chave atuada por uma razão de fluxo.	3) KQI 275. Totalizador de hora de operação conectado ao motor da bomba.

1) FT 290, TE 290. Receptor. Transmissor de fluxo com elemento de temperatura para compensação de temperatura.	2) Alternativa em montante. Alternativa em jusante. PR 292, FR 291, PR 292. Registrador de vazão com a pena de registro de pressão conectada à tomada do registrador de vazão tipo pressão diferencial.	3) Estação manual carregadora. HC 293, FI 293, FT 293, HV 293. Sem manômetro de sinal de saída e com receptor indicador de fluxo.

SÍMBOLOS DE ELEMENTOS PRIMÁRIO

<table>
<tr><th colspan="4">SÍMBOLOS DE ELEMENTOS PRIMÁRIOS (CONTINUAÇÃO)</th></tr>
<tr>
<td>CALIBRAÇÃO (COMPRIMENTO OU ESPESSURA).</td>
<td>1)
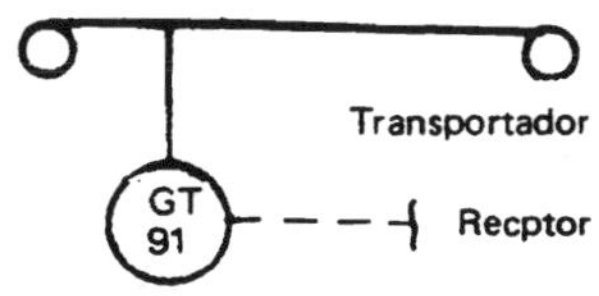

Transmissor da espessura de lâmina.</td>
<td>2)
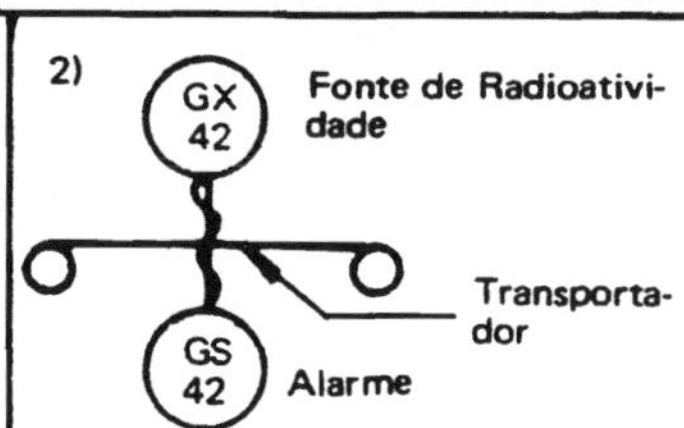

Chave diretora de espessura de galvanização tipo radioativa.</td>
<td>3)</td>
</tr>
<tr>
<td>H
OPERAÇAO MANUAL</td>
<td>1)

Estação manual carregadora sem manômetro de pressão de saída</td>
<td>2)
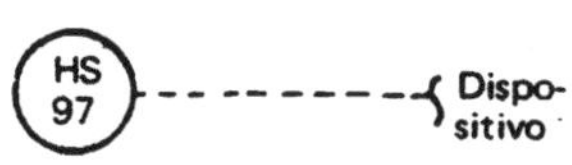

Chave elétrica operada manualmente.</td>
<td>3)</td>
</tr>
<tr>
<td>CORRENTE</td>
<td>1)
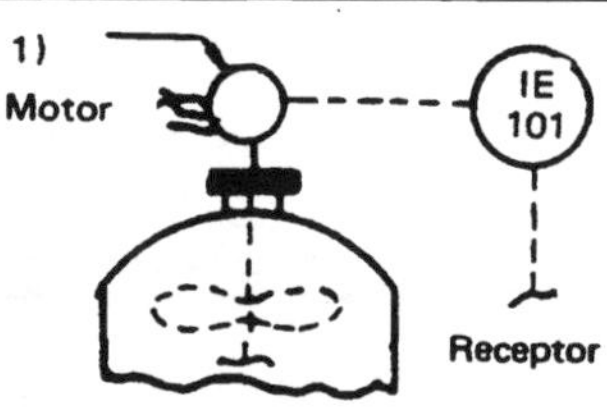

Transformador de corrente p/medir cor. do motor elétrico.</td>
<td>2)</td>
<td>POTÊNCIA
3)
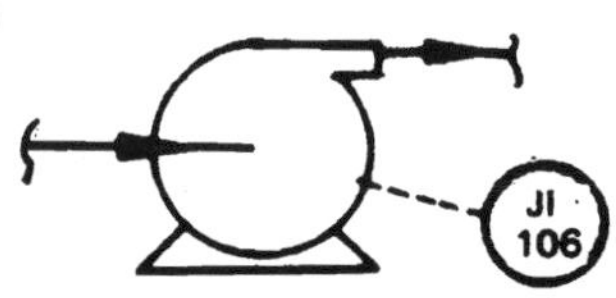

Wattímetro indicador conectado ao motor da bomba.</td>
</tr>
<tr>
<td>TIME OU PROGRAMAÇÃO TEMPORIZADO</td>
<td>1)

Relógio</td>
<td>2)
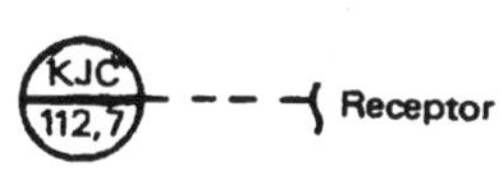

Programador Multiponto de sequência de tempo tipo on-off.
Ponto 7.</td>
<td>3)
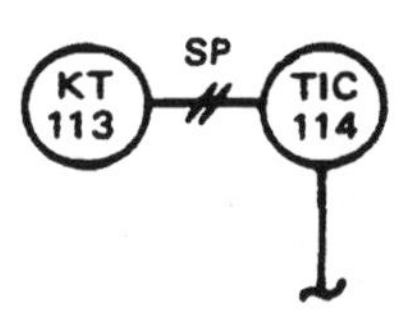

Dispositivo de Controle</td>
</tr>
<tr>
<td>UMIDADE</td>
<td>1)
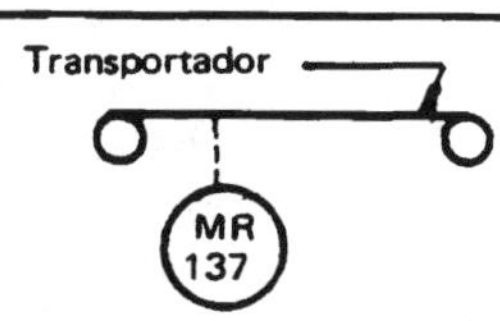

Registrador de umidade (se estiver um elemento primário separado, será etiquetado como ME - 137).</td>
<td>2)
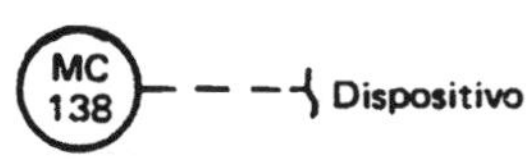

Controlador de umidade conjugado com detetor tipo instalação na sala.</td>
<td>3)</td>
</tr>
</table>

SÍMBOLOS DE ELEMENTOS PRIMÁRIOS

SÍMBOLOS DE ELEMENTOS PRIMÁRIOS (CONTINUAÇÃO)

NÍVEL

1)

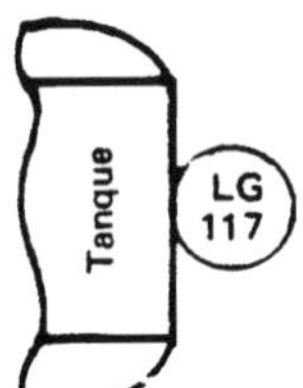

Visor de nível montado integrantemente no tanque.

2)

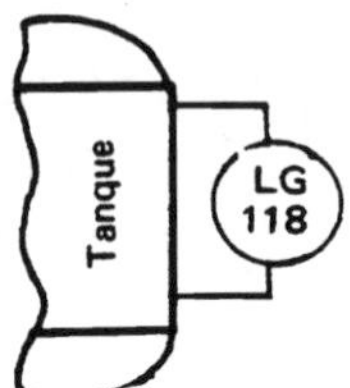

Visor de nível contactado externamente ao tanque.

3)

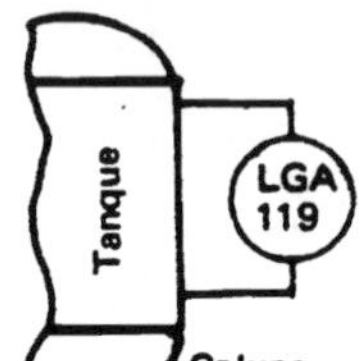

Coluna de água com visor instalado integrantemente e com apito de alarme.

4)

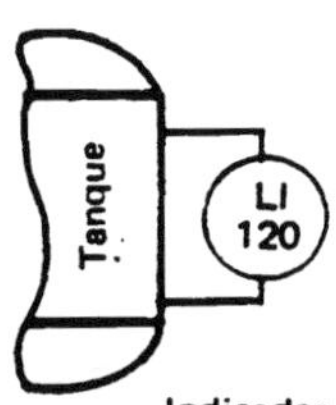

Indicador de nível tipo janela magnética ou bóia ou embolo.

5)

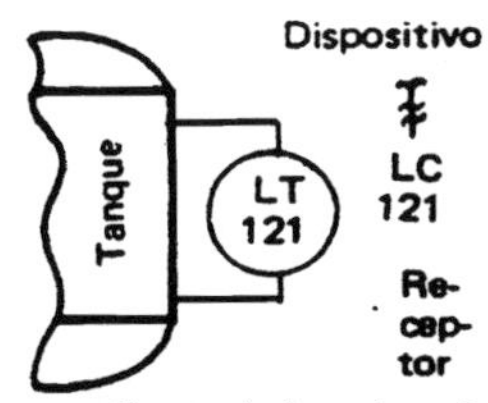

Transmissor - Controlador de nível tipo bóia externa ou tipo embolo externo.

6)

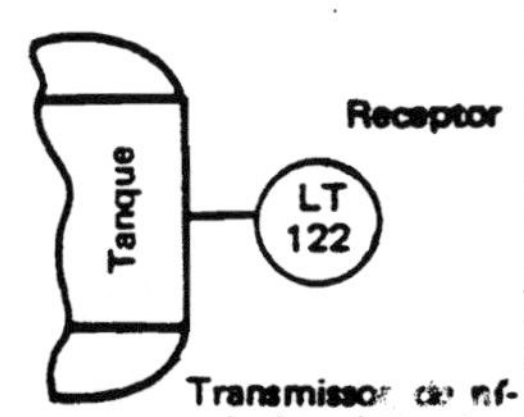

Transmissor de nível tipo bóia interna ou embolo interno instalado lateralmente ao tanque

7)

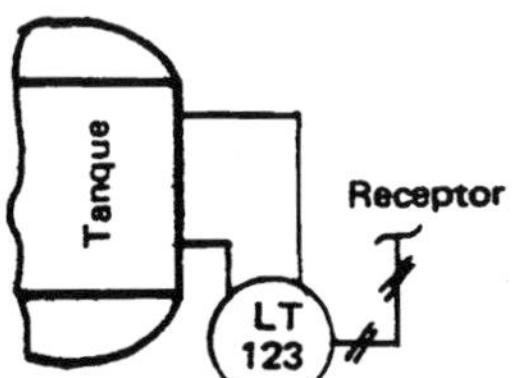

Transmissor de nível tipo pressão diferencial conec. exter. c/ tubo de imersão

8)

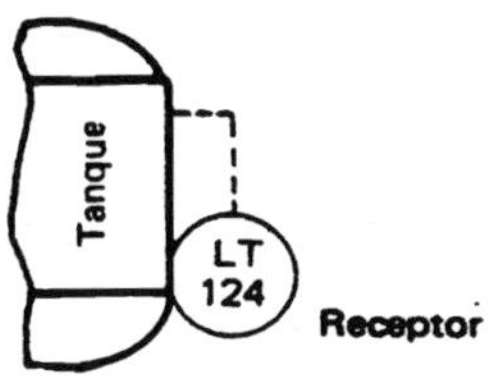

Transmissor de nível tipo pressão diferencial instalado no tanque.

9)

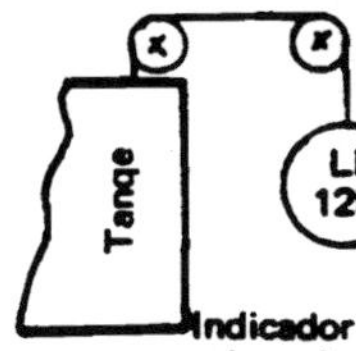

Indicador de nível tipo bóia com táboa de calibre ou indicador a fita instalado embaixo do topo do tanque.

10)

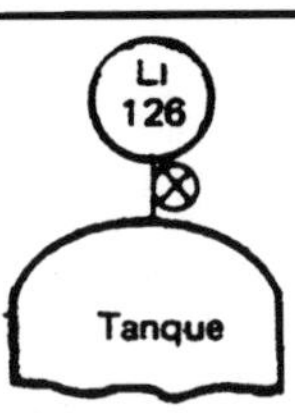

Indicador de nível tipo bóia com táboa de calibre ou indicador a fita instalado em cima do tanque.

11)

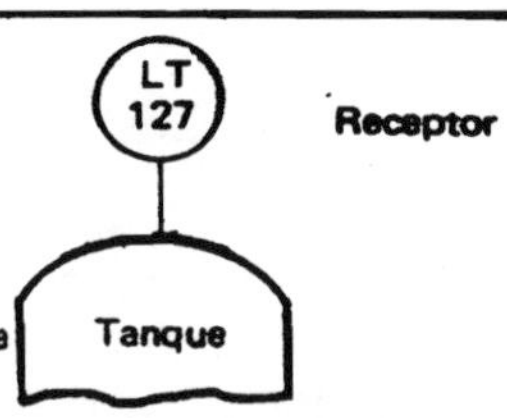

Elemento medidor de nível tipo capacitância ou dielétrico conectado ao transmissor de nível (Etiq. do elem. medidor de nível E127).

12)

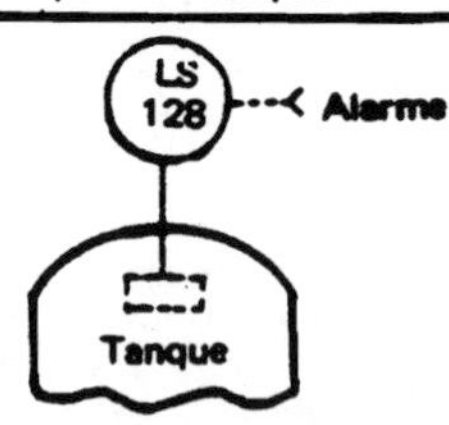

Chave de nível, tipo roda de pás ou alavanca para detêtar o nível do material sólido.

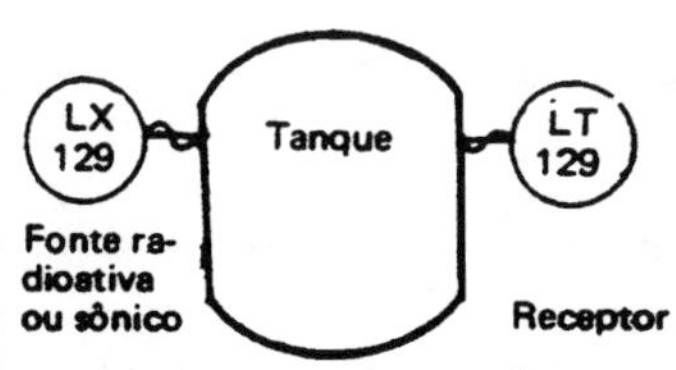

Transmissor de nível tipo radioativa ou sônico com detetor integrante.

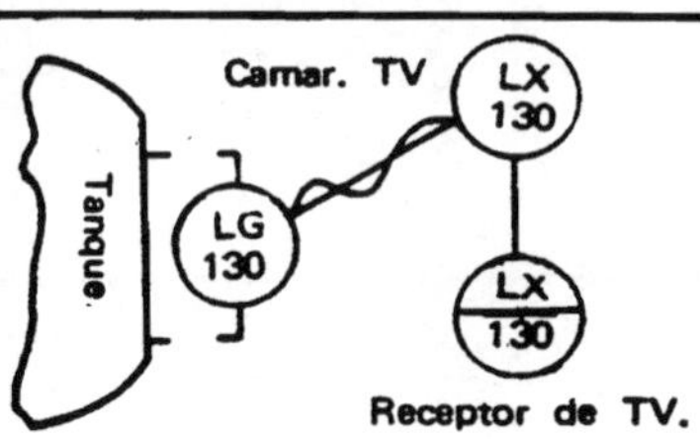

Observação remota do visor através da câmara e rccep. de TV.

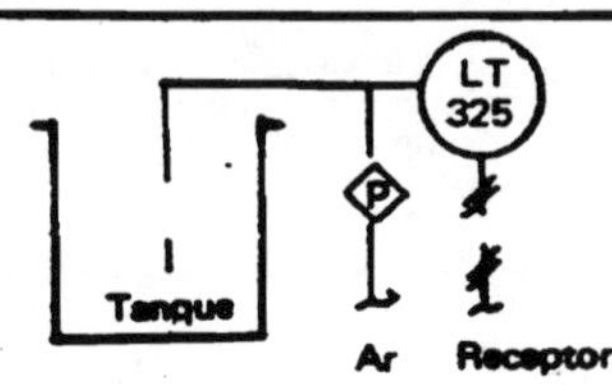

Transmissor de nível para o tanque aberto com tubo de mergulho e purga de ar.

SÍMBOLOS DE ELEMENTOS PRIMÁRIOS

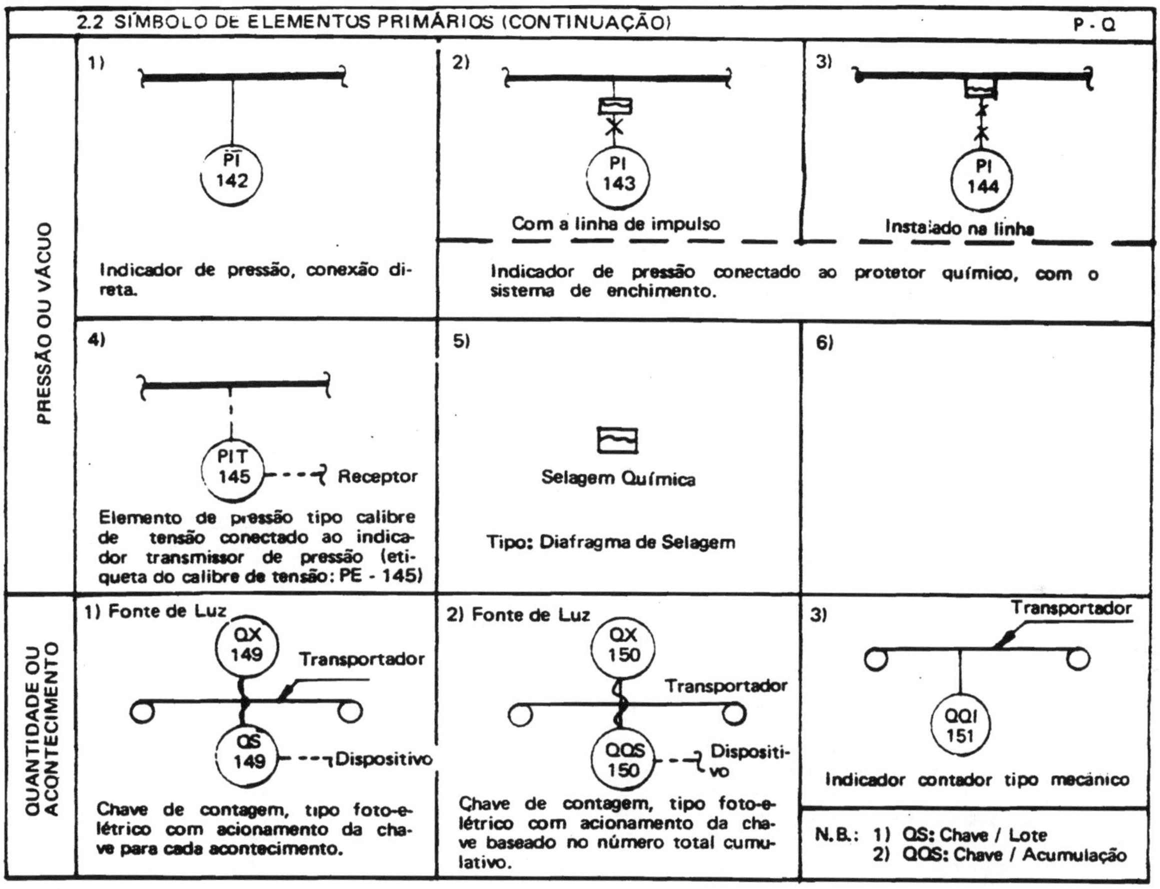

SÍMBOLOS DE ELEMENTOS PRIMÁRIOS

2.2 SÍMBOLOS DE ELEMENTOS PRIMÁRIOS (CONTINUAÇÃO)

T — TEMPERATURA

1)

Conexão para teste de temperatura com poço.

2)

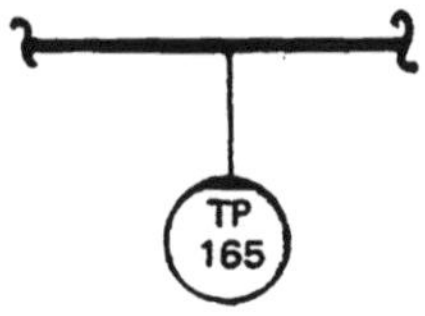

Conexão para teste de temperatura sem poço.

3)

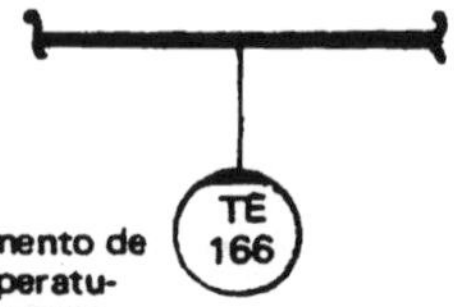

Elemento de temperatura, sem poço (elemento não está conectado ao instrumento secundário.)

4)

Elemento de temperatura com poço (elemento não está conectado ao instrumento secundário).

5)

Indicador de temperatura tipo sistema de enchimento com poço.

6)

Termômetro tipo bimetálico ou tipo vidro ou outro tipo de indicador local de temperatura não classificado.

7)

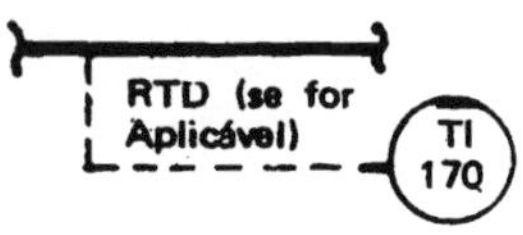

Elemento de temperatura como termopar ou bulbo de resistência (RTD) conectado ao indicador (Etiquete o elemento como TE - 170). RTD: Resistance Temperature Detector.

8)

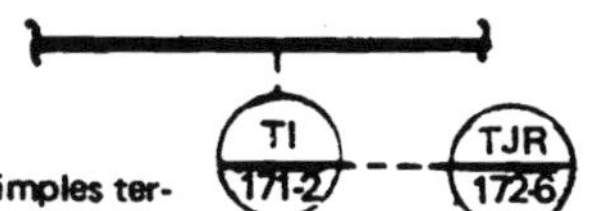

Simples termopar conectado ao indicador multiponto de temperatura com chave integrante para permitir registro no reg. de temp. tipo "scanning", de multipont. (etiq. o elem. temp. TE-712)

9)

Simples termopar ligado paralelamente ao indicador de multiponto de temperatura e ao registrador de multiponto de temperatura tipo "scanning" etiquete o elemento de temperatura como TE - 173-8/174-4).

10)

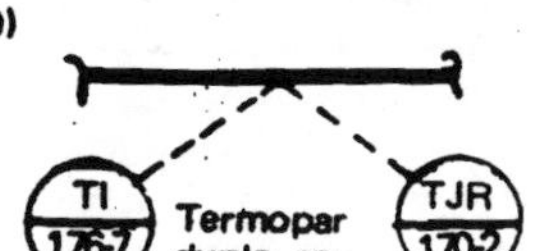

Termopar duplo conectado ao Indicador de multiponto de temperatura e ao registrador de multiponto de temp. tipo "scanning" (etiq. o elem. temp. TE-175-7/176-2)

11)

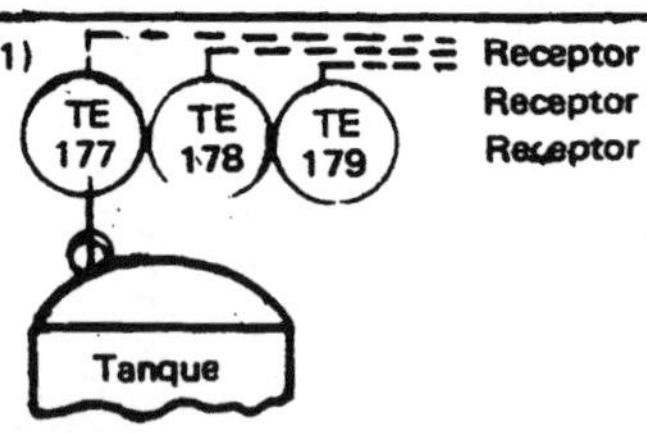

Termopar de multielemento com poço para as elevações diferentes no tanque.

12)

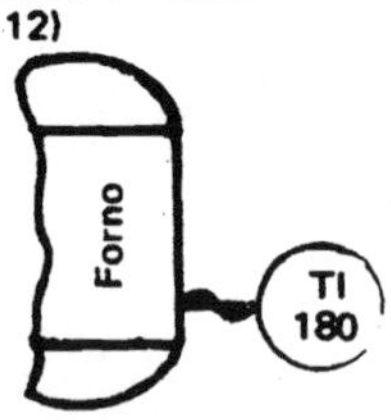

Indicador de temperatura tipo radiação térmica.

13)

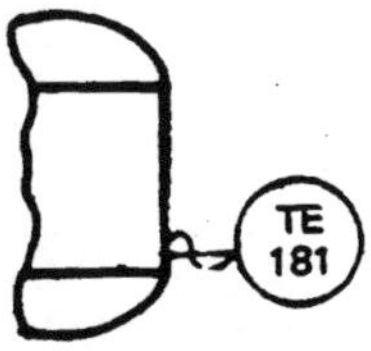

Receptor

Elemento de temperatura tipo radiação térmica.

Nota:

O símbolo de poço mostrado aqui tem uso disponível mas em um projeto, o seu uso ou não-uso deverá ser determinado definitivamente.

SÍMBOLOS DE ELEMENTOS PRIMÁRIOS

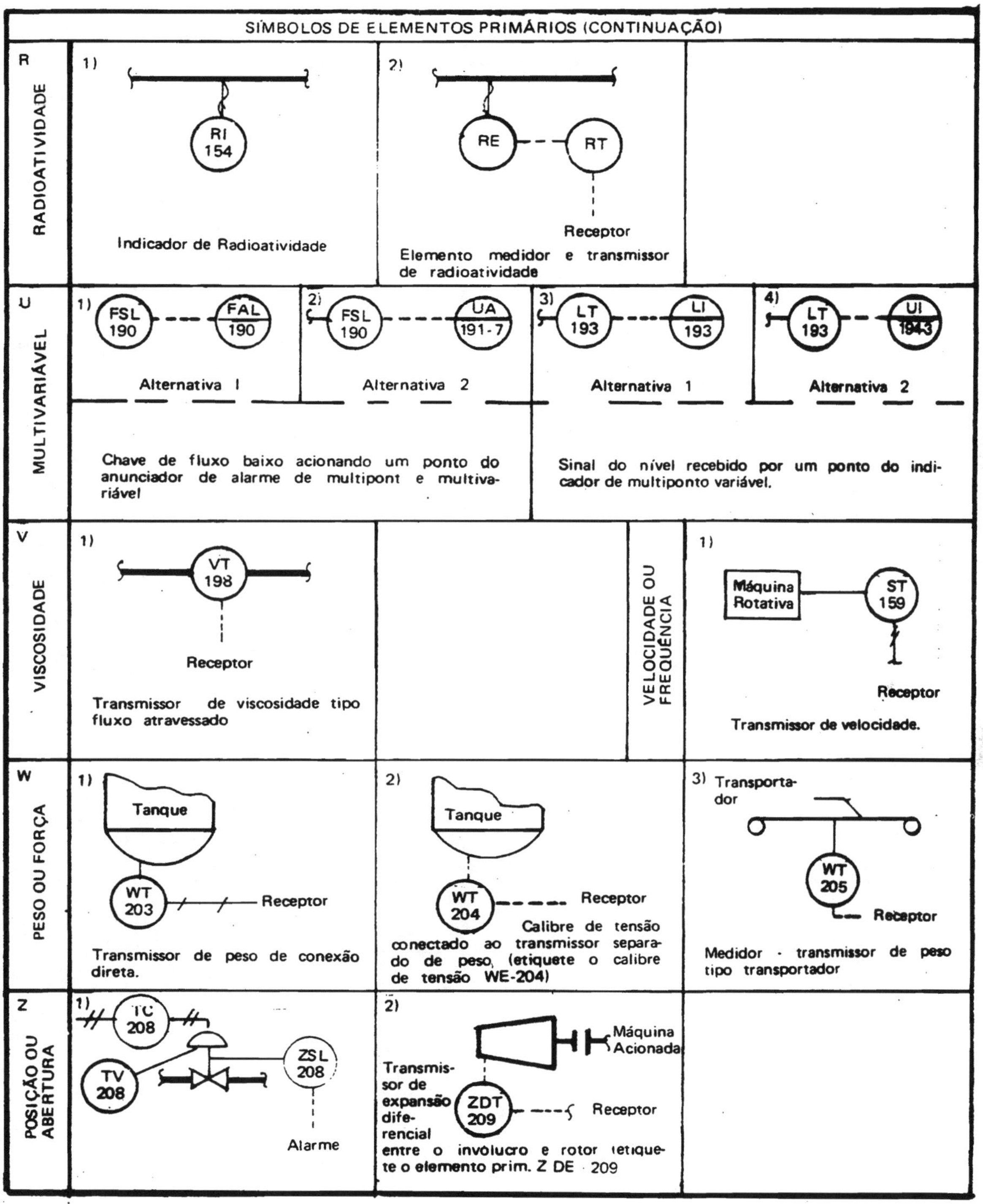

SIMBOLOGIA P/ VALVULAS
FLANGEADAS E ROSQUEADA

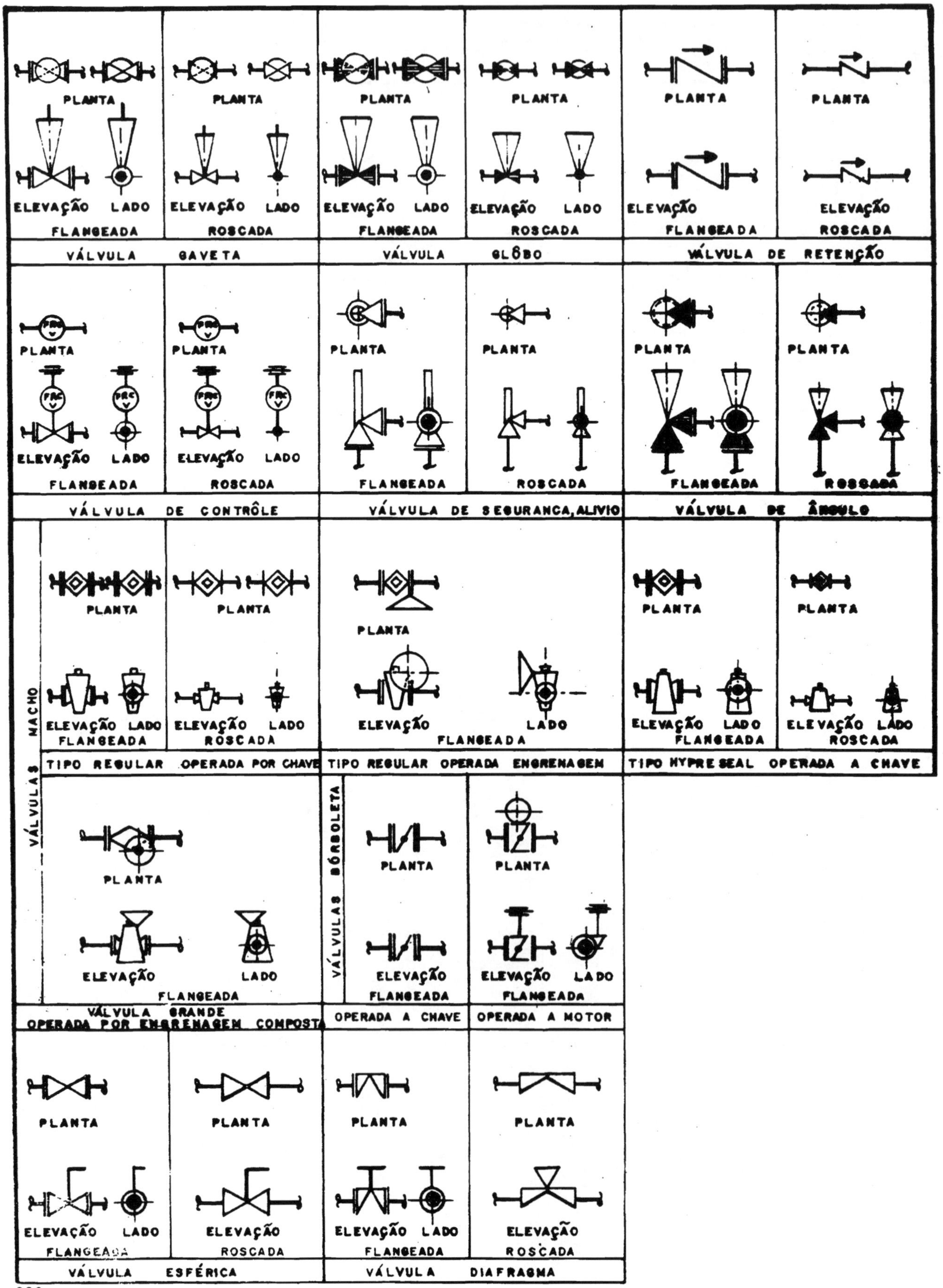

SÍMBOLOS DE VÁLVULAS

3 - Símbolos de Válvulas

Os símbolos de instrumentação para válvula de controle, usada como elemento acionador de processo se compõem nas seguintes 5 partes:

1 — Símbolo para corpo da válvula
2 — Símbolo para atuador
3 — Símbolo para válvula auto atuadora, válvula de operação manual, válvula de segurança e disco de ruptura do tipo com o corpo e a parte acionadora conjugado.
4 — Acessórios para válvulas de controle.
5 — Nomenclatura, desenho e símbolos que denotam o funcionamento e a função.

As seguintes notas seriam úteis para interpretar os símbolos referentes às válvulas de controle.

(1) A característica da válvula, em geral, não está apresentada no fluxograma porém caso houver especialmente necessidade de identificar a válvula, tipo tudo ou nada, o símbolo da válvula será completo com a anotação, próxima ao símbolo, de 1 - 0 ou tudo ou nada.
(2) Posicionador da válvula, válvula solenóide e conversor de sinal são identificados pelo símbolo "Piloto".
(3) Posicionador da válvula, comumente, não será desenhado, porém haverá a excessão, caso a válvula solenóide estiver instalada na linha de saída do posicionador.

3.1 SÍMBOLOS PARA AÇÃO DE ATUADOR CASO HOUVER FALHA DA FORÇA DO ATUADOR

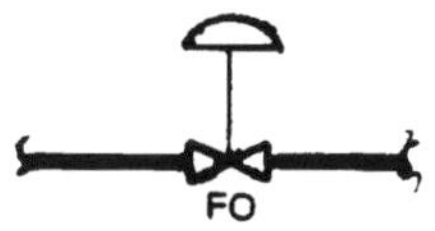

Válvula de duas vias, aberta pela falha (válvula abre com a queda de fonte de energia).

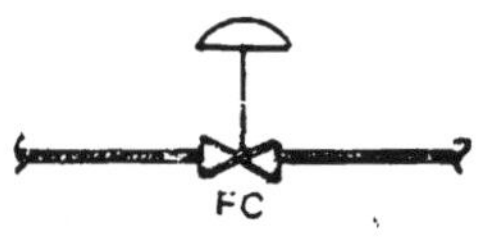

Válvula de duas vias, fechada pela falha (válvula fecha com a queda de fonte de energia.

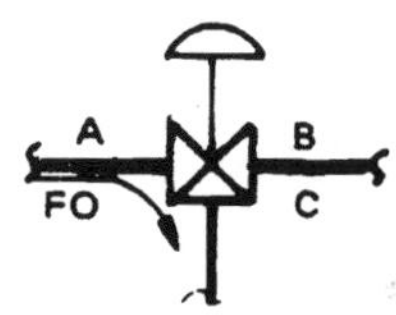

Válvula de três vias passagem AC aberta pela falha (passagem AC da válvula abre com a queda de fonte de energia.

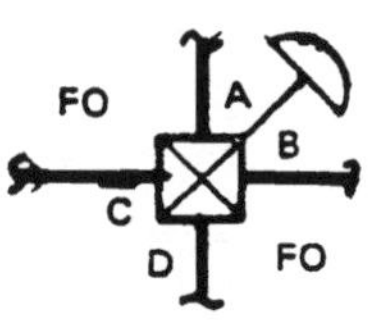

Válvula de quatro vias passagens A-C e D-E (passagens A-C e D-E da válvula abrem com a queda de fonte de energia.

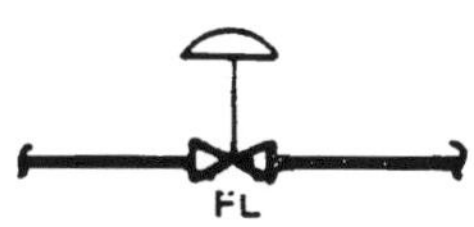

Válvula de qualquer tipo travada pela falha (posição não se altera) (a válvula se mantém a abertura quando houver a falha de energia).

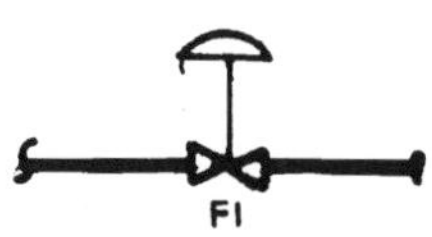

Válvula de qualquer tipo posição indeterminada pela falha (a válvula tem abertura indeterminada).

Nota: 1) A citação da válvula de controle tipo motor de diafragma como os exemplos básicos.
2) FO: Abertura pela falha
FC: Fechada pela falha
FL: Travada pela falha
FI: Indeterminada pela falha

SÍMBOLOS DE VÁLVULAS

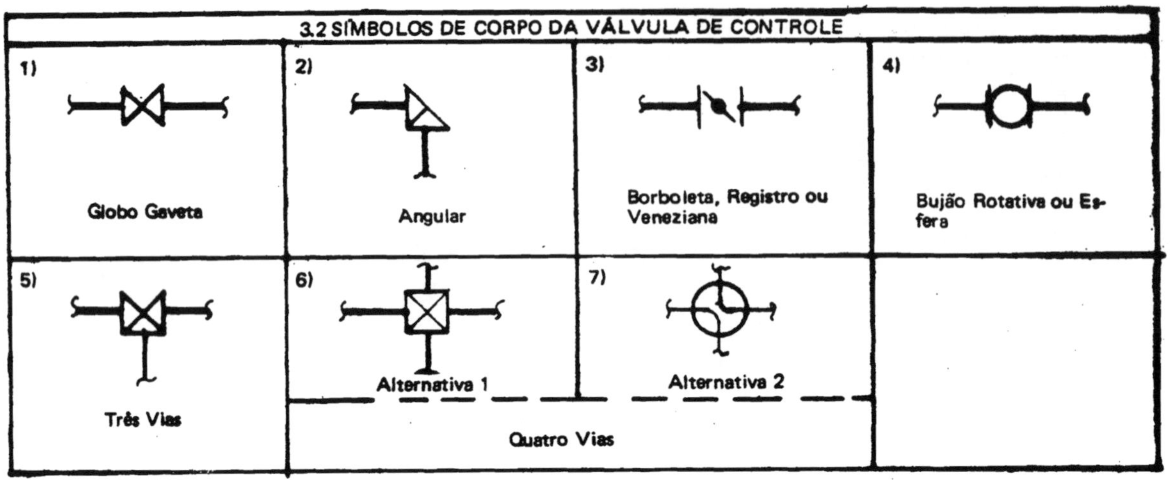

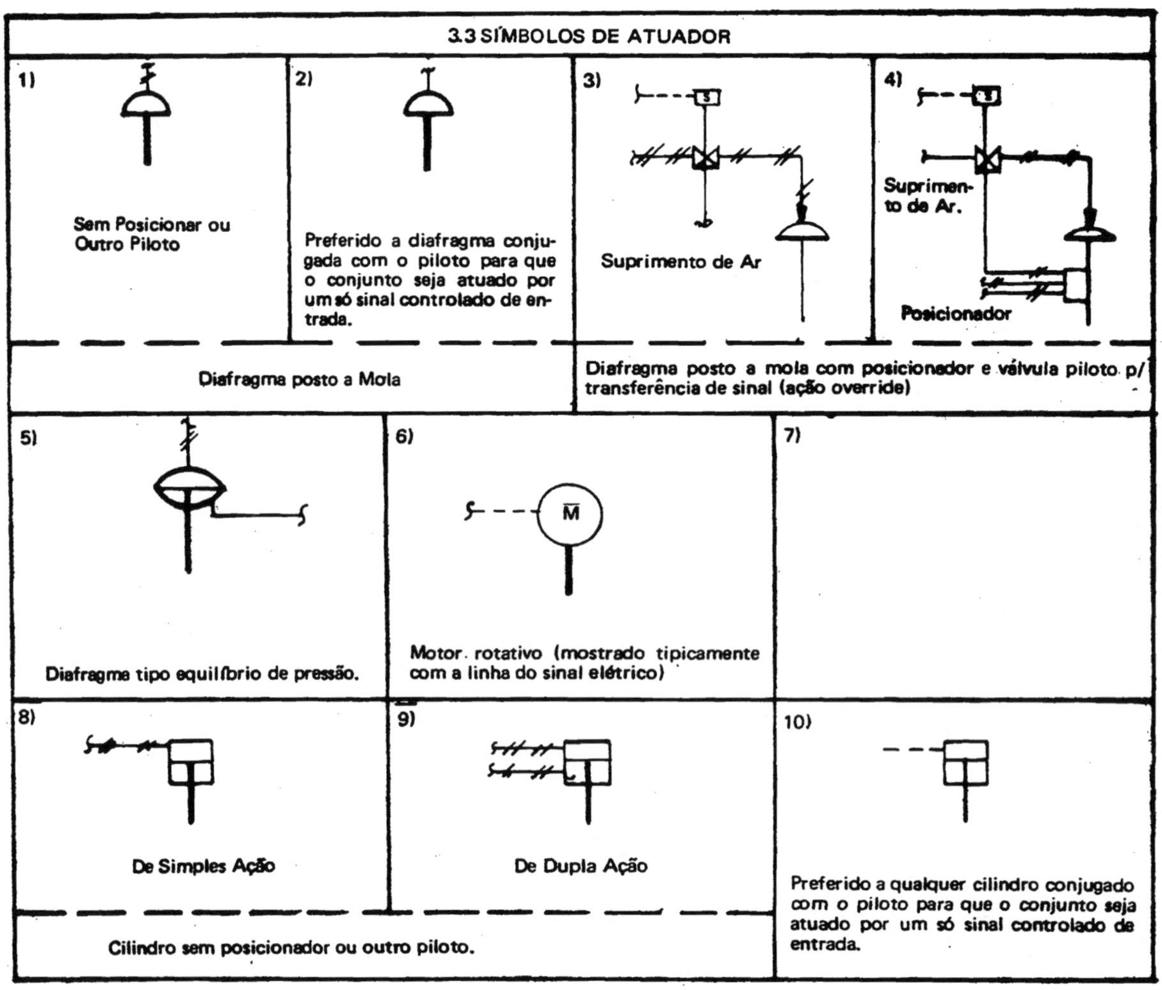

3.3 SÍMBOLOS DE ATUADORES (CONTINUAÇÃO)

11)

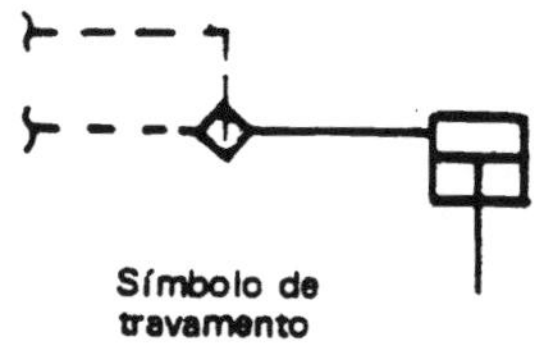

12)

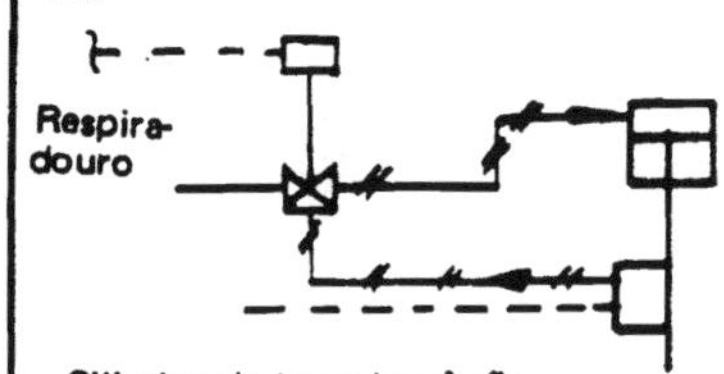

Cilindro de Simples Ação

13)

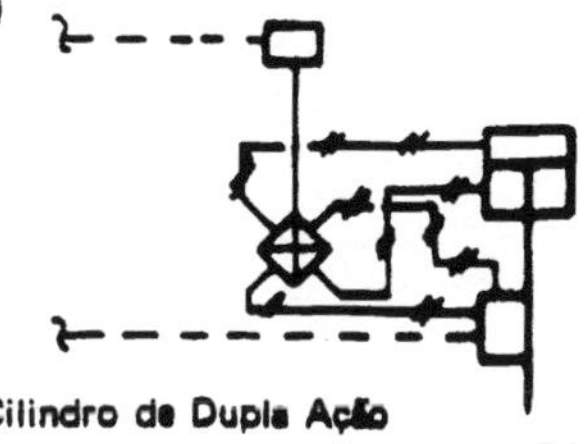

Cilindro de Dupla Ação

Alternativas Opcionais

Cilindro com Posicionador e Válvula Piloto p/ Transferência do Sinal (Ação "Override")

14)

Atuador manual (montado no topo, ao lado ou na base do dispositivo atuado conforme aplicável).

15)

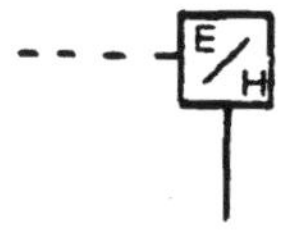

Eletrohidráulico

16)

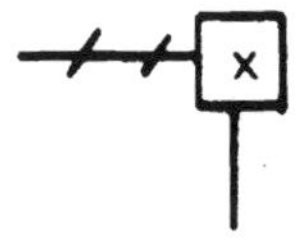

Não Classificado
(Mostrado tipicamente com sinal pneumático).

17)

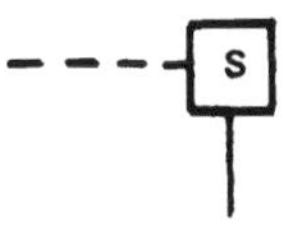

Solenóide

18)

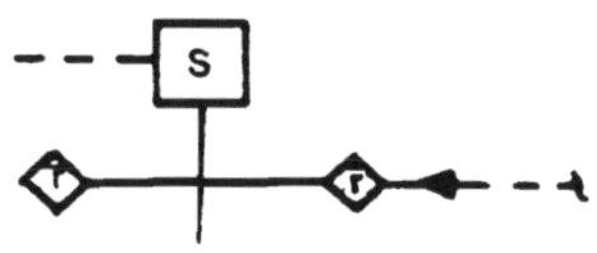

(Reestabelecimento manual) (Reestabelecimento remoto)

Atuador tipo engate com reestabelecimento.

Reestabelecimento p/ atuador tipo engate.

19)

Só para o alívio de pressão ou a válvula de segurança: denota a mola, peso, ou piloto integrante.

(Exemplos de Aplicações)

1)

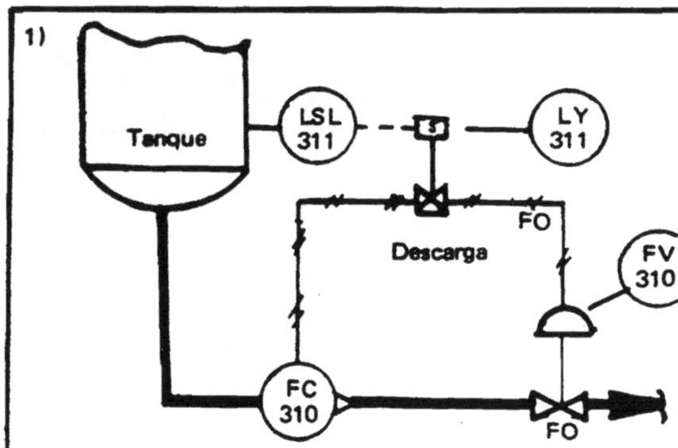

Quadro de controle de fluxo com travamento para nível baixo, atuado pela chave de nível LSL-311

2)

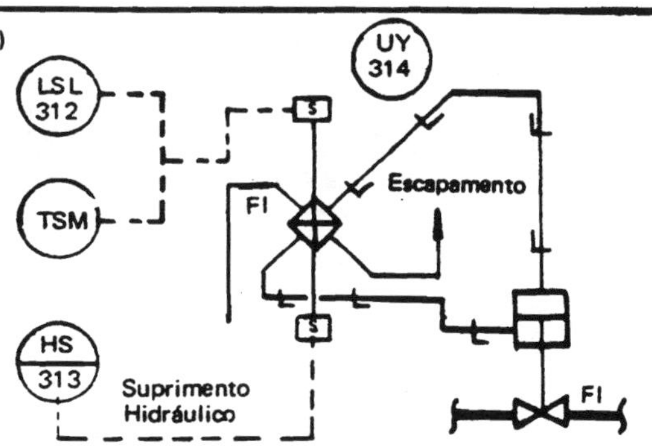

Válvula tipo tudo-nada atuada pelo pistão, para ser fechada pelo nível baixo ou a temperatura alta e reaberta pelo botão de comando para o reestabelecimento da válvula solenóide de dupla bobina.

SÍMBOLOS PARA REGULADORES, VÁLVULAS AUTO – ACIONADORES

3.4	SÍMBOLOS P/ REGULADORES, VÁLVULAS, AUTO ACIONADORES E OUTROS DISPOSITIVOS (CONTINUAÇÃO)		
VAZÃO	1)  Regulador automático com dispositivo integrante de indicação de vazão. Etiquetar o regulador como FCV-5 se o mesmo não estiver munido de dispositivo integrante de indic./vazão.	2) Alternativa em montante — Alternativa em jusante 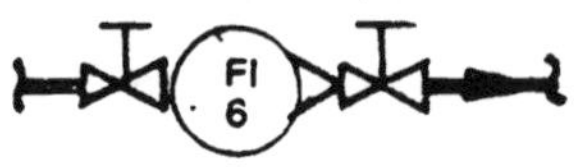 Rotâmetro indicador com válvula integrante manual de estrangulamento.	(Exemplo:) 3) 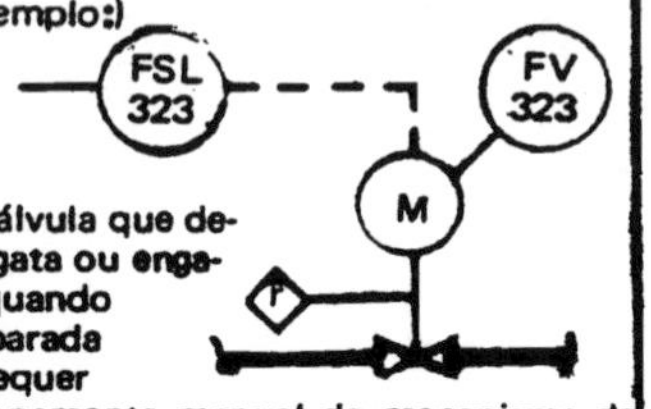 A válvula que desengata ou engata quando disparada e requer acionamento manual do mecanismo de reestabelecimento conjugado c/ a própria válvula.
OPERAÇÃO MANUAL	4)  Válvula de controle manual na linha de processo.	5)  Válvula de ligação tudo ou nada com atuação manual na linha de sinal pneumático.	6)  Orifício de reestrangulamento com ajuste manual na linha de sinal.
NÍVEL	7) 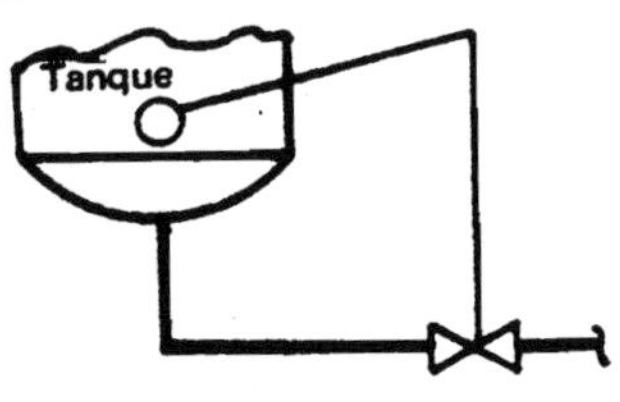 Regulador de nível com lincagem mecânica.	8)	9) (Exemplo:) 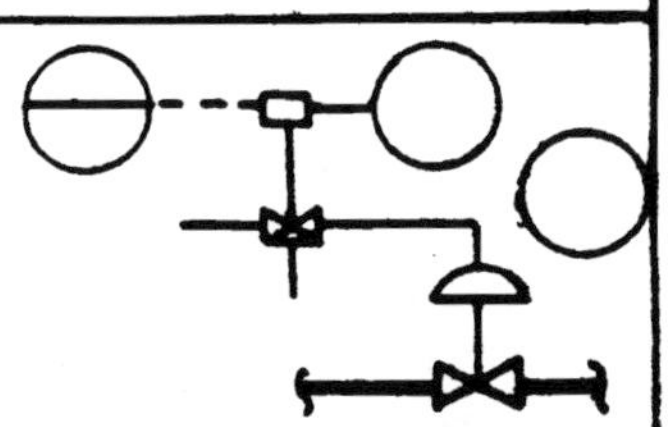 Válvula solenóide do piloto atuada pela chave de atuação manual.
PRESSÃO	10) 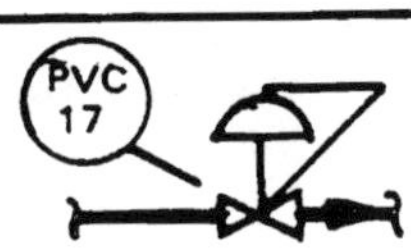 Regulador-redutor completo de pressão.	11) 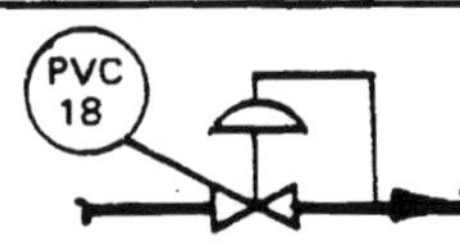 Regulador-redutor de pressão com tomada externa de pressão.	12)  Regulador-redutor de pressão diferencial com tomada interna e externa de pressão.
PRESSÃO	13)  Regulador completo de contrapressão.	14)  Regulador de contrapressão com tomada externa de pressão.	15)  Regulador-redutor de pressão com válvula integrante de alívio de pressão de saída e manômetro opcional ("air set" típico).

SISTEMA DE CONTRÔLE DE FLUXO

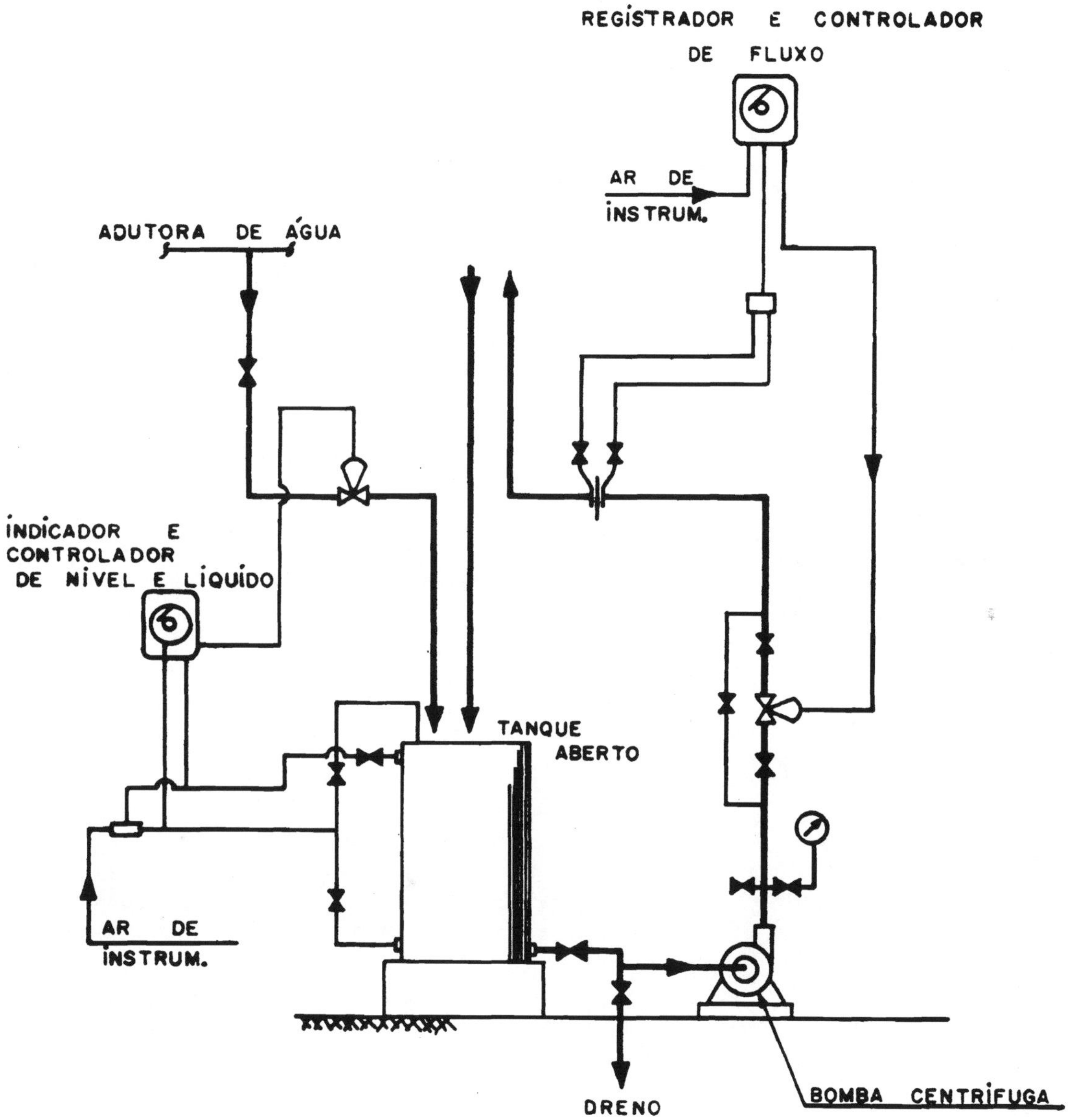

EQUÍPAMENTO DE CONTRÔLE DE TEMPERATURA

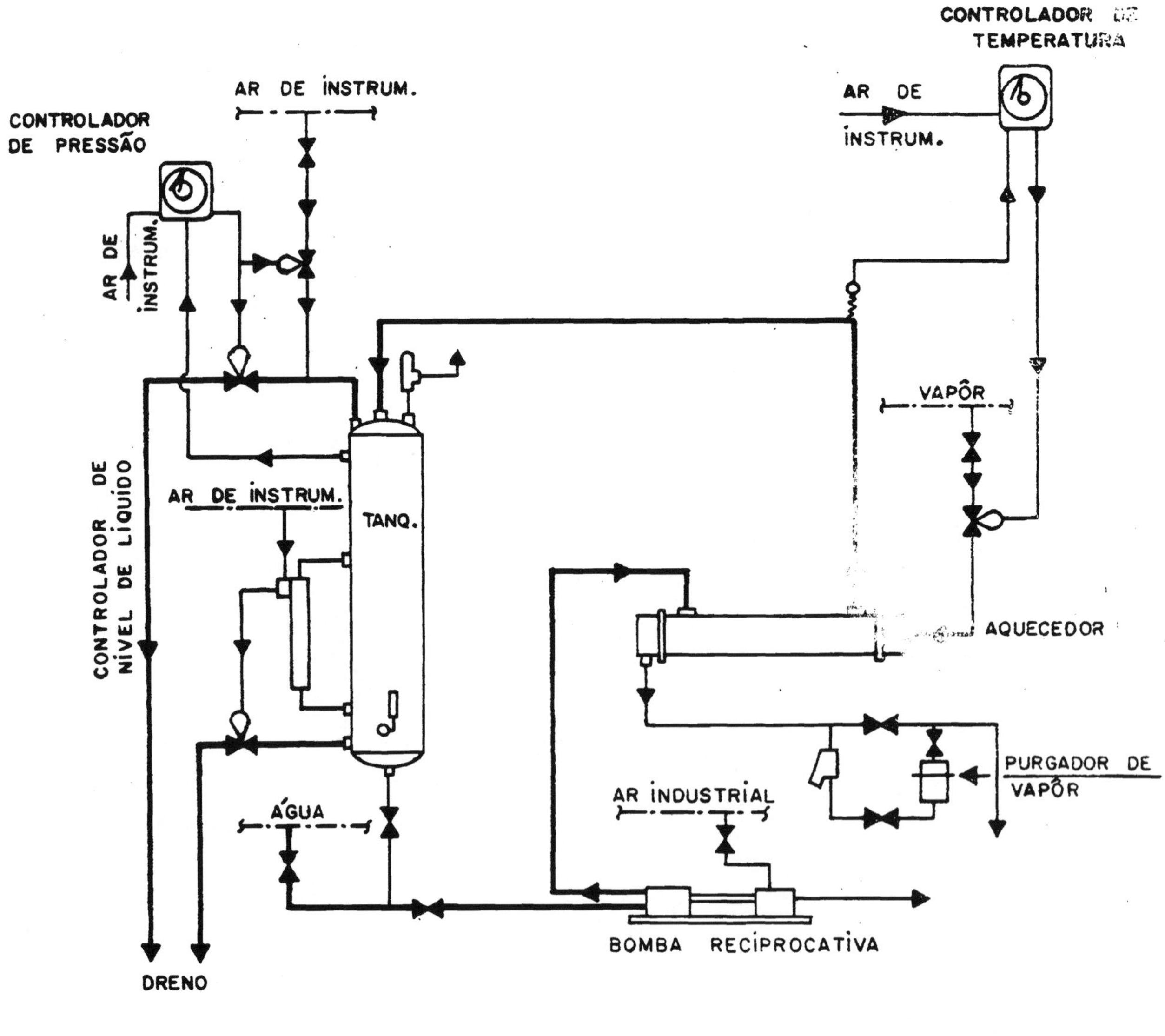

APLICAÇÃO DE FLUXO DE FLUIDO E TRANSFERÊNCIA DE CALOR

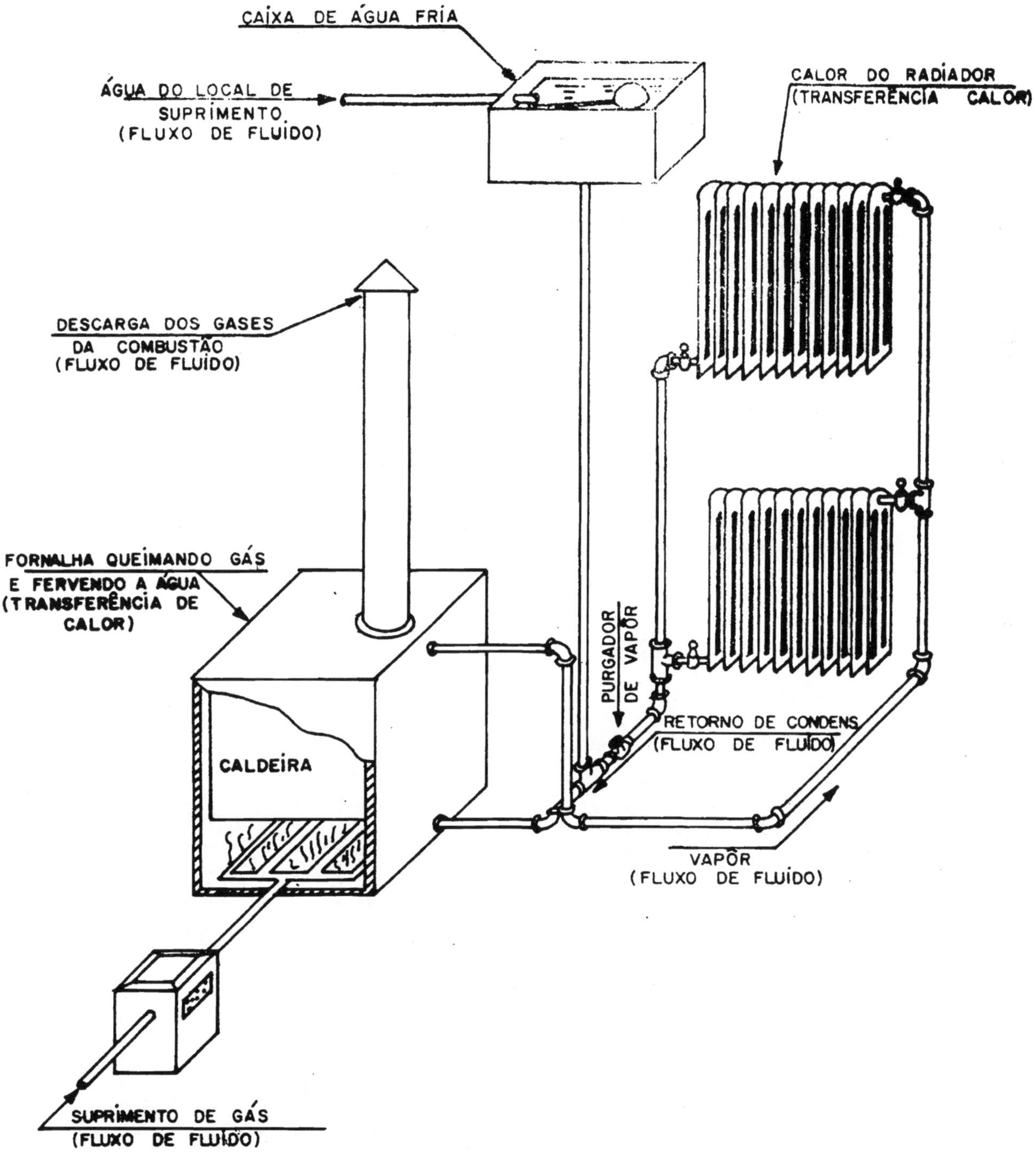

SÍSTEMA TÍPICO DE REFRIGERAÇÃO POR ABSORÇÃO COM AMONÍA

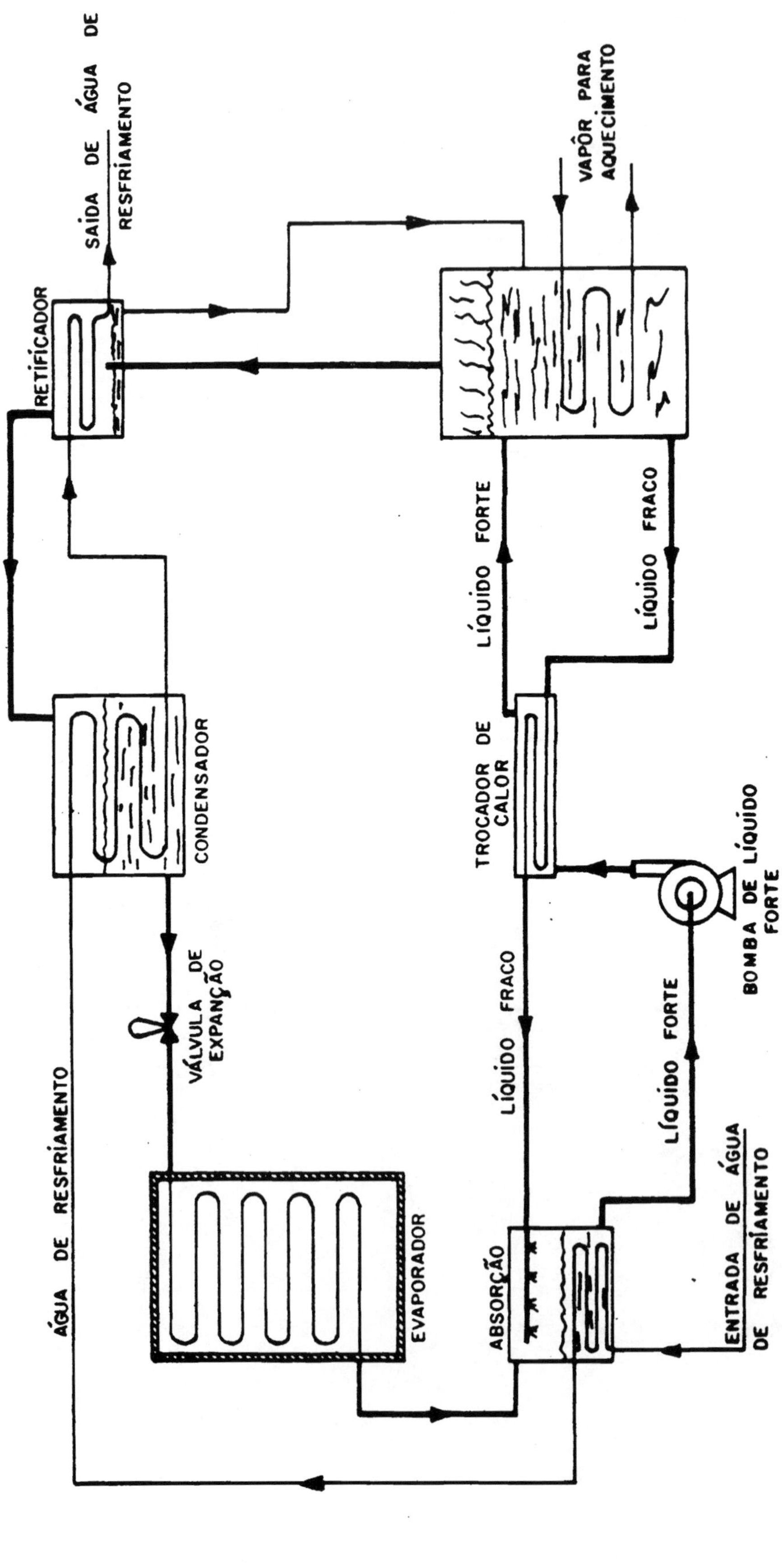

SISTEMA DE CONTRÔLE SIMPLES

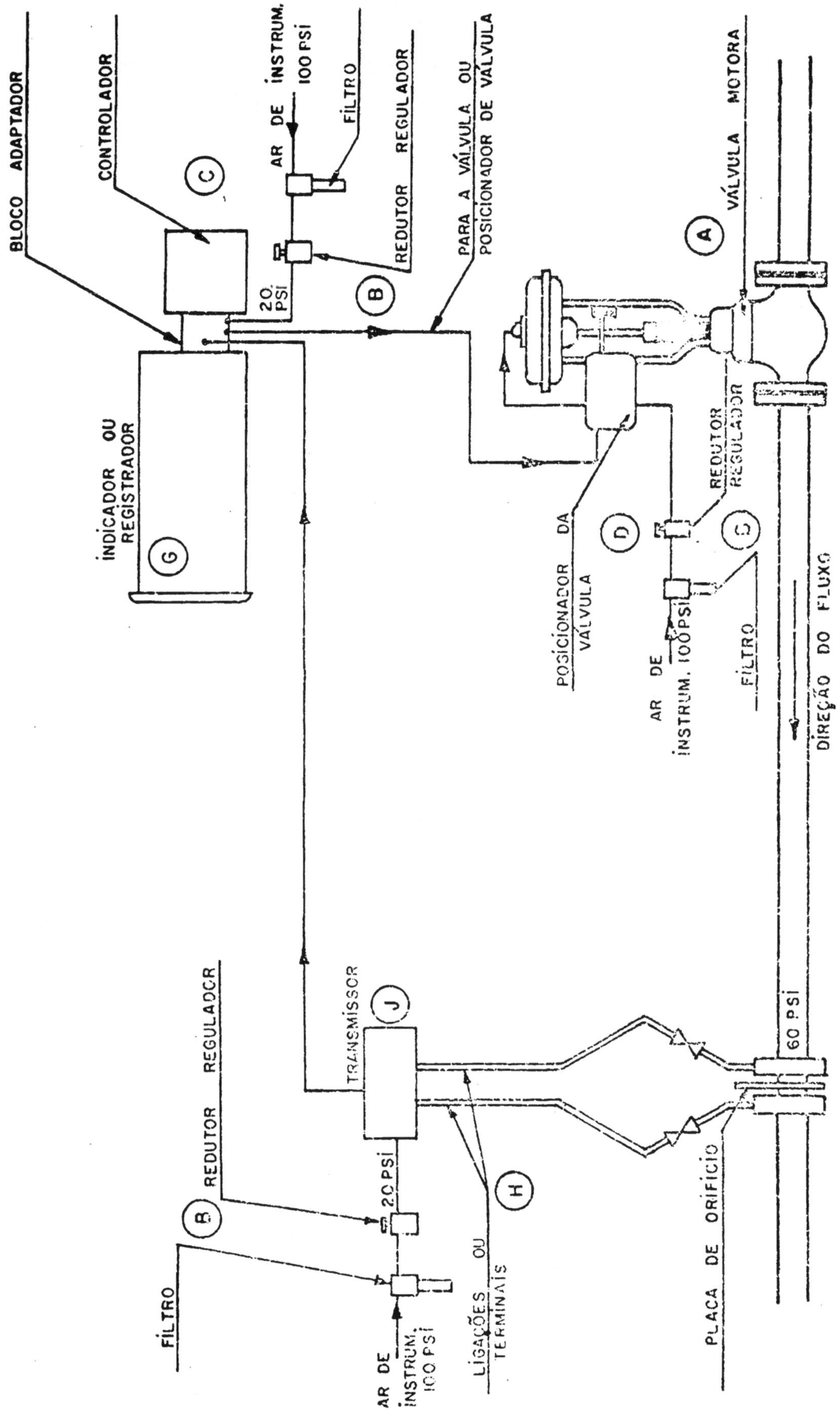

SÍSTEMA TÍPICO DE CONTRÔLE DE FLUXO

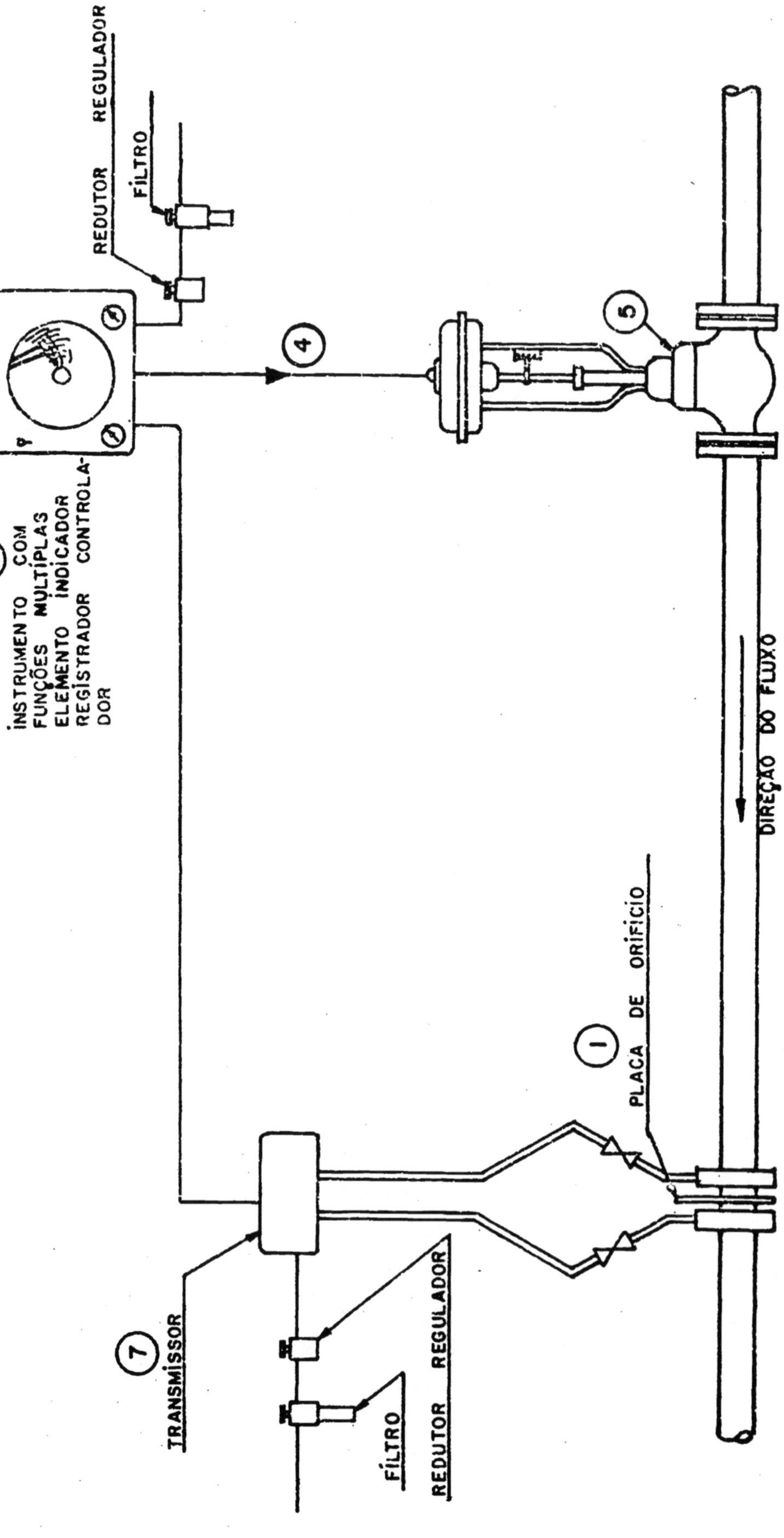

APLICAÇÃO DE VÁLVULA MOTORAS

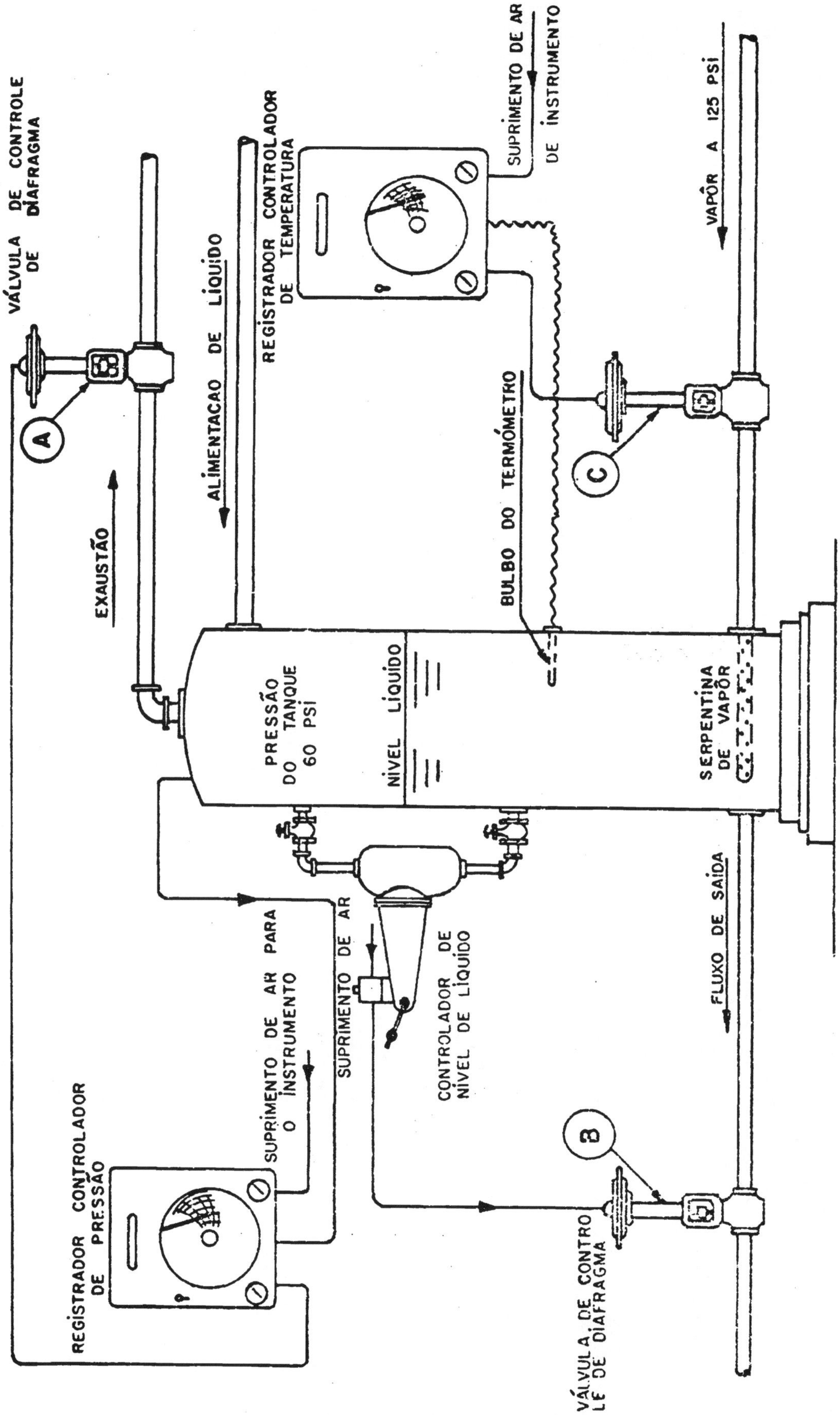

REATORES DE TANQUES

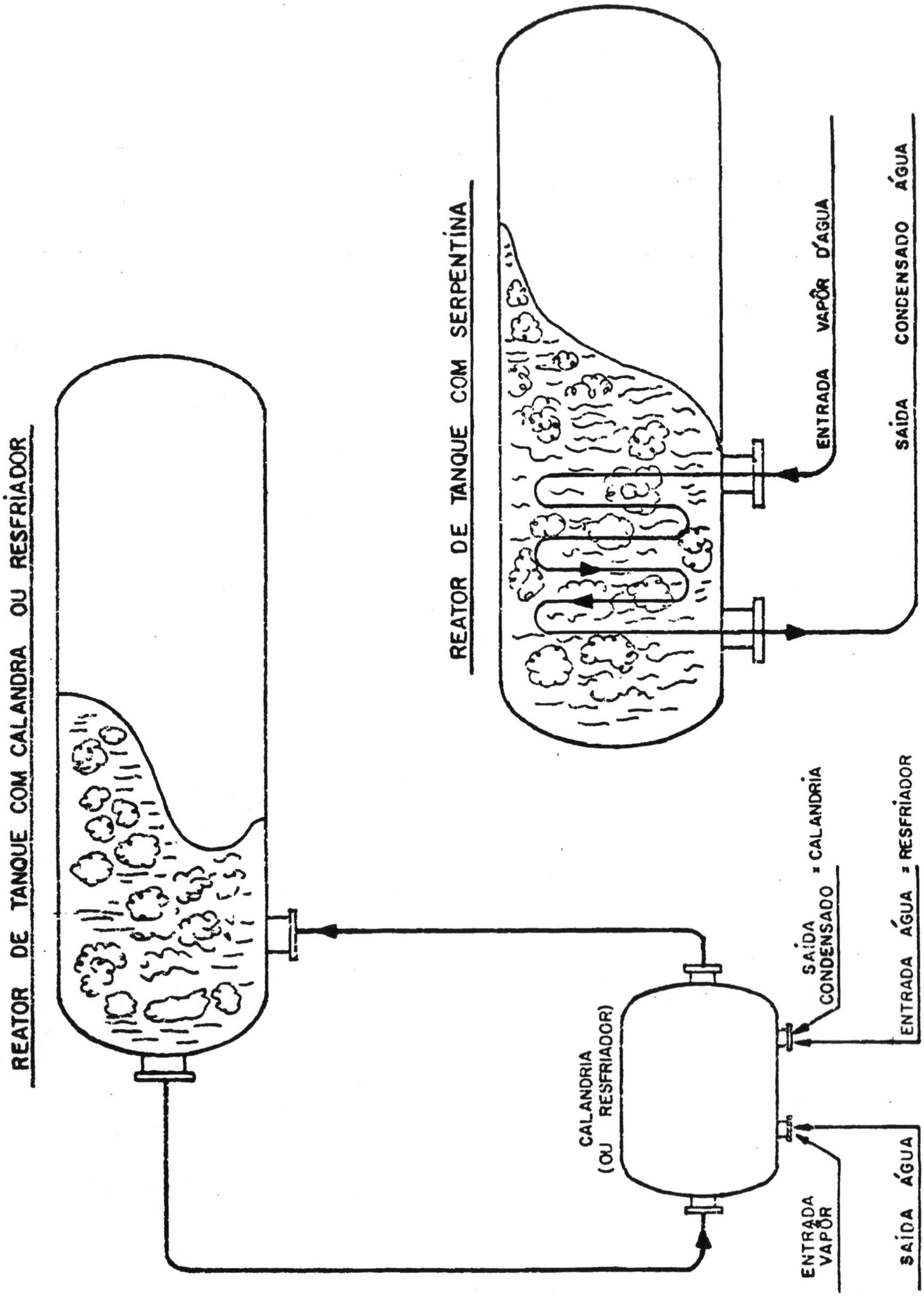

CICLO DE REFRIGERAÇÃO MECÂNICA

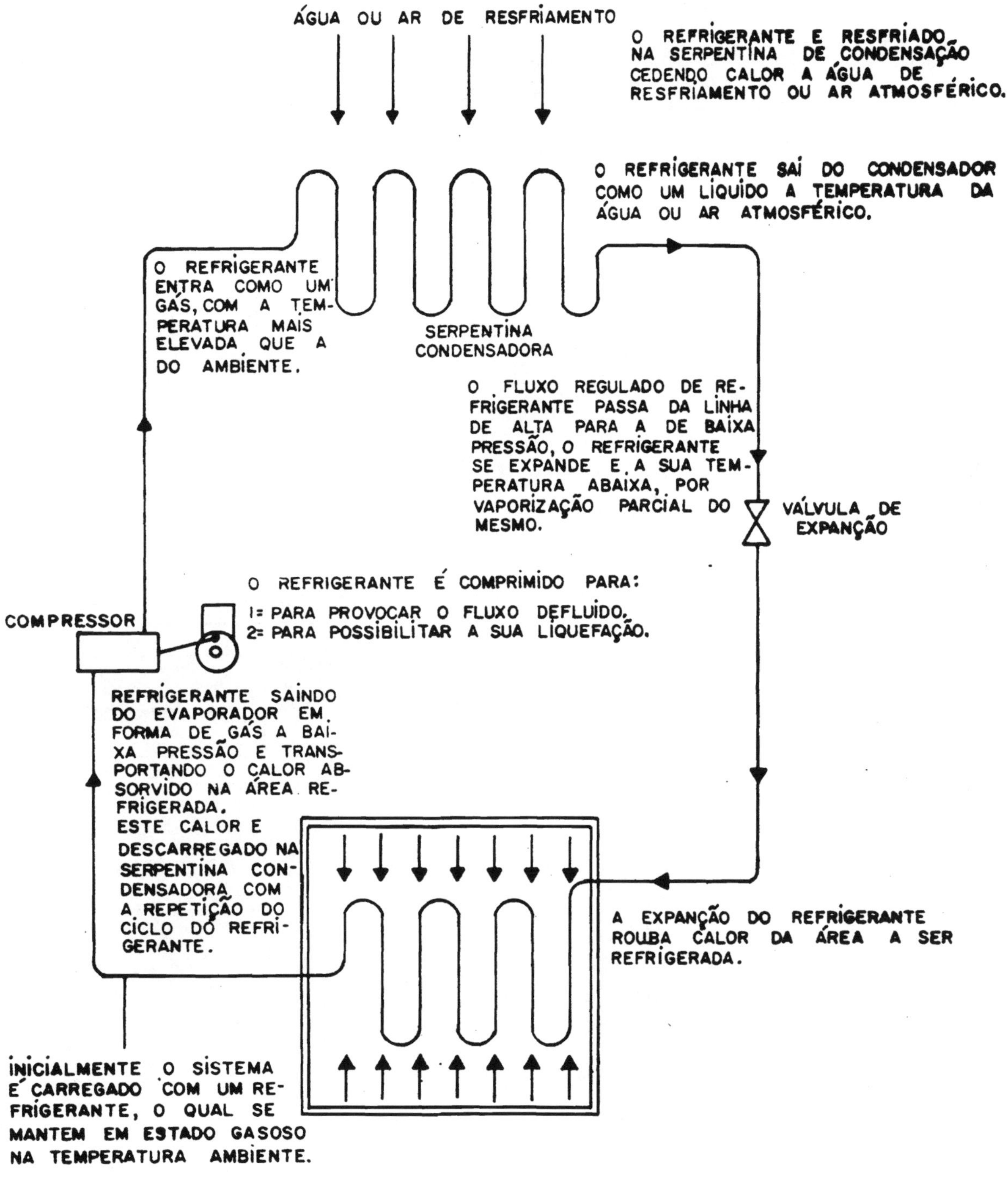

SİSTEMA SİMPLES DE FLUXO

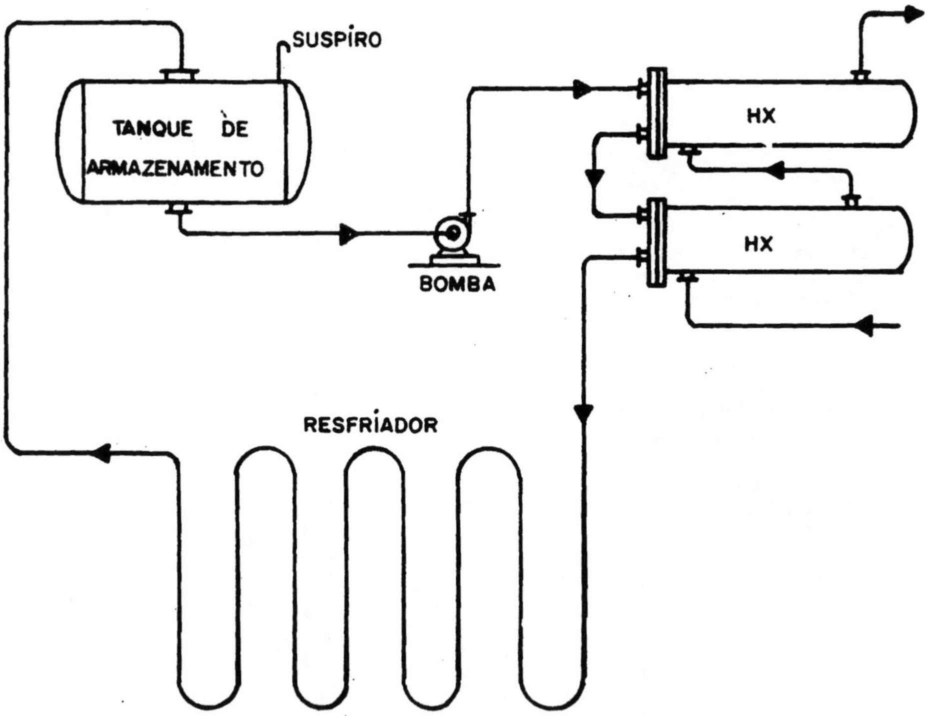

DIAGRAMA ESQUEMÁTICO DO FLASHING PROGRESSIVO DA ÁGUA

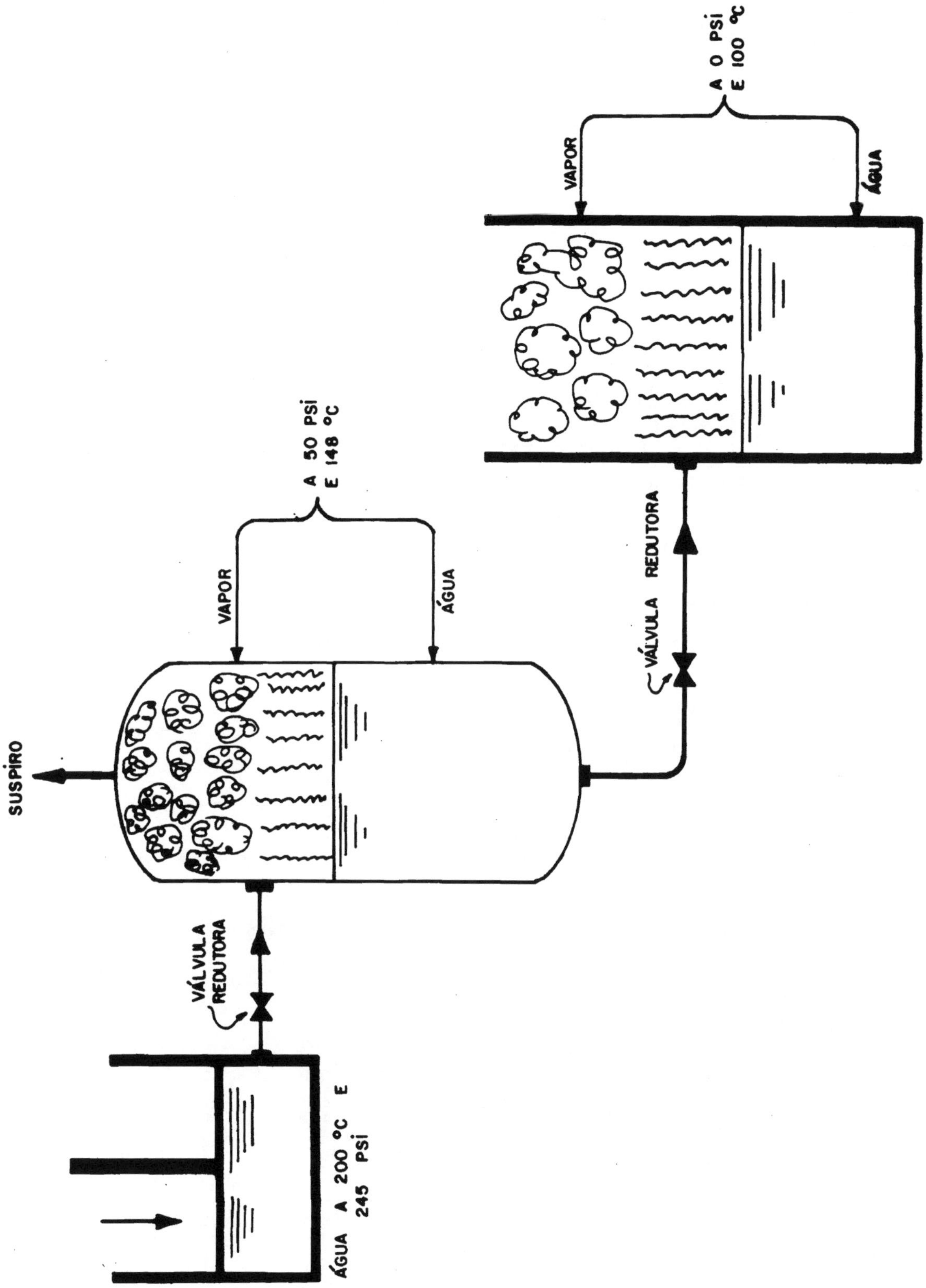

TRANS. DE MED. COM CONT. DO RECEP.
INST. DE MED. COM BLOW BACK GÁS

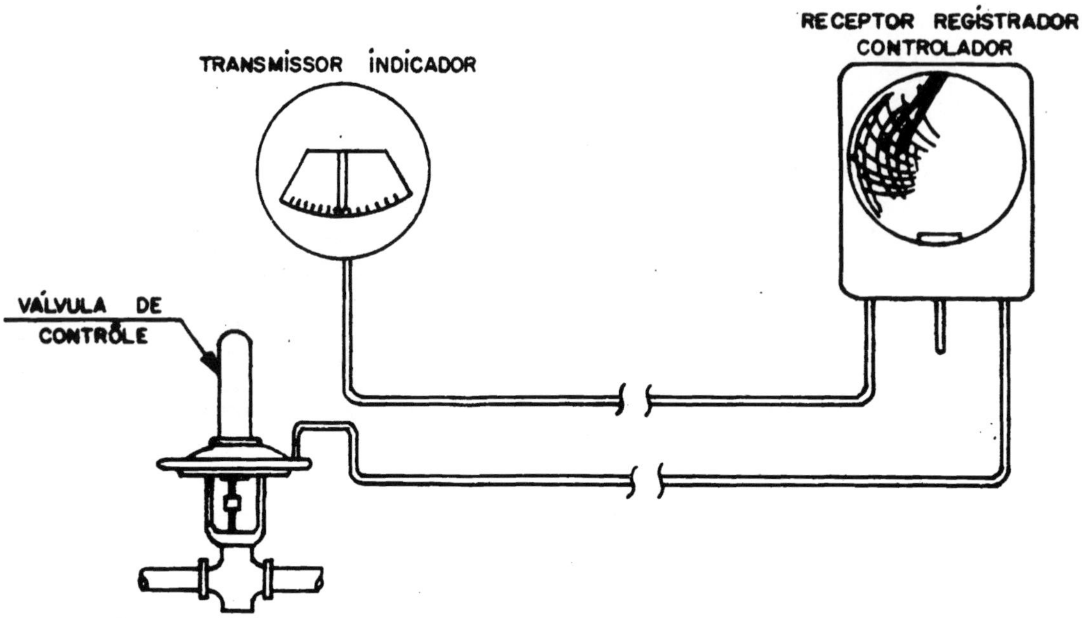

TRANSMISSÃO DE MEDIÇÃO COM CONTRÔLE DO RECEPTOR

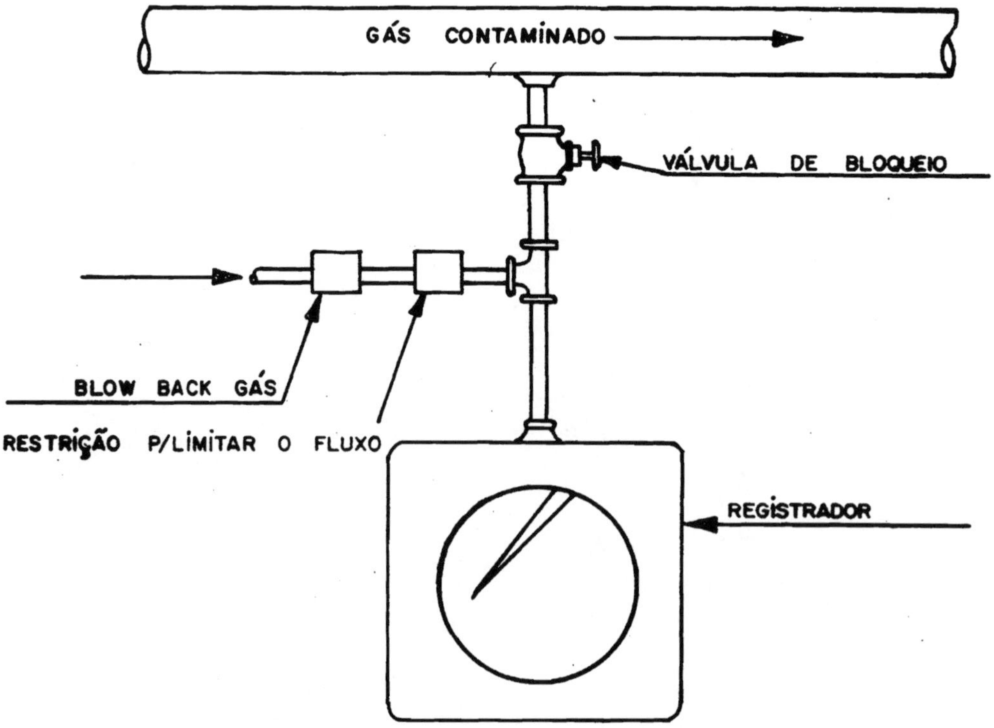

INSTALAÇÃO DE MEDIDOR COM BLOW BACK GÁS

TÍPO DE CONT. PÍLOTO DE DESC. DE AR CONTÍNUO
E
MONTAGEM DA PALETA

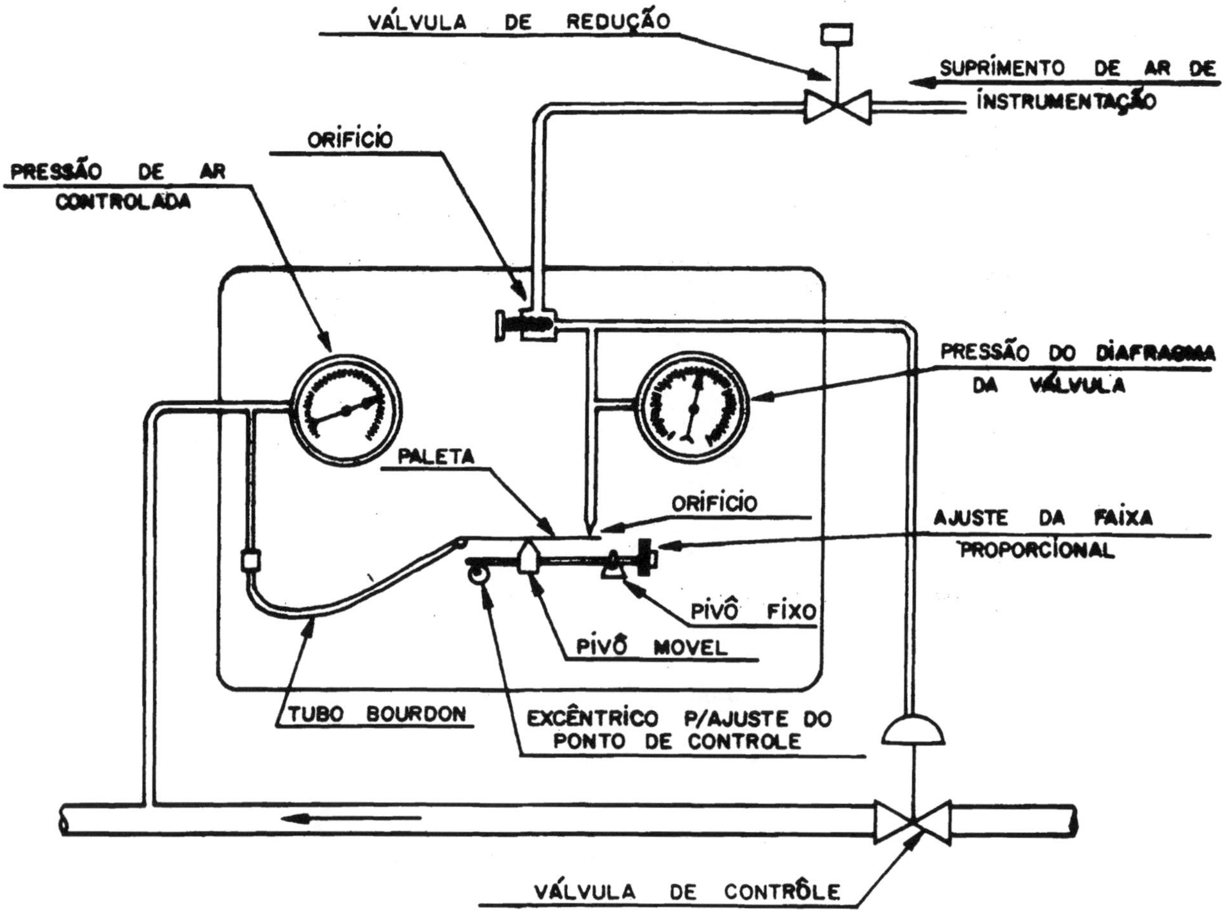

TÍPO DE CONTRÔLE PÍLOTO DE DESCARGA DE AR CONTÍNUO

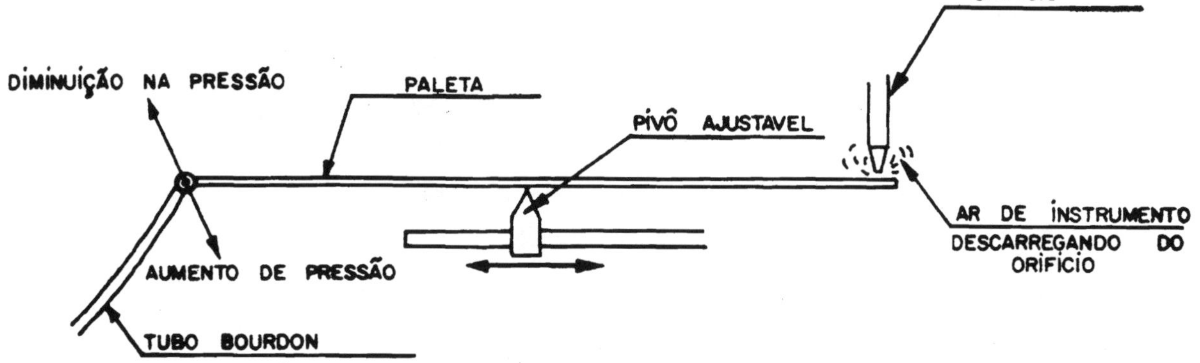

MONTAGEM DA PALETA

SISTEMA ESQUEMÁTICO DE TRANSMISSÃO PNEUMÁTICA

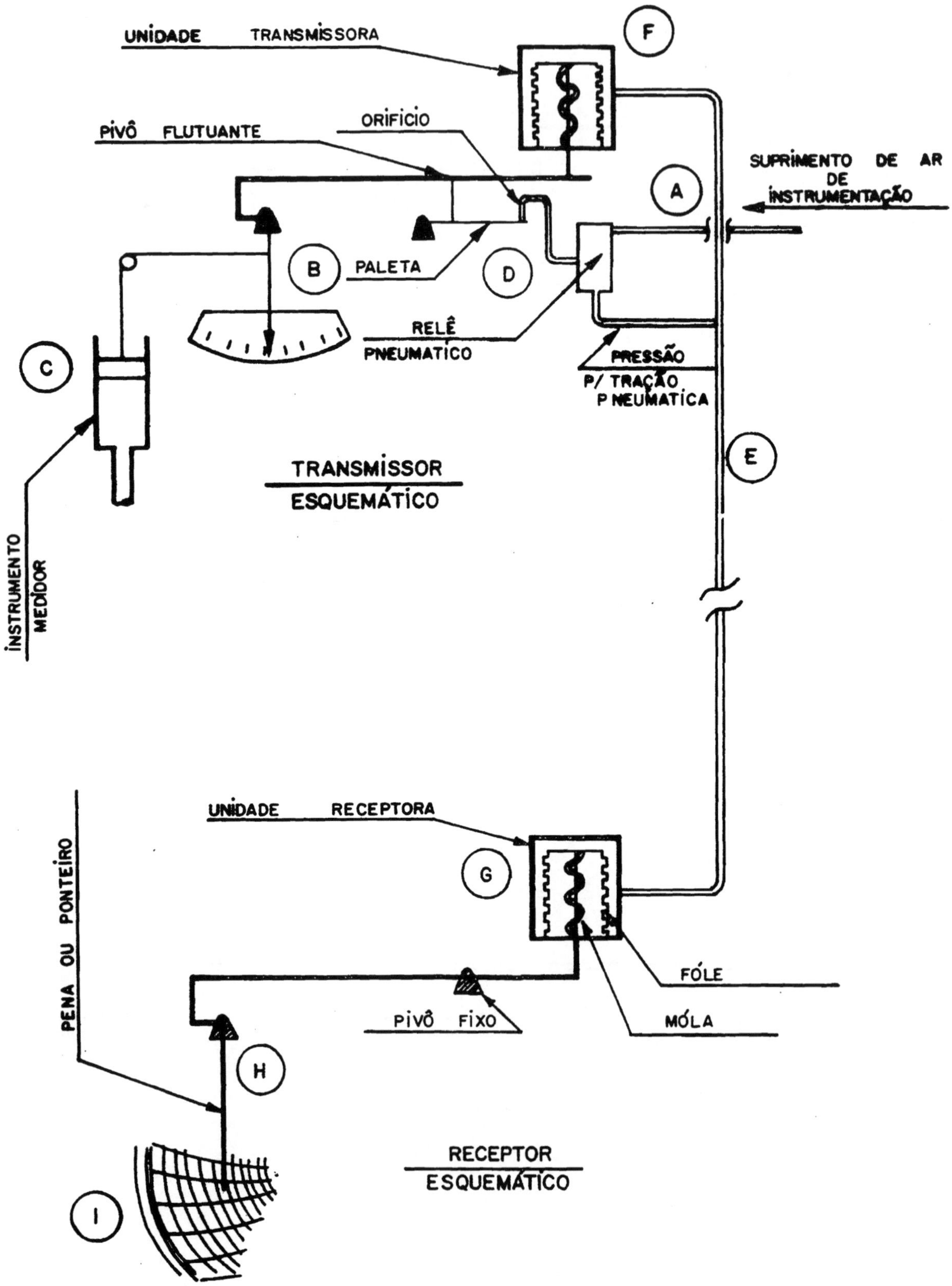

TRANSMISSÃO SIMPLES DE MEDIÇÃO.
E
TRANSMISSÃO DE MED. COM CONT. DO TRANSMISSOR

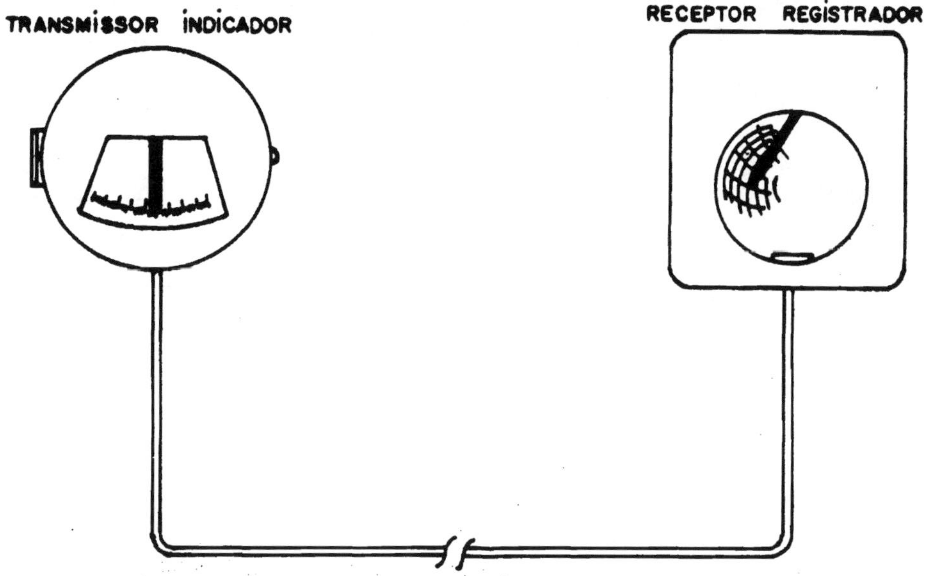

TRANSMISSÃO SIMPLES DE MEDIÇÃO

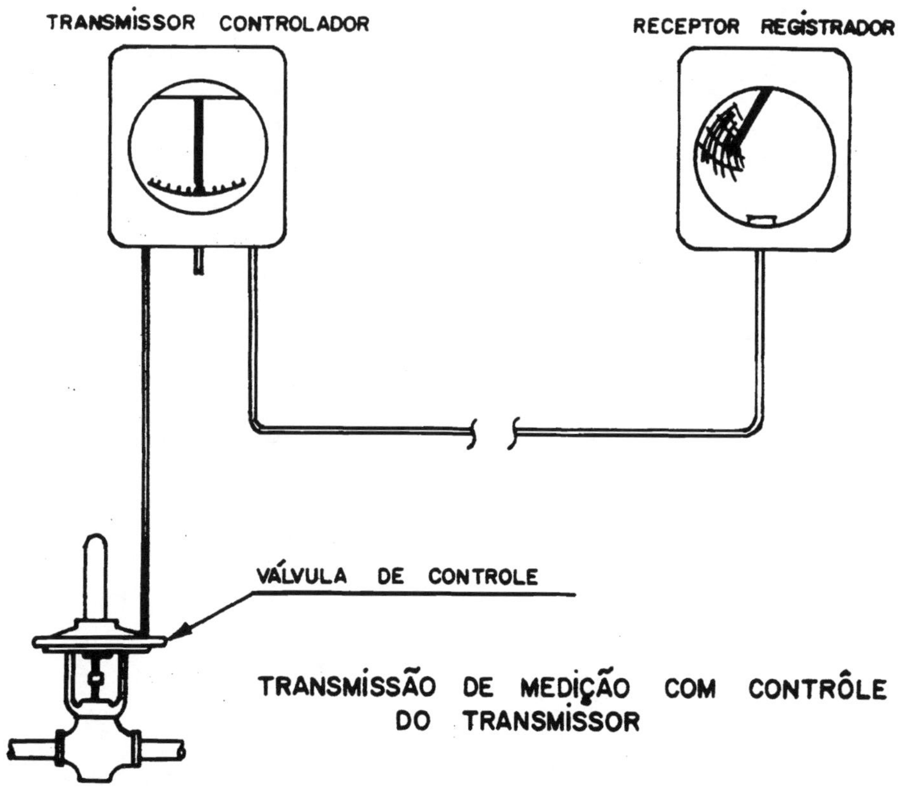

TRANSMISSÃO DE MEDIÇÃO COM CONTRÔLE DO TRANSMISSOR

MANÔMETRO DIFERENCIAL DE MERCÚRIO
E
INDICADOR DE FLUXO

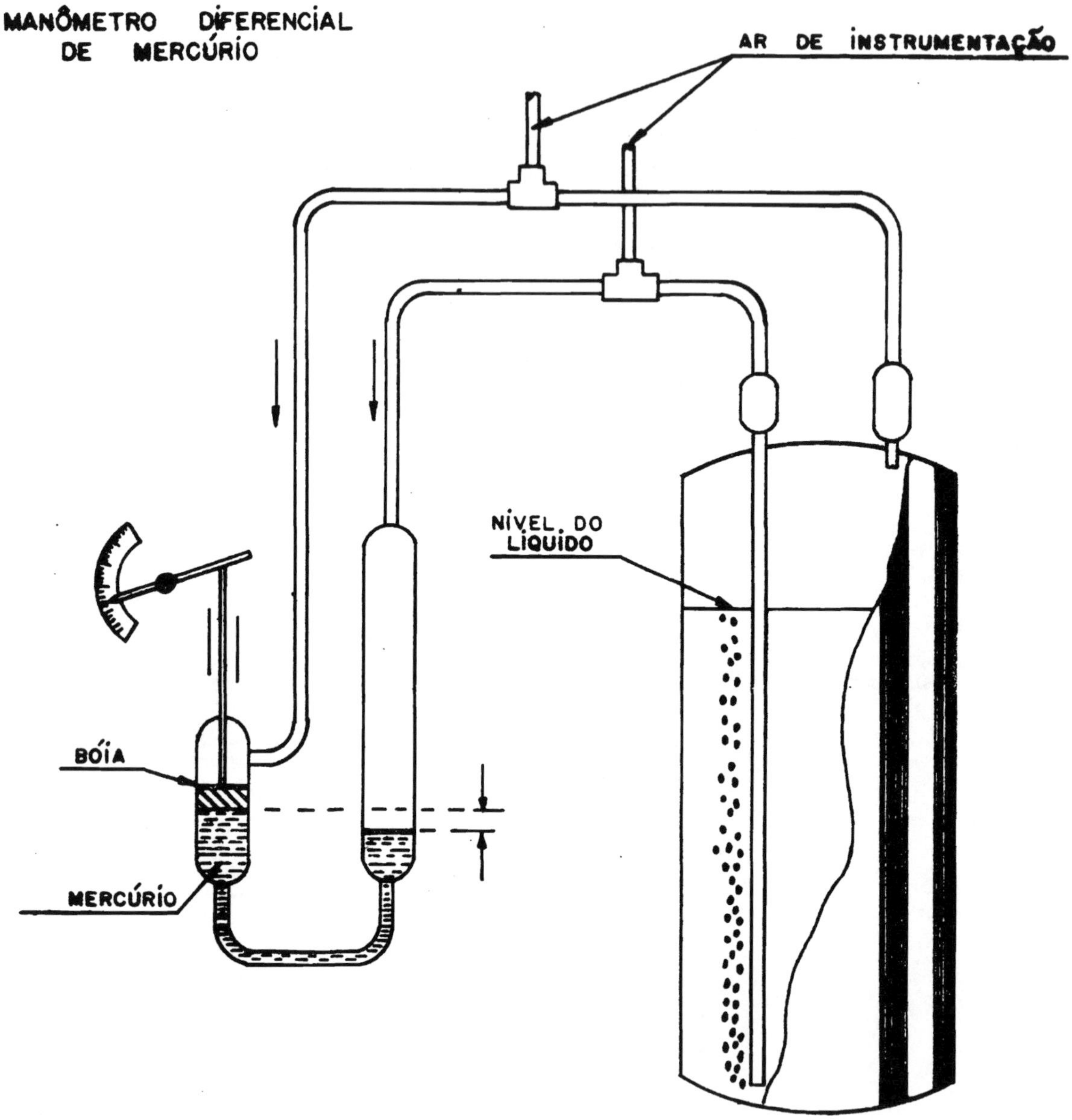

INDICADOR DE FLUXO

INDICADOR DE NIVEL DE VIDRO EM TANQUE COMPENSADOR

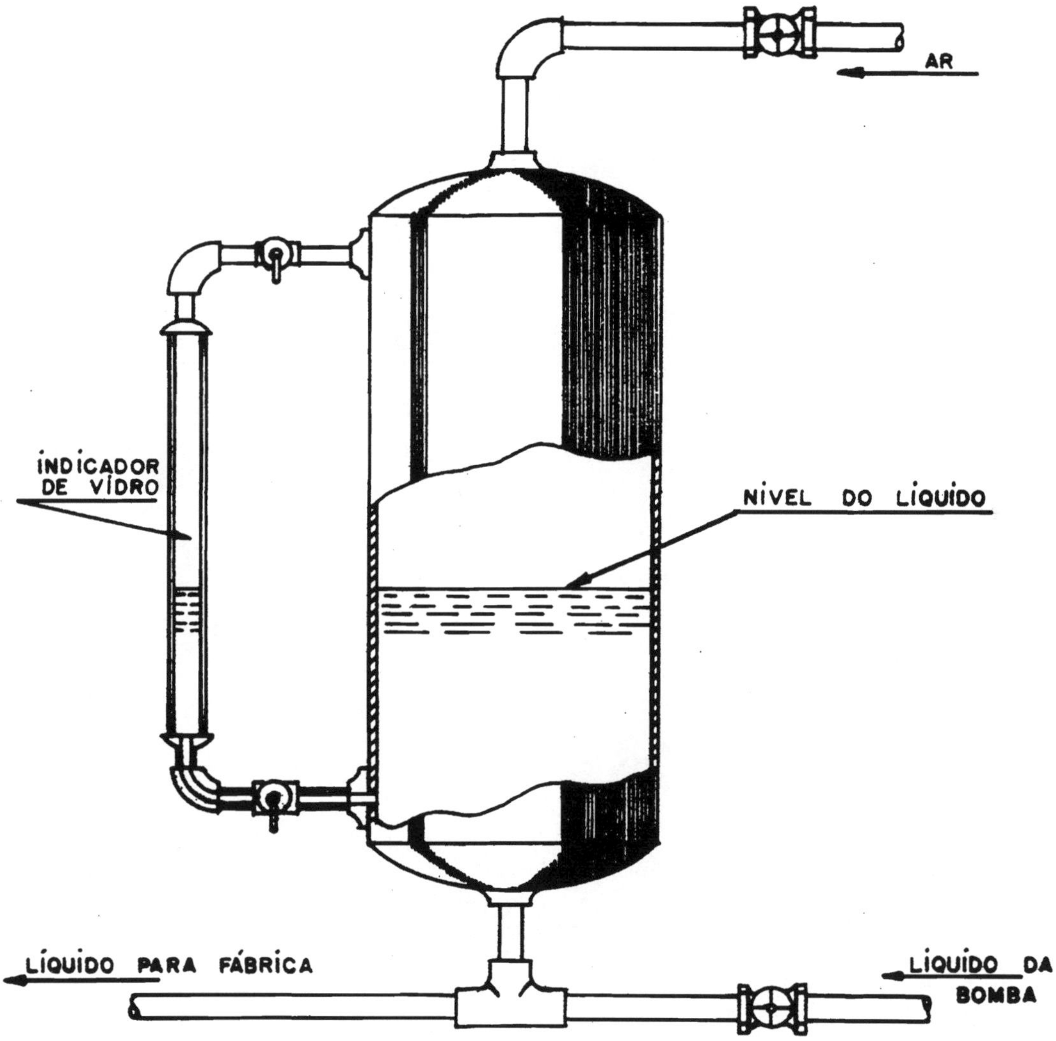

VÁLVULA MOTORA MONTAGEM TÍPICA

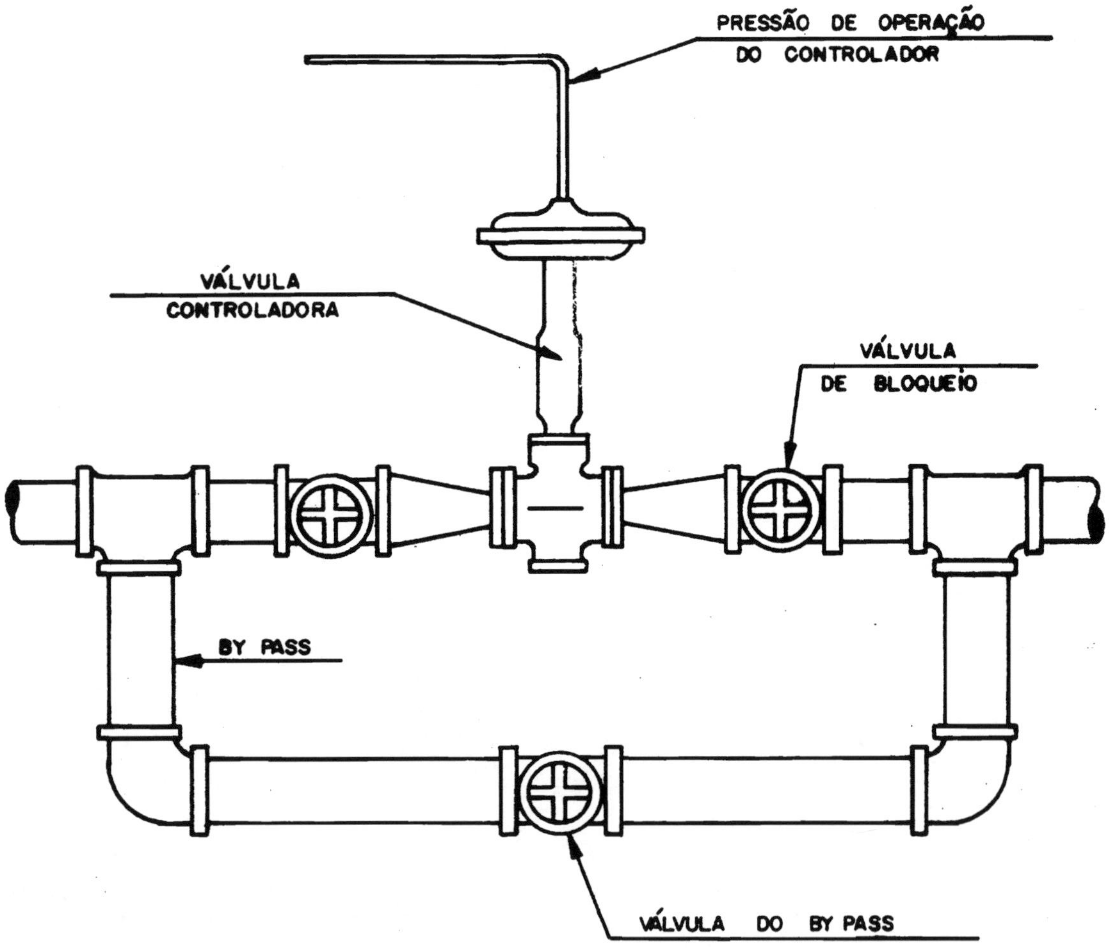

REGULADOR DE PRESSÃO
LIG. EXT. PARA RED. REG. DE PRESSÃO

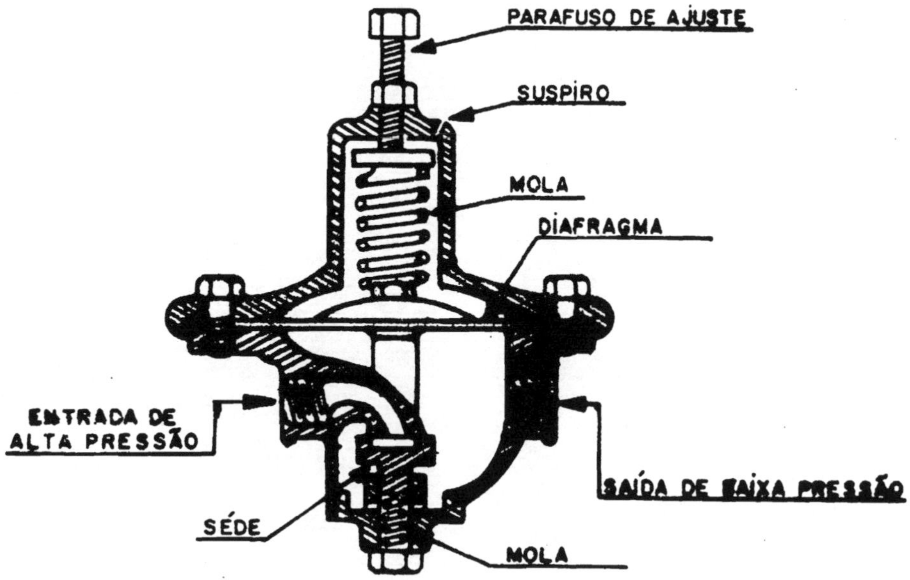

REGULADOR DE PRESSÃO

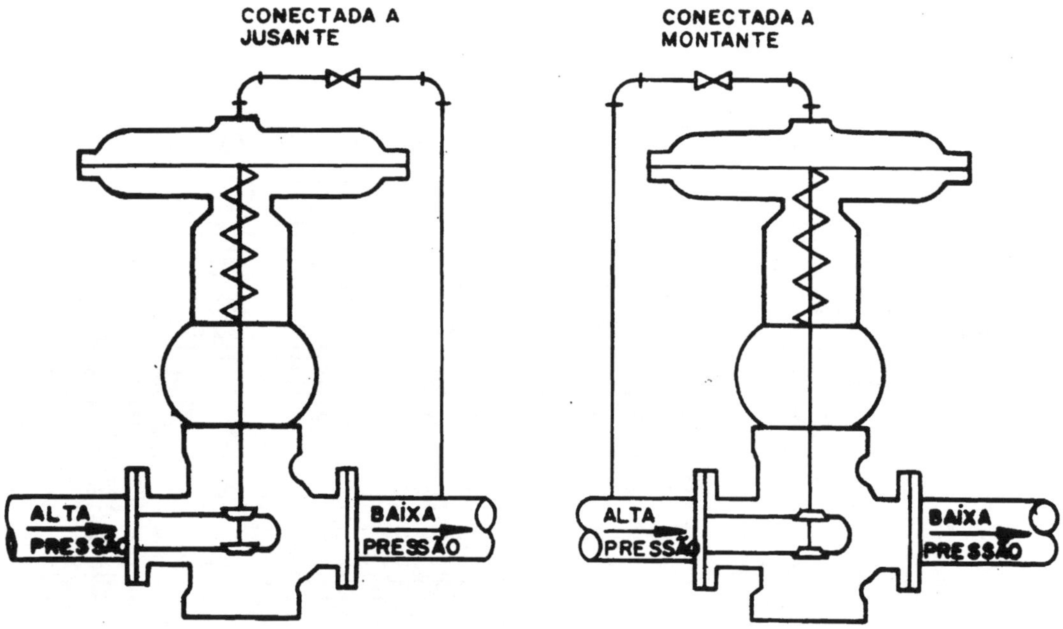

1) GRÁFICO DE ROLO COM ESCALA REGULAR
2) GRÁFICO DE ROLO COM ESCALA LOGARITÍMICA

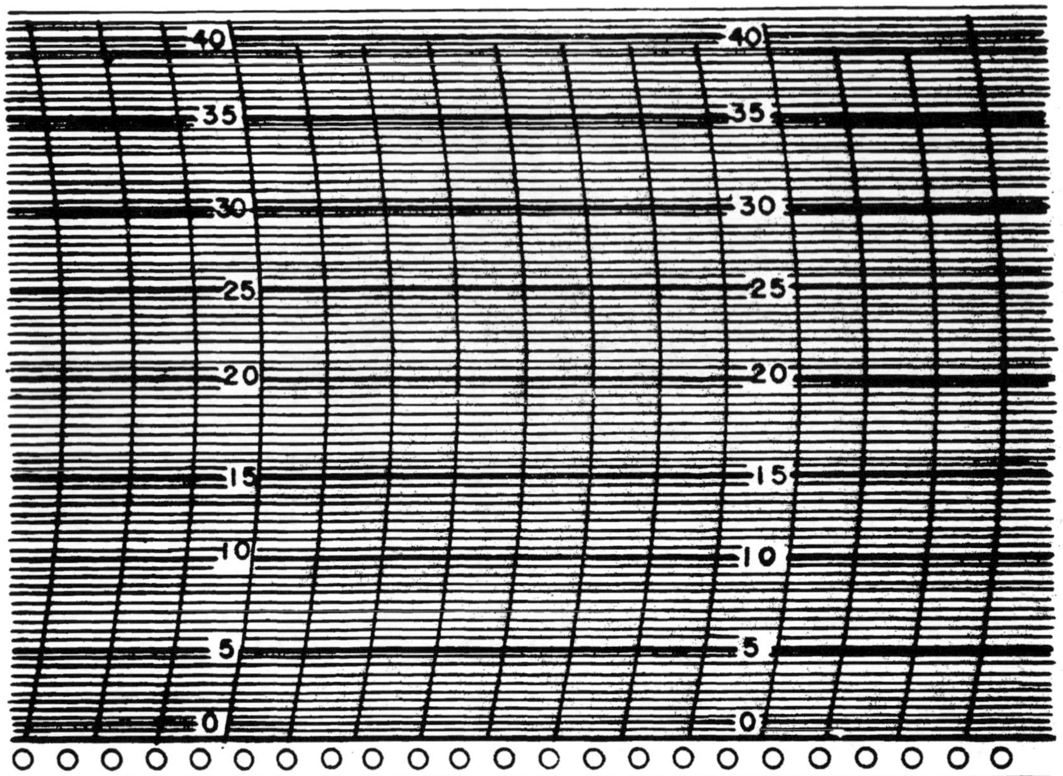

GRÁFICO 1

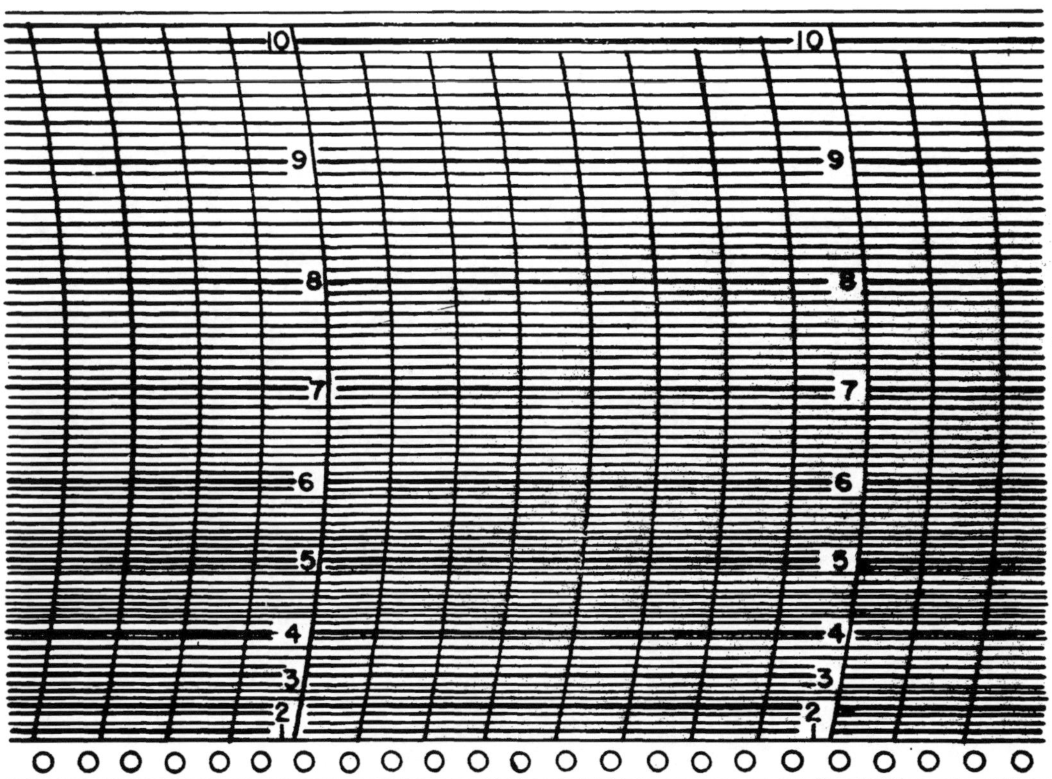

GRÁFICO 2

GRÁFICO DE DISCO COM ESCALA REGULAR
(PARA TEMPERATURA)

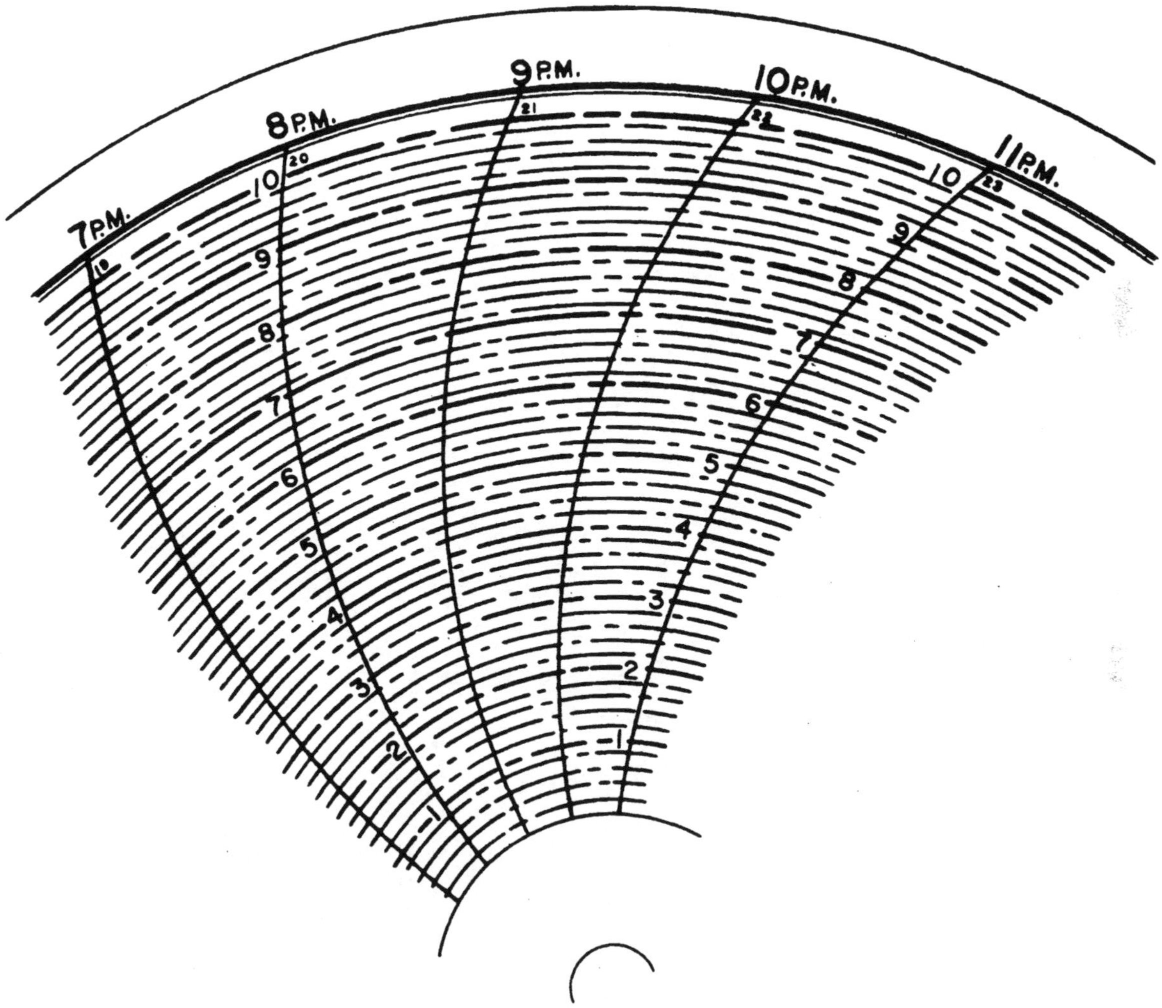

GRÁFICO DE DISCO COM ESCALA LOGARITIMICA
(PARA VASÃO)

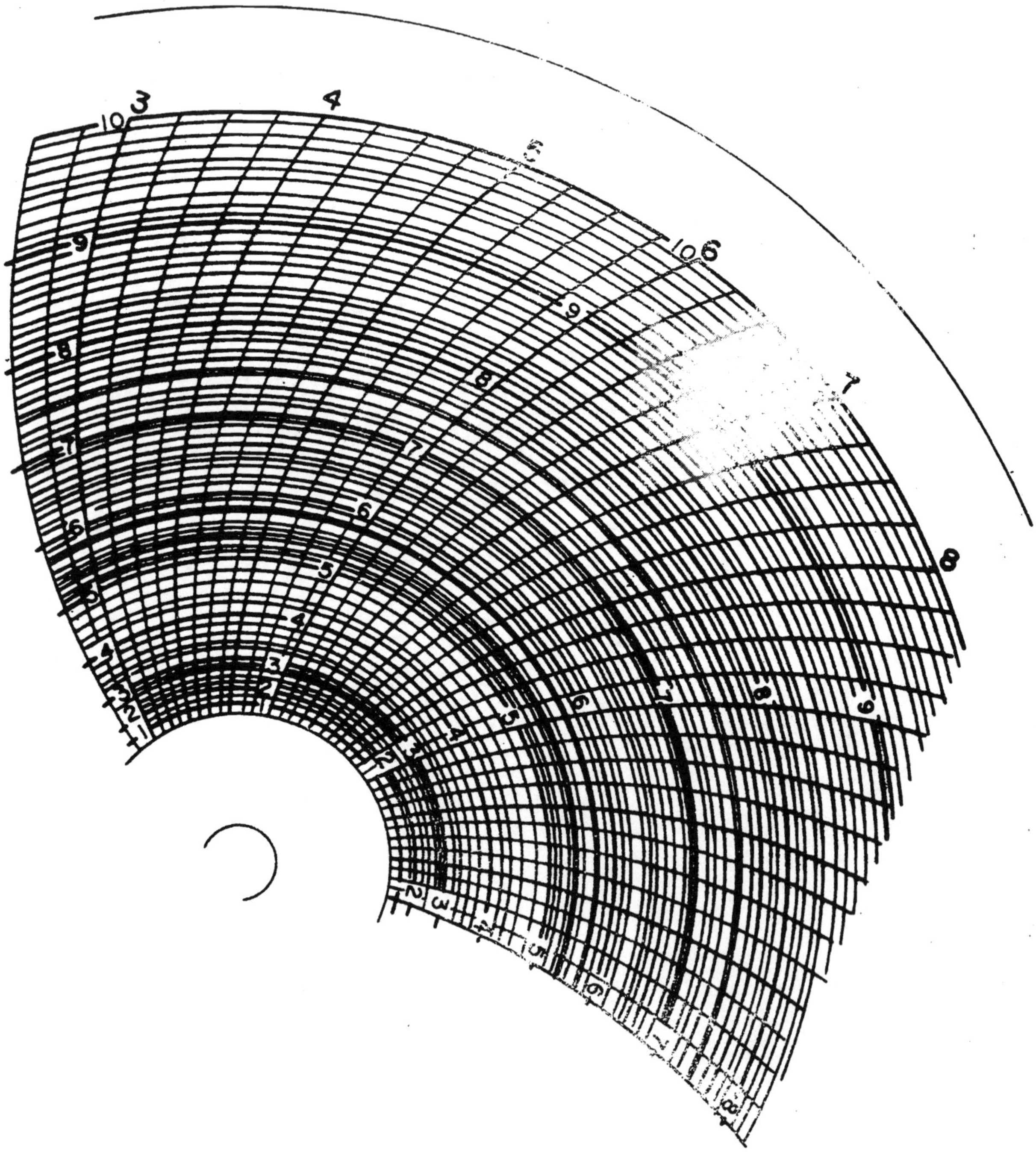

DEMONSTRAÇÃO DA DENSIDADE

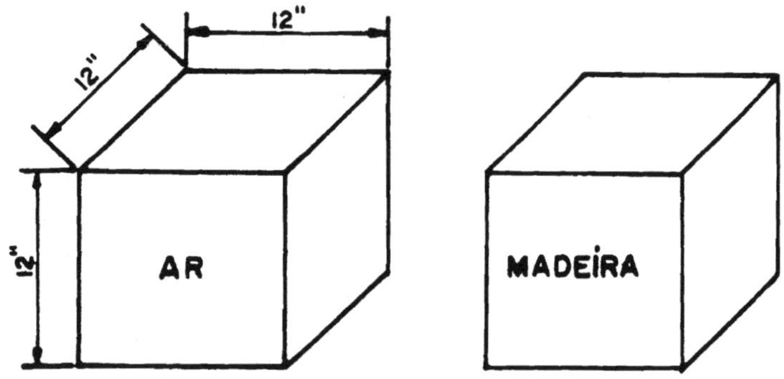

		AR		MADEIRA	
PÊSO	=	0,075	LBS.	45	LBS.
VOLUME	=	1	CUFT.	1	CUFT.
DENSIDADE	=	0,075	LBS/CUFT.	45	LBS/CUFT.

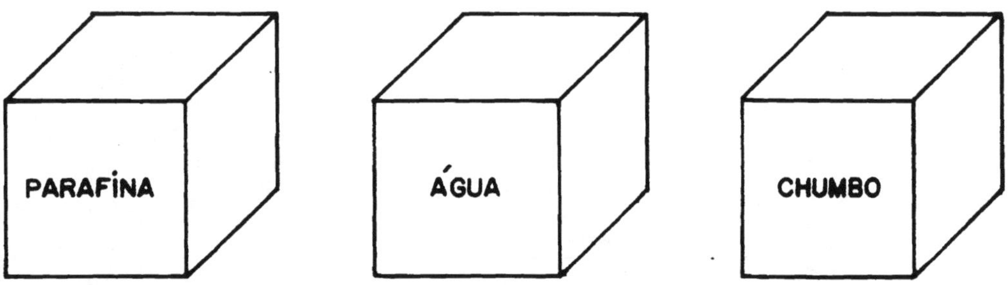

PARAFINA		ÁGUA		CHUMBO	
50	LBS.	62,4	LBS.	713	LBS.
1	CUFT.	1	CUFT.	1	CUFT.
50	LBS/CUFT.	62,4	LBS/CUFT.	713	LBS/CUFT.

DETERMINAÇÃO DE DENSIDADE

EXEMPLO DE DIFERENÇA DE DENSIDADE

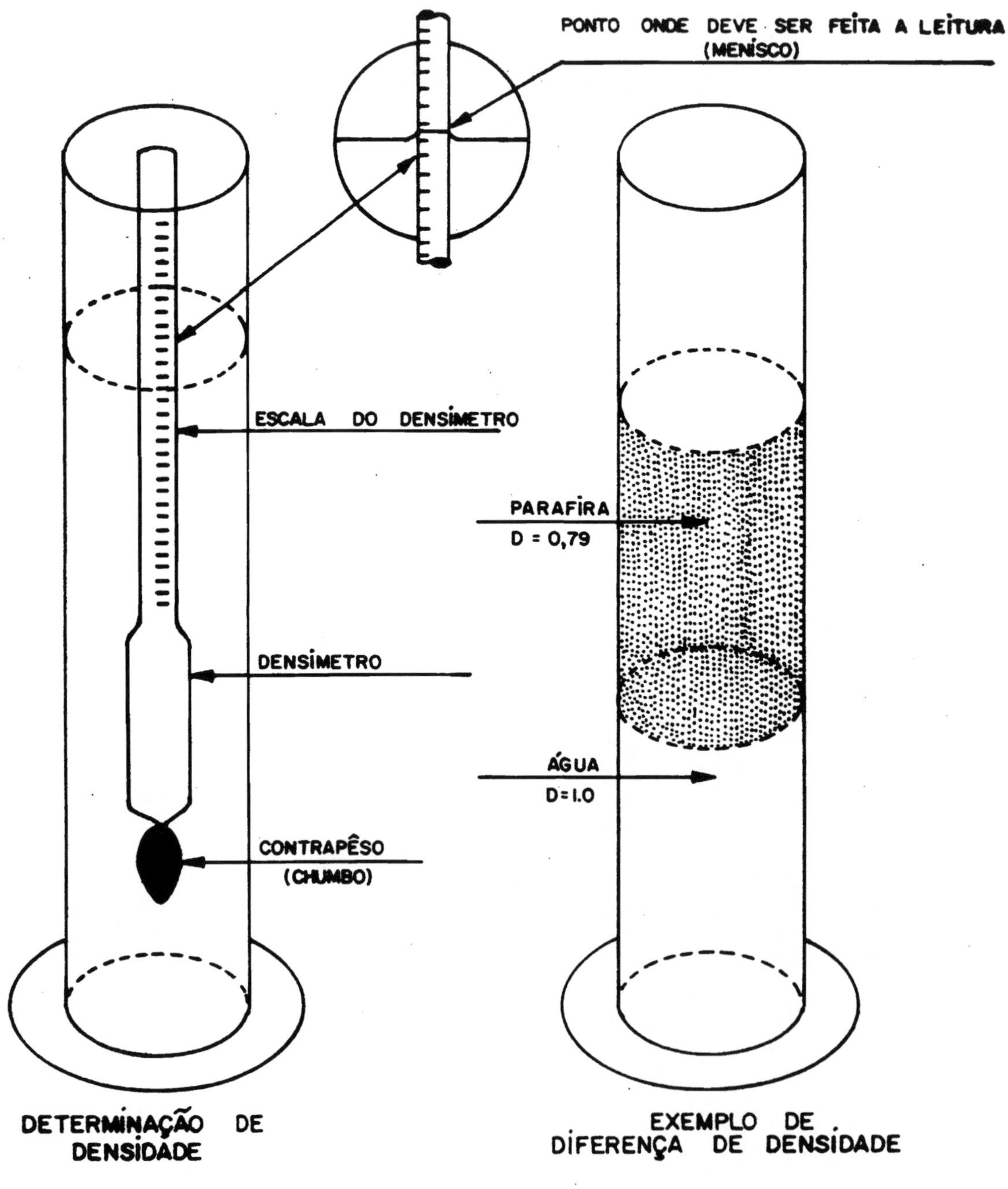

BAR., BAR. CHEIO DE ÁGUA FOR. DE "U", MAN. DE MEC. PER. INCL., MAN. DE FLUTUADOR ATUADO.

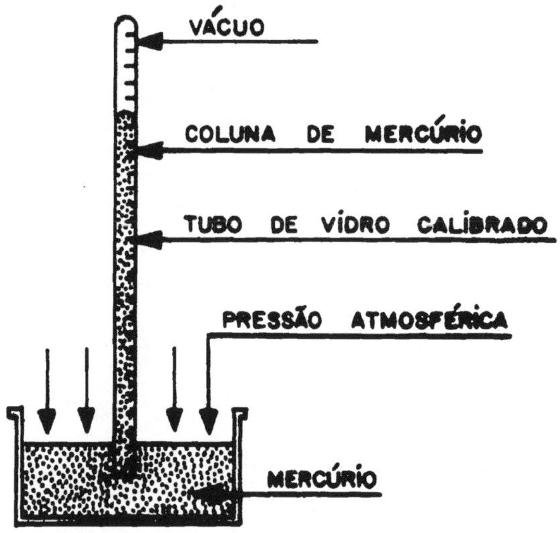

BARÔMETRO

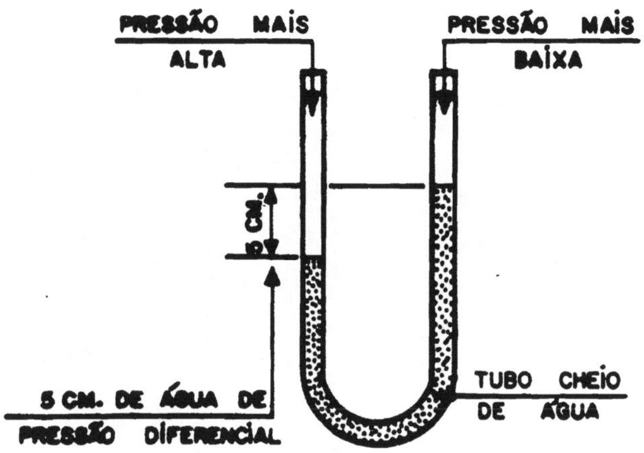

BARÔMETRO CHEIO DE ÁGUA FORMATO DE "U"

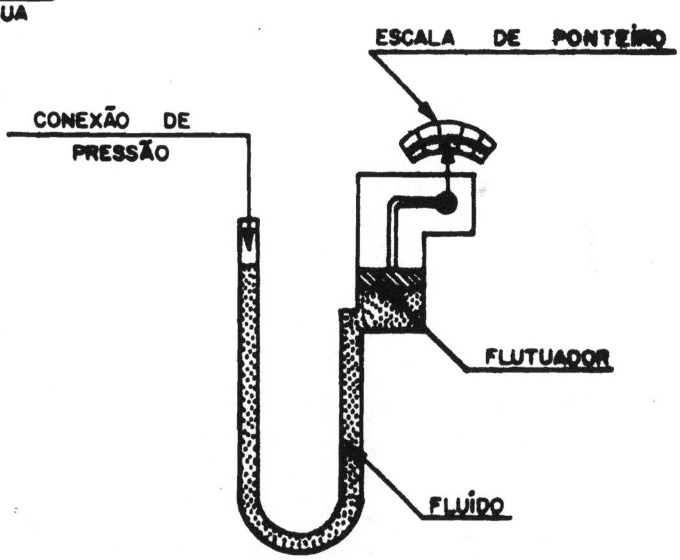

MANÔMETRO DE MERCÚRIO PERNA INCLINADA

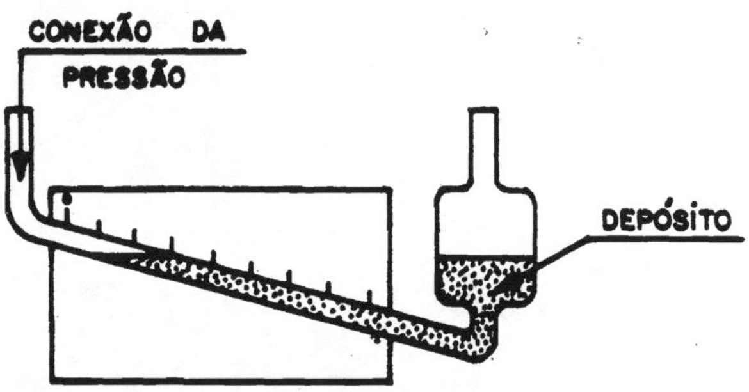

MANÔMETRO DE FLUTUADOR ATUADO

ESTADOS FÍSICOS DA ÁGUA
E
DEMONSTRAÇÃO DA PRESSÃO ATMOSFÉRICA

ESTADOS FÍSICOS DA ÁGUA

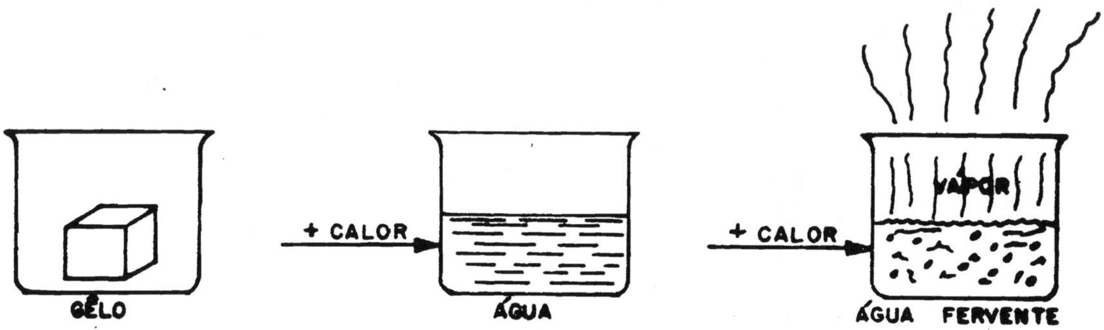

DEMONSTRAÇÃO DA PRESSÃO ATMOSFÉRICA

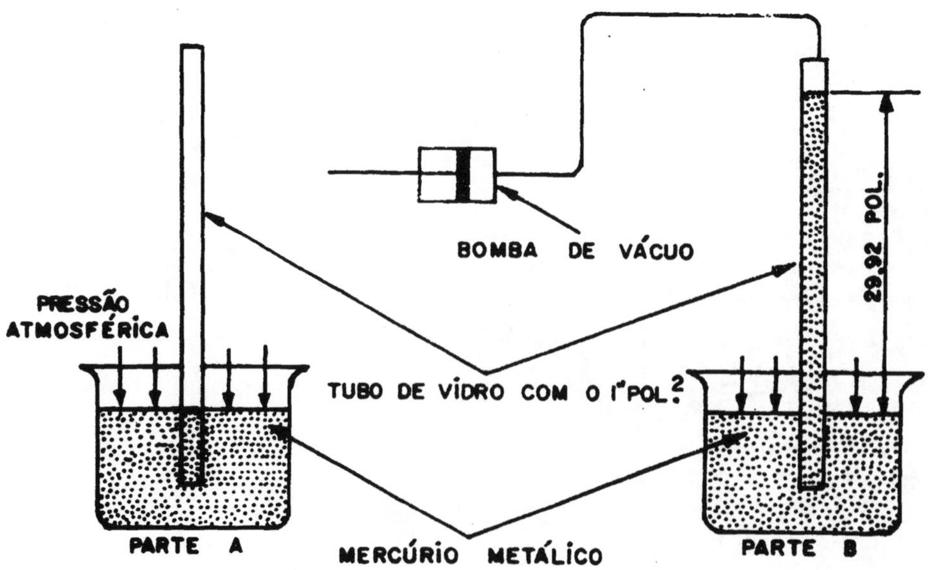

DIAGRAMA ESQUEMÁTICO DA PRODUÇÃO DE VÁPOR SUPER - AQUECIDO

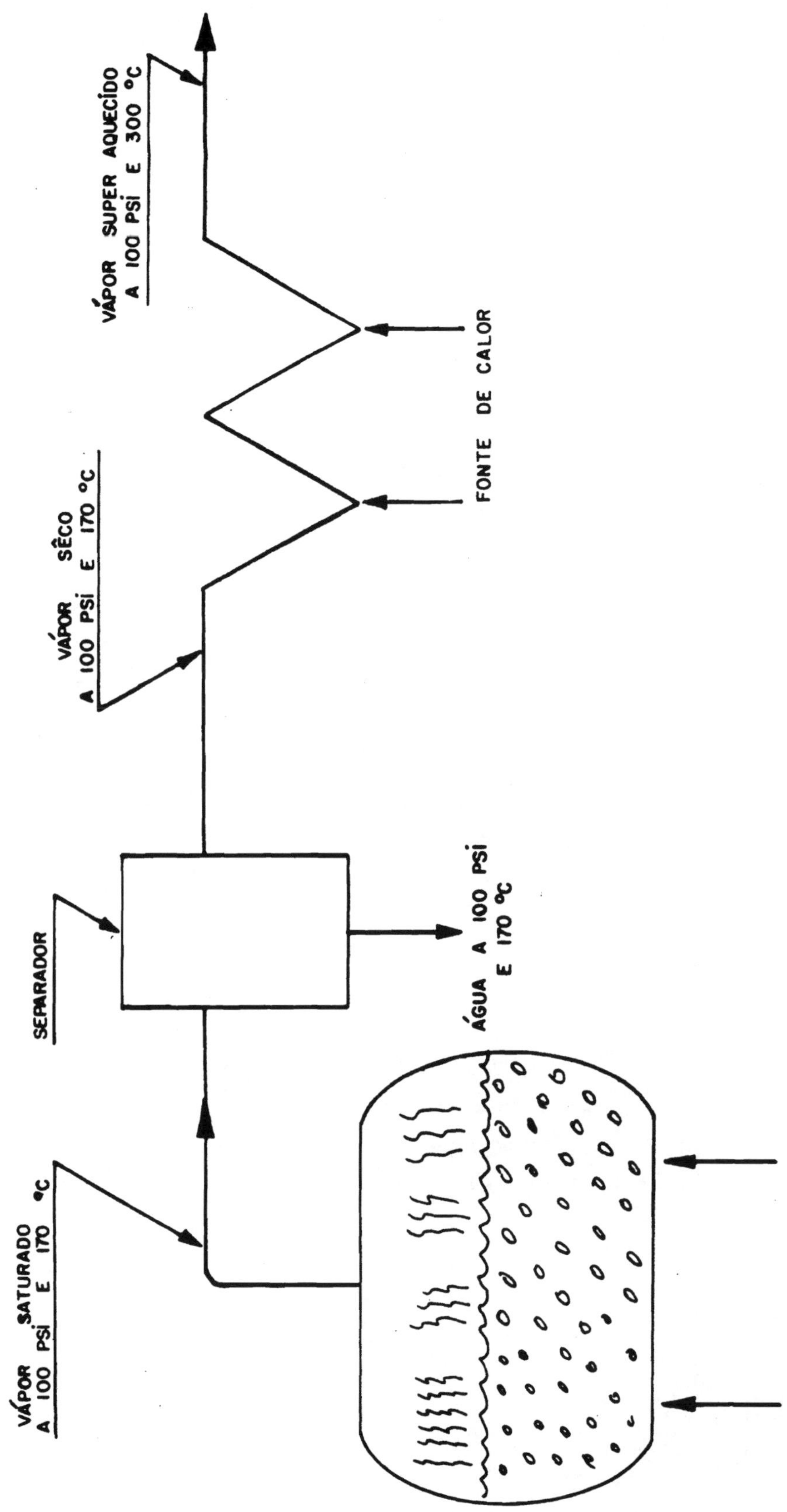

SÍSTEMA BASÍCO DE RELÉ DE ORÍFÍCIO E PALETA

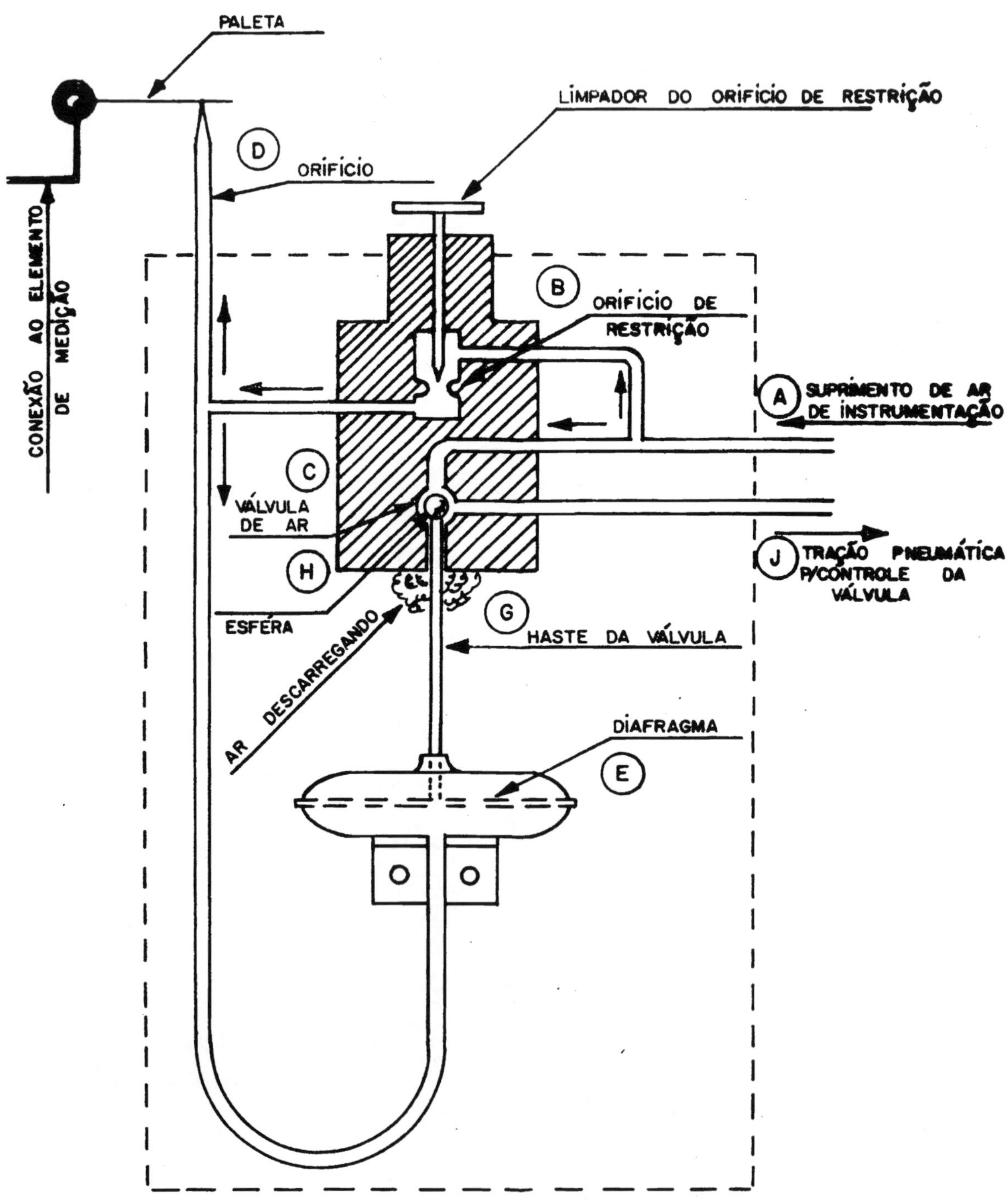

TRANSMISSOR TIPO FLUIDO

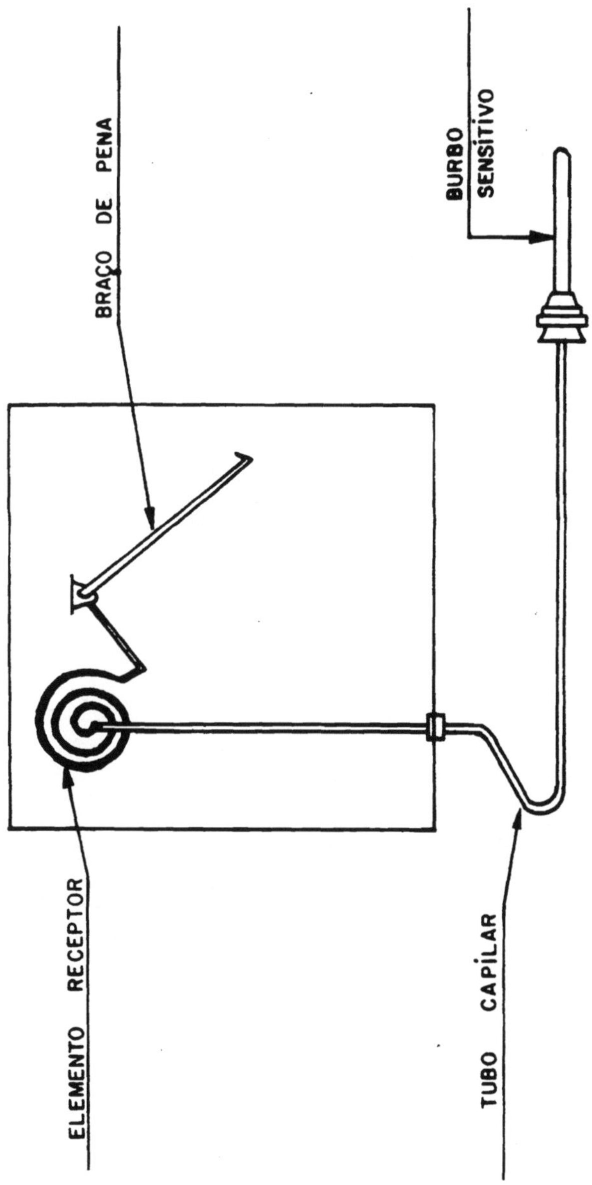

EFE. DO DESL. DO PÍVO NO TER. DO BOURDON.
E
EFE. DO MOV. DO PÍVO NO TER. DE CONTRÔLE.

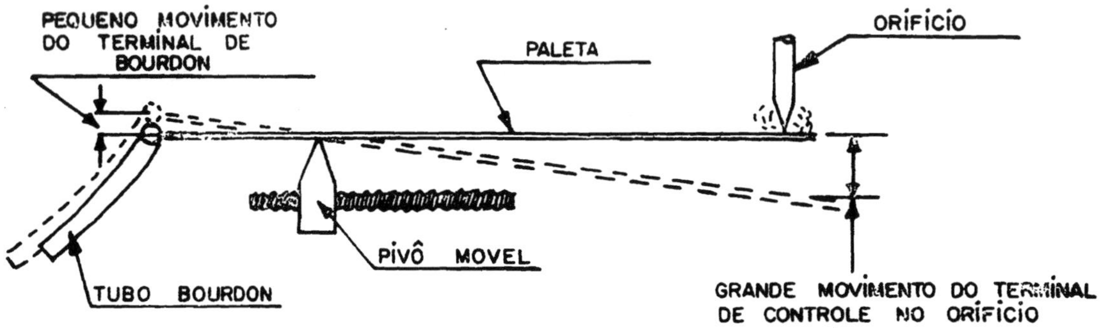

EFEITO DO DESLOCAMENTO DO PIVO NO TERMINAL DO BOURDON.

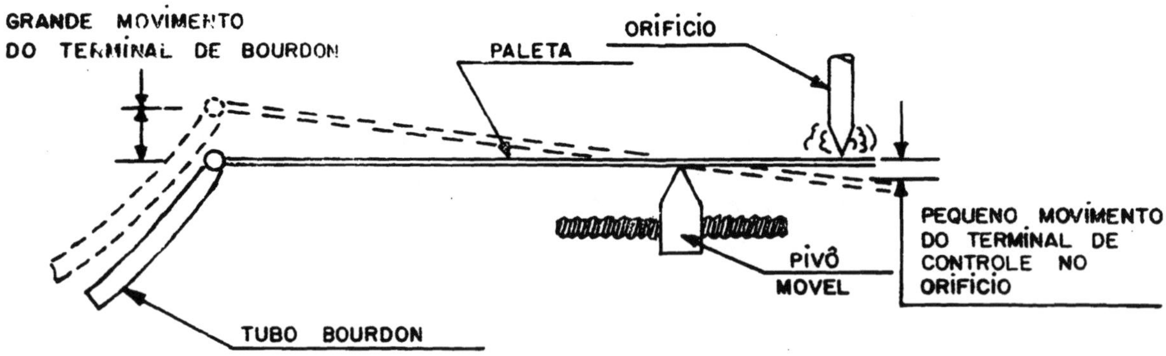

EFEITO DO MOVIMENTO DO PIVO NO TERMINAL DE CONTRÔLE.

TER. DE DIAL TIPO BIM., TER. DE DIAL DO T. PRESSÃO
E
PAR TERMÔ ELÉTRICO

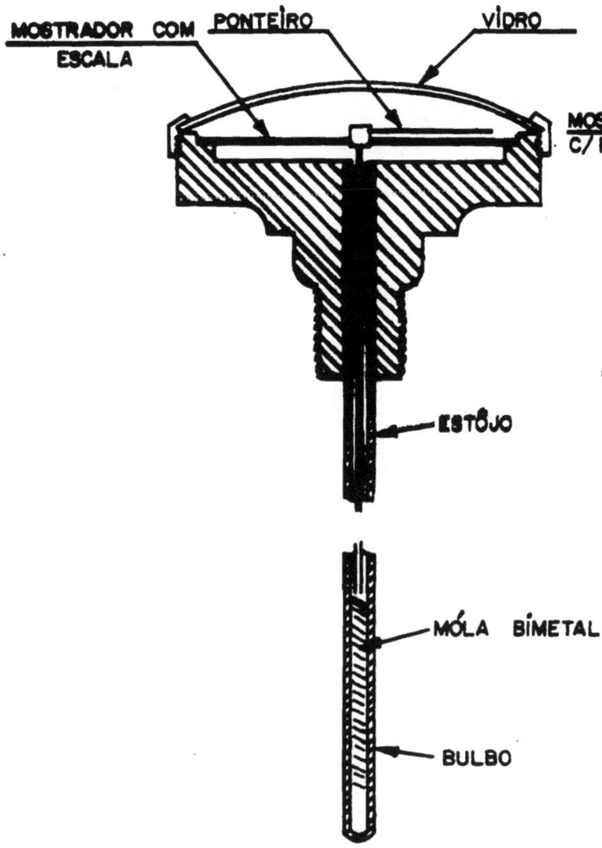

TERMÔMETRO DE DIAL TIPO BIMETAL

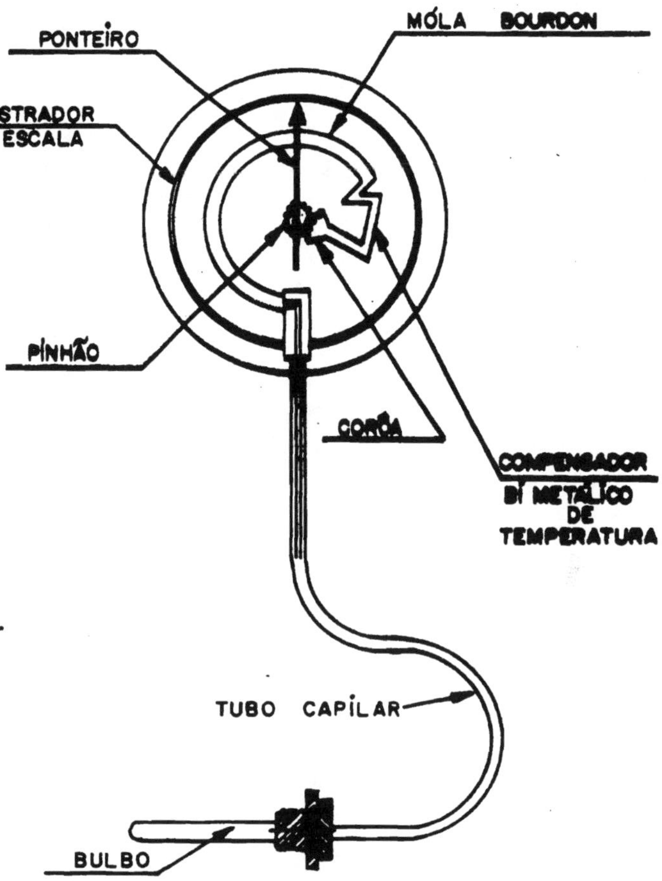

TERMÔMETRO DE DIAL DO TIPO DE PRESSÃO

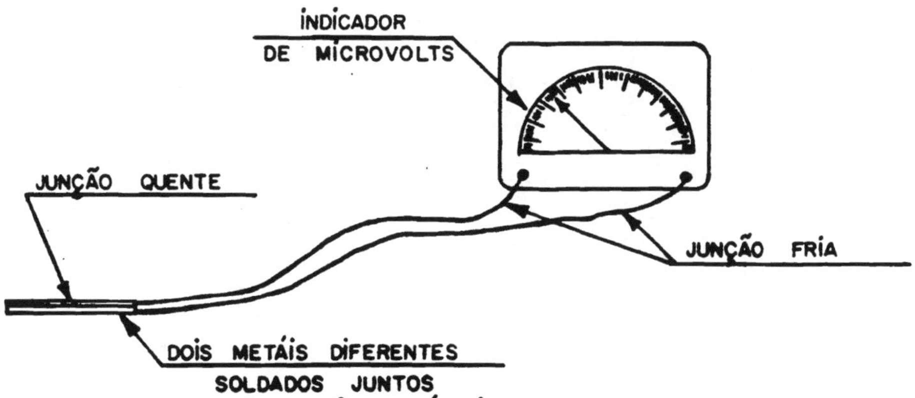

PAR TERMÔ ELÉTRICO

MEDÍDOR DE FLUXO SÍMPLES
E
ROTAMETRO

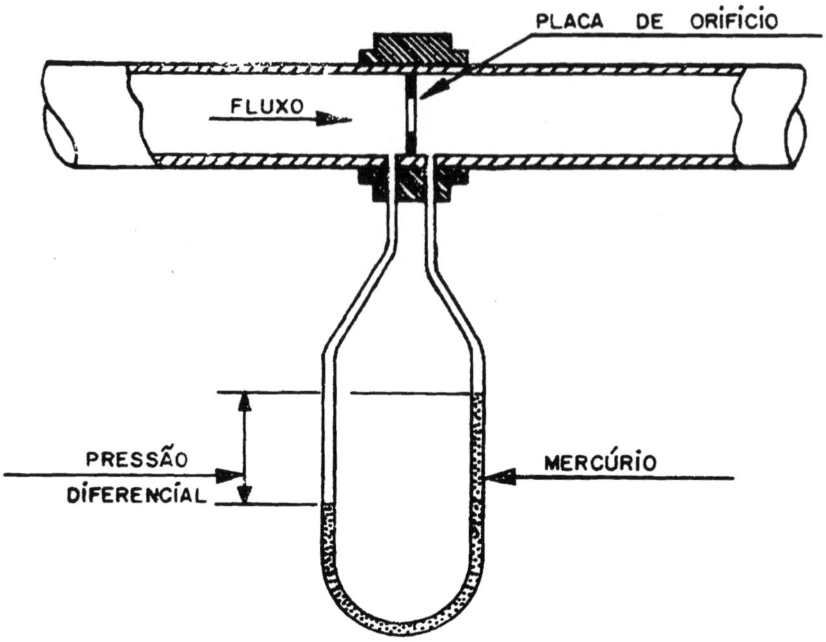

MEDÍDOR DE FLUXO SIMPLES

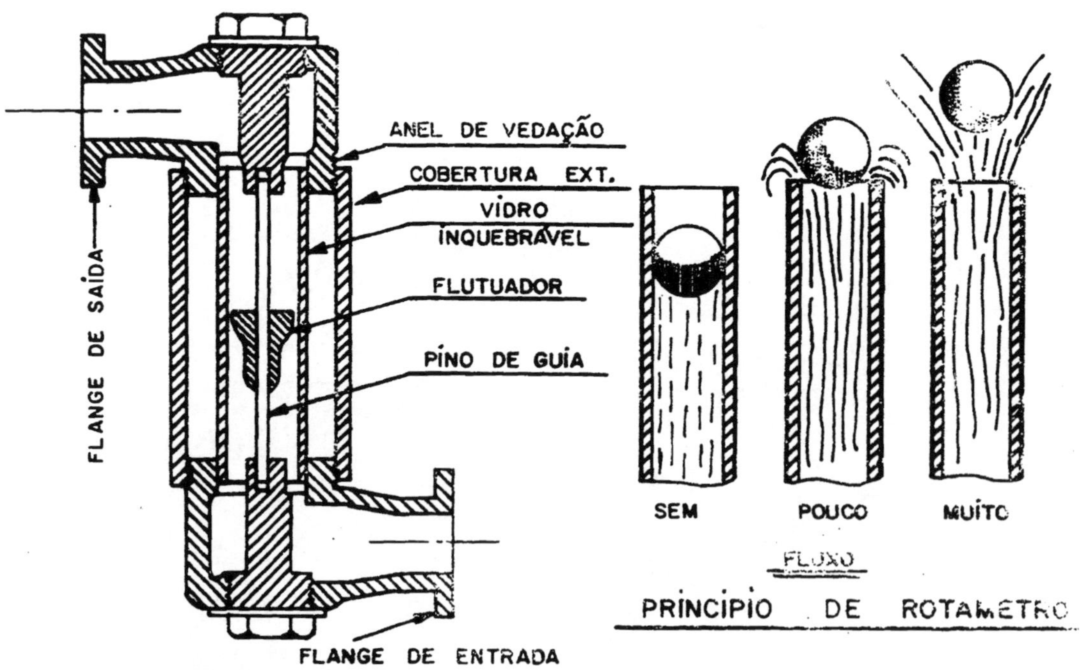

ROTAMETRO

PRÍNCIPÍO DE ROTAMETRO

TROCADOR DE CALOR TÍPO CASCO E TUBO

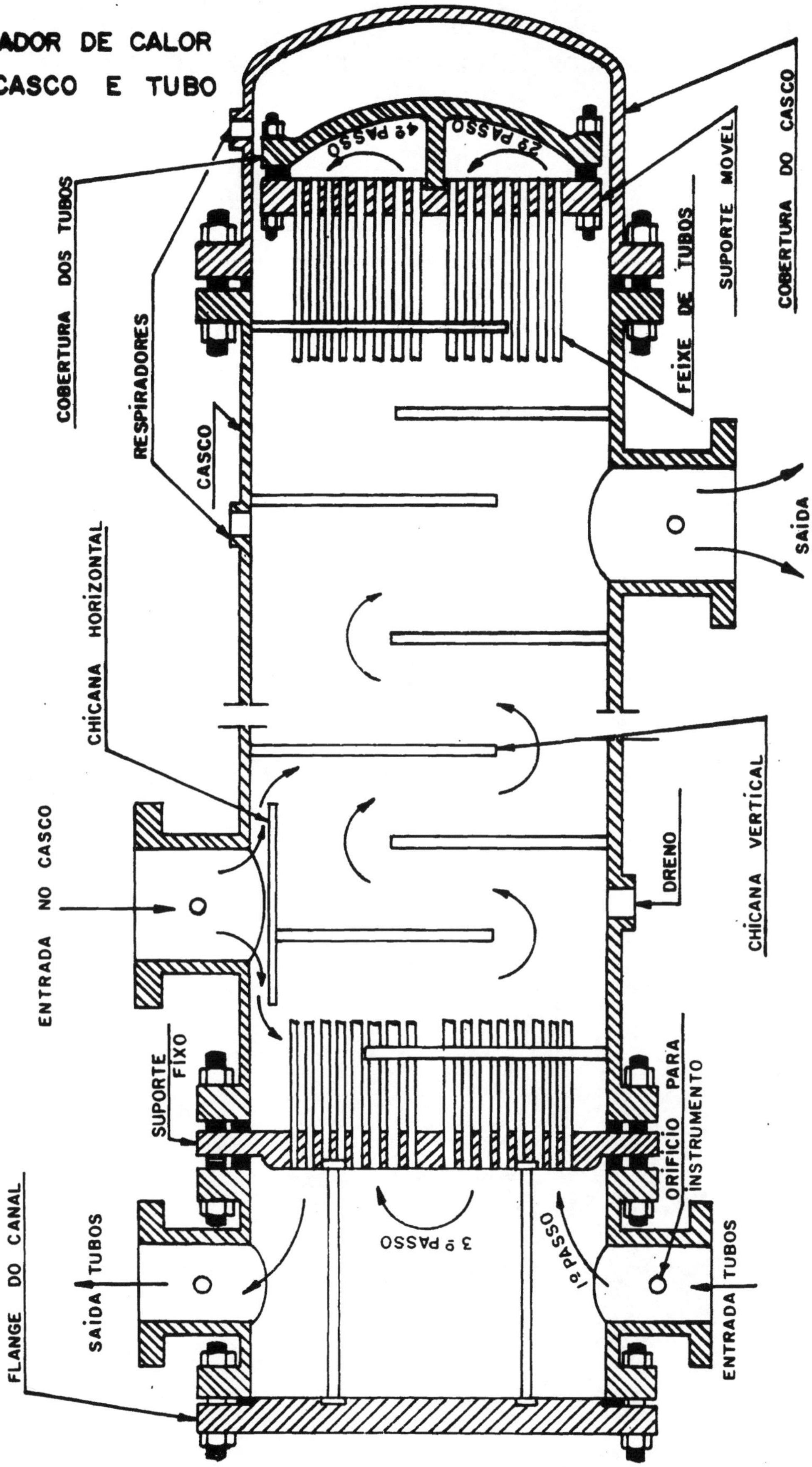

TROCADOR DE CALOR COM TUBO EM "U" E EJETOR

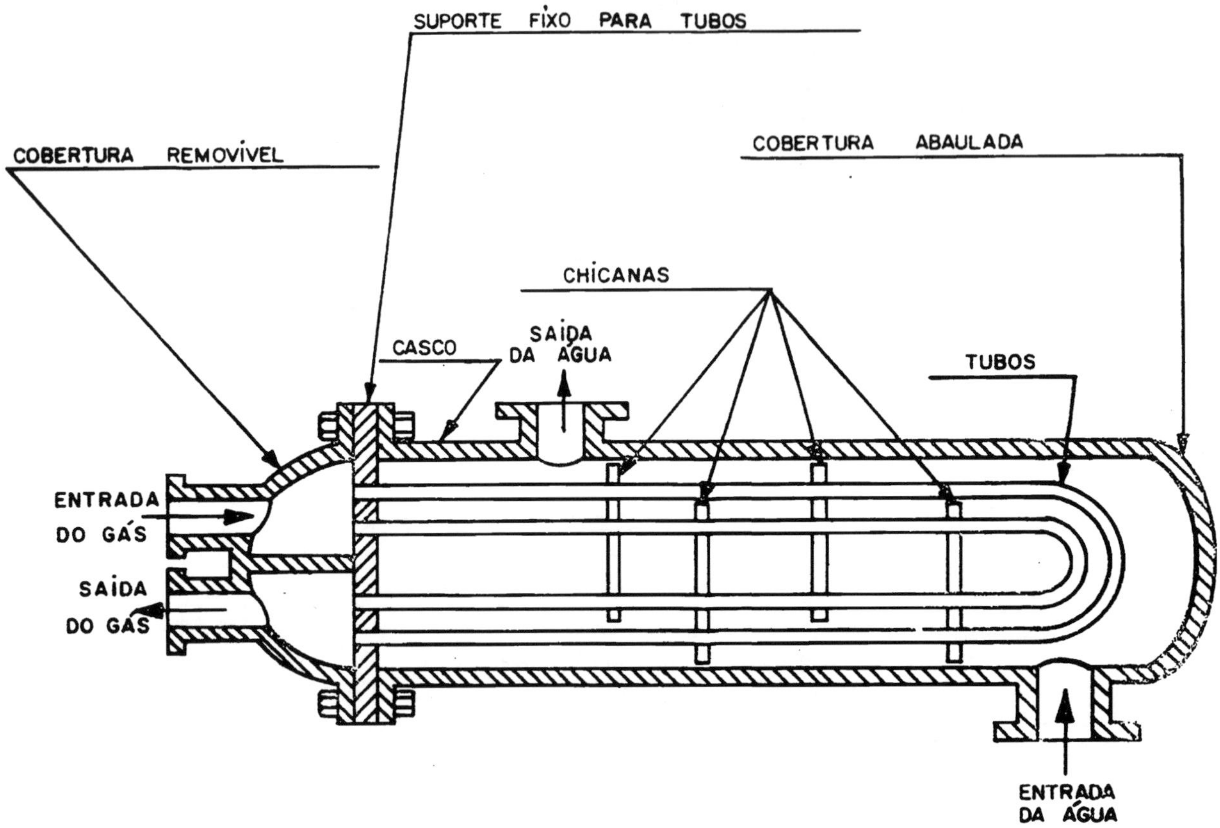

TROCADOR DE CALOR COM TUBO EM "U"

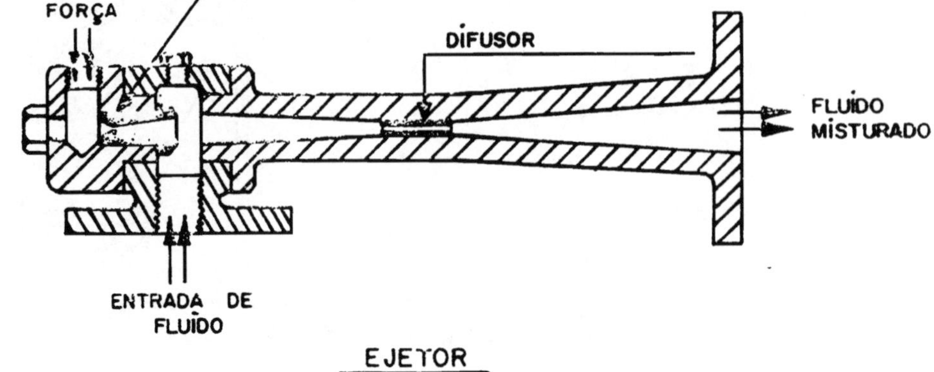

EJETOR

TROCADOR DE CALOR DE TUBO ENCAMISADO

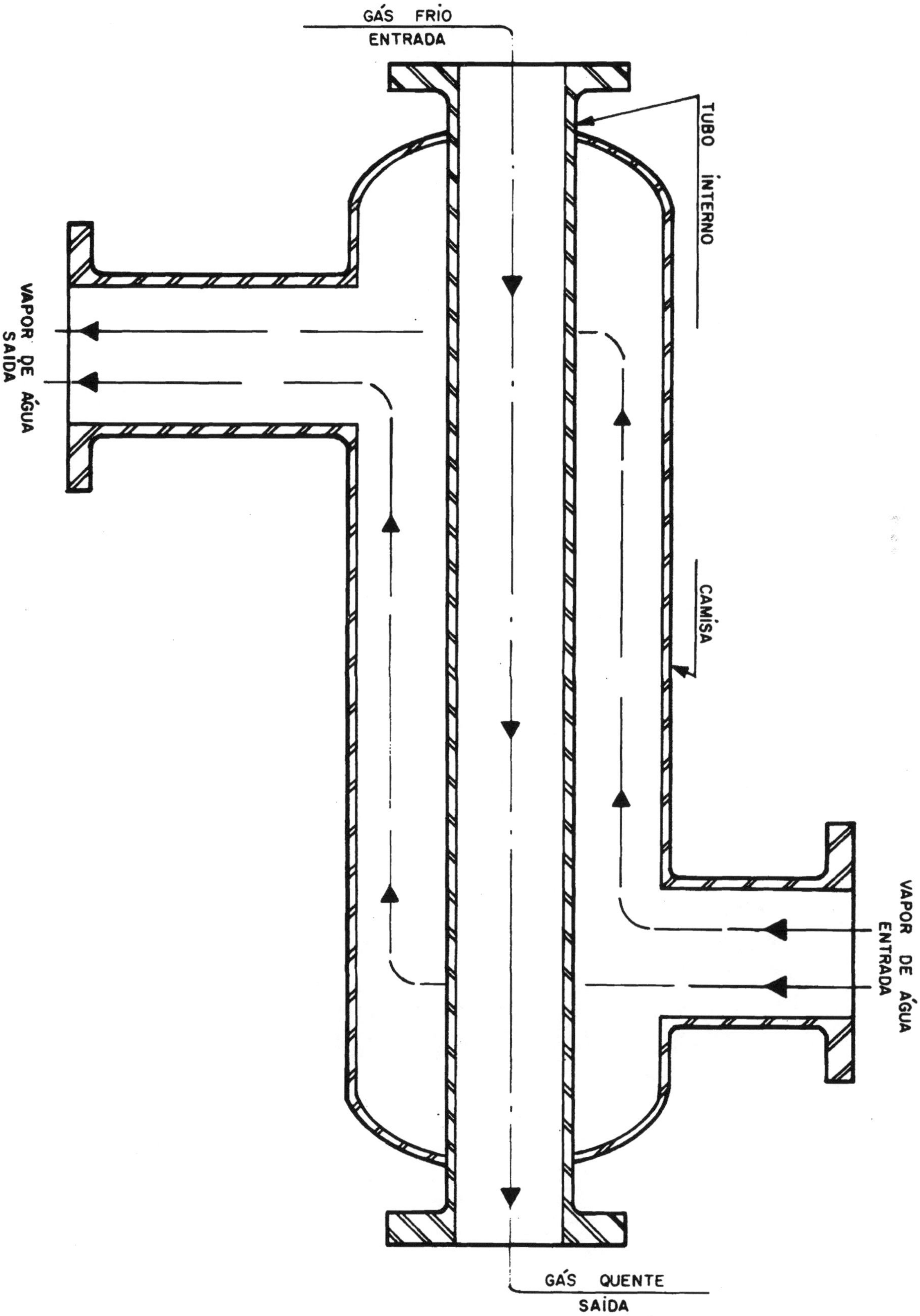

TROCADOR DE CALOR
TÍPO TUBOS DE PALHETA

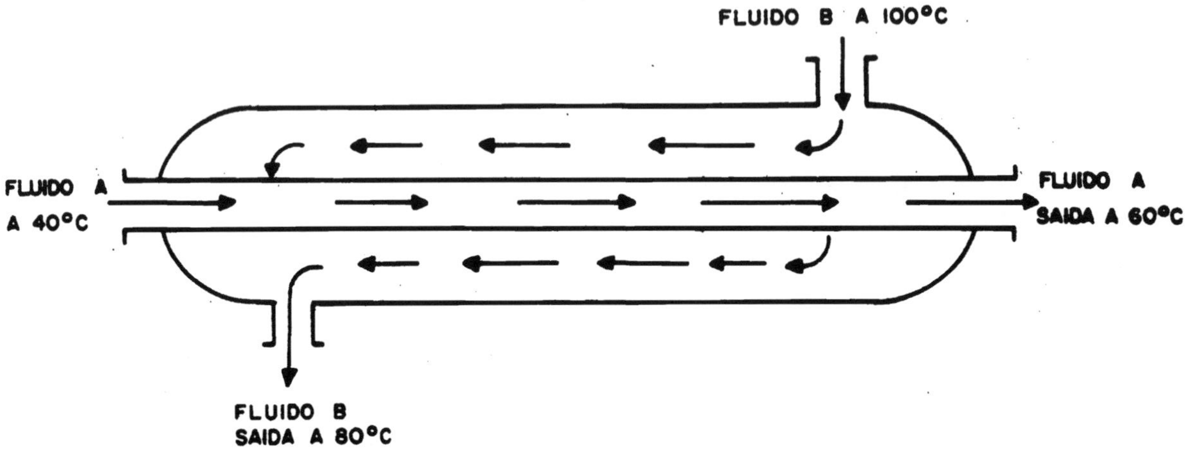

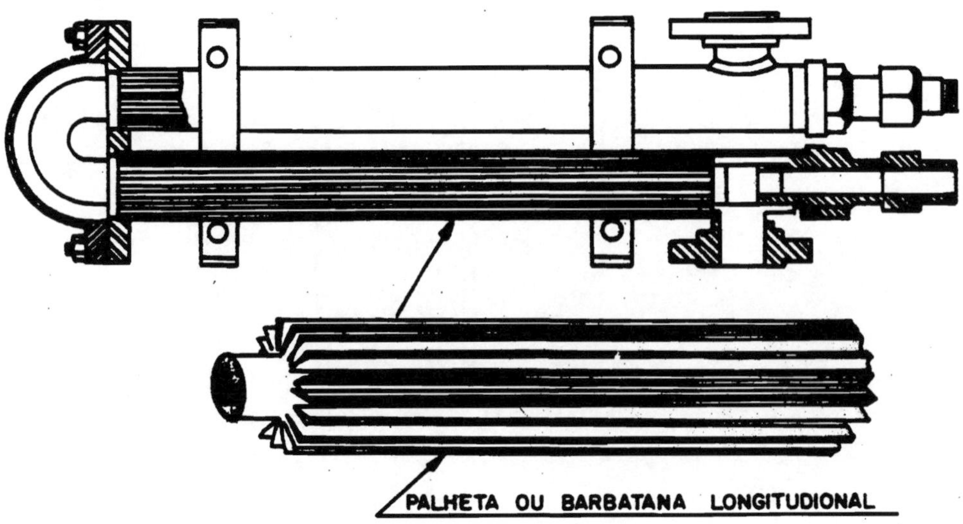

TROCADOR DE CALOR COM SUPORTE MOVEL PARA TUBOS

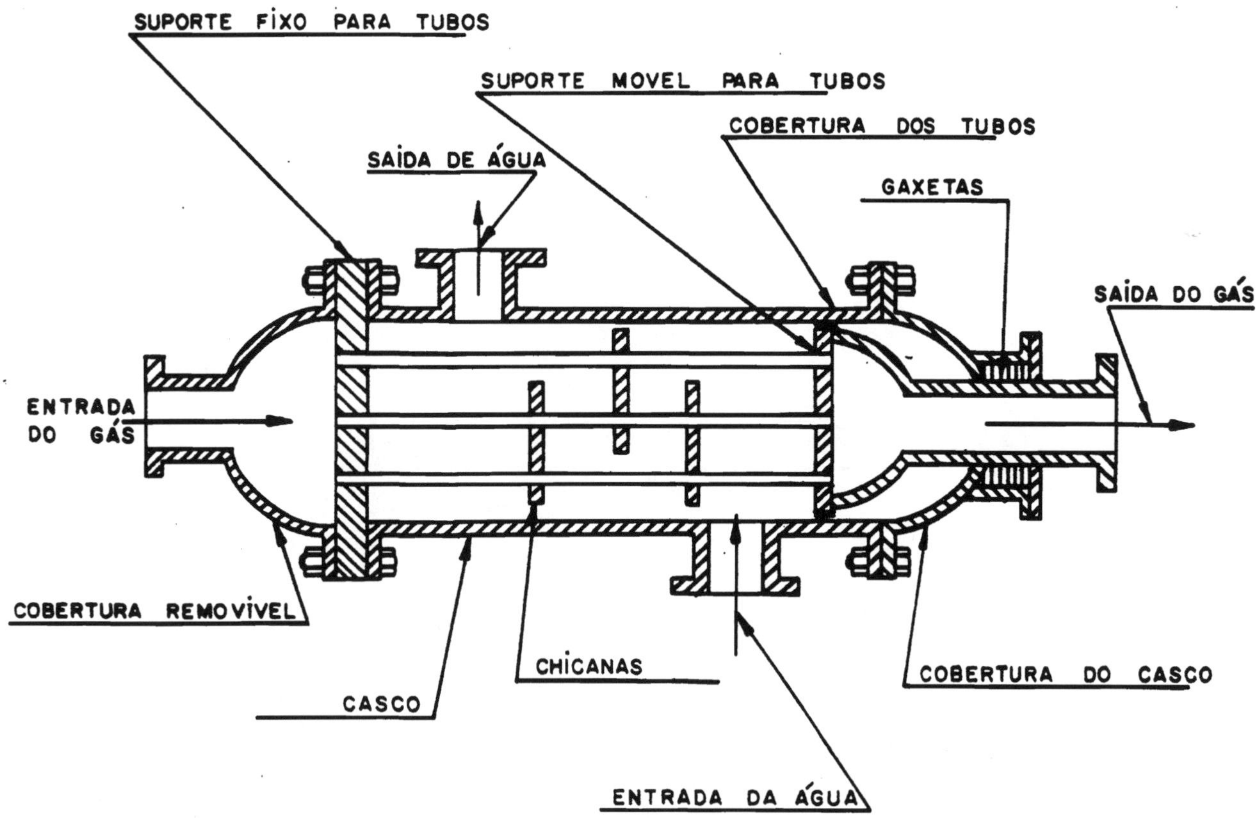

COMPRESSOR RECIPROCATIVO

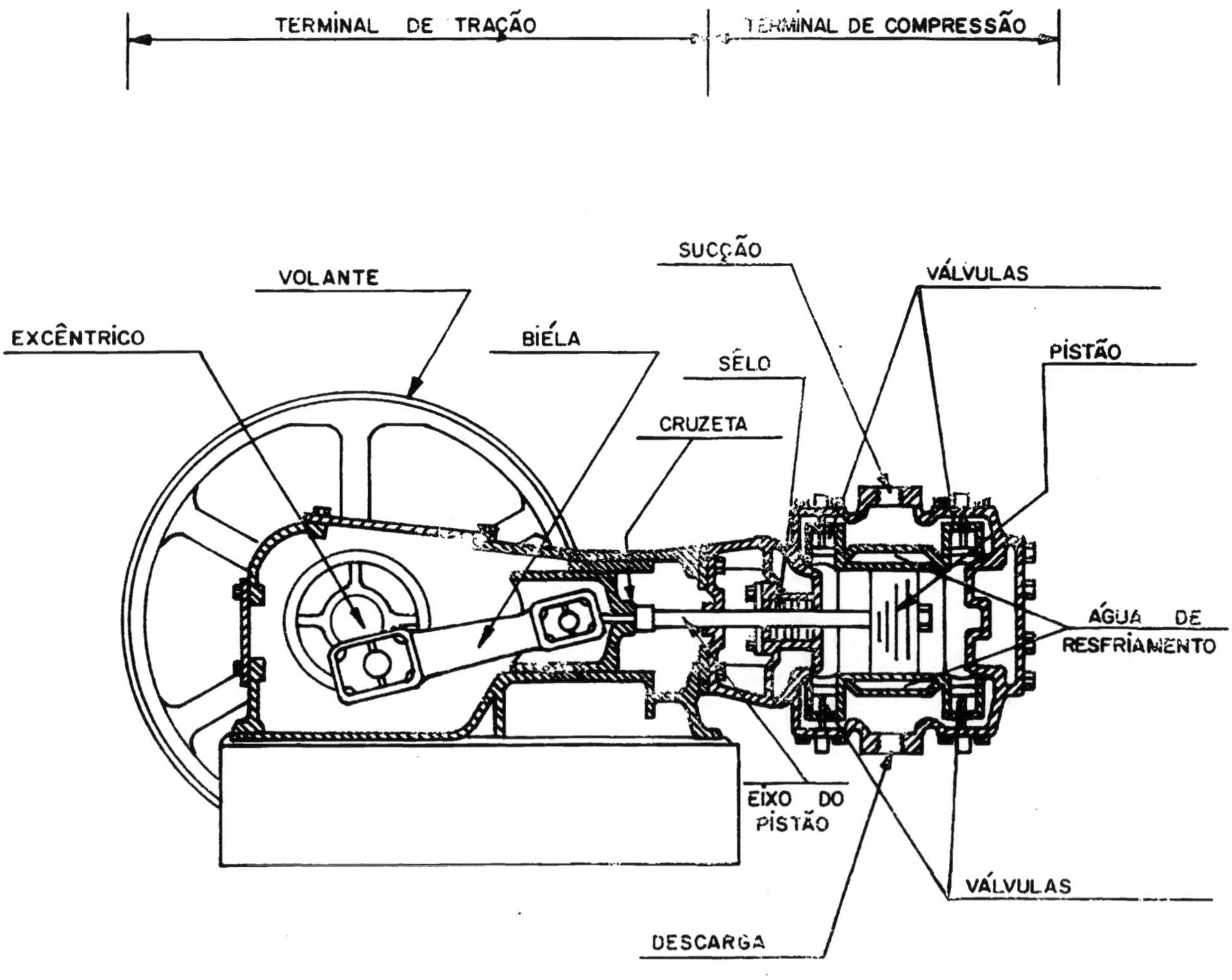

COLUNA DE BANDEJAS DE ORIFICIOS E VÁLVULAS

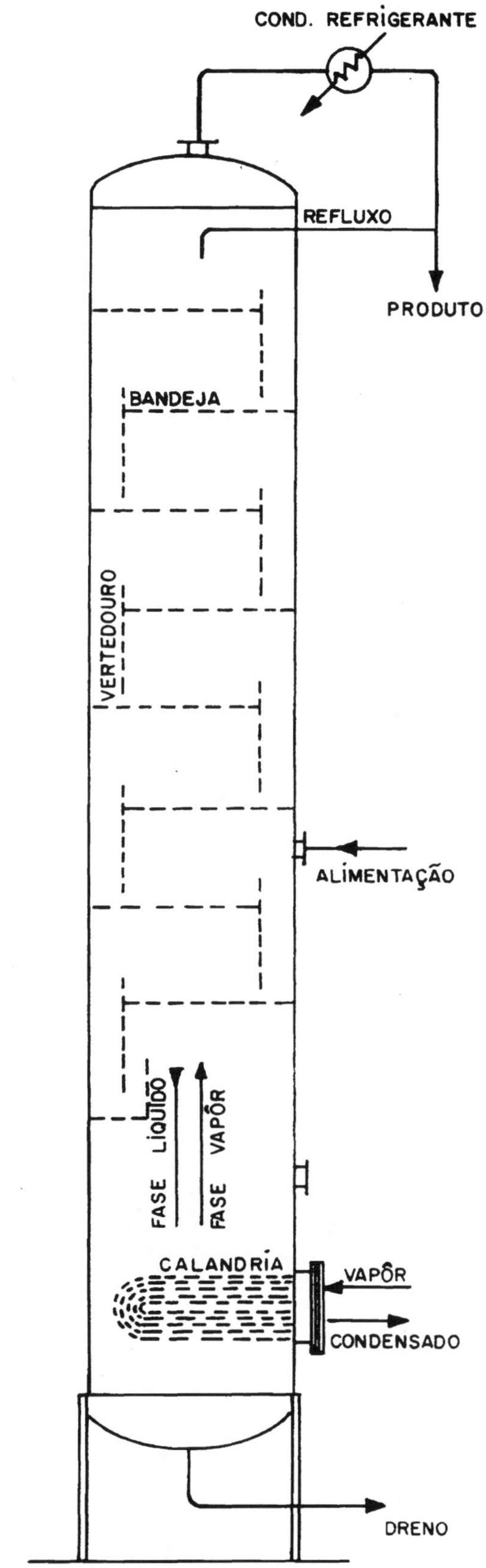

COLUNA DE BANDEJAS

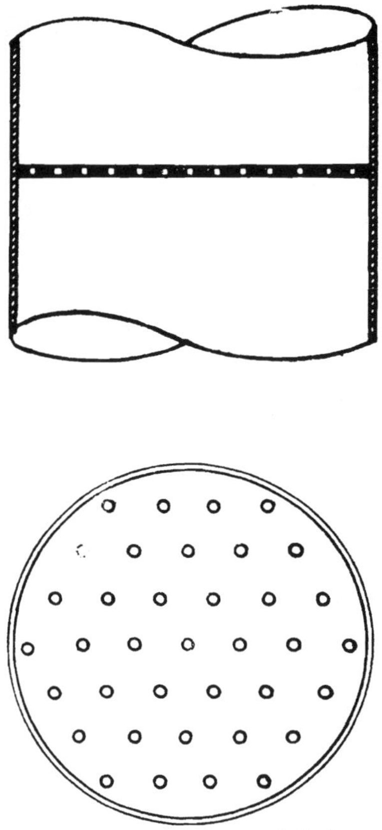

BANDEJA DE ORIFICIO

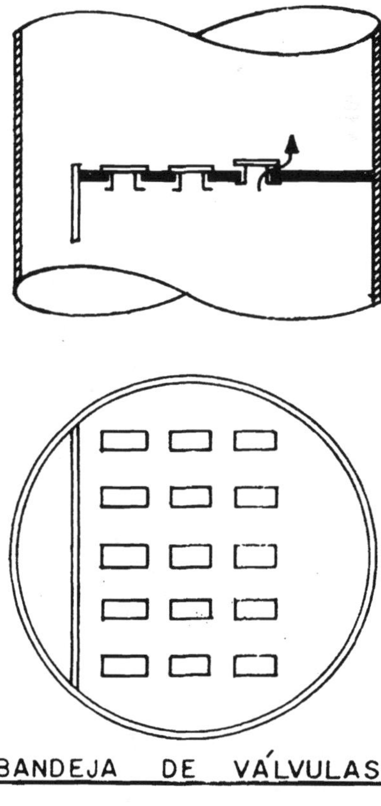

BANDEJA DE VÁLVULAS

SECADOR
E
COLUNA DE BORBULHA

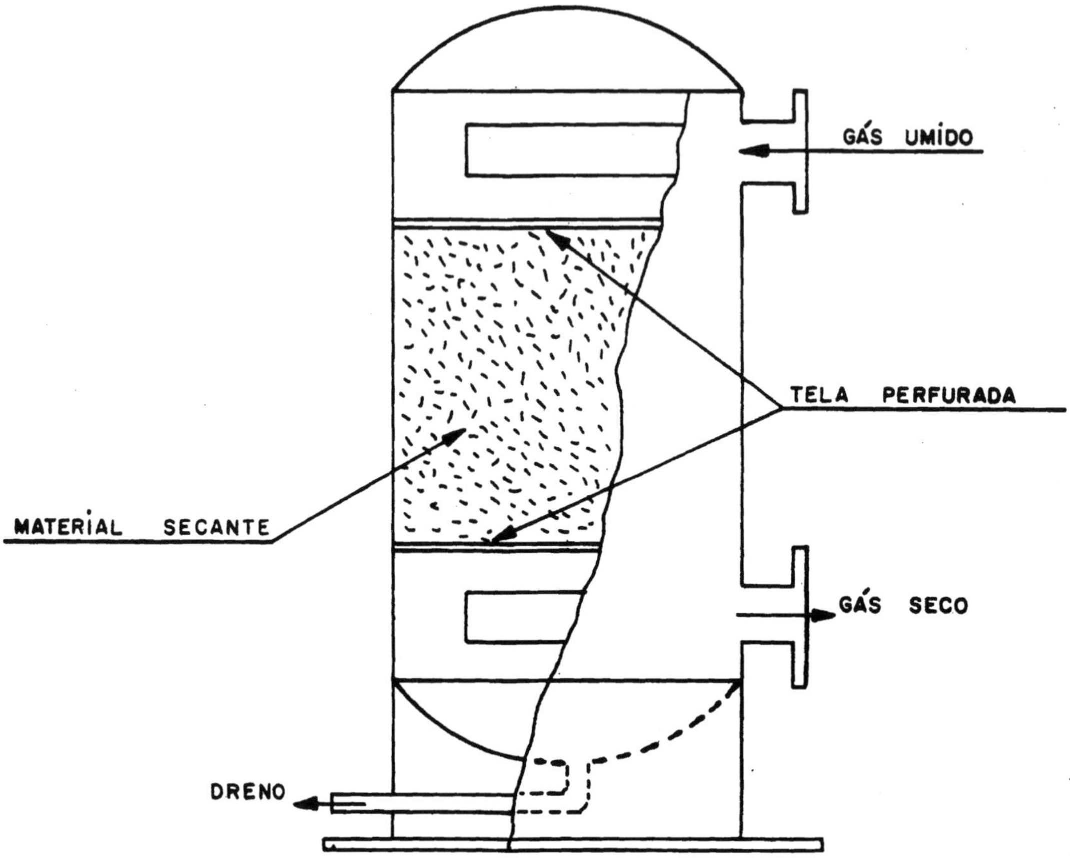

SECADOR

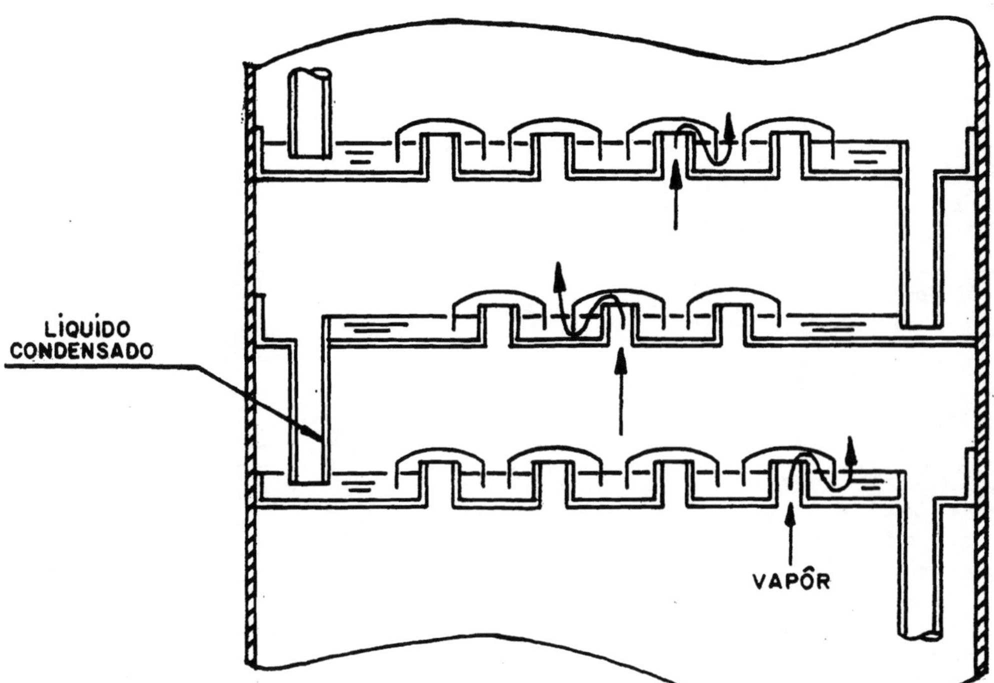

COLUNA DE BORBULHA

SEPARADORS
SÍMPLES , TANGENCÍAL E DE CHÍCANAS

SEPARADOR TANGENCÍAL

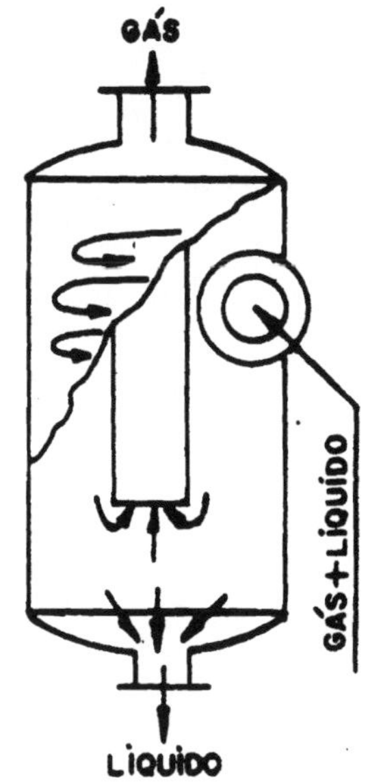

SEPARADOR SÍMPLES

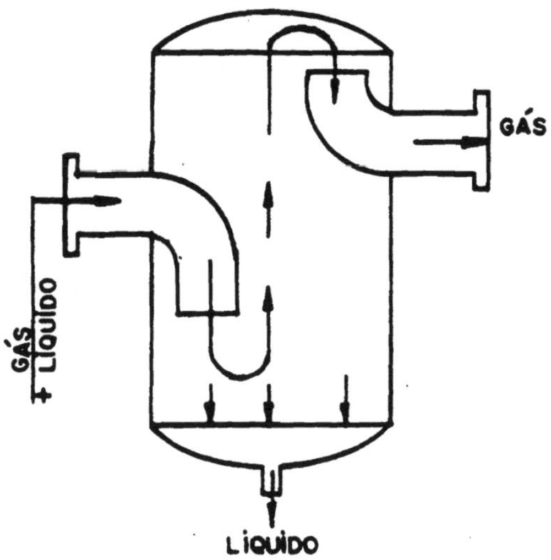

SEPARADOR DE CHÍCANAS

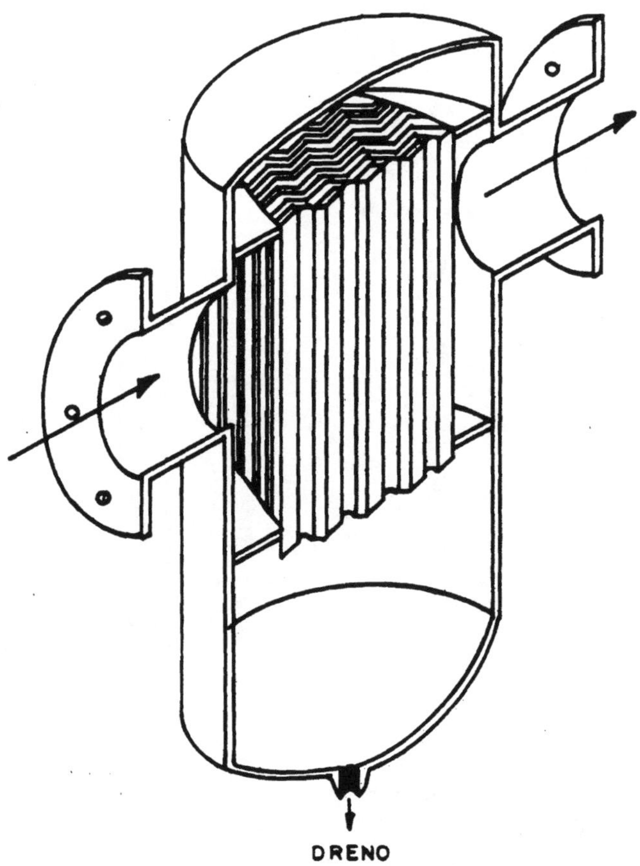

TÍPO DE SATURADOR

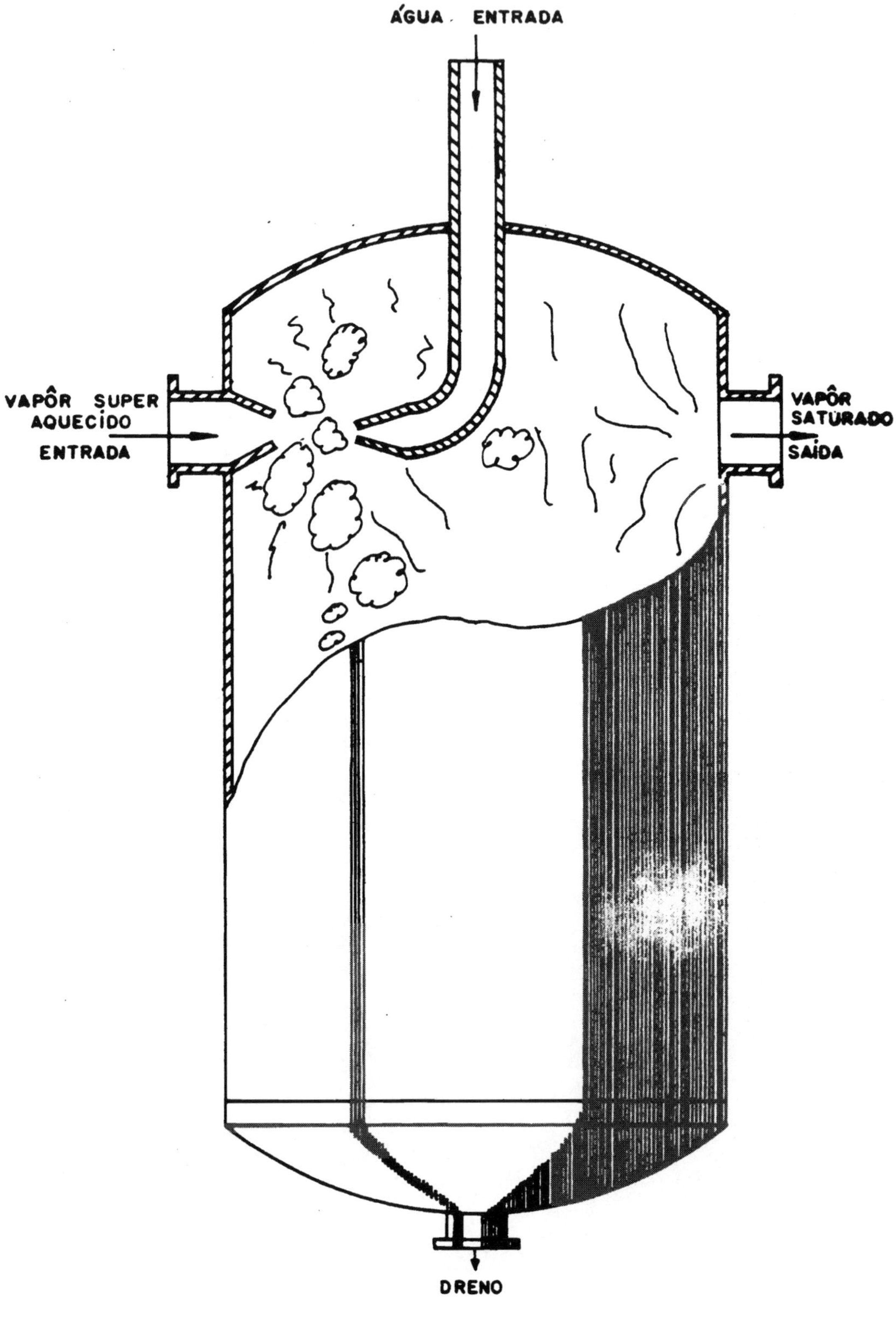

COLUNA DE ENCHIMENTO

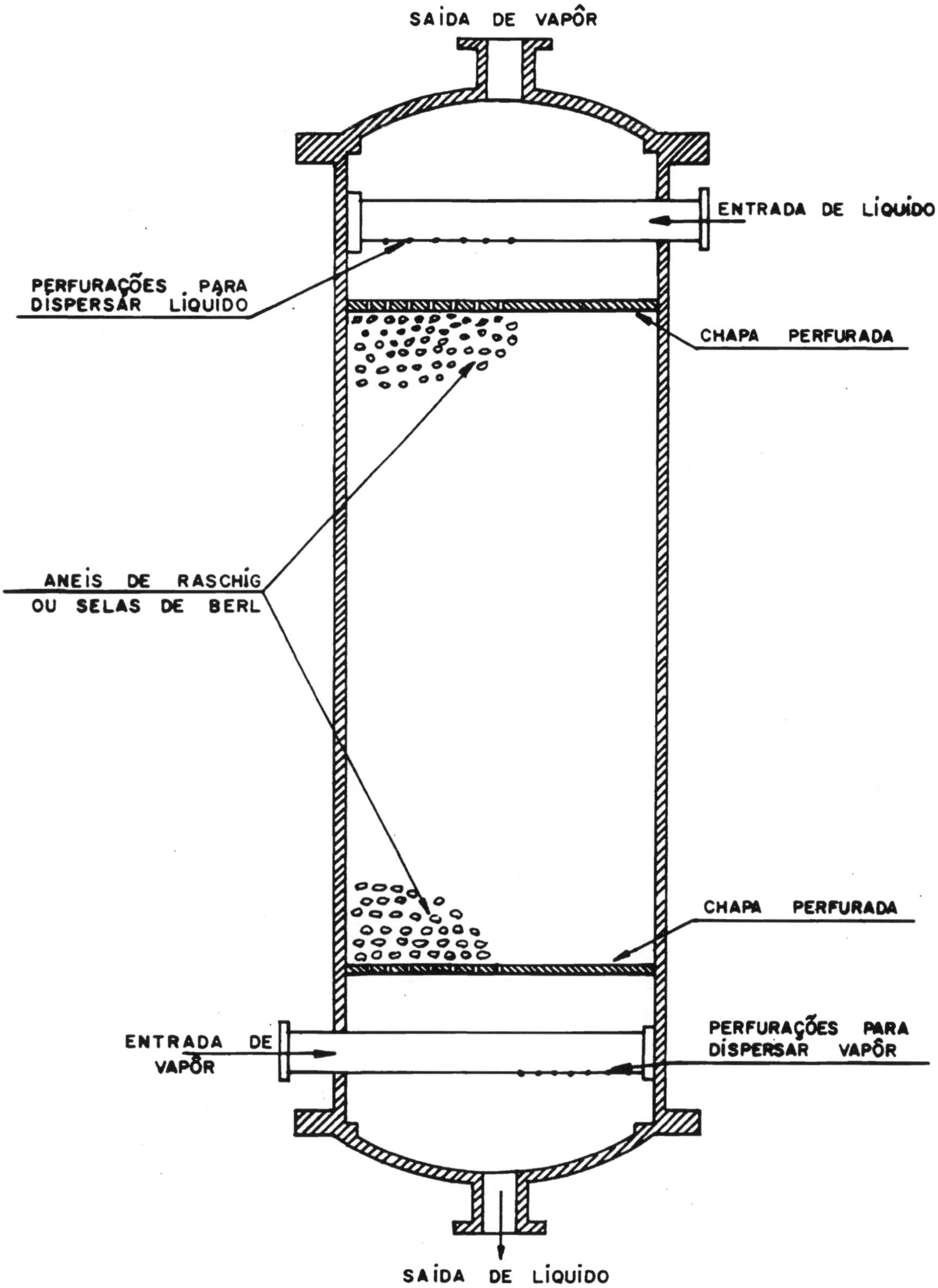

PLACA DE ORIFÍRIO, TUBO VENTURÍ E ORIFÍCIO DE FLUXO

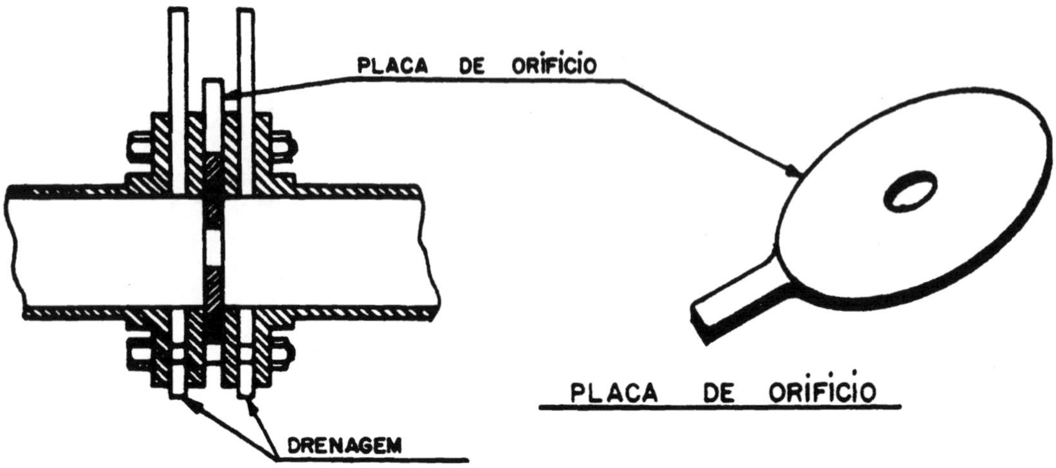

PLACA DE ORIFÍCIO

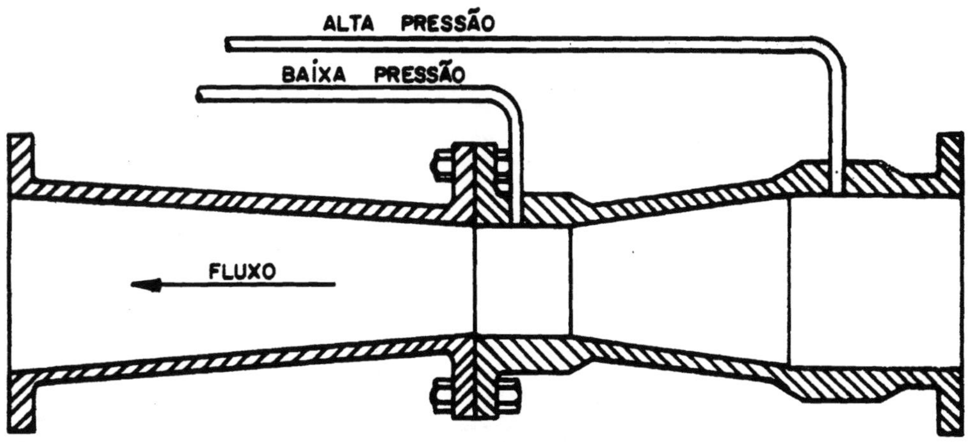

TUBO VENTURÍ

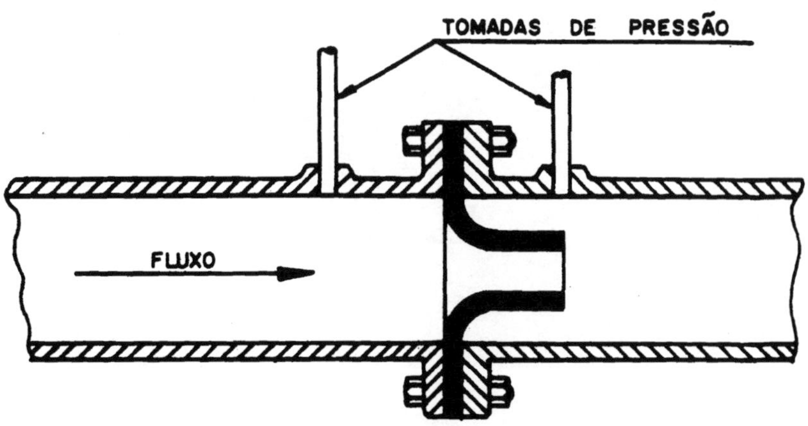

ORIFÍCIO DE FLUXO

CAÍXA DE GAXETAS ENCAMÍSADA

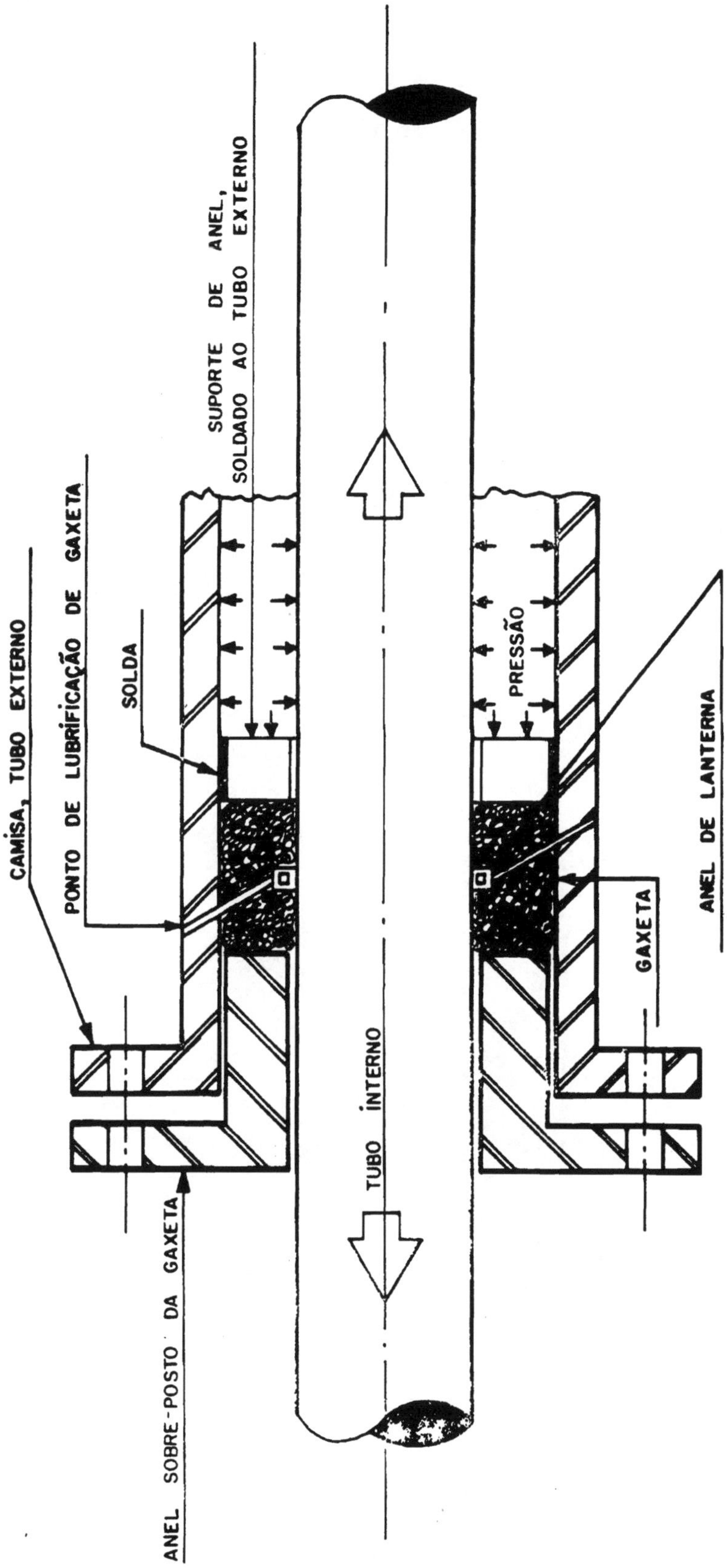

CAÍXA DE GAXETAS DE BOMBA CENTRÍFUGA

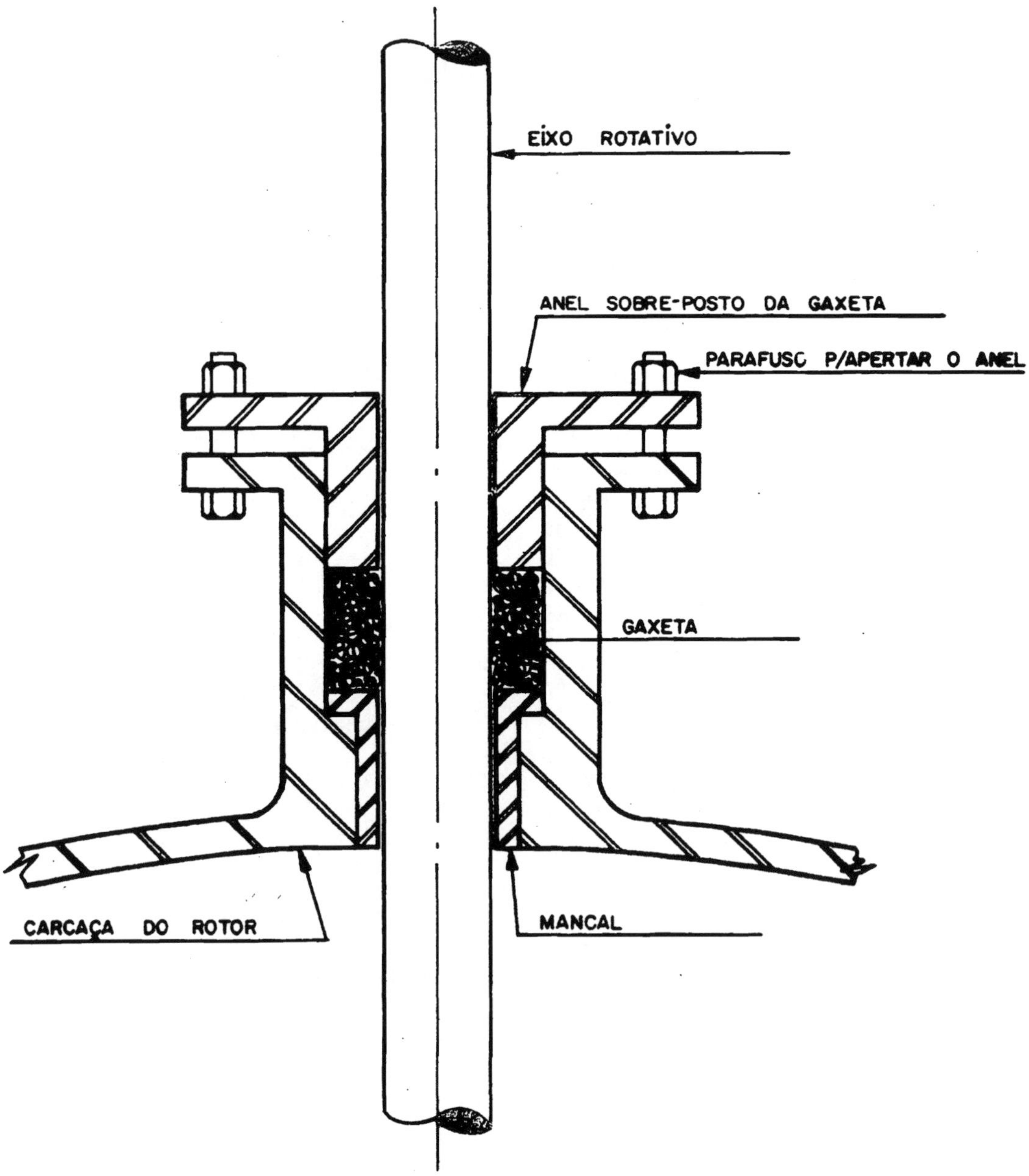

CAPÍTULO XII – TABELAS PADRÃO – TERMOS TÉCNICOS

COMO DETERMINAR A FORÇA NECESSÁRIA PARA BOMBEAR LÍQUIDOS

Para elevar um líquido desde um nível inferior até outro, superior, é necessário um adequado consumo de energia. Em condições teóricas, isto é, se todas as fricções pudessem ser eliminadas, uma certa quantidade de energia seria requerida para elevar uma determinada quantidade de líquido a uma prevista altura.

Devido à fricção do líquido no interior dos canos e à fricção mecânica da própria bomba, a força realmente requerida é sempre maior do que a teórica. Por exemplo: Para bombear 500 galões por minuto a 50 pés de altura, são necessários, teoricamente, 6,6 HP. Agora bem, para bombear estes 500 galões através de um encanamento de 5" de Ø com uma bomba de uns 65% de eficiência, são necessários 10,15 HP.

De onde podemos deduzir que eficiência é a relação que existe entre a força teoricamente necessária, é a praticamente empregada para realizar o citado serviço. Em outras palavras, eficiência é a porcentagem da força fornecida para bombear que realmente é traduzida em serviço útil no bombeamento. Assim: 10,15 é a força em HP. realmente necessária, e 6,6 é a força teoricamente calculada; se dividirmos 6,6 versos 10,15, o quociente 65 é a porcentagem de eficiência do grupo motor-bomba utilizado.

Quanto mais se aproxima a potência necessária à teórica, tanto maior é a eficiência da bomba. A economia de uma bomba depende diretamente de sua eficiência. Evidentemente, a eficiência de uma bomba representa um fator de máxima importância. A força requerida para bombear, depende, principalmente, de dois fatores, o peso do líquido a ser bombeado por minuto e a altura vertical a que deve ser elevado o citado líquido, desde a fon te até o ponto de consumo.

Além destes dois fatores

Além destes dois pontos capitais, na prática deve ser feita uma determinada tolerância por motivo de força empregada em vencer a fricção do líquido dentro da própria bomba e na linha de enconamento. Para se obter a força necessária em termos de HP, multiplicando-se o peso em libras do líquido a ser bombeado em um minuto pela altura em pés a que deve ser elevado, e o resultado divide-se por 33,000. Isto se obtém aplicando a seguinte fórmula:

$$HP = \frac{\text{Peso do líquido em lbs. por min. x altura a bombear em pés}}{33{,}000}$$

O resultado nos dará a teórica força necessária. A real força precisa para efetuar este serviço, será mais do que isto, a diferença em acréscimo depende da fricção. Para obter-se a real força necessária, o número que apresenta a altura bombeada deve ser aumentado pelas perdas de altura em pés devido à fricção no enconamento.

Isto pode ser determinado pelas tabelas I e II. O resultado determinado desta forma deve ser, então, corrigido pela perda de força no equipamento de bomba; isto se consegue dividindo os HP obtidos, pela eficiência do equipamento de bomba, expressado como um decimal. Após esta correção, nossa fórmula fica como segue:

$$HP = \frac{\text{Peso x altura}}{33{,}000 \text{ x eficiência}}$$

Onde o peso é o de líquido bombeado por minuto em libras. Altura, a total elevação em pés, incluindo as perdas devidas à fricção nos canos.

Exemplo Prático:

Suponhamos que queremos bombear 500 galões por minuto a uma combinada elevação e força de resistência de 50 pés; de eficiência temos 65, e o encanamento é de 4" de Ø x 200 pés de comprimento, e que no percurso do encaonamento existam 3 cotovels de 90: Da tabela I, obtemos o seguinte:

Perda por fricção em 100 pés de linha de 4" descarregando 500 galões x min. é igual a 17,2 pés. Para 200 pés teríamos 2 x 17,2, que é igual a 34,4

Da tabela II obtemos o seguinte: Perda por fricção num cotovelo de 90° de 4" Ø, descarregando 500 galões x min. 2,47 pés; para 3 cotovelos seria: 3 x 2,47 igual a 7,4 pés.

Altura total portanto é H =50 + 34,4 + 7,4 =

Altura total portanto é H = 50 + 34,4 + 7,4 = 91,8 pés. Peso da água aproxi 8,33 lbs. por US galão. O peso bombeado por minuto seria em prncípio, 8,33 x 500, igual a 4,165 lbs. Substituindo estes valores em nossa fórmula:

HP

HP =

$$HP = \frac{\text{Peso x altura}}{33{,}000 \text{ x efic.}} \quad \text{obtemos: } HP = \frac{4{,}165 \text{ x } 91{,}8}{33{,}000 \text{ x } 65} = 17{,}7 \text{ HP}$$

CORES UTILIZADAS PARA IDENTIFICAR TUBULAÇÕES INDUSTRIAIS

(conf. NB-54 da ABNT)

DISCRIMINAÇÃO	COR
Inflamáveis e Combustíveis de Alta Vsicosidade	**Preto**
Inflamáveis e Combustíveis de Baixa Viscosidade	**Alumínio**
Produtos Intermediários ou Pesados	**Creme**
Gases Não Liquefeitos	**Amarelo**
Vácuo	**Cinza Claro**
Eletrodutos	**Cinza Escuro**
Àlcalis — Lixívias	**Lilás**
Àcidos	Laranja
Àgua — Àgua Potável	Verde
Vapor Saturado — Materiais destinados a combate de incêndios	Vermelho
Produtos sob Pressão — Ar Comprimido	Azul
Vapor	Branco
Vapor Superaquecido	Vermelho - branco - vermelho
Gasolina	Marrom - vermelho - marrom
Cor para indicar fluídos não identificáveis pelas demais cores — Òleo	Marrom

NOTAS:

1º) - USAR PARA TENSÕES PERMISSÍVEIS MENORES DO QUE 16.000 Psi. (MAT. DA TUBULAÇÃO)
2º) - NÃO USE ESTA CARTA PARA TUBOS MAIS PESADOS DO QUE ESCALA 80.
3º) - A CARTA ESTÁ BASEADA NA RELAÇÃO: $L = 6.16\sqrt{DA}$

L = COMPRIMENTO DA CURVA EM PÉS

D = DIÂMETRO EXTERNO DO TUBO (TAMBÉM PODE SER USADO O DIAM NOMINAL) "POL"

A = EXPANSÃO A SER ABSORVIDA. (POL)

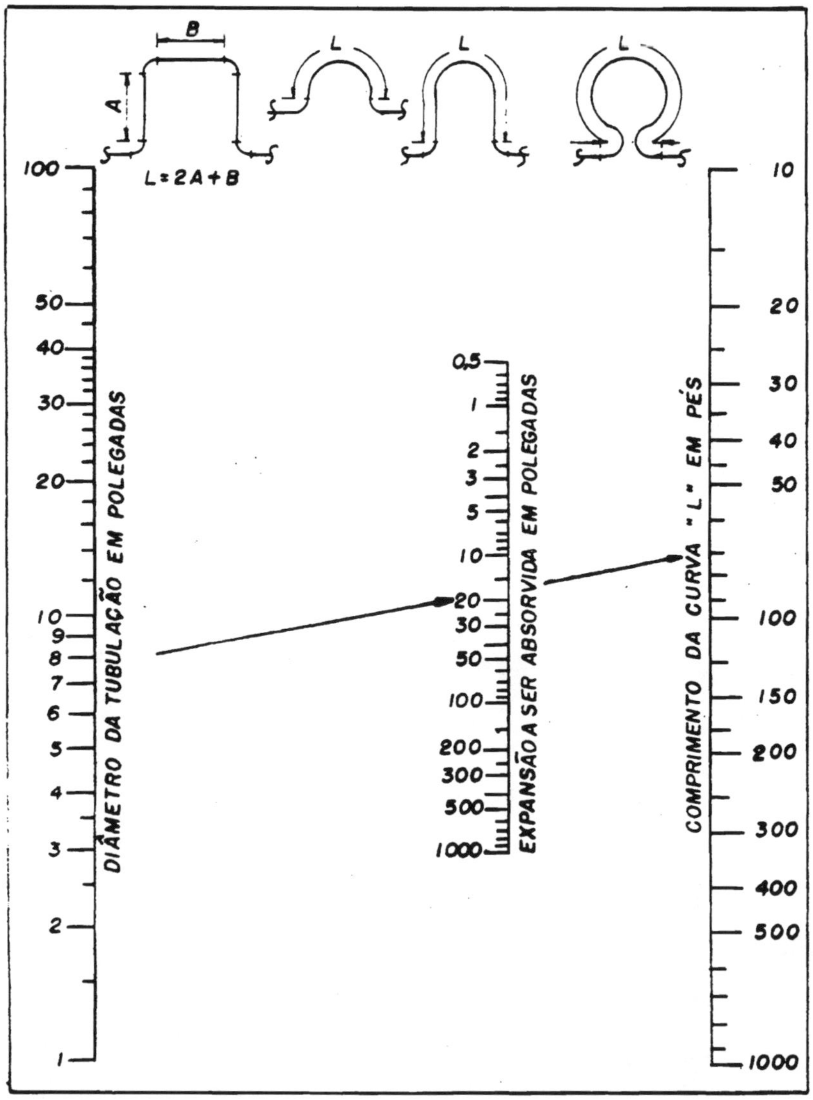

EXEMPLO: DIÂMETRO DA TUBULAÇÃO 8"
EXPANSÃO A SER ABSORVIDA 15"
COMPRIMENTO DA CURVA "L" 69 PÉS

DEPENDENDO DAS CONDIÇÕES DE ESPAÇO, TIPOS DE JUNTAS USADAS E O LADO ECONÔMICO DEVERÁ SER ESCOLHIDA UMA DAS QUATRO CURVAS INDICADAS. PROCURAR SEMPRE ARREDONDAR OS RESULTADOS DE "L" PARA MAIOR.

MÃO DE OBRA PARA INSTALAÇÃO DE TUBULAÇÕES

Estimativa em homens/hora, requerida para execução das diferentes partes de tubulações mais frequentemente instaladas na indústria.

OPERAÇÃO							
Diâmetro (poleg.)	Tubulação (a)	Acessórios (b)	Flanges (c)	Cotovelos c/ rosca (c)	TT c/ rosca (c)	Válvulas	Soldas Locais (b)
1/2	49,0	0,4		0,5	0,6	1,0	1,0
3/4	52,4	0,5		0,5	0,6	1,0	1,0
1	59,0	0,6	0,5	0,8	1,0	1,8	1,5
1 1/4	88,5	0,8	0,8	0,8	1,0	2,0	2,0
1 1/2	111,4	1,0	1,0	1,0	1,3	2,5	2,0
2	147,5	1,5	1,0	1,0	1,3	4,0	2,0
2 1/2	157,3	2,5	1,5	1,3	1,6	5,0	2,3
3	167,2	3,0	2,0	1,5	1,9	7,0	2,6
4	196,7	5,0	3,0	2,0	2,6	9,0	3,0
6	275,4	7,0	4,0	4,0	5,2	12,0	4,0
8	403,2	8,0	5,0	4,0	5,2	15,0	5,2
10	554,0	10,0	6,0	6,0	7,8	18,0	7,0

a) — Tempo para execução da tubulação, por homem/hora, por 100 metros de tubos, incluindo transporte por caminhão ou estrada de ferro, para o local de trabalho, corte, roscas, flangeamento, soldagem.

b) — De 1/2 a 2", solda de introdução, 2.1/2" e maiores, solda de tôpo.

c) — Inclui manuseamento e uniões.

ÁGUA

ESTIMATIVA DE CONSUMO PREDIAL

PRÉDIO	Consumo (litros/dia)
Alojamentos provisórios	80 per capta
Casas populares ou rurais	120 per capta
Residências	150 per capta
Apartamentos	200 per capta
Hotéis (s/ cozinha e s/ lavanderia)	120 por hóspede
Hospitais	250 por leito
Escolas — internatos	150 per capta
Escolas — semi-internatos	100 per capta
Escolas — externatos	50 per capta
Quartéis	150 per capta
Edifícios públicos ou comerciais	50 per capta
Escritórios	50 per capta
Cinemas e teatros	2 por lugar
Templos	2 por lugar
Restaurantes e similares	25 por refeição
Garagens	50 por automóvel
Lavanderia	30 por kg de roupa seca
Mercados	5 por m^2 de área
Matadouros — Animais de grande porte	300 por cabeça abatida
Matadouros — Animais de pequeno porte	150 por cabeça abatida
Fábricas em geral (uso pessoal)	70 por operário
Postos de serviços p/ automóvel.	150 por veículo
Cavalariças	100 por cavalo
Jardins	1,5 por m^2
Orfanato, Asilo, Berçário	150 per capta
Ambulatório	25 per capta
Creche	50 per capta
Oficina de Costura	50 per capta

FATORES DE CONVERSÃO

MULTIPLIQUE	POR	PARA OBTER	MULTIPLIQUE	POR	PARA OBTER
Acres	0,405	Hectares (ha)	Centimeters/second	0,02337	Miles/hr.
Acres (a.)	43560	Square feet	Chains	20,1168	Metres
Acres	4047	Square meters	cm^2	0,1550	Square inches
Atmosferas	76,0	Cm. of mercury	Cubic centimeters	$2,642 \times 10^{-4}$	Gallons
Atmosferas	1,033	Kg./sq. cm.	Cubic centimeters	10^{-3}	Liters
Atmosferas	14,7	Lb./sq. in.	Cubic centimeters	10^{-6}	Cubic meters
Berrels-oil	42	Gallons-oil	Cubic feet	1728	Cubic inches
Bars	1000	Millibars	Cubic feet	0,02832	m^3
Bars	75,01	Cm. of mercury	Cubic feet	7,48052	U.S. gal.
Bars	0,98692	Atmospheres	Cubic feet	28,32	Liters
B.T.U.	0,252	Calorie (large –)	Cubic feet	$28,32 \times 10^3$	Cubic cm
B.T.U.	777,98	Ft. - lb.	Cubic feet	$2,113 \times 10^{-3}$	Pints
B.t.u./min.	12,96	Ft. - lb/sec.	Cubic feet per HP	0,0916	m^3 per CV
B.t.u./min.	0,02356	HP.	Cubic feet/minute	472,0	Cubic cms/sec.
B.t.u./min.	17,57	Watts	Cubic feet/minute	0,4720	Liters/sec.
B.t.u. per sq.ft	2,713	Calorias/m^2	Cubic feet/minute	62,43	Pounds of water/min.
Bushels (England)	3,637	Decalitres	Cubic feet/second	448,831	Gallons/min.
Bushels (U.S.A.)	3,524	Decalitres	Cubic inches	16,39	cm^3
Calorias (cal.)	3,968	B.t.u.	Cubic inches	0,000016	m^3
Calorias por m^2	0,369	B.t.u./square feet	Cubic inches	$5,787 \times 10^{-4}$	Cubic feet
Cavalo-vapor (CV)	41,83	B.t.u./min.	Cubic inches	$1,839 \times 10^{-2}$	Liters
Cavalo-vapor (CV)	542,5	Ft. - lb./sec.	Cubic inches	0,03463	Pints
Cavalo-vapor (CV)	0,9863	HP.	Cubic meters	10^6	Cubic centimeters
Cavalo-vapor (CV)	10,54	Kg.cal./min.	Cubic meters	35,31	Cubic feet
Cavalo-vapor (CV)	0,7355	Kilowatts	Cubic meters	61,023	Cubic inches
Centares	1	square meters	Cubic meters	1,308	Cubic yardes
Centímetros (cm.)	0,3937	Inches	Cubic meters	264,2	Gallons (U.S.A.)
Centimeters/second	1,969	Feet/min.	Cubic meters	10^3	Liters
Centimeters/second	0,6	Meters/min.	Cubic meters	2118	Pints

FATORES DE CONVERSÃO (continuação)

MULTIPLIQUE	POR	PARA OBTER	MULTIPLIQUE	POR	PARA OBTER
Cubic meters	1057	Quarts	Feet (ft.)	0,3046	Meters
Cubic Yards	27	Cubic Feet	Feet (ft.)	0,333	Yards
Cubic Yards	0,7646	m^3	Feet/min.	0,01667	Ft./sec.
Cubic Yards	202	Gallons	Feet/min.	0,01136	Miles/hr.
Cubic Yards	$7,646 \times 10^5$	Cubic centimeters	Feet/sec.	1,097	Km/hr.
Cubic Yards	46,656	Cubic inches	Feet/sec.	0,5921	Knots
Cubic Yards	764,6	Liters	Feet/sec.	0,6818	Miles/hr.
Cubic Yards	1616	Pints	Feet/sec.	0,5080	Centimeters/sec.
Cubic yards/min.	0,45	Cubic feet/sec.	Feet/sec.	0,01829	Kilometers/hr.
Cubic yards/min.	3,36	Gallons/sec.	Feet/sec.	0,3048	Meters/sec.
Cubic yards/min.	12,74	Liters/sec.	Feet/sec.	30,48	Centimeters/sec.
Degrees (angle) (deg.)	0,01745	Radianos	Feet/sec.	0,5921	Knots
Degrees (angle) (deg.)	60	Minutes	Feet/sec.	18.29	Meters/min.
Degrees (angle) (deg.)	3600	Seconds	Feet/sec.	0,01136	Miles/min.
Degrees/sec.	0,01745	Radians/sec.	Feet/sec./sec.	30,48	cm/sec/sec.
Degrees/sec.	0,1667	Revolutions/min.	Feet/sec./sec.	0,3048	Meters/sec./sec.
Degrees/sec.	0,002778	Revolutions/sec.	Feet - lb/sec.	0,07717	B.t.u./min.
Dekagrams	10	Grams	Feet - lb/sec.	0,01945	kg. cal/min.
Dekaliters	10	Liters	Feet - lb/sec.	1,356	Watts
Decameters	10	Meters	Fluid ounces (U.S.A.)	25,97	ml.
Drams	1,771845	Grammes	Fluid ounces (England)	28,41	ml.
Drams	27,34375	Grains	Foot-pounds (ft. - lb).	0,1382	kgm.
Drams	0,0625	Ounces	Foot-pounds	$1,286 \times 10^{-3}$	British Thermal Unit
Dynes	$2,248 \times 10^{-3}$	Pounds	Foot-pounds	$5,050 \times 10^{-7}$	Horse-power-hrs.
Ergs	$7,376 \times 10^{-8}$	Foot-pounds	Feet-pounds	$3,241 \times 10^{-4}$	kilogram-calories
Fathoms	1,8288	Meters	Foot-pounds/min.	0,01667	Foot-pounds/sec.
Fathoms	6	Feet	Foot-pounds/min.	$3,241 \times 10^{-4}$	kg. calories/min.
Feet (ft.)	30,48	cm	Foot-pounds/min.	$2,260 \times 10^{-5}$	kilowatts
Feet (ft.)	12	Inches	Foot-pounds/min.	$3,630 \times 10^{-5}$	Horse-power

FATORES DE CONVERSÃO (continuação)

MULTIPLIQUE	POR	PARA OBTER
Foot-pounds/min.	$1,286 \times 10^{-3}$	B.T. Units/min.
Foot-pounds/sec.	$7,717 \times 10^{-2}$	B.T. Units/min.
Foot-pounds/sec.	$1,818 \times 10^{-3}$	Horse-power
Foot-pounds/sec.	$1,356 \times 10^{-3}$	Kilowatts
Foot-candle	10,76	Lux
Foot-tons	0,3096	Metric tons
Furlongs	201,168	Meters
Gallons (imperial) (gals.)	1,201	U.S. gallons
Gallons (imperial) (gals.)	4,546	Litres
Gallons (imperial) (gals.)	277,4	Cu. inches
Gallons/min.	$2,228 \times 10^{-3}$	Cubic feet/sec.
Gallons/min.	0,06308	Liters/sec.
Gallons/min.	8,0208	Cu. ft/hr.
Gallons (U.S.) liquid	0,1337	Cu. feet
Gallons (U.S.) liquid	231	Cu. inches
Gallons (U.S.) dry	1,164	U.S. gals. liquid
Gallons (U.S.) dry	0,83267	Imperial gals.
Gallons (U.S.) dry	3,785	Litres
Gills	0,1420	Litres
Grains (avoir)	0,065	Grammes
Grains (troy)	0,0648	Grammes
Grains (troy)	$2,0833 \times 10^{-3}$	Ounces (troy)
Grains/v.s. gallons	142,86	Lbs./milion gal.
Grammes (gm.)	980,7	Dynes
Grammes	15,43	Grains
Grammse	$2,205 \times 10^{-3}$	Pounds
Grammes	0,03527	Ounces
Grammes	0,03215	Ounces (troy)
Grammes per litre	70,15	Grains per gallon

MULTIPLIQUE	POR	PARA OBTER
Grammes/cm	$5,600 \times 10^{-3}$	Pounds inch
Grammes/cu. cm	62,43	Pounds/cubic foot
Grammes/cu, cm	0,03613	Pounds/cubic inch
Grammes/cu. cm	1000	kg/m^3
Grammes/liter	58,417	Grains/gal.
Grammes/liter	8,345	Pounds/1000 gals.
Grammes/liter	0,062427	Pounds/cubic foot
Hectares	2,471	Acres
Hectares	$1,076 \times 10^{5}$	Square feet
Hectoliters	100	Liters
Hectowatts	100	Watts
Horse-power (HP.)	42,44	B.t.u./min.
Horse-power	550	Ft. - lbs/sec.
Horse-power	1,0139	CV. (metric)
Horse-power	10,70	kg. cal./min.
Horse-power	0,7457	Kilowatts
Horse-power	33,00	Foot - lbs/min.
Horse-power	745,7	Watts
Horse-power (bolier)	9,803	Kilowatts
Horse power-hours	$1,98 \times 10^{6}$	Foot-lbs
Horse-power-hours	$2,737 \times 10^{5}$	Kilogram - meters
Horse-power-hours	0,7457	Kilowatt-hours
HP. - hrs.	2,545	B.t.u.
HP. - hrs.	641,7	kg. cal.
Imperial gallon	vide: Gallon	
Inch-pounds	0,0115	kgs. - m.
Inches	2,540	Centimeters
Inches of mercury	0,03342	Atmospheres
Inches of mercury	70,73	kgs/ square sec,

FATORES DE CONVERSÃO (continuação)

MULTIPLIQUE	POR	PARA OBTER
Inches of mercury	0,4912	Lbs/sq. inch
Inches of water	0,002458	Atmospheres
Inches of water	0,07355	Inches of mercury
Inches of water	25,40	kgs/sq. meter
Inches of water	5,202	Lbs./sq. foot
Inches of water	0,03613	Lbs./sq. inch
Kilogram		ver kgs.
Kgs.	980,665	Dynes
Kgs.	2,205	Pounds
Kgs/m	0,672	Pounds/foot
Kgs./m.	2,016	Pounds/yds.
Kgs/m.	0,0003	Tons/ft.
Kgs/km.	3,548	Pounds/mile
Kgs/cm^2	14,223	Pounds/sq. in.
$Kgs./mm^2$	0,635	Tons/sq. in.
$Kgs./m^2$	0,2058	Pounds/sq. ft.
$Kgs./m^2$	$1,422 \times 10^{-3}$	Libs./sq. inch
$Kgs./m^2$	$9,678 \times 10^{-5}$	Atmospheres
$Kgs./m^3$	0,0624	Pounds/cu. ft
Kgs./litre	10,02	Pounds per gallon
Kgs./CV.	2,235	Pounds per HP.
Kilocalories	3,968	B.t.u.
Kilocalories	2086	Foot-lib
Kilocalories	426,9	m - kg
Kilocalories	$1,558 \times 10^{-3}$	Horse-power-hours
Kilocalories	$1,162 \times 10^{-3}$	Kilowatt-hours
Kilocalories/min.	51,43	Foot-pounds/sec.
Kilocalories/mim.	0,09351	Horse-power
Kilolitres	10^3	Litres

MULTIPLIQUE	POR	PARA OBTER
Kilometres (Km.)	3281	Feet
kilometres (km.)	0,6214	Miles
Kilometres (km.)	1094	Yards
kms./hr.	0,9113	Feet/sec.
kms./hr.	0,5396	Knots
kms./hr.	0,6214	Miles/hr.
kms./hr.	0,2778	Metres/seç.
km^2	0,3861	sq. miles
knots	1,689	feet/sec.
knots	1,853	km./hr.
Kints	1,152	miles/hr.
knots	0,5148	metres/sec.
kilogrammetres (kgm)	7,233	ft-lb
kilowatts	737,6	foot-lbs./sec.
kilowatts	56,92	B.T. Units/min.
Kilowatts	$4,425 \times 10^4$	foot- lbs/ min.
kilowatt-hours	3415	B.T.U.
kilowatt-hours	1,341	horse-power-hrs.
kilowatt-hours	860,5	kilogram - calories
liquid quart (U.S.A.)	0,946	litres
Litres (lit) (liters U.S.A.)	0,03531	cu. feet
litres	61,02	cu. inches
litres	0,2642	U.S. gals.
litres	2,113	pints. (U.S.A.)
litres	1,7598	pints (England)
litres per m^2	0,0204	gals per sq. ft.
litres/min.	$5,886 \times 10^{-4}$	cubic ft/sec.
litres/min.	$4,403 \times 10^{-3}$	gals/sec.
lux	0,929	foot - candles

FATORES DE CONVERSÃO (continuação)

MULTIPLIQUE	POR	PARA OBTER	MULTIPLIQUE	POR	PARA OBTER
metres (m.)	30,27	Inches	miles/min	1,009	kilometres/min.
metres	3,281	Feet	miles/min.	60	miles/hr.
metres	1,094	Yards	milliers	10^{-3}	kilograms
metres/min.	3,281	Feet/min.	ounces (advp)	16	dams
metres/min.	0,05468	feet/sec.	ounces (fluid)	1,805	cubic inches
metres/min.	0,06	kilometers/hr	ounces (fluid)	0,02957	liters
metres/min.	0,03728	Miles/hr.	ounces (troy)	480	grains
m^2	10,76	sq. feet	ounces (troy)	20	pennyweights (troy)
m^2	1,196	sq. yards	ounces (troy)	0,08333	Pounds (troy)
m^2/CV	10,913	sq. feet per HP	ounces (troy)	31,103	grammes
metres/sec.	3,281	Feet/sec.	ounces/sq. inch	0,0625	lbs. /sq. inch
metres/sec.	3,6	kms./hr.	ounces (avdp((ozs.)	0,0625	pounds
metres/sec.	2,237	Miles/hr.	ounces (avdp)	437,5	grains
metres/sec.	196,8	Feet -/min.	ounces (avdp)	28,35	grammes
metres/sec	0,06	kilometers/min.	ounces (avdp)	0,9115	ounces (troy)
m^3	35,31	cu. feet	pints	0,5679	litres
m^3	1,308	cu. yards	pints (U.S.A.)	0,4731	litres
m^3	264,2	U.S. gals.	peck	9,092	litres
m^3/CV	35,80	cu, feet per HP.	pennyweights (troy)	1,5552	grammes
miles (m.)	5280	Feet	pennyweights (troy	24	grains
miles	1,609	km	pennyweights (troy)	0,05	ounces (troy)
miles	1760	yards	pole	5,0292	metres
miles	0,8684	naut. miles	pounds	240	pennyweights (troy)
miles/hr.	0,447	meters/sec.	pounds (avdp.) (lbs.)	16	ounces (avdp.)
miles/hr.	1,467	feet/sec.	pounds (avdp)	7000	grains
miles/hr.	1,609	km./hr.	pounds (avdp)	0,454	kg.
miles/hr.	0,8684	knots	pounds (avdp)	1,21528	poundes (troy)
miles/hr.	2682	centimeters/sec.	pounds (troy)	5760	grains
miles/hr.	88	feet/sec.	pouñds (troy)	12	ounces (troy)

FATORES DE CONVERSÃO (continuação)

MULTIPLIQUE	POR	PARA OBTER
pounds (troy)	373,24117	grams
pounds (troy)	0,822857	pounds (avoir)
pounds (troy)	13,1657	ounces (avoir)
pounds/cu. ft.	0,01602	grams/cu. cm.
pounds/cu. ft.	16,02	kg/m^3
pounds/cu. in.	27,68	$grams/cm^3$
pounds/cu. in.	27680	kg/m^3
pounds/cu. in.	1728	pounds/cu. ft.
pounds/HP.	0,448	kg/CV.
pounds/gallons	0,09983	kg/litres
pounds/sq. in.	0,06804	atmospheres
pounds/sq. in.	2,036	in. of mercury
pounds/sq. in.	703,1	kg/sq. m.
pounds/sq. f. t.	4,883	kg/sq. m.
pounds/foot	1,488	kg/m.
pounds/yard	0,496	kg/m.
pounds/mile	0,2818	kg/km.
pounds/sq. in	0,070306	kg/cm^2
quarts. (U.S.A)	0,9462	litres
quarts (England)	1,1359	litres
quarters	12700,594	grammes
quarters	2,909	hectolitres
quarts (q.)	2	pints
r.p.m.	0,1047	radians/sec.
square feet	929	sq. cm. (cm^2)
square feet	144	sq. inches
square feet	0,09290	m^2
square feet	0,111	sq. yards
square feet/HP.	916,27	cm^2/CV.

MULTIPLIQUE	POR	PARA OBTER
square inches	6,452	sq. cm. (cm^2)
square miles	640	acres
square miles	2,590	km^2
square yards	9	sq. feet
square yards	0,8361	m^2
stones	6350,297	grammes
tons (short)	2000	pounds (avdp.)
tons (short)	907,18	kg
tons (short)	0,90718	tons (metric)
tons (long)	2240	pounds
tons (long)	1016	kg
tonne (metric ton)	1000	kg.
tonne (metric ton)	2205	pounds (avdp.)
tonne (metric ton)	1,1025	short tons
tonne per m^2	0,0914	tons per sq. ft.
tonne per m^2	0,823	tons per sq. yd.
tonne per m^3	0,752	tons per cubic yard
tonne-metre	3,23	foot-tons
tonne per m^2	0,0914	tons per sq. ft.
tonne per m^2	0,283	tons per sq. yd.
tonne per m^3	0,752	tons per cu. yd.
tons per foot	3333,33	kg. per m.
tons per yard	1111,11	kg. per m.
tons per sq. in.	1,575	kg. per m^2
tons per sq. ft.	10,936	metric tons per m^2
tons per sq. yd	1,215	metric tons per m^2
tons per cubic yd.	1,329	metric tons per m^2
yards (yds)	3	feet
yards (yds)	0,9144	metres

REDUÇÃO DE POLEGADAS INGLÊSAS A MILÍMETROS
1 POLEGADA INGLÊSA – 25,399541 mm.

POLEGADAS	0	1/16"	1/8"	3/16"	1/4"	5/16"	3/8"	7/16"	1/2"	9/16"	5/8"	11/16"	3/4"	13/16"	7/8"	15/16"	POLEGADAS
0	0,000	1,587	3,175	4,762	6,350	7,937	9,525	11,102	12,700	14,287	15,875	17,462	19,050	20,637	22,225	23,812	0
1	25,400	26,987	28,574	30,162	31,749	33,337	34,924	36,512	38,099	39,687	41,274	42,862	44,449	46,037	47,624	49,212	1
2	50,799	52,387	53,974	55,561	57,149	58,736	60,324	61,911	63,499	65,086	66,674	68,261	69,849	71,436	73,024	74,611	2
3	76,199	77,786	79,374	80,961	82,549	84,136	85,723	87,311	88,898	90,486	92,073	93,661	95,248	96,836	98,423	100,01	3
4	101,60	103,19	104,77	106,36	107,95	109,54	111,12	112,71	114,30	115,89	117,47	119,06	120,65	122,24	123,82	125,41	4
5	127,00	128,59	130,17	131,76	133,35	134,94	136,52	138,11	139,70	141,28	142,87	144,46	146,05	147,63	149,22	150,81	5
6	152,40	153,98	155,57	157,16	158,75	160,33	161,92	163,51	165,10	166,68	168,27	169,86	171,45	173,03	174,62	176,21	6
7	177,80	179,38	180,97	182,56	184,15	185,73	187,32	188,91	190,50	192,08	193,67	195,26	196,85	198,43	200,02	201,61	7
8	203,20	204,78	206,37	207,96	209,55	211,13	212,72	214,51	215,90	217,48	219,07	220,66	222,25	223,83	225,42	227,01	8
9	228,60	230,18	231,77	233,36	234,95	236,53	238,12	239,71	241,30	242,88	244,47	246,06	247,65	249,23	250,82	252,41	9
10	254,00	255,58	257,17	258,76	260,35	261,93	263,52	265,11	266,70	268,28	269,87	271,46	273,05	274,63	276,22	277,81	10
11	279,39	280,98	282,57	284,16	285,74	287,33	288,92	290,51	292,09	293,68	295,27	296,86	298,44	300,03	301,62	303,21	11
12	304,79	306,38	307,97	309,56	311,14	312,73	314,32	315,91	317,49	319,08	320,67	322,26	323,84	325,43	327,02	328,61	12
13	330,19	331,78	333,37	334,96	336,54	338,13	339,72	341,31	342,89	344,48	346,07	347,66	349,24	350,83	352,42	354,01	13
14	355,59	357,18	358,77	360,36	361,94	363,53	365,12	366,71	368,29	369,88	371,47	373,06	374,64	376,23	377,82	379,41	14
15	380,99	382,58	384,17	385,76	387,34	388,93	390,52	392,11	393,69	395,28	396,87	398,46	400,04	401,63	403,22	404,81	15
16	406,39	407,98	409,57	411,16	412,74	414,33	415,92	417,50	419,09	420,68	422,27	423,85	425,44	427,03	428,62	430,20	16
17	431,79	433,38	434,97	436,55	438,14	439,73	441,32	442,90	444,49	446,08	447,67	449,25	450,84	452,43	454,02	455,50	17
18	457,19	458,78	460,37	461,95	463,54	465,13	466,72	468,30	469,89	471,48	473,07	474,65	476,24	477,83	479,42	481,00	18
19	482,59	484,18	485,77	487,35	488,94	490,53	492,12	493,70	495,29	496,88	498,47	500,05	501,64	503,23	504,82	506,40	19
20	507,99	509,58	511,17	512,75	514,34	515,93	517,52	519,10	520,69	522,28	523,87	525,45	527,04	528,63	530,22	531,80	20
21	533,39	534,98	536,57	538,15	539,74	541,33	542,92	544,50	546,09	547,68	549,27	550,85	552,44	554,03	555,61	557,20	21
22	558,79	560,38	561,96	563,55	565,14	566,73	568,31	569,90	571,49	573,08	574,66	576,25	577,84	579,43	581,01	582,60	22
23	584,19	585,78	587,36	588,95	590,54	592,13	593,71	595,30	596,89	598,48	600,06	601,65	603,24	604,83	606,41	608,00	23
24	609,59	611,18	612,76	614,35	615,94	617,53	619,11	620,70	622,29	623,88	625,46	627,65	628,64	630,23	631,81	633,40	24

1 Libra (LB) = 453,6 g.

112 LBS = 50,80 Kgf.

1 Tonelada Líquida (2000 LBS) = 907,2 Kgf.

1 Tonelada Bruta (2240 LBS) = 1016,06 Kgf.

1 polegada = 25,40 mm.

1 pé (12 pol.) = 30,48 cm.

1 jarda (3 pés) = 91,44 cm.

1 milha (1760 jardas) = 1609,35 m.

1 Lb/pé = 0,014886 Kg/cm. *

1 Lb/pol. = 0,17858 Kg/cm.

1 Lb/pé = 1,48816 Kg/m. *

1 Lb/jarda = 0,4961 Kg/m. *

1 pol.^{2} = 6,4516 cm^2 = 645,16 mm.^{2}

1 pé^2 = 0,0929 m.^{2}

1 jarda^2 = 0,8361 m.^{2}

1 LB/pol.^{2} (PSI – pounds per square inch) = 0,0703 Kg/cm^2

1 Lb/pé^2 = 4,8825 Kg/m^2

1 pol.^{3} = 16,387 cm.^{3}

1 pé^3 = 0,02832 m^3

1 Lb/pol^3 = 0,02768 Kg/cm.^{3}

1 LB/pé^3 = 16,019 Kg/m^3

1 pol^4 = 41,6231 cm^4

1 galão inglês = 4,544 litros

1 galão americano = 3,785 litros

1 pé/s = 0,3048 m/s.

$$F^o = \frac{9\,C^o}{5} + 32$$

1 Kg/mm^2 = 1,422 PSI

1 Barril (42 galões USA) = 158,970 litros

1 KSI = 1000 PSI = 70,3 Kg/cm^2

Nota: .... / .... significa "por"
*Unidade por unidade linear (Kg/cm. Linear, etc.)

1 Kgf. = 2,2046 LBS

1 t. (1000 kgf) = 2204,6 LBS = 0,9842 T.B. = 1,1023 TL.

1 mm. = 0,03937 pol.

1 cm. = 0,3937 pol.

1 m. = 39,37 pol. = 3,2808 pés = 1,09361 jardas

1 Km. = 0,62137 milha = 1093,6 jardas

1 Kgf/cm = 5,5997 LBS/pol. = 67,197 LBS/pé *

1 Kgf/m = 0,6720 LBS/pé = 2,0159 LBS/jarda *

1 mm.^{2} = 0,00155 pol.^{2}

1 cm.^{2} = 0,155 pol.^{2}

1 m.^{2} = 10,7639 pés^2 = 1,196 jar.^{2}

1 Kgf/mm^2 = 1422,32 LBS/pol.^{2}

1 Kgf/cm^2 = 14,2232 LBS/pol.^{2}

1 Kgf/m^2 = 0,2048 LBS/pé^2 = 1,8433 LBS/jar.^{2}

1 cm.^{3} = 0,061024 pol.^{3}

1 m.^{3} = 35,31476 pés^3 = 1,308 jar.^{3}

1 Kgf/cm^3 = 36,127 LBS/pol.^{3}

1 Kgf/m^3 = 0,0624249 LBS/pé^3

1 cm.^{4} = 0,024025 pol.^{4}

1 Litro = 0,220 galão inglês

1 Litro = 0,2641777 galão americano

1 m/s. = 196,818 pés/min.

$$C^o = \frac{5\,(F^o - 32)}{9}$$

π = 3,141592654 . . .

1 Barril de 42 galões = 5,6 pés^3

1 B. T. U. = 0,252 calorias

1 Litro = 0,2642 galão USA

1 m.^{3} = 264,1777 galões USA

1 KIP = thousand pounds = 1000 Libras = 453,6 Kg.

TÍTULO: **MEDIDAS INGLÊSAS E SEUS EQUIVALENTES NO SISTEMA MÉTRICO**

CABO DE AÇO POLIDO 6 x 7

Qualidade: Arame de aço de resistência à tração de 180 a 200 kgf/mm². O cabo 6 x 7 é preferencial para instalações com abrasão severa e polias grandes.

Diâmetro	Pêso Aprox. kgf/m	Carga de Ruptura Mínima Efetiva em kgf
1/8"	0,034	550
3/16"	0,078	1.270
1/4"	0,14	2.390
5/16"	0,22	3.720
3/8"	0,31	5.320
1/2"	0,56	9.340
5/8"	0,88	14.400
3/4"	1,25	20.600
7/8"	1,71	27.800
1"	2,23	36.000
1 1/8"	2,83	45.200
1 1/4"	3,48	55.300
1 3/8"	4,23	66.300
1 1/2"	5,03	78.200

Êste cabo pode ser fornecido com alma de aço: neste caso a carga de ruptura aumenta de 7,5%. Êste cabo pode ser fornecido também com acabamento galvanizado: neste caso a carga de ruptura diminue 10%.

CABO DE AÇO POLIDO CATEGORIA 6 x 19

Qualidade: Arame de aço de resistência à tração de 180 a 200 kgf/mm².

Diâmetro	Alma da Fibra		Alma de Aço de Cabo Indep.	
	Pêso Aproximado kgf/m	Carga de Ruptura Mín. Efetiva em kgf	Pêso Aproximado kgf/m	Carga de Ruptura Mín. Efetiva em kgf
1/4"	0,15	2.480	–	–
3/8"	0,34	5.530	0,37	5.940
1/2"	0,59	9.710	0,65	10.440
5/8"	0,94	15.100	1,03	16.230
3/4"	1,34	21.600	1,47	23.220
7/8"	1,83	29.200	2,01	31.390
1"	2,38	37.900	2,62	40.740
1 1/8"	3,02	47.700	3,32	51.280
1 1/4"	3,72	58.600	4,08	62.900
1 3/8"	4,51	70.500	4,96	75.790
1 1/2"	5,36	83.500	5,89	89.760
1 5/8"	6,29	97.100	6,91	104.400
1 3/4"	7,29	112.000	8,01	120.400

Êstes cabos podem ser fornecidos com acabamento galvanizado: neste caso as cargas de ruptura diminuem 10%.

CABO DE AÇO POLIDO CATEGORIA 6 x 19

Qualidade: Arame de aço de resistência à tração de 180 a 200 kgf/mm².

Diâmetro	Pêso Aprox. kgf/m	Carga de Ruptura Mínima Efetiva em kgf
1/4"	0,15	2.480
5/16"	0,24	3.860
3/8"	0,34	5.530
1/2"	0,59	9,710
5/8"	0,94	15.100
3/4"	1,31	21.600
7/8"	1,83	29.200
1"	2,38	37.900
1 1/8"	3,02	47.700
1 1/4"	3,72	58.600
1 3/8"	4,51	70.500
1 1/2"	5,36	83.500
1 5/8"	6,29	97.100
1 3/4"	7,29	112.000

Êste cabo pode ser fornecido com alma de aço: neste caso a carga de ruptura aumenta de 7,5%. Êste cabo pode ser fornecido também com acabamento galvanizado: neste caso a carga de ruptura diminue 10%.

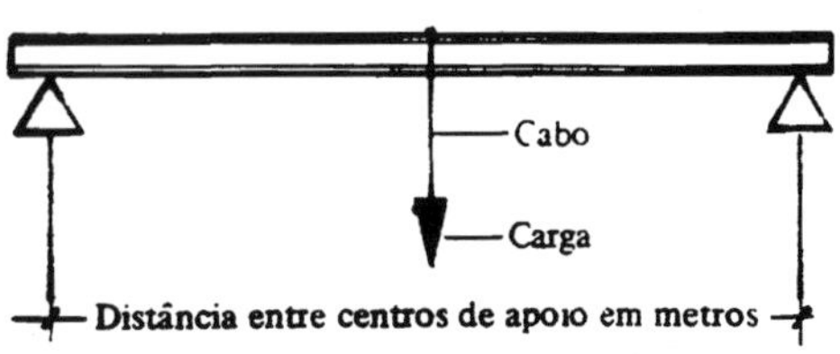

Perfil em Polegadas	Capacidade de carga concentrada de vigas ⊏ em Kgf., levando em conta o pêso próprio. Distância entre centros de apoio em metros				
	2	4	6	8	10
1"	95	40	20	8	–
1 1/2"	160	70	40	20	10
2"	245	115	65	40	25
2 1/2"	415	200	120	75	50
3"	625	300	195	125	80
4"	975	475	300	200	145
5"	1440	700	440	310	225
6"	2750	1350	875	620	460
8"	4550	2200	1450	1050	775
10"	7150	3500	2300	1650	1250
12"	12800	6300	4100	3000	2300

Perfil em Polegadas	Capacidade de carga concentrada de vigas I em Kg., levando em conta o pêso próprio. Distância entre centros de apoio em metros							
	2	3	4	5	6	7	8	10
2 1/2"	465	305	225	180	140	120	90	60
3"	615	405	295	230	185	150	125	90
4"	810	535	390	305	245	205	170	120
5"	1590	1050	780	610	500	410	350	250
6"	2310	1530	1140	900	730	610	520	390
8"	5100	3375	2500	1975	1625	1375	1175	875
10"	9450	6250	4675	3700	3050	2575	2250	1700
12"	15600	10350	7700	6150	5050	4275	3700	2850
14"	26050	17300	12900	10250	8500	7200	6200	4800
15"	30250	20000	15000	11900	9850	8350	7200	5650
18"	48750	32350	24200	19250	15950	13550	11750	9700
20"	65800	43850	32700	26050	21500	18400	15900	12500

Exemplo: Para levantar uma carga de 5.000 kgf, podemos ter uma viga I de 8" com vão de 2 m., I de 10" com vão de 3 m, viga I 12" com vão de 4m. até 6m., I de 14" com vão de 7m. e 8 m., e I de 15" com vão de 10m., ver os números grifados na tabela.

TÍTULO:
TABELAS DE CABO DE AÇO E RESISTÊNCIA DE VIGAS ⊏ E I PARA CARGAS CONCENTRADAS

VOCABULÁRIO TÉCNICO

Abrasion	Abrasão
Abrasive	Abrasivo
Abrasive Separator (L)	Separador de Abrasivo
Abutment Pier	Contraforte, gigante
Abutment Wall	Muro de arrimo
Accumulator	Acumulador
Acid Bath Tank	Tanque de Banho de Ácido
Acid Dip Unit (L)	Tanque para Banho Ácido
Acid Measuring Tank	Tanque Medidor de Ácido
Acid Feed Tank (C)	Tanque Alimentador de Ácido
Acid Meter Tank (C)	Tanque Medidor de Ácido
Acid Separators (C)	Separadores de Ácido
Acid Sewer (L)	Esgôto de Ácido
Acid Sludge Trough (C)	Calha de Refugo Ácido
Acid Storage Tank (C, L)	Tanque de Depósito de Ácido
Acid Transfer Pump (C)	Bomba de Transferência de Ácido
Adjustable	Ajustável
Aerial Cableway	Transportador de Cabo Aéreo
Aftercooler	Resfriador Final
Agitator (C)	Agitador
Agitator Building (C)	Edifício do Agitador
Air	Ar
Air Box	Caixa de Admissão de Ar
Air Circuit Breaker (E1)	Chave Seca
Air Conditioning	Condicionamento de Ar
Air Decarbonizing Device (C)	Filtro para Descarbonização do Ar
Air Deflector (L)	Defletor de Ar
Air Filter	Filtro de Ar
Air Furnace (L)	Forno de Reverbero
Air Gage	Manômetro de Ar
Air Main (AF)	Tubulação Principal de Ar
Air Receiver	Reservatório de Ar
Air Sander (FERR)	Areêiro
Aisle	Fila, Ala
Alarm Gong	Sineta de Alarme
Alarm Pressure Gage	Manômetro de Alarme
Alarm Whistle	Apito de Alarme
Alkali	Álcali
Alligator Shear	Tesoura de Madíbula
Ammeter (EL)	Amperômetro
Ammonia	Amônia
Ammonia Liquor (C)	Licor de Amônia
Ammonia Still (C)	Destilador de Amônia
Ammonia Sulphate Building (C)	Edifício do Sulfato
Amplidine (EL)	Amplidino
Anchor Bolt	Chumbador
Angle	Cantoneira, Ângulo
Angle Gage	Calibre de Ângulos
Angle Hand Railing	Corrimão de Cantoneira
Anneal (to)	Recozer
Annealing Bases (L)	Bases de Forno de Recozimento
Annealing Cover (L)	Coberta de Forno de Recozimento
Annealing Furnace (L)	Forno de Recozimento
Anti-Friction	Anti-Fricção ou Metal Patente

Anti-Friction Bearing .... Mancal de Metal Patente
Anvil .... Bigorna
Apbon Conveyor .... Transportador de Calha Articulada
Apron Feeder .... Alimentador de Calha Articulada
Apron Plates (L) .... Avental
Approach Table .... Mesa de Aproximação
Arbor .... Àrvore
Armature (E1) .... Induzido
Armature Baking Oven (E1) .... Estufa de Secagem de Induzidos
Armature Machine (E1) .... Torno para Enrolamento de Induzidos
Armature Winding Stand (E1) .... Estante para Enrolamento de Bobinas
Armoured Cable (EL) .... Cabo Armado
Ascension Pipes (C) .... Tubos Ascendentes ou Tubos de Saída
Ash .... Cinza
Ash Disposal System .... Sistema de Remoção de Cinzas
Ash Dumping Pit (C) .... Poço de Cinzas
Ash Extrator (C) .... Extrator de Cinzas
Ash Paddles (C) .... Pás para Extração de Cinzas
Ash Pan (C) .... Coletor de Cinzas
Ash Pan Rim Scraper (C) .... Raspador da Borda do Coletor de Cinzas
Ash Pan Drive (C) .... Acionador do Coletor de Cinzas
Assorter .... Classificador
Assorting House (L) .... Casa de Escolha
Atmospheric Vent .... Respiradouro
Atomization .... Atomização
Atomizer .... Atomizador
Auger .... Trado, Broca
Automatic Coke Charging Control (AF) .... Controle Automático do Carregamento de Coque
Automatic Barrel Filler (C) .... Enchedor Automático de Barrís
Automatic Gong .... Campaínha Automática
Auxiliary Hoist Trolley .... Carro do Guincho Auxiliar
Axis .... Eixo (de Simetria)
Axle .... Eixo (de Roda)
Babbit Metal .... Metal Branco (anti-fricção)
Bached-up Leveller .... Desempenadeira com Rolos de Encosto
Backfill .... Aterro
Back-fire Preventor (L) .... Anti-retorno de Chama
Back-firing .... Retorno da Chama
Back Rolling Table .... Mesa Posterior (de Rolos)
Back-up Roll (L) .... Cilindro de Encosto
Backing Roll (L) .... Cilindro de Encosto
Baffle (G) .... Chicana
Balance for Top Roll (L) .... Compressor do Cilindro Superior
Ballast (ferr) .... Lastro
Ball Race (in a Bearing) .... Anel (de um Mancal de Esferas)
Band .... Anel, fita
Band at Stock Line (AF) .... Anel de reforço no nível da carga
Band Saw .... Serra de Fita
Bar .... Barra, Vergalhão
Barbed Wire .... Arame Farpado
Bar Finishing .... Acabamento de Barras
Barrel Washer (C) .... Lavador de Barrís
Basement .... Porão, Sub-solo
Basin .... Bacia
Batch .... Fornada
Batten .... Ripa, Sarrafo
Battery (Coke Oven) .... Bateria de Fornos de Coque
Bay (casting, teeming, charging) .... Vão (de corrida, de lingotamento, de carregamento)
Beam .... Viga, Raio (de luz)
Beam Scale .... Balança de Travessão
Beam Straightener (L) .... Desempenadeira de Vigas
Bearing .... Mancal
Beel .... Funil, Cone, Campânula, Campaínha
Beel (of a Pipe) (AE) .... Bolsa (de um Tubo)
Bell and Spigot Pipe (AE) .... Tubo de ponta e Bolsa

Bell Operating Cylinders . . . . Cilindros de Operação dos Cones
Bell Ropes (AF) . . . . .Cabos dos Cones
Bell Ropes Sheaves (AF) . . . . Roldanas dos Cabos dos Cones
Bell Signal Alarm . . . . Campaínha de Alarme
Belt . . . . .Correia, Cinto
Belt Conveyor . . . . Correia Transportadora
Belt Drive . . . . .Acionamento por Correia
Belt Feeder . . . . Alimentador de Correia
Belt Tripper (in a Belt Conveyor) . . . . Descarregador (de Correia Transportadora)
Bench (C) . . . . Plataforma
Bench (in Shopps) . . . . Bancada
Bench Floor (C) . . . . Piso da Plataforma
Bending Moment . . . . .Momento Fletor
Bent . . . . Cavalete
Benzol . . . . Benzol
Benzolized Wash Oil (C) . . . . Óleo de Lavagem Benzolizado
Benzol Building (C) . . . . Edifício de Benzol
Benzol Washer . . . . Lavador de Benzol
Bevel Gear . . . . Engrenagem Cônica
Revel Pinion . . . . Pinhão Cônico
Bill of Lading . . . . Conhecimento de Embarque
Billet (L) . . . . Tarugo
Billet and Skelp Mill (L) . . . . Laminador de Tarugos e de Tiras
Billet Control and Transfer House . . . . Casa de Controle de Transferência de Tarugos
Billet Furnace (L) . . . . .Forno de Tarugos
Billet Mill (L) . . . . Laminador de Tarugos
Billet Scale (L) . . . . .Balança de Tarugos
Billet Skids (L) . . . . Berços de Tarugos
Billet Yard (L) . . . . .Pátio de Tarugos
Billeting (L) . . . . .Tarugação
Bin . . . . .Silo
Binder . . . . .Viga de Amarração
Binding . . . . Amarração
Black Plate (L) . . . . Chapa Preta
Black Plate Storage (L) . . . . Depósito de Chapas Pretas
Blacksmith . . . . Ferreiro
Blank Flange (AE) . . . . Flange Cego
Blast . . . . .Vento
Blast Cleaning Machine (L) . . . . Máquina de Limpeza por Jato
Blast Furnace . . . . .Alto Forno
Blast Main (AF) . . . . Tubulação Principal de Vento
Blast Seal (C) . . . . Fecho do Vento
Blending Bins . . . . Silos de Mistura
Bleeder (C, AF) . . . . Sangradouro, Ladrão
Bleeder Cock (C, AF) . . . . .Torneira de sangria
Bleeder Lighting Device (C) . . . . .Dispositivo para Acender o Sangradouro (de gás)
Bleeder Pipe (C, AF) . . . . Tubo de Sangria
Bleeder Valve (C, AF) . . . . Válvula de Sangria
Blind Flange (AF) . . . . Flange Cego
Bloom (to)(L) . . . . Desbastar (só para blocos)
Bloom (L) . . . . Bloco
Blooming Mill (L) . . . . Laminador Desbastador
Bloom Scale (L) . . . . .Balança de Blocos
Blomm Pusher (L) . . . . Empurrador de Blocos
Blow (to) . . . . Soprar
Blow-off pipe (G) . . . . Tubo de Sangria
Blow-off Valve . . . . Válvula de Descarga
Blow-off Tank . . . . .Tanque de purgação
Blow-off Vent (A) . . . . .Abertura de Purgação
Blow-out Coil (EL) . . . . Bobina de Extinção de Arco ou Bobina Quebra Arco (DEL)
Blow Pipe . . . . .Maçarico
Blow Torch . . . . .Maçarico
Blow-holes (in castings) . . . . .Falhas (em peças fundidas)
Blowpipes (AP) . . . . Algaravizes
Blower . . . . Soprante, Ventoinha, Soprador

Boggie (Ferr) or Boggy, Bogy . . . . . Tanque de guia
Boiler . . . . . Caldeira
Boilermaker. . . . . Caldeireiro
Boiler Shop . . . . . Ofina de Caldeiraria
Bolt. . . . . Parafuso
Bomm Conveyor (C) . . . . . Transportador de Lança
Boom (of a Crane). . . . . Lança (de um Guindaste), Comprimento de Lança
Boom Hoist (C). . . . . Guincho de Lança
Boost (to) . . . . . Reforçar
Booster . . . . . Reforçador (AE) Soprador (C)
Booster Building (C) . . . . . Edifício dos Sopradores
Boot . . . . . Tanque (de Elevador)
Bore . . . . . Diâmetro Interno
Bore (to), (MEC). . . . . Furar
Bosh (AF) . . . . . Rampa
Bosh Bands (AF). . . . . Anéis de Rampa
Bosh Cooling Plates (AF) . . . . . Chapas de Resfriamento da Rampa
Bosch Tank (L) . . . . . Tanque
Boss (MEC) (of a crank) . . . . . Cubo (de uma Manivela)
Boss. . . . . Saliência
Botton Rollers (L). . . . . Rolos Inferiores
Botton-Teeming Ladle (A) . . . . . Panela de Correr por Baixo
Boundary Line . . . . . Linha de Limites
Braces (G) . . . . . Tirantes
Bracket . . . . . Consolo, Suporte
Brake Shoe . . . . . Sapata de Freio
Braking . . . . . Freagem
Bran . . . . . Farelo
Bran Cleaner . . . . . Limpador com Farelo
Bran Cleaning Unit (L) . . . . . Limpador com Farelo
Bran Storage (L) . . . . . Depósito de Farelo
Branch. . . . . Freagem
Breacker . . . . . Quebrador, Britador
Breaker Building (AF). . . . . Edifício do Britador
Breeching . . . . . Forquilha
Breeze (AF). . . . . Moinha
Brick . . . . . Tijolo
Bricklayer . . . . . Pedreiro
Brickwork . . . . . Alvenaria de Tijolos
Bridge . . . . . Ponte
Bridge Span. . . . . Vão de Ponte
Bright Annealing . . . . . Recozimento Branco
Brittle . . . . . Quebradiço
Btu (British Thermal Unit) . . . . . Btu (Unidade Inglesa de Quantidade de Calor)
Broadside Rolling . . . . . Laminação Transversal
Brush (EL) . . . . . Escova
Brush Holder (EL). . . . . Porta-Escovas
B.T.X. (C) . . . . . Mistura Benzol-Toluol-Xilol
Bubble Cap . . . . . Borbulhador
Bucket. . . . . Caçamba
Bucket Conveyor. . . . . Transportador de Caçambas
Bucket Elevator (A) . . . . . Elevador de Caçambas
Buffer . . . . . Amortecedor, Parachoque
Buffing Mandrel (MEC). . . . . Politriz
Buckstay (C, L, A) . . . . . Coluna de Amarração
Buggy, Buggy Car . . . . . Vagonete
Built In . . . . . Engastado, em Conjunto com
Bulldozer. . . . . Empurrador de Terra
Bumper (s). . . . . Para-choque(s)
Burner (AF, C) . . . . . Queimador
Burner Doors (AF) . . . . . Portas dos Queimadores
Burner Equipment. . . . . Equipamento do Queimador
Burning-off Furnace (L) . . . . . Forno Recuperador
Burn-off Furnace (L). . . . . Forno Recuperador
Burr. . . . . Rebarba
Bus Bar . . . . . Barra Coletora

Bushing . . . . . Bucha
Bustle Pipe (AF) . . . . . Anel de Vento
Butterfly Valve . . . . . Válvula Borboleta
Butt Welding . . . . . Solda de Topo
By-pass (AE) . . . . . Derivação
By-product (C) . . . . . Subproduto
Cabin . . . . . Cabide
Cable . . . . . Cabo
Cable Reel . . . . . Enroladeira de Cabo
Cable Schedule (EL) . . . . . Lista de Cabos
Cableway . . . . . Transportador Aéreo
Cake . . . . . Bolo, Torta
Celender . . . . . Calandra
Caliper . . . . . Compasso
Caliper (slide) Rule . . . . . Paquímetro
Calorie (or Calory) . . . . . Caloria
Calorized Pipe (C) . . . . . Tubo ou Cano Calorizado
Camber (to) . . . . . Curvar
Cambering Machine (L) . . . . . Máquina de Curvar
Camera . . . . . Câmara, Máquina Fotográfica
Canopy (blast furnace) . . . . . Varanda de Forno
Canvas . . . . . Lona
Canvas Hose . . . . . Mangueira de Lona
Cap . . . . . Cápsula, espoleta
Cap (AE) . . . . . Tampão
Capacitor (EL) . . . . . Condensador
Cap Bolt . . . . . Parafuso de Cabeça
Capped Steel . . . . . Aço Semi-desoxidado
Cap Screw . . . . . Parafuso de Cabeça
Capacity Indicator (G) . . . . . Indicador de Capacidade
Capstan . . . . . Cabrestante
Carbon Disulphide . . . . . Sulfeto de Carbono
Cambor Lamp (EL) . . . . . Lâmpada de Filamento de Carvão
Carbon Steel . . . . . Aço-Carbono
Carburettor (or Carburetor) . . . . . Carburador
Car Haul System (C) . . . . . Sistema de Movimentação de Vagões
Carpenter . . . . . Carpinteiro
Carpenter Shop . . . . . Oficina de Carpintaria
Car Puller (C, A) . . . . . Arrastador de Vagões
Car Spotter (C) . . . . . Localizador de Vagões (ou Carros)
Car Retarder . . . . . Retardador de Carros
Carrier . . . . . Transportador
Carryng Idlers (in a Conveyor) . . . . . Roletes de Transporte (num Transportador)
Cartridge Fuse (EL) . . . . . Fusível Cartucho
Casing . . . . . Armação, Revestimento
Castellated Nut . . . . . Porca de Castelo
Caster . . . . . Rodízio
Caster Bed (L) . . . . . Mesa de Roldanas
Cast House . . . . . Casa de Corrida
Casting Bay . . . . . Vão de Corrida
Castings . . . . . Peças Fundidas
Caterpillar . . . . . Lagarta
Caulk (to) . . . . . Calafetar
Caulking (or calking) . . . . . Encalque, calafeto
Caulking (or Calking) Hammer . . . . . Martelo de Encalcar
Cauking (or Calking) Iron (or Chisel) . . . . . Talhadeira de Encalcar
Cauking Tools . . . . . Ferramentas para Calafetar
Centering Device . . . . . Dispositivo de Centragem
Centralised Grease System (L) . . . . . Sistema Central de Graxa
Central Running Track (Ferr) . . . . . Linha Centro
Centrifugal Dryer (C) . . . . . Secador Centrífugo
Cess Poll Or Pit (AE) . . . . . Fossa
Chain Conveyor . . . . . Transportador de Corrente
Chain Drive . . . . . Acionamento por Corrente
Chain Tightener . . . . . Esticador de Corrente

Changing Rig (L) . . . . . Trocador de Rolos
Channel (L) . . . . . Viga U, Ferro U
Channel Tile . . . . . Telha de Canal
Charger . . . . . Enformador
Charging Box . . . . . Caixa de Carga
Charging Skid Bed (L) . . . . . Estrada de Carregamento
Charging Floor . . . . . Plataforma de Carregamento
Charging Hole (in an Oven) . . . . . Orifício ou Boca de Carregamento
Charging Ladle (A) . . . . . Panela de Carregamento
Charging Machine . . . . . Enfornador
Charging Pell (A) . . . . . Lança da Máquina de Carregar
Charging Skid (L) . . . . . Estrado de Carregamento
Charging Spout (A) . . . . . Calha de Carregamento
Chatterton's Compoud (E1) . . . . . Massa Isolante Chatterton
Check (to) . . . . . Verificar
Checker Chamber (A) . . . . . Câmara de Regeneração
Checker (ED) Plate . . . . . Chapa Enxadrezada
Check Washer . . . . . Arruela de Travação
Checkerwork . . . . . Chicanas
Check Valves (L) . . . . . Válvulas de Retenção
Cheese (Headed) Screw (or Bolt) . . . . . Parafuso de Cabeça Cilíndrica
Chicago Boom . . . . . Pau de Carga
Chill (to) . . . . . Refrigerar, Resfriar, Coquilhar
Chime ou Chine (of a drum) . . . . . Borda (de um tambor)
Chimney Valves . . . . . Registros da Chaminé
Chippings . . . . . Rebarbas
Chisel . . . . . Talhadeira
Chock . . . . . Calço, Cunha
Chord (in a truss) . . . . . Linha (em uma Tesoura)
Chute Conveyor . . . . . Transportador de Calha
Chute . . . . . Calha
Cinder . . . . . Escória
Cinder Notch . . . . . Orifício da Escória
Cinder Notch Cooler (AF) . . . . . Resfriador do Orifício da Escória
Cinder Notch Stopper (AF) . . . . . Obturador do Orifício de Escória
Cinder Run . . . . . Corrida de Escória
Cinder Runner (AF) . . . . . Canal de Corrida de Escória
Circle Pipe (AF) . . . . . Tubo Circular de Distribuição de Água
Circuit Breaker . . . . . Interruptor
Circular Saw . . . . . Serra Circular
Clam Shell Crane . . . . . Escavadeira de Caçamba Articulada
Clamp . . . . . Grampo
Clay . . . . . Argila
Clay Mill . . . . . Moinho de Argila
Cleaning and Cooling System . . . . . Sistema de Limpeza e resfriamento
Cleaning Manifold . . . . . Distribuidor de Limpeza
Clean-out Door . . . . . Porta de Limpeza
Clearance . . . . . Folga, Jogo
Clearance Line . . . . . Gabarito
Cleat, Cleat Insulator (EL) . . . . . Mordaça Isoladora
Clevis . . . . . Manilha
Clip (Ferr) . . . . . Castanha
Clockwise Motion . . . . . Movimento no sentido dos Ponteiros do relógio
Closing Error (Top) . . . . . Erro de fechamento (numa poligonal topográfica)
Closure . . . . . Fechamento
Clutch . . . . . Embreagem
Clutch Finger . . . . . Alavanca de Embreagem
Cloal Breeze . . . . . Moinha de Carvão
Coal Charging Car (C) . . . . . Carro de Carregamento de Carvão
Coal Fines . . . . . Finas de Carvão
Coal Preparation Plant . . . . . Usina de Beneficiamento de Carvão
Coal Pulverizer (CTE) . . . . . Pulverizador de Carvão
Cock . . . . . Torneira
Code . . . . . Código

Cog . . . . **Dente**
Cogging Will (L) . . . . **Laminador Desbastador**
Cocwhell or Cog Whell (MEC) . . . . **Roda Dentada**
Coil . . . . Espira, Bobina
Coil Carrier (L) . . . . Transportador de Bobinas
Coil Drum (L) . . . . Tambor para Bobinas
Coil Entry Skids . . . . Berço de Entrada das Bobinas
Coiler . . . . Enroladeira
Coiling . . . . Enrolamento
Coil Spreader (E) . . . . Máquina Formadora de Bobinas
Coil Up Ender . . . . Levantador de Bobinas
Coil Warehouse . . . . Armazém de Bobinas
Coke Bin (C, AF) . . . . Silo de Coque
Coke Breeze (C) . . . . Moinha de Coque
Coke Breeze Bin (C, AF) . . . . Silo de Moinha de Coque
Coke Bin Gates (C, AF) . . . . Portas do Silo de Coque
Coke Breeze Hopper (C, AF) . . . . Tremonha de Moinha de Coque
Coke Breeze Skip (C, AF) . . . . Elevador de Moinha de Coque
Coke Bucket (A) . . . . Caçamba de Coque
Coke Conveyor Supporting Steel (C) . . . . Estrutura de Suporte do Transportador de Coque
Coke Conveying Belt (C, AF) . . . . Correia Transportadora de Coque
Coke Oven Battery (C) . . . . Bateria de Fornos de Coque
Coke Ovens Gas (C) . . . . Gás dos Fornos de Coque
Coke Plant (C) . . . . Coqueria
Coke Quenching Car (C) . . . . Vagão de Extinção de Coque
Coke Reclaiming Track Hopper (C) . . . . Tremonha Recuperadora de Coque
Cokery . . . . Coqueria
Coke Screen (C, AF) . . . . Peneira de Coque
Coke Screening Station (C) . . . . Estação de Peneiramento de Coque
Coke Screen, Vibrating Type . . . . Peneira Vibratória para Coque
Coke Wharf (C) . . . . Estação de Descarga de Coque
Coke Wharf Gates (C) . . . . Comportas da Estação de Descarga de Coque
Coke Weigh Hopper . . . . Tremonha de Pesagem de Coque
Cold Air . . . . Ar Frio
Cold Air Main . . . . Tubulação Principal de Ar Frio
Cold Blast . . . . Vento Frio
Cold Blast Main (F) . . . . Tubulação Principal de Vento Frio
Cold Reducing Mill (L) . . . . Laminador a Frio
Cold Rolling (L) . . . . Laminação a Frio
Cold Saw (MEC) . . . . Serra a Frio; Serra de Cortar a Frio
Cold Soldering . . . . Solda a Frio
Collapse (to) . . . . Desabar, romper-se
Collapsible Tension Reel . . . . Carretel Expansível
Collecting Main . . . . Coletor Principal
Collecting Rings . . . . Anéis Coletores
Collector Bar (EL) . . . . Barra Coletora
Collector Rail (EL) . . . . Trilho Coletor ou Trilho de Contato
Column (C) . . . . Coluna (de Destilação)
Column Base Ties (AF) . . . . Tirantes de Ancoragem da Base das Colunas
Combination Extractor and Stripper Crane (L) . . . . Combinação de Extrator de Lingotes com Estripador
Combustion Chamber . . . . Câmara de Combustão
Compound Wound Motor (EL) . . . . Motor com Enrolamento Compound; Motor Série-paralelo
Compressor Air Tank . . . . Reservatório de Ar Comprimido
Concreto (reinforced) . . . . Concreto (armado)
Concrete Mixer . . . . Betoneira
Concrete Truck Mixer . . . . Caminhão-Betoneira
Condensate Pumps (CTE) . . . . Bombas de Condensação
Condensate Sump . . . . Poço de Condensados
Condenser (CTE) . . . . Condensador
Conductor Rail . . . . Trilho Condutor
Cone Cruscher . . . . Britador Cônico
Cone Type Uncoiler (L) . . . . Desenroladeira de Tipo Cônico
Connection . . . . Conexão, Ligação
Console . . . . Consolo
Constantan . . . . Constantan

Contact . . . . . Contato
Contaminated Water (AE) . . . . . Água Poluída, Contaminada
C.F.W. (Continuous Filled Welding) . . . . . Solda de Filete Contínuo
Continuous Pickling Line . . . . . Linha de Decapagem Contínua
Control Balcony (L) . . . . . Balcão de Controle
Control House or Room . . . . . Casa ou Sala de Controle
Controller (EL) . . . . . Controlador, Combinador
Converter . . . . . Conversor
Conveyor . . . . . Transportador
Conveyor Shed (C) . . . . . Fechamento ou Cobertura do Transportador
Coolant . . . . . Refrigerante
Coolant Pump (L) . . . . . Bomba de Refrigeração
Cooler . . . . . Resfriador
Cooling Bed . . . . . Leito de Resfriamento
Cooling Conveyor . . . . . Transportador de Resfriamento
Cord (EL) . . . . . Cordão
Core (of a Cable) . . . . . Alma (de um Cabo)
Core (of Magnets) . . . . . Núcleo (de um Eletroíman)
Cork Borer . . . . . Furador de Rolhas
Cork Joint . . . . . Junta de Cortiça
Cork Stopper . . . . . Rolha de Cortiça
Corrugated Sheet . . . . . Chapa Corrugada
Corrugating Machine (L) . . . . . Máquina de Corrugar Chapa
Cotter . . . . . Cunha, Calço, Contra-pino
Cotter Pin . . . . . Contra-pino
Counter . . . . . Contador
Counterbalance . . . . . Contrapeso
Counter Clock-Wise Motion . . . . . Movimento Contrário ao dos ponteiros do relógio
Countersunk-Headed Screw . . . . . Parafuso de Cabeça Escareada
Counter-Weight . . . . . Contrapeso
Counterweight Lever . . . . . Alavanca Contrapesada
Couple . . . . . Par
Coupler (Ferr) . . . . . Engate
Coupling . . . . . Junta, Acoplamento
Cover . . . . . Coberta
Cover Carriage See Soaking Pits Cover Carriage
Cover or Covering Plate . . . . . Chapa Protetora
Cover Crane (L) . . . . . Ponte Rolante das Tampas dos Fornos Poços
Cover Straightener . . . . . Desempenadeira
Cracker Pipe (C) . . . . . Tubo de Borbulhamento
Cradle . . . . . Cavalete, Berço
Gramp . . . . . Grampo
Crane . . . . . Guindaste
Crane Driver . . . . . Guindasteiro
Crane Driver's Cabin . . . . . Cabine de Manobra do Guindaste
Crane Hook . . . . . Gato de Guindaste, Gancho
Crane Rail or Way . . . . . Viga de Rolamento
Crane Repair Platform . . . . . Plataforma de Reparação de Ponte Rolante
Crane Repair Trolley . . . . . Guincho para Reparação da ponte Rolante
Crank . . . . . Manivela
Crate . . . . . Engradado
Crawler Crane . . . . . Guindaste sobre Lagartas
Damper . . . . . Registro de Tiragem; Abafador
Damper Winding (EL) . . . . . Enrolamento Amortecedor
Dape (Carp) . . . . . Entalhe, Ranhura
Datum (plural Data) (Technical) . . . . . Dado (Técnico)
Deaerating Heater (CTE) . . . . . Aquecedor, Desarejador
Dead Load . . . . . Peso Morto
Dead Rail (ferr) . . . . . Rolo (ou cilindro) longo
Dead Point . . . . . Ponto Morto
Dead Track (ferr) . . . . . Desvio Morto
Dead Weight . . . . . Peso Morto, Peso Próprio
Dead Weight Safety Valve . . . . . Válvula de Segurança com Carga Direta
Debenzolised Wash Oil (C) . . . . . Óleo de Lavagem Desbenzolado
Decanter Tank . . . . . Tanque de Decantação

Deep (level) Mine . . . . Mina de Profundidade
Deflector Roll (L). . . . . Cilindro Defletor
Degreaser. . . . . Desengordurador
Degree of Freedem (MC). . . . . Grau de Liberdade
Dchydrating Filter (C) . . . . Filtro Desidratante
Dehydrator (C) . . . . Desidratador
Delivery Table. . . . . Mesa de Entrega
Delivery Tension Device . . . . Dispositivo de Tensão de saída
Delta Connection (EL) . . . . Ligação em Triângulo
Delta-Star Switch(EL). . . . . Chave Estrêla-Triângulo
Demountable. . . . . Desmontável
Deoxydizing Gas Generator. . . . . Gerador de Gás Desoxidante
Depelier (L). . . . . Desempilhador
Depth Gauge (MEC) . . . . Calibrador (ou Calibre) de Profundidade
Derail (ferr). . . . . Descarrilador
Derrick Crane . . . . Guindaste Derrique
Descaling (L). . . . . Descamação ou Descarepação
Desulphurizing Equipment (G) . . . . Equipamento de Desulfuração
Desuperheater (CTE). . . . . Desuperaquecedor
Device . . . . Dispositivo, Mecanismo, Aparelho
Dewatering Screen. . . . . Peneira Desaguadora
Dial . . . . Mostrador
Diamond Crossing (ferr) . . . . Cruzamento Oblíquo
Die (MEC). . . . . Matriz, Cossinete, Estampa
Dieholder (MEC). . . . . Suporte da Matriz
Diestock (MEC). . . . . Porta-Cossinetes, Tarracha
Die-head (MEC). . . . . Suporte da Matriz
Differential (MEC) . . . . Diferencial
Differential Gear (MEC) . . . . Diferencial
Differential Brake . . . . Freio Diferencial
Differential Instrument (EL). . . . . Instrumento (de Medida) Diferencial
Differential Relay (EL). . . . . Relé Diferencial
Differential Screw . . . . Parafuso Diferencial
Diffuser. . . . . Difusor
Diode (RAD). . . . . Diodo
Dip Washer Tank (L). . . . . Tanque de Lavagem por Imersão
Dipper Interrupter (EL) . . . . Interruptor de Imersão, Interruptor de Mercúrio
Dipping Vat. . . . . Cuba de Imersão ou Tanque de Imersão
Direct Coupling . . . . Ligação ou Acoplamento Direto
Direct Current (EL). . . . . Corrente Contínua
Direct Currente Converter (EL). . . . . Conversor de Corrente Contínua
Direct Lighting (EL) . . . . Iluminação Direta
Directional Antena (RAD) . . . . Antena Direcional
Disappearing Stop . . . . Parachoque Móvel
Discharge. . . . . Descarga
Disjunctor (EL). . . . . Disjuntor
Disk or Disc. . . . . Disco
Disk Brake (MEC) . . . . Freio de Disco
Disk Clutch (MEC) . . . . Embreagem de Disco
Disk Harrow . . . . Arado de Discos
Disk Valve. . . . . Válvula de Disco ou de Prato
Disruptive Discharge (EL) . . . . Descarga Disruptiva
Distilling Flash . . . . Frasco ou Balão de Distilação
Distribution Board (EL) . . . . Quadro de Distribuição
Ditch. . . . . Vala, Valeta
Dividing Shear (L). . . . . Tesoura de Dividir
Dock (ferr) . . . . Plataforma
Dock . . . . Doca
Dog (MEC) . . . . Cão, Pino de Retenção
Dogtail (MET). . . . . Pá de Modelador
Dolomite Machine. . . . . Lançadeira de Dolomita
Dome (AF, G). . . . . Domo, Cúpula
Door Extrator (of the ovens) (C). . . . . Extrator de Portas (dos Fornos)
Doorknob . . . . Maçaneta
Door Lifting Machine (C) . . . . Máquina de Suspender Portas

Door Machine .... Máquina de Retirar as Portas
Door-Sill .... Soleira da Porta
Double-bell Feed Hopper .... Tremonha de Cone Duplo
Double-Pole Switch (EL) .... Chave Bipolar
Double Head Wrench .... Chave de Boca Dupla
Double Tip Pouring Type Ladle (EL) .... Panela de Bico Duplo
Double-Throw Switch (EL) .... Chave de Reversão
Dovetail .... Rabo de Andorinha
Dowel Pin .... Cavilha
Dowel Screw .... Cavilha Roscada
Downcomer (AE) .... Tomada Descendente de Gases
Downcomer (C) .... Separador de Líquido e Gás
Down Spout (AE) .... Coletor de Descida de Águas Pluviais
Down Pipe (AE) .... Coletor de Descida de Águas Pluviais
Draft .... Tiragem — Desenho
Draft (MEC) or Draught .... Ângulo, Inclinação
Draft (of a Chip) .... Calado (de um Navio)
Draft Fan .... Exaustor ou Ventilador de Tiragem Forçada
Drafting or Drawing Board .... Prancheta de Desenho
Draft Tube (in a Turbine) .... Tubo de Sucção (numa Turbina)
Draft Regulating Damper .... Registro Regulador de Tiragem
Drag Conveyor (L) .... Transportador de Freios
Drag-Generator .... Gerador-Freio
Drag-Line Excavator .... Escavadeira de Arrasto
Drag Unit .... Freio
Drainage .... Drenagem
Drain Pit .... Poço de Drenagem
Drain Pocket (in a Tank) .... Bolsa de Drenagem (num Tanque)
DRedging Buckets .... Caçamba de Escavadeira
Drift, Drift Pin (MEC) .... Punção, Mandril
Drill (MEC) .... Broca
Drill Chuck .... Mandril de (ou para) furar
Drilling Machine (DOM) .... Máquina de Furar
Drill Press (MEC) .... Furadeira de Coluna
Drill Steel .... Aço para Brocas
Drill Track (ferr) .... Linha de Manobra
Drill Yard (ferr) .... Pátio de Manobra
Drip Leg .... Ramal de Purgação
Drip Pot .... Purgador
Drive .... Acionamento, Acionador
Drive Equipment .... Equipamento de Acionamento
Drive Sheave .... Roldana Motriz
Drive (ou driving) Wheel .... Roda Motora
Driving Dogs (MEC) .... Castanhas
Drop .... Gota
Drop Ball (A) .... Pêra
Dropping Bottle .... Bureta
Drop Pit .... Poço de Reparação
Drop Pit Table (DOM) .... Mesa Elevadora
Drop-Press (Drop-Hammer) .... Prensa de Golpe
Drop Valve (AF) .... Válvula de Retenção (da Linha de Mistura)
Drum .... Tambor
Drum (of a Concret Mixer or Winch) .... Tambor (de uma betoneira ou guincho)
Drum Controller (EL) .... Combinador (ou Controlador) de Tambor
Drum Filling and Barreling Station (C) .... Estação de Enchimento de Tambores e Barrís
Drum Saw .... Serra Cilíndrica
Drum Switch (EL) .... Comutador
Drum Washer .... Lavador de Tambores
Drum Wheel (or Spool) .... Tambor (de um Guincho)
Drum Winding (EL) .... Enrolamento em Tambor
Drunken Saw .... Serra Circular Oscilante
Dry (cell) Batteru (EL) .... Bateria de Pilhas Secas
Dry Cell (EL) (or pile) .... Pilha Seca
Dry Cleaner .... Limpador a Seco
Dry Cleaner Drive .... Acionador do Limpador a Seco

Dry Distillation . . . . Distilação Seca
Dryver Conveyor (L) . . . . Esteira Secadeira ou Transportador de Secagem
Dry Flash-Over Voltage (EL) . . . . Tensão Disruptiva a Seco
Dry Grinder (MEC) . . . . Retificadora Seca
Dry Masonry . . . . Alvenaria de Pedra Seca
Drying Oven . . . . Estufa de Secagem
Dry Pan Grinder (A) . . . . Galga Seca
Drying Rack . . . . Armação de Secagem
Dry Scale Pit (L) . . . . Poço Seco de Carepa
Dry Seal Gas Holder (G) . . . . Gasometro de Selo Seco
Dry Sand Storage Drum . . . . Recipiente de Areia Seca
Dry Steam . . . . Vapor Seco
Dry Stone Masonry . . . . Alvenaria de Pedra Seca
Dump Boxes . . . . Caixas Basculantes
Dump Car (ferr) . . . . Vagão Basculante
Dump Hopper . . . . Tremonha de Báscula
Dump Truck . . . . Caminhão Basculante
Duplex Steel . . . . Aço Duplex
Dust Catcher (AF) . . . . Balão de Poeira
Dust Collector . . . . Balão de Poeira
Dust Hood . . . . Cobertura Contra Poeira
Dust Pan (A) . . . . Coletor de Pó
Dust-Tight . . . . À Prova de Pó
Dust Valves (AF) . . . . Válvulas de Pó
Dutch Oven (A) . . . . Forno Holandês
Dutch Tile . . . . Azulejo
Dynamic Brake . . . . Freio Dinâmico
Dynamo (EL) . . . . Dínamo
Dwarf Signal (ferr) . . . . Sinal anão
Eaves (of a Roof) . . . . Beiral (de um Telhado)
Eave (S) Trough . . . . Goteira
Earth Metal . . . . Metal Terroso
Eccentric . . . . Excêntrico
Eccentric Block . . . . Excêntrico
Eccentric Chuck . . . . Mandril Excêntrico
Eddy Currentes (EL) . . . . Correntes Parasitas
Edge . . . . Cunha, Ângulo, Aresta
Edge (to) . . . . Esquadriar
Edging Roll (L) . . . . Cilindro de Esquadriar
Edging Stand (L) . . . . Cadeira de Esquadriar
Effective Resistance (EL) . . . . Resistência Efetiva
Efector . . . . Ejetor
Elbow(AE) . . . . Cotovelo
Electrical Precipitator (AF, C) . . . . Precipitador Elétrico
Electric Ball Hoist (AF) . . . . Elevador Elétrico do Cone
Electric Brake (EL) . . . . Freio Elétrico
Electric Clock (EL) . . . . Relógio Elétrico
Electric Drill (or Driller) (EL) . . . . Furadeira Elétrica
Eletric Eye (EL) . . . . Célula Foto-Elétrica
Electric Field (EL) . . . . Campo Eletrostático
Electric Furnace . . . . Forno Elétrico
Electric Iron (EL) . . . . Ferro Eletrico
Electric Lamp (EL) . . . . Lâmpada Elétrica
Electric Repair Shop . . . . Oficina de Reparação de Material Elétrico
Electric Steel (MET) . . . . Aço Elétrico
Electric Vane (or Whirl) (EL) . . . . Molinete Elétrico
Electric Heater . . . . Aquecedor Elétrico
Electrode (EL) . . . . Eletrodo
Electrode Holder (EL) . . . . Porta-Eletrodo
Electrolytic Cell (EL) . . . . Pilha Eletrolítica
Electrolytic Clearing Line . . . . Linha de Limpeza Eletrolítica
Electrolytic Cleaning Tank (L) . . . . Tanque de Limpeza Eletrolítica
Electrolytic Condenser (EL) . . . . Condensador Eletrolítico
Electro-Magnetic Brake . . . . Freio Eletro-Magnetico
Electrometer (EL) . . . . Eletrômetro

Electron Tube (EL) . . . . Válvula Eletrônica
Electroplating (EL) . . . . Galvanostegia
Electroscope (EL) . . . . Eletroscópio
Electrosteel (MET) . . . . Aco Elétrico
Elevation (Top) . . . . Gota (acima do Nível do Mar)
Elevator Shaft . . . . Poço Elevador
Elliptic Chuck (MEC) . . . . Mandril Elíptico
Emergency Brake . . . . Freio de Emergência
Emergency Coke Chutes (AF) . . . . Calhas de Emergência para Coque
Emery . . . . Esmeril
Emery Cloth . . . . Lixa
Emery Grinder . . . . Rebolo de Esmeril
Emery Wheel . . . . Rebolo de Esmeril
Enamel . . . . Esmalte
Enamel Kiln . . . . Forno de Esmaltar
End Heating-up Flues (C) . . . . Condutos Extremos de Aquecimento (dos fornos de coque)
End Milling Machine (L) . . . . Frezadora de Topos de Trilhos
End Ovens (C) . . . . Fornos Extremos
End Shear (L) . . . . Tesoura para Pontas
End Walls (A) . . . . Paredes Laterais
Ending Machine (L) . . . . Máquina de Acabamento
Engine Driver . . . . Maquinista, Motorista
Engine House . . . . Casa de Máquinas
Enriching Gas (C) . . . . Gás para Enriquecimento
Enriching Station (C) . . . . Estação de Enriquecimento (Gás)
Entail (Carp) . . . . Entalhe
Enterprise . . . . Empresa
Entry Table (L) . . . . Mesa de Entrada
Entry Tension Device (L) . . . . Dispositivo de Tensão de Entrada
Entry Vessel (L) . . . . Vaso, Entrada
Equalizing Pot (C) . . . . Tanque Equalizador
Equalizing Valve (C) . . . . Válvula Compensadora
Erection . . . . Montagem
Escape Cock (MEC) . . . . Torneira de Escapamento
Escape Platform (A) . . . . Plataforma de Segurança, Plataforma de Refúgio
Estimate . . . . Avaliação
Exciter (EL) . . . . Excitatriz
Exciter Set (EL) . . . . Grupo Excitador
Exhaust . . . . Escapamento, Descarga
Exhaust Fan . . . . Exaustor
Exhaust Piping . . . . Tubulação de Escapamento
Exhaust Relier Valve . . . . Válvula de Descarga de Emergência
Exhaust Silencer (MEC) . . . . Silencioso
Exhaust Steam . . . . Vapor de Escapamento
Exhauster . . . . Exaustor
Exit . . . . Saída
Exit Table . . . . Mesa de Saída
Expanded Metal (MET) . . . . Metal Distendido
Expanded Tube . . . . Tubo Mandrilado
Expander . . . . Mandril de Roletes
Expanding Arbor or Mandrel (MEC) . . . . Mandril Expansível
Expansion . . . . Expansão
Expansion Bend . . . . Curva de Expansão
Expansion Engine (MEC) . . . . Máquina de Expansão
Expansion Joint . . . . Junta de Dilatação
Expansion Loop . . . . Curva de Expansão
Expansion Sleeve (EL) . . . . Luva de Dilatação
Expansion Valve . . . . Válvula de Dilatação
Experiment . . . . Experiência
Explosion-Engine (MEC) . . . . Motor de Explosão
Extension (ferr, EL, ETC) . . . . Ramal
Eyebolt . . . . Parafuso de Olhal
Fabric Bearing . . . . Mancal de Plástico
Face (to) (MEC) . . . . Facear
Face ou Facing Lathe (MEC) . . . . Torno de Placas, Torno de Facear

Faceplate (MEC) . . . . Placa
Faceplate Jaw (MEC) . . . . Castanha da Placa
Fagot Iron (MET) . . . . Ferro de Pacote
Fall (of Potential) (EL) . . . . Queda, (de Potencial)
False Attic . . . . Forro Falso
False Key (MEC) . . . . Chaveta Falsa
Fan . . . . Ventilador
Fanlight (on a Dor) . . . . Bandeira (de uma Porta)
Fan Scale . . . . Balança de Setor
Fantail Joint . . . . Junta de Rabo de Andorinha
F.A.S. (Free Alongside Ship) . . . . Livre de Despesas no Costado do Navio
Fast Pin . . . . Pino de Fixação
Fast Pulley . . . . Polia Fixa
Faucet (A, F) . . . . Bica, Torneira
Fault Finder (EL) . . . . Descobridor de Defeitos
Fault Localizer (EL) . . . . Localizador de Defeitos
Feather, Featherkey . . . . Chaveta Retangular
Feather Joint . . . . Junta de Cavilha
Feather Valve . . . . Válvula de Alhetas
Feeder . . . . Alimentador
Feeder Cable . . . . Cabo Alimentador
Feeder or Feed Line . . . . Linha Alimentadora
Feeder Line (ferr) . . . . Ramal
Feed Gear (MEC) . . . . Mecanismo de Avanço
Feed Heater (in a Boiller) (PRE) . . . . Aquecedor de Água de Alimentação (numa Caldeira)
Feed Hopper . . . . Tremonha Alimentadora
Feed Motion . . . . Movimento de Avanço
Feed Reel (L) . . . . Bobina de Alimentação
Feed Rolls or Roller . . . . Roletas Alimentadoras
Feed Rollers (L) . . . . Rolos Alimentadores
Feed Screw (in a Lathe) (MEC) . . . . Fuso
Feed-Water Controller . . . . Controlador de Água de Alimentação
Feed-Water Heater (in a Boiler) . . . . Aquecedor de Água de Alimentação (numa Caldeira)
Feed Whell (MEC) . . . . Roda Alimentadora
Felt . . . . Feltro
Felt Packing . . . . Vedação de Feltro
Felt Whasher . . . . Arruela de Feltro
Fence . . . . Cerca
Fender . . . . Defesa, Proteção
Fender (in a Motor-Vehicle) . . . . Para-Lama
Ferroconcrete . . . . Concreto Armado
Ferromaganese (MET) . . . . Ferro Manganês
Ferrule (MEC) . . . . Virola
Ferrule (MEC) . . . . Ferrolho
Fetch (a Pump) (to) . . . . Escovar (uma Bomba)
Field . . . . Campo
Field Coil (EL) . . . . Bobina de Campo
Field of Force . . . . Campo de Força
Field Magnet (EL) . . . . Iman de Campo
Field Regulator (EL) . . . . Regulador de Campo
Field Spool (EL) . . . . Carretel da Bobina de Campo
Field Strenght . . . . Intensidade do Campo
Field Winding (EL) . . . . Bobina de Campo, Enrolamento do Campo
Filament . . . . Filamento
Filament Battery (RAD) . . . . Bateria do Filamento
Filament Lamp (EL) . . . . Lâmpada de Filamento; Lâmpada Incandescente
File . . . . Pasta (de Arquivar)
File (MEC) . . . . Lima
File Dust . . . . Limalha
Filer (MEC) . . . . Limador
Files . . . . Arquivos
File Signal . . . . Sinal para Fichas (de Arquivo)
Filings . . . . Limalha
Fillet Welding . . . . Solda de Filete
Filling . . . . Encnimento

Film .... Película
Film (fot) .... Filme
Film Camera (Fot) .... Máquina Fotográfica
Film Developer (Fot) .... Revelador de Filmes
Filter .... Filtro
Filter Bed .... Leito de Filtração; Leito Filtrante
Filter Cake .... Bolo de Filtro
Filter Candle (AE) .... Vela de Filtro
Filter Paper .... Papel de Filtro
Filter Press .... Filtro-Prensa
Final Cooler (C) .... Resfriador Final
Final Heater (C, CET) .... Aquecedor Final
Finger (MEC) .... Retentor, Dente, Lingueta
Finger Bars (C) .... Barras Reguladoras (de Entrada de Ar)
Finger (in a Clock) .... Ponteiro (num Relógio)
Finishing .... Acabamento
Finishing Coat (os Paint) .... Última Demão (de Pintura)
Finishing Rolls (L) .... Cilindros de Acabamento
Finishing Stand (L) .... Cadeira de Acabamento
Finishing Tap (MEC) .... Macho de Acabamento
Fire Bar .... Barra de Grelha
Fire Cley .... Argila Refratária
Fire Out-Off .... Corta-Fogo
Fire Division Wall (Constr) .... Parede Contra-Fogo.
Fire Door .... Porta de Fornalha
Fire-Endurance Test .... Ensaio de Resistência ao Fogo
Fire Extinguisher .... Extintor de Incêndio
Fire Extinguisher Foam .... Espuma Extintora de Incêndio
Fire Foam .... Espuma
Fire Resistive Door (Contr) .... Porta Contra-Fogo
Fire Stop .... Corta-Fogo
Fire-Tube Boiler .... Caldeira de Tubos de Fumaça
Fire Tube (in a Boiler) .... Tubo de Fogo ou de Fumaça (numa Caldeira)
Fire Wagon .... Carro de Incêndio
Firmer, Firmer Chisel (CARP) .... Talhadeira de Carpinteiro
First Coat (CONSTR) .... Embôço
First Coat (of Paint) .... Primeira Demão (de Pintura)
First Rate Material .... Material de Primeira Qualidade
First Speed .... Primeira Velocidade
Firebox .... Fornalha
Firebrick .... Tijolo Refratário
Fireman .... Foguista
Fish Joint .... Junta de Bacalhau
Fit .... Ajuste
Fitter .... Ajustador
Fixed Condenser (EL) (RAD) .... Condensador Fixo
Fixture .... Dispositivo
Flange .... Flange, Aba
Flange Joint .... Junta de Flanges
Flange Nut .... Porca com Colar
Flange Pulley (LEC) .... Polia de Abas
Flareback .... Retorno de Chama
Flash Boiler .... Caldeira de Vaporização Instantânea
Flashover Voltage (EL) .... Tensão Disruptiva
Flash Tank (UTE) .... Tanque de Vaporização
Flask .... Frasco ou Garrafa
Flatcar (ferr) .... Vagão-Prancha, Prancha
Flat Chisel (MEC) .... Talhadeira Chata
Flathead (ED) Bolt (MEC) .... Parafuso de Cabeça Escareada ou Chata
Flathead (ED) Rivet (MEC) .... Rebite de Cabeça Escareada ou Chata
Flatiron .... Ferro de Engomar
Flat Key (MEC) .... Chaveta Chata, Retangular
Flats (L) .... Barras Chatas
Flexible Cord (EL) .... Cordão Flexível
Flexible Coupling (MEC) .... Junta Flexível; Acoplamento Flexível ou Semi-Rígido

Flexible Shaft (MEC) ... Eixo Flexível
Float (Constr) ... Desempenadeira
Float ... Flutuador, Bóia
Float-Feed Carburetor (MEC) ... Carburador de Bóia
Floating Axle (MEC) ... Eixo Flutuante
Float or Floating Key ... Chaveta Deslizante
Float Switch (EL) ... Chave de Bóia; Chave-Bóia
Floor Pit ... Poço de Inspeção
Floor Stand (AE) ... Coluna de Manobra
Flotation ... Flotação
Flow ... Fluxo, Vasão
Flow Diagram ... Diagrama de Operação
Flow Meter or Flowmeter ... Medidor de Vasão
Flow Sheet ... Diagrama de Operação
Flue ... Conduto, Canal (de Fumaça)
Flue (Pipe) (in Boilers) ... Tubo de Caldeira
Flue Boiler ... Caldeira de Tubos de Fumaça
Flue Cleaner ... Limpador de Tubos de Caldeira
Flue Salvage Line (ORMF) ... Linha de Recuperação de Tubos de Caldeira
Flue Welding Machine (ORMF) ... Máquina de Soldar Tubos de Caldeira
Flushing Liquor (C) ... Licor ou Solução Amoniacal
Flush-Head Rivet ... Rebite de Cabeça Embutida ou Escareada
Flux ... Fluxo
Flux (Quim, Met) ... Fundente
Fluxmeter ... Medidor de Fluxo de Vasão
Flyball Governor ... Regulador Centrífugo
Flying Micrometer ... Micrômetro Volante
Flywhell ... Volante
Foam ... Espuma
Foam (Fire) Extinguisher ... Extintor de Espuma
Foam Hydrant (C) ... Hidrante de Espuma
Foamite Fire Protection (C) ... Proteção Contra Incêndio; Sistema Foamite
Foamite Generator (C) ... Gerador de Foamite; Gerador de Espuma Contra Incêndio
F.O.B. (Free on Board) ... Livre de Despesas até o Navio
Folding Door ... Porta Dobradiça
Foot Brake ... Freio de Pé
Foot ... Base, Pé
Foot (Measure) ... Pé (Medida)
Foot Valve ... Válvula de Pé
Foot-Walks ... Passadiços
Footboard ... Passadiço
Footing (Constr) ... Sapata
Forced Draft Fan ... Ventilador de Tiragem Forçada
Forced Feed Lubrication ... Lubrificação Forçada
Force (Pr Forcing) Pump (AE) ... Bomba de Recalque
Force Polygon (MEC) ... Polígono de Forças
Forcing Main (of a Pump) ... Tubulação de Recalque
Forelock (MEC) ... Contra-Pino; Pino de Retenção
Foreman ... Contramestre
Fore Plate (in Open H. Furnace) ... Soleira da Porta (num Forno de Aço)
Forge ... Forja
Forger ... Forjador
Forge Shop ... Oficina de Forja
Forge Smith ... Ferreiro, Forjador
Forging Machine ... Máquina de Forjar
Form ... Forma, Molde, Fórmula
Form (Constr) ... Forma (para Concreto)
Foucault Currentes (EL) ... Correntes de Foucault; Correntes Parasitas
Foundation Bolt ... Chumbador
Foundation Slab (Constr) ... Sapata; Placa de Fundação
Foundry (Coke) Leading Boom ... Carregador de Coque da Fundição
Foundry (Pig) Iron (MET) ... Gusa para Fundição
Four High Mill (L) ... Laminador Quádruo
Four-Stroke-Motor ... Motor de Quatro Tempos
Four-Way-Switch (EL) ... Interruptor de Quatro Secções

Fractional Distillation (Quim) . . . Distilação Fracionada
Fractionating Column (Quim) . . . Coluna de Distilação Fracionada
Frame . . . Armação
Frame (in Motor Car) . . . Chassis (num Automóvel)
Frame Saw (CARP) . . . Serra de Volta
Framework . . . Estrutura, Armação Treliça
Freezing Point . . . Ponto de Congelamento
Freight . . . Carga Frete
Freight Car (ferr) . . . Vagão de Carga
French Curve . . . Curva Francesa
Frequency (EL) . . . Frequência
Frequency Changer (EL) . . . Conversor de Frequência
Frequency Convertor (EL) . . . Conversor de Frequência
Frequency Indicator (EL) . . . Indicador de Frequência
Frequency Meter (EL) . . . Medidor de Frequência
Frequency Relay (EL) . . . Relé de Frequência
Fresh Water . . . Água Doce
Frictional (or Friction) . . . Transmissão por Atrito
Friction . . . Fricção, Atrito
Friction Brake (MEC) . . . Freio de Atrito
Friction Clutch (MEC) . . . Embreagem de Atrito, Embreagem de Fricção
Friction Drive (MEC) . . . Acionamento por Atrito
Friction Factor . . . Coeficiente de Atrito
Friction Tape (EL) . . . Fita Isolante
Fringe . . . Franja
Frog (ferr) . . . Cruzamento
Front Wall . . . Parede de Vante
Front Wall (A) . . . Parede Frontal Inclinada
Front-Whell Drive . . . Acionamento Dianteiro
Froth Flotation . . . Flotação em Espuma
Fuel . . . Combustível
Fueler . . . Abastecedor de Combustível
Fuel Filter . . . Filtro de Combustível ou de Óleo
Fuel Oil . . . Óleo Combustível
Fulcrum . . . Articulação, Ponto de Apoio
Fullering Tool . . . Ferramenta para Calafetar ou Encalcar
Fume . . . Fumo, Fumaça
Fume Exhaust Hood . . . Cúpula de Sucção de Fumaça
Fume Exhaust System . . . Sistema de Sucção de Fumaça
Funicular Curve . . . Catenária
Funicular Railway (ferr) . . . Funicular
Funnel . . . Chaminé, Funil
Furnace . . . Forno
Furnace Bay . . . Vão de Forno
Furnace Charging Control Equipment . . . Equipamento de Controle do Carregamento do Forno
Furnace Cooling System . . . Sistema de Resfriamento do Forno
Furnace End (A) . . . Cabeceira do Forno
Furnace Filling Equipment . . . Equipamento de Carregamento do Forno
Furnace Pusher (L) . . . Enfornador
Furnace Lining . . . Revestimento do Forno
Furnace (coke) Screening (AF) . . . Estação de Peneiramento de Coque do Alto-Forno
Furnace Stack Equipment (AF) . . . Equipamento do Alto Forno Propriamente Dito
Fuse Block (EL) . . . Bloco Fusível
Fuse or Fuze (EL) . . . Fusível
Fusible Alloy (MET) . . . Liga Fusível
Fusion Point . . . Ponto de Fusão
Fusion Welding . . . Solda por Fusão
Gabarit . . . Gabarito
Gable (Constr) . . . Frontão, Empena
Gadget . . . Dispositivo Mecanismo
Gad Tongs (Constr) . . . Tenaz para Vergalhão, Tenaz de Boca
Gag Press (L) . . . Desempenadeira de Perfís
Gain (Carp) . . . Entalhe, Ranhura, Sulco
Gallery . . . Galeria
Galvanized Bucket . . . Balde Galvanizado

Galvanized Sheet (L) ... Folha ou Chapa Galvanizada
Galvanizing Kettle (MET) (L) ... Cuba de Galvanização
Galvanizer (MET) ... Galvanizador
Galvanizing Line (L) ... Linha de Galvanização
Galvanizing Pot (L) ... Cuba de Galvanização
Galvanizing Rig (L) ... Máquina de Galvanizar
Galvanometer (EL) ... Galvanômetro
Gang ... Turma
Gangway ... Passadiço
Gantt Chart ... Gráfico de Gantt
Gap ... Abertura, Intervalo
Gas and Air Flow Meter (G) ... Medidor de Fluxo de Ar e Gás
Gas Bleeder (C, AF) ... Ladrão de Gás
Gas Booster (C) ... Reforçador da Pressão de Gás
Gas Burner ... Queimador de Gás
Gas Cleaning Plant (AF) ... Instalação de Limpeza de Gás
Gas Coke ... Coque de Fábrica de Gás
Gas Cooler (C) ... Resfriador de Gás
Gas Despatch House (C) ... Casa de Distribuidor de Gás
Gas Engine ... Máquina a Gás
Gas Fitter (G) ... Gasista
Gas Generator ... Gerador de Gás
Gas Holder (G) ... Gazômetro
Gas Meter ... Medidor de Gás
Gas Mixer ... Misturador de Gás
Gas Plant ... Usina ou Fábrica de Gás
Gas Pliers (MEC) ... Alicate para Gasista
Gas Producer (C) ... Gazognio
Gas Safety Valve (G) ... Válvula de Segurança para Gás
Gas Seal ... Vedador de Gás
Gas Trap (G) ... Vedação à Prova de Gás
Gas Tube (RAD) ... Válvula de Gás
Gas Turbine ... Turbina a Gás
Gas Washer ... Lavador de Gás
Gas Welding ... Solda a Gás
Gaseous Tube (RAD) ... Válvula de Gás
Gashouse ... Usina ou Fábrica de Gás
Gasket ... Gacheta
GasolineEngine ... Máquina à Gasolina
Gasoline Truck ... Caminhão à Gasolina
Gasometer (G) ... Gasômetro
Gasworks ... Usina ou Fábrica de Gás
Gate Shear ... Tesoura de Guilhotina
Gate Valve (AE) ... Registro de Gaveta
Gauge or gage ... Calibre, Bitola
Gauge or Gage Assorter ... Classificador de Folhas
Gauge Glass (in Boiler) ... Tubo Indicador de Nível D'Água
Gauge Saw (MEC) ... Barra Calibrável
Gazogene (G, C) ... Gazogênio
Gazoline Blow Torch ... Maçarico a Gasolina
Gear ... Engrenagem
Gear-Box ... Caixa de Engrenagens
Gear Case (MEC) ... Caixa de Engrenagens
Gear Cover (MEC) ... Coberta de Proteção da Engrenagem
Gear Cutter (MEC) ... Freza (de Dentes) de Engrenagens
Gear Cutter (Machine) ... Frezadora (de Dentes) de Engrenagens
Gear Drive ... Acionamento por Engrenagem
Gear Miller (MAC) ... Frezadora (de Dentes) de Engrenagem
Gear-Operated Valve (AE) ... Válvula de Manobra por Engrenagem
Gear Pump (AE) ... Bomba de Rodas Dentadas
Gear Ratio (MEC) ... Relação da Engrenagem
Gear Wheel or Gearwhell (MEC) ... Roda Dentada, Roda de Engrenagem
Geared Planer (MEC) ... Plaina de Engrenagem
Gearing (MEC) ... Engrenagem ou Sistema de Engrenagens
Generating Station (EL) ... Estação Geradora ou Usina Geradora

Generator (EL) . . . Gerador
Geometric Mean (MET) . . . Média Geométrica
Gib (MEC) . . . Contra-Caveta, Calço
Gib and Cotter (MEC) . . . Chaveta Dupla
Gib-And Key (MEC) . . . Chaveta Dupla
Gib-Head (ED) Key . . . Chaveta com Cabeça
Gill (MEC) . . . Radiador
Gimlet (CARP) . . . Verruma
Gin (Constr) . . . Tripe
Gin Pole (Constr) . . . Mastro ou Páu de Carga
Girdle (Constr) . . . Cinta
Gland (MEC) . . . Sobreposta de Engachetamento
Glare . . . Brilho
Glass . . . Vidro, Vidraça
Glove Joint (MEC) . . . Junta ou Articulação de Rótula
Glove . . . Luva
Glue . . . Cola
Goggle Valve (MEC) . . . Válvula Ocular
Gong . . . Gongo
Gong Bell . . . Campaínha
Goods . . . Mercadorias
Goods Locomotive (ferr) . . . Locomotiva de Carga
Goose-Neck (os fa Crane) (MEC) . . . Extensão Curva (da Lança de um Guindaste)
Goose-Neck (AMC) . . . Colo d[illegible]
Goose-Neck Dolly Bar (MEC) . . . Barra de Encosto Torta [illegible]
Gouge (Carp) . . . [illegible]
Gouge Chisel (MEC) . . . [illegible]
Governor-Ball (MEC) . . . Esfera de Regulador
Governor Piping (C) . . . Tubulação Reguladora ou de Controle
Governor-Spindle (MEC) . . . Eixo ou Haste do Regulador
Govern House . . . Cabine ou Casa de Comando ou de Controle
Grab Bucket . . . Caçamba Articulada
Grade Bar (AE) (Top) . . . Régua de Nivelamento
Grade Crossing (ferr) . . . Passagem de Nível
Grade Stake or Peg (Top) . . . Estaca de Nivelamento
Grader (machine) (MEC) . . . Niveladora
Gradient (Top, Ferr) . . . Gradiente, Inclinação
Graduate (D) (Flask) (Quim) . . . Frasco Graduado
Graph . . . Gráfico Curva
Graph Paper . . . Papel Quadriculado ou Papel para Gráficos
Grapple Bucket . . . Caçamba Articulada
Grasshoper Gauge (Carp) . . . Graminho
Grate . . . Grade
Grate (in Furnaces) . . . Grelha
Gravel . . . Cascalho, Pedregulho
Gravity Conveyor . . . Transportador por Gravidade
Gravity Feed (Ing) . . . Alimentação por Gravidade
Grease Gun(MEC) . . . Bomba de Graxa
Grease Pit . . . Poço de Lubrificação
Grease Ring (MEC) . . . Anel de Lubrificação
Grease Trap (AE) . . . Caixa de Gordura
Great Calorie . . . Grande Caloria
Grid (EL), (RAD) . . . Grade
Grid Baterry (RAD) . . . Bateria da Grade
Grid Current (RAD) . . . Corrente da Grade
Grid Voltage (RAD) . . . Tensão da Grade
Gridiron . . . Grelha
Grillags . . . Grade
Grind (to) . . . Polir, Retificar, Pulverizar, Esmerilhar
Grinding Pit (A) . . . Poço de Moagem
Grindstone . . . Pedra de Amolar Rebolo
Grip (Constr) . . . Valeta
Grizzly, Grizzly Scren . . . Peneira Grossa, Peneira de Barras
Groin (Constr) . . . Espigão
Groove . . . Sulco, Ranhura

Grooved Rail (ferr) . . . . Trilho de Fenda
Groos Weight. . . . . Peso Bruto
Ground Bus (BR) (EL) . . . . Barra Coletora de (Ligação à) Terra
Ground Current (EL) . . . . Corrente de Terra
Ground Plan (Constr) . . . . Planta Baixa
Ground-Water Level (AE) . . . . Nível do Lençol D'Água Subterrâneo
Ground Wire (RAD, EL) . . . . Fio (de) Terra
Grounding Boss (EL). . . . . Tomada de Terra
Group Drive (MEC). . . . . Acionamento por Grupos ou Acionamento Coletivo
Grount . . . . Pasta de Cimento, Argamassa
Guard Rail (Ferr) . . . . Trilho de Segurança
Guide Pulley . . . . Polia de Guia
Guideway . . . . Guia
Guilhotine Shear (S) . . . . Tesoura de Guilhotina
Gun-Barrel Lathe (MEC). . . . . Torno para Canhões
Gun Lathe (MEC) . . . . Torno para Canhões, Torno Revolver
Gusset Plate (Constr). . . . . Chapa de Reforço
Gutter (Constr) . . . . Sargeta, Goteira
Guy (Constr). . . . . Estai, Tirante, Esteio
Gypsum. . . . . Gesso
Gypsum Feeder (C). . . . . Alimentador de Gesso
Gyroscope (MEC) . . . . Giroscópio
Gyrostabilizer (MEC) . . . . Estabilizador Giroscópico
Hack . . . . Corte, Talhe
Hack Saw . . . . Serra Alternativa
Hacksaw Frame (MEC) . . . . Arco de Serra
Halfpace (in a stair). . . . . Patamar (numa Escada)
Half-Round File (MEC). . . . . Lima de Meia Cana
Half-Round Rasp (MEC) . . . . Grosa de Meia Cana
Hammer . . . . Martelo, Martelete
Hammer Head . . . . Cabeça do Martelo
Hammer Mill (C) . . . . Britador de Martelos
Hammer Scale (S) (MET) . . . . Carepa de Batidura
Handbarrow (Constr) . . . . Padiola (de Massa)
Handbook . . . . Manual
Handle (of a Tool). . . . . Cabo (de uma Ferramenta)
Hand Brake . . . . Freio de Mão; Freio Manual
Hand Crosscut Saw (MEC) . . . . Serrote Traçador
Hand Die (MEC) . . . . Cossinete de Tarracha
Hand Drill (Carp) . . . . Furadeira Manual
Handmade. . . . . Feito a mão
Hand Milling Machine (MEC) . . . . Frezadora Manual
Hand Miller (MEC) . . . . Frezadora Manual
Hand-Operated Hoist. . . . . Guincho Manual
Hand-Operated Valve . . . . Válvula de Operação Manual
Hand-Operated Valve . . . . Válvula de Operação Manual
Hand Press. . . . . Prensa Manual
Handrail . . . . Corrimão
Handrailing . . . . Corrimãos
Handsaw . . . . Serrote de Mão
Hand Tap . . . . Macho Manual de Tarracha
Hand Wheel . . . . Volante
Hanger. . . . . Pendural
Hanger (MEC) . . . . Mancal Pendente; Cadeira de Teto
Harden (Steel) (to) . . . . Temperar (aço)
Hardeness . . . . Dureza
Hardening Furnace (of). . . . . Forno de Tempera
Hard Rubber . . . . Ebonite
Hardwood . . . . Madeira de Lei
Hard (or Hardie) (MEC) . . . . Corta-a-Frio (para Malho de Ferreiro)
Harmonic (EL, RAD) . . . . Harmônico
Harrow (Constr) . . . . Arado
Hatchway . . . . Passagem no Piso, Escotilhos
Hatchet . . . . Machadinha
Hatching (of a Drawing) . . . . Sombreado ou Hachurado (de um Desenho)

Head (MEC) .... Cabeçote
Head (of a Hammer) .... Cabeça (de um Martelo)
Header .... Conduto Principal
Headlamp .... Farol Dianteiro
Headless Setscrew .... Parafuso de Retenção, Sem Cabeça
Headlight .... Farol Dianteiro
Headline (in Group Driving) (MEC) .... Eixo Acionador Principal (num Acionador por Grupo)
Head Pulley (in a Conveyor) .... Polia Principal (num Transportador)
Headsill (in a Door or Window) .... Vérga (numa Porta ou Janela)
Headstock (MEC) .... Cabeçote
Headstock (of a Grinder) .... Cabeçote (de Retificador)
Heart (A, AF) .... Cadinho ou Sola, Soleira
Hearth Cooling Plates .... Chapas de Resfriamento do Cadinho
Heat .... Carga (de um Forno de Reaquecimento)
Heat Balance .... Equilíbrio Térmico
Heat Capacity .... Capacidade Calorífica
Heat Engine .... Máquina Térmica
Heat Exchanger .... Recuperador de Calor
Heater .... Aquecedor
Heater Tongs (MEC) .... Tenaz para Esquentador
Heat Exhanger (C) .... Permutador de Calor
Heating And Agitating Coil (L) .... Serpentina de Aquecimento e Agitação
Heating Coil (C) .... Serpentina de Aquecimento
Heating Coil (EL) .... Bobina de Aquecimento
Heating Furnace .... Forno (Reaquecimento)
Heating Pipe Coil .... Serpentina de Aquecimento
Heating (Tube) Nest (C) .... Suporte ou Berço da Serpentina de Aquecimento
Heating-Up (of a Coke Oven (C) .... Aquecimento Inicial (de um forno de Coque)
Heat Potential .... Potencial Calorífico
Heat Treatment .... Tratamento Térmico
Heavy Duty Material .... Material para Serviço Pesado
Heavy Oil .... Óleo Pesado
Height .... Altura
Helical Blower .... Soprador, ou Soprante, Helicoidal
Helical Gear (MEC) .... Engrenagem Helicoidal
Helical-Gear Elevator (MEC) .... Elevador de Acionamento com Engrenagens Helicoidais
Helical (Gear) Wheel (MEC) .... Roda (Dentada) Helicoidal
Helmet .... Capacete
Helper (Constr) .... Servente, Ajudante
Helve (os a Tool) .... Cabo (de uma Ferramenta)
Helve Hammer (MET) .... Martelo, Pilão
Hemp .... Cânhamo
Herringbone Bond (Constr) .... Amarração em Espinha de Peixe
Herringbone Drainage .... Drenagem em Espinha de Peixe
Herringbone Gear (MEC) .... Engrenagem em Espinha de Peixe
Hertzian Wave (RAD) .... Onda Herteziana
Heterodyne Receiver (RAD) .... Receptor Heterodino
Hexagon (Headed) Bolt .... Parafuso de Cabeça Hexagonal
Hexagon Nut .... Porca Hexagonal ou Sextavada
Hickey (MEC) .... Curvador (de Tubos) Manual
High Frequency (RAD) .... Alta Frequência
High Grade .... Alto Teor; Alta Qualidade
High Grade Ore .... Minério de Alto Teor
High-Pass Filter (EL, RAD) .... Filtro Limitador de Frequência Máxima
High Speed .... Alta Velocidade
High-Speed Steel (MET) .... Aço Ultra-Rápido
High Temperature Cement .... Cimento Resistente ao Calor
High Tension (EL) .... Alta Tensão
High Tension Cut-Out (EL) .... Fusível de Alta Tensão
Highway .... Estrada de Rodagem, Auto-Estrada
Hinge .... Charneira, Dobradiça, Gonzo
Hinged Chute Conveyor (C) .... Calha Transportadora Articulada
Hinge Joint .... Junta Articulada
Hinge Shaft .... Eixo de Dobradiça ou Charneira
Hip (of a Roof) (Constr) .... Espigão (de um Telhado)

Hip Rafter (Constr) ... Viga do Espigão; Espigão
Hip Roll (Constr) ... Telha de Comieira ou de Espigão
Hitch Angle (Constr) ... Cantoneira de Amarração
Hob ... Freza para Engrenagem
Hobber (MEC) ... Frezadora de Engrenagens
Hobbed Teeth ... Dentes Frezados
Hobnailed Shoe ... Sapato Ferrado
Hoe (Constr) ... Enxada
Hoist ... Guincho
Hoister (Constr) ... Elevador; Guincho
Hoist House (AF) ... Casa dos Guinchos
Hoist Trolley ... Carro de Guindaste
Hoisting Engine (Constr) ... Máquina Elevadora
Holdback (of a Door) (Constr) ... Retentor (duma porta)
Holder-up (in Riveting) ... Encontrador
Hole ... Furo, Orifício
Hollow Shaft (MEC) ... Eixo Ôco
Hollow Setscrew (MEC) ... Parafuso de Retenção Ôco
Hone (MEC) ... Pedra de Amolar
Honeycomb Radiator (MEC) ... Radiator em Colméia
Hood ... Capela, Coifa
Hood (of a Motor Car) (MEC) ... Capota (do motor de um Automóvel)
Hooke's Coupling (or Joint) (MEC) ... Acoplamento ou Junta Universal (de Hooke)
Hook ... Gancho
Hook Ladder ... Escada de Ganchos
Hook-Pit ... Poço do Gancho
Hoop ... Aro
Hoop (of a Barrel) ... Arco (de Barril)
Hopper ... Tremonha
Hopper (AE) ... Vaso Sanitário
Hopper Car ... Vagão Tremonha
Hopper Spout (MEC) ... Boca de Tremonha
Hopper (Bottom) Car (ferr) ... Vagão Tremonha (de Descarga Inferior)
Horizontal Drill(ing Machine)(MEC) ... Furadeira Horizontal
Horizontal Engine (MEC) ... Máquina Horizontal
Horizontal Milling Machine (MEC) ... Frezadora Horizontal
Horn ... Buzina
Horn Arrester (EL) ... Para-raios, de Chifres
HP. (Horsepower) (FIS) ... Cavalo-Vapor
Hose ... Mangueira
Hose Car or Cart (AE) ... Carrinho para Máquina
Hose Cock (AE) ... Torneira para Mangueira
Hot Bed ... Mesa de Resfriamento
Hot Blast (AF) ... Vento Quente
Hot Blast Heating ... Aquecimento com Vento Quente
Hot Blast Main (AF) ... Tubulação Principal de Vento Quente
Hot Blast Stove (AF) ... Regenerador
Hot Blast Stove Brickwork (AF) ... Empilhamento Refratário dos Regeneradores
Hot Blast Valve (AF) ... Válvula de Vento Quente
Hot Chisel ... Talhadeira de Cortar a Quente; Corta-a-Quente
Hot Circuit (EL) ... Circuito Sob Tensão
Hot Galvanizing ... Galvanização a Quente
Hot Metal (A) ... Gusa Líquido
Hot Metal Charging Spout (A) ... Calha de Carregamento de Gusa Líquido
Hot Metal Ladle (A, AF) ... Panela de Gusa Líquido
Hot Metal Ladle Car (A, AF) ... Vagão de Panela, de Gusa
Hot Metal Mixer (A) ... Misturador
Hot Rinse Tank (L) ... Tanque de Lavagem a Quente
Hot Saw (MEC) ... Serra a Quente; Serra de Metal Quente
Hot Strip Mill (L) ... Trem de Tiras a Quente
Hot Top ... Masselota
Hot-Water Heating ... Aquecimento por (Circulação de) Água Quente
Hot-Wire Ammeter (EL) ... Amperômetro Térmico
Housing ... Caixa, Armação, Gaiola
Housing (Carp) ... Entalhe

Hub (of Wheels) ... Cubo (de Rodas)

Hub (Top) ... Piquete

Humidity-Proof ... À prova de Umidade

Hurdle ... Chicana

Hyaline(FIS) ... Hialino

Hydrant (AE) ... Hidrante

Hydrated Line (Constr) ... Cal Extinta

Hydrator ... Hidratador

Hydraulic Brake (MEC) ... Freio Hidráulico

Hydraulic (Ore) Classifier (MIN) ... Classificador Hidráulico (de Minério)

Hydraulic Dredge (MEC) ... Draga Hidráulica

Hydraulic Elevator (MEC) ... Elevador Hidráulico

Hydraulic Engine (MEC) ... Máquina Hidráluca

Hydraulic Governor (MEC) ... Regulador Hidráulico

Hydraulic Jack (MEC) ... Macaco Hidráulico

Hydraulic Joint (AE) ... Selo Hidráulico ou Vedação Hidráulica

Hydraulic Lime (Constr) ... Cal Hidráulica

Hydraulic Mining (MIN) ... Mineração com Jatos de Água

Hydraulic Packing (MEC) ... Vedação Hidráulica

Hydraulic Press (MEC) ... Prensa Hidráulica

Hydraulic Roll Balance (L) ... Compensador Hidráulico dos Cilindros

Hydraulic Scrap Press (L) ... Prensa Hidráulica de Aparas

Hydraulic Turbine ... Turbina Hidráulica

Hydraulic Valve (MEC) ... Válvula Hidráulica

Hydrometer (AE) ... Hidrômetro

Hydrostatic Head (AE) ... Altura de Carga

Hydrostatic Press (MEC) ... Prensa Hidráulica

Hygormeter ... Higrômetro

Hyperbolic Gear (MC) ... Engrenagem Hiperbólica

Hypothenuse (MET) ... Hipotenusa

Hysteresis Cycle (EL) ... Ciclo de Histerese

Hysteresis Coeficient (EL) ... Coeficiente de Histerese

Hysteretic Loss (EL) ... Perda por Histerese

I Bar (L) ... Ferro I

I Beam (L) ... Viga I

Ice ... Gelo

Ice-Cooled ... Refrigerado com Gelo

Icebox ... Refrigerador, Geladeira

Ice Calorimeter (FIS) ... Calorímetro de Gelo

Ice Machine ... Máquina Frigorífica

Ideal Gas (FIS) ... Gás Perfeito

Idiolectric or Idioelectrical (EL) ... Idioelétrico

Idle (or Idler) Pulley (MEC) ... Polia Louça; Esticadeira

Idler ... Rolo

I Girder (L) ... Viga I

Igneous Fusion (QUIM) ... Fusão Ignea

Igniter ... Dispositivo de Ignição

Igniter ... Acendedor

Ignition ... Ignição

Ignition Battery (EL) ... Bateria de Ignição

Illuminating Gas ... Gás de Iluminação

Illumination ... Iluminação

Illuminometer (FIS) ... Iluminômetro

Image(FIS) ... Imagem

Imaginary Quantity (MAT) ... Quantidade Imaginária

Immersion Heaters (L) ... Aquecedores de Imersão

Impact (FIS) ... Impacto, Choque

Impedance (EL) ... Impedância

Impedance Coil (EL) ... Bobina de Reatância

Imperial Standard Wire Gauge (is WG) ... Padrão Imperial (Inglês) de Diâmetros de Fios

Implements ... Ferramentas

Impregnator ... Impregnador

Improper Fraction (MAT) ... Fração Imprópria

Impulse ... Impulso

Impulse Turbine (MEC) ... Turbina de Ação

Incandescence (FIS) . . . . Incandescência
Incandescente Lamp (FIS) . . . . Lâmpada Incandescente
Incandescent Lighting (EL) . . . . Iluminação com Lâmpadas Incandescentes
Incandescent Mantle (in Lamps) (FIS) . . . . Camisa Incandescente (em Lâmpadas)
Inch . . . . Polegada
Incident Ray (FIS) . . . . Raio Incidente
Inclination . . . . Inclinação
Inclination Compass . . . . Inclinômetro
Inclined Engine (MEC) . . . . Máquina Inclinada
Inclined Plane (FIS) . . . . Plano Inclinado
Inclinometer (FIS) . . . . Inclinômetro
Inclusion . . . . Inclusão
Incombustible Material (FIS) . . . . Material Incombustível
Incompressible . . . . Incompressível
Inconsistent . . . . Inconsistente
Increment (MAT) . . . . Incremento, Acréscimo
Independent Chuck (MEC) . . . . Mandril Independente
Independent Wheel-Suspension (MEC) . . . . Suspensão Independente (das Rodas)
Ident (Carp, Constr) . . . . Entalhe
Index . . . . Índice
Index (of a Logarithm) (MAT) . . . . Característica (de um Logarítimo)
Index Hand . . . . Indicador; Índice
Index Number (MAT) . . . . Número Índice
Index of Refraction (FIS) . . . . Índice de Refração
Index Pointer . . . . Ponteiro Indicador
Indiarubber . . . . Borracha
Indicating Caliper (MEC) . . . . Compasso Indicador
Indicating Control Switch . . . . Chave de Controle Indicadora
Indicating Gauge (MEC) . . . . Calibre Indicador
Indicating Thread Gauge (MEC) . . . . Calibre Indicador de Roscas
Indicating Valve (MEC) . . . . Válvula Indicadora
Indication Lamp (EL) . . . . Lâmpada Indicadora
Indicator (Quim) . . . . Indicador, Revelador
Indicator Card (or Diagram) . . . . Diagrama Indicador
Indicator Scale (MEC) . . . . Balança Indicadora
Indicator Thermometer . . . . Termômetro Indicador
Indirect Lighting (EL) . . . . Iluminação Indireta
Indirect Steam Heating . . . . Aquecimento Indireto com Vapor
Individual Drive (MEC) . . . . Acionamento Individual
Induced Draft Fan . . . . Ventilador de Tiragem Induzida ou Ventilador de Tiragem
Inductance (EL) . . . . Indutância
Induction (EL) . . . . Indução
Induction Coil (EL) . . . . Induto (de Centelhas) Bobina de Indução
Induction Frequency Converter (EL) . . . . Conversor de Frequência de Indução
"J" Bolt . . . . Parafuso em J
Jack . . . . Macaco
Jacket . . . . Envoltura, camara
Jet . . . . Jato
Jet-pipe . . . . Tubulação de Injeção
Joint . . . . Junta, empalmo, acoplamento
Keroseno . . . . Querosene
Kettle . . . . Caldeira
Key . . . . Chaveta
Kit . . . . Jogo de instrumentos
Knock out Drum . . . . Depósito, separador
Knocking . . . . Detonação
Knuckle . . . . Articulação
Laboratory . . . . Laboratório
Ladder . . . . Escada
Lap . . . . Superposição
Lap Joint . . . . Junta Sobreposta
Lap Joint Flange . . . . Flange Sobreposta
Layout . . . . Disposição, Traçado
Lead Pipe . . . . Tubulação de Chumbo
Leak . . . . Escape, Fuga

Length . . . Largo, Longitude
Level . . . Nível
Level Alarm (LA) . . . Alarme de Nível
Level Indicator (LI) . . . Indicador de Nível
Level Indicator Alarm (LIA) . . . Indicador de Nível do Alarme
Level Indicator Interphase . . . Indicador de Nível com Interfase
Level Controller (LC) . . . Controlador de Nível
Level Recorder (LR) . . . Registrador de Nível
Level Recording Controller (L.R.C.) . . . Registrador Controlador de Nível
Lever . . . Nível
Lime . . . Cal
Line . . . Linha
Lining . . . Revestimento, Forro
Liquid . . . Líquido
Liter (L) . . . Litro
Live Steam . . . Vapor Vivo
Load . . . Carga, Carregamento
Lock . . . Serradura, Chapa
Long Radius (LR) . . . Raio Longo
Long Welding Neck (LWN) . . . Flange de Pescoço
Loose . . . Solto, Frouxo
Loss . . . Perdida
Loss Factor . . . Fator de Perda
Low Pressure . . . Baixa Pressão
Low Pressure Steam . . . Vapor de Baixa Pressão
Lube Oil . . . Óleo Lubrificante
Lubrificant . . . Lubrificante
Machine . . . Máquina, Mecanismo
Machine Bolt . . . Parafuso de Cabeça Hexagonal
Main . . . Principal, Fundamental
Main Line . . . Tubulação Principal
Maintenance . . . Manutenção, Conservação
Manhole (MH) . . . Boca de Inspeção
Manometer . . . Manômetro
Master . . . Linha Principal
Master Controller . . . Controlador Principal
Match . . . Unir, Aconjuntar, Acoplar
Match Line . . . Linha de Separação e Coincidência
Mean . . . Intermediário
Mean Flow . . . Fluxo Intermediário
Measurement . . . Medida
Measuring Tank . . . Tanque Medidor
Meter(m.) . . . Metro (m.)
Middle . . . Médio, Centro
Millimeter (mm.) . . . Milímetro (mm.)
Mixer . . . Mesclador, Agitador
Mixture . . . Misturador
Molecular Weight . . . Peso Molecular
Motor Oil . . . Óleo Lubrificante para Motor
Motor Driven . . . Acionado por Motor
Muffle . . . Silenciador
Multiple Orifice Nozzle . . . Boca de Orifícios Múltiplos
Multiple Way Valve . . . Válvula de passagem Múltipla
Naphtha . . . Gasolina
Natural Draft . . . Tiragem Natural
Natural Gas . . . Gás Natural
Neck . . . Pescoço
Needle Valve . . . Válvula de Agulha
Net Weight . . . Peso Líquido
Nipple . . . Tubo Pequeno
Nitrogen . . . Nitrogênio
Noise . . . Ruído, Barulho
Nonfluid oil . . . Óleo Viscoso
North . . . Norte
Not to scale . . . Sem Escala

Nozzle . . . . Boca, Turbulência
Nut . . . . Porca
Number . . . . Número
Octane rating . . . . Classificação do Índice de Octano
Offset . . . . Descontrolado, Curvatura
Oil Burner . . . . Queimador de Óleo
Oil Drum . . . . Recipiente de Petróleo ou de Óleo
Oil Separator . . . . Separador de Óleo
Open . . . . Abrir
Opening . . . . Abertura
Operation . . . . Operação, Manobra
Orifice . . . . Orifício
Orifice Flanges . . . . Flange de Orifício
Origin . . . . Origem
Out of Balance . . . . Desequilibrado
Out of center . . . . Descentralizado
Out of Line . . . . Desalinhado
Outlet . . . . Boca de Saída
Output . . . . Saída, Produção, Rendimento
Overflow . . . . Derrame
Overflow pipe . . . . Tubo de Derrame
Overhead . . . . Superiores, de cima
Overheat . . . . Recartilhamento
Overload . . . . Sobrecarga
Oxide . . . . Óxido
Oxygen . . . . Oxigênio
Oxygen recorder . . . . Registrador de Oxigênio
Pad . . . . Reforço, Apoio, Placa
Panel . . . . Painel
Paraffin . . . . Parafina
Parallel . . . . Paralelo
Parts . . . . Partes
Peak Load . . . . Carga Máxima
Peephole . . . . Janela Vigia
Penstock . . . . Tubo de Carga
Perfomance . . . . Características, Rendimento
Personal Protection . . . . Proteção Pessoal
Petroleum . . . . Petróleo
Phenol . . . . Fenol
Pilot Flame . . . . Chama Piloto
Pipe . . . . Tubo
Pipe Bend . . . . Curva de Tubo
Pipe Fitter . . . . Montador de Tubulação
Pipe Fittings . . . . Acessórios para Tubulação
Pipe rack . . . . Bastidor de Tubulação
Piping . . . . Tubulação
Piston . . . . Pistão
Piston Check Valve . . . . Válvula Retentora de Pistão
Plant . . . . Planta
Plate . . . . Placa, Chapa
Platform . . . . Plataforma, Passarela
Plug . . . . Macho
Plug Valve . . . . Válvula de Macho
Pneumatic . . . . Pneumático
Pocket . . . . Bolsa, Cavidade
Pound (lb) . . . . Libra (lb)
Pound, scuare inch (psi) . . . . Libra por Polegada quadrada (psi)
Power Plant . . . . Planta de Energia
Preheat . . . . Pré-aquecer
Pressure . . . . Pressão
Pressure Controller (PC) . . . . Controlador de Pressão
Pressure Indicator (PI) . . . . Manômetro
Pressure Element (PE) . . . . Medidor de Pressão
Pressure Indicating Controller (PIC) . . . . Indicador Controlador de Pressão
Pressure Recorder (PR) . . . . Registrador de Pressão

Pressure Recording Controller (PRC) . . . . Registrador Controlador de Pressão
Primary . . . . Primário
Priming . . . . .Engraxar
Process . . . . Processo
Process Cooling . . . . .Esfriamento de Processo
Process Equipment . . . . .Equipamento de Processo
Process Water . . . . Água de Processo
Product . . . . Produto
Propeller . . . . .Hélice
Pull . . . . Tiro, Tirar
Pump. . . . . Bomba
Pump Casing . . . . Carcaça ou corpo da bomba
Pump Discharge . . . . Impulsão da Bomba
Pump Suction . . . . .Aspiração da Bomba
Purge. . . . . Purga
Push . . . . Empurrar
Quadrant. . . . . Quadrante
Quantity . . . . .Quantidade
Quality . . . . .Qualidade
Quality Recorder. . . . . Registrador de Qualidade
Quench . . . . Apagar
Quick . . . . Rápido
Quiet. . . . . .Silencioso
Quotient . . . . .Quociente
Radiator . . . . Radiador
Raised Face (RF) . . . . Face em Ressalto
Range . . . . .Limites, Alcance
Rating . . . . .Classificação, Classe, Categoria
Ratio. . . . . .Razão, Relação, Proporção
Reaction Chamber. . . . . Camara de Reação
Reactor . . . . Reator
Reboiler . . . . Refervedor
Receiver . . . . Receptor, Recipiente
Reciprocating . . . . .Alternativo
Recorder. . . . . .Registrador
Recovery. . . . . .Recuperação
Recylce . . . . .Reciclo
Reducer. . . . . Redutor
Reducing Flange . . . . .Flange Redutora
Reference . . . . .Referência, Comparação
Refinery . . . . Refinaria
Reflux. . . . . Refluxo
Refrigerant . . . . Refrigerante
Regenerale. . . . . Regenerar
Regenerator. . . . . Regenerador
Register. . . . . .Registrador
Regulator . . . . .Regulador
Reheater . . . . Reaquecer
Reinforcing . . . . Reforço
Relief Valve. . . . . Válvula de Descarga
Repair. . . . . Reparar, Compor
Reset. . . . . Reajuste
Residual . . . . Resíduos
Restriction Orifice (RO) . . . . Orifício de Restrição
Return. . . . . Retorno
Riser Pipe . . . . Tubo Ascendente
Rod. . . . . Barra
Rotary. . . . . .Rotativo, Giratório
Rupture. . . . . Ruptura
Rust . . . . .Óxido
Safety . . . . .Segurança
Safety Valve . . . . Válvula de Segurança
Sample . . . . Amostra
Sampling Connection . . . . Conexão para Amostras
Saturated. . . . . .Saturado

Saturated Steam . . . . Vapor Saturado
Schedule (Sch.) . . . . Lista
Screen . . . . Tela
Screw Bolt . . . . Parafuso
Screw Cap . . . . Tampa Rosqueada
Screw Flange . . . . Flange Rosqueada
Screw Plug . . . . Plug Rosqueado
Screw Union . . . . União Rosqueada
Scrubber . . . . Lavador, Limpador
Seal . . . . Fechamento
Seal Cap . . . . Tampa de Fechamento
Seamless . . . . Sem costura
Seat . . . . Assento
Second (Sec.) . . . . Segundo (Seg.)
Secondary . . . . Secundário
Section . . . . Seção
Sediment . . . . Sedimento
See . . . . Ver
Self-operating . . . . Automático
Service . . . . Serviço
Service water . . . . Água de Serviço
Setting . . . . Ajuste
Setup . . . . Instalação, Montagem
Sewer . . . . Coletor
Shell . . . . Casco, carcaça, concha
Shock . . . . Golpe, Impacto
Shoe . . . . Sapato
Short . . . . Curto
Short Radius . . . . Raio Curto
Shut down . . . . Parar
Shut off . . . . Fechar
Side . . . . Lado
Slag . . . . Escória
Sleeve . . . . Bucha
Slip on Flange . . . . Flange Deslizante
Slope . . . . Declive, Inclinação
Sludge . . . . Lama, Lodo
Socket . . . . Encaixe
Socket Welding Flange . . . . Flange de Encaixe Soldada
Special . . . . Especial
Specific gravity . . . . Peso Específico
Specification . . . . Especificação
Spigot . . . . Macho
Square (Sq.) . . . . Quadrado
Stack . . . . Chaminé, Torre
Stainless Steel (SS) . . . . Aço Inoxidável
Steam . . . . Vapor
Steam Boiler . . . . Caldeira de Vapor
Steam Tracing . . . . Traço de Vapor
Steam Trap . . . . Purgador
Steel . . . . Aço
Stem . . . . Haste
Storage . . . . Armazenamento
Strainer . . . . Filtro
Stream . . . . Curso d'água, corrente, jorro
Strength . . . . Força
Stress . . . . Esforço, Fadiga
Stud Bolt . . . . Estojo
Suction . . . . Sucção
Support . . . . Suporte
Superheater . . . . Reaquecido
Swage . . . . Moldar, Estampar
Tank . . . . Tanque
Tank Farm . . . . Área de Tanques
Tappings . . . . Conexões, Orifícios

Teflon Gasket . . . . Junta de Teflon
Temperatura . . . . Temperatura
Temperature controller (TC) . . . . Controlador de Temperatura
Temperature indicator (TI) . . . . Indicador de Temperatura
Temperature Recorder (TR) . . . . Registrador de Temperatura
Thermocouple . . . . Termopar
Thermometer . . . . Termômetro
Thermowell . . . . Poço para Termômetro
Thick . . . . Grosso, Espesso
Thickness . . . . Espessura
Thread . . . . Rosca
Threaded . . . . Rosqueado
Tight . . . . Ajustado
Tolerance . . . . Tolerância
Ton . . . . Tonelada
Top . . . . Parte alta, Superior
Top of Steel (TOS) . . . . Parte Alta do Aço
Tower . . . . Torre
Transfer . . . . Transferência
Treated water . . . . Água Tratada
Trim . . . . Partes Internas da Válvula
Tube . . . . Tubo
Turbine . . . . Turbina
Type . . . . Tipo
Typical . . . . Típico
"U" - Bend . . . . Curva em "U"
"U" - Bolt . . . . Parafuso em "U"
Under . . . . Debaixo de . . .
Underground . . . . Subsolo, enterrado
Union . . . . União
Unit . . . . Unidade
Unstable . . . . Instável
Upflow . . . . Fluxo Ascendente
Upwards . . . . Para cima
Vacuun chamber . . . . Câmara de Vácuo
Valve . . . . Válvula
Valve Seat . . . . Assento da Válvula
Valve Posicion Indicator . . . . Indicador da Posição da Válvula
Vent . . . . Ventilação, Respiradouro
Ventilation . . . . Ventilação
Vessel . . . . Recipiente, Depósito
Vibration . . . . Vibração
Viscosity . . . . Viscosidade
Volume . . . . Volume
Warehouse . . . . Almoxarifado
Washer . . . . Arruela
Waste . . . . Desperdício, Resíduo
Water . . . . Água
Water Cooling . . . . Esfriado por Água
Water Plant . . . . Planta de Água
Waterproof . . . . Impermeável
Weak . . . . Pouco Resistente
Wear . . . . Desgaste, Uso
Weight . . . . Peso
Weld . . . . Solda
Welding Neck Flange (WNF) . . . . Flange Soldada de Pescoço
Well . . . . Poço
Wide . . . . Largo
Width . . . . Largura
Wire . . . . Arame
Work . . . . Trabalho, Labor, Obra
Working Pressure . . . . Pressão de Trabalho ou Operação
Yard . . . . Jarda, Pátio
Yeld . . . . Rendimento
Yoke . . . . Braço

ABREVIATURAS DE ASSOCIAÇÕES E INSTITUIÇÕES TÉCNICAS BRASILEIRAS E INTERNACIONAIS

ABDE — Associação Brasileira de Bancos de Desenvolvimento
ABDIB — Associação Brasileira para o Desenvolvimento das Indústrias de Base.
ABIGRAF — Associação Brasileira da Indústria Gráfica.
ABINEE — Associação Brasileira da Indústria Elétrica e Eletrônica.
ABM — Associação Brasileira de Metais.
ABNT — Associação Brasileira de Normas Técnicas.
ANFAVEA — Associação Nacional dos Fabricantes de Veículos Automotores.
ANIP — Associação Nacional da Indústria de Pneumáticos.
BNDE — Banco Nacional de Desenvolvimetno Econômico.
CEPAL — Comissão Econômica para Amércia Latina (Organismo da O.N.U.)
CIP — Conselho Interministerial de Preços.
CMN — Conselho Monetário Nacional.
CPA — Conselho de Política Aduaneira.
FINAME — Fundo para Financiamento de Máquinas e Equipamentos.
IAB — Instituto de Arquitetos do Brasil.
IBS — Instituto Brasileiro de Siderurgia.
IESP — Instituto de Engenharia de São Paulo.
INL — Instituto Nacional do Livro.
INMETRO — Instituto Nacional de Metrologia, Normalização e Qualidade Industrial (anter. INPM).
IPEM - SP — Instituto de Pesos e Medidas do Estado de São Paulo.
IPT — Instituto de Pesquisas Tecnológicas.
ITA — Instituto Tecnológico de Aeronáutica.
AAR — Association of American Railroads.
ABS — American Bureau of Shipping.
AEC — Atomic Energy Commission.
AFNOR — Associação Francesa de Normas.
AISC — American Institute of Iron and Steel Construction.
AISI — American Iron and Steel Institute.
ANSI — American National Standards Institute.
API — American Petroleum Institute.
AREA — American Railway Engineering Association.
ASA — American Standard Association.
ASME — American Society of Mechanical Engineers.
ASTM — American Society for Testing and Material.
AWS — American Welding Society.
AWWA — American Water Works Association.
BS — British Standards.
BV — Bureau Veritas.
CPI — Chemical Process Industry.
DIN — Deutsche Industrie Normen.
EPA — Environmetal Protection Agency.
FDA — Food & Drug Administration.
FML — Factory Mutual Laboratories.
IEEE — Institute of Electrical and Electronic Engineers.
ISA — International Standardizing Association.
JIS — Japanese Industrial Standards.
LRS — Lloyd's Register of Shipping.
MIL — US Military Specification.
MSS — Manufactures Standardization Society of the Valve and Fitting Industry.
NEC — National Electric Code.
NEMA — National Electrical Manufactures Association.
NEPA — National Fire Protection Association.
NV — Norske Veritas
OSHA — Occupational Safety & Health Administration.
R & D — Research & Development.
RPI — Railway Progress Institute.
SAE — Society of Automotive Engineers.
SIS — Swedish Industrial Standards.
SPI — Society of the Plastic Industry.
TEMA — Tubular Exchanger Manufacture Association.
UL — Underwriters Laboratories.
USAS — United States of America Standards Institute.